Hamburger Ober-Postamts District.
Cöllner Ober-Postamts District.
Ober Postamts District.
Maynzer Post Amts District.
Postamts District.
Explication

Thurn und Taxis
Die Geschichte ihrer Post und ihrer Unternehmen

トゥルン・ウント・タクシス
その郵便と企業の歴史

Wolfgang Behringer
ヴォルフガング・ベーリンガー

Yoko Takagi
高木葉子 訳

三元社

THURN UND TAXIS Die Geschichte ihrer Post und ihrer Unternehmen
by Wolfgang Behringer
R. Piper GmbH & Co. KG, München 1990

Japanese edition published by arrangement through Yoko Takagi

日本語版への序

コミュニケーションのインフラ構造の変革が我々の生活をいかに変貌させるかは、ワールド・ワイド・ウェブが導入されて初めて多くの人々に意識されるようになった。休むことのない革新がこの情報伝達網に基づき、社会を絶えず変えている。そうした変化は、たとえば、情報の入手と処理の信頼性と速度に関係している。しかしまたそれによって、人間の知覚は拡大し、公衆と政治は変化する。ひとつの例を挙げよう。二〇一一年の日本の原発事故は、ヨーロッパの多くの国々における原子力政策を変えた。日本からのニュースはテレビとインターネットによって世界中で受容され、（フェイスブックのような）ソーシャルネットワークにおいて取り上げられた。その結果、地球の反対側にいる政治家たちはそれに対応せざるをえなくなったのである。

社会学者のマニュエル・カステル＊はワールド・ワイド・ウェブとの関連で「ネットワーク社会の勃興」を語った。特定のコミュニケーション専門家たちがそのネットワークの結合点にいて、彼らの能力によって機能させているとい

＊　マニュエル・カステル　一九四二年スペイン生まれの社会学者。

う。我々は今日、コミュニケーション革命の証人である。その革命は、静かなる英雄たち、――たとえばティム・バーナーズ・リー＊のような――敬愛すべき考案者たち、そして大いなる勝者たちを持っている。アップル、グーグル、あるいはマイクロソフトのような――情報技術産業企業が、世界のもっとも重要な企業に数えられる。そして――たとえばビル・ゲイツのような――マーケットのさまざまな需要を適宜に見抜く企業家たちが、今日、地球上でもっとも裕福な人間に属している。

本書は、五百年以上も前に「最初のインターネット」を考案し、ヨーロッパに導入した一族を扱っている。その革新を行ったのは、フランチェスコ・デ・タッシス（一四五九年―一五一七年）という名のイタリア人企業家だった。彼は、自分と同い年のドイツ王（のちの皇帝）マクシミリアン一世（一四五九年―一五一九年）の委託を受けて、王のそのつどの滞在地と神聖ローマ帝国の政治上の中心地を結ぶ情報路線を創設した。このコミュニケーションの専門家は、みずからの本拠地を、まずは一四九〇年に――チロルの首都――インスブルックに、その後一五〇一年以降はブルゴーニュ・ネーデルラントの首都ブリュッセルに置いた。そしてこのコミュニケーション制度の創設者は、自分が築いた国際的なネットワークの中に住んでいた。彼はドイツではフランツ・フォン・タクシス、ブリュッセルではフランス語でフランシスク・ド・タシスと名乗った。彼の肖像画とブリュッセルにある墓所を見れば、彼が皇帝マクシミリアン一世に仕えて短期間のうちに裕福になったことがわかる。

フランツ・フォン・タクシスは「郵便制度の発明者」とみなされている。彼は、広範囲に分家したみずからの一族の助けを借りて、イタリアとネーデルラント間に郵便路線システムを敷設した。そのシステムを使えば、情報や小包（多額の手形、商品見本、宝石、絵画など）を迅速に輸送することができた。皇帝とその政府機関は、この情報伝達シス

＊　**ティム・バーナーズ・リー**　一九五五年イギリス生まれの計算機科学者。ワールド・ワイド・ウェブの考案者。

テムの所有者として、競合する諸侯たちを凌駕した。もちろん、同様な情報伝達システムはすでにそれ以前、世界の他の地域にも存在していた。郵便制度の速度は、定期的な間隔を置いて行われる馬と騎手の交換に基づいていた。そうしたリレーシステムは、古代ペルシャやローマ帝国、またチンギス・ハンのモンゴル帝国や元王朝の中国に見られる。ヴェネチアの旅行者マルコ・ポーロが報告しているようにである。それでは、フランツ・フォン・タクシスの革新とはいったいどこにあったのか。

古代の大帝国あるいは中国との違いのひとつは、ドイツの皇帝は、ヨーロッパの情報伝達システムにかかるコストをすべて支払えるほど裕福ではなかったという点にある。だから、フランツ・フォン・タクシスは、一五〇五年と一五一六年、皇帝と契約を結んだ。その契約は、皇帝の情報を妨害しない限り、フランツが他の顧客の書簡や品物を輸送することをもはや禁じなかった。またフランツは、自分の甥ヨハン・バプティスタ・フォン・タクシス（一四七〇年─一五四一年）に郵便制度を継がせることを許可させた。ヨハン・バプティスタは、皇帝カール五世（一五〇〇年─一五五八年）とさらに諸契約を結ぶ。これらの契約によって、皇帝の郵便制度は公共のシステムとなった。つまり、郵便制度はもはや統治王朝のものではなく、規定の郵送料を払えば、誰でもそれを利用できるようになった。このサービスを拡充するために、郵便路線が固定され、公共の郵便局が開設され、定期的な騎馬郵便配達人が投入された。騎馬郵便配達人は、一五三〇年代以降、定時にそのサービスを提供した。こうして中欧は、それまで世界に存在しなかった公共の情報伝達システムを持つことになったのである。その情報伝達システムは、スペインとイタリアからオーストリアとドイツを経てオランダにまで伸び、地中海圏を北ヨーロッパと結んだ。それは「ヨーロッパ世界経済」の支柱を形成した。

今日まだ存在しているトゥルン・ウント・タクシス家は、ヨハン・バプティスタ・フォン・タクシスの系統を引いている。ヨハン・バプティスタは、みずからのインターネットの結合点に一族のメンバーを配した。その結合点とは、イタリア、スペイン、オーストリア、ドイツ、そしてネーデルラントの重要な郵便局である。たとえば、ヴェネチア、ローマ、マドリード、アウクスブルク、インスブルックあるいはプラハの郵便局長たちの多くは、のちにみずからのファミリーを形成し、富とその地域の貴族との婚姻によって、伯身分や侯身分へと昇格した。タクシス・ファミリーの本家は――およそ一六五〇年以降「トゥルン・ウント・タクシス」と名乗っていた――一七〇一年、総郵便管理局と居所を、ブリュッセルから地理的にさらに中心に位置するフランクフルト・アム・マインへ移した。一七四八年、トゥルン・ウント・タクシス侯は――帝国議会で皇帝を代理する――皇帝特別主席代理という重要な儀礼職に就く機会を得る。帝国議会の所在地は帝国都市レーゲンスブルクだった。それゆえ、一族は、フランクフルト・アム・マインからレーゲンスブルクへ転居し、今日もそこに暮らしている。

ヨーロッパのコミュニケーション史は、トゥルン・ウント・タクシス家を手がかりに記述することができる。タクシス家の文書庫と図書館は、一五〇一年におけるフランツ・フォン・タクシスの最初の郵便契約にまで遡り、一八〇六年の神聖ローマ帝国の解体にまで及んでいる。しかし帝国郵便の終焉後も、ドイツの諸領邦はトゥルン・ウント・タクシス侯にその情報伝達制度を委託した。このトゥルン・ウント・タクシス郵便制度は一八六七年に終わりを告げる。レーゲンスブルクのトゥルン・ウント・タクシス文書庫に収められている郵便文書、郵便書類、宿駅書類、査察書類、人事書類を含めて、蔵書と郵便史料をまとめれば、ヨーロッパで最初のインターネットの発生と運営、そしてその発展について、他に類を見ないほど知ることができる。また郵便制度の発明の所産も重要な史料である。すなわち、郵便の旅行サービス、具体的には、十七世紀以降の新聞印刷、十八世紀以降の郵便馬車による旅客輸送、郵便地図製作である――道路地図が印刷される以前、ヨーロッパでは郵便路線地図が発展した。郵便馬車のために道路が建設され、その結果として、道路地図がつくられるようになった。技術革新のこうした連鎖の相互依存を、私は別の著書で扱った（ヴォルフガング・ベーリンガー『メルクールの標識のもとに。帝国郵便と近世初期のコミュニケーション革命』ゲッティンゲン、二〇〇三年)。

本書の対象は、ヨーロッパのコミュニケーション史だけではなく、郵便制度を経営しているあいだとその後のトゥルン・ウント・タクシス家の歴史である。帝国諸侯身分への昇格、郵便利益による帝国侯領の購入、フランス革命と旧帝国が解体した結果の国家主権の喪失、フリーメーソン会員、そして芸術の保護者としての活動、(ドイツでは一九一九年以降)貴族の特権が廃止された市民社会を生き延びていく侯家の歴史である。トゥルン・ウント・タクシスの場合、大規模な土地・不動産所有があとに残された。その大部分は郵便制度の国営化に対する補償から生まれたものである。土地・不動産所有は、第一次世界大戦後、かつてのチェコスロヴァキア(現在のチェコとスロヴァキア)とユーゴスラヴィア(現在のスロヴェニア、クロアチアなど)における土地接収で減少したが、ドイツとその他の国々においていまだ相当規模で存在している。一族は、今日なお、ヨーロッパの最大土地所有者に数えられる。

本書は、フランツ・フォン・タクシスによる郵便制度の創設五百周年を記念して書かれた。ミュンヘンの出版者クラウス・ピーパー(一九一一年—二〇〇〇年)は、一九八〇年代半ば、バイロイトでのリヒャルト・ワーグナー音楽祭で、ヨハネス・フォン・トゥルン・ウント・タクシス(一九二六年—九〇年)に、侯が学問的な企業史に関心があるかどうかと話しかけた。ピーパー出版社の当時のプロジェクト担当部長ラルフ・ペーター・メルティンは、このプロジェクト・リーダーに私を選んだ。完成本は、(レーゲンスブルクの)ザンクト・エメラム城における式典で、国際ジャーナリズムを招き、ヨハネス侯によって紹介された。侯の死後、エネルギッシュな未亡人グロリア侯妃(一九六〇年生)が、当時まだ未成年だった長男アルベルト・フォン・トゥルン・ウント・タクシス(一九八三年生)を後見して企業の指揮を取り、企業を徹底的に立て直した。ドイツの相続税は高額なため、美術コレクションの一部はバイエルン州の所有となり、ザンクト・エメラム城で一般に公開されている。利益を生まない企業の所有物は売却され、資産管理は将来的に可能なものになった。グロリア・フォン・トゥルン・ウント・タクシスは、ドイツで成功した女性企業家かつ公人である。いまや、家族の新しい世代が一族の歴史を継続しようとしている——しかしこれは、もはや本書の対象ではない。

二〇一三年二月

ザールラント大学教授
ヴォルフガング・ベーリンガー

トゥルン・ウント・タクシス　その郵便と企業の歴史

❖目次

第2章　帝国郵便と郵便総裁職　一五九七年から一八〇六年のトゥルン・ウント・タクシス……087

第6章　企業全体の歴史……367

凡例

一、本書は、Wolfgang Behringer, *Thurn und Taxis. Die Geschichte ihrer Post und ihrer Unternehmen.* München, Piper Verlag, 1990 の全訳である。

二、翻訳にあたって、原文の » « は「 」で、著書の表題、新聞雑誌名は『 』で、また、引用文中の引用は〈 〉で表記されている。

三、傍点箇所は、原文においてイタリック体で強調された部分である。

四、史料からの引用は、直訳よりも読者の読みやすさを優先して、意訳した箇所がある。

五、東欧の国名は原著出版時（一九九〇年）のまま訳出した。

六、地名の表記は原則として、原著のドイツ語表記に準じた。

七、原注、原典史料、参考文献において著者が挙げた文献・史料は、すべて原文のまま掲げた。

八、訳注は本文の理解に必要な最低限度にとどめ、脚注として置いた。

九、図版は必要に応じて、原著にないものも追加した。

十、原著に付された事項索引は、必要と思われる項目のみ採録した。

序文

五百年前、中欧では、最初の国際郵便ルートが開設された[1]。情報技術とヨーロッパの交通システムにとって、それは革新的なことだった。郵便の創設、このことはコミュニケーション方法の革命であり、これに匹敵するのは鉄道や定期的な航空輸送の導入だけである。交通のスピードは増し、ヨーロッパはますます緊密に繋がった。信頼できる定期的な往復書簡の次には新聞の発達、そして宿駅で馬を交換する旅行サービスが続いた。遂には定期郵便馬車が登場して、いつでも誰でも利用できるようになった。こうして、旅行が計画可能なものとなった。郵便の創設は、産業革命前のヨーロッパ近代化の一部であり、ヨーロッパ史を他の大陸の歴史と区別するものである[2]。

十八世紀の一流の国法学者であるヨハン・ヤーコプ・モーザーは、その『ドイツ国法』の中で、郵便「創始者」のフランツ・フォン・タクシスを、アメリカ発見者のクリストファー・コロンブスと同等に扱っている。モーザーの表現によれば、郵便の開設により、「世界は新しく鋳直された」[3]のである。一四九〇年以来、ヨーロッパの国際郵便はタクシス家によって経営された。タクシス家は一六五〇年以後、トゥルン・ウント・タクシスと名乗ることを許された。タクシス家はまず、のちの皇帝マクシミリアン一世に委託され、さらに一五〇一年以降は、スペイン王室のために郵便事業を行う。そのため、郵便の中心地を、インスブルックから、スペイン領ネーデルラントの首都ブリュッセルに移した。一五〇五年、フランツ・フォン・タクシスは、「独立」企業への決定的な一歩を踏み出す。彼は、スペインのフェリペ一世と契約を結んだ。タクシス家の郵便ルートは、皇帝カール五世（在位＝一五一九年―五六年）の世界帝国で最初の盛期を迎える。タクシス郵便路線は、ブリュッセルからフランスを経由してスペインの南端まで、またドイツとイタリアを通ってヴェネチア、ローマ、ナポリにまで及んだ。一五九七年、皇帝ルドルフ二世は、ドイツの郵便を帝国レーエン*として宣言する。「皇帝の帝国郵便」は、一八〇六年の「神聖ローマ帝国」の解体まで、ブリュッセルのタクシス家によって経営された。そして帝国郵便は、帝国の解体を生き延びたとも言えるだろう。トゥルン・ウント・タクシス郵便は、さらに六十年のあいだ、ドイツの大部分を管轄していたからである。それは、当時、民営でヨーロッパに存在していた唯一の郵便事業であった。

三百七十七年にわたる郵便経営は、トゥルン・ウント・タクシス企業の歴史に独自の性格を与えた。革新的なアイディアがまず最初にあって、それが――当時としては――大規模な企業を設立することになった。その企業は、数百年のあいだ、同じ経営者一族によって動かされて成功し、固有の内部構造を持った大組織へと発展し、顧客からすればますます完璧なものとなっていった。タクシス郵便は、他のすべての郵便組織の模範となっただけではない。新しく登場してきた別の郵便事業はタクシス郵便の勢力範囲を狭めたが、そうした競争相手たちに対抗することができたのである。ザクセン・ヴァイマール公国の枢密顧問官ヨハン・ヴォルフガング・フォン・ゲーテは、十九世紀になっ

---

* **レーエン**（Lehen）「封」とも訳されるが、本書では、訳語は「レーエン」に統一した。レーエンは封建関係に基づき、封臣の勤務と誠実に対し、封主から封臣に期限付きで授与される財貨である。収益をもたらす物、土地、城、権利、定期収入、公けの収入などがレーエンとなった。「帝国レーエン」は、皇帝から直接に授与された。

てもなお、ライバルの国営郵便とは異なって、「タクシス郵便はきわめて迅速に配達し、開封されることもなく、郵送料もあまり高くなかった」と賞賛している[4]。

ビジネスが利益を生み、また皇帝や国王たちと常に接触したため、タクシス家は他に例を見ないほど社会的に上昇することができた。タクシス家の出自はロンバルディア貴族だったが、ドイツとスペインでは何もないところから着手しなければならなかった。タクシス家の最初の人たちは、みずから書簡を携えて宮廷から宮廷へ馬で移動した。持っているものといえば、組織化のスキルと、説得力と、大家族だけだった。信頼できる従業員たちに恵まれてはいたが、目の粗い組織が急速に発展していくことができたのは、そうした大家族のおかげである。郵便事業の制度化はすぐに必要不可欠なものとなった。その制度化のあと、タクシス家は社会的な上昇のために投資を始める。上昇と事業の成功はいつも相互に作用し合っていたので、体面を保つための交際費は経営の視点から見ることができる。スペインの大公、帝国諸侯、さらにはレーゲンスブルクの永久帝国議会における皇帝代理へと上昇していくことによって、タクシス家は、郵便事業を民営企業として維持していくことができた。一方、ヨーロッパの他の地域では、郵便が国営化されていく。

トゥルン・ウント・タクシスの富は、すでに十八世紀には信じがたいものになっていた。シュテファン・ピュッターのような一流の帝国国法学者たちは、帝国郵便の年収を推定した[5]。トゥルン・ウント・タクシス侯家は、自身の帝国領邦、つまりシュヴァーベンの「トゥルン・ウント・タクシス帝国領邦」を築くためにその富を使った。しかしそれは、一八〇六年、陪臣化＊の犠牲になった。今日、トゥルン・ウント・タクシスは大土地所有と結び付けて考

＊　**陪臣化**（Mediatisierung）　一八〇一年、ライン左岸領域がフランスに割譲されると、帝国はこれによって損害を受けた帝国等族に補償を与える義務を課せられた。この補償は、一八〇三年のレーゲンスブルクの帝国代表者会議

えられている。それに大きく貢献しているのは、南アメリカの私有大農地に関するメディア情報である。また、たとえば、バイエルン州首相フランツ・ヨーゼフ・シュトラウスは、トゥルン・ウント・タクシスが所有するバイエルンの森に狩猟滞在中、突然に亡くなったが、その死去のニュースも同様である[6]。広大な土地所有は比較的最近のものであり、十九世紀に企業を徹底的に構造改革した結果である。所有地の大部分は、郵便事業の接収に対する補償であり、郵便ビジネスの利益の遺産なのである。トゥルン・ウント・タクシス侯家の本来の「侯領」が郵便であったことは、常に人々の念頭に置かれていた[7]。

トゥルン・ウント・タクシスほど変化に富んだ長い発展を遂げてきた企業はほとんどない。数多くの戦争、内戦、革命を無事に切り抜けてきたのである。ヨーロッパ史上のさまざまな変革は、当然のことながら、タクシスの歴史に深い痕跡を残した。ハプスブルク帝国の発展から宗教改革、オランダ独立戦争、ウェストファリア条約における帝国の政治的分権体制の確立、十八世紀の継承戦争を経て、フランス革命とナポレオン時代に至るまで。大所有地とその肩書が獲得され、再び失われ、そしてまた別の場所で新しく建設された。タクシス企業が根底からその構造を改革したのは、十九世紀に徐々に郵便事業を失っていったからである。サービス業から農林業へと移行し、それは、シュヴァーベン、バイエルン、ボヘミア、プロイセン、クロアチア、チロルの直領地で大規模に経営された。今日、かつてのトゥルン・ウント・タクシスの大所有地は、ヨーロッパの五カ国に存在している。

十九世紀半ば以降、国債、有価証券、鉄道や工業に郵便補償金を投資したおかげで、タクシス企業はさらに改造さ

主要決議で、「世俗化（Säkularisation）」と「陪臣化」の二原則に基づき行なわれた。「世俗化」とは、世俗諸侯によって聖界領邦と帝国都市領が接収されたことである。また「陪臣化」によって、世俗の小領邦は帝国直属性を失い、大領邦に併合された。

れていく。トゥルン・ウント・タクシスは、鉱山、製糖工場、ビール醸造所も経営したが、郵便というダイナミックな事業の領域を失って、停滞の時期が続いた。しかし再び数年前から風向きが変わり、新しい経営陣は企業の立て直しに着手している。歴史上発展してきた構造と莫大な資産を背景に、現在の複合コンツェルンは精力的に活動している。今日、トゥルン・ウント・タクシスは、産業界に参加し、サービス業に復帰した。そこでは、トゥルン・ウント・タクシス銀行が、企業の金融サービス部門の看板として機能し、ここ数年はアメリカ合衆国でも確固たる地歩を占めている。

本書では、タクシス家の歴史だけではなく、トゥルン・ウント・タクシス企業の歴史が扱われる。タクシス企業は、一九九〇年、郵便事業とともに歩んできた五百年記念祭を祝う。企業史記述は、経済・社会史の比較的新しい分野であり[8]、年々、出版数が増加している[9]。それによって、歴史の経過を国家レベルではない視点から眺め、長期的な発展の脈絡で捉えることができる。郵便の歴史は、ヨーロッパの商業・交通史の一部であり[10]、さらに一般化すれば、人間のコミュニケーション史の一部である[11]。帝国郵便とトゥルン・ウント・タクシス郵便については、重要な基礎研究がすでに存在している[12]。しかし、研究の可能性はまだ広く開かれており、特に経済史的な問題設定はこれまで充分に考察されてこなかった[13]。

本書は、公刊された文献に依拠しているが、それだけではなく、広範囲にわたる史料も独自に分析している。初期の史料は、「デ・タッシス会社《コンパニーア》」の国際性に応じて、ヨーロッパ中に散在している。それは、ウィーン国立公文書館、インスブルック州政府公文書館、シマンカスのスペイン国立公文書館、ならびにイタリア、ドイツ、ベルギーのさまざまな国立公文書館や市立公文書館に収められている。最大の史料群は、レーゲンスブルクのトゥルン・ウント・タクシス文書庫にあり、特に十七世紀から二十世紀の経済・企業史にとって重要な史料である[14]。トゥルン・ウント・タクシス企業史の信頼できる基盤をつくるために、本書の記述に際しては、タクシス企業の複雑な会計制度のデータ[15]を掌握し、その一部始終を可能な限り計算した。タクシス企業の財政・管理構造に関するデータは十七世紀初頭に始まっているが、初期史料の大半はオランダ独立戦争やスペイン継承戦争で失われた。一七三三年以後、史料は継続して保存されている。その中には、トゥルン・ウント・タクシス家の台帳である「総会計課報告」がある。これを分析整理することによって、タクシス企業史を、量的レベルでも記述することができた——私見によれば、それは、この規模と歴史を持つ一企業にとって、とりわけ興味深い視点だと思われる[16]。こうして、トゥルン・ウント・タクシス企業史は、ヨーロッパの経済・社会・交通史に寄与することとなったのである[17]。

『トゥルン・ウント・タクシス　その郵便と企業の歴史』の最初の三章は、成功の基盤である郵便事業を扱っている。第一章は、郵便創設の諸条件と、スペインに支援された最初の一世紀を対象にしている。第二章では、帝国郵便の時代（一五九七年—一八〇六年）と、そして合理主義と啓蒙主義の時代に機能していたコミュニケーション・システムの発展が記述される。第三章は、かつての郵便帝国の残滓としてのトゥルン・ウント・タクシス郵便（一八〇六年—一八六七年）を描いている。それは、プロイセンのヘゲモニーに対抗するドイツ中部諸国のコミュニケーションを成立させた。第四章は、タクシス家の社会的上昇をテーマにしている。君主制の時代に皇帝家と婚姻関係を結ぶまでに至ったその上昇は、企業史と分かちがたく関連する。第五章では、自身の帝国領邦を築いていくさまざまな試みと、郵便経営者から大土地所有者への突然とも見える変貌が考察される。第六章は、十六世紀末から企業の諸部門を統合し調整することをその課題としてきた企業全体の歴史を提示している。そしてその企業は今日もなお存在している。トゥルン・ウント・タクシスの歴史が文化史でもあること——結語では、この事実が考慮される。

第1章　ヨーロッパにおける郵便制度の最初の世紀

郵便制度ほど世の中に有益なものはほとんどない。
これを発明した者は、いたるところで不滅の名声を受けるにふさわしい。

アブラハム・ア・サンクタ・クララ

郵便制度の「発明」

一五〇〇年頃の数十年は、歴史記述において、時代の転換期とみなされている。中世が終わって、近代が始まり、膨張する初期資本主義が成立する時期である。商品の流通が増大するにつれ、遠く離れた地域は相互に結び付けられることになった。決定的な発明と発見がこの時代になされ、それ以後、日常生活の一部となった。近代初期の文献では、ある同時代の発明が、アメリカの発見と同等視されている。フランツ・フォン・タクシス（一四五九年―一五一七年）による郵便制度の「発明」である[2]。

知られている限りでは、郵便制度の発明という表現は、一五五七年、スペイン王フェリペ二世（在位＝一五五六年―九八年）の文書に初めて登場する。その文書は、タクシス家の先祖たちを記念して、郵便総裁レオンハルト・フォン・タクシスのために書かれた。「彼らは、マクシミリアン一世の父である皇帝フリードリヒ三世のもとで、郵便制度を発明した」[3]。ドイツでは、この表現は、一五七九年、ゼラフィーン・フォン・タクシスによって用いられた。彼はある追想録で、「ずっと以前に……私の祖先たちが古い郵便制度を創設した」と記録している[4]。「郵便改革」（一五七七年―九五年）の時代、皇帝の委員たちの鑑定は、しごく自明のこととしてこの事実から始めているし、また、イタリア人オッタ―ヴィオ・コドーニョの版を重ねた旅行案内書は、この発明のためにフランツ・フォン・タクシスを賞賛している[5]。一六二一年の皇帝フェルディナント二世の文書は、タクシス家が「郵便制度を最初に発明し発展させた者」であると名指している[6]。有名な国法学者ヨハン・ヤーコプ・モーザーは、その著書『ドイツ国法』の中で、文化史的な意味において、郵便制度の創設をアメリカの発見と同等に扱った。

それゆえ、正式な郵便制度はタクシス家の発明である。それは驚くべき結果を伴い、世界の多くの事柄をほとんど別物へと鋳直してしまった……コロンブスを真似て航海できるように、いまその発明を模倣することは確かに容易である。しかし、もしもタクシスとコロンブスがいなかったら、世界が以前と同じようで、郵便制度とアメリカについて何も知らずにいたかどうかは、誰もわからない。[7]

「Post」という語は何を意味するのか

機能的な情報伝達システムの存在は、今日、我々には自明のことである。その大部分はいまだに国家の独占事業である郵便によって行われる。書信、小型小包や大型小包の郵送、電話、テレコミュニケーションである。現代の通信工学の発達にもかかわらず、書信が郵便制度の基盤と起源であることは誰もが知っている。それとひきかえ、その革新的な業績に直結する「Post」という単語の意味は知られていない。もともとラテン語の「posita statio」は、路線上に定められた宿駅を意味していた。そこでは、情報伝達を引き受け、力も新たに次々と情報を輸送する馬と騎手が準備されていた。イタリア語で、そうした宿駅は短く「posta」と呼ばれ、十四世紀初頭にマルコ・ポーロが中国から旅行を報告した中で初出する[8]。飛脚と異なって郵便に決定的なのは、情報がひとりの飛脚によってではなく、伝達のリレーによって受取人に届くという点である[9]。

ドイツでは、Post の概念は、一四九〇年に、タクシス郵便の騎馬配達人との関連で初めて登場する[10]。宿駅が継続的に設けられることによって、この概念は、十六世紀の初頭以降、輸送制度全体に転用された[11]。制度としての Post は、――タクシス家の家長と同一人物である――郵便総裁、その郵便総裁によって指名された管理人ないしは宿駅長、そして配達人で構成される。配達人とは、騎馬の郵便配達人、郵便馬車の御者あるいは宿駅の使用人である[12]。特定の宿駅は、重要な配送郵便局として、また一般の宿駅との決算において、特権的地位を占めていた。郵便はやがて人と荷物も輸送することになるが、その起源は書信の輸送にあり、長らく競合していた飛脚制度よりも速く廉価に輸送した。一七四一年、ツェードラーの百科事典には、制度としてのPostについて次のように記載されている。

彼らが走るスピードと、それによって送られる手紙の正確な受け取りは、人間社会にすばらしい便利さをもたらしてくれる。その輸送が商業に与える影響も多大である。それゆえ、状態が良好な帝国や行政のすべてにおいて、宿駅は熱心に新設される。その結果、ヨーロッパのあらゆる場所からその他の場所すべてへ、快適に確実に手紙が運ばれ、文通が可能になる。[13]

中世の旅行者と情報の往来

「中世の道は絶望的に長く、恐ろしくゆっくりと前進する」。ジャック・ル・ゴフは中世の交通事情をこのように記述している[14]。中世盛期のヨーロッパでは、道路網は、自然道とローマ時代の古い道路の残部から成り立っていた。住民はさまざまな理由から良質な街道に関心がなかったので、道路交通の価値は低かった。中世後期の都市の繁栄によって、道路改善の必要性が高まってくる。しかし道路は長いことその状況が非常に悪かったので、大きな回り道をしなければならなかった[15]。いずれにせよ宿泊網は旅行ルートに沿って一日の旅程の間隔を置いて形成されており、それは交通システムの構造を浮かび上がらせる。そうした宿泊施設の間隔はおよそ三から五マイル（一ドイツマイル＝約七・五キロメートル）だった。荷物を持った旅行者は、道が悪いために、一日にそれ以上は進むことができなかった。飛脚のスピードも人馬の荷重のために制限されていた[16]。

このシステムによって、時間をあらかじめ算定して、長い道のりを進むことができた。急ぎの騎手は、一二一五年秋、リエージュからローマまでちょうど一カ月（三十日）を要した。一二一六年一月、同じ騎手は帰途を四十日で戻った[17]。カッツェンエレンボーゲン伯は、一四三四年、ヴェネチアからアウクスブルクを十一日で騎行し、ニュルンベルクまでは十四日かかっている[18]。現存の記録文書から知る限り、地方での旅行のスピードは、道路の状態によって、一日せいぜい五十から六十キロメートル（約八ドイツマイル）だった。シュタウフェン王朝時代の急使のスピードもこの範囲内だった[19]。しかしこれは並はずれたスピードであり、たいていはもっとずっと遅くて、平均的な一日の旅程は二十から三十キロメートル（三マイル）であった[20]。情報伝達も同じスピードだった。我々が多くの挿絵や証拠から知るように、情報の伝達は、騎馬飛脚によっても行われていたが、たいていは徒歩飛脚によってであった。諸侯、修道院、あるいは都市の商人たちから委託を受けたそうした徒歩飛脚[21]は、送達する書信を依頼人から受け取り、それをみずから受取人へ輸送した。一四四九年、ニュルンベルクとウィーンを往復する飛脚は、七週間を要している[22]。飛脚サービスが存在しないところでは、書信はしばしば偶然に通りかかった小売商人、運送業者、食肉業者、船乗り、修道士ないしは学生に託された。人里離れた地域では、賦役義務のある農夫が送られた。情報伝達のこうした形態は――今日の概念では非合理的で遅々としているが――中世の交通の未発達と「ゆっくりとした」時間感覚に相応している[23]。

図１　道は恐ろしく長かった。中世の飛脚。

郵便によるスピードの増加

郵便制度の創設によって、中世の交通のスピードは、

図2 ジョヴァンニ・ダ・レルバによる旅行案内書『世界のさまざまな地域への郵便旅程』表紙のタクシス騎馬郵便配達人（ローマ、1563年）

「突然、一日に二十五キロメートルから百六十六キロメートルへと」上がり[24]、特別な場合には二百キロメートル以上も進むことができるようになった。一五〇五年の重要な郵便契約では、ブリュッセルからインスブルックへ、五日半の輸送時間が定められている[25]。一五一六年の郵便契約では、それはさらに五日に短縮された。冬には騎馬配達人はもう一日かかってもよかった[26]。こうした期限の設定はすでに経験値に基づいていた。というのも、オーストリアからネーデルラントまでの郵便は、まだそれ以後ほど定期的ではなかったにしても、当時もう操業されて十五年を経ていたからである。騎馬配達人の仕事は、「郵便時間証」を基にコントロールされていた。騎馬配達人は、「郵便時間証」の中で、いつ、どこで、誰から書信を受け取り、いつそれを次へ渡したのかについて、正確に釈明しなければならなかった。一五〇六年のそうした時間証が、（ブリュッセル近郊の）メーヘレンからインスブルックまでの書信の送達に関して残されている。それによると、最初の騎馬配達人は、一五〇六年三月二十五日水曜日午後四時にメーヘレンを発つ。約二日後、つまり四十九・五時間後、リレー制度の別の配達人がシュパイアーに到着する。四日目の朝にはウルムを、晩にはメミンゲンを通過する。一五〇六年三月三十一日火曜日の朝三時には、書信はインスブルックに到着した。それゆえ、百三マイルないし七百六十五キロメートルの区間に五日と十一時間、すなわち百三十一時間が必要とされた[27]。これは、一五〇五年の郵便契約で定められた時間にかなり正確である。遅れと休憩をすべて含めても、郵便の時速は、七百六十五÷百三十一＝毎時五・八四キロメートルであった[28]。同じ一五〇六年には、メーヘレンからインスブルックを経由してウィーナー・ノイシュタットまでのおよそ千二百キロメートルの長距離を、二百十三時間で進んだ。これは、一日に百三十七キロメートル、ないしは毎時五・七キロメートルを達成したことになる[29]。当然のことながら、このスピードに限界を与えたのは、道路の状態と馬の筋力だった。郵便制度が存在した最初の二十年間、その通常のスピードは一日に百から百五十キロメートルであった[30]。

組織上の革新としての宿駅

繰り返し休憩と睡眠を必要とする飛脚と比較して、書信の輸送スピードが上がったのは、中世とは異なるその組織形態のおかげだった。一四九〇年、最初は約三十八キロメートル（五マイル）の間隔で宿駅が敷設された[31]。その後、交通が密になっていく様子は、宿駅間が縮まっていくことからわかる。一五〇五年にはすでに、宿駅間の平均的な間隔は三十キロメートル（四マイル）であった。（ブリュッセル近郊の）メーヘレンからインスブルックを経由してウィーナー・ノイシュタットへのおよそ千二百キロメートルの長距離には、リレー制度の四十の宿駅が証明できる。一五〇五年の郵便契約では、「四マイルごとの宿駅」について明言されている[32]。それから一世紀が経つか経たないかの頃、宿駅は、二十二キロメートル（三マイル）の距離に落ち着いていた。一五八七年、フランクフルトの商人たちは備忘録に、郵便制度について次のように書き留めた。「郵便とは、三マイルごとに馬を交換して書信を輸送することであ

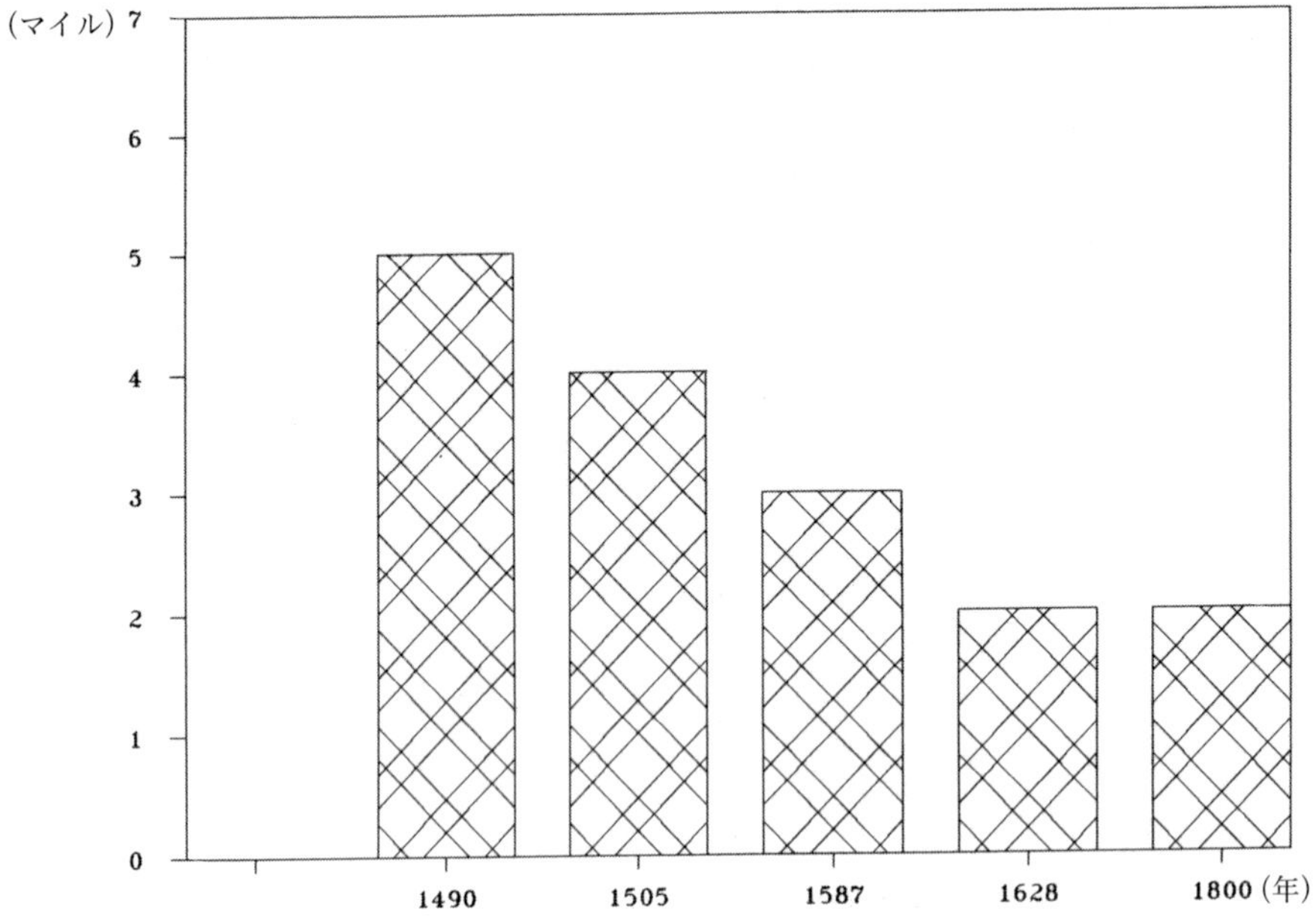

グラフ1　近世初期における宿駅間距離の短縮

る」[33]。早くも十七世紀初頭、宿駅間の距離は十五キロメートル（二マイル）に縮まっていた。騎馬配達人は宿駅で、書信の包み（「郵便行嚢」）を次の騎馬配達人へと渡し、その配達人は新しい馬で次の宿駅へと疾走した[34]。

こうしたリレー式に組織された輸送サービスは、一四九〇年以降、昼夜を通して、食事や睡眠の休憩によっても中断されることはなかった。騎馬配達人が休憩したときには、書信はすでに次の配達人によって運ばれていた。宿駅の間隔が短くなればなるほど、書信の輸送は（潜在的には）より速くなることができた。そしてスピードの増加は、当初から郵便の目標だった。一四九〇年以後の数年間、最初の郵便時間証には、「速く、速く、速く、もっとも速く……」あるいは「速く、速く、速く、飛ぶように速く」といったようなメモが書かれていた[35]。

郵便制度発生のための諸条件

郵便制度はなぜ一四九〇年に創設されることになったのだろうか。その大枠の条件として、一般的な社会史・経済史上の前提に簡単に触れなければならない。

ヨーロッパは一四五〇年頃から、未曾有の好景気に沸いていた。ヨーロッパは中世後期にはまだ他の高度文化（インド、中国、アラビア、ペルー、メキシコ）と同一レベルにあったが、そののち優勢な地位を占め、その支配は数世紀にわたって続くことになる。フェルナン・ブローデルの言う「長い十六世紀」の発展である。それは一四五〇年から一六五〇年のあいだの時代であり、「経済上・人口統計上の大成長と、そして世界的規模で行われた最初の経済活動の成功によって特徴づけられる」[36]。ヨーロッパ諸国の関心は、中世末、非ヨーロッパ世界へと拡大し始めた。アフリカとアジアで海上権を獲得していくのはとりわけポルトガルとオランダの商人たちであったが、彼らは大陸の奥深くへ侵入することはなかった。アメリカで広範囲な植民地帝国を築いたのは、カール五世のスペインとその後継者たちだった。スペインは十六世紀、金の輸入でヨーロッパの会計係となる[37]。このことは、軍事的な覇権だけではなく、郵便制度にも関係した。

十五・十六世紀、ヨーロッパは、「広範だが脆弱な世界経済」の中心地となった[38]。それは資本主義が生まれた時期であり、ドイツでは、「フッガー家とヴェルザー家の時代」だった。両家は、「日の沈むことなき」ハプスブルク世界帝国内におけるアウクスブルクの勇猛果敢な大企業家である[39]。一四五〇年頃からの長期にわたる人口の増加、そして特にルネサンス・イタリアの経済と交通の繁栄は、十三世紀以降、集中的な飛脚制度を発展させていた。ローマ、ヴェネチア、ミラノの中心部からヨーロッパのあらゆる経済的中心地へ飛脚サービスが運営された。十四世紀、ミラノのある飛脚は、ネーデルラントのブルッヘ（ブルージュ）に到着するまで、三週間を要した[40]。またすでに部分的には、各都市のあいだに、ある程度は持続的な「宿駅」が敷設されていた。しかし騎馬飛脚が史料で確認できるのは十五世紀初頭以降であり、宿駅での馬の交換が初めて証明されるのは一四二五年ミラノ公国内においてである[41]。ロンバルディアは、この新しい情報輸送方法の誕生の地であり、数多くのファミリーが飛脚サービスを経営していた。タクシス家もまた、もともとはロンバルディアの出身であり、そうしたファミリーのひとつであった。

一四九〇年、ハプスブルク家の政治はなぜ郵便制度を必要としたのか

郵便制度の創設には政治上の理由がいくつかあった。ハプスブルク家が権力を握るための基礎を築いた皇帝フリードリヒ三世統治（在位＝一四五二年―九三年）のあいだ、フリードリヒ三世の息子マクシミリアン一世と、ブルゴーニュ公国のシャルル勇胆公の一人娘マリアとの婚姻が行われた。勇胆公の死後、一四八六年にローマ王となった未来の皇帝マクシミリアン一世（在位＝一四九三年―一五一九年）は、ブルゴーニュ公国の遺産を相続する。なかでも重要だったのは、十五世紀末にイタリアと並んで第二の経済的中心地であり、経済力のあったネーデルラント（オランダ）である。一四八九年、マクシミリアンは遠縁の親類からチロル伯領の統治を受け継いだ。チロルは一四七〇年代以後、ヨーロッパの銀山採掘の中心であった。マクシミリアンの前任者ジギスムント豊貨公＊のもとで始まったチロルの銀クロイツェルの鋳造は、ドイツの貨幣制度に大変革をもたらしていた[42]。

チロルの領主たちはその富によって、普通ならば手に入らないような贅沢である最初の郵便制度へ出資することができた。ブランデンブルク選帝侯は十六世紀初頭、独自の郵便制度を持たないことを嘆き、次のように認めている。

＊　**ジギスムント豊貨公**（一四二七年―九六年）　マクシミリアンの父である皇帝フリードリヒ三世の従弟。

表１　神聖ローマ皇帝一覧（1440 − 1806 年）

	ローマ国王選出	皇帝選出	即位	没年
フリードリヒ３世	1440	1452	1440	1493
マクシミリアン１世	1486	—	1493	1519
カール５世	1519	—	1519	1558 1556 年に退位
フェルディナント１世	1531	—	1556	1564
マクシミリアン２世	1562	—	1564	1576
ルドルフ２世	1575	—	1576	1612
マティアス	—	1612	1612	1619
フェルディナント２世	—	1619	1619	1637
フェルディナント３世	1636	—	1637	1657
フェルディナント４世	1653	—	—	1654
レオポルト１世	—	1658	1658	1705
ヨーゼフ１世	1690	—	1705	1711
カール６世	—	1711	1711	1740
カール７世	—	1742	1742	1745
フランツ１世	—	1745	1745	1765
ヨーゼフ２世	1764	—	1765	1790
レオポルト２世	—	1790	1790	1792
フランツ２世	—	1792	1792	1835 1806 年に退位

注：1740 年までのすべての皇帝はハプスブルク家出身。カール７世はバイエルンのヴィッテルスバッハ家出身。フランツ１世は、正式にはロートリンゲン公だが、ハプスブルク家の皇女マリア・テレジアとの結婚により、ハプスブルク＝ロートリンゲン家を創設。
（出典：ピーター H. ウィルスン、山本文彦訳『ヨーロッパ史入門　神聖ローマ帝国 1495−1806』岩波書店　2005 年　XV 頁）

図3　迅速な情報伝達の必要性。皇帝マクシミリアン1世。アルブレヒト・デューラーによる肖像画。（油彩、板、ウィーン、美術史美術館）

　皇帝のように……宿駅を運営したがっている者は、帝国の中の我々のうちには誰ひとりとしていない。[43]

チロルの首都インスブルックは、ネーデルラントとドイツから（ブレンナー峠を越えて）イタリアへと至る情報ルートと、オーストリアの故郷を結ぶウィーン―フライブルク東西ルートとが交差する地点に位置していた[44]。しかし郵便制度を創設する本来の理由は、ハプスブルク帝国の形成が始まっていたという点に見出すことができるだろう。帝国の形成は、ネーデルラントの獲得で開始され、一四八九年／九〇年のチロルの取得で継続される。そのような大帝国を統治していくためには、古いインフラの条件――徒歩飛脚あるいは騎馬飛脚による情報伝達――ではもはや充分ではなかった[45]。そして遂にこのことが現実味を帯びてくるのは、オーストリア・ブルゴーニュの王室が皇太子フィリップ美公の結婚によってスペイン王室と合体したときである。ハプスブルク家の四つの離れた大領地（スペイン、ナポリ、ネーデルラント、オーストリア）に帝国が加わり、これらはもはや定期的な郵便による連絡なくしては統治不可能であった[46]。ヨーアヒム・エルンスト・フォン・ボイストを引用してみよう。

　この一族（タクシス家―著者注）にとって、神の摂理に従って事が上手く運んでいった。フリードリヒ三世がひとりの王子マクシミリアンをもうけた。そのマクシミリアンがブルゴーニュ公女と結婚して大きな領地を獲得し、

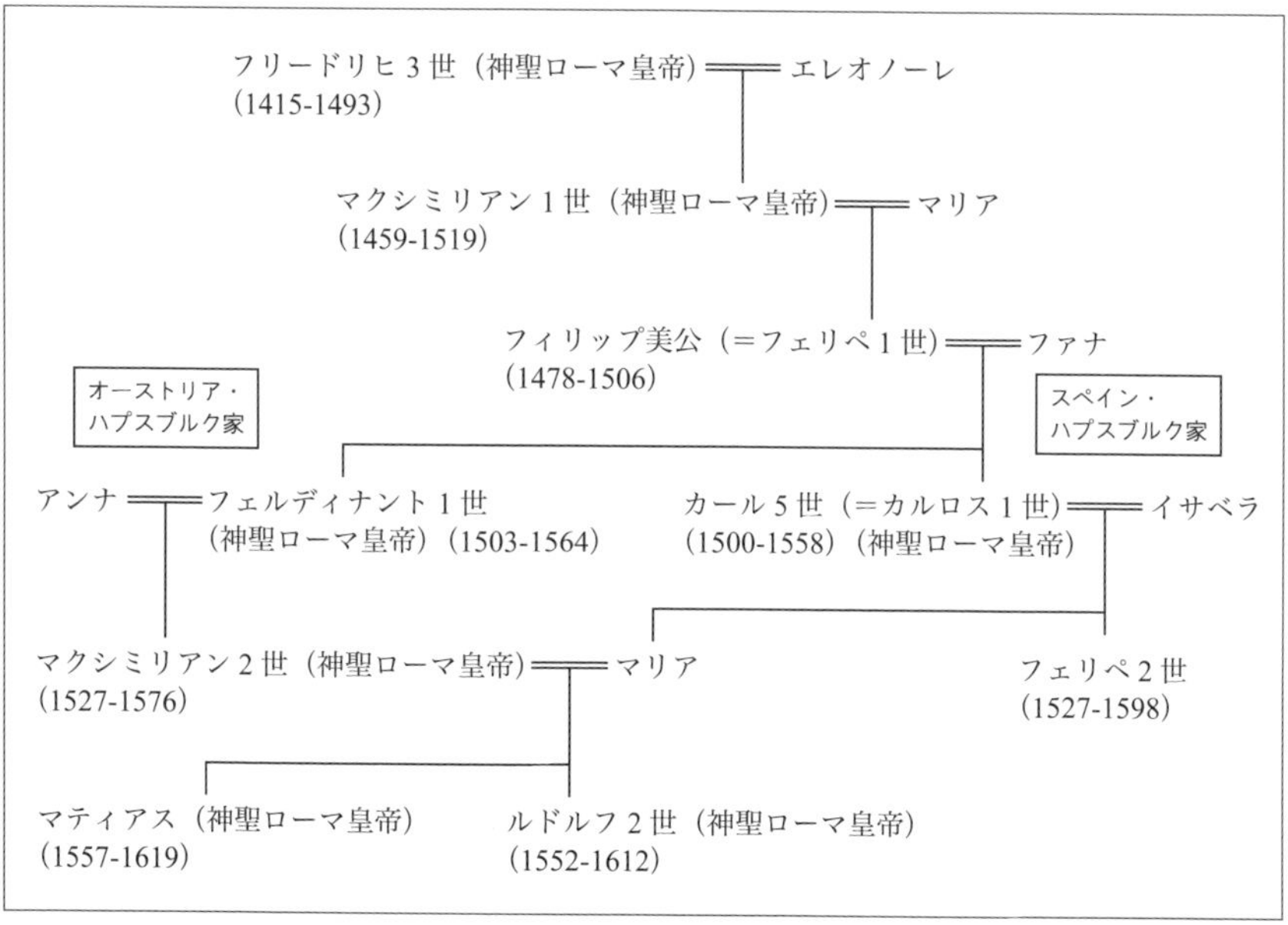

図4　カール5世を中心にしたハプスブルク家系図（抄）

フィリップ美公の父となった。美公はカスティーリャ王女との婚姻によって子孫たちに多くの土地を手に入れたので、帝国は非常に広大なものとなっていく。それゆえ帝国には、全体を俯瞰する監視が必要になる。ちりぢりに散らばった民族をまるで一同に会しているかのように容易に統治する手段が、皇帝たちに提供されなければならなかった。この栄誉がタッシス家のものとなった。家長たちはすばらしい郵便事業を提案し、それはまた皇帝たちによっても彼らに委託されたのである。[47]

皇帝マクシミリアンは「ヨーロッパにまたがる計画」をかかげた最初のハプスブルク家長であり、ハプスブルク家の政治上・王朝上の利益は、迅速な情報伝達にますます頼らざるをえなくなっていく[48]。

政治構造と情報伝達制度

歴史的に比較してみると、郵便サービスの創設――

リレーシステムの宿駅を定めて騎馬配達人を交代させる――は、ほとんど常に帝国の構造と結び付いていたことがわかる。おそらく最初の「帝国郵便」を持っていたのは、古代ペルシャの世界帝国だろう。それに続いたのが古代ローマ帝国であり、アウグストゥスによって敷設された公用郵便網――「クルスス・プブリクス」――はすでに、ドナウ河とライン河沿いの地域を包括していた。拡充された国道を用いた古代ローマのリレーシステムは、一日に三百キロメートルというスピードを可能にしたと言われる[49]。国道沿いには一日の旅程（三十―四十キロメートル）の間隔を置いて宿泊施設がそなえられ、さらにまたそのあいだには追加の馬交換駅が設けられていた。マルコ・ポーロによって記述されたモンゴル帝国の郵便システムも、インカ帝国の高度な走者郵便システムも、このカテゴリーに入る。それぞれの帝国は、国内の距離が大きかったため、迅速に機能する情報伝達システムを必要とした。十八世紀ドイツのもっとも有名な郵便理論家ヨーアヒム・エルンスト・フォン・ボイスト[50]の言葉を借りてみよう。

君主が自分の国内で起こった出来事に関して、即座に、頻繁に、そして確実な情報を持たないならば、王権は非常に早く交替しているだろう……特にどこにでも偏在できるわけではない国の支配者にとって、頻繁な情報と早急な報告を得て、それに従いみずからの行動命令を与えるより必要なことがあろうか。人はしばしば状況に応じて迅速な情報を与えたり所有しなければならない。しかしどのようにしてか。そのためにも宿駅の敷設が必要なのである。[51]

遠方貿易に関心のあった中世後期イタリアの裕福な都市共和国を別にすれば、郵便のように費用のかさむ情報伝達システムに伝統的な社会が出資できたのは、大帝国を建設する場合だけだった。宿駅の騎馬配達人、馬、そして施設は、常に維持費を必要としたからである。帝国に必要だったのは、そのときどきの支配者と行政が郵便システムを所有していることであった。この点において、ヨーロッパにおける皇帝の郵便もしくはスペイン領ネーデルラントの郵便は、あらゆる同類の郵便と一線を画すことになった。フランツ・フォン・タクシスは私的な情報伝達のために郵便を開設し、郵便に新たな次元を開いたのである。それは、ビジネスであった[52]。

必要な専門知識を持っていたイタリア出身のタクシス家

タクシス家はすでにイタリアの情報伝達システムで有名になっていたが、そのメンバーに皇帝の郵便制度の創設が委託された。十五世紀半ば、以前の「飛脚」に代わって「郵便」を自由に使えるのは、ミラノの他には、ヴェネチアと教皇領だった。最初に登場するタクシス家の人は、ガブリエル・デ・タッシスであり、一四七四年以降、つまりシクストゥス四世の時代（在位＝一四七一年—八四年）、教皇の郵便局長としてである——これは、十七世紀の系譜学者たちにとっては周知の事実である[53]。タクシス家は、一四七四年から一五三九年まで、ローマで教皇の郵便局を運営した[54]。一四八〇年、「ヨアネトゥス・デ・ベルガモ」という人が、教皇の急使として、ヴァチカンの金銭出納簿に記載されている。彼は、書信を持ってドイツの皇帝へ送られたが、しかしのちに王の郵便局長となる人物と同じだったかどうかは確実ではない[55]。

タクシス家によってヨーロッパの郵便制度が創設されたため、Post という中心概念以外に、多くの他のイタリア語が情報伝達システムには残されている。イタリア出身のタクシス家は、ドイツ、ネーデルラント、スペインへ移住したのちも故郷との接触を長く保持し、ロンバルディアの言葉を「輸出した」のである。Post, Postillion（郵便馬車の御者）、Kurier（急使）、Porto（郵便料金）、Franko（受取人払い）などは、ヨーロッパ中で用いられた。珍しいドイツ語の概念「Felleisen（郵便行嚢）」あるいは「Valleis（小型かばん）」もイタリア語の「valigia（旅行かばん）」（フランス語の valise）

から派生した。「Felleisen」は、騎馬配達人が馬上で自分の後ろに固定し、鍵を掛けることができた郵便袋のことをいう[56]。そののち時代の経過とともに、イタリア語・ドイツ語の合成語がドイツ語を豊かにしていった。Postreiter（騎馬郵便配達人）の他に、Postbote（郵便配達人）、Postamt（郵便局）、Postkutscher（郵便馬車の御者）、Schnellpost（速達便）、Eilpost（速達便）、Postanweisung（郵便為替）、さらにAnsichtskarte（絵葉書）やKunstpostkarte（美術作品の色刷り絵葉書）を含んだPostkarte（葉書）、Postsendung（郵送）、Postgeheimnis（郵便の秘密）、Postpaket（郵便小包）、Postscheck（郵便小切手）、Postverwaltung（郵便行政）、Postwertzeichen（郵券）、Postwurfsendung（ダイレクトメール）、Postzug（郵便列車）、Feldpost（軍事郵便）、Luftpost（航空便）、Postbeamte（郵便局員）、Postler（郵便局員）、Bundespost（連邦郵便）、Postminister（郵政大臣）が加わった。Postの概念は、十八世紀までには一般に普及し、道のりもPosten（宿駅）によって測られるほどになった[57]。多くの他の概念も郵便経営と関係している。つまり、postalisch（郵便の）、postlagernd（局留めの）、postwendend（折り返しの）、frankieren（切手を貼る）である。今日もはや使われていない語「postieren」は、旅行を続けるために宿駅で新しい馬をもらうことを意味した[58]。

タクシス家が王マクシミリアンに雇われる

タクシス家の最初の人として、「郵便局長ヨハネット・ダックス」*がチロルの労働賃金出納簿に掲載された——彼は、すでにヴェネチア共和国と、おそらくはまた教皇にも仕えていたあの男「ヨアネトゥス・デ・ベルガモ」と同一人物

---

* **ヨハネット・ダックス**　ドイツ語表記の「ヨハネット・ダックス」、「ヨハン・ダックス」は、イタリア語表記の「ヤネットー・デ・タッシス」と同一人物である。

図 5　皇帝マクシミリアン 1 世が郵便配達人に書信を手渡している。マクシミリアン 1 世は、アルプス山脈の北における最初の郵便の委託者だった。(『白王伝』の挿絵)

であろう。ここでは、イタリア人ヤネットー・デ・タッシスが、ヨハン・ダックス[59]というドイツ語名に安易に書き換えられている。一四八九年十二月二十一日、侯の財務庁《カンマー》は、「郵便のために」三百金グルデンを彼に送金した。この金額は翌年一四九〇年付にされている。のちに、ヤネットー・デ・タッシスは、王（のちの皇帝）マクシミリアンに雇われたことについてみずから次のように述べている。

陛下に呼ばれ、自分は陛下にお仕えするために、古くからの職業上の繋がりと後援者すべてを投入した。[60]

同じ一四九〇年、ヤネットーの弟フランチェスコと甥のヨハン・バプティスタ・フォン・タクシスもこの出納簿に報酬の受取人として記載される。フランツ・フォン・タクシス＊は、のちにブリュッセル（一五〇一年—一七〇二年）、フランクフルト・アム・マイン（一七〇二年—四九年）に本拠地を持つ帝国郵便総裁（Reichsgeneralpostmeister）の始祖であり、その後はレーゲンスブルクに居住するトゥルン・ウント・タクシス家の先祖である。彼が最初に言及されるのは、一四九〇年二月一日である[61]。

当初一年半のあいだ、つまり一四九一年七月まで、インスブルックの会計院《ライトカンマー》は合計で千六百ライン・グルデンを出費した。平均して年に約千グルデンである[62]。だが、郵便創設の全費用がそれによってカバーされていたということはまずないだろう。タクシス家がさらに別の方面から収益を得ていたことがわかっているし、将来性のある投資として郵便の未来に自己資金もつぎ込んでいたにちがいない[63]。

＊　**フランツ・フォン・タクシス**　ドイツ語表記の「フランツ・フォン・タクシス」は、イタリア語表記の「フランチェスコ・デ・タッシス」と同一人物である。

『メミンゲン年代記』に記載された一四九〇年の郵便

さて、郵便制度は本当に一四九〇年に創設されたのだろうか。それともインスブルックの会計院《ライトカンマー》の送金は――頻繁に見られるように――無駄な企画に費やされただけなのだろうか。郵便制度の設置を示唆する証明としては、『メミンゲン年代記』の有名な記述があり、それは次のように簡潔に語っている。

一四九〇年……
この年、郵便が整備され始めた／ローマ王マクシミリアン一世の命令に従って／オーストリアからネーデルラントまで／フランスまで／そしてローマまで／全道程ではひとつの宿駅から次の宿駅までは五マイル離れていた／ひとつはケンプテンにあり／ひとつはメミンゲンの北三時間のプレスにあり／ひとつはエルヒンゲンの橋のふもとにあった／そして先へと続いていく／配達人は一時間ごとに出発して一マイル進まねばならなかった／この一マイルには馬に乗って二時間かかる／そうでないと、賃金から差し引かれることもあり／昼も夜も馬に乗らなくてはならなかった。書信はしばしばここからローマまで、五日のうちに届いた。[64]

クリストフ・ショーラーの印刷されたこの年代記は信頼できるのだろうか。たぶん、信頼できるだろう。なぜならそれは、十六世紀初頭のより古い二つの手書き年代記に遡るからである[65]。十六世紀初頭といえば、郵便の創設が年輩の人々の記憶にまだ残されていた時代であった。古いほうの年代記の正確なテキストをショーラーの文面と比較すると、興味深い。まだマクシミリアンが生存していた時代に手書きされた『メミンゲン年代記』の記載は、次のような言葉で始まる。「一四九〇年…… 要するにこの年、ローマ王はオーストリアからネーデルラント、フランス、ローマにまでも、騎馬郵便を設置した……」。ショーラーは、路線区間に関する次の記述を、古い年代記からほとんどそのまま借用した。ただし自分がそれほど関心のない箇所は取り除いてしまっている。しかしその箇所こそが、初期の郵便制度を知るうえで有益である。

……そして全道程では、宿駅相互は五マイル離れていた。ひとつはケンプテンに、ひとつはプレスに、ひとつはエルヒンゲンの橋のふもとにあった。それゆえ、ずっと五マイルづつ離れていたのだ。郵便配達人は別の配達人を待たねばならなかった。別の配達人が彼のところに馬でやってくると、ホルンを吹く。宿駅にいた配達人はそれを聞き、すぐに仕度をしなければならない。誰でも一時間ごとに出発して一マイル進まなければならなかった。何かあったら賃金から差し引かれた。そして昼も夜も馬に乗った。書信は、メミンゲンからローマまでしばしば五日のうちに届いた。それが本当に可能だったのか、私にはわからない。[66]

『メミンゲン年代記』が特別な地位を占めている理由は、残されている一五〇〇年の郵便時間証が証明しているように、プレスとボースに宿駅を持つ最初の郵便路線がメミンゲン（メミンゲンは帝国都市―訳者注）の領邦を通過していたことである。これに対して、最古の郵便路線はふつうはまだ帝国都市を回避しなければならなかった[67]。

財務本庁《ホーフカンマー》の出納簿におけるマクシミリアンの郵便

「郵便」という概念は、チロルの出納簿に、先に述べた一四八九年十二月の記入以前には一度も登場しない。しかしそれ以降は、絶えず登場してくる[68]。ある郵便局長の言及によれば、一四九〇年に計画されていたのは、決して一時的な創設ではなく、情報伝達制度の根本的な改革であったことがわかる。このことは、帝国都市シュパイアーに宛てた一四九〇年八月十四日付のマクシミリアンの文書からも明らかになる。彼はそこで、六十グルデンの補助金でひとつの宿駅を開設するよう要求した[69]。こうした郵便費用の記入は、またたく間に帳簿上の固定項目となった。最初に記入されている金額——三百ライン・グルデン——は、マクシミリアン王が口頭でその支払いを指示した支出のひとつである。これらの出費は、特別基金で賄われた。その特別基金は、マクシミリアンがチロルの領邦等族から統治権を継承した一四八九年に認可されたものである。またその金額も、宿駅の初めての開設にとっては並外れている。のちに、「郵便支出」という項目は固定される。それは一四九〇年／九一年の会計年度に初出したが、そこにはまだ「郵便局長ヨハネット・ダックス」という個人名の表題が付けられていた[70]。その後のいくつかの記入によって、最終的には次のように推論できるだろう。つまり、タクシス家は、一四八九年にマクシミリアンに雇われ、その時からハプスブルク帝国に郵便制度——今日の視点からすれば、ヨーロッパにおける「国際的な郵便制度」——を構築していった。一五〇三年頃、ヤネットーは、マクシミリアンに借金の返済を求めた中で、十三年の勤務を指摘しているし、一五〇八年頃のヴェネチアへの申請書には、皇帝のために二十年勤務していると記している[71]。

インスブルックの財務本庁《ホーフカンマー》の支出は、郵便の発展にとって信頼できる物差しではない。郵便は、しばしば他の財源からも賄われていた。それにもかかわらず明らかなのは、一四九〇年代が経過するうちに、「宿駅」に対する支出がたちまち増加していったことである。一四九五年と一四九六年には、会計院《ライトカンマー》の平均的な年支出は、「郵便のために」およそ二千三百グルデンに達した[72]。一五〇九年から一五一六年までに、インスブルックの財務庁《カンマー》出納簿の郵便支出は千百五十八グルデンから四千三百八十六グルデンへ上昇し、それに対して飛脚の賃金経費は千グルデンから千四百五十八グルデンのあいだに停滞していた[73]。全体として郵便は、インスブルックの全予算の〇・六％から一・五％の割合を占めていた[74]。南ドイツの郵便路線は、初期の段階では頻繁にコースを変えていた。というのは、郵便路線は

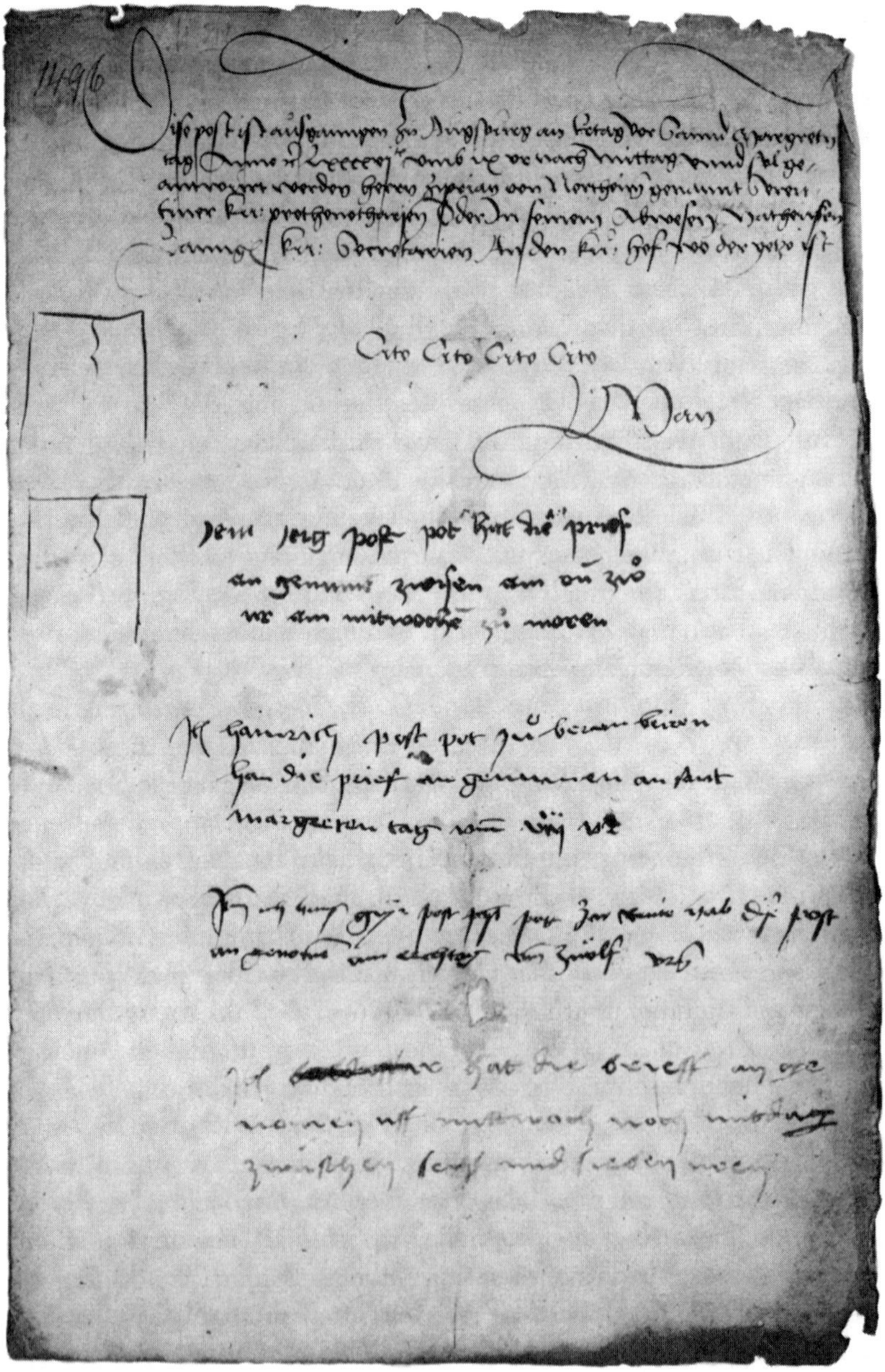
1496

Cito Cito Cito Cito

図 6　「この郵便はアウクスブルクで発送された……」。1496 年の郵便時間証。左には絞首台、中央には郵便配達人に宛てたモットー「速く、速く……」。

常に王の居城に通じねばならず、しかし王はその宮廷とともにあちこち移動したからである。事実、神聖ローマ帝国は、他の諸国のように、確固とした首都を持たず、一連の主要地を有しているにすぎなかった。皇帝マクシミリアンがミラノ公女と再婚したのち、一四九四年以降、ミラノはハプスブルク郵便の視野に入った。例えば一四九六年、ミラノからグラウビュンデンのクールへの郵便路線は、ヤネットー・タッシスの支配下にあった。その他にも、暫定的に、ミラノからコモ湖、ヴェルテッリーナ、ウムブレイル峠（＝ヴォルムス・ヨッホ）、レッシェン峠を経由して、インスブルックへ行く郵便路線が存在した。一四九五年―一五〇〇年にミラノ―インスブルック郵便路線が存在していたことは、現存する郵便時間証が証明してくれる[75]。また、インスブルックからフライブルク／ブライスガウとエンジスハイムを経由してシュトラスブルクへ至る郵便路線もあり、それはさらにラインハウゼンの近くで再び幹線インスブルック―ブリュッセルに合流した。最後にアルプス主稜線の南側のコースもあり、それは、ブレンナー路からプスター谷を経由して東チロルのリエンツへ、さらにフィラッハ、クラーゲンフルト、グラーツ、ゼメリング峠を経てウィーンへと通じていた[76]。

この早期の郵便路線から外れていたのは、ドイツの北と東の全地域であり、そこには、ハプスブルク家が領地への関心を示さなかった。

初期の規模については、控え目に考えなければならない。ドイツ郵便全体の従業員は、最初、八十人ぐらいだったと思われる[77]。その理由は、郵便が当初は支配者の要求にのみ役立っていたからである[78]。インスブルックの会計検査庁《カンマー》は、常に、郵便を宮廷書記局の延長とみなし、郵便局長たちにできるだけ権限を認めないという立場に固執していた。

期限に遅れがちな支払者マクシミリアン

皇帝マクシミリアン一世は、タクシス家にとって支払い能力に富んだ顧客ではなかった。ヤネットー・タッシスにだけでも——彼は一五〇四年「郵便局長ヤネトゥス」と呼ばれている——一五〇六年までに、九千二十ライン・金グルデンの借金があった。マクシミリアンがその支払いを滞納していたからである[79]。皇帝は、慢性的に支払い不能だったが、利益を生み出す抵当を質入れすることでそれを清算しようとした。彼はすでに一四九四年、「我々の郵便局長ヨハンセン・デ・ダッシス」に、ケルンテンのプレセック管区《アムト》と城を数年のあいだ質入れしている。一四九六年には、今日のユーゴスラヴィアのアドリア海岸クライン沿海地方にある「ヴィッパッハのパムキルヒャーの塔」を抵当として差し出した。一四九八年にはケルンテンのアラウン鉱山がヤネットーに与えられ、一五〇四年にはイストリアのバルボナ管轄区裁判所付属のレックル城が担保として提供された。その収益は年に二百グルデンと見積もられた[80]。一五〇四年頃、ヤネットーは、ある申請書において、自分は十三年来、五百グルデン以上をもらったことはなく、王に仕え、若い頃から得てきた自分の全財産をほとんど使い果たしてしまったと主張している[81]。一五〇五年、マクシミリアンは、ヤネットーが要求した七千六百五十七グルデンという借金の返済を合法的と認めた。しかしいくつかの抵当を質入れしたにもかかわらず、その金額は、一年のうちに、前述した九千二十グルデンにまで跳ね上がってしまった。コンスタンツから（ブリュッセル近郊の）メーヘレンへ、郵便が短期間で敷設されたためである[82]。

郵便の委託主は常に支払いを滞納していた。インスブルックの財務本庁《ホーフカンマー》制度の第一級の見識者であるアンゲリカ・ヴィースフレッカーによれば、郵便資金の大部分は、マクシミリアンの時代、紆余曲折を経て調達されたにちがいないという[83]。オーマンは、郵便制度の開始に関するその基本的な著書の中で、次のような問いを立てている。なぜ、タクシス家はストライキをせずに、自己資金を投入して経営を維持し続けようとしたのか、と[84]。その問いには間接的に答えることができる。ヤネットーはオーストリア・ヴェネチア戦争によって彼のレーエンを失っただけではなく、長い年月を囚われの身で過ごさなくてはならなかった。にもかかわらず、彼は莫大な財産を蓄えることができた。それゆえ、一五一七年に亡くなる前に、弟のレオナルドとフランチェスコならびに甥のヨハン・バプティスタを相続人にすることができたのである。ただし、その条件は、彼らが彼の娘カタリーナに千グルデンの持参金と年に五十グルデンの年金を支払うというものであった[85]。フランツ・フォン・タクシスも、一五一七年に亡くなったとき、裕福だった。数枚の絵や、ブリュッセルのノートルダム・デュ・サブロン教会の墓に彼自身によって寄進された祭壇が示しているようにである。四枚の記念碑的なタペストリーには、貴族や皇帝のかたわらに、老年で肥満した郵便の「創始者」が描かれている。フランツ・フォン・タクシスは、郵便の「創始者」とわかるように、手に一通の書簡を持っており、タペストリーには、個人のモットーとして、自負心旺盛で業績を強調する言葉「私には委託されるべき理由がある」が織り込まれている[86]。

タクシスと南ドイツの金融業界の大物たち

皇帝が慢性的に支払い不能だったことが、いくつかの結果をもたらした。第一に、タクシス家は皇帝の銀行家、つまりアウクスブルクのフッガー家と早い時期に接触することになった。フッガー家はのちにタクシス郵便の最良の顧客のひとつになる。すでに一四九二年、郵便が創設されてわずか二年後、「裕福な」ヤーコプ・フッガーは「ヨハン・ダックス郵便局長」に支払いをしなければならなかった。毎年、この事態は繰り返された[87]。第二の結果は、郵便局長職の「封臣化」の傾向であった。貴族に列することも含めて、レーエンや称号を授与することは、皇帝にとっては、現金で支払うよりも常に容易であった。第三の結果は、タクシス家が経営学的な思考を迫られたことであった。具体

図7　定期的な通信は、ヨーロッパ「世界経済」の成立を促進した。16世紀の大商人の帳場。

的には、騎馬郵便配達人が私信を受け取ることによって、タクシス家が郵便を自己資金で調達していくことである。

そしてこれこそが、かつての大帝国に見られた同類の制度と帝国郵便との決定的な違いだった。かつての郵便制度はどれも、支配者たちだけにそれを利用する権利が与えられていた。タクシス郵便は、早くから、私信に開かれねばならなかった[88]。すでに一五〇〇年頃、アウクスブルクの銀行家ヴェルザー家の書信は、報酬を受け取って輸送されていたし、ケルン市の書信も同様だった。これらは決して特殊なケースではなかったのである。皇帝が支払い不能だったことや、またみずからの素質のおかげもあって、タクシス家は最初から官吏であるだけではなく、特有のどっちつかずの立場を取り、打算的な企業家ですらあった。その企業家としての活動により、早くから、さまざまな郵便業務が展開された。つまり、書信の輸送に、小包の運搬、送金、為替、そして最終的には——始めは貸し馬の用意によってだったが——人間の輸送が加わった[89]。タクシス家は、郵便路線の敷設のために常に総額だけを受け取り、宿駅長たちには自腹で支払わなければならなかった。タクシス家はそのことをかなり高額の利益を期待して行ったが、もちろんその利益は、インスブルックの会計検査庁《レントカンマー》の予測不可能な支払いからは得ることができなかったのである。

一五〇一年以降のタクシス郵便の中心地ブリュッセル

早い時期にブリュッセルに移り、マクシミリアン一世の息子フィリップ美公に雇われたのは、フランツ・フォン・タクシスであった[90]。ネーデルラントの君主フィリップは、一五〇一年三月一日、フランツ・フォン・タクシスを「宮廷郵便局長」に任命し、宮廷出納から二十ソル（＝四十グロッシェン＝一リーブル）の日当、すなわち年に三百六十五リーブルを与えた。おそらくこれは個人の給料であり、一方で、郵便費用はチロルにおけるのと同様、財務本庁《ホーフカンマー》から支払われていた[91]。フィリップはこれによって彼の父の郵便政策と繋がり、ドイツの郵便制度を新しい生命で満たした。というのも、十一年の歳月を経ていた郵便路線が、ネーデルラントからドイツを端から端まで通ってハプスブルク・ドイツの宮廷へと維持されたからである。ブリュッセル—インスブルック郵便路線である。

いまや、支払い不能な皇帝の代わりに、より裕福な親類たち、つまりスペインの王たちがドイツの郵便制度を支払うという奇妙な発展が始まった。のちにこの現象は、タクシス郵便をめぐる対立が起こるたびに繰り返し浮上してくる。まずもってこの資金調達方法は、タクシス郵便という「国際」企業を、インスブルックの会計院《ライトカンマー》よりも堅実に支

図 8　フィリップ美公
（出典：佐藤弘幸『図説　オランダの歴史』河出書房新社、2012年、34頁）

えた。ネーデルラントの支援は、全路線でタクシス家の立場を強化した。さらに同じ一五〇一年には、バプティスタ・フォン・タクシスが皇帝マクシミリアンの宮廷郵便局長になり、またシモン・デ・タッシスも郵便局長に任命される。そして一五〇四年にはガブリエル・デ・タッシスがアルプス地域の交通の集結点であるインスブルックの郵便局長になる。「デ・タッシス会社《コンパニーア》」がその地位を確立し始めた[92]。一五〇五年三月に皇帝マクシミリアン一世が彼の息子であるスペインのフェリペ一世（＝フィリップ美公—訳者注）と会ったのち、オーストリア郵便の秩序も整い、インスブルックから先の区間はチロルの財務庁《カンマー》によって支払われた。マクシミリアンは、インスブルック—ウィーン区間の書信をもはや飛脚によってではなく、郵便によってこれまで以上に輸送してもよいことを許可した。一五〇七年、インスブルックの郵便局長ガブリエル・デ・タッシスは、インスブルックからフライブルクを経由してシュトラスブルクへの郵便路線、ならびにインスブルックからブレンナー峠を経由してヴェローナへ、さらにはヴェネチアやラヴェンナへの郵便路線を経営した。遅くともこの時点から、インスブルック—ヴェローナ路線が存在した[93]。ネーデルラントとスペインを結ぶ定期的な郵便、また皇帝を結ぶ定期的な郵便は、ハプスブルク家のさらなる発展とともに、ますます大きな意味を獲得していく[94]。

タクシス郵便の国法上の地位

一五〇五年の第一次スペイン・ネーデルラント郵便契約とともに、タクシス家の無敵の進軍が始まった。郵便局長フランツ・フォン・タクシスの地位は経済的だけではなく、法的にも改善された。インスブルックの財務本庁《ホーフカンマー》とリールの会計財務庁《レヒヌングスカンマー》は、それまで実際には、郵便局長を被用者として扱っていた。この状況が、一五〇五年一月十八日のスペイン・ネーデルラント郵便契約の結果、突然変わる。一四八九年／九〇年と同様、それは、新しい郵便制度の整備へと通じる政治的事件であった。経緯はこうである。フィリップ美公は、スペイン王女ファナとの結婚によって、カスティーリャ女王イサベラの死後、一五〇四年十一月二十六日、スペイン王となった。「余がカスティーリャ王国を継承した理由で」、スペイン王フェリペ一世は、一五〇五年一月十八日、フランツ・フォン・タクシスないしフランシスク・ド・タシス——ここではフランチェスコ・デ・タッシスと呼ばれていた——と、ブリュッセルで契約を結んだ。この契約は重大な結果を伴っていた。つまり、従属的に雇用されて特権を持っていた宮廷郵便局長は、自発的に国王と契約する自立した企業家になっていたのである。これにより、一五〇五年一月十八日の郵便契約[95]は、郵便・企業史のうえで重要な記録であり、また、それ以上のことを意味していた。

一五〇五年の郵便契約が特別である理由は、——タクシス家とスペインのあいだに結ばれたその後の諸契約と同じように——国法上のレベルにある。問題になっているのは、（認可の時点に基づいて推測しうるように）中世の封建法の意味での一方的なレーエン授与ではなく、むしろ、自由な企業家——フランツ・フォン・タクシス——と国家とのあいだの同権の契約である。この点で、一五〇五年の契約は、国際法上ひとつの先例である[96]。封建的な関係を示す用語はその記録ではいっさい欠如しており、その代わりに「取引」が問題になっている[97]。現代の理解で国家の主権を包括するような広範な権限が、郵便総裁に委ねられた。第一に、独自の権威に基づいて、郵便局長の指示に違反した郵便職員を罰する権利である。第二に、郵便輸送を妨害したり、支援を拒絶する者を誰でも、強制的に容認させたり協力させたりする権利である。したがって、郵便総裁には、立法権、裁判権、行政権の機能が認められ、それらによって、国家から広範囲に独立した郵便事業の組織化が可能になった[98]。法的に特別な地位は、郵便事業の領域ではタクシス家に一八六七年まで残されており、それどころか、みずからの被用者に関する第一審および第二審の裁判権は十九世紀末まで保持された。

タクシス郵便の最重要路線

当初から、最重要な郵便路線は、ドイツを横断し、ネーデルラントを、とりわけ首都ブリュッセルと経済的中心地アントウェルペン[99]のある今日のベルギーを、オーストリアと結ぶ路線だった。さらにイタリアへの路線が延長されていた[100]。この路線の意義は、インスブルックをブリュッセルと繋ごうとしたハプスブルク家の政治的利害にだけではなく、おそらくはそれにもまして、各地域の経済的重要性に由来していた。中世ヨーロッパでは、二つの比較的まとまった大経済圏が形成されていた。ひとつは、イタリアを含めた地中海沿岸であり、いまひとつは、ネーデルラントを中心とする北西ヨーロッパである。イマニュエル・ウォーラーステインは、この二つの経済圏が十六世紀前半に融合し始めたと主張している。それによって、西ヨーロッパに、資本主義的特徴を持った経済システムである「ヨーロッパ世界経済」が成立し、その後、残りの世界は周縁地域としてそのシステムに併合された[101]。この「ヨーロッパ世界経済」の内部に、十六世紀前半、経済力においてすべての他の中心地を凌駕していたアントウェルペンがあった[102]。タクシス郵便はいまや、決定的な瞬間に、「ヨーロッパ世界経済」の二つの極のあいだに、他のあらゆる陸上輸送や海上輸送よりも早く、迅速な情報の伝達を提供したのである。帝国郵便が存在していなかったイタリアでは、

地図１　小縮尺図（出典：F・オーマン『郵便制度の初期とタクシス家』ライプツィヒ、1909 年）

飛脚がさらにその先へと書信を運んだ。一時的には、それに加えて、貿易商フッガー家の飛脚サービスも利用された。たとえば、一五〇九年には、ミラノにあるフッガー家の在外支店が主要駅として役立った[103]。

一五一六年の第二次スペイン・ネーデルラント郵便契約によって、イタリアが、タクシス郵便システムに正規に組み入れられた。目的地はローマ、さらに世界都市ナポリだった。まもなくナポリは、郵便路線の他の終点と同様、ハプスブルク・スペイン帝国の一部になった。アントウェルペン―インスブルック―ローマ―ナポリ路線は、成立しつつあるヨーロッパ郵便網の支柱であった。ブリュッセルから、リレー路線は、トリーアかコブレンツ沿いのラインの谷を経由して（シュパイアー近

表2　1563年のタクシス郵便の主要路線

区間	キロメートル	宿駅
ブリュッセル―リーゼル（モーゼル川）	270	13
リーゼル―ラインハウゼン（ライン河）	160	7
ラインハウゼン―アウクスブルク	235	13
アウクスブルク―インスブルック	215	12
インスブルック―トリエント（ブレンナー峠越え）	185	13
トリエント―ボローニャ	235	14
ボローニャ―フィレンツェ	100	7
フィレンツェ―ローマ	285	13
総計	1685	92

郊の）ラインハウゼン[104]へ至り、そこでライン河を渡る。さらに、クニットリンゲンとカンシュタットを経由してドイツ南西を通過し、ガイスリング山道に沿ってシュヴェービッシュ・アルプを越え、ウルムの近くでドナウ河を渡る[105]。路線はそれから、メミンゲンかアウクスブルクを経由してフュッセンへと通じ（そこで前部オーストリア郵便はフライブルク／ブライスガウへ分岐した）、そこからフェルン峠を経由してインスブルックへと至った。インスブルックで、オーストリア郵便はウィーンへ分岐した（一五六三年のインスブルック―ウィーン間には、四百七十五キロメートルに十九の宿駅があった）。しかし主要路線のほうは、ブレンナー峠を越えてボーツェン、トリエント、ヴェローナへとさらに続いた。ここで、イタリア路線はヴェネチア、ミラノ、そしてフィレンツェ―ローマ―ナポリへ分かれた。郵便システムがすでにかなり整備されていた一五六三年、ジョヴァンニ・ダ・レルバの有名な郵便・旅行案内書[106]によれば、ブリュッセル―ローマ間は**表2**のような区間に分割されていた。

政治上いつも危険にさらされていた直通路線ローマ―トリエントに代わって、ヴェネチア経由の路線も常に存在していた（ローマ―ヴェネチア間は五百キロメートルに三十三の宿駅、ヴェネチア―トリエント間は二百二十キロメートルに九の宿駅があった）[107]。イタリアと同様ドイツで

表3　1505年の書信輸送時間

郵便路線	輸送時間（単位：時間）	
	夏	冬
ブリュッセル―パリ	44	54
ブリュッセル―ブロア	60	72（＝3日）
ブリュッセル―リヨン	96（＝4日）	120（＝5日）
ブリュッセル―インスブルック	132（＝5.5日）	156（＝6.5日）
ブリュッセル―トレド	288（＝12日）	336（＝14日）
ブリュッセル―グラナダ	360（＝15日）	432（＝18日）

も、多くの都市が、タクシス郵便路線に独自の飛脚を使って繋がることが可能だった。たとえば、バイエルンの諸公は、ローマへの郵便物をアウクスブルクのタクシス郵便局へ持って行ったし、ケルン市は、市の飛脚を用いて、ミラノやアントウェルペン宛ての書信をラインハウゼンのタクシス郵便局へ送った。その後は、もっと近いヴェルシュタインへ輸送するようになる。のちにタクシスの上級郵便局の所在地となるフランクフルト・アム・マイン市も、郵便の最初の世紀には、その書信をラインハウゼンまで運ばせなければならなかった。それに対して、帝国都市プラハは、一五二〇年代、アウクスブルクに直結していた。ジョヴァンニ・ダ・レルバの旅行案内書によれば、一五六三年、四百キロメートルのその区間には十九の宿駅が存在していたという[108]。

一五〇五年以降のタクシス郵便の業績

スペイン王フェリペ一世は、フランツ・フォン・タクシスと、ドイツ、フランス、スペイン、ネーデルラントの郵便制度の改革を取り決めた。フランツ・フォン・タクシスは、自費で、以下の路線の騎馬宿駅を敷設しなければならなかった。つまり、ブリュッセルから皇帝へ、ブリュッセルからフランス王へ、ならびにブリュッセルからアラゴン、カスティーリャ、グラナダのスペイン王の宮廷へ。**表3**のような輸送時間が定められた。

郵便局長（フランツ・フォン・タクシス）は、身体、生命、財産をもって、書信の配達を保証した。それに対して彼は年に分割払いで一万二千リーブルの謝金、すなわち一五〇一年の金額の何倍も受け取った。さらにフランツ・フォン・タクシスはこの契約で、郵便輸送の独占を保証される。これは、将来の発展にとって重要だった。領邦君主の裁判権から郵便職員が自由であること、勤務上の違反行為に対する処罰権、税の免除、郵便ラッパの単独使用、職員が王の保護下に置かれることも保証された[109]。

取り決められた郵便路線が実際に敷設されたことは、同時代の往復書簡から明らかになる[110]。もちろん、アウクスブルクの貿易商フッガー家は早い時期に、タクシス郵便を利用することを試みた。そうでなければ、ヤーコプ・フッガーがインスブルックの郵便局長ガブリエル・デ・タッシスに、「彼がいっそう勤勉に時おり書信を送ってくれるように」八グルデンの年頭金を定期的に送金したことは理解できないであろう[111]。アウクスブルクの人文主義者コンラート・ポイティンガーは、一五一二年、タペストリーについて問い合わせてきた皇帝の書記長ゼルントハインに、次のように返答している。「ネーデルラントのフランシスコ・デ・タッシス」は、すでにこのタペストリーを発送したので、書記長はその輸送費の支払いについて、宮廷郵便局長「バプティスタ・デ・タッシス」と合意してほしい、と[112]。

一五一六年の契約による郵便事業の拡大

フェリペ一世の後継者であるスペイン王カルロス一世、のちの皇帝カール五世（在位＝一五一九年―五六年）のもとで、一五一六年十一月十二日、新しい郵便契約が締結された[113]。その契約は、文献の中で、「近代郵便のマグナ・カルタ」と称され、のちの郵便制度の模範となった[114]。一五〇五年の前契約と異なるのは、配達時間を短縮し、報酬を

表4　1516年の書信輸送時間

郵便路線	輸送時間（単位：時間）	
	夏	冬
ブリュッセル—パリ	36	40
ブリュッセル—リヨン	84	96（＝4日）
ブリュッセル—インスブルック	120（＝5日）	144（＝6日）
ブリュッセル—ブールジュ	168	192（＝8日）
ブリュッセル—ローマ	252	282（＝12日）
ブリュッセル—ナポリ		296（＝14日）

上げ、イタリアの郵便路線を拡張した点である。また、年老いてきたフランツ・フォン・タクシスの跡取り、その甥のヨハン・バプティスタ・フォン・タクシスを後継者として契約に入れたことであった。今後、三か月ごとの分割払い金で一万千ドゥカーテン金貨が支払われ、そのうち六千がスペイン通貨で、四千がナポリ通貨で、千がネーデルラント通貨で支払われることになった。これは換算すると二万二千リーブルである。郵便による旅客輸送は、別途に支払われなければならなかった。これによって、スペイン領ネーデルラントの郵便局長の報酬は、一五〇五年と比較して、かなり上がった[115]。領収書や、この一五一六年の契約のうえに結ばれた新しい諸契約から推測されるのは、これらの金額が、たとえいつも期限通りに完全な額で支払われたわけではなかったにしても、実際に定期的に支払われていたということである。十六世紀全般にわたって、こうした領収書が残されている[116]。ネーデルラントの国家財政と比べると、郵便費用はあまり高いものではなかった。一五四〇年代初め、「一般収入報告」の中で、国家収入はおよそ百万リーブルであることがわかる。したがって、郵便費用は、国家財政の約二％にすぎなかった[117]。

驚くべきことに、ヨハン・バプティスタ・フォン・タクシスのための一五二〇年のカール五世の文書には、一五〇一年の毎日二十ソルという古い報酬金額が再び登場する[118]。この契約は、後継者たちによって、たとえば一五六五年、レオンハルト・フォン・タクシスのためのスペイン王フェリペ二世の文書によって証明される。しかしまた、この文書に続く郵便総裁の申請書によれば、この報酬は単に費用の一部をカバーしているにすぎず、残りはタクシス家が自己負担していたことがわかる[119]。一五五一年、ハンガリー王妃でネーデルラント総督マリア（カール五世の妹―訳者注）の「郵便費用、郵便局員およびそれに属するものの給与」に関する指令の中で、タクシス家の郵便路線の実際の費用は、年に一万二千リーブル（四十グロッシェン、フランドル通貨）と定められた。これはまさに、一五〇五年フランツ・フォン・タクシスに宿駅の経営のために契約上で保証されていた金額である。経費を負担しなければならなかった郵便総裁には、出費を賄うため、郵便料金の値上げが認められた[120]。

こうした共同での資金調達は、スペインの国家破産まで機能していたようである。というのも、郵便事業の比較的大きな支障は、十六世紀前半には知られていないからである。このことから推測されるのは、少なくともタクシス側からは契約は守られていたという点である。この推測は原則的に、一五〇五年と比較して短縮された輸送時間にも妥当する（表4）。

企業組織としての「会社《コンパニーア》」

タクシス家の大きな強みは、家族の繋がりにあった。この時代、それだけが遠く離れたビジネスパートナーの信頼を保証したようである。タクシス家はのちに多くの独立した家系に枝分かれするが、最初のうちは、ひとつの会社組織のメンバーとして自分たちを把握していたことが史料で裏付けられる。たとえば一五一九年、タクシス家のブリュッセル家系の家長は、ヤネットー・デ・タッシスの後継者たちから、「デ・タッシス家族会社の総代理人」として承認された[121]。同様に、インスブルックとアウクスブルクのタクシス家系は、ヨハン・バプティスタ・デ・タッシスを会社の最高権威者とみなした。しかし彼らは、たとえばスペイン、ミラノ、ローマ、アントウェルペンの郵便

図9　アラビア衣装をまとった郵便総裁ヨハン・バプティスタ・フォン・タクシス（1470年―1541年）。
（J・シフレティウス『タクシス家の栄誉の徴』、アントウェルペン、1641年）

局長たちと同じように、ヨハン・バプティスタと直系の血縁関係にはなかった。こうした企業組織、「会社形態」の人的会社は、中世後期と近世初期に特徴的である[122]。同時代に見られるそうした「家族会社」として、その他に、メディチ家、ストロッツィ家、フッガー家、ヴェルザー家、ロートシルト（ロスチャイルド）家などがある。家族会社は、共通の「商標」——タクシス家の場合は、アナグマの紋章であり、一五一二年以降は、「成長する」帝国鷲と組み合わせられた——と、一人の「支配者」を有している。家長はたいてい最年長者と同一人物であり、タクシス家の場合は、ブリュッセル家系の長老であった[123]。百年前、経済史学者のリヒャルト・エーレンベルクは、無造作に、この代々の家長たちを「血縁関係のある資本家一族のボス」と呼んだ[124]。

子孫たちは、組織に長く馴染むと、後継者として本社を引き継ぐことが許されるようになる。「会社《コンパニーア》」はいわば君主制のように運営されたので、最終的には、経営者個人の能力が企業の成功を決定した[125]。これが会社《コンパニーア》組織の弱点であった。すでにルネサンスのフィレンツェでは、第三世代が危機を意味することが知られていた。フッガー家でもヴェルザー家でも、メディチ家でもストロッツィ家でも、企業精神は衰えた。多くの商会はスペインの国家破産とともに倒産したり、十六世紀が経過していくと、そのメンバーたちは所有地に逃れたりした[126]。

もちろんこの例外にあったのがタクシス家であり、彼らは一度ならず何度も危機を生き延びた。初期には、家長かつ企業経営者は、業績と社会的要因を結び付けて選ばれていたようである。フランチェスコ・デ・タッシスの支配的な地位は、一四九〇年、まだ絶対的ではなかったし、同様に、後継者のヨハン・バプティスタは、「相続者」の地位を得ていなかった。フランチェスコは一五一七年、子孫を残さずに亡くなり、郵便組織の経験を積んだ他の多くの近親者たちが、遺産相続に名乗りを挙げてもおかしくなかった。ヨハン・バプティスタの死後、相続をめぐる状況は少し変化したように見える。郵便総裁フランツ・フォン・タクシス二世（在職＝一五四一年―四三年）は彼の三男だった。しかしその二世が期せずして早死にすると、まだ二十歳のレオンハルト・フォン・タクシス（在職＝一五四三年―一六一二年）が後継者として仕立てられたが、彼はその任務には若すぎた。ここで同族意識がその真価を発揮する。熟練したアウクスブルクの郵便局長ゼラフィーン・フォン・タクシス一世がブリュッセルへ赴き、レオンハルトが未成年のあいだ、会社《コンパニーア》が機能していくことを保証した[127]。ここに、相続順位の原則が優先されていく様子が見て取れる。

多くの会社《コンパニーア》は、重要な支社の共同経営者に、家族の一員しか採用しなかった。タクシス家も同様である。貿易会社で在外支店にあたるものが、郵便事業では配送駅だった。公用郵便の他に私用郵便と商用郵便を輸送することを意図して、戦略的に重要な地点――郵便行嚢が開かれる郵便局――には当初から家族の一員を配置したことが、文献では繰り返し記されている（これはまさに、チロルの宮廷書記局が阻止しようとしたことである）。概して、そのように配置されたのだろう。というのも、イタリアの事情に精通していたデ・タッシス会社《コンパニーア》は、おそらく、帝国にはこの情報流通という点に市場間隙があり、供給は需要を即座にカバーすることがわかっていたからである。十八世紀半ば、あるドイツ人国法学者は、次のように述べている。

しかしドイツの商人たちが、アントウェルペンやブリュッセルなどへ旅行しないでも、わずかな金額で、為替相場や税や商品すべての値段を郵便によって知ることができるやいなや、この新しいタクシス郵便には膨大な量の書信が集まってきた。そのため、タクシスは、平凡なドイツの侯領が所有することのできないほどのあり余る金を郵便制度から得たのである。[128]

この記述が十七世紀初期の状態を回顧的に映し出しているのだとしても、基本的には当時の実情を的確に描いている。

オランダ、スペイン、イタリアの会社《コンパニーア》のメンバーたち

すでに一五〇五年の第一次スペイン・ネーデルラント郵便契約直後の時代から、スペインには、フランチェスコ・デ・タッシスの甥シモン・デ・タッシスがいた。一五一七年から一五三五年、スペインの郵便は、マフェオ・デ・タッシスが経営した[129]。タクシス家のスペイン家系の家祖になったのは、郵便総裁ヨハン・バプティスタの次男であり、マフェオ（一五三五年没）の甥であったライモンド・デ・タッシス（一五一五年―七九年）である。ライモンドは、一五三五年から一五七八年、スペイン世界帝国の「郵便総裁」だった。彼はスペイン王カルロス一世（のちの皇帝カール五世）に随伴して頻繁に旅し、とりわけドイツ、ハンガリー、フランス、チュニスへ赴いた。ライモンドは一五六八年その公職にあって、王太子ドン・カルロスの逃亡の企て*を阻止した。郵便総裁職にあったライモンドの後継者は、

* **ドン・カルロスの逃亡の企て**　ドン・カルロス（一五四五年―六八年）は、父スペイン王フェリペ二世に反逆してネーデルラントへ逃亡しようとし、逮捕監禁されて獄死した。

彼の息子ファン・デ・タッシス一世とファン・デ・タッシス二世[130]である。スペインとその王たちの支配地は、ヨーロッパ郵便路線の南西の終点であった。

ヨハン・バプティスタ・デ・タッシスの他の二人の息子たちは、戦略的に重要な別の地点に就いた。アントン・デ・タッシス（一五七四年没）は、亡くなるまで、アントウェルペンの郵便局長であり、タクシス家のアントウェルペン家系の家祖であった[131]。アントウェルペンは、十六世紀前半、世界経済の最重要商業地のひとつであり、ヨーロッパ郵便路線の北西の終点だった[132]。アントウェルペン家系と並んで、当時のスペイン領ネーデルラント（今日のベルギーとオランダ）にはさらに、会社《コンパニーア》の最高経営者たち、つまりブリュッセルのタクシス家があった。このタクシス家とスペイン王たちとの郵便契約がタクシス「郵便帝国」の基礎となった。

南東では、イタリアが、この郵便帝国の第三の支柱だった。ペルゲリン・デ・タッシスとその前任者リーエンハルト・デ・タッシスの後継者ヨハン・アントン・デ・タッシス[133]は、一五四一年から亡くなるまで（一五八〇年）、ローマの皇帝の郵便局長だった（その他に教皇の郵便局長もタッソー家から出ていた）[134]。ヨハン・アントンの後継者は、シモン・フォン・タクシス一世（ミラノ）の息子たち、ルッジェーロ・デ・タッシスとアントニオ・デ・タッシス（一五三三年―一六二〇年）であった。息子のシモン二世（一五八二年―一六四四年）とポンペオ（一五九一年―一六四六年）、孫のカルロ一世（一六六〇年没）が、その後を継いだ[135]。ハプスブルク家によるミラノ奪還ののちも、ミラノの重要な郵便局は、一五二七年から一五五〇年まで、シモン・デ・タッシスによって管理された。彼はその報酬を皇帝の会計から直接に得ていた。一五四六年、彼のもとで、有名な最古の国内郵便法が公布された。それは、路線の区間すべての郵便料金を正確に定めている。三つの主要路線は、（ピアチェンツァとボローニャを経由して）ローマへ、（パヴィアとアレッサンドリアを経由して）スペインへ、（マントヴァとトリエントを経由して）ドイツへと通じていた。ミラノは、ローマ（三十八宿駅）とラインハウゼン（三十七宿駅）とリヨン（三十六宿駅）のほぼ中間に位置していた[136]。

図10　オクタヴィオ・フォン・タクシスのアウクスブルク帝国郵便局前を走る騎馬郵便配達人たち。建物正面には帝国紋章。（銅版画、1616年）

シモン・デ・タッシスを例に取ると、会社《コンパニーア》の人材育成と国際性がよくわかる。すでに一五〇〇年、シモンは――おそらくイタリア出身である――オーストリアで財務本庁《ホーフカンマー》の郵便配達人に加わった。一五〇六年、彼はネーデルラントからスペインへ移住し、一五〇七年には、彼の兄のためにインスブルックの郵便局を管理する。その後八年間、再びネーデルラントに滞在する。おそらく一五一六年の第二次スペイン・ネーデルラント郵便契約に従い、イタリアへの郵便路線の拡張は彼によって実施された。一五一八年、彼はリーエンハルト・デ・タッシスの代わりにローマに、一五一九年にはバルセロナにいた。シモン・デ・タッシスは、ミラノの皇帝の郵便局の他に、一五二七年以降、ローマのスペイン郵便局も運営していた。彼は一五六三年に亡くなる。彼の息子たちはミラノとローマの郵便局長となり、娘のひとりはアウクスブルクとラインハウゼンの郵便局長であるゼラフィーン・フォン・タクシス二世と結婚した[137]。もちろんタクシスはヴェネチアでも活動していた。タクシス家の出身地――ベルガモ近郊のコルネッロ――は、ヴェネチアの領地の一部であった。ヴェネチアの郵便局長は、一五六六年、ヨハン・バプティスタの弟で、ヴェローナとトリエントの郵便局長であったダーヴィト・デ・タッシスの息子、ロジェリウス・デ・タッシスであった。ロジェリウスの後を継いだのが、その息子のフェルディナント・デ・タッシス、さらに、フェルディナントの息子オクタヴィオ・デ・タッシス（一六二一年―九一年）であった[138]。

オーストリアとドイツの会社《コンパニーア》のメンバーたち

タクシス郵便システムの第四の支柱は、ドイツ語圏、帝国のドイツ領域であった。インスブルックの郵便局についてはすでに前述した。ガブリエル・フォン・タクシスが引き受けたインスブルック郵便局は、アルプス郵便ルートの交通の集結点であった。十六世紀初頭、インスブルックには、相当数の郵便物が集まってくる。さらにここでは、到着するすべての郵便行嚢が開かれ、その中身が再分類された。ガブリエル・デ・タッシスは、タクシス家のチロル家系の始祖となった。ガブリエルは、一五〇四年から亡くなるまで（一五二九年）、インスブルックの郵便局長であり、その後継者は、息子のヨーゼフ・フォン・タクシス（一四九六年―一五五五年）だった。さらにガブリエルの曾孫のパウル・フォン・タクシス二世（一五九九年―一六六一年）は、皇帝フェルディナント三世の宮廷郵便局長を務めた。一六八〇年、チロルのタクシス家は帝国伯身分へ昇格した[139]。

しかしながら、その初期は順風とは言えなかった。チロルの財務本庁《ホーフカンマー》とタクシス家とのあいだの慢性的な不和は一五一三年に高まり、ガブリエル・フォン・タクシスはこの年、郵便行嚢を最初に開ける権利を剥奪された。これによって、タクシス郵便が長いあいだ秘かに大量の私信を輸送していた事実が発覚する――財務本庁《ホーフカンマー》の見解によれば、これは、皇帝の郵便を侵害するものではなかったが、決して許されないことであった。ドイツ語圏において私信の輸送が可能だったのは、郵便網のすべての結節点でタクシス家のメンバーがポストに就いていたからである。財務本庁《ホーフカンマー》代理人は一五一三年、書記長ゼルントハイン宛てに次のように書いている。

> 今日、宮廷（郵便局長ヨハン・バプティスタ・デ・タッシス）の郵便が多くのわけのわからない書信と一緒に来て、その中にはガブリエル（デ・タッシス）へのものもあった。

到着するその他の郵便物も検査していくと、各地の商人たちからの私信もあることが判明した[140]。そのため、インスブルック―ヴェローナ郵便路線が一時的にデ・タッシスから剥奪されたが、しかし一五一五年にはもう返還された。利益をもたらす私信の輸送は、一部は公認された。一五二三年、ガブリエル・デ・タッシスに月総額二百グルデン、つまり二千四百グルデンの年俸が与えられ、郵便路線の運営は彼に委託されたままとなった。この点でも、財務本庁《ホーフカンマー》はネーデルラントを手本とした。だが、インスブルックの財政状況で、毎月この金額が本当に全額支払われていたかどうかは疑わしい[141]。

インスブルックから東へは、インスブルック―ザルツブルク―ウィーン路線が分岐し、その路線は、帝国宮廷郵便局長ヨハン・バプティスタ・デ・タッシスの管轄下にあった[142]。南へ通じていたのは、インスブルック―ブレンナー―ヴェローナという重要なブレンナー路線であり、それはロヴェレートを過ぎた小さな村アヴィオで終わった。そこで書信はイタリア郵便へと渡された。一五〇七年、リーエンハルト・デ・タッシスがイタリア郵便の創設を委託された[143]。イタリア側の重点――そこでドイツ路線はイタリア路線に引き継がれるのであるが――はトリエント郵便局であり、トリエントは当時まだ半ばドイツ、半ばイタリアの都市であった。この郵便局は、のちにタクシス家のヴェネチア家系の始祖となるダーヴィト・デ・タッシスによって運営された。彼は一五〇九年、プスター谷を通ってリエンツ（東チロル）を経由しクラインのライバッハ（リュブリャーナ）に至る郵便を敷設することも任される。十六世紀半ば、このあたりにはラウレンツ・ボルドーニャ・デ・タッシスがいた[144]。そして十六世紀半ば以後、タクシス家のインスブルック家系のメンバーであるルードヴィヒ・フォン・タクシスが、ブレンナー峠から南の宿駅、つまり、ブリクセン、コルマン、ボーツェンを管理した[145]。一五一七年、インスブルックからフュッセンを経由してフライブルクとシュトラスブルクへ至る前部オーストリア郵便路線が敷設される。この路線の最重要な宿駅はボーデン湖北のマルクドルフであり、そこからコンスタンツを経由してチューリヒとミラノへ通じる郵便路線が分岐していた。ここから北へは、ラインハウゼンへの路線があった。このマルクドルフの郵便局は、ヨハン・アントン、その後はゼラフィーン・デ・タッシスによって管理された[146]。

もちろん、タクシス家は重要なライン渡河地点であるラインハウゼンを管轄しており、当初はそこで、ケルンとフランクフルトの市飛脚が彼らの郵便物を引き渡していた。ここにはすでに一五一二年以降、ゼラフィーン・デ・タッシスが、のちにバルトロモイス・デ・タッシスとゲオルク・デ・タッシスが就いていた[147]。フュッセンは、ドイツ側の郵便路線がアルプス山脈へと入り、前部オーストリアへ路線が分岐する地点であるが、そのフュッセンもまもなく独自の郵便局を手に入れた。シュマルカルデン戦争＊の後、一五四八年、タクシス家のフュッセン家系の始祖である

＊ **シュマルカルデン戦争**（一五四六年―四七年）神聖ローマ帝国内において、カトリック教会を支持する神聖ローマ皇帝カール五世とプロテスタント諸侯のシュマルカルデン同盟のあいだで起こった戦争。一五四七年のミュールベルクの戦いでカール五世側が大勝し、戦争の趨勢が決まった。

イノツェンツ・フォン・タクシスが配置された[148]。

ドイツの郵便路線で特別な地位にあったアウクスブルク

十六世紀、タクシス郵便のドイツ路線で特別な地位を占めていたのは、アウクスブルクだった。帝国議会が何度も開かれた都市アウクスブルクは、南ドイツの金融資本の中心地であり、フッガー家とヴェルザー家の本拠地であった。すでに十四世紀に、アウクスブルクの商人たちは、広範囲にわたる独自の飛脚システムを組織していたが[149]、早くから郵便に門戸を開き、十六世紀には郵便局を持つ唯一の帝国都市だった。帝国都市アウクスブルクを通過する郵便路線が一四九六年に初めて証明されている。続く二十年間、アウクスブルクを通る郵便路線は頻繁に見られたが、その郵便はまだ定期便ではなかった。それを示しているのが、一五一一年にウルムのパウル・フォン・リヒテンシュタインから皇帝の書記長ツィプリアン・フォン・ゼルントハインへ宛てた手紙である。そこでは次のように書かれている。

私は書信をすべてそちらへ郵便で送りたいが、郵便がいまどのような状態で、郵便局長がいまそれをどうしているのか、知ることができない。[150]

皇帝マクシミリアンはあちこち遠征していたので、アウクスブルクの場合も、定期郵便は必要なかった。カール五世のもとで初めて、アウクスブルクに常駐郵便局が設置される。さらに当初からタクシス家のメンバーが配置されていたことは、その重要性を物語っている[151]。

一五一五年、アウクスブルクの郵便局長アントン・フォン・タクシスが史料に初出する[152]。一五二〇年にはゼラフィーン・フォン・タクシス一世が、さらに一五二二年から一五四二年には再びアントンが郵便局長であった。そのうえ一五二〇年代には、アウクスブルクには二つのタクシス郵便局があり、ひとつは皇帝の郵便局、もうひとつはオーストリア宮廷郵便局であった。一五二九年、アントン・フォン・タクシスは二つの郵便局を兼務してひとつにすることができたが、彼の死後、後継者たちのあいだで争いが起こった。ヨハン・フォン・タクシスがオーストリア宮廷郵便局長になり、皇帝の（スペインの）郵便局は再度、ブリュッセルのタクシス本家に、つまりゼラフィーン・デ・タッシス一世のものとなる。彼は、ヨハン・バプティスタ・デ・タッシスを補助するためにブリュッセルに残り、アントン・フォン・タクシスが若い頃に結婚して生まれた息子アムブロジウス・フォン・タクシスにアウクスブルク郵便局を与えた。しかしまもなくアウクスブルクのタクシス家には激しい諍いが生じ、アウクスブルク市議会とブリュッセルのヨハン・バプティスタ・フォン・タクシスが調停のために介入しなければならなくなる。数年後、シュマルカルデン戦争でアウクスブルクは反皇帝側だったため、結局この戦争のあいだに、アムブロジウス・フォン・タクシスは市から逃亡することを余儀なくされた。市議会は市の守りを固めようとして皇帝の郵便局を取り壊しさえした[153]。皇帝カール五世によって市が征服されたのち、一五四七年、新しい郵便局長にはイノツェンツ・フォン・タクシスが就いた。彼は早速、市に損害賠償を要求する。遂に、一五四九年、有名なアウクスブルク郵便局がヴェルトアハブルック門の前に建てられた。その外観は銅版画で今日にも伝えられている[154]。ゼラフィーン・デ・タッシス一世の死後、その甥のゼラフィーン・デ・タッシス二世がアウクスブルク郵便局を継いだ。しかしゼラフィーンは未成年だったので、彼の母がアウクスブルク郵便局をオーストリア宮廷郵便局長クリストフ・フォン・タクシスに賃貸してしまう。賃貸し期間が満了したのち、六年にわたる係争が起こった。この係争からは、皇帝の郵便局とオーストリア宮廷郵便局という敵対する両派の利害が認識できる。この係争の終わりに、皇帝フェルディナント一世は、（オーストリアの）宮廷郵便局の放棄を決意し、それ以後、アウクスブルクの郵便事業をスペイン王フェリペ二世に支払わせた。

アウクスブルク郵便局が皇帝の「まったく知らないネーデルラント人」ゼラフィーン・フォン・タクシス二世に委託されてしまったことに、皇帝はたいそう失望した[155]。

帝国郵便と帝国都市――問題を孕んだ関係

帝国都市シュパイアー[156]のような重要な都市――シュパイアーも帝国議会が数多く開かれた地であり、帝国官庁のもっとも重要なもののひとつ帝国最高法院（Reichskammergericht）の所在地であった（一五二七年―一六八九年）――は、その市壁の中に郵便局を設置することを拒否した。これにより、一連の平凡な村が一級の宿駅へと昇格することになった。その最良の例が、ラインハウゼン近郊のライン渡河地点である。また、ヴォルムス近郊のヴェルシュタイン、シュトゥットガルト近郊のカンシュタット、エスリンゲン、ウルム近郊のゾフリンゲンやエルヒンゲン、メミンゲン近郊のプレスやボースなどが挙げられるだろう。

こうした拒否は何を意味したのか。第一に、帝国都市は、中世後期に大変な苦労をして獲得していた自主性を失うのではないかと恐れた。帝国都市の自立を示す顕著な例は、都市の裁判権、市壁による周辺地域からの隔離、のちには、宗派所属の決定であった。騎馬配達人は「夜に」、つまり昼も夜もやって来るので、市門を開けなければならない。タクシス家が一六一五年ニュルンベルクに郵便局を開設したとき、「夜分には門を開けない意向である」ことを確約させられた[157]。ケルンでは、夜に市壁の上を越えて郵便行嚢を引き入れる装置がわざわざ考案された。リューネブルクでは、一六四五年にもまだ、騎馬配達人が夜間には郵便を壺に入れ、その壺は市壁を越えて引き上げられた[158]。

第二に、都市は飛脚制度を持っていた。それは郵便よりスピードが遅かったが、市民たちに暮らしを支える収入を

図11　地球儀を手にする皇帝カール5世
(出典：菊池良生『図説　神聖ローマ帝国』河出書房新社、2009年、29頁)

提供した。タクシス郵便の宿駅長たちは外部から投入され、それぞれの帝国都市の市民権を持っていなかったので、市の飛脚と競合したのである。さらに、郵便の職員たちは都市の裁判権下にではなく、皇帝の特権に基づいて郵便総裁の裁判権下にあった。それゆえ郵便局は、都市の主権を骨抜きにしてしまう「国家の中の国家」だった。たいていの帝国都市が宗教改革後にプロテスタントになったのに対し、タクシス家はハプスブルク家に繋がっていたため、もちろんカトリックのままだった。こうしたことすべてによって、帝国都市に対する帝国郵便の関係は、常に問題を孕むものであった[159]。

カール五世の世界帝国における郵便の最初の盛期

一五一七年スペインのバリャドリードで締結されたタクシス家とスペインとの郵便契約後、定期郵便路線においては、各宿駅で二頭の馬が自由に使えることになった。王は、デ・タッシス会社《コンパニーア》に郵便事業の独占を認めたが、郵便路線を再び廃止する権利もいまだに持っていた[160]。ヨハン・バプティスタ・デ・タッシスのための一五二〇年六月十四日付の皇帝カール五世の任命書の中で、「これまで郵便行政と結び付いてきた収益および副収入」について初めて明確に取り上げられている[161]。カール五世はすでにスペイン王の時代、彼の将来の大帝国を束ねるものとして郵便の重

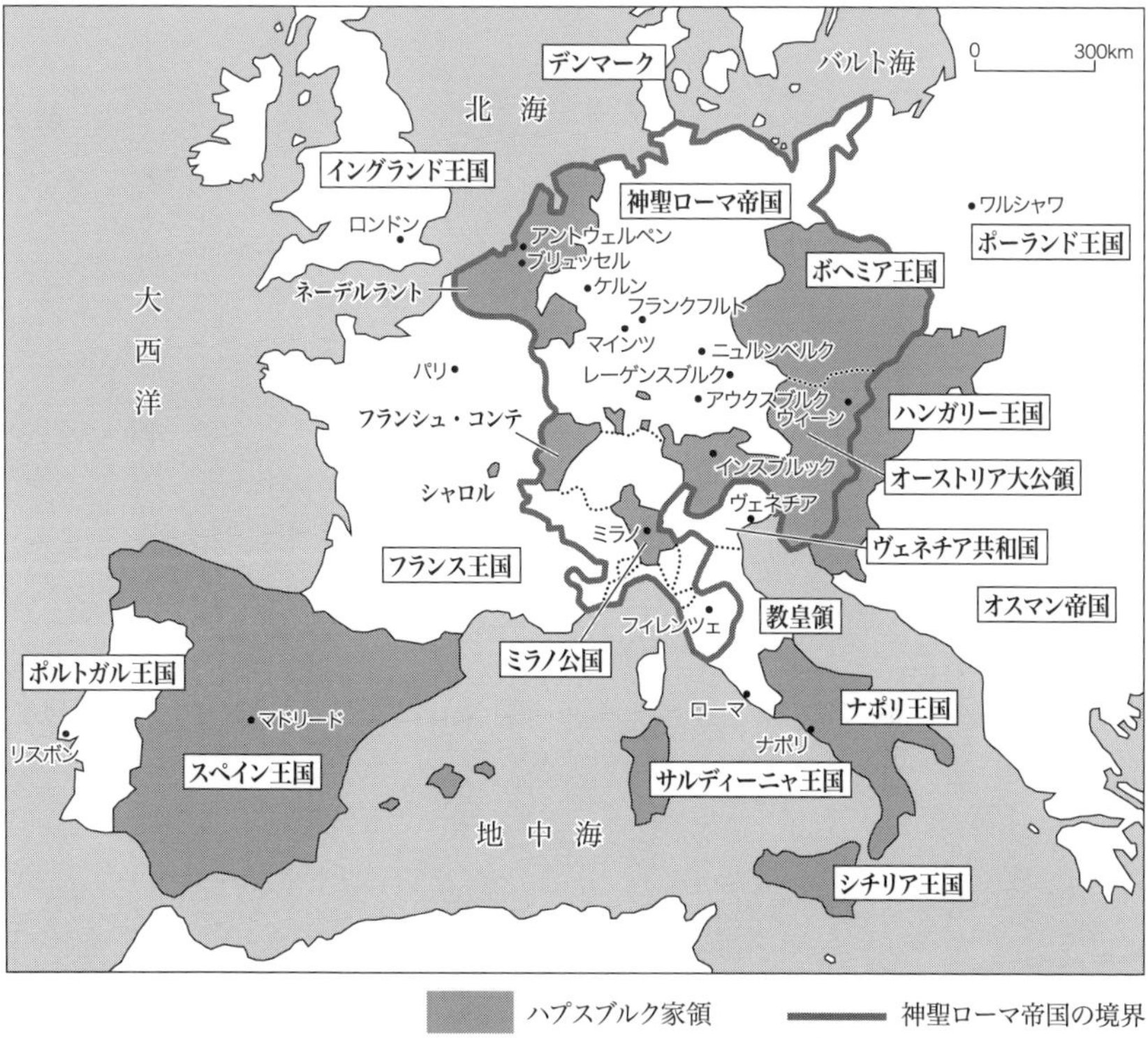

地図 2　皇帝カール５世統治下のハプスブルク家領地図（ヨーロッパのみ）

要性を認識しており、常に郵便にそれなりの支援を与えていた。当然のように、彼は皇帝即位後の一五三〇年、ヨハン・バプティスタ・フォン・タクシスを帝国のドイツ領域を含めた全帝国の郵便総裁に任命した[162]。これによって着手されたことは、十六世紀後半にさらに発展していく。つまり、スペインの助成金で支援されたタクシス郵便が、皇帝の帝国郵便へと発展するのである。

一五三〇年代のベハイム家の活発な往復書簡が示しているように、定期的な通信がいまや特定の社会層内では期待された。手紙が来ないと、人々は腹を立てた。「きみからそんな仕打ちを受けるとは、不思議だ」[163]。

そののち二十年間、タクシス郵便は確固とした地位を築き、利益を上げることが明らかになったので、ライバル企業が設立されるようになる。一五四五年には、皇帝が公用郵便だけではなく、私用および商用郵便の輸送をタクシス家の特権とみなしたことが明確になる。ヨハン・バプティスタ・デ・タッシスを保護する命令の中で、次のように言われている。

我々は、当該の郵便局長の権利と名声を守り、尽力するため、すべての商人に、……今後、当該の郵便局長あるいはその代理の名前でなければ、直接および間接的な馬の交換で書信を……送ってはならないと禁止した……。

タクシス郵便を使わずに郵便を送ることは、「古いしきたりと長いあいだの通例の慣習」に違反し、「当該の郵便局長の利権と特権」を傷つけるとされた[164]。

皇帝カール五世の時代、タクシス郵便は最初の盛期を迎えた[165]。この時代の書信の数量を挙げることはできない。しかしながら、現存する往復書簡から得る印象は、郵便は時々遅れるが[166]、しっかりと継ぎ合わされて機能する制度であり、郵便が存在するところでは、他の輸送制度よりも好まれていた、というものだった[167]。ユーリッヒ・クレーヴェ侯領の顧問官アンドレアス・マジウスの往復書簡のように広範囲な地域に及ぶものは、コミュニケーションの新たな可能性を示している。それはブリュッセル―アウクスブルク―インスブルック―ローマ―ナポリという単一のドイツ郵便路線ではとうてい不可能だったろう。しかし、都市や領邦君主の飛脚システムもまだ存在していたことを認識しておかなければならない。すでに存在していたすべてのこれらのシステムに、スペイン・ネーデルラント・ドイツ郵便の国際路線によっていわば支柱がはめ込まれたのである。その支柱は、情報伝達を垂直に北南方向へと構造化し、タクシスのイタリア路線、フランス路線、そしてスペイン路線と結び付けた。

そのための前提条件は、「定期郵便」の概念で表現されるこの結合の定期性と信頼性であった。当時の外交通信の体系的な分析からわかったように、一五三〇年代以降、「週定期便」という有名な制度が存在したことが証明できる。アントウェルペン―アウクスブルク、ローマ―ヴェネチアの区間がもっとも良く組織されており、一方で、中部イタリアがタクシスにとっては、繰り返し遅延が発生する問題地域のままだった。南部ドイツでは「アントルフィッシュ定期郵便」が信用できた。トリエント公会議（一五四五年―六三年―訳者注）以前、ブリュッセル―ローマの全路線では、当初はただ四週間ごとの「フィアンドラ定期郵便」のみが史料で裏付けられる[168]。

国法学者ヨハン・ヤーコプ・モーザーは、定期郵便を次のように定義した。

騎馬定期郵便とは、年がら年じゅう特定の日時に、郵便職員が、いつも定まった料金で、馬を使い、常に同じルートを保つ郵便路で書信を次の宿駅に持って行き、そこで、同じ書信がすぐに別の郵便職員によって新しい馬で再び次の宿駅へ、さらにまた次へと運ばれることである。

それゆえ「定期郵便」は、特別の要求に従って、より高額の料金で、臨時の騎馬リレーで輸送される「特別便」とは異なっている[169]。

レオンハルト・フォン・タクシス（在職＝一五四三年―一六一二年）の時代の「郵便料金」と「送り主負担料金」

遅くとも一五五〇年以後の数年来、書信の輸送に定額料金が存在していた。ケルン市文書庫の領収書によって明らかになるのは、ラインハウゼンのタクシス郵便経営者に――十六世紀、ラインハウゼンまではケルン市の飛脚が書信を輸送していた――ケルンからローマまでの郵便「積載量」の定期的な証明書が提出されていたことである。ケルン市の飛脚は、ラインハウゼンの郵便局長ゼラフィーン・フォン・タクシスの領収書を市の出納局に提示しなければならなかった。その領収書には次のように書かれている。

この領収書の提示者であるケルン市飛脚ハインリヒ・バウアーは、今日五月十八日、登録されたケルン市から皇帝陛下への小包ひとつと、またシュテファン・ブラウン氏宛てのものをひとつ、ラインハウゼンの郵便局に委ねて、半ターラーの郵便料金を渡した。その書信あるいは小包を私は数時間前に定期郵便で送った。その証拠として、この領収書が引き渡される。

ラインハウゼン、六四年、ゼラフィーン・フォン・タクシス、郵便局長[170]

一五六六年、ブリュッセルにいるスペイン王の郵便総裁レオンハルト・フォン・タクシスは、ラインハウゼンとアウクスブルクの郵便局長ゼラフィーン・フォン・タクシス二世に対して訴えを起こした。ブリュッセルの仲裁裁判所法廷で露呈したのは、郵便料金から上がってくる利益問題だった。郵便総裁レオンハルトはその利益が自分のものであると主張した。レオンハルトによれば、過去十年間、ラインハウゼン、シュパイアー、シュトラスブルクへの書信輸送からごまかされた利益は、年に四百カロルスグルデンと見積もられる。被告人ゼラフィーンはその会計報告を公表し、本当の剰余金をブリュッセルに納めるべきだ、というのである。しかしながらゼラフィーンは、即座に対抗計算書を仕立てた。ゼラフィーンによれば、原告レオンハルトは、ゼラフィーンの管轄下にある宿駅を「ロスハプト」から「シェッパッハ」へ、またもうひとつ別の宿駅をディディルツハイムからクニットリンゲンへ移し、そこに新しい賃借人たちを置いて、その賃借人たちにアウクスブルクの郵便局長への支払いを禁止した。これにより、三十グルデンの年間賃借料、すなわち十年間で合計三百グルデンが入らなくなった。さらに一五四三年の契約によれば、シュパイアーやシュトラスブルク、そして他の土地へ輸送されるために、書信はラインハウゼン郵便局へ郵送されてくるが、ここから生まれる利益は、自分ゼラフィーンのものとなるはずであった。自分が半年毎に商人たちと決算するこの利益を、原告レオンハルトは奪った。こうした特権を奪ったために、郵便総裁レオンハルトは二千グルデンを、加えて、ラインハウゼン郵便局長職の未払い給与九百五十七クローネと、未払いの借用書にある百五十クローネを支払うべきだ、というのである[171]。財政上の収支勘定を網羅するためには、この注目すべき係争の情報だけでは充分でない。しかしこのデータは、一五六〇年代のタクシス郵便の収益について若干のことを明らかにしている——つまり、タクシス郵便が、まだ特別に高額ではないにしても、利益を手にしていたということを。

一五八〇年代、書信にはもちろん料金前払い証が入っていた。たとえばイタリアの商用便には、「franco」ないしは「francho」、「porto pagato」のように表記されていた。またすでに着払いの書信もあった。それらには、(フラマン語で)「郵便料金を払え!」のように書かれていたが、その金額は明らかではなかった[172]。「現代的」と見える他の送付方法も、遅くとも十六世紀後半には発達していた。これに相当するのが郵便為替や「親展」(「他者ではなく本人の手元に」)[173]という覚書であり、このことはすでに、信書の秘密が基本的に認められていたことを前提としている(信書の秘密はようやく十七世紀に自然法的に根拠づけられることになる)。

書信料金の額についてはは詳述できず、いくつかの傾向を挙げることしかできない。十六世紀初頭、まだ書信が少なかった頃、料金は個人的に取り決められていた。アウクスブルクからヴェネチアへの書信料金はおよそ数グルデンだった。これは相当な金額である。しかし一五三〇年代頃から一五六〇年代頃まで、料金はかなり下がったようである。というのは、その頃、郵便による書信輸送が他のどの輸送方法よりも廉価だとみなされたからである。アウクスブルクの郵便局長ゼラフィーン・フォン・タクシス二世は一五七七年ケルンへの郵便路線を敷設させたが、このとき、手紙の重さが半オンス以上でない場合、アウクスブルクからケルンへの書信郵便料金は十クロイツェルだった[174]。ここで、書信料金にとって特徴的なのは、重量と距離に関係して、料金が定められたことである。ブリュッセルの郵便総裁はドイツから利益の一部を吸い取っていた。しかし彼の部下の郵便局長たちも、自分の給与だけで生活していたわけではなく、その他の飛脚サービスや宿駅の転貸しから収入を得ていた。つまり、宿駅長たちも利益を得ていたのである。たとえば、少しのちには、給料が未払いのためにヴュルテンベルクの宿駅長たちのストライキを組織する

図12　スペイン王フェリペ２世
（出典：新人物往来社編『ビジュアル選書　ハプスブルク帝国』2010年、83頁）

シェッパッハのヨーゼフ・デ・カレーピオがいる。その資金をどこから調達していたのかははっきりしない。しかし利益は非常に重要だったので、費用のかさむ係争が始まることになった。

ハプスブルク帝国の分割による郵便危機

皇帝カール五世の時代（在位＝一五一九年—五六年）、タクシス郵便システムの根本的なねじれ構造は長いあいだ隠蔽されていた。すなわち、ヨーロッパの郵便が、ドイツの郵便もまた、スペインの国庫金による助成で存在していた点である。一五五五年、カール五世はハプスブルク帝国の遺産を分割したが——フェリペ二世がスペイン王となり、フェルディナント一世（在位＝一五五六年—六四年）、さらにマクシミリアン二世（在位＝一五六四年—七六年）、そして遂にルドルフ二世（在位＝一五七六年—一六一二年）が神聖ローマ皇帝になった——、これは経済的問題だけではなく、法的問題も引き起こした。一五五七年、フェリペ二世は、郵便総裁レオンハルト・フォン・タクシス一世（在職＝一五四三年—一六一二年）の雇い主になった。フェリペ二世はすべての特権を認めた。これにはラインハウゼンを経由してアウクスブルクに至るドイツの郵便路線の資金調達も含まれていた。しかしいまや「スペイン」郵便は、ドイツではますます疎遠に感じられるようになった。皇帝カール五世が一五四三年にタクシス家に与えた特権がネーデルラントの書記局によってフランス語で作成されていたことに人々は反感を抱いた[175]。いくつかのドイツの領邦は、スペイン領ネーデルラントの郵便が自分たちの領内を通過することを拒否すると脅した。彼らは、「帝国内のネーデルラント機関」になることを望まなかったのである[176]。

ハプスブルク帝国の分割が郵便に影響することは明らかだった。事実、一五五九年、ゼラフィーン・フォン・タクシスのための皇帝フェルディナント一世の文書の中で、「帝国郵便」の概念が帝国のドイツ領域の郵便を表すものとして初めて登場した[177]。こうした状況下、レオンハルト・フォン・タクシス一世は皇帝フェルディナント一世に、一五四三年の任命書を承認するよう要求した。一五六三年八月二十一日、現存する郵便路線に対してはその承認が下った。それは帝国郵便のその後の発展にとって重要な文書であった。しかしながら、カール五世がタクシス家に認めていた独占の保証は含まれていなかった――そのことが、続く二百年間、帝国国法学のもっとも広範囲な議論のひとつとなっていく[178]。一五六三年の皇帝の特権に際しても妥協がなされたようである。一五六五年、郵便総裁レオンハルトは、スペインのフェリペ二世に宛てた請願書の中で次のように記している。一五六四年、彼の弟ヨハン・バプティスタ（父と同名―訳者注）は、皇帝の宮廷に滞在している数カ月のあいだに、ドイツの郵便の指揮がスペイン王国の命令権から剥奪されることを阻止したのだ、と[179]。

図13　皇帝フェルディナント1世
（出典：新人物往来社編『ビジュアル選書　ハプスブルク帝国』2010年、45頁）

ネーデルラントの反乱とスペインの国家破産

ネーデルラントでは、スペインが宗主国としての力をますます増してきた。そのネーデルラントの宗教戦争は、ドイツのプロテスタント帝国等族*にとって、「スペイン」

---

* **帝国等族**（Reichsstände）皇帝と直接に封建関

郵便を疑わしいものとした。これと関連しているのが、一五七〇年のシュパイアー帝国議会における選帝侯の鑑定である。その中で、帝国等族は皇帝マクシミリアン二世（在位＝一五六四年―七六年）に、「郵便制度を帝国に留めておき、他の手中に入れないよう」要求した[180]。のちの多くの著述家たちは、この請願を、帝国等族による帝国郵便大権《ライヒスポストレガール》の承認としても評価している。というのは、その鑑定の記述は、帝国内の統一した郵便制度を出発点とし、最高封主としての皇帝がその郵便制度の繁栄に心を配ってくれるように懇願しているからである。郵便高権がみずからの権限内にあるのに、なぜ帝国等族は皇帝に頼らなければならなかったのだろう[181]。いずれにせよ、この時代、郵便は深く根を下ろしていたので、もはや誰も郵便なしで考えることはできなかった。帝国等族たちは、次のように宣言した。

必要な仕事の即座の遂行、そして書信や召使や使節の輸送のために、どうしても郵便が必要である。事実、郵便は全体として、すべての等族や、その臣民にも、帝国の商人にも、多くの方法で役立ち快適である……[182]。

しかし問題は帝国等族と帝国の支配力との関係であり、それは十八世紀まで続くことになる。

宗教的対立が深まり、政治状況が緊張していくにつれ、十六世紀半ば以降、帝国等族の中には独自の郵便路線を敷設しようとする者もいた。それはタクシス郵便の経済上のライバルにはならなかったが、その独占を危うくした。ここで挙げられるのは、まず、バイエルン指導下の（カトリックの）ランズベルク同盟（一五五六年―九八年）の郵便である。その運営はもっぱら同盟の金庫から支払われ、政治的目的に役立つ補助金を受けていた[183]。これよりも重要なのは、一五六三年、ドイツの指導的なプロテスタント諸侯、ヘッセン方伯フィリップやザクセン選帝侯アウグストが、

係を結んでいる者。その中には、選帝侯、諸侯、伯、帝国騎士、帝国都市などがあった。

反乱を起こしたネーデルラントの代表者オラニエ公ウィレムのもとで、彼らの政府郵便の輸送のために敷設したリレー結合であった[184]。ヴュルテンベルクのようにタクシス郵便に原則的には公平なプロテスタントの帝国等族や南ドイツの帝国等族たちでさえ、ネーデルラントの宗教戦争のあいだ、郵便の政治的中立性を疑っていた[185]。それからすぐ、帝国《ライヒス》郵便《ポスト》大権《レガール》——そして、トゥルン・ウント・タクシス郵便の独占——を深刻に疑問視するようになるのは、プロテスタント・ドイツの各領邦、ブランデンブルク・プロイセン、ザクセン選帝侯領、ヘッセン、のちにはヴュルテンベルクだった。

　郵便総裁レオンハルト・フォン・タクシス一世は、もちろん、彼の封主スペイン王フェリペ二世に繋がっていた。十六世紀が経過するなか、タクシス家は私信の輸送によって富を得ていたが、郵便の維持費はあいかわらずスペイン王室の助成金と結び付いていた。一五五七年、スペインとフランスでは、国家破産の時代が幕を開ける[186]。それはタクシス家とその郵便にとっても好ましいことではなかった。スペインが二度目に国家破産をしたのち、一五六五年以降、ネーデルラントの財務官庁がレオンハルト・フォン・タクシスへの支払いを中止したため、助成金が未払いになった。このとき、国家破産の影響がただちに明るみに出たのである[187]。一五六八年、スペイン領ネーデルラントの改革派はカトリックの総督アルバ公に対して反乱を起こし、そののち戦争が八十年のあいだ続くことになる。これとともに、破壊的なスペインの国家破産は継続し、一五六〇年代後半の財政を次々と危機へ落とし入れた。

　郵便制度のリーダーたちも支払い不能になり、影響を及ぼさずにはいなかった。というのも、すべての宿駅が自分だけ

図14　オラニエ公ウィレム。オランダでは「祖国の父」としてもっとも敬慕されている。
（出典：佐藤弘幸『図説オランダの歴史』河出書房新社、2012年、39頁）

で利益を得ていたわけではなく、比較的小さな宿駅長たちは、馬を維持するため、騎馬郵便を走らせて受け取る俸給に頼っていたからである。しばらくして、利益を出していた宿駅でも、支払いの中止が宿駅長たちにとってもはや猶予できないところまできていた。俸給の支払いが不定期だったため、繰り返し、郵便が停滞した。一五六八年、グランヴェラ枢機卿は、レオンハルト・フォン・タクシスに、次のような苦情を述べた。

商人たちだけではなく、すべての政治家たちが、郵便行嚢がたいへん遅れていることに声高に不平を言っている。[188]

タクシス家が私信から収入を得ていたにもかかわらず、支払い不能になることなどありえるだろうか。カルムスは、その理由を、私信の組織が公用郵便から分離されていた点に見ている。彼の見るところでは、純益がブリュッセルに納められていたのに対して、宿駅の維持は完全に助成金から支払われていた[189]。この見解が正しいかどうかは、さておこう。とにかく、郵便路線の停滞とともに、利益源もまた枯渇したのは事実である。

いずれにせよ、レオンハルト・フォン・タクシスは、俸給の支払いをますます遅らせていった。一五六八年には、郵便総裁レオンハルトは、各宿駅長に五百から九百グルデンの借金があったと言われる。この金額は、長年の支払いが滞っていたためである[190]。一五六八年秋、数人のドイツの宿駅長たちは、アウクスブルクの皇帝の顧問官ゲオルク・イルズングに、ネーデルラントのスペイン総督アルバ公が給料を支払ってくれるよう要求してほしいと嘆願している[191]。こうした容易ならぬ状況のなか、皇帝マクシミリアン二世は、一五七〇年のシュパイアー帝国議会でイニシアティブを取り、会計局を通して四百グルデンを前払いした。だが、これは焼け石に水であった[192]。借金の返済や給与の支払いは、しばしば、ただ少額しか、あるいは部分的にしか行われなかった。ネーデルラントからの支払いは回復したこともあったようである。しかし一五七五年の次のスペインの国家破産が、この状況を改めて一変させた[193]。もっとも影響を受けたのはシュヴァーベンの区間であった。一五七六年まで、レオンハルト・フォン・タクシスは、ヴュルテンベルクの四人の郵便配達人に六千クローネの借金があった[194]。そもそも郵便がこの時点までまだ機能していたのは、宿駅長たちが副収入で露命を繋ぐことができたからである。ゼラフィーン・フォン・タクシス、皇帝の顧問官イルズング、郵便配達人たちの代理人カレーピオとのあいだの話し合いから、その副収入というのは「旅客郵便」だったことがわかる[195]。帝国都市アウクスブルクの商人たちは、こうした状況の中に、郵便制度を自分たちの支配下に入れるチャンスがあると見た。一五七七年、彼らはアウクスブルクからケルンとアントウェルペンへ「商人郵便」を設立した。この結果、一五七八年、アウクスブルクの商人たちは皇帝や帝国よりも反乱者に味方する「陰険な豪商」であると、アウクスブルクの郵便局長ゼラフィーン・フォン・タクシスは言及することになる。しかしこれによって、緊張が緩和されるわけではなかった[196]。

タクシス会社《コンパニーア》が最悪の状態に陥ったのは一五七七年であった。この年、スペインの助成金が未払いになったために郵便路線が停滞しただけではなく、オラニエ公ウィレムの反乱後、ネーデルラントの郵便が完全に消滅し、会社を指揮するレオンハルト・フォン・タクシスがブリュッセルで反乱者たちにより捕えられてしまう。一五七七年、スペイン総督ドン・ファン・デ・アウストリアが解任され、彼の支持者たちの財産が差し押さえられると、ブリュッセルのタクシス家の本拠地も被害に見舞われた。さらに、ネーデルラントの身分制議会は、郵便総裁レオンハルトを解任し、彼の代わりに、オラニエ公ウィレムの信奉者であるヨハン・ヒンケルトを指名した。レオンハルト・フォン・タクシスは、一時的に囚われたが、のちに逃亡することに成功した。一五七八年一月にスペイン軍がジャンブルー戦で勝利すると、レオンハルト・フォン・タクシスは職務と財産をようやく再び手にした[197]。そのあいだ、ブリュッセルからの支払いが停滞したため、帝国の郵便制度は、しばらくのあいだ完全に崩壊していた。宿駅長たちはストライキに突入し、定期郵便を中止したのである[198]。

「郵便改革」の開始

このような状況下、一五七八年、皇帝ルドルフ二世は、顧問官イルズングならびにハンス・フッガーとマルクス・フッガーを皇帝の郵便委員に任命した。これはまず、ゼラフィーン・フォン・タクシスとアウクスブルクの商人たちとの争いを調停するためであり、さらには、タクシス郵便の財政危機を解決するためであった[199]。「郵便改革」と名付けられる時代が始まった。それは、一五七七年、タクシス郵便の崩壊とともに始まり、一五九五年、レオンハルト・フォン・タクシスが帝国郵便総裁に任命されて終わる。先に挙げた皇帝の委員たちの課題が「郵便制度の改革」にあることは明らかだった[200]。

この時代、郵便制度の状況はきわめて複雑であった。ブリュッセルのタクシス家は二人の主人に仕えていた。スペイン王と皇帝である。なるほど両者は親戚でありカトリックであったが、彼らの政治的関心は一致していなかった。そのうえ、郵便の資金を調達していたネーデルラントは、スペイン総督に対してあからさまに反乱を起こしていた。さらに、ネーデルラントのカルヴァン派の首謀者オラニエ公ウィレムは、プロテスタントの帝国等族とも接触していた。これらの勢力のいずれも、郵便を牛耳ろうとしていたのである。ネーデルラント人たちは、ヒンケルトを自分たちの郵便総裁に仕立てていた。ヒンケルトは帝国で不満を抱く宿駅長たちの代理人カレーピオと交渉し、一五七八年には、タクシス家の完全な排除を見込んだ契約をカレーピオと結んだ[201]。ゼラフィーン・フォン・タクシスのほうはおそらく皇帝に全幅の信頼を置いていた。彼は、自営業者ヘノートをケルンの郵便局長に就かせ、そのヘノートの援助で郵便を手中に収めようと企てた。彼はそうすることで、ドイツの帝国郵便総裁職をみずからの指揮下に置くことを目論んだ。この計画は見込みのないものではなかった。というのも、アウクスブルクの企業家ロットはそのあいだに亡くなり、皇帝の顧問官イルズングは、帝国書記局においてゼラフィーンの計画を支持したからである。殊にゼラフィーンがミラノの皇帝の郵便局長ルッジェーロ・デ・タッシスとの交渉によって、資金調達を保証することができたからだった。ルッジェーロは、ブリュッセル・タクシス家の欠落により、タクシス家のもっとも裕福なメンバーとなっていた[202]。しかしこの計画は、一五八二年のゼラフィーンの死で終わりを告げた[203]。

アウクスブルクの商人、おそらくは名門市民コンラート・ロット[204]も、興味深い計画を提出した。その計画というのは、もし彼が帝国領域の世襲の郵便総裁に任命されることがあれば、郵便網を著しく拡大したい――イタリアやネーデルラントだけではなく、フランスへの郵便路線、皇帝の宮廷、すべての選帝侯の宮廷へ。さらにまた料金を下げたい。旅客郵便は宿駅ごとに四十五クロイツェルにするべきである、というものであった。皇帝の顧問官イルズングは、この提案に対して懐疑的であった。スペイン王が堅実な資金調達を保証することができないのに、アウクスブルクの一商人がどのように調達できるというのか。ロットの進撃はタクシス家にとって危険きわまりないものだった。というのは、ロットは最強のルター派帝国等族であるザクセン選帝侯アウグスト（在位＝一五五三年―八六年）によって支持されていたからである。突如、彼の計画は、「ザクセン郵便計画」として大きなウェイトを持ち始めた。そして、ザクセンが、郵便総裁職の問題とは関係なく、領邦の経済を支援するために、ライプツィヒを中心地としてザクセン郵便網を設立しようと考えていることが判明する[205]。領邦レベルでの国庫主義《カメラリズム》の経済保護貿易主義が、タクシス家の国際郵便システムをさらに脅かすものとなってきた。

帝国郵便大権《ライヒスポストレガール》の問題

一五七九年、イルズングは、アウクスブルクの名門市民ロットが郵便事業を請け負うことに反対したが、その第二の論拠は、郵便は皇帝の大権《レガール》であって商人に与えてはならないし、そのような行為は帝国を「貶し侮辱する」というものであった。宿駅を敷設し維持する権利を有する唯一の者は皇帝であるとされた[206]。これは驚くべき論拠である。なぜなら、従来、郵便はスペイン王によって支払われ、スペイン王は帝国等族ではなかったからである。それまで、大権《レガール》が問題になったことは決してなかった。しかし帝国書記局は、皇帝の郵便大権《ポストレガール》という考えを当然のようにわがものとした。もっともそこでは、郵便の組織者であるタクシス家に強く固執するつもりではいた。新たに選出された皇帝ルドルフ二世（在位＝一五七六年－一六一二年）もその計画に参入してきた。皇帝は、一五七八年十月十四日付で、すべての「副業郵便」を禁止した。そして、皇帝の特権で、騎馬および徒歩の副業郵便をその土地の当局によって逮捕させるよう、正規のタクシス「郵便配達人と郵便職員」に命令した[207]。少しのちには、マインツ選帝侯も「郵便事業の保護者（Protector postarum）」として制度化され、郵便問題に初めて登場してくる。彼が、アウクスブルクの商人たちの「無秩序な」飛脚業務をマインツ大司教領では禁止するよう、アシャッフェンブルクの代理人に命令したときのことである[208]。カレーピオと宿駅長たちは、彼らの「扇動と反抗的態度」（ヒンケルトとの契約のことである）を厳しく叱責された[209]。しかし、明らかに郵便は、一五六〇年代の宗派対立の先鋭化以来、帝国法上の問題であった。一五七〇年のシュパイアー帝国議会における帝国等族の攻撃にそれを認めることができる。この攻撃はまだスペインに対してなされていたが、皇帝の周辺で帝国郵便大権《ライヒスポストレガール》が採用されたことによって、新たな争いの火種が浮上した。帝国等族、とりわけ帝国都市と大領邦は、帝国書記局の不当な要求に異議を申し立てたのである。

十二世紀以来、国王が所有する収益をもたらす高権は「国王大権（jura regalia）」と呼ばれた。つまり、関税権、貨幣鋳造権、市場開設権、護送権、林業権、狩猟権、漁業権、鉱業権、採塩権といった主要事である。大権《レガーリエン》は中世において帝国財政の支柱であり、同時に政治の道具でもあった。というのも、国王は、他の帝国等族にそれらを授与することができたからである。すでに一三五六年の「金印勅書」において、たとえば鉱業権や採塩権のようないくつかの大権《レガール》が選帝侯に与えられていた。中央権力の分化は非常に進んだので、一五一九年のカール五世の選挙協約においては、諸侯や他の帝国等族の大権《レガーリエン》が問題になった。帝国はこの時点までに、たいていの大権《レガーリエン》を失ってしまっており、十六世紀、ドイツでは、内部へ向けての本来の高権の担い手は領邦君主たちであった。それによって、ザクセンやバイエルンのような比較的大きな帝国領邦は政治的発展を遂げることができた。さらに郵便の場合、国法上の問題が複雑になったのは、郵便が古い大権《レガーリエン》のひとつではないからだった。郵便は一四九〇年に初めて「創設」されたためである。また、タクシス家の郵便路線は、個々の領邦の境界を超えていた。だから、郵便を帝国大権《ライヒスレガール》に宣言しようとする皇帝ルドルフ二世の政治には、多少の論理性がないわけではなかった[210]。

いくつかの比較的大きな領邦、とりわけ、タクシス郵便路線に接続していない領域は、最初から独自の計画を持っていた。一五七九年の「ザクセン郵便計画」は広範なレベルで議論された。そこでは、前線の形成は宗派の境界に従うように見えた。ウィーンのオーストリア大公エルンストとフェルディナント、ならびに帝国における対抗宗教改革(反宗教改革)の先頭に立っていたバイエルンのアルブレヒト五世(在位＝一五五〇年―七九年)は、詳細な鑑定において、「ザクセン郵便計画」に所見を述べている。これまで通り、どの諸侯も、独自の郵便網の運営を阻止されてはならないというのが、カトリック諸侯の見解であった。しかしまた彼らは、皇帝以外の誰も帝国において自由通行権を与えることはできないのだから、郵便制度を皇帝の大権《レガール》であるとした。オーストリア側は政治的疑念を前面に出してきた。タクシス郵便の終焉は、皇帝が郵便をコントロールすることができなくなるというだけではなかった。

もはやいくつかの秘密を知ることができなくなるだけではない。このことから、タクシス家が政治的にハプスブルク家に奉仕していたことがわかる。その奉仕には、敵対する宗派の「政治的な」書信を開封することも含まれていた[211]。タクシス郵便の終焉は、さらに次のことも意味していた。

我々オーストリアが、他国の人々に、郵便で輸送される特に親密で重要な事柄を手渡さなければならなくなる。とりわけ、我々の関心事に敵対し、必要な忠実さや好意を持っていない人々に。[212]

バイエルンは、要求された帝国郵便大権《ライヒスポストレガール》を原則的に受け入れたが、しかし、ミュンヘンでは以下のような意見であった。すなわち、皇帝もタクシス家も、

選帝侯や諸侯や帝国等族が、通常の郵便の他に、その機会に応じて、ふだんは通常郵便のない地域に、徒歩郵便あるいは騎馬郵便を敷設することを阻止できない。[213]

このアンヴィバレンツ――帝国郵便大権《ライヒスポストレガール》を承認しながらも、そのうえで独自の郵便路線の権利を要求する――は、一五七〇年代におけるタクシス郵便の弱点を示している。その頃、郵便総裁レオンハルト・フォン・タクシスは、ネーデルラントの内乱に巻き込まれたため、郵便路線の構築を求めるアクチュアルな需要を満足させることができなかった。事実、オーストリアもバイエルンも、かなりの範囲に及ぶ独自の領邦内郵便路線を運営していた。ここでは、

ウィーンからインスブルックを経てフライブルク／ブライスガウへの路線、ウィーンからプラハへの路線、プラハからアウクスブルクへの路線、ミュンヘンからアウクスブルクへの路線、ならびにランズベルク同盟の郵便だけを挙げるにとどめておこう。

プロテスタントの帝国等族たちは、「郵便改革」の成功ののちも、皇帝が書信の輸送を独占するという考えに不快を感じていた。一五九六年、プファルツ選帝侯とヴュルテンベルク公とのあいだの往復書簡では、次のようにはっきりと書かれている。「スペインに郵便の借りがあるわけではない。むしろ郵便は自発的にやっていることである」[214]。ここで言われているのは、郵便を助成していたスペインではなく、カトリックの党派全体である。だから、プロテスタントの帝国諸等族は、皇帝の帝国郵便大権《ライヒスポストレガール》を受け入れる覚悟ができているわけではなかった。ただ全体として了解し合っているだけだった。しかしその数十年後、三十年戦争のときに、郵便戦も明らかな解決を見ることになる。

ドイツの宿駅長たちのストライキ

皇帝の脅迫は、ドイツの宿駅長たちにほとんど影響を与えなかった。一五七九年、アウクスブルク―ヴェルシュタイン間、つまりヴュルテンベルクとプファルツ選帝侯領を通る区間の宿駅長たちがストライキに突入した。ストライキを先導したのは、ヨーゼフ・カレーピオだった。彼はベルガモ出身で、タクシス家と姻戚関係にあり、アウクスブルクとウルムの間の小さな宿駅シェッパッハの宿駅長であった。エバースバッハ、カンシュタット、エンツヴァイヒンゲン、クニットリンゲン、マウダッハ、ボーベンハイム、ハンゲンヴァイスハイム、そしてヴェルシュタインの配達人たちが彼に同調した[215]。宿駅長たちは、プレッシャーをかける手段として、皇帝の郵便を阻止することも決断した。プラハの宮廷はこれに憤激し、圧力を行使しようとした。カレーピオを、首謀者として厳罰に処すべきであると

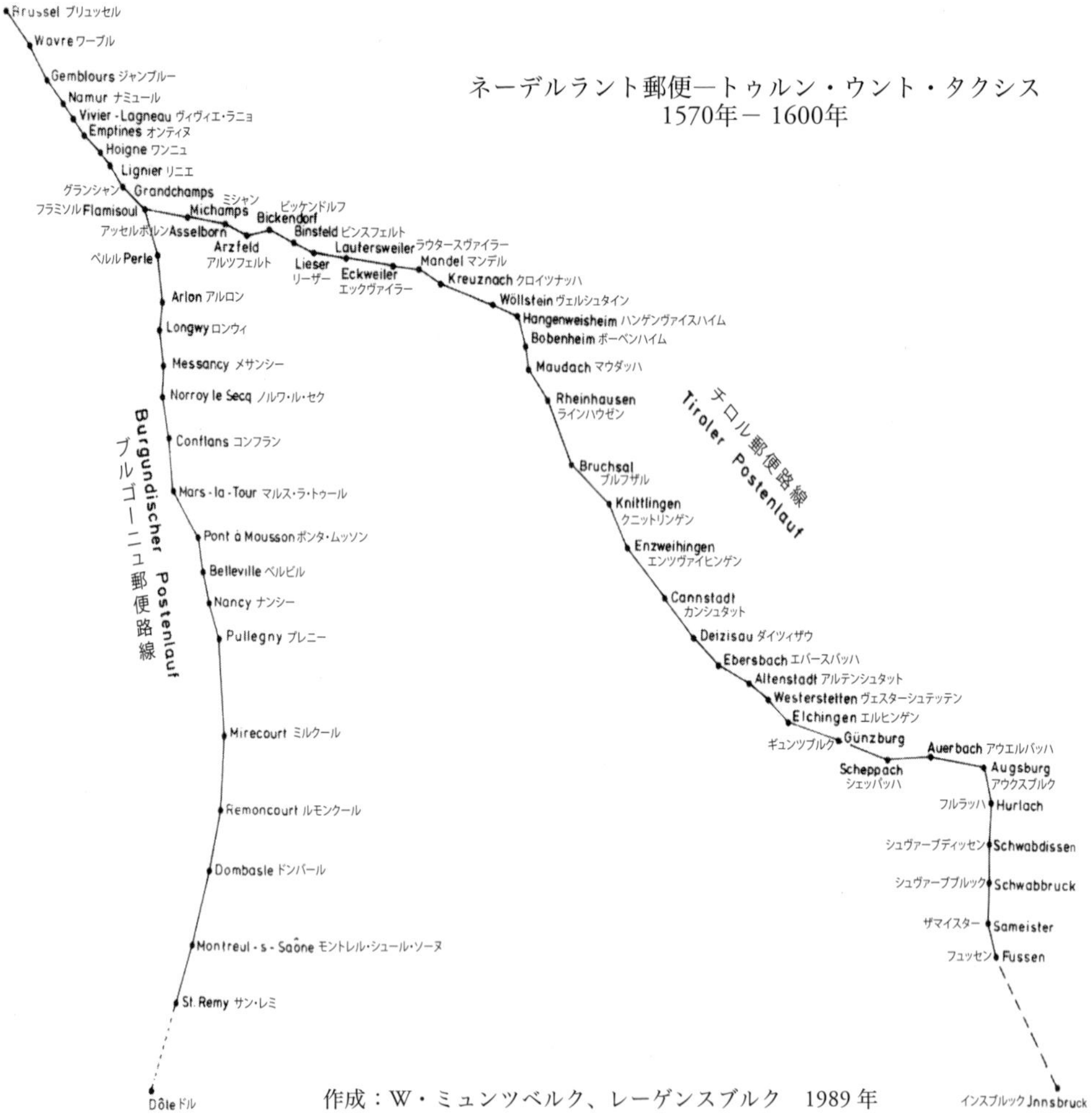
ネーデルラント郵便—トゥルン・ウント・タクシス
1570年－1600年
Brussel ブリュッセル
Wavre ワーブル
Gembloures ジャンブルー
Namur ナミュール
Vivier - Lagneau ヴィヴィエ・ラニョ
Emptines オンティヌ
Hoigne ワンニュ
Lignier リニエ
グランシャン Grandchamps
フラミソル Flamisoul
ミシャン Michamps
ビッケンドルフ Bickendorf
アッセルボルン Asselborn
Arzfeld アルツフェルト
Binsfeld ビンスフェルト
Lautersweiler ラウタースヴァイラー
Lieser リーザー
Eckweiler エックヴァイラー
Mandel マンデル
Kreuznach クロイツナッハ
Wöllstein ヴェルシュタイン
Hangenweisheim ハンゲンヴァイスハイム
Bobenheim ボーベンハイム
Maudach マウダッハ
Rheinhausen ラインハウゼン
Bruchsal ブルフザル
Knittlingen クニットリンゲン
Enzweihingen エンツヴァイヒンゲン
Cannstadt カンシュタット
Deizisau ダイツィザウ
Ebersbach エバースバッハ
Altenstadt アルテンシュタット
Westerstetten ヴェスターシュテッテン
Elchingen エルヒンゲン
ギュンツブルク Günzburg
Scheppach シェッパッハ
Auerbach アウエルバッハ
Augsburg アウクスブルク
フルラッハ Hurlach
シュヴァーブディッセン Schwabdissen
シュヴァーブブルック Schwabbruck
ザマイスター Sameister
フュッセン Fussen
インスブルック Innsbruck
チロル郵便路線
Tiroler Postenlauf
ペルル Perle
Arlon アルロン
Longwy ロンウィ
Messancy メサンシー
Norroy le Secq ノルワ・ル・セク
Conflans コンフラン
Mars - la - Tour マルス・ラ・トゥール
Pont à Mousson ポンタ・ムッソン
Belleville ベルビル
Nancy ナンシー
Pullegny プレニー
Mirecourt ミルクール
Remoncourt ルモンクール
Dombasle ドンバール
Montreul - s - Saône モントレル・シュール・ソーヌ
St. Remy サン・レミ
Dôle ドル
Burgundischer Postenlauf
ブルゴーニュ郵便路線
作成：W・ミュンツベルク、レーゲンスブルク　1989 年

地図 3　「帝国郵便」創設以前の最後の数十年間。帝国における「ネーデルラント郵便」はブリュッセルから資金調達されていた。
(地図：ヴェルナー・ミュンツベルク)

した。皇帝の委員たちは、ケルンのタクシス郵便局長ヤーコプ・ヘノートに、ヴェルシュタイン―ラインハウゼン間の宿駅長たちと交渉するよう委託した。交渉の内容は、皇帝側がこれまでの未払い報酬を支払い、今後の俸給を期限通りに支払うことを保証する代わりに、宿駅長たちが業務を再開する、というものであった[216]。宿駅長たちも一時的に業務を再開した。しかし七週間経ってもまだ支払いが行われなかったとき、マウダッハの女性宿駅長がネーデルラントからの定期郵便を差し止め、他の宿駅長たちも連帯を宣言した。宿駅長たちは、一五八〇年二月にアウクスブルクへ出頭するよう命じられたにもかかわらず、これに屈せず、彼らの領邦君主であるプファルツ選帝侯とヴュルテンベルク公に支援を求めた。ヘノート自身が、ケルンからアウクスブルクへ重要な書信を輸送しようとしたとき、彼はスト破りとして激しく非難される。皇帝の顧問官イルズングが少なくとも前年の俸給を支払ったとき、郵便業務はようやく再開された[217]。

「数年前から郵便制度の秩序が乱れた」事態の犠牲者は、労働に対して取り決められた俸給を受け取ることができない宿駅長たちであった。ヘノートは、郵便総裁の全権代理として利益を徴収したが、報酬を支払わなかったので、反感を買った。アウクスブルクとラインハウゼン間のドイツの宿駅長たちは、ヘノートの裏表ある態度に不信の念を抱いた。彼らは一五八四年、レオンハルト・フォン・タクシスへの請願書の中で、ヘノートの行動を調査するよう要求している[218]。一五八四年、ラインハウゼンで和解が成立した。ラモラール・フォン・タクシスが、彼の父レオンハルトを代理して、向こう二年間で、一五七七年以降の未払い金額を半年ごとに支払うことを決めた[219]。その金は、ネーデルラントのスペイン総督パルマ公を通して、フランスで郵便総裁に預けられた。しかし取り決められた分割払いは、第一回目しか支払われなかった。ネーデルラントの内乱が新たに激しさを増し、タクシス郵便路線のかつての終点アントウェルペンがひどい被害に見舞われた。この北ヨーロッパの中心地をめぐる戦争によって、八万人を数えたアントウェルペンの人口はたった三年間で半減した[220]。ブリュッセルからの郵便助成金は再び停滞する。これが悪影響を及ぼさないはずがない。一五八五年にはもう、ヴュルテンベルクの宿駅がまたもストライキに突入したのである[221]。

同様の和解契約が、インスブルックでも、チロルの郵便配達人と結ばれていた。しかしここでも、最初の分割払いの領収書しか残されていない[222]。

南ドイツの帝国都市は、郵便と競合して独自の飛脚網を拡充するために、この郵便危機を利用した。皇帝の郵便委員たちは、それによって生じた一五八七年の損失を、（旅客輸送を含めず）書信と小包輸送だけでも、一万グルデンと見積もった[223]。

ヘノート、そして郵便が自力で資金調達する計画

ヤーコプ・ヘノートは、郵便改革に際して重要な役割を演じた。この男はどのような人物だったのか。ヘノートは、一五六八年にネーデルラントに内戦が勃発する以前にケルンへ逃げ、一五七六年に市民権を獲得した。一五七七年、ゼラフィーン・フォン・タクシスは、ブリュッセルで拘留されていたレオンハルト・フォン・タクシスを代理して、この年に新設されたケルンの郵便局長職をヘノートに委託する。ケルンの郵便局は、一連の宿駅を経て、ヴェルシュタインで主要路線に接続されていた。ヘノートは、ヴェネチアへ視察旅行をするが[224]、一五八三年まで、ケルンのタクシス郵便局を管轄した。しかし彼の活動は一郵便局長のそれにとどまらず、その役割はますます大きくなって、帝国郵便の真の経営者として頭角を現してくる。一五七九年には、ケルンとトリーアの選帝侯たちに迫って、競合する副業郵便に対する皇帝の命令を執行させ、遂には、半年にわたって七人部隊をみずから率い、資格のない配達人たちを馬から蹴落とすことまでやってのけた[225]。実際に組織の責任が彼の双肩にかかるようになると、ヘノートはまも

なく自分の計画を推し進めた。彼は一五八〇年には、帝国郵便総裁職をみずからの手中に収めようとする。一五八三年、レオンハルト・フォン・タクシスの委託を受けて、再びドイツとチロルの全郵便路線をヴェネチアまで旅行した[226]。そのあいだに、ラモラール・フォン・タクシスは負債を解決しようと努力していたが、皇帝による支援にもかかわらず、資金調達に失敗した[227]。

タクシス家が支払いの約束を再び履行しなかったので、一五八五年、ヘノートは新たな進撃に出た。今回、皇帝ルドルフ二世は彼に好意的だった。おそらくは一五八五年の郵便ストの結果であろう。イタリア―ネーデルラント路線の修復と継続が彼に任されたが、郵便総裁職は委ねられなかった[228]。ヘノートは、一五八六年から一五八九年、郵便総裁の委託ではなく、皇帝による直接の委託で行動する。一五八七年三月まで、全路線は再び順調に運営され、三月十五日、イタリア方面への最初の「定期便」がラインハウゼンを通過した[229]。

ヘノートは、新しい資金調達のモデルを実現しようとした。帝国の郵便は完全に自己採算の取れるものでなければならず、もはや国家の助成金に頼るべきではないとした。アウクスブルク、ラインハウゼン、ケルンにある大郵便局の現在の収入は、この計画の実現にだけではなく、以前の負債の支払いにも足りるはずだと考えた。事実、ヘノートは、最後通告的な要求によって、アウクスブルクとラインハウゼンが利益を彼に引き渡すよう事を運んだ。皇帝の委員たちは、皇帝の命令で、アウクスブルクの女性郵便局長イザベラ・フォン・タクシスとの和解を成立させる。その後、アウクスブルク郵便局は、年に百クローネをヘノートに引き渡すことを強制される。アウクスブルク郵便局における定期郵便を整備するため、ヘノートによって郵便法が公布された[230]。百クローネはちょうど、今後、ヴュルテンベルクの四つの宿駅長の年俸を維持していく金額であった[231]。この事実からだけでも明らかになるのは、現状の郵便は自己採算は取れるが、負債の償却を果たすまでには至っていなかったということである。宿駅長たちが定期郵便の次のストライキへ入る前に、期限の来た負債償却の分割払い金を支払わなくてはならない。このため、ヘノートは適切な時期に、数人の諸侯に三千グルデンを起債することができた。ヘノートは、こうした悪循環から抜け出るために、郵便収入を上げる方策を考える[232]。彼は、当局——つまり皇帝——によってライバルたちを押さえ込ませることに、その方策を見出した。実際、一五八八年、ヘノートはプラハに一年のあいだ滞在する。その折、皇帝は、郵便改革をヘノートに委託した。交渉の全権と、そして皇帝の郵便にとって不利なすべての副業郵便組織に断固とした対抗措置を取る権利を、改めてヘノートに与えた。しかし郵便が自力で資金調達することは、以前の膨大な借金のおかげで挫折する。何しろ、その借金の開始は、一五七七年まで遡るのである。結局、ヘノートもまた助成金なしではやっていけなかった。しかし皇帝は、帝国の財源から支払うことを拒否し、この計画は頓挫した。一五八九年十一月以降、アウクスブルクとラインハウゼン間のドイツの宿駅長たちは再度ストライキに突入し、もはや皇帝の書信すら輸送されなかった[233]。ヘノートは、郵便総裁の周りにいた他のライバルたちと同様、再びレオンハルト・フォン・タクシスに従わなければならなかった[234]。

一五八五年のイタリアの郵便小包

郵便は、一五八五年のような最悪の危機的な年でさえも、一部にはひどい遅延が見られたが、全体としては機能していたようである。偶然にも百年前に、フランクフルト・アム・マインで、一五八五年の開封されていない百七十五の書信の包みが見つかった。それらが受取人に届くことは決してなかったのである。ひとつの包みには最大で十一通の書信が入っていて、全部で二百七十二通の書信があった。ほとんどすべての書信はイタリアで委託されていた。そのうち七十三通がローマ、五十七通がミラノ、三十二通がヴェネチア、十八通がジェノヴァであった。包みは、ラインハウゼンとヴェルシュタイン間のドイツ路線で、ネーデルラントへ向かう途中、ケルンへ分岐する手前で奪われた。

ドイツの受取人に宛てた大部分の書信は、すでに配達されていた。荷物の中には、以下の場所に滞在する受取人へ宛てた書信が入っていた。ケルン八十四通、アントウェルペン五十三通、リエージュ四十通、ネーデルラントのスペイン軍兵士宛て三十九通[235]。それが帝国郵便の配達であったことは、ミラノ郵便局長ルッジェーロ・デ・タッシスがケルンのラモラール・デ・タッシスに宛てた送り状、ならびにラモラールの父で、ブリュッセルにいる郵便総裁レオンハルト・デ・タッシスへ宛てた一通の書簡から、明らかになる。

奪われた荷物には「郵便行嚢」、つまり帝国郵便の郵袋の中身が入っていた。具体的には、ラインハウゼンからヴェルシュタインの騎馬配達人のものである。その内訳はどうだったのか。書信の大部分は商用郵便で、注文、苦情、商品見本、手形による支払いである。その他に、価格や為替、予想される穀物収穫高に関する情報もあった。扱われた多彩な商品は、ペルシアの布地からインドの香辛料、珊瑚やあらゆる種類の東洋の宝石、孔雀の羽、干しぶどう、ピスタチオ、パルメザンチーズ、楽器、アフリカの黒檀の宝石箱、要するに、すでに中世後期の遠隔地貿易に見られた異国の贅沢品であった。さらに、南ヨーロッパ各地からの布地、流行の織物の完成品、ワイン、米、鉛。それらは、比較的大量に取引きすることができて、近世に始まった遠隔地貿易の商品であった。書信からわかるように、注文の履行は、郵便による注文よりはるかに長くかかった。オランダやケルンからイタリアへの商品納入には、数週間ではなく、数か月かかっている。

当然のことながら、書信は、論議を呼びそうな政治的事件、特にシクストゥス五世（在位＝一五八五年―九〇年）の教皇選挙会議の内情を伝えている。さらに、パンの価格が高騰したためにナポリの民衆が蜂起したというニュース。一群の書信は、私的な出来事だけを伝達している。一部は、聖職者間の文通、とりわけローマとの往復書簡である。また一部は家族間の文通、たとえば、イタリアのある大学生が、なぜ大学での勉強がそれほど長くかかるのかを、ドイツにいる父親に弁明している。国事に関する書信がないことが奇妙である。おそらくは、郵便が奪われた本来の理由が北西ドイツとネーデルラントの政治紛争であり、政治的な通信は当時すでに、郵便行嚢から抜かれていたと推測された[236]。

帝国郵便とタクシス家の保護者皇帝ルドルフ二世

一五九三年からネーデルラントの支払いが再開されたため、帝国における郵便の状況は根本的に改善された。ブリュッセルのタクシス家は、一五九三年、スペイン王室から助成金四千リーブルを、その後は年に一万四千リーブルを得た――これは明らかに負債償却のためでもあった。というのは、郵便危機が清算されたのち、一五九八年、金額は一万リーブルに引き下げられたからである[237]。皇帝の財務本庁《ホーフカンマー》は四千五百グルデンの前貸しを行い、マンダーシャイド伯のような人は、三千グルデンを超える信用貸しを申し出た[238]。帝国書記局は、ヘノートやドイツの郵便総裁職に関する計画を放棄した。皇帝ルドルフ二世は、一五九五年、スペインの郵便総裁レオンハルト・フォン・タクシスを「帝国における郵便総裁」にも任命した[239]。関係する文献の中で繰り返し主張されるように、この一歩は、帝国郵便の昇進にとって決定的だった。フォン・ポイストは次のように書いている。

いまや、つまり一五九五年六月十六日、帝国内のタクシス郵便が繁栄し始める時代がやってきた。皇帝ルドルフがレオンハルト・フォン・タッシスを郵便総裁に任命したからである。[240]

タクシス家の郵便総裁職が帝国にとっても改めて承認されたことで、ドイツの「郵便改革」（一五七七年―九五年）は終了した。

しかしその郵便改革の根本は、非常に多くの利害が関与した複雑な妥協であった。委託者の皇帝、帝国書記局、アウクスブルクの皇帝の委員イルズング、フッガー家とヴェルザー家、ニュルンベルクやアウクスブルクやフランクフルトといった帝国都市の保証人の銀行家たち、受託者の郵便総裁レオンハルトと彼の後継予定者ラモラール・フォン・タクシス、ペーター・ド・エルベと彼の代理人ヤーコプ・ヘノート、その商事代理人のヨーゼフ・デ・カレーピオ、会計係のスペイン王室、ブリュッセルのスペイン総督、プラハの公使、オーストリアの大公たち、とりわけ、過去二十年間の戦いによって少なからぬ連帯に至ったドイツの宿駅長たちもである。郵便総裁は、一五九六年一月のアウクスブルクでの会議で、自分の代理人たちを通し、俸給が三カ月ごとに現金で前払いされることを宿駅長たちに対して保証しなければならなかった。しかしそれだけではない。一五八四年と同様、またもや資金調達が三カ月後に挫折しないように、「ニュルンベルク、フランクフルト、あるいはアウクスブルクの裕福でふさわしい商人たちが」将来の俸給のために保証金を出してくれることも請け負わなければならなかったのである。その際はっきりと認識されたのは、郵便の定期性のみがその経済活動を保証するという点であった。というのも、商業都市は依然として信頼できる独自の飛脚制度を利用していたからである。さらに、「手数料あるいは郵便料」、つまり郵送料は、商人たちが自発的に食肉業者飛脚やその他の飛脚に支払っていた金額以下であることを確証しなければならなかった[241]。金が再び流れるようになると、レオンハルト・フォン・タクシス、すなわち

神聖ローマ帝国における皇帝陛下とヒスパニア王の郵便総裁は

フランクフルトの銀行家を媒介して期限通りに俸給を支払うことができた。ボーベンハイムのバルターザー・フィーアリング郵便局長は、シェッパッハからヴェルシュタイン間のドイツの十二人の定期郵便宿駅長たちを代理していた

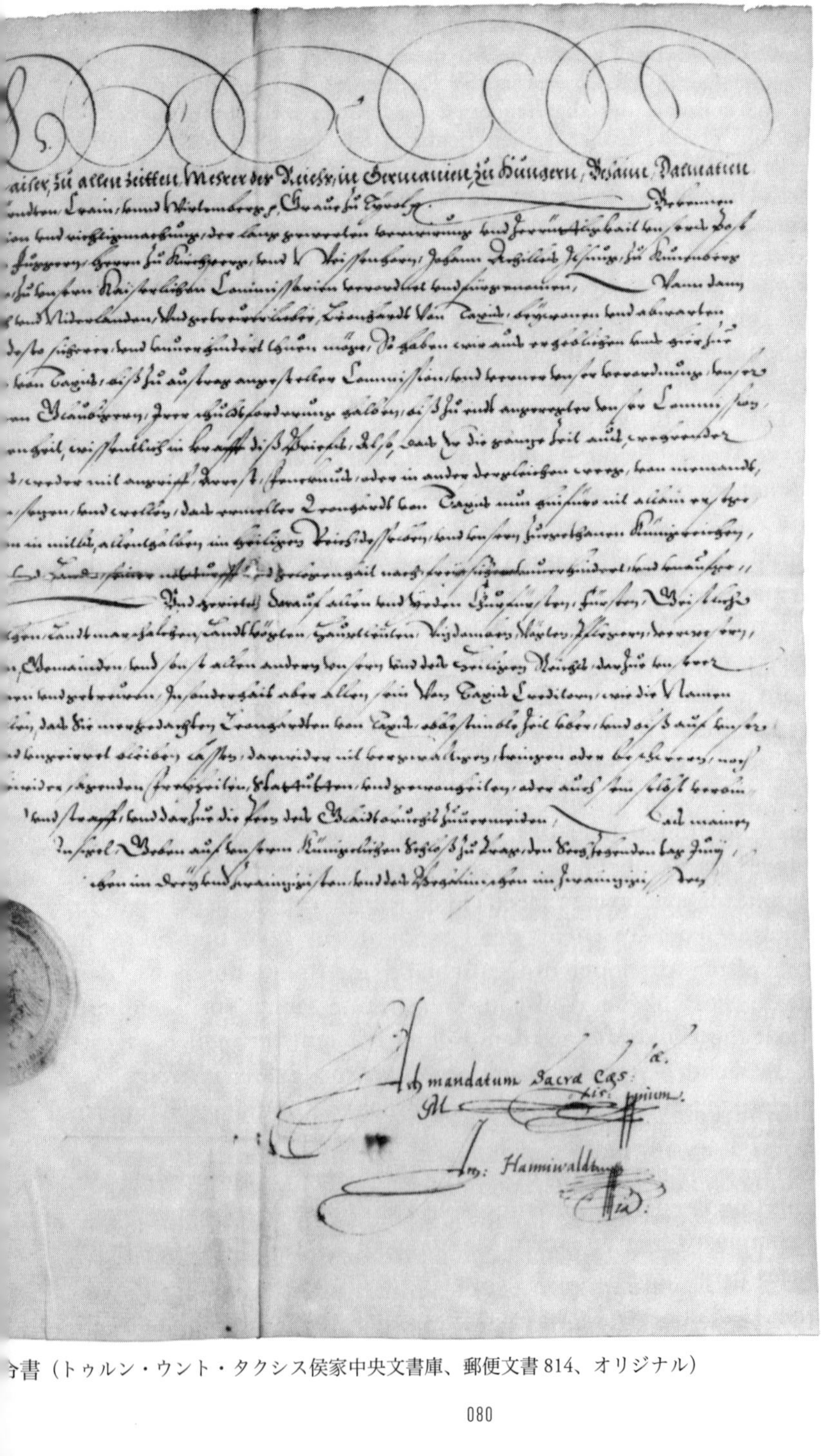

aiser, zu allen zeitten Merer der Reichs, in Germanien, zu Hungern, Behaim, Dalmatien

Ad mandatum Sacrae Caes: Maiestatis proprium.

Hanniwaldt

令書（トゥルン・ウント・タクシス侯家中央文書庫、郵便文書814、オリジナル）

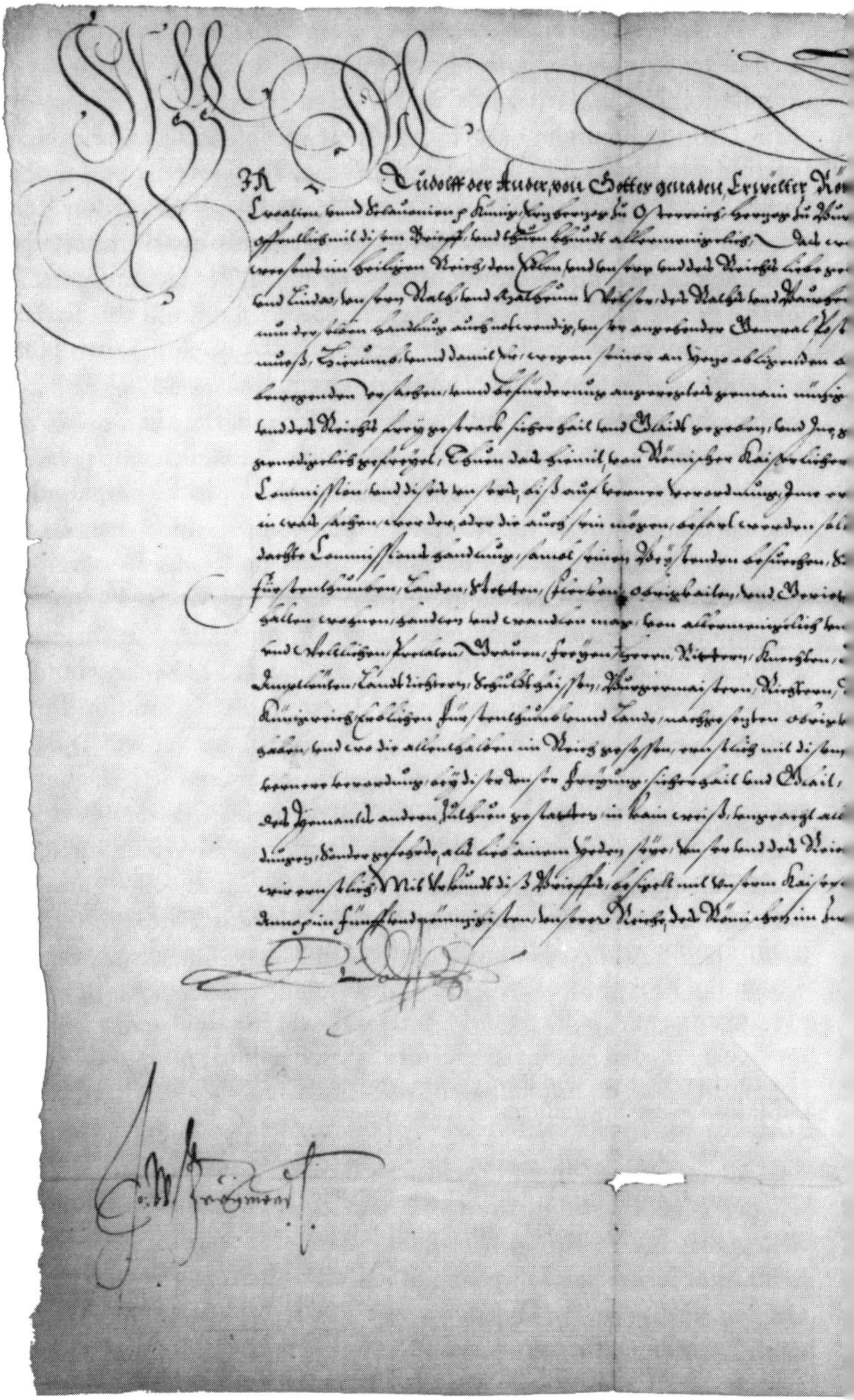

図 15　郵便改革成立時、レオンハルト・フォン・タクシス 1 世のための 1595 年の皇帝ルド

が、彼がこの俸給の領収証を出している。各宿駅長の年俸はいまや百五十グルデンに引き上げられていた[242]。しかし、かつての負債の一部は支払いを免除された。皇帝の顧問官イルズングは、一五九六年一月、ブリュッセルにいるレオンハルト・フォン・タクシス宛てに書いている。

> 神聖ローマ帝国の統治のもとで長年にわたって存在している郵便制度の不正と無秩序に関して、改善が望まれる。つまり、支払い命令は将来においても履行されねばならない。また即座に、そして長期的に、良き振る舞いが存在しなくてはならない。このことが、皇帝の官吏に派遣された委員たちのもとで、所轄の者たちによって報告されねばならない。[243]

皇帝は、レオンハルト・フォン・タクシスを帝国における郵便総裁に任命したが、その条件は、郵便局長たちのかつての負債が最終的に支払われ、摩擦のない郵便業務が再び確保されるというものであった。レオンハルト・フォン・タクシスはそのことを保証しなければならなかった。アウクスブルクの銀行家グループ――フッガー、ヴェルザー、イルズング――は、配達人たちやヘノートと和解し、その和解費用を補償する必要があった[244]。

詳細な（一五九六年十月十六日付の）郵便法は、一五八七年の比較的短い最初の法と関連しているが、ブリュッセルとアウクスブルク間の問題ある郵便路線に対して、あらゆる不測の事態にそなえていた。細目にわたる規則は、郵便路線がかなり正確に機能していたという好印象を与える。しかし、その欠点をもまた示している。「郵便時間証」（業績証明）が紛失したり、騎馬配達人が「勝手な」回り道をする、などである。これらの出来事のいずれもが、規定の罰金を科された。書信の開封や小包の「紛失」のような重大な事柄は、即座に停職処分で罰せられた。また、ヤーコプ・ヘノートに対するレオンハルト・フォン・タクシスの複雑な関係も、契約によって定められた。ヘノートはいまや再びレオンハルト・フォン・タクシスに雇われ、彼の委託を受けて、ドイツとイタリアでその任務を果たした。ヘノートは、ヴェルシュタイン―ケルン間の一連の宿駅を維持するため、レオンハルト・フォン・タクシスによって契約上で確約されて、ケルン郵便局から収入を得ていた。実際、郵便改革は、みごとに実を結んだ。皇帝は、ついに一五九七年、皇帝の委員たちの尽力に感謝の意を表したのである[245]。

皇帝は、タクシス家の「権力者」ヘノートに強く要請されて、郵便改革を遵守するため、競合する副業郵便組織に対して措置を講じた。一五九七年十一月六日付の命令は、副業郵便組織が

完全自由な皇帝の大権《レガール》に[246]

損害を与えるとした。つまり、郵便は一般利用のために敷設され、悪用はその存在を狭めるものであるとした。処罰としての配達人の逮捕、配達人が輸送していた書信の押収、馬の差し押さえ、厳しい罰金（百グルデン）は、この命令に強い威力を与えた。都市の飛脚たちは、馬の交換と郵便ラッパの携帯を禁じられた。締めくくりとして、すでにこの命令では、帝国郵便法の公布が告知される。これに続く数カ月、帝国諸都市の激しい抵抗に対して、この命令内容を達成するため現場で尽力したのは、ヘノートであった。抵抗がまず最初に頂点に達するのは、ヴォルムスの市議会が召集されたときである。ついにヘノートは、競合する副業郵便に対する暴力行動に出て逮捕される。しかし諸都市は、タクシス帝国郵便に抵抗するみずからの意志を貫徹することができなかった[247]。

タクシス郵便の一世紀とその結果

一四九〇年の郵便の創設以来およそ百年以上が経ち、タクシス郵便は新しいコミュニケーション構造の成立に寄与していた。陸路の北から南へ向かって、機能的で定期的で、比較的速い格安の情報伝達の可能性が初めて存在することになった。その結果、既存の情報伝達システムの構造が変革された。それまで存在していた都市の飛脚制度が、接続する宿駅へ、つまり、タクシス郵便路線の「郵便局」へと繋がれる。タクシス郵便路線は、中欧の情報伝達システムの支柱となっていたのである。この最初の大きな郵便路線は、情報伝達の時間を短縮することにより、北海と地中海のあいだのヨーロッパ諸国を相互に接近させた。交通理論家フォークトは、郵便が少なからぬ統合効果を持っていたことを指摘した[248]。マクシミリアン一世からルドルフ二世までのハプスブルク家の支配者たちも、常にその効果を認識していたという。

遅くとも十六世紀半ば、郵便制度の存在は人々の習慣となり、しごく自然に、私信輸送、商品見本輸送、（駅馬による）旅客輸送のために利用されていた。我々はそれを、当時の数多くの文通、日記、旅行記から知ることができる。十六世紀末には、この非常に便利な制度をどのように拡充できるのかという問題が浮上してきた。その第一歩は一五七七年のケルン郵便局の開設であり、その路線はヴェルシュタインで分岐した。一五九〇年代、アウクスブルクからは定期郵便が週に二便あり、一便はケルンへ、もう一便はイタリアへと向かった。そしてまたこの両方向から、二便の定期郵便がアウクスブルクに到着したのである。プラハの宮廷郵便局長は、週に二回、皇帝の郵便をアウクスブルクへ輸送し、そこからケルンとイタリア両方向への定期郵便に確実に接続するよう指示した[249]。国法学者ヨハン・ヤーコプ・モーザーは、一四九〇年から一五九五年の時代について、次のように書いている。

この時代を、皇帝のタクシス郵便のいわば幼少時代と名付けることができるかもしれない。しかし一五九五年には、郵便制度が全力で稼働する新しい時代が始まる。[250]

「皇帝の帝国郵便」は、皇帝ルドルフ二世が一五九六年九月十五日付で「帝国郵便総裁」レオンハルト・フォン・タクシスに称号を授与した文書の中に出てくる。それはまさに、矛盾に満ちた長い発展の終わりにあった。皇帝マクシミリアン一世のもと、一四九〇年にタクシス家によって創設された郵便は、一五〇一年以降、スペイン領ネーデルラントの国家助成金によって資金調達され、フランツ・フォン・タクシスによってブリュッセルから組織化された。カール五世の時代（在位＝一五一九年―五六年）、この矛盾は覆い隠されていた。しかしハプスブルク帝国の分裂後、一五五九年、帝国郵便という構想が即座に表面化する[251]。ネーデルラントに内戦が起こり、スペインの助成金が滞ると、帝国独自の帝国郵便総裁職の構想が具体化してくる。まずそれは、ラモラール・フォン・タクシスを次期「神聖ローマ帝国における郵便総裁」に指名する一五八五年七月十四日付の文書に初出した。遂にそれを実現化したのが皇帝ルドルフ二世であった。郵便改革が成立すると、郵便は帝国の制度として最終的に承認され、組織上、帝国書記局に従属することになった。帝国書記局は正式にはマインツ大司教の下に置かれていたので、大司教は「郵便事業の保護者」の称号を得た[252]。

郵便は、資金が確保され、帝国法で守られたのち、これまでとは別の様相を展開し始めた。線的な路線郵便から、面をカバーする郵便組織へ、郵便網へと発展していく。郵便はいまや、それまで以上に繁栄することになる。

これにより、我々は、企業史の次章へと進むことにしよう。

第2章 帝国郵便と郵便総裁職

一五九七年から一八〇六年のトゥルン・ウント・タクシス

それゆえ正式な郵便制度はタクシス家の発明である。それは驚くべき結果を伴い、
世界の多くの事柄をほとんど別物へと鋳直してしまった……

ヨハン・ヤーコプ・モーザー[1]

郵便の普及と帝国郵便路線の分岐

皇帝ルドルフ二世（在位＝一五七六年―一六一二年）は、一五九七年十一月六日付の命令の中で、競合する副業郵便制度に対し、タクシス郵便を「完全自由な皇帝の大権《レガール》」[2]――それによって「帝国郵便」――に宣言したが、これは時宜を得た支援だった。一六〇〇年頃、西ヨーロッパにおける郵便の需要は非常に高まっていた。スペイン、ネーデルラント、ドイツ、イタリア間の国際タクシス郵便と並んで、フランスやイングランドにも同じような制度が登場する。タクシス家によって当初は国際的に組織されていた郵便制度の構造の一部は、国内制度へと移行した[3]。外交郵便だけではなく、商用郵便や私信の量も増えていた。「長い十六世紀」は、人口の成長と国民総生産増大の時代であった。社会の分業は進み、都市化は新しい段階へと入った。それと同時に、教養の水準、識字化、人々が文字によって伝達し合う喜びも高まっていた[4]。

郵便総裁レオンハルト・フォン・タクシスの長期にわたる在職期間中（一五四三年―一六一二年）、アントウェルペン―イタリア間を走るドイツのタクシス郵便主要路線が枝分かれし始めた。一五七七年には、ヴェルシュタイン宿駅から帝国都市ケルンへの支線が開設されていた。一六〇三年、ラインハウゼンでは、帝国都市フランクフルトへ新路線が分岐した。のちにフランクフルトは、タクシス郵便の上級郵便管理局の所在地となる。すでにその翌年、回り道を避けるために、フランクフルトとケルンを結ぶ直通郵便が開設される。これにより、一部の路線で、二本の南北ルートが初めて並行して走ることになった。まもなく、タクシスは東へと目を向ける。一六一〇年のプラハにおける諸侯会議に際して、ラモラール・フォン・タクシスは、大書記長の居所マインツ大司教領とプラハの連絡便を迫られた。アウクスブルク経由の迂回路を避けることができれば、往復書簡の日数を二日短縮することができる[5]。一六一五年、ケルン郵便局長ヨハン・ケースフェルトは、帝国郵便総裁ラモラール・フォン・タクシス（在職＝一六一二年―

二四年）の委託を受けて、皇帝マティアス（在位＝一六一二年—一九年）が要望したケルンからフランクフルト、そしてマインツ大司教の居所アシャッフェンブルクを経由して帝国都市ニュルンベルクへ、さらにそこから皇帝の都市プラハへ通じる郵便路線を新設した[6]。プラハは、オーストリア宮廷郵便によってアウクスブルクとウィーンに繋がっていた。ウィーンからは、ハンガリー、（グラーツ経由で）ヴェネチア、インスブルックへと路線が枝分かれした。そしてプラハ、アウクスブルクと並んで、インスブルックで、宮廷郵便は帝国郵便と接続した。

ラモラール・フォン・タクシスは、郵便総裁職の世襲制を獲得するために、マインツ大司教や皇帝と交渉して、さらに郵便路線を新設することを約束していた[7]。フランクフルトの郵便局長ヨハン・フォン・デン・ビルグデン（一五八二年—一六五四年）は、一五九八年、ラインハウゼン郵便局でそのキャリアを開始していたが、タクシスにとって特に有能な企業家代理人のひとりであった。彼は一六一五年、フランクフルトからフルダを経てテューリンゲンのエルフルトへ、さらにザクセン選帝侯領のライプツィヒへと至る郵便路線を創設した。ライプツィヒの選帝侯の郵便配達長ヨハン・ジーバーは、郵便局長として帝国郵便に雇われた[8]。その後、フォン・デン・ビルグデンは、ケルンからハンブルクへの北路線の建設に取り組む。そして同じ年にはもうその開設にこぎつけた[9]。一六一六年、ラモラール・フォン・タクシスは、

図16　皇帝ルドルフ2世。ハンス・フォン・アーヘンによる油彩。（ウィーン、美術史美術館）

「郵便事業の保護者」マインツ大司教に、次のように報告することができた。つまり、これまで、東西大路線（アントウェルペン―ケルン―フランクフルト―ニュルンベルク―レッツ［ここで、オーストリア宮廷郵便が書信を引き継いだ］―プラハ）の獲得に努めてきたが、その路線のアントウェルペン（＝アントドルフ）とケルン間でも、

リレーが週に二便走り、アントドルフの商人や貿易商たちは大いに満足しております。[10]

ラモラール・フォン・タクシスの在職期間中、まさに飛ぶように郵便路線が新設された。南北の主要路線を並行させたことは、横の連絡をいくつも新設することになった。一六一八年、ニュルンベルク―レーゲンスブルク路線が開設されると、帝国議会の都市であり、のちにトゥルン・ウント・タクシス家が居住することになるレーゲンスブルクが初めて帝国郵便に連結され、ウィーンへの直通便が創設された[11]。

郵便網拡充の諸問題

帝国郵便総裁と帝国大書記長マインツ大司教とのあいだの現存する往復書簡を読むと、多くの詳細な事項がわかってくる。全路線の経営には、年に四千グルデンを要した。路線は最初のうちはまだ利益を生まなかった。諸都市が市民の飛脚事業に固執していたからである。一六一六年、ウルムでの都市会議で、アントウェルペンからニュルンベルクまでの大都市の代理人たちが、「新しい郵便制度を阻止するために」集合した。帝国都市ニュルンベルクはとりわけ頑固だった。「哀れな紳士」ラモラール・フォン・タクシスにとって耐えがたかったのは、

私の郵便局アントドルフ、ブリュッセル、ケルン、フランクフルト、アウクスブルクからニュルンベルク郵便局へ送られる書信、つまり私によって給与を支払われる宿駅を通る書信が、飛脚に引き渡され、彼らによって分配され、その利益が横領され、いわば暴力的に私から奪われることです。[12]

頻繁に受信者が郵便料金を支払わなければならないという事態が、依然として続いていた。書信を輸送する者が利益を得るという条件のもとでは、帝国郵便総裁の怒りはもっともだった。ラモラール・フォン・タクシスは、特別にニュルンベルクを標的にして、かつて皇帝が競合する副業郵便制度に対抗して出した命令がいまだ有効であることを保証してほしいと、要請している。彼は帝国大書記長との往復書簡で、語調をかなり強めている。一六一九年、皇帝マティアスの死去に際して、彼は次のように危惧していた。

これまで隠れていた郵便の敵たちがはばからずに反抗的な態度で出てきて、帝国等族や諸都市も、運ばれてきた郵便に異議を申し立てて妨害しようとしております。

三十年戦争の最初の数年間、彼は「厄介な戦争が……商業行為を妨害する」といわくありげに苦情を述べている。一六二三年、帝国宮内法院（Reichshofrat）の決定で、ヤーコプ・ヘノートは再び一時的にケルン郵便局を所有した。このとき、ラモラール・フォン・タクシスは、マインツ大司教に宛て、帝国権力の干渉と思われたこの事件について、憤慨して次のように書き送った。

途方もない不当と苦労が私の身にふりかかるだけではなく（なぜなら、私の父と私が我々の汗と血と金でもって、他のよそ者や功績のない人たちのためにもっとも多く働き、我々の財産を投入しなければならないのですから)、同時にまた、帝国の郵便局や宿駅というこの非常に大喰いの重たい機構を財政的に維持していくことは、我々の心の奥底を傷つけるでしょう。私は不当に支払いを要求されるでしょう。そしてまた、新しく始まった郵便制度も、古いものも、崩壊してしまうでしょう。私の債務を履行することは不可能でしょう。(ひとつの局は鎖の一部のようで、ひとつの局は別の局に支払いを負わせるでしょうから) この改革を実行することは、すぐにわかるように、世界のあらゆる場所の郵便局で、バビロンの混乱と無秩序に通じるでありましょう……。[13]

問題は繰り返し浮上していた。しかし、総じて、三十年戦争勃発前の数年間は、帝国郵便にとってひとつの盛期であった。線的な郵便路線ではなく、しだいにタクシス郵便の郵便網と言えるようになってくる。この成立しつつある郵便網には、完全に新しい組織が要求された。競合する都市の飛脚事業が、たくさんの紛争の火種をもたらしてきた。郵便よりもスピードの遅い飛脚は、郵便によってその存在を脅かされたからである。ドイツが政治的に分裂していたため、タクシス郵便は多くの世俗諸侯や聖界君主と接触することになり、彼らの関心に注意を払わなければならなかった。遂には、客だねや支払いのやりとりを上手くやっていくことも顧慮しなければならなくなる。[14]

ブリュッセル—ヴェネチア国際路線の郵便

タクシスの国際週定期郵便は、依然として、ヨーロッパ郵便制度を支える柱であった。ブリュッセルとヴェネチア間で書信を定期郵便で送ると、その所要時間は確実に十日間だった。主要路線の北の最終点であるブリュッセルは、フランス、イングランド、スペインへの郵便を分配する郵便局であった。ヴェネチアは、南の二つの最終点のひとつ

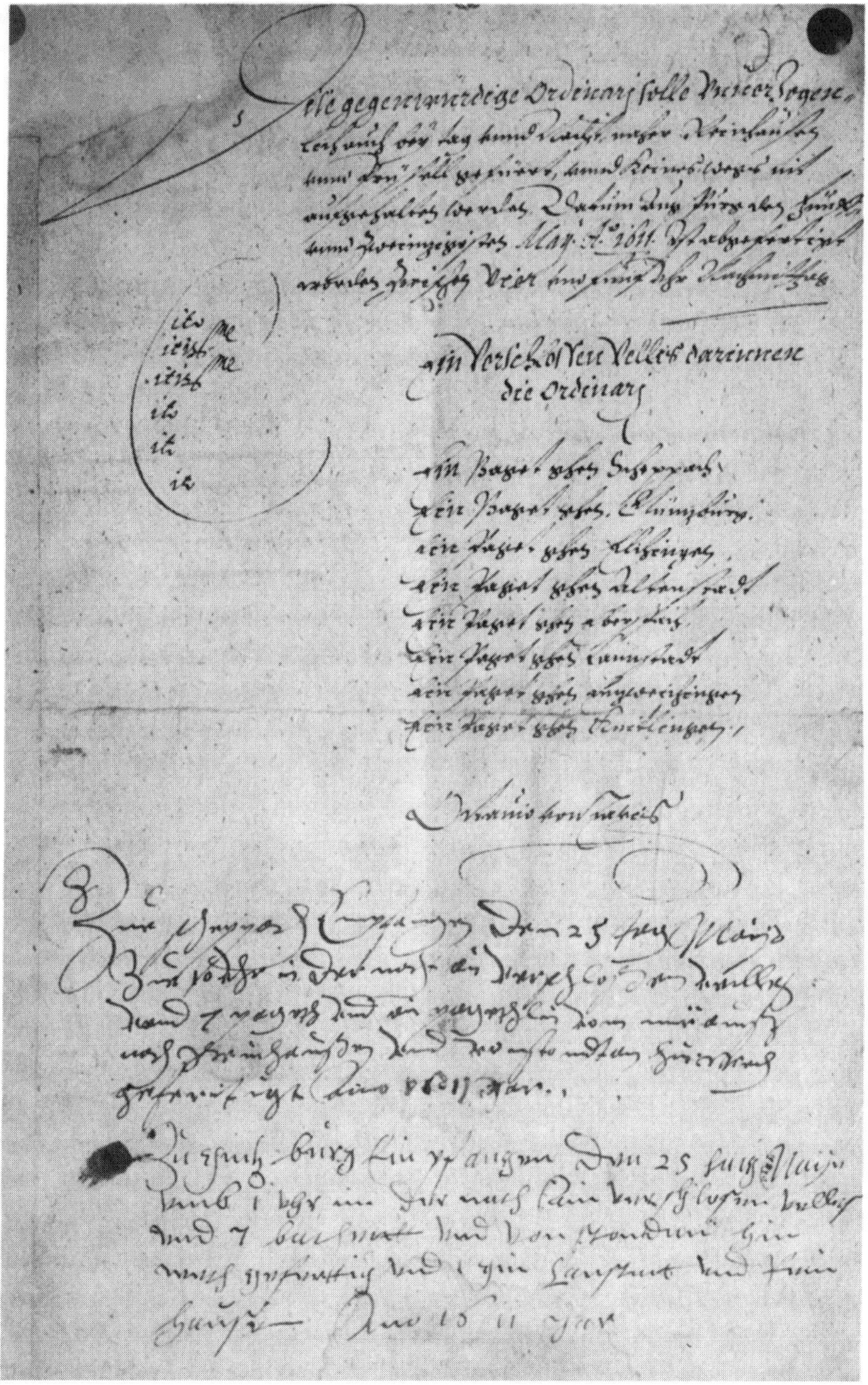

図 17　朝４時の勤務。1611年5月25日の郵便時間証。アウクスブルク帝国郵便局長オクタヴィオ・フォン・タクシス（1572年―1626年）の自筆署名付き。

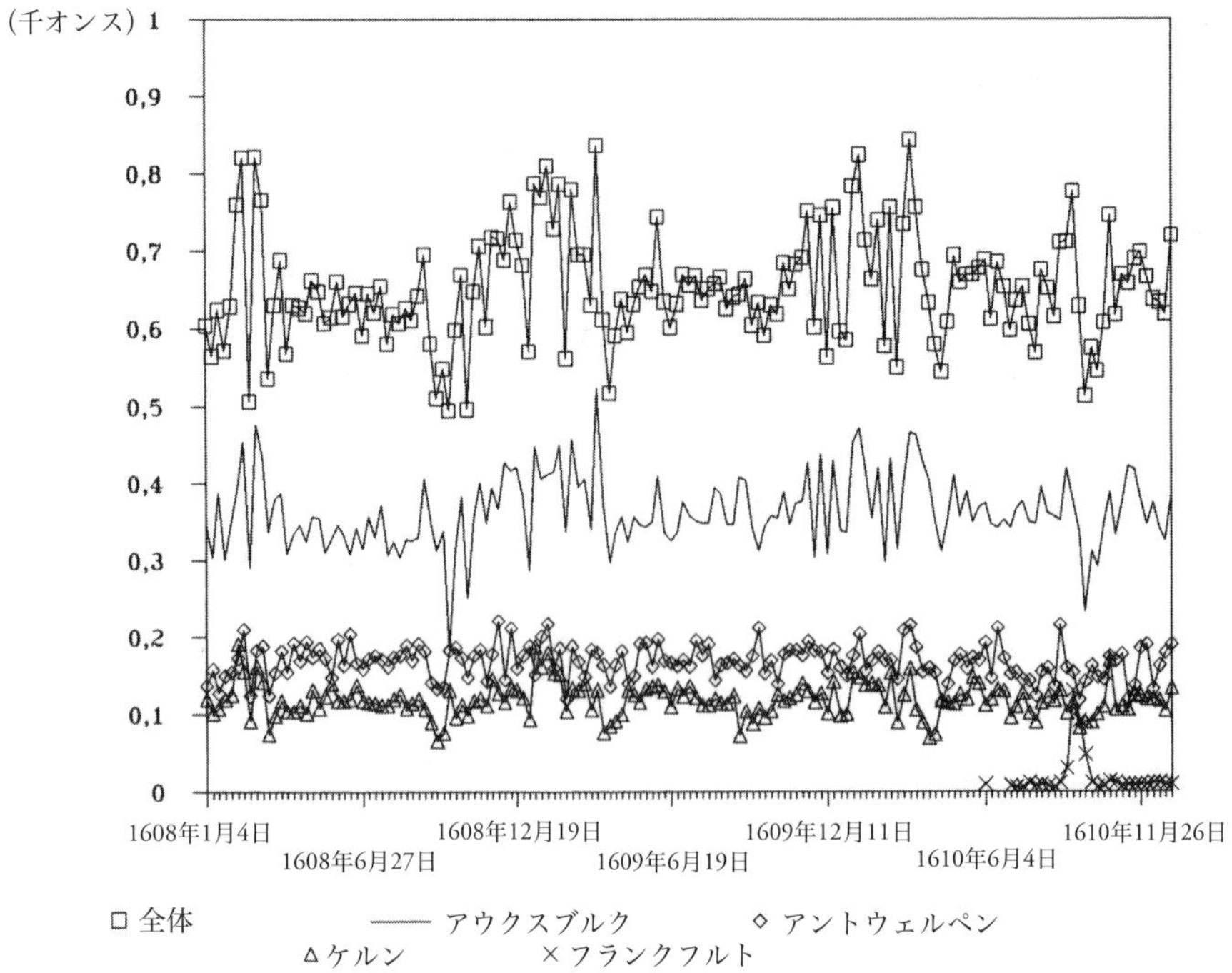

グラフ2　1608年—10年のヴェネチアから北への郵便（100％＝101,932オンス、1オンス＝4書信）（1オンスは31グラムに相当）

であり（ヴェネチアの手前で、路線はローマ／ナポリへと分かれていた）、東へ、すなわち、レヴァント、オスマン帝国、アラビア、インドなどへの出入り口だった。ブリュッセル—ヴェネチア主要路線からは、アウクスブルクなどの大きな分配郵便局で、支線が分岐した。書信は、目的地別に封印された小包にまとめられ、騎馬配達人がそれを防水の郵便行嚢に入れて馬で運んだ。

送り状は、騎行のスピード、書信小包の数量、送り先の証明書として、各騎馬配達人が携行した。送り状には、さらに、書信の清算に関する申告（郵便料金の支払いが発信者によるのか受信者によるのか）や秘密の通知も含まれていた[15]。書信小包の重量はオンスで記された。郵便料金は、書信の重さと送り先の距離で決められた。一オンスの書信の輸送は、ヴェネチアからアウクスブルクまでは九ソルド、フランクフルトまでは十二ソルド、ケルンまでは十八ソルド、アントウェルペンまでは二十一ソルド（二十ソルド＝一リラ）だった[16]。

一六〇八年、一六〇九年、一六一〇年のヴェネチアの郵便送り状が一連の完全な形で発見された。このため、郵便の定期性と十七世紀初頭に輸送されていた書信量に関して、初めて正確に報告できるようになった[17]。この三年間、ヴェネチア―アウクスブルク―アントウェルペン間の週定期郵便は一便も休むことがなかった。だから、騎馬配達人のリレーは、年間ちょうど五十二回行われた。実際、輸送される書信量は、定期郵便ごとに約六百五十オンスで一定しており、少しづつ増える傾向にあった。一六一〇年には、書信量は全体で三万五千オンス、その前の二年間では、それぞれ千オンスづつそれを下回っていた。一書信オンスは、四通の普通書信に相当するので、帝国郵便によってヴェネチアから北へ輸送された書信量[18]は、年間十四万通と見積もることができる。この量の五十％以上が南ドイツの主要郵便局アウクスブルクへ入り、そこから、南ドイツ地域へさらに分配された。二十％に届くか届かないかぐらいの量がケルンへ、残りの二十五％は全路線を経てアントウェルペンまで輸送された。この配分は、調査された三年のあいだ変わらなかった。新設され、一六一〇年七月から独立して報告されているフランクフルト郵便局は、当初は、全郵便量のたった一・五％しか分担していない。興味深いのは、書信のやりとりが一年を通じてずっと安定していたことであり、際立った「郵便の好況シーズン」は認められない。冬には、書信量は平均値あたりをいくらか不安定に動いている。おそらくこれは、接続郵便がときどき天候に左右されて帝国郵便の発送を遅らせ、影響を受けた書信量が、次の定期郵便の郵便小包に負担をかけたためであろう。ケルンとフランクフルトへは、郵便料金を前納した書信しか輸送されなかった（＝「郵送料前払い」）。アウクスブルクとアントウェルペンへは、料金を前納しなくても書信を送ることができた。この場合、受信者が郵便料金を支払わなくてはならなかった（＝「郵送料後払い」）。アントウェルペン行きの書信はおよそ六十％が料金を前納されたが、アウクスブルクへは、書信の三分の二以上が料金を前納されておらず、この傾向は、調査された三年間、少しづつ増えている[19]。

表5　1619年第一・四半期のヴェネチア郵便局収支決算[21]

送り先	重量（オンス）	郵送料（リラ）
アウクスブルク	2765	1244
フランクフルト	324	167
ケルン	1751	1576
アントウェルペン	2099	2204
総計	7939	5291

郵便の「送り状」を集めてみると、それを基にして、郵便「収支決算」、つまり、大きな郵便局間の四半期決算を知ることができる。郵便局間では、相互に請求額が計上され、差額が清算された。これを明らかにしているのは、ヴェネチアの皇帝の郵便局がブリュッセルの総郵便局とヴェネチア—アントウェルペン間を往復する書信に関して行った四半期決算の現存する二つである。ただし、もちろんここでは、郵便料金がヴェネチア到着時に受信者により支払われた書信、ないしは、郵便料金がヴェネチア発送時に発信者により支払われた書信だけが決算されている。一六一四年の第四・四半期におけるヴェネチア郵便局「収支決算」の現存するものには、次のような郵便収益が記載されている。アウクスブルク千三百四十一リラ、フランクフルト四十九リラ、ケルン千三百十七リラ、アントウェルペン二千二百二十二リラ、全体では四千九百二十九リラである[20]。一六一九年の第一・四半期、十三の定期郵便で輸送されたのは**表5**である。

一オンスを四書信と——通常のように——計算すると、一六一九年、四半期では約三万通の書信が、それゆえ年間では十二万通の書信が、ヴェネチアからタクシス郵便で北へ輸送されたのだろう。その他に、ヴェネチア郵便局「収支決算」では、一六二一年と一六二二年の第四・四半期のものが残されている[22]。

帝国郵便総裁職の世襲制——「タクシス郵便」

一五九五年、レオンハルト・フォン・タクシスが帝国郵便総裁に任命されたのち、郵便の状況はスペインの助成金によって安定していたが、十七世紀初頭、帝国郵便の抜本的な改善が始まった。アウクスブルクの郵便局長ゼラフィーン・フォン・タクシス二世の息子オクタヴィオ・フォン・タクシスは、ドイツにおける郵便制度の改造を請け負っていた[23]。一方、次期帝国郵便総裁に任命されていたラモラール・フォン・タクシスが郵便制度の新しい中心人物となった。一六一一年、ヨハン・バプティスタ以来初めて、彼がタクシス家のひとりとして、短期間ではあるが、オーストリア宮廷郵便局長職を再び引き受ける[24]。同じ年、彼のほぼ九十歳になる父レオンハルト・フォン・タクシスが引退すると、ラモラールは、皇帝ルドルフ二世によって後継者に任命された。一六一二年、新皇帝マティアス（在位＝一六一二年―一九年）は、ラモラール・フォン・タクシスの帝国郵便総裁在任を認めた。

ラモラール・フォン・タクシス（在職＝一六一二年―二四年）は、帝国郵便の新しい法的基盤をつくった。一六一四年八月、彼は、帝国郵便制度を世襲のレーエンとして自分に授与する申請書を皇帝に提出した。それに対して、皇帝の枢密顧問官の鑑定は、次のような制度的な分類を行った。すなわち、帝国郵便制度を帝国書記局の管轄下に置き、これによって、帝国大書記長――伝統的にマインツ大司教――が最高の「郵便事業の保護者」を務める、とした。マインツ大司教がラモラール・フォン・タクシスの申請書に返答したのち、一六一五年、皇帝マティアスは、ブ

図18　ラモラール・フォン・タクシス1世伯（1557年―1624年）。1612年―1624年の帝国郵便総裁。ルーカス・キリアンによる銅版画。（アウクスブルク、1619年）

図19　皇帝マティアス
（出典：新人物往来社編『THEハプスブルク王家――華麗なる王朝の700年史』2009年、16頁）

リュッセルのタクシス家に世襲の帝国郵便レーエンを授与した[25]。ラモラール・フォン・タクシスは、その代償として、プラハの皇帝の居城からニュルンベルクとフランクフルトへ郵便路線を敷設することを義務づけられた。それらの路線は、帝国への、とりわけまた帝国大書記長マインツ大司教への連絡を改善することになった[26]。一六一五年七月二十七日、ラモラール・フォン・タクシスは、世襲の帝国郵便総裁職に関するレーエン認許状を受け取った。それは、「男子相続レーエン」として、彼と彼の男子相続人すべてに与えられた[27]。

そもそも、タクシス郵便と言えるのは、ようやくこのときからである。というのも、それ以前には、皇帝は――スペイン王と同様に――いつでも一カ月以内に、誰か他の者に帝国郵便総裁職のレーエンを授与することができたからである。郵便改革の時代、ヤーコプ・ヘノートのような人たちは、タクシス家を排除しようとしていた。彼らも郵便の自己資金調達に失敗し、そのうえスペイン外交が介入してきて[28]、あいかわらずタクシス家系が郵便の枢要な地位に就いていた。レオンハルト・フォン・タクシスが郵便制度のトップに君臨し続けることができたのは、ただこうした理由からだった。世襲の帝国郵便総裁職の授与は、少しのちには「女子相続レーエン」にも拡大されて保証されたが、それは、タクシス郵便企業の歴史に新しい一章を開くことになった。郵便総裁たちは、このときから、「将来、郵便網の拡充と改善のために私的投資をしても、それが自分たちの役に立つことを確実視する」ことができたのである[29]。

帝国郵便の経営者ヨハン・フォン・デン・ビルグデン[30]

十六世紀末、ケルンの郵便局長ヤーコプ・ヘノートがドイツのタクシス代理人の役を務めていたが、十七世紀初頭には、フランクフルトの郵便局長ヨハン・フォン・デン・ビルグデン（一五八二年―一六五四年）が同じような地位に就いた。二人は、新設された重要なタクシス郵便局（ケルンは一五七七年、フランクフルトは一六一五年）の経営者として、強烈な企業家資質を発揮したので、ブリュッセルの郵便総裁たちの手に負えなくなりそうになった。二人とも似たような運命を辿る。つまり、次期帝国郵便総裁に任命された後継者たちは、危険なライバルたちがその実行力の頂点に達し、ブリュッセルの帝国郵便総裁の権威を疑わしいものにする前に、彼らの勢力を奪った。レオンハルト・フォン・タクシス二世は、フォン・デン・ビルグデンを失脚させた。ビルグデンが追放された「冬王」＊や他のプロテスタントの指導者たちとの関係を続けているという、政治的・宗派的論拠を利用したのである。そして一六二七年、フランクフルトで、「カトリック人」であるネーデルラントのジェラール・フリンツをフォン・デン・ビルグデンの後釜に据えた。ジェラール・フリンツは、タクシス家に忠実な郵便局長や政治家たちから構成される権力者群の地固めをし、それは十九世紀まで続くことになる[31]。

ヨハン・フォン・デン・ビルグデンは、一六一五年から一六二五年にかけての帝国郵便の拡充に大きく関与して

＊　「冬王」　三十年戦争期（一六一八年―四八年）の一六一九年、ボヘミアの国民議会は、カトリックの神聖ローマ皇帝フェルディナント二世を嫌って、皇帝のボヘミア王位を奪った。「冬王」とは、そのとき、新しいボヘミア王に選ばれた、プロテスタント同盟の有力者プファルツ選帝侯フリードリヒ五世のことである。しかし一六二〇年、プラハ近郊の白山の戦いで皇帝軍が勝利すると、フリードリヒ五世は王位を失った。

図 20　最重要な企業家代理人でありライバルだった。ヨハネス・フォン・デン・ビルグデン。フランクフルト管区の組織者。(銅版画、1639年)

いた。彼は、一六一六年以降、タクシス郵便をネットワーク企業へと発展させる三つの郵便路線（フランクフルト—ライプツィヒ、ケルン—ハンブルク、ニュルンベルク—アウクスブルク）を敷設した。もし彼がカトリックの郵便局長だったら、こうした成功を手中に収めたかどうかは疑わしい。というのも、いま挙げた路線は、ドイツのプロテスタント地域に目的地を持ち、主としてプロテスタントの領邦を通過していたからである[32]。ハンブルクへの郵便路線の敷設は、自己資本を投入しただけではなく、文字通り生命の危険を賭して行われたことが、彼の自伝的報告から読み取れる。憤慨した都市の飛脚サービスのメンバーたちは、何度もフランクフルトの郵便局長を待ち伏せし、殺害しようとした[33]。ヨハン・フォン・デン・ビルグデンは、タクシスに雇われて成長した、堂々たる企業家資質を持った人物のひとりだった。一六一三年、彼は六百グルデンの財産を基にフランクフルトの市民権を得た。十年後、彼はレーマーの北側、フランクフルトの中心広場にある邸宅「ツム・クラニヒ」を二十万グルデンで購入する——郵便事業により、富と名声を手に入れていた。彼の子供たちは、フランクフルト都市貴族の最上流一族と結婚した[34]。

一六二〇年代における帝国郵便初期の絶頂期

三十年戦争の勃発（一六一八年）が損害を与えたのは、当初、プラハ郵便路線だけだった。ボヘミアのカルヴァン派は、ドイツやヨーロッパの同宗派人たちとコミュニケーションを取るのに、「カトリックの郵便」を望まなかった。しかし皇帝軍が白山の戦いで勝利し、ボヘミア等族たちによって「冬王」に選出されたプファルツのフリードリヒ五世が追放されると、帝国郵便は復旧した。ハプスブルク家の皇帝フェルディナント二世（在位＝一六一九年―三七年）が新しいボヘミア王となった。このときすでに明白になったのは、将来、タクシス帝国郵便が、時代の政治的・宗派的な対立にこれまで以上に巻き込まれるだろうということだった。しかしさしあたり、政治上の対立は書信のやりとりを活気づけ、郵便を繁栄させ、そしてヨハン・フォン・デン・ビルグデンにより新設された郵便路線は活況を呈した。当時、郵便は（投資も含めて）初めて採算が取れたようである。フォン・デン・ビルグデンの指摘が、次のことを明確にしている。

図21　皇帝フェルディナント2世
（出典：菊池良生『図解雑学ハプスブルク家』ナツメ社、2008年、23頁）

> アウクスブルク、ニュルンベルク、フランクフルト、ハンブルク、ライプツィヒなどの郵便局から、帝国の新しい宿駅は……経営され、イタリアとドイツの書信郵便によって支払われる……*35*

それだけではない。帝国郵便はさらに相当額の利益を生み出していた。ヨハン・フォン・デン・ビルグデンは、一六

図 22　アウクスブルクに代わって帝国郵便の中心地となったフランクフルト。1623年、印刷されたポスターが定期騎馬郵便配達人の時刻を伝えている。

二〇年代半ば、タクシス伯の利益を年に十万ドゥカーデンと見積もっている。

それは、すべての泉が注ぎ込むような井戸であろう。36

新しい帝国郵便総裁レオンハルト・フォン・タクシス二世（在職＝一六二四年―二八年）は、郵便をさらに拡充するための野心的な計画を展開した。彼は、皇帝の軍事力に保護されて、重要な帝国領邦にはすべて帝国郵便を導入しようとした。この彼の時代、これまでにないほどの好機が訪れる。というのも、ひとつには、戦争が続いたために、郵便革新に対する帝国都市の抵抗が弱まったからである。さらにまた、ヴァレンシュタイン*のバルト海攻撃、デンマーク王クリスティアン四世**の敗北、ティリー***のニーダーザクセン進撃が、帝国郵便に新しい領域を開いたように見えたからでもある。そうした拡充が実現していれば、それはヨーロッパのどこにも模範がないような、郵便発展の質的飛躍であっただろう。しかし、一六二八年五月にレオンハルト・フォン・タクシス二世がまだ三十三歳という若さで突然プラハで亡くなると、これらの計画も予期せぬ終わりを告げた。そうでなくても、戦況の好転が将来の計画を挫折させていたかもしれない。なぜなら、ドイツ・プロテスタンティズムの存在を危うくする一六二九年の皇帝の回復

---

* **ヴァレンシュタイン**（一五八三年―一六三四年）三十年戦争期のボヘミアの傭兵隊長。皇帝フェルディナント二世によって皇帝軍総司令官にまで任命された。

** **クリスティアン四世**（一五八八年―一六一一年）三十年戦争期のデンマーク・ニーダーザクセン戦争で、プロテスタント側で参戦した。

*** **ティリー**（一五五九年―一六三二年）三十年戦争期の皇帝軍総司令官。

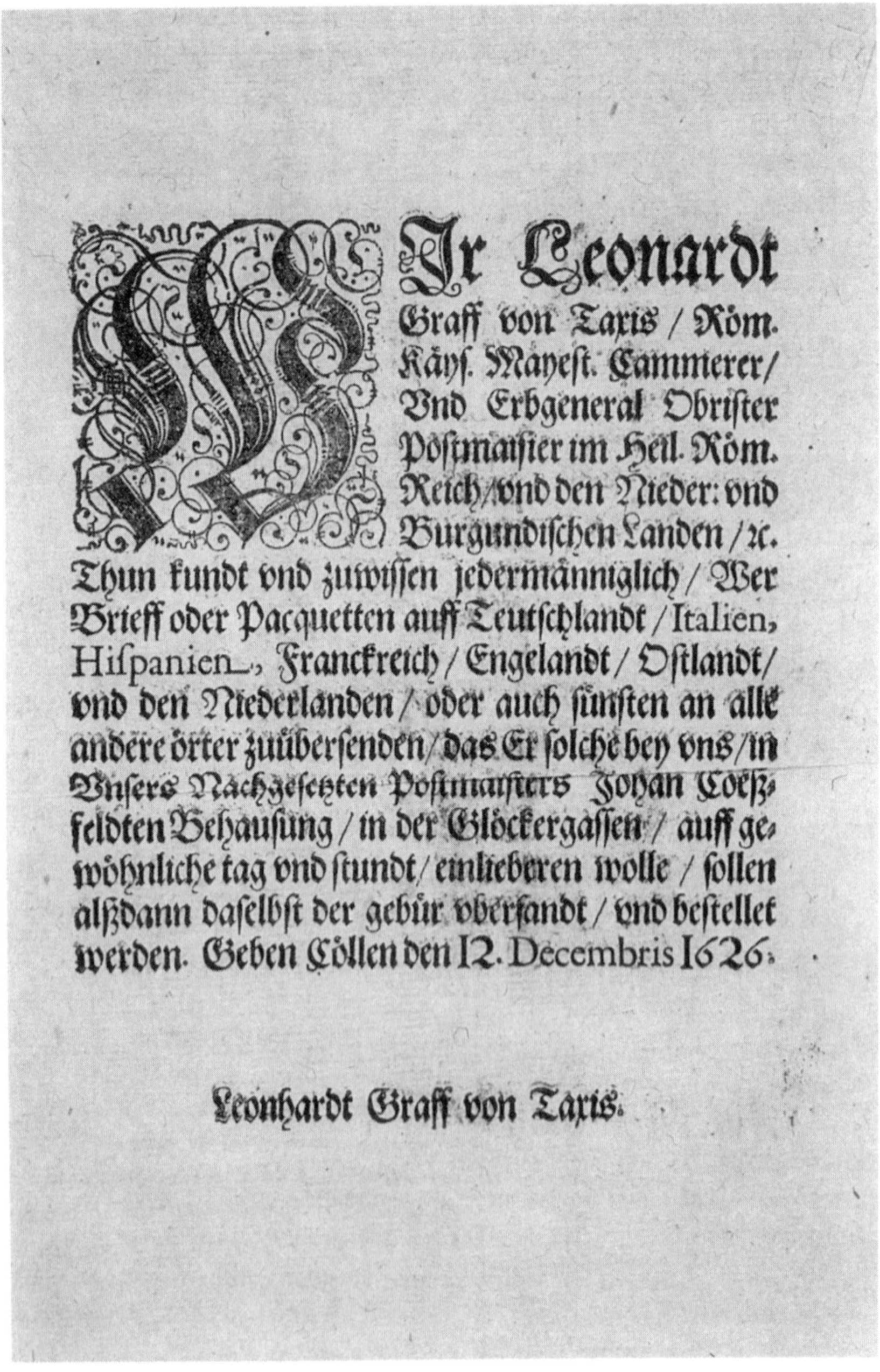

Wir Leonardt Graff von Taxis / Röm. Käyſ. Mayeſt. Cammerer / Vnd Erbgeneral Obriſter Poſtmaiſier im Heil. Röm. Reich / vnd den Nieder: vnd Burgundiſchen Landen / rc.

Thun kundt vnd zuwiſſen jedermänniglich / Wer Brieff oder Pacquetten auff Teutſchlandt / Italien, Hiſpanien, Franckreich / Engelandt / Oſtlandt / vnd den Niederlanden / oder auch ſunſten an alle andere örter zuüberſenden / das Er ſolche bey vns / in Vnſers Nachgeſetzten Poſtmaiſters Johan Coeßfeldten Behauſung / in der Glöckergaſſen / auff gewöhnliche tag vnd ſtundt / einlieberen wolle / ſollen alßdann daſelbſt der gebür vberſandt / vnd beſtellet werden. Geben Cöllen den 12. Decembris 1626.

Leonhardt Graff von Taxis.

図23　顧客獲得。帝国郵便総裁レオンハルト・フォン・タクシス2世（1594年―1628年）が新しいケルン郵便局長ヨハン・ケースフェルトを支援している。

令*が、同じ年、王グスタフ・アドルフ**下のプロテスタント陣営のスウェーデンを参戦させたからである。帝国の軍況はその根底から変化することになる。

三十年戦争時の郵便の女性リーダー、アレクサンドリーネ・フォン・タクシス[37]

帝国郵便が存在して以来、このように状況はもっとも困窮していたが、そうしたなかで、ひとりの女性が十八年にわたって経営を引き受けることになった。レオンハルト・フォン・タクシス二世の寡婦、アレクサンドリーネ・ド・リー女伯である。彼女は、未成年の息子ラモラール・クラウディウス・フランツ二世の後見人として、皇帝フェルディナント二世により帝国郵便総裁職を務めるよう委託される。スペイン王フェリペ四世は、ネーデルラント、ブルゴーニュ、ロレーヌ（ロートリンゲン）の郵便総裁の称号を彼女に与えた。アレクサンドリーネ・フォン・タクシスは、イニシアティブの取れる女性であることが明らかになる。一六三〇年、彼女は、アウクスブルクとプラハのあいだにあるオーストリアの十の宿駅を請け負うことに成功した。それらは、一五二七年以降、オーストリア宮廷郵便局長の管理下にあったものである[38]。さらに彼女は、イングランドとの郵便のやりとりを改善することにも尽力する。こう

---

* **回復令**　皇帝フェルディナント二世によって発令された回復令は、プロテスタントに奪われた修道院や教会領をカトリックに返還しなければならないというのがその骨子であった。

** **グスタフ・アドルフ**（一五九四年―一六三二年）　三十年戦争期のスウェーデン戦争時、一六三二年のリュッツェン会戦でプロテスタント陣営のスウェーデン軍はヴァレンシュタインに勝利したが、しかしこのとき、グスタフ・アドルフは戦死している。

図 24　アレクサンドリーネ・フォン・タクシス、旧姓ド・リー女伯。三十年戦争期の帝国郵便の女性経営者（1628年－1646年）。（騎手絨毯、1646年）

図25　レオンハルト・フォン・タクシス2世伯。1624年―1628年の帝国郵便総裁。(騎手絨毯・部分、1646年、ブリュッセルのタペストリー、レーゲンスブルク侯城)

したイニシアティブを証明するのが、ネーデルラント総督でスペイン王女イサベラ・クララ・エウヘニア（スペイン王フェリペ二世の娘―訳者注）の命令である。それは、一六三三年ブリュッセルで、「その息子の母かつ後見人の資格にあり、郵便総裁職の管理者デ・タッシス女伯」のために出された。その中では、騎馬配達人がリレーするカレーまでのいくつかの宿駅に、特別の優遇措置が確約されている[39]。

ドイツでは、戦争によって、郵便網をさらに拡充することができなくなっていた。スウェーデンが進撃してきたので、そののち数年のあいだ、アレクサンドリーネ・フォン・タクシスは、タクシス郵便が機能し続けるのを保証するために、絶えず郵便路線を変更しなければならなかった。強奪や路線の妨害が帝国郵便をひどく苦しめる。ミュンヘンが占領された一六三二年までに、グスタフ・アドルフの軍はドイツのかなりの部分を征服してしまっていた。スウェーデンは、かつてのタクシス郵便局長フォン・デン・ビルグデンの助けを借りて、その勢力範囲で独自の機能的な郵便網を敷設し、タクシスにとって最初の危険な先例となった[40]。ハンブルク、フランクフルト、アウクスブルク、ニュルンベルクの重要なタクシス郵便局は一時的にスウェーデンによって占領され、ライプツィヒ郵便局は永久に失われた。フォン・デン・ビルグデンは、その活動の絶頂期に、シュパイアー、シュトラスブルク、チューリヒ、ヴェネチアへの郵便路線を創設した。アレクサンドリーネ・フォン・タクシスは、ブリュッセルからケルンへの路線の他には、ネーデルラントからイタリアまでのタクシス郵便の伝統的な主要路線しか維持できなくなり、そのうえ、この路線さえもずっと西へ移動しなければならなかった。つまり、その路線は、アルザスと前部オーストリア（フライブルク／ブライスガウ）を経由して、チロルへ通じた。帝国郵便が崩壊に至らなかったのは、もっぱら一六三四年秋のネルトリンゲンの戦いにおけるスウェーデン軍の敗北のおかげであろう。スウェーデンの郵便局長フォン・デン・ビルグデンはフランクフルトから逃亡しなければならず、皇帝の郵便局長フリンツが、一六三五年、再びフランクフルト郵便局長職に就いた[41]。

ウェストファリア和平会議での郵便

「神が遂に我々に平和を与えてくださいますように」と、一六四五年、フランクフルト郵便局長フォン・ヘスヴィンケルはアレクサンドリーネ・フォン・タクシス宛てに書いている。絶え間ない襲撃は、あいかわらず郵便事業を侵害していた。ようやく戦争も終わりになって、郵便の信頼度も再び上がった。当事者たちが皆、敵の領邦を通過する書信も確実に輸送されることに関心を抱いたからである。皇帝フェルディナント三世は、騎馬配達人と宿駅長たちを特別な保護下に置いた。帝国諸等族と軍の指揮官たちもこの例に倣った。特にフランス王ルイ十四世は、一六四六年、ブリュッセルとスペイン間のタクシス郵便の安全性を保証した[42]。

ウェストファリア和平会議は、まったくの外交使節会議であった。当時の大国（フランス、スウェーデン、皇帝、スペイン）と多くの小国の代表者たちは、それぞれの宮廷の指示に縛られ、宮廷と迅速に接触し続ける必要があった。皇帝の使節アウエルスペルグは、郵便連絡が良好である必要性を主張した。なぜなら、

郵便の確保がなければ、通信はあまりにも不安定で遅延を生じざるをえないからである。[43]

図26　皇帝フェルディナント３世（出典：新人物往来社編『ビジュアル選書　ハプスブルク帝国』2010年、59頁）

一六四三年以降ミュンスターとオスナブリュックで開かれた和平会議のために、アレクンサンドリーネ・フォン・タクシスは、会議開催地をタクシス郵便網に繋いだ。

両都市相互を結ぶ騎馬郵便は二倍に増えた。郵便のスピードは、ネーデルラントからイタリアへ至るタクシス主要郵便路線のリズムに合わせた。十七世紀半ば、それは週に二便だった[44]。

一六四五年、帝国郵便総裁アレクサンドリーネ・フォン・タクシスは、皇帝フェルディナント三世の委託を受けて、ミュンスターから直接フランクフルトとニュルンベルクを経由してリンツへと通じる（さらにそれはウィーンへと接続された）郵便路線を新設した。その路線は、ケルン経由の時間のかかる回り道を避けるためであった。この措置は政治的な服従だった。というのも、（アレクサンドリーネ・フォン・タクシスに宛てたフランクフルト郵便局長フォン・ヘスヴィンケルの鑑定が詳細に証明しているように）この郵便路線は年に五千グルデンの費用がかかるのに、利益を生まなかったからである。それ以降、フランクフルト―ニュルンベルク郵便路線が存在することになる[45]。一六四六年、これに続いたのが、ミュンスター―ブリュッセル直通郵便路線であり、この路線のネーデルラント部分は、レルモントのタクシス郵便局長ゴスヴィン・ドゥルケンが管理した。彼はさらにその郵便をブリュッセルからナイメーヘンとユトレヒトを経てアムステルダムへと延長した。ブリュッセルはとりわけ重要であった。ドイツの通信の大部分が、ブリュッセルを経由して、イングランド、フランス、さらにはスペインやポルトガルにまで輸送されたからである。和平会議のスペイン使節は、ミュンスター―ブリュッセル郵便路線をことのほか熱心に支持した。ラモラール・フォン・タクシスは、この路線の敷設を強行する。それは最初から、北ドイツ、オランダ、イングランド間を結ぶ大陸側の郵便として、多くの収益を生むことを期待させたからである。「ブラバント定期郵便」は、当初から、週に二便だった[46]。

新郵便局はどのように経営されたのか

それより以前の一六四三年九月、新しいミュンスター郵便路線のための郵便法が公布されていた。アレクサンドリーネ・フォン・タクシスによって投入されたミュンスターの皇帝の郵便局長カスパー・アルニンク[47]は、その中で、充分に術を心得た自己宣伝を行い、次のように告知した。

これにより皆さまに知っていただきたい。今後、ここミュンスターでは、通常と異なり週に三回、皇帝の帝国郵便で、下記の日時に、神聖ローマ帝国全域と他の地域へ郵便を発送し、そうした手段によって迅速な通信を命じることを……[48]

郵便局がどのように経営されていたのかに注目するとき、新郵便局長が顧客獲得運動を行うのはもっともである。郵便局長は、基本的には、帝国郵便総裁の任命によって許可を受けた自営の経営者であった。郵便局長は、その郵便業務に対して、帝国郵便総裁から給与をもらう。この基盤のうえで、彼は自営を行うことができた。彼の経済上のベースは、郵便料金と、そしてその他の郵便業務に結び付いた収入源だった。つまり、それは、チップから旅館飲食店営業までである。郵便局長は、これらの収益から、自分の分担する郵便路線の維持費を出し、馬を交換する宿駅で、宿駅長と騎馬配達人に報酬を支払わなければならなかった。

彼は、四半期ごとに、郵便料金の利益を、ブリュッセルの帝国郵便総裁と清算して引き渡す義務があった。いわゆる郵便料金無料制、すなわち、郵便料金を支払わなくても書信を送ることができる特権を持った人たちの権利のもとでは、無給の労働が課せられた[49]。さらに悪いのは、多くの顧客たちの借金をつくる習慣であった。郵便局長は、最初から資産があり、未払い金を自己資本で切り抜けることができなければならなかった。ミュンスター郵便局は、一六四六年、ブリュッセルのトゥルン・ウント・タクシス郵便総会計課のために、四半期でおよそ四百ライヒスターラー（＝六百グルデン）、それゆえ年に千六百ターラー（＝二千四百グルデン）の利益を上げた。約二十年にわたってミュ

Neuer

Auß Münster vom 25. deß Weinmonats im Jahr 1648. abgefertigter Freud- vnd Friedenbringender Postreuter.

Ich komm von Münster her gleich Sporenstreich geritten/
vnd habe nun das meist deß Weges überschritten/
Ich bringe gute Post und neue Friedenszeit/
der Frieden ist gemacht/gewendet alles Leid.
Man bläst ihn freudig auß mit hellen Feldtrommeten/
mit Kesselpaucken Hall/mit klaren Feld-Clareten.
Mercur fleugt in der Lufft/ und auch der Friede; Jo/
Gantz Münster/Oßnabrugg vnd alle Welt ist froh/
die Glocken thönen starck/die Orgeln lieblich klingen/
HErr Gott wir loben dich/ die frohen Laute singen.
die Stücke donnern und sausen in der Lufft/
die Fahnen fliegen schön/und alles jauchtzend rufft:
der Höchste sey gelobt/der Friede ist getroffen/
fortan hat männiglich ein besser Jahr zu hoffen/
der Priester und das Buch/der Rahtherr und das Schwerdt/
der Bauer und der Pflug/ der Ochse und das Pferd.

Die Kirchen werden fort in voller Blüte stehen/
Man wird zum Hauß deß HErrn in vollen Sprüngen gehen/
und hören Gottes Wort: Kunst wird seyn hochgeacht/
die Jugend wird studiern bey Tag und auch bey Nacht/
Man wird deß HErren Ruhm auff Psalter und auff Saiten/
In Osten und in West/in Süd und Nord außbreiten:
die Saine und Paris/die Donau und ihr Wien/
der Belthe und sein Stockholm sind friedlich/ frisch und grün.

Der Friede kömt Gott lob mit schnellem Flug geflogen/
mit ihm kommt alles Glück und Segen eingezogen/
Er bringet Friedenspost und güldene Friedens Zeit/
der Krieg ist nun gestillt/ gewendet alles Leid.
Spieß/Bogen/Schild und Schwerdt/und Lantzen sind zerschmissen/
Gerechtigkeit und Fried sich miteinander küssen/
Wo Mars der Landsknechten Gott/die Oberherrschafft hat
da herrschet Lasterschwarm/und Tugend hat nicht statt.
Drum freuet/freuet Euch/ihr hohen Potentaten/
und alle die ihr müst den grossen Städten rahten/

Fortan wird Land und Sand und Dörffer nehmen zu/
und Herr und Knecht wird sein in angenehmer Ruh.
Es werden Fürsten nicht in Cantzeleyen schwitzen/
der Raht nicht in die Nacht mit schweren Sorgen sitzen/
und dencken/wo doch Raht wol herzunehmen sey/
damit betrübet werd deß Krieges Tyranney.
Man wird stäts seyn bedacht/wie rechte Sach mög bleiben/
Wie man/was unrecht ist/recht möge hindertreiben/
Man wird nicht so versehn was böses wird verricht/
wie sonst zu Kriegeszeit/doch ohne Lust geschicht.
Es werden Obrigkeit und Unterthanen wohnen
in Einigkeit und Fried: das gute wird man lohnen/
das böse straffen ab: Kurtz/es wird frieds seyn/
im Rahthauß/in der Stadt/ wo man geht auß und ein.
Ihr Obern dancket Gott/der Frieden ist gerichtet/
Ihr Untern lobet Ihn/ das widrig ist geschlichtet/
Es lebt in Fried und Freud der Rahtsherr und die Stadt/
Biß das was in der Welt und Sie ein Ende hat.

Auch/Ich der Kaufleut Gott Mercur komm hergedrungen/
und hab mich mit dem Brieff durch Lufft und Tufft geschwungen/
Ihr Kaufleut seyt wolauff und habt ein guten Muth/
Ihr Handwercksleute auch/es wird alls werden gut.
Fort wird man sicherlich zu Wasser können handeln/
und ohne noht zu Land auff Messen ruhig wandeln/
die Wahren werden wol zu reissen abgehn/
die Läden und Gewölb voll lauter Kauffer stehn/
Man wird zu Tag für Tag den Seidenzeug außmessen/
und zu Mittag für Müh nicht einen bissen essen/
Gewürtz und Spezerey verkauffen wol mit Macht/
bey lauter Centnern wegwägen Tag und Nacht.
Der Schuster wird sein Gelde vor Schuh nicht können zehlen/
Den Schneider wird das Volck umb neue Kleider quelen/
Der Breuer nimbt nicht ab/ der Becker der wird reich/
Der Kirschner füttert stäts/und feyret keinen Streich.
Es hitzen bey dem Feur die Schmid/die Amboßschläger/
Es tauren mich allein die armen Degenfeger/

Die haben nichts zu thun: Laß Degen/Degen seyn/
macht einen Pflug darfür/und eine Pflugschar drein.

Ihr Bauren spannet an die starcken AckerPferde/
klatscht mit der Peitschen scharff/die Pflugschar in die Erde/
Säet/ Hirsche/ Heidel/ Korn/ Hanf/Weitzen/Gersten auß/
Kraut/Ruben/Zwiebeln/Köhl/füllt Keller/Boden/Hauß.

Ihr Gärtner werdet dann zu Marckt können fahren/
und lösen manchen Batz auß euren grünen Wahren/
dann kehret ihr mit Lust fein in ein Küchlein ein/
und esst ein stücklein Wurst und lescht den Durst mit Wein;
Juch/ Juch/ ihr seyt befreyt von tausend tausend Nöthen/
und schlaffet biß es tagt mit euren Bauren Greten.

Ihr Wirthe freut euch auch/ der Friede trägt euch ein/
Es wird die Stub und Stall voll Gäst und Pferde seyn/
Voraus die ihr wol sitzt/ beym weiß und roten Hanen/
Beim Baum/Bärn/Engel/Stern/Wolf/Lamb/Thürnen/Schwanen/
Beim Bitterhold/beim Creutz/Ganß/Rindsfuß/Rädlein/Tisch/
beim wilden Mann/Kron/Mond/ beim güldnen Ochsen/ Fisch/
Beim Ochsenfelder auch: Ihr krieget gute sachen/
Ihr wolt denn selbsten nicht/ die Zech Wirthlich machen/
doch glaub ichs gäntzlich nicht: Nun es hat keine Noth/
Ein jeder gebe mir ein guten Botenbrodt.

Doch dieses alles recht mit beten vnd mit dancken/
daß keiner überschreit der Erbarkeiten Schrancken/
Es dancke alles Gott/ es danck Ihm früh vnd spat/
was kreucht/ fleugt/ lebt und schwebt/ und was nur Odem hat.

Gedruckt im Jahr nach der Geburt vnsers HErrn Jesu Christi 1648.

図 27　「吉報だ……」。騎馬郵便配達人が三十年戦争終結という大事件のニュースを持って、新しいミュンスター帝国郵便局を出発する。

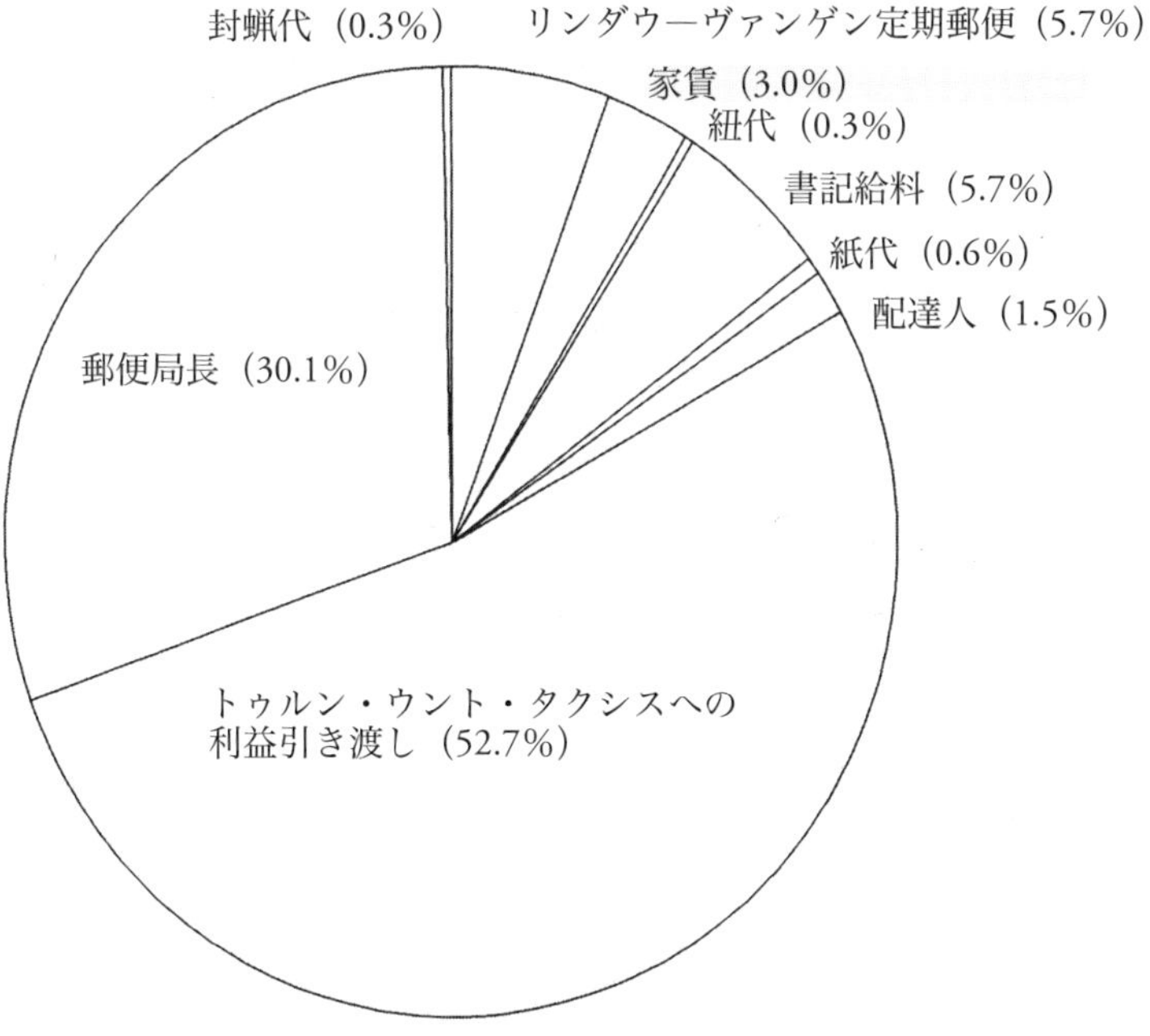

グラフ３　1653年第二・四半期のリンダウ郵便局の支出構成（100%＝332グルデン）

ンスター郵便局を経営した有能な郵便局長は、亡くなったときにはかなり裕福であった[50]。しかしミュンスターは、ウェストファリア和平会議のあいだの要所だったため、むしろ例外だった。ミュンスターは数年後、直属郵便局へと格上げされ、その地位は旧帝国の終焉まで続いた。

小さな郵便局がこの時代どのように経営されていたかは、一六二八年に開設されたボーデン湖畔のリンダウ郵便局の例が示している。リンダウ郵便局は、アウクスブルク上級郵便局の管轄下にあった[51]。リンダウ郵便局に関しては、約千二百グルデンの年間収入を証明する当時の会計報告がいくつか残されている。四半期ごとに決算され、経費は収入から賄われ、残りは中央に支払われた。郵便局長ゼバスティアン・ロボルトがブリュッセルのアレクサンドリーネ・フォン・タクシスに報告しているように、一六四〇年代初期、リンダウは年に六百八十五グルデンの純益を上げていた。一六五〇年代初めには、その純益はおよそ七百四十グルデンに上がった。利益は売り上げの半分を少し上回った。そしてそれは、アウクスブルク上級郵便局を経て、ブリュッセルのトゥルン・ウント・タクシスへと引き渡された。郵便局長の報酬は、収入の三分の一を占めた。支出の残りは、文房具代（一％）、家賃（三％）、書記給料（六％）、配達人賃金（一・五％）、そしてリンダウ—ヴァンゲン定期郵便の維持費（六％）であった。リンダウ郵便局は、書信の輸送からしか収入を得ていない。収入の最大部分は、アウクスブルクとのやりとりであった（八十六％）。メミンゲン（三％）とロイトキルヒ（二％）は、リンダウ内の郵便（九％）と比較しても重要ではなかった。両方向へは、週に一便しかなかった[52]。

領邦郵便の競合

すでに宗派対立戦争初期の頃、つまりシュマルカルデン戦争において、郵便の戦略的価値は認識されていた。いくつかの帝国等族は、一時的に独自のリレー郵便を創設していた。三十年戦争では、この傾向が強まった。一六三六年、帝国宮内法院は、レーゲンスブルクで開かれる次の選帝侯会議での協議に郵便問題を委ねるという過ちを犯した。予期された通り、選帝侯会議は、一六三七年、郵便問題を皇帝の意向ではなく、帝国諸侯の意向に即して扱った。選帝侯会議は、次のような趣旨の鑑定を作成した。

定期郵便が通過していないか、または行われていない各地域では、騎馬郵便あるいは徒歩郵便の配置は、正当なものとして認められ、それらは帝国諸等族の権限に属する。諸等族は、その大権《レガーリエン》に基づき、領邦内に郵便を所有する。[53]

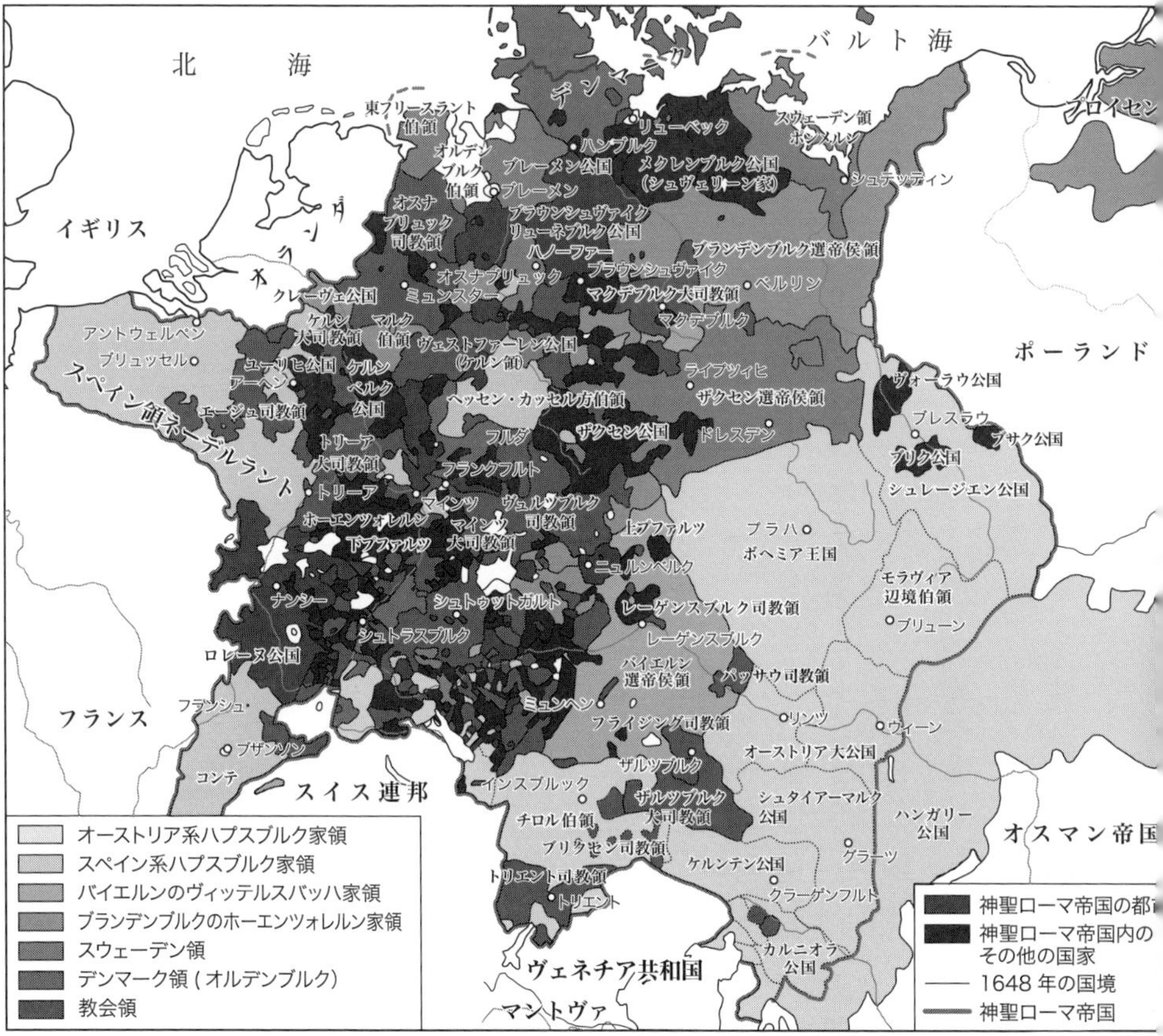

地図４　ウェストファリア条約後の神聖ローマ帝国
（出典：菊池良生『図説　神聖ローマ帝国』河出書房新社、2009年、71頁）

一六三七年初頭の選帝侯の鑑定において、――皇帝の郵便《ポスト》大権《レガール》と対立する――領邦郵便の郵便《ポスト》大権《レガール》の問題が根本から取り扱われ始めた[54]。選帝侯たちは説得力のある論拠を準備していた。皇帝たちは百年以上も前から、贅沢にもオーストリア「宮廷郵便」を持っていたし、その宮廷郵便は、もうとっくに領邦郵便へと成長していた。オーストリア宮廷郵便局長フォン・パールがレーゲンスブルクの選帝侯会議に出席していたことは、選帝侯たちに一級の実例を提供してくれた。タクシス家は、最終的に一六一五年、帝国郵便レーエンを世襲とする代価として、帝国郵便のライバルであるこのオーストリア宮廷郵便を承認する義務を負っていたのである[55]。さらに、選帝侯会議のこの時期、フランクフルトを中心にして、帝国内には強力なスウェーデン郵便が存在していた。このようにして、スウェーデン郵便は、フォン・デン・ビルグデンの組織力によって一時的に最強の郵便組織になっていた。帝国宮内法院は、決議の危険性を認識し、皇帝の留保権、皇帝の郵便大権《ポストレガール》を主張した[56]。郵便の分裂が差し迫っていた。

オランダ議会、ブラウンシュヴァイク・リューネブルク公国、ブランデンブルク選帝侯領（プロイセン）のような国内および国外の他のプロテスタント勢力も、和平会議のために独自の郵便を創設した。こうして、皇帝たちによって繰り返し保証されてきたタクシス家の郵便事業の独占、というよりは皇帝の帝国郵便の独占は、さらに疑問視されることになった。スウェーデン郵便の崩壊後に創設されたブラウンシュヴァイク・リューネブルク公国の郵便制度は、ブレーメンからハノーファーを経由してカッセルへ至り、さらにはフランクフルトへと接続される騎馬郵便だったが、これは、少なくとも一六四〇年代には、完全にタクシス郵便の手の届かないところにあった[57]。ウェストファリア条約は、郵便問題に対して、手短で不明瞭な立場表明しか行っていない。皇帝の使節が郵便問題の文書化を回避しようとしたからである[58]。

領邦郵便の独立のプロセスは――皇帝の（タクシス）帝国郵便に対立して――一六四八年の条約締結後も続いた。たとえば、一六四九年に設立されたブランデンブルク郵便路線は、ケーニヒスベルクからベルリンを経由してクレーヴェへ通じていたが、皇帝の関心領域の外にあり、おそらくは経営者の立場からも当初は価値がなかった。プロイセン郵便が最初から国営郵便であったことは、筋道が通っていたのである[59]。ザクセンでは、タクシスは郵便を失った。一六五〇年、スウェーデンによって徴発されたライプツィヒのタクシス郵便局は、返還されることなく、代わりにブランデンブルク領邦郵便が入居した[60]。タクシスは、競合する郵便路線を敷設して抵抗しようとした。一六五〇年代、とりわけ沿岸都市のハンブルクやブレーメンからブラウンシュヴァイクとヒルデスハイムを経由してカッセルあるいはフランクフルトへと至る北南方向の郵便路線の獲得にしのぎを削った。一六五八年、プロテスタントの帝国等族、ブラウンシュヴァイク・リューネブルク公国、ヘッセン・カッセル方伯領、ブランデンブルク選帝侯領とスウェーデン領は、ヒルデスハイムで会議を開き、タクシス帝国郵便に抵抗して今後も共同措置を取ることで意見調整を行った[61]。

郵便問題は、その後も交渉の議題であった。帝国郵便総裁がその権利を無抵抗に放棄するつもりがなかったからである。帝国等族は、あるゆる手段を用いて自分たちの政治上の権利を擁護した。とりわけその論拠は、タクシス伯は「外国人」であるから帝国の官職に就くことはできない、郵便の利益は外国へ送金されてしまう、郵便にはたいてい外国人が雇われている、というものであった[62]。一八六七年に最後のタクシス郵便局が接収されるまで、抵抗の中心はプロイセンだった——そしてその抵抗の歴史は、ブランデンブルク大選帝侯フリードリヒ・ヴィルヘルム（在位＝一六四〇年—一八八年）のもとで始まっていたのである。皇帝レオポルト一世は、帝国郵便総裁の圧力を受けて、選帝侯に、領邦郵便を廃止し、帝国郵便がその領内へ入ることを認めるよう求めた。一六六〇年、選帝侯はそれに対して次のように返答している。

図28　皇帝レオポルト１世
（出典：菊池良生『図解雑学　ハプスブルク家』ナツメ社、2008年、25頁）

私は、私の領邦君主高権の権限、および神聖ローマ帝国から授与され、重い責任でレーエンとして担っている大権《レガーリア》について、タクシス伯とどんなふうにも

関係する理由はありませんし、またその意志もまったくありません……[63]

ブランデンブルクは、一六三七年の選帝侯会議の鑑定だけではなく、独自の領邦郵便が機能できていることにも言及した。領邦郵便と競合することで、「タクシス伯の郵便職員たちは少なからず鼓舞され、郵便が規則正しく迅速に輸送され、より良く配達されるようにと激励されてきた」。皇帝は、「タクシス伯の迷惑な行為と不機嫌な企て」を認めて叱責するよう要求された[64]。

これに対して、ラモラール・フォン・タクシスの反論書が指摘したのは、皇帝の帝国郵便大権《ライヒスポストレガール》と、「選帝侯の領邦郵便が統一組織にとっては非常に不都合であり、権利の侵害、悪用、有害な改革」であるという状況であった[65]。一六六一年、フリードリヒ・ヴィルヘルムは、自分が関係したいのは皇帝とだけであって、タクシス伯とではないと答え、レオポルト一世に「今後このようなきわめて違法な、名誉を棄損する文書」を受け入れないように要請し、「タクシス伯がみずからの限界を守ることを真剣に指示してほしい」と求めた。皇帝の仲介の試みは成果を上げないままであった[66]。プロイセンは一六六二年、ニーダーザクセンのクライス＊会議において、郵便問題で考えを同じくするブランデンブルク、ブラウンシュヴァイク、ヘッセン、スウェーデンの諸等族を引き合わせた。まもなく、皇帝が領邦君主の自分勝手な行動に対して無力であることが露呈した。さらに皇帝は、外交上の理由から手が出なかったのである。それゆえ一六六〇年代には事実上、帝国郵便と北および東ドイツの領邦郵便とのあいだの合意が成立した。遂

＊　**クライス**（Kreis）　帝国改造の時代、公共の平和を維持するために、皇帝と帝国等族のあいだにつくられた中間的な組織。一五〇〇年のアウクスブルク帝国議会で、帝国内の領邦のほとんどを地域的にまとめた六つのクライスが設置された。さらに一五一二年、これらに四つのクライスが追加された。

に皇帝レオポルト一世は、ブランデンブルクに領邦郵便を承認した旨を伝えさせ、一六六六年、ヒルデスハイムで再度開かれた郵便会議では、郵便の利害領域の境界が地理的に確定された[67]。

帝国郵便総裁は、ヘッセン・カッセルにおけるタクシス郵便への妨害に対して抗議した。一六六九年、帝国宮内法院がこれを受けて鑑定を作成し、最後の方策として、帝国《ライヒス》郵便《ポスト》大権《レガール》をめぐる問題を次期帝国議会での「共同の帝国決議」によって解決しようと目論んだ[68]。これはあまり現実的ではなかった。というのも、プロテスタントの帝国諸等族によってこの戦略が挫折させられることは最初から目に見えていたからである。このようにして、皇帝の帝国《ライヒス》郵便《ポスト》大権《レガール》の問題は、帝国の終焉まで政治的に解決されないままだった。タクシス帝国郵便と種々の領邦郵便とのあいだの「郵便戦争」は、繰り返し新たに燃え上がった[69]。トゥルン・ウント・タクシス家と帝国諸都市[70]や各領邦郵便との不和に関しては、数冊の著書を記すことができるだろう。たとえそれが、オーストリア[71]、ブラウンシュヴァイク・リューネブルク、ブランデンブルク・プロイセン[72]、ヘッセン・カッセル[73]、ヴュルテンベルク[74]、プファルツ選帝侯領[75]、ザクセン[76]のどこであろうともである。十七世紀の三十年代から六十年代にかけて権力政治が対立した結果、帝国郵便の発展の可能性は大きく制限された。

帝国国法学における皇帝の郵便《ポスト》大権《レガール》の問題

一五九七年、ルドルフ二世は郵便を帝国《ライヒス》大権《レガール》として宣言したが、その宣言は決してすべての帝国等族に受け入れられたわけではなく、その理由も実にさまざまだった[77]。帝国都市は独自の飛脚組織を侵害されるのを好まず、比較的大きな領邦は国制政治上の疑念を抱いていた。皇帝の郵便《ポスト》大権《レガール》を承認すれば、それはみずからの政治的影響力を制限することになったからである。一四九〇年以前、帝国にはまだ郵便が存在していなかったため、郵便《ポスト》大権《レガール》は、中世の大権学《レガーリエン》にはなかった。十六世紀末、皇帝の郵便大権《ポストレガール》の宣言について、国法学者たちの解釈は異なっていた。その際に重要だったのは、どの程度まで帝国郵便が古代ローマの「クルスス・プブリクス」を継承するのか、というより帝国はそもそもローマ帝国を継承するのか、という問題であった。一五九九年、ヴュルテンベルクのテュービンゲン大学では、法学教授ハインリヒ・ボーサーが帝国郵便大権《ライヒスポストレガール》を支持した。その一方で、すでに一六〇〇年頃、ハイデルベルクの法学者でブランデンブルクの顧問官であったアンドレアス・クニッヒェン（一五六一年―一六二一年）は、諸侯はその領邦において、皇帝が帝国において有するのと同じ権利を持つという見解を示した[78]。その背後にあるのは、誰がドイツの領邦において主権を有するのか、皇帝なのか領邦君主なのか、という国法上の根本問題であった。郵便問題への対応は、この問題にどう答えるかに依った。それゆえ、アルトドルフのアルノルト・クラプマールのような初期の国法学者たちが繰り返し郵便問題に言及することになった[79]。

ウェストファリア条約後、この問題全体が緊迫した。なぜなら、いまや、いくつかの帝国等族――ブランデンブルク選帝侯領（プロイセン）、ザクセン選帝侯領、ヘッセン・カッセル[80]とブラウンシュヴァイク・リューネブルク――が初めて独自の郵便組織を意のままにし、ブランデンブルク・プロイセンがその事実上の推進力とみなされたからである。言い換えれば、帝国のプロテスタントの北東全体が、皇帝の帝国郵便から分離された郵便領域を創設しようとしていた。そうした発展は、帝国国法学というかむしろ、絶対主義領邦国家の発展にイデオロギー上で随伴する国家学を登場させた。その幕開けは、ルードヴィヒ・フォン・ヘルニクであり、すでに三十年戦争中に出されたその『郵便大権法論』だった。ヘルニクは、この著書において、帝国の郵便は皇帝の権限に属するが、領邦の郵便は諸侯に権利があるという見解を代表している[81]。ヘルニクはのちに、皇帝に仕え、マインツ大司教領の宮廷顧問官になり、カトリックに改宗して[82]この見解を変更した。一六四八年に刊行された『郵便大権法論』の周辺ではいくつかの議論が見られたが[83]、著者は領邦郵便の存在を遺憾とし、一六六三年、最後の改訂版では、諸等族に自国の郵便組織の運営

図 29　「郵便事業の保護者」としてのマインツ大司教。皇帝の権力の繁栄としての郵便。ルードヴィヒ・フォン・ヘルニクの『郵便大権法論』の表紙銅版画。（フランクフルト／M.、1661年）

LUDOVICI von Hörnigk
S. CÆS. M. CONSILIARII, COMITIS PALATINI ET AD REM LIBRARIAM IN IMPERIO COMMISSARII &c.

TRACTATUS
POLITICO-HISTORICO-JURIDICO-AULICI
DE
REGALI
POSTARUM
JURE,

CUM EX IURE OMNI, TUM CONSTITUTIONIBUS IMPERII ET *summorum Principum mandatis ac Rescriptis ut & Doctorum Virorum myrothecis deprompti, obque materiæ quà raritatem, quà dignitatem omnimodamque & Belli & pacis tempore utilitatem foras dati,*

Editio tertia anterioribus longè auctior.

FRANCOFURTI AD MOENUM,
Impensis JOHAN. BEYERI.

M DC LXIII.

図 30　ルードヴィヒ・フォン・ヘルニクは『郵便大権法論』の第三版で、皇帝の郵便独占の理論を強調した。

を許可する権利すべてを否認している[84]。

これに原則的に対立したのが、一六八五年、プロイセン側のプロテスタントのハレ大学で、アンドレアス・オケル（一六五八年―一七一八年）が委託を受けて出版した次の著作であった。

『神聖ローマ帝国の諸侯の高権に由来する郵便大権《ポストレガール》に賛成し、ルドルフ・フォン・ヘルニク氏の謬見に反対する徹底論』[85]

オケルは、帝国郵便と「クルスス・プブリクス」との連続性や性質の類似性、そして皇帝の郵便大権《ポストレガール》の存在を否認している。彼は、諸侯はこの点において皇帝と同等の権利を持ち、慣習によって獲得した彼らの権利を、選挙協約により絶えず保証される、とした[86]。

数年後、ひとりの学者が、このプロイセンの態度表明に対して、帝国郵便の名において、「カエサル・トリアヌス」の筆名を使って応答したが、その筆名はすでに明らかな方向性を示している。その著書は断固として親皇帝派の立場を取っており、トゥルン・ウント・タクシスのために記された。

『栄光ある鷲、それは皇帝の留保権と高権を、帝国等族諸侯の政府から区別して表象するものである』[87]

トリアヌスによれば、郵便大権《ポストレガール》は領邦高権と結び付いた権利ではなく、皇帝留保権であって、等族はそれを力づくでわがものとすることはできない。

Gründlicher Unterricht
Von dem
Aus Landes-Fürstlicher Ho-
heit herspringenden
Post-Regal/
Derer Chur- und Für-
sten des H. R. R.
Kürtzlich fürgestellet/
Und
Herrn Ludolff von Hörnicks irrigen Meinun-
gen entgegen gesetzet
Durch
Emeran Ackold / J.U.Lic.

HALLE
In Verlegung Christian Friedrich Mylii
Gedruckt mit Salfeldischen Schrifften
Anno 1685.

図 31　プロイセンによるジャーナリズムの反撃。ハレの法学者アンドレアス・オケルは、領邦君主たちが自身の領邦郵便を要求することを認めた。

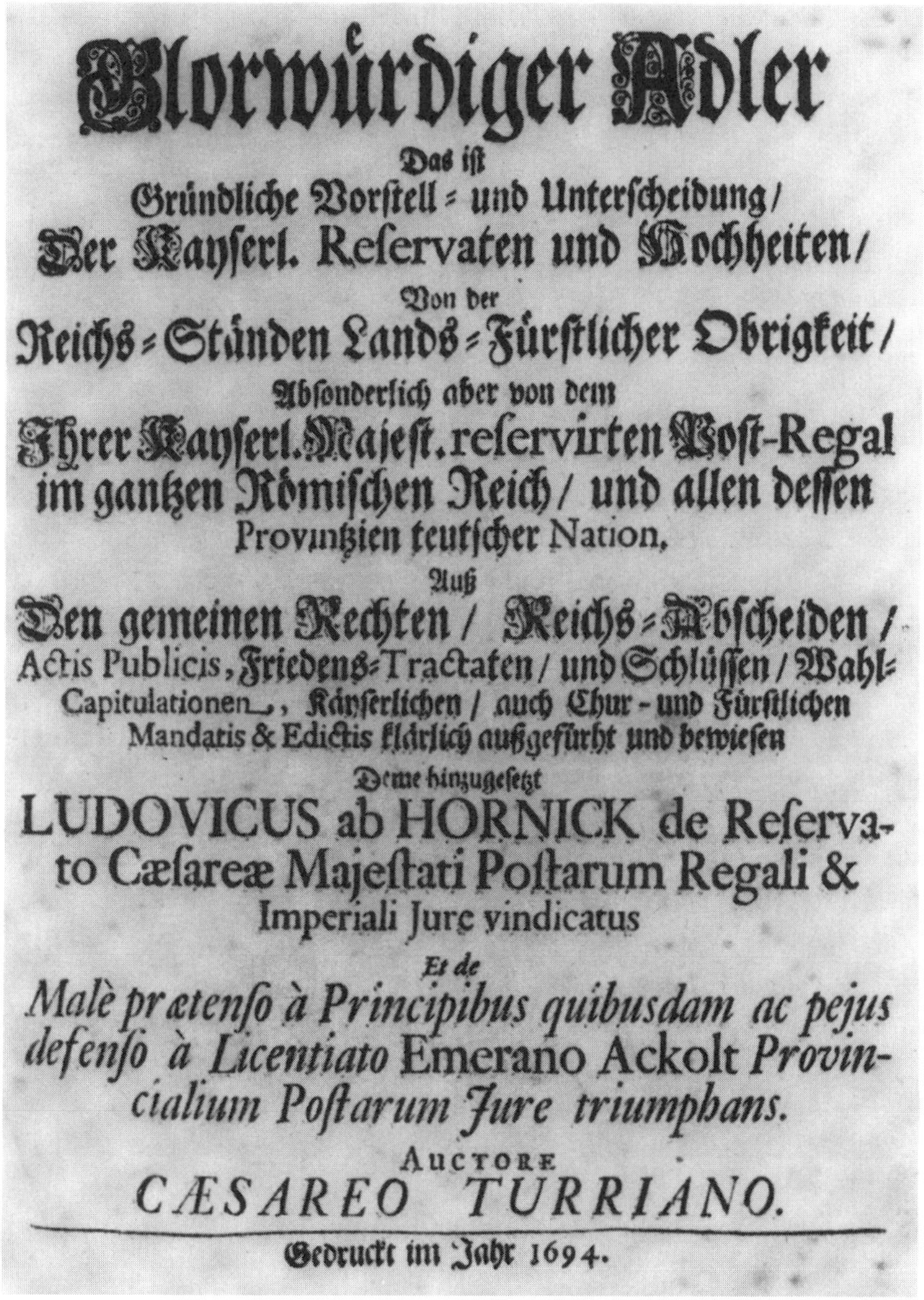
Glorwürdiger Adler
Das ist
Gründliche Vorstell- und Unterscheidung/
Der Kayserl. Reservaten und Hochheiten/
Von der
Reichs-Ständen Lands-Fürstlicher Obrigkeit/
Absonderlich aber von dem
Ihrer Kayserl. Majest. reservirten Post-Regal
im gantzen Römischen Reich/ und allen dessen
Provintzien teutscher Nation,
Auß
Den gemeinen Rechten/ Reichs-Abscheiden/
Actis Publicis, Friedens-Tractaten/ und Schlüssen/ Wahl-
Capitulationen, Käyserlichen/ auch Chur- und Fürstlichen
Mandatis & Edictis klärlich außgefürht und bewiesen
Deme hinzugesetzt
LUDOVICUS ab HORNICK de Reserva-
to Cæsareæ Majestati Postarum Regali &
Imperiali Jure vindicatus
Et de
Malè prætenso à Principibus quibusdam ac pejus
defenso à Licentiato Emerano Ackolt *Provin-*
cialium Postarum Jure triumphans.
AUCTORE
CÆSAREO TURRIANO.
Gedruckt im Jahr 1694.

図 32　バロック時代の表題と著者名は綱領である。皇帝（Caesar）、トゥルン・ウント・タクシス（Turrianus）、そして帝国の郵便独占（Adler）のための戦士。

フェルディナント四世から現在までの神聖ローマ皇帝たちがそうした権利を有しているのである。その権利は、始めは男爵――のちに伯――いまはタクシス侯家に、当初は官職として、その後はレーエンとして委託されたものであって、帝国等族がこれについて苦情を言う確たる理由は存在しない……[88]

皇帝は、食肉業者飛脚や副業郵便制度を取り締まる命令を出したが、この命令への抵抗がいっさい存在しなかったという事実からだけでも、帝国郵便大権《ライヒスポストレガール》は一般に承認されていたとみなすことができる、とトリアヌスは言う。「しかし濁った水の中や危険な戦争時代と同じように、皆が漁をして利益に預かろうとしている」。戦争とウェストファリア和平会議のあいだ、帝国都市ニュルンベルクや、またそれに追随して他の帝国諸都市が、帝国の郵便制度に抗して、「彼らの領邦から皇帝を排除し」始めたのだ、とした[89]。

これらの基本的な著作から帝国の終焉に至るまで、議論は終わりを告げることがなかった。十七世紀末と十八世紀、郵便問題を国制上や国法上で討論することは、ドイツ各地の大学の法学部で好まれたテーマのひとつだった。法学部のかなり多くの議論や学位請求論文がこのテーマにあてられた[90]。というのも、それは、皇帝と帝国等族との関係――旧帝国のもっとも重要な国法上の問題――を討議できる先例のひとつだったからである。そのため、フーゴー・グローティウスからファイト・ルードヴィヒ・フォン・ゼッケンドルフに至るまで、時代のもっとも高名な国法学者たちもこの郵便問題に携わった[91]。

十八世紀の帝国国法学も、これを基盤にして、引き続き郵便問題に精力を傾けた。一七四六年／四七年、ヨーアヒム・エルンスト・フォン・ボイストは、郵便問題に大著を捧げた。彼の著書は、これまでのすべての論拠をとりまとめ、のちの郵便史の基礎を築くことになる[92]。さらに一七六一年には、アントン・ファーバー著『新ヨーロッパ国家官房』の中の一章「帝国郵便制度について」のように、攻撃的で党派的な著作もあった。それは、完全にブラウンシュヴァイク・リューネブルクの視点から、トゥルン・ウント・タクシス侯に、相応の契約が存在する地ならどこでも「領邦の地方郵便」を経営する権利だけを認めようとした[93]。ヨハン・ヤーコプ・モーザー（一七〇一年―八五年）からヨハン・シュテファン・ピュッター（一七二五年―一八〇七年）まで、同時代の指導的なドイツ国法学者たちはこのテーマを詳細に論じた。その際、彼らは、慎重な表現を用いながらも、帝国郵便の独占要求に反対する立場をあからさまに表明した。モーザーは、これまでの論争について次のように書いている。

> そしてまた、両陣営は正当な原則に従って相互に争っているのではないように、いつも私には思われる。私は自分の見解を短く述べるつもりである。各人は、何をしたいか、誰と手を結びたいかを考える選択権がある。帝国郵便制度は完全に新しいものであった。それゆえ、古い帝国法の中にこの議論を始めから決定できるものはないし、あれやこれやと帝国の慣習や占有を引き合いに出せないことはおのずと理解できる……いまやこうした状況では、どちらの陣営でも、共通の規則をつくったり、そうしたことを皇帝や等族に認めたり認めなかったりすることはできないと思われる……[94]

ピュッターも最後には歴史的な説明を行っている。十六世紀末、各領邦はすでに非常に発展していたので、郵便大権《ポストレガール》はもはや皇帝留保権として認められなかった、というのである[95]。帝国諸等族の郵便は、避けて通れない現実であった。しかしヨハン・ヤーコプ・モーザーは、大選帝侯のような貪欲な帝国諸侯に対して警告している。

> 終わりに、私はこのことを付言したい。すなわち、目下のところまだ、帝国郵便制度が容易に大きく変化することはなさそうだ、と。なぜなら、皇帝の宮廷はタクシス侯を可能なかぎり支援しているからである。郵便制度が

皇帝の大権《レガール》の名を使い、マインツ大司教が郵便制度の保護者として同じことを行っている……とりわけ帝国の西南に位置している比較的小さい帝国諸等族は、その領邦内に、強力で無遠慮な隣国の郵便よりも皇帝の郵便を持ちたがった[96]。

国際的な郵便契約

ドイツの三十年戦争は、より大きなヨーロッパ全体の対立の一部であり、その対立は、一六五九年フランスとスペインのあいだで結ばれたピレネー条約＊でようやく終わった。いまや、一五〇五年から存在していたスペインとネーデルラントのあいだのタクシス郵便路線を新たに整備する可能性が開かれた。一六六〇年、この目的のために国際的な郵便会議がパリで召集された。参加者は、フランスの郵便局長、ドイツ・ネーデルラント・ブルゴーニュ郵便の郵便総裁ラモラール・クラウディウス・フランツ・フォン・トゥルン・ウント・タクシスの代理人としてアントウェルペンの郵便局長、ならびに、スペインの郵便総裁オニャーテ・ウント・ヴィリャメディアーナ伯の代理人としてマドリードの郵便局長であった。オニャーテ・ウント・ヴィリャメディアーナ伯は、スペインのタクシス家系の親類であり相続人だった。一六六〇年十二月に署名された契約は、これまで戦争によって妨害されていた、フランスを通過する古い郵便路線を一新した。パリとピレネー山脈とのあいだでは、スペインとフランドルの定期便がフランスの配

＊　**ピレネー条約**　フランスとスペインのあいだの西仏戦争は、三十年戦争中の一六三五年に始まり、三十年戦争後も続いていた。ピレネー条約は、その終戦条約である。

達人によって輸送された。フランスを通過する際には、フランス郵便に七十八金ターラー（六十スーに値する）と十二スーの金額を支払わなければならなかった。その区間は、夏には長くても五日半、冬には六日半で走破される必要があった。ちなみにその契約は、パリ―ブリュッセル区間に対して二日の輸送時間を予定していた。一五一六年のフランツ・フォン・タクシスの郵便契約では、たった一日半を上限として申告していたのであるが。ミラノを発ちリヨンで北と南に分岐するイタリア郵便の輸送も、この重要な契約で規定された[97]。

十六世紀まで遡るイングランド郵便との関係は、一六六三年、向こう二十年にわたって契約によって取り決められた。タクシス郵便は、ドイツ、スカンジナビア、東ヨーロッパ、そしてオリエントへの入り口であるイタリアへ、イングランドの書信を輸送することになった。その契約の素地は、一六六一年と一六六二年の書信量についての統計調査だった。これを基にして、標準年には二万八十通の書信（四分の一オンス）がイングランドから来て、さらに千七百七十七通の重量超過の書信（二分の一オンス）と千二百五十六オンスの書信が加わると算定された。片道の書信に関していえば、スペインへの書信の割合が約四十％を占め、（南ドイツへの書信を含めた）イタリアへの書信が五十％以上であった。北ドイツとスカンジナビアへは、十％を下回った[98]。アントウェルペン郵便局とイングランドとの通信に関する統計は、一六七八年の第三・四半期と第四・四半期、契約の取り決めにほぼ応じた活発な書信のやりとりが行われていたことを示している。毎月、八隻の定期郵便船がイングランドから入り、アントウェルペンでは、スペインとイタリア行きの書信が区分けされた。イタリア行きの書信は、ドイツを通過するタクシス郵便の主要路線に乗せられた。アントウェルペンからヴェネチアやマントヴァへの普通便の料金は九ペニーだった[99]。

領邦内の書信収入は、十七世紀にはまだ絶好のビジネスだったわけではない。たとえばレーゲンスブルクとミュンヘン間の郵便は、一六六〇年代、輸送する書信が一通もなかったために、数週間もストップした。しかし長距離郵便路線では事情が異っていた。これこそ、本当に有望なビジネスだった。オレアリウスが詳述しているように、そのビジネスとは「通過料金」のことであり、十七世紀にはこれによって、「皇帝の帝国郵便制度、フランスの王立郵便制度は……大きく成長していったのである」[100]。

十七世紀における書信輸送の安全性

ドイツの郵便路線では、ネーデルラントとイタリア間の主要路線でさえも、定期的に遅延が発生した。そうした場合、郵便総裁は皇帝にその理由を報告し、あらかじめ取り決められた到着時刻をそれ以上遅らせないために、「郵便路線の加速化」の措置を講じなければならなかった[101]。タクシス郵便はこの目的のために査察という古い手段を用いた。一六六二年、信頼できる人物が命令を受けて、アウクスブルクからリーザーまで、定期便と共に騎行した。彼は「どこで不具合が生じるのか」を見出さなければならない。その際、査察官には次のことが指示されていた。

……郵便馬車の御者に、下るときには駆り立てずに、すべてをなるがままに任せるが、上るときにはもっと力を出させるようにすること……。

その査察では、郵便行嚢の輸送を遅らせるのは何よりもまず宿駅での馬と騎馬配達人の交換であることが判明した。ブルフザールでは、馬の準備ができるまでに一時間以上かかっている。だからまだ郵便システム内には余裕があり、輸送時間を守ることは可能だった。査察官は、定期便が遅れるとき、原因は宿駅長たちとその使用人の「まったき怠慢」であるという結果に行きつき、次のことを要求した。

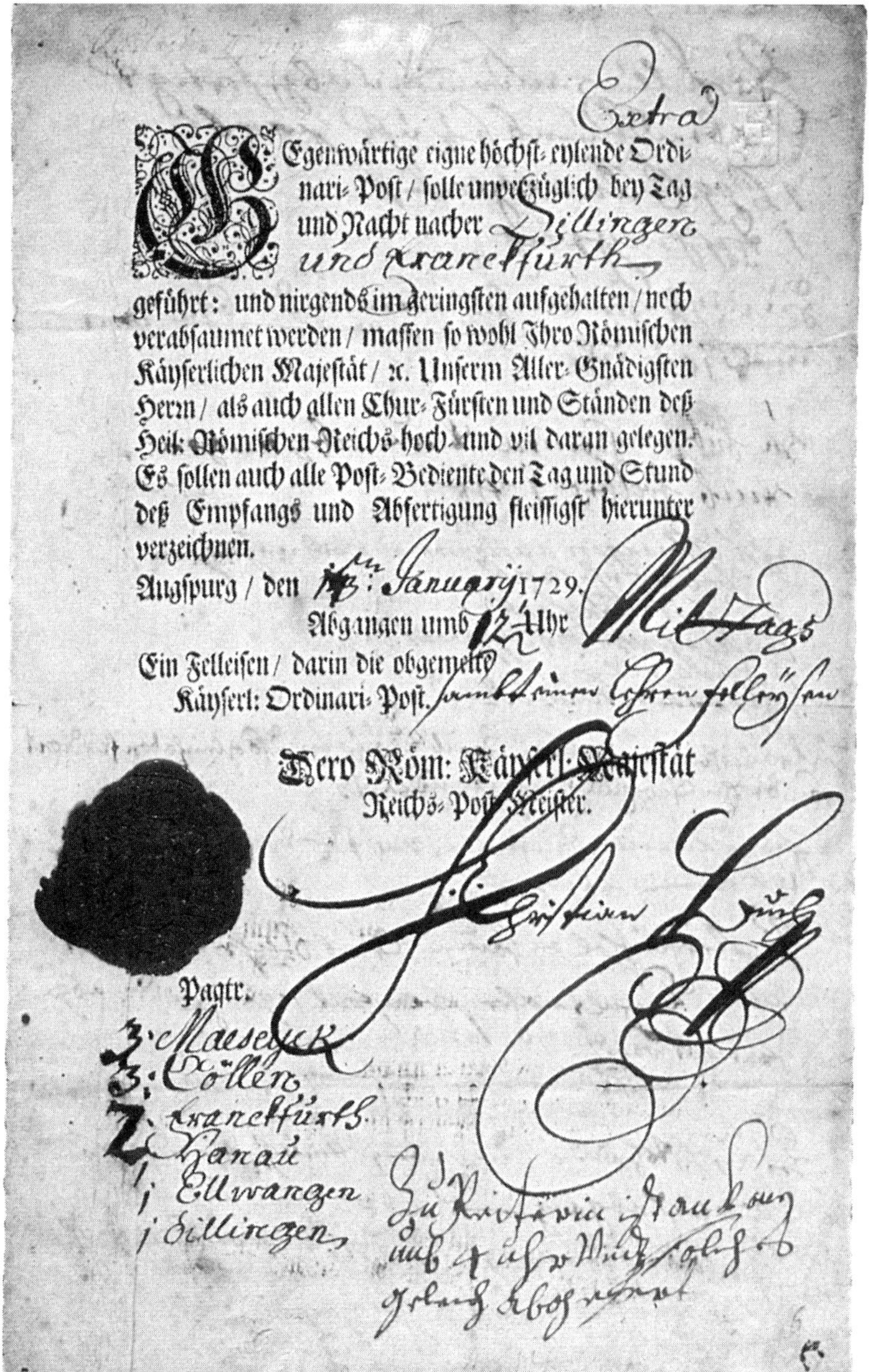
Extra

Gegenwärtige eigne höchst-eylende Ordinari-Post / solle unverzüglich bey Tag und Nacht nacher Dillingen und Franckfurth geführt: und nirgends im geringsten aufgehalten / noch verabsaumet werden / massen so wohl Ihro Römischen Käyserlichen Majestät / ꝛc. Unserm Aller-Gnädigsten Herrn / als auch allen Chur-Fürsten und Ständen deß Heil: Römischen Reichs hoch und vil daran gelegen. Es sollen auch alle Post-Bediente den Tag und Stund deß Empfangs und Abfertigung fleissigst hierunter verzeichnen.

Augspurg / den 13ten January 1729.

Abgangen umb 12 Uhr Mittags

Ein Felleisen / darin die obgemelte Käyserl: Ordinari-Post.

Dero Röm: Käyserl. Majestät Reichs-Post-Meister.

Pagtr.
3 Maeseyck
3 Cöllen
7 Franckfurth
2 Hanau
1 Ellwangen
1 Dillingen

図 33　帝国郵便における合理化。1729年1月13日、アウクスブルク。「特別定期郵便」をチェックするために使用された郵便時間証の記入用紙。

アウクスブルクとリーザーのあいだのすべての宿駅長たちは郵便物のために思い出さなければならない。ブリュッセルからもここ（アウクスブルク）からも、彼らがしばしば、熱心に真剣に命令されていたことを。つまり、皇帝の定期便のいっそう迅速な輸送のために、昼夜にわたっていつもの到着時刻には、鞍を置いた馬と身支度を整えて眠らずに起きている騎馬配達人を用意するようにと。その配達人は、通りでは少なからず強い足音で、道が許すところでは駆け足で出発する。[102]

郵便が導入されて以来、郵便配達時には常に郵便時間証が記入されており、それを基にしていつでも輸送時間を算出することができた。遅延の場合には二ライヒスターラーの厳しい罰金を支払わなければならなかったので、騎馬配達人たちはある程度、時間を厳守したようである。遅延の外因は、天候の影響の他に、門番の協力の欠如や、かなり多くの社会的身分の高い顧客たちの病癖であった。たとえばフランクフルト—ウィーンの郵便路線では、ヴュルツブルクの司教が、すべての手紙を書き終えるまで騎馬配達人を足止めした。[103]

十七世紀後半、手紙の書き手が郵便のクオリティーに大きな信頼を寄せていたのは驚くべきことである。十六世紀には、書信輸送の信頼性は依然として疑われていた。それは次のような文章から読み取れる。「私はあなたに一通の手紙を書きましたが、あなたがそれを受け取ったかどうかはわかりません」。しかしいまや確信を持ってこう言われる。「私のこの前の手紙が届いたことを疑ってはいません」。ニュルンベルクの都市貴族ゲオルク・フィリップ・ハルスデルファーの書簡では、ある時、「郵便では何も無くならない」と書かれている。[104] 調査されたいくつかの郵便局では、確かにそうだったようである。一六六四年に新設されたミュンヘン上級郵便局に関しては、一六六四年—六六年の時間証と送り状が回収されており、その経営が精確であったことがわかる。[105]

帝国法による明確な規定という点で、一六九八年の帝国郵便法は、帝国郵便にとって新しい段階を意味した。[106] 一

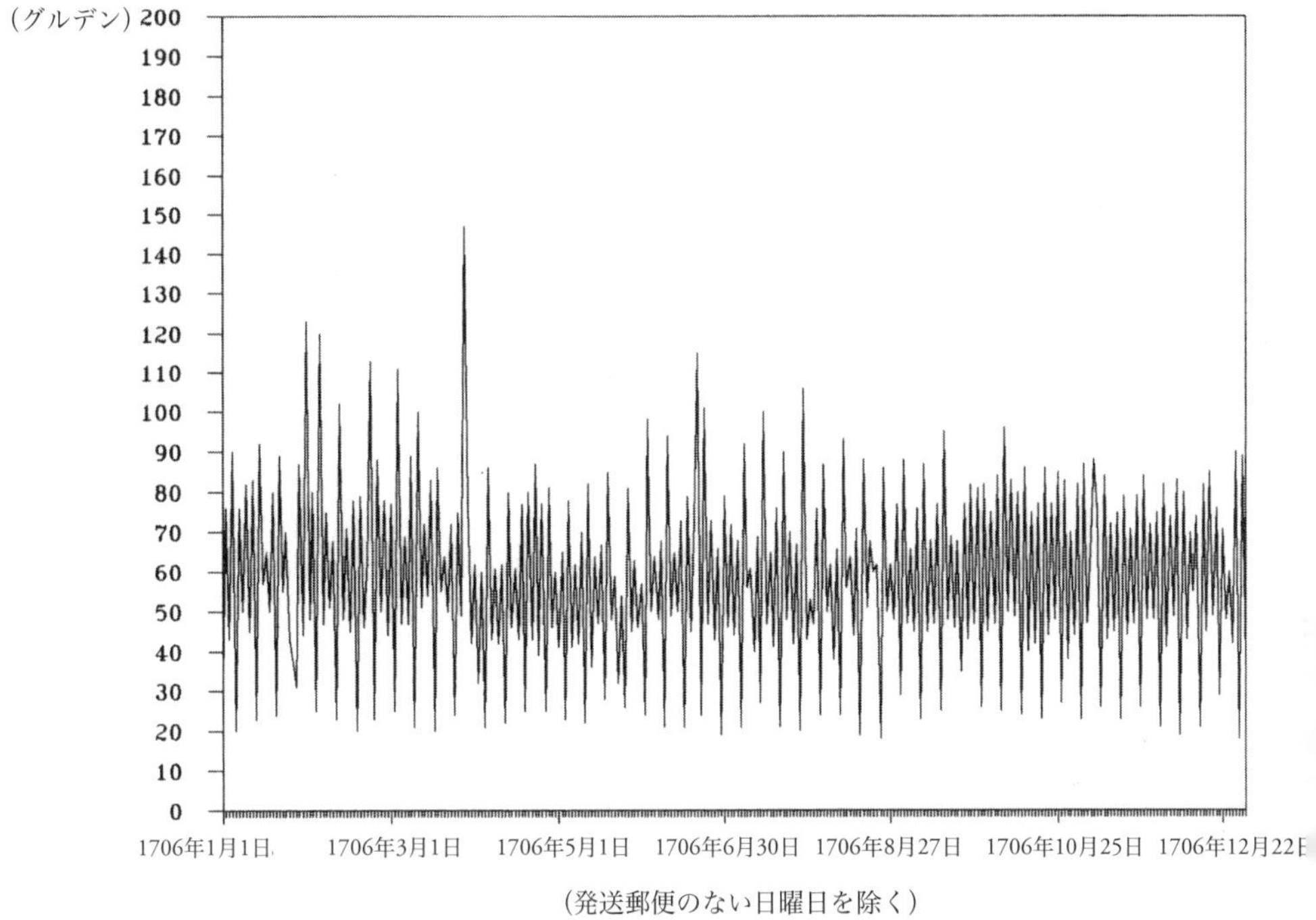

グラフ４　1706年のニュルンベルク発送郵便（100％＝20,129 グルデン）

五〇五年以来、郵便は諸契約によって守られていた。フランツ・フォン・タクシスとスペインのカルロス一世のあいだで一五一六年に結ばれた契約は、のちのスペイン郵便法やミラノ郵便法の模範となり、また一五四五年の最初の有名な業務規定の見本となった。ドイツでは、十七世紀初頭以降、拘束力のある勤務規則、印刷された郵便計画や賃金契約規定が相次いで出された[107]。

皇帝レオポルト一世（在位＝一六五八年―一七〇五年）は、「我々の帝国《ライヒス》郵便《ポスト》大権《レガール》の保護」のために、一六九八年十月十七日付の郵便法を公布した。その中では、二十章にわたって、以前の条令が要約され補填された。この法律では、郵便と顧客の利益が同等に考慮されている。宿駅長個人は、郵便馬車の御者の選択、時間証の管理、そして宿駅に少なくとも六頭の馬と二台の幌屋根付一頭立て四輪馬車《カレッシュ》を用意する義務があった。顧客を不当に高い料金から保護するこ

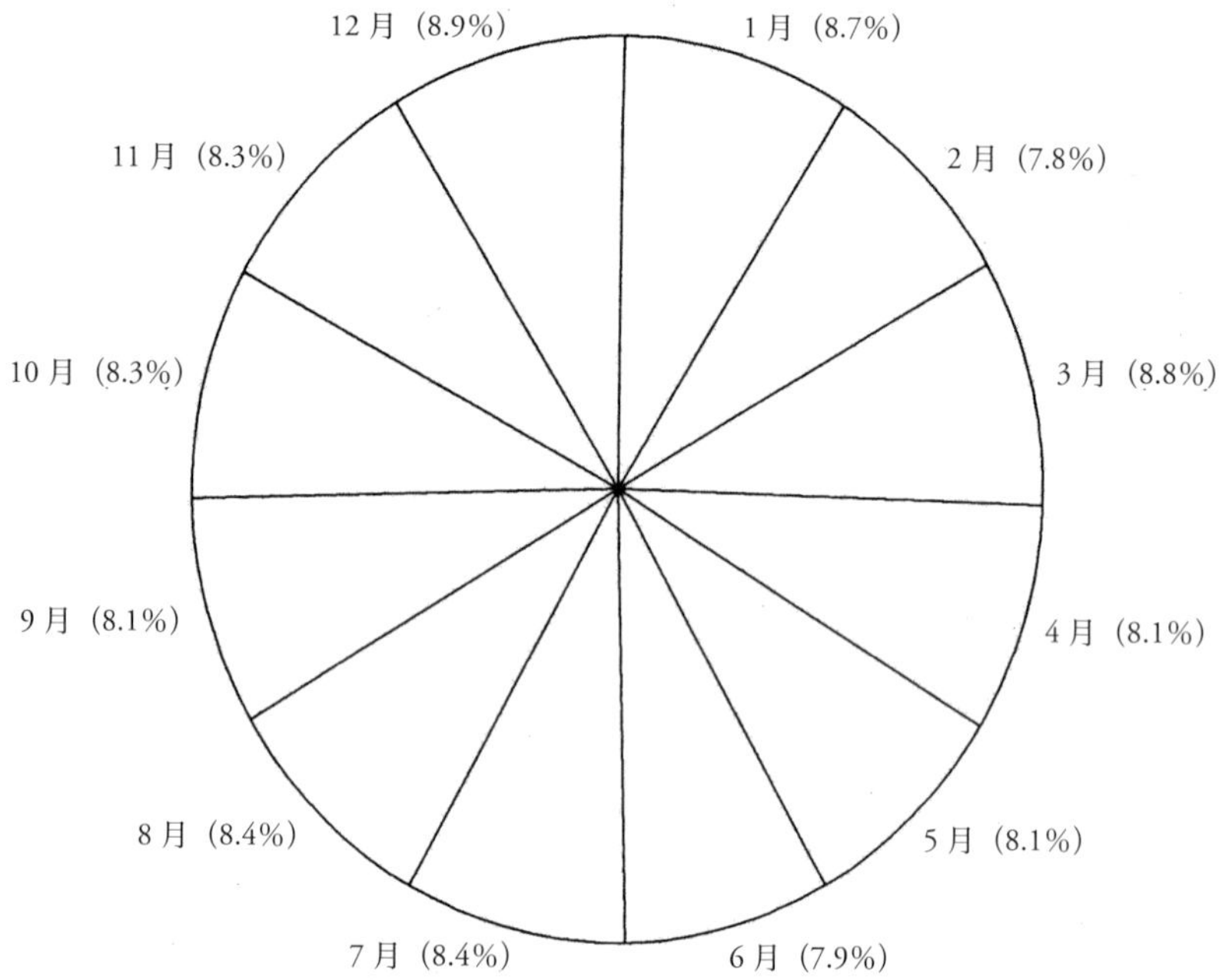

グラフ5　郵送料収入の月別割合。1706年—1709年のニュルンベルク帝国上級郵便局。

とも、宿駅長を旅行者の恐喝的な要求から保護することも定められていた。とりわけ、貴族は特別扱いを要求することがあったからである。違反は高額の罰金を科された。「宿駅長の服務規定」も含んでいた帝国郵便法[108]は、長いあいだ存続した。それは、皇帝カール六世とカール七世によって、そのまま承認されて更新された[109]。

収益を上げる企業としての郵便

十六世紀、タクシス家もヘノートたちも、自己資金で郵便を経営していくことはまだできないでいた。しかし、一六二五年頃の帝国郵便の年間純益に関する概算がすでに示しているように、十七世紀、この事情が根底から変化する[110]。かつて国家から助成金をもらっていた代わりに、遂に今度は、賃借料を支払うことを国家に提案するようになった。たとえば、ザクセンでは、一六二八年、ライプツィヒのタクシス郵便局長と競合するその地方のライバルが、郵便のために年間賃借料を支払ってもよいと選帝侯に申し出た。実際、ザクセンでは郵便の領邦化に伴い、千グルデンの年間賃借料が導入された。十七世紀末までに、その金額は一万二千ターラーにまで上がった。ザクセンで郵便が国営化されたとき、年間純益は三万グルデン（＝二万六千ターラー）であり、それは賃借料の二倍を上回っていた[111]。こうした好機を見計らって、ヒルデスハイムの商人リュートガー・ヒニューバーのように、事前に自己資金で郵便路線を調達し、その後にサービス業務を提供する民営企業家が何人も登場してくる。タクシスは、動乱の戦争時と同様に、そうした企業家を帝国郵便に統合しようと試みた[112]。

タクシスのネーデルラントにおける郵便事業だけを見ると、一五九〇年代、スペイン王室は郵便を活気づけるためにあいかわらず助成金を支払わなければならなかったことが確認できる。一六〇〇年頃、この助成金は削減された。しかしそのために、郵便の停滞が生じることはなかった。そののち十七世紀半ば、一六五五年─五七年のブリュッセル郵便局の会計報告が示しているように、豊かなネーデルラントの郵便は、その独占権の所有者にとって真の資金源となった[113]。一七〇一年のスペイン継承戦争＊のあいだ、ブリュッセルはフランス軍によって占

図34　皇帝カール６世
（出典：菊池良生『図解雑学　ハプスブルク家』ナツメ社、2008年、27頁）

＊　**スペイン継承戦争**（一七〇一年─一四年）　後継者のいないスペイン・ハプスブルクの最後のスペイン王カルロス二世は、フランスのルイ十四世の孫フィリップに王位を

領されたが、このとき、フランス軍の総監察官はスペイン領ネーデルラントの郵便事業の年間利益を十四万グルデンと見積もった。そのうちブリュッセルとアントウェルペンのもっとも大きな郵便局がそれぞれ約四万四千グルデンの利益を上げており、ルールモントが三万五千グルデンでこれに続いた[114]。それゆえ、スペイン王室が継承戦争で酷使した財政をこの郵便財源によって立て直そうとしたのは不思議ではない。ハプスブルク家が勝利した暁には一七〇一年に失ったネーデルラントの郵便事業を取り戻す権利を得るため、一七〇九年、オイゲン・アレクサンダー・フォン・トゥルン・ウント・タクシス侯は、三十万グルデンを支払っている。

しかしトゥルン・ウント・タクシスは、一七一四年のラシュタット条約*後に、郵便事業を取り返すことはなかった。皇帝カール六世は、これまで郵便を賃借りしていたフランス人をそのまま在職させたのである。一七二四年、アンゼルム・フランツ・フォン・トゥルン・ウント・タクシス侯が同じように八万グルデンの賃借料を支払うと宣言し、このときになってようやく郵便を取り戻した。その五年後、賃借料は十二万五千グルデンに引き上げられた。賃貸借契約は二十五年の期限が付けられていた[115]。現存するトゥルン・ウント・タクシス家の「総会計課報告」は一七三三年

譲る遺言を残した。カルロス二世の死後、フィリップはスペイン王フェリペ五世として即位する。しかし、ルイ十四世は、フランスとスペインの統合を厳しく禁止した遺言の条件を無視して、統合の動きを見せた。ルイ十四世の強大な権力を危惧したイギリス、オランダ、オーストリアなどの列強が反フランス大同盟を結成し、一七〇一年、フランスとスペインに対して宣戦を布告した。一七一二年、フェリペ五世はフランス王位継承権を放棄した。フェリペ五世以降、スペインではブルボン王朝が誕生する。

* **ラシュタット条約**　オーストリアの神聖ローマ皇帝カール六世とフランス王ルイ十四世のあいだに結ばれたスペイン継承戦争の講和条約。

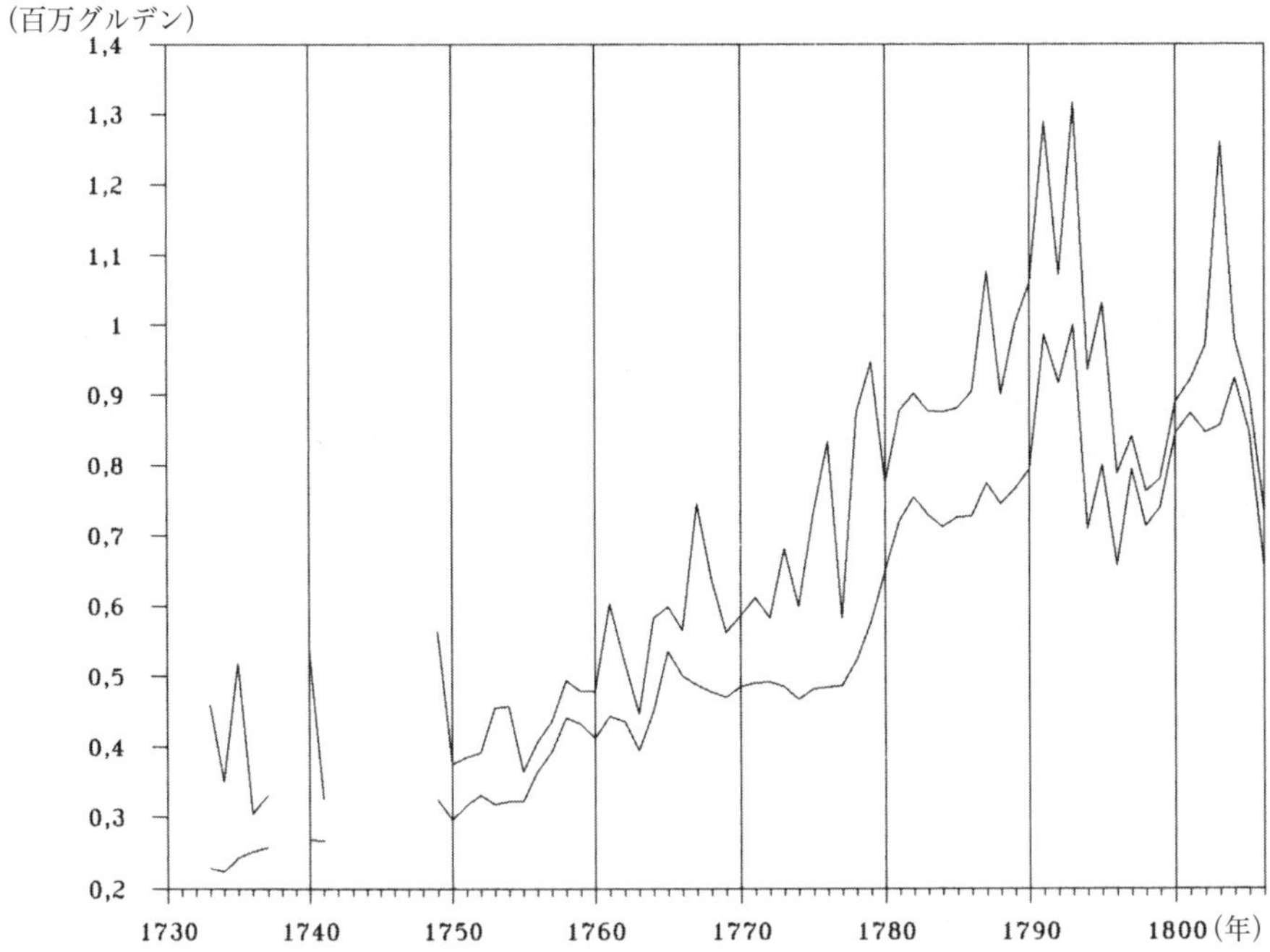

グラフ６　経済基盤としての郵便。1733年―1806年のトゥルン・ウント・タクシスの収入。

に開始された。それによると、賃借料は非常に高く見積もられていたので、数年にわたって決算は赤字だった。売り上げが莫大だったにもかかわらず、一七三〇年代の事業の平均純益は年にわずか百グルデンだったし、一七四〇年代には（一七四三年―四八年にはオーストリア継承戦争＊のため再び郵便が失われた）およ

＊　**オーストリア継承戦争**（一七四〇年―四八年）　嫡男のいない神聖ローマ皇帝カール六世の死後、マリア・テレジアのハプスブルク世襲領の相続を認めず、ハプスブルク家の弱体化を意図して、プロイセンのフリードリヒ大王、フランス、スペイン、バイエルン選帝侯、ザクセン選帝侯などがオーストリアに仕掛けた戦争。このあいだ、一七四二年、バイエルン選帝侯カール・アルブレヒトが神聖ロー

Brief-Tax-Ordnung,
Bey dem Kayserl. Reichs-Ober-Post-Ambt zu Franckfurth.

図35　顧客にわかりやすくする。18世紀初頭、フランクフルト・アム・マイン帝国上級郵便局の印刷された「郵便料金規定」。

そ千八百グルデンだった。ただし、こうした事情は変化していく。一七八〇年代、利益は年に十五万グルデンで最高水準に達した。概して、賃借料を差し引いた後の平均年間利益は、一七六九年以降、年に十三万五千グルデンであり[116]、十八世紀後半には八万六千五百七十六グルデンであった。

第一次対仏大同盟戦争でフランス革命軍が進入すると、一七九四年、ネーデルラントの郵便は、トゥルン・ウント・タクシスの手から永久に失われてしまった[117]。

啓蒙主義時代の「書簡文化」

十八世紀は「手紙の世紀」と言われた[118]。それ以

マ皇帝カール七世として即位する。しかし、その死後、一七四五年、マリア・テレジアの夫ロートリンゲン公がフランツ一世として皇帝に即位し、帝位はハプスブルク家に戻った。

前またはそれ以後のどの時代も、推敲された往復書簡にそれほどまでに価値を置くことはなかった。手紙の書き手たちは教養層に限定されたままだったが、往復書簡は質的だけではなく、量的にも最高水準に達した。手紙はますます私的なものとなり、長くなり、頻度が増した。歴史家のゲルヴィーヌスは、「書簡熱の時代」と語っている。「私は一日も郵便集配日を利用しないことはない」といった表現が頻繁に見られ、カロリーネ・シュレーゲルは、「手紙をたくさん送るとき、手紙を書く者の心は狂ったようになる」と書いた。人々は郵便集配日に「一束の手紙」が来ると喜び、手紙が「めったに来なかったり、薄かったりすると」嘆いた[119]。手紙を書く欲求は、その余裕がある人たちにとっては、病癖となった。詩人のクロップシュトックは、シュトルベルク伯の書簡熱について、こう記している。

彼が宿屋に入って最初に叫ぶのは〈ペンとインク！〉である。たとえどこでも、家でも旅行中でも！　彼らに手紙を書け。そうすればきみは郵便集配の初日に返事をもらえる。

「すぐに返事を出す」文通は、スポーツのように行われた。友情から手紙をやりとりすることは、「疾風怒濤」の時代、「神聖な義務」とみなされた――「頻繁ではないにしても、少なくとも十四日ごとに」親友から手紙をもらうことを人々は期待したのである[120]。

十六世紀半ばには、タクシス郵便の毎週の定期便は、当時の主要路線で収益を上げていた。タクシス郵便網や競合する領邦郵便が発展したこと、多くの騎馬郵便に代わり馬車郵便が登場したこと、そして特に重要な路線数が二倍になったことにより、この毎週のリズムは二百年以上ものあいだ保持されていた。手紙の書き手はそのリズムを記憶し、期日に合わせて書き物机にすわり、手紙が到着する日時には宿駅へと急いだ。レッシングからゲーテやシラーに至るまで、時代の偉大な文筆家たちに共通していることがひとつあった。それは「郵便集配日に合わせて」、つまり

図 36　清潔な服装。1755年、アウクスブルク帝国上級郵便局の郵便配達人ミヒャエル・ビツルとアーロイス・ビツル。（フランクフルト・アム・マイン郵便博物館、オリジナル）

図 37　トゥルン・ウント・タクシス郵便の象徴としての帝国鷲。皇帝の帝国郵便局の看板。18世紀半ばの彩色木板。

図 38　帝国都市アウクスブルクに到着した書信郵便。タクシスの騎馬郵便配達人が郵便ラッパを吹いて到着を知らせる。表紙銅版画。

郵便が行き来するたびに、文通することだった[121]。ゲーテは生涯にわたって情熱的な手紙の書き手であった――それは、彼の母にも共通する情熱である。彼女は、かつて、「手紙を書く無上の幸福感」から郵便集配日を一日も逃すことがなかったと強調した[122]。ゲーテの生家がフランクフルトのタクシス家の豪壮な邸宅のすぐ隣にあったことは、注目すべきであろう[123]。ゲーテは、『詩と真実』の中で、自分の青春時代に流行った書簡熱を再び話題にしている。彼は、文通が増大した理由に、とりわけ次のことを挙げた。

タクシス郵便はきわめて迅速に配達し、開封されることもなく、郵送料もあまり高くなかった。[124]

ゲーテはすでに過去をいくらか美化しているだろうが、彼の判断の主旨は明確である。

図39　78歳のヨハン・ヴォルフガング・フォン・ゲーテ
（出典：『ゲーテ全集　第6巻』潮出版社、1979年、口絵）

一七四二年の皇帝選挙の危機

帝国郵便は常に、ハプスブルク家出身の皇帝たちの政治的な道具でもあった。カール五世からスペインのフェリペ二世を経てカール六世（在位＝一七一一年―四〇年）に至るまで、ハプスブルク家とカトリック派はいつもタクシス家の決定的な支援者だった。その皇帝カール六世の死去は多くの政治問題を浮上させた。アレクサンダー・フェルディナント・フォン・トゥルン・ウント・タクシス（在職＝一七三九年―七三年）は、一七三九年に亡くなった父アンゼル

図40　皇帝カール７世
（出典：菊池良生『図説　神聖ローマ帝国』河出書房新社、2009年、95頁）

ム・フランツの後継者として帝国郵便総裁に就任することを認められていた。しかし男子相続人のいないままだった皇帝カール六世の死によって、帝国郵便総裁は、ハプスブルク派とハプスブルク家出身ではないであろう新皇帝とのあいだの不和に陥る危険があった。

アレクサンダー・フェルディナントは、皇帝選挙の前に相当な金額を出資してバイエルン選帝侯カール・アルブレヒトを支援することで、まずは適切な皇帝候補者に賭けた。一七四二年、帝位はヴィッテルスバッハ家のものとなる。カール七世（在位＝一七四二年―四五年）はたいそう華麗にフランクフルトでの戴冠式に入場した。即座に承認された帝国郵便総裁は、このときずっと、皇帝馬車の直前を騎乗していた。四十人の御者が行列の先頭で伝令使としてホルンを吹いた。新皇帝は選挙後、謝意を表した。それは、帝国郵便の地位が改善されたこと――「親授レーエン」*への昇格――、ローマに皇帝の郵便局が創設されたことと並んで、帝国郵便総裁個人の政治的地位にも関係した。バイエルンがオーストリア軍によって占領されたため、帝国議会はレーゲンスブルクからフランクフルトへ移されたが、皇帝はその帝国議会で、帝国郵便総裁を自分の代理人（＝「皇帝特別主席代理（Prinzipalkommissar）」）に任命した[125]。トゥルン・ウント・タクシス侯が新皇帝に加担したことは、オーストリアとの不調和を招かざるをえなかった。すぐにウィーンでは、オーストリア領ネーデルラントの郵便レーエンが危機にさらされていることが指摘された。トゥルン・ウント・タクシス侯は、マリア・テレジアの命令によってブ

---

* **親授レーエン**（Thronlehen）　十六世紀以来、国王自身によって親授された帝国レーエン。

リュッセルで監禁されてしまう。皇帝カール七世の死後——一七四五年、マリア・テレジアの夫フランツ・シュテファン・フォン・ロートリンゲンがフランツ一世（在位＝一七四五年—六五年）として皇帝に選ばれた——、（アレクサンダー・フェルディナントがロートリンゲン公女と結婚したにもかかわらず）トゥルン・ウント・タクシスにとって、その不調和は再び危機的状況になりかねなかった。しかし、以前にもバイエルンと交渉していたタクシスの顧問官フランソワ・フォン・リーリエンの巧みな折衝のおかげで、オーストリアとトゥルン・ウント・タクシスは驚くほど迅速に和解することができた。帝国郵便総裁職は保持された。一七四五年十二月にはもう、マリア・テレジアはトゥルン・ウント・タクシス侯を皇帝の枢密顧問官に指名し、その三年後、彼を改めて皇帝特別主席代理に任命した[126]。

図41　マリア・テレジア、皇帝フランツ1世夫妻とその家族
（出典：菊池良生『図説　神聖ローマ帝国』河出書房新社、2009年、95頁）

トゥルン・ウント・タクシスと秘密裏に行われた信書の監視

こうしてマリア・テレジア（オーストリア女大公在位＝一七四〇年—八〇年）は驚くべき速さで和解を準備したのであるが、従来の歴史家はその理由を政治上の利害に見てきた。とりわけ、帝国郵便とオーストリア宮廷郵便のあいだでは、政治的に協力して郵便を監視する必要があったからである。タクシスの枢密顧問官ミヒャエル・フローレンス・フォン・リーリエンが、ウィーンの郵便検閲室長とともに、トゥルン・ウント・タクシスとマリア・テ

レジアとの和解に道を開いたと言われている[127]。郵便の秘密は、原則的に遵守すべき権利としてみなされ、一五三二年のチロル領邦法はその権利の侵犯を「虚偽罪」に入れている[128]。しかしながら、国家による信書の検閲は十六世紀から存在しており、プロテスタントの帝国等族がシュマルカルデン戦争中に独自の郵便を敷設したのにも理由があった。絶対主義の時代、国家の利害は郵便の秘密より優先された。事実、帝国郵便は七年戦争＊（一七五六年—六三年）でハプスブルク家のために尽力し、郵便を監視して、プロイセンの戦争資金調達の情報を探り出そうとした[129]。

総じて帝国郵便は信頼に値するとされた。十七世紀のドイツでは、特にブラウンシュヴァイク・リューネブルクの領邦郵便の監視が恐れられていた。もっとも強化されていたのがフランスの郵便検閲である。フランスでは、リシュリュー枢機卿によって「郵便物検閲室」が設立され、その機関はもっぱら手紙を秘密裏に開封して大臣や国王に届けた。その後、郵便物検閲室はスペイン継承戦争（一七〇一年—一四年）のあいだにヨーロッパ中に広まる。皇帝カール六世はスペインの機関の効果を知り、検閲のテクニックをオーストリアへ導入した。オーストリア郵便の国営化はこれと関連して成功したと、カルムスは推測している。帝国郵便は、多岐にわたって皇帝家に依存していたので、ハプスブルク家の利害のためにスパイ活動を引き受けた。当初、監視命令は、皇帝から直接に帝国郵便総裁へ出ていたようだが、のちには帝国書記局が各郵便局にじかに指示した。しかしこのやり方は縄張り争いへと発展していく。たとえば、フランクフルト上級郵便局をめぐる闘争が、一七二〇年代に、フォン・シェーンボルン帝国副書記長とトゥルン・ウント・タクシス侯とのあいだで繰り広げられた。タクシス侯は、帝国書記局の財政援助により郵便局長たちが

＊　**七年戦争**　オーストリア継承戦争の結果、ハプスブルク領シュレージエンはプロイセンに帰属することになった。七年戦争は、そのシュレージエンの領有をめぐって、オーストリアとプロイセンのあいだに起こった戦争である。このとき、マリア・テレジアは、フランスとの長年の対立関係を解消して、フランス、ロシアなどと同盟を結んだ。

買収されることに対抗し、検閲行為を皇帝によって命令された場合に再限定しようと試みた[130]。
もちろん、帝国郵便総裁は、ヨーロッパの国中で行われていた秘密裏の郵便監視に参加していた[131]。総裁は、フランクフルトのロートシルト（ロスチャイルド）家のような親しい銀行に好意的なサービスを提供することもひるまなかった――マイアー・アムシェル・ロートシルトはこの点で、彼の友人であり債務者であるトゥルン・ウント・タクシス侯を信頼することができた[132]。しかし、このように帝国郵便が信書の秘密を侵犯しても、一般の人々の文通には影響がなかった。ウィーンやパリのような大都市とは異なり、信書の検閲がシステムに高じることはなかったのである。

帝国郵便の改善努力

領邦郵便が競合したり、苦情がますます寄せられるようになったので、帝国郵便は定期的に刷新されていった[133]。すでに述べたように、教会領域や国家領域と同様、郵便の領域でも査察が行われていた。帝国郵便総裁の委員たちは、査察とわからないように郵便路線を馬で見回り、新旧の郵便法が守られているかどうかを調べた[134]。また、宿駅長たちは、状況や問題や改善の提案について詳細に質問された。質問はかなり率直にされたため、多くの不都合が明らかになった。内密の査察報告が批判を惜しまなかったことは、タクシス郵便の管理のクオリティーが高かったことを物語っている。たとえば、一七四五年、委員フォン・ヴェーヴェリングホーフェンは、トゥルン・ウント・タクシス侯に宛てた報告の中で、次のような診断を下している。

……皇帝の帝国郵便の保護と輸送の改善や維持のために、帝国総郵便局は、採用の際にはいつでも、宿駅のある

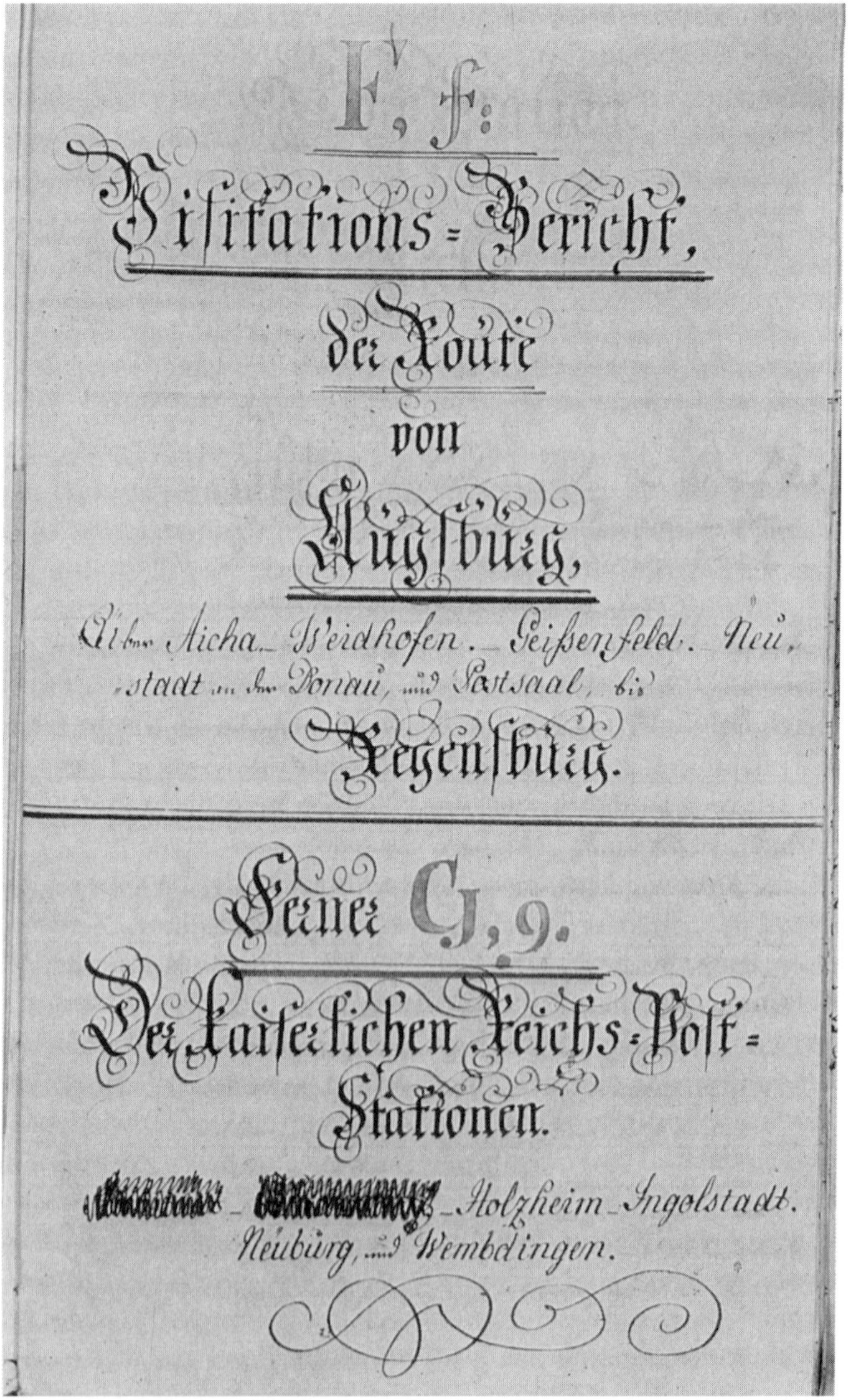

F, f:

Visitations = Bericht,

der Route

von

Augsburg,

über Aicha _ Weidhofen. _ Geissenfeld. _ Neu-
stadt an der Donau, und Postsaal, bis

Regensburg.

Ferner G, g.

Der kaiserlichen Reichs = Post =

Stationen.

[illegible] _ [illegible] _ Holzheim _ Ingolstadt.
Neuburg, und Wembdingen.

図 42　帝国郵便の構造問題が質問用紙で調査された。1782年の「パウエルスバッハ査察」の調書表紙。

土地で充分な馬を所有している裕福な男を雇用できるように、臨時の職場や職務の相続を許してはならない。なぜなら、多くの場所で最悪の人たちが宿駅長になってしまうからである。それゆえ、領邦郵便が皇帝郵便と肩を並べて発展している地域で、皇帝郵便がまもなく没落していくのも不思議ではない。領邦郵便は、ごく少数の従業員にしか帝国郵便と同じような高給を支払っていないにもかかわらず、いつも最良の人員を雇用しているからである。帝国郵便の宿駅長たちがそのつど良好な状態にあったならば――私はその幾多の例を持ち出すことができるが――領邦郵便の多くはおそらく創設されなかったであろう……[135]

実際、トゥルン・ウント・タクシス郵便はのちにこの指摘に基づき、その土地に不案内な者や貧しい者ではなく、数頭の郵便馬を自己負担で維持できる土地の住民を宿駅長にしていく。その後の査察報告では、各地の宿駅長としてふさわしいと思われる大金持ちについても付随的に記述されている。たいていそれは、数頭の馬を自由に使えて、郵便業務を引き受けるための最善の条件を持っている旅館の主人であった。

一七四七年の『郵便収益を改善する主要手段に関する覚書』からわかるように、タクシス郵便の経営にとって、「サービス」の向上と、郵便収益が増大することへの期待は、密接に結び付いていた。この覚書のモットーは競争能力だった。鑑定人の脳裏にあったのは、精確なサービスの保証、つまり「書信集配の正確さと迅速さ」と並んで、「書信輸送のスピードの加速」であった。さらにまたこの鑑定では、輸送料金の割引を公開することも検討されている[136]。事実、その翌年には、馬車郵便のための料金一覧表が発行され、そこには、以前の料金と比較して割引されている輸送料金が顧客たちに示されている[137]。

一七五〇年代と同じく一七六〇年代にも、徹底的な査察が行われた[138]。帝国郵便の経営を改善するための提案を出したのは、繰り返し、フランツ・ヨーゼフ・ヘーガーのようなタクシス郵便の有能な官吏たちであった[139]。そこでは、為替相場の損失を避けるために四半期ごとに決算することや、郵便料金を算出する際に領内郵便と領外郵便を区別することが問題になった[140]。一七七〇年代の査察の質問表は、(下位質問を伴った)二十八の質問から成り立っていた。宿駅長の状況、郵便利用者の関心、郵便路線、ありそうな不都合、政治権力との摩擦点、利益状況、想定される利用者の批判に関する詳細な回答が期待された。査察官の努力によって料金規定や時刻表が印刷されるようになった。その成果の一部は驚くべきものである。それゆえ、トゥルン・ウント・タクシス文書庫の史料は、詳しく分析される必要がある[141]。

領邦郵便との競合が帝国郵便の改善を促進したことは明白である。こうした状況を必ずしも喜ばしく思っていなかったとしても、このことは内部報告でも確認される。たとえば一七八一年の査察報告は、次のように記している。

貴賤の別なく誰もが自分の地位を押し上げて自分の状況を改善しようとしている時代に我々が生きていることは、疑問の余地なく明らかである……このことは郵便制度にもあてはまる。というのは、今世紀の初頭以来、郵便制度がまったく別の形態を取っていることはあまりにも知られており……、この点は特に我々のライバルたちに認められるからである。彼らは是が非でも拡大しようとしている……。

十八年前から在職中のタクシス郵便委員ヨハン・フリードリヒ・ティールケは、枢密顧問官フォン・フリンツ・ベルベリヒに宛てた『覚書』の中で、タクシス郵便職員の若返りの必要性、宗派とは無関係の能率主義、資格認定主義、養成すべき見習いの採用の誓約、帝国郵便職員の官吏身分、常時行われる業績管理、そして文書による業績証明について検討している。鑑定の目的は、「ドイツの郵便制度全体をある程度体系的に秩序づける」ことであった[142]。

帝国郵便の合理化には、「業務の位階と重要性に従って」、上級郵便局、直属郵便局、下級郵便局、郵便を管理する宿駅、郵便配達へと、格付けすることも含まれていた。日付のないある内部鑑定においては、査察官が帝国郵便の弱点を知り抜いていたことがわかる。その弱点とは、郵便路線の歴史的成立にまで遡ることができたし、しばしば経営経済学的な原則と矛盾していた。鑑定の精神からは、「特別郵便馬車や書信配達などの際の顧客の便利さ」が考察の関心事であったことが明らかになる[143]。

それにもかかわらず、帝国郵便が意図した改善がすべて顧客に受け入れられたわけではない。たとえば一七四二年、アウクスブルクでは、一クロイツェルの追加料金を払えば郵便配達人が書信を配達してくれることになったが、市民たちはこの「面倒な改善」に抵抗した。人々は今までどおり、自分で手紙を郵便局に取りに行くことを望んだのである[144]。

郵便馬車の発展

「馬車」は中世後期にはすでに、たとえば教皇のような高位の人物のために存在していたが、道路状況が悪かったために快適ではなかった。ドイツにおいて、郵便馬車は、十七世紀後半以降、平坦な北部で用いられるようになっていった。たとえば、一六八二年、ヨハネス・ヨーアヒム・ベッヒャーが『愚かな賢明と賢い愚行』の中で報告しているように、哲学者のライプニッツは風力で動かす郵便馬車を計画していた[145]。帝国郵便では、郵便馬車は一六六〇年から存在していたことが史料で証明されている。一六九八年の帝国郵便法は、二台の幌屋根付一頭立て四輪馬車《カレッシュ》をすべての宿駅に用意するよう定めた[146]。トゥルン・ウント・タクシスは、一七〇二年、コーブルク―ニュルンベルク間の帝国郵便を定期的な郵便馬車路線に変えた。さらに一七三六年には、ニュルンベルクから、ライプツィヒ、フランクフルト、ケルン、アウクスブルクへ、四本の郵便馬車路線が敷設された[147]。

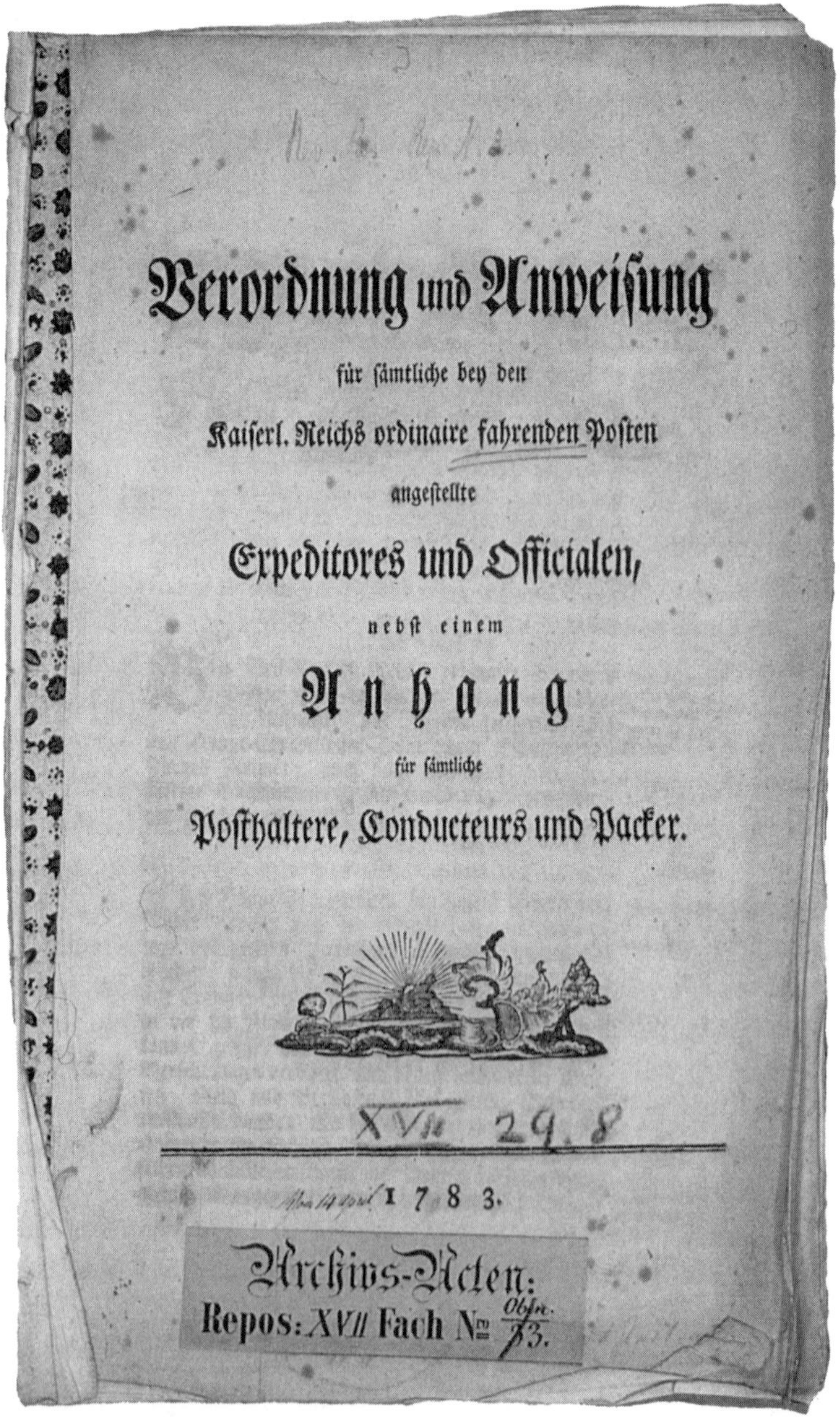

図43 査察の結果。服務規程は帝国郵便の能率を高めることになった。1783年の馬車郵便規定。

一七四八年、タクシスの上級郵便局長リーリエン男爵は、女帝マリア・テレジアから、国営オーストリア郵便とは独立して、毎週、ウィーンからレーゲンスブルクへ（さらにはその先へ）、郵便馬車を走らせてもよいと許可された。「乗合馬車《ディリジャンス》」である。しかしオーストリアの郵便領域内では、その馬車で書信も小包も輸送してはならなかった。馬車の導入は効を奏したため、一七四九年、マリア・テレジアはすべての幹線道路で徐々に乗合馬車《ディリジャンス》を走らせるよう指示している。さらに同じ年、ウィーンにおけるタクシス家の全権代表リーリエン男爵は、ウィーンからプラハへの郵便馬車を創設した。運賃は三十九時間半の運行で十三グルデンだった[148]。

一七五二年、「郵便馬車」がトゥルン・ウント・タクシスの総会計課報告で「騎馬郵便」とは別決算されるようになった。それ以降、郵便馬車は、帝国郵便領内で発展していったと考えられる。郵便馬車は騎馬郵便の組織と異なっていた。郵便馬車には四つの重要な郵便局しかない。アウクスブルク、フランクフルト、ニュルンベルク、ケルンである。驚くべきことに、フランクフルトを中心にした郵便馬車の最初の盛期は七年戦争（一七五六年―六三年）の時代であった。続く十年間は、ニュルンベルクの郵便馬車が優勢を占め、そののち再びフランクフルトが中心となった。

一七八〇年以降、郵便馬車は発展し続けるが、アウクスブルクはフランクフルトを抜いてもっとも利益の上がる管区になっていく。この時代、郵便馬車の利益は一七八〇年におよそ三万グルデンであったのが、タクシス郵便馬車の最良年である一八〇一年には、約十五万グルデンに上がった。帝国郵便の最後の十年間、純益の半分がもっぱらアウクスブルクの郵便馬車管轄区域から生み出された[149]。

毎日の郵便

十八世紀、郵便サービスの頻度は急上昇した。一七三六年のアウクスブルク上級郵便局の郵便報告には、週の発着

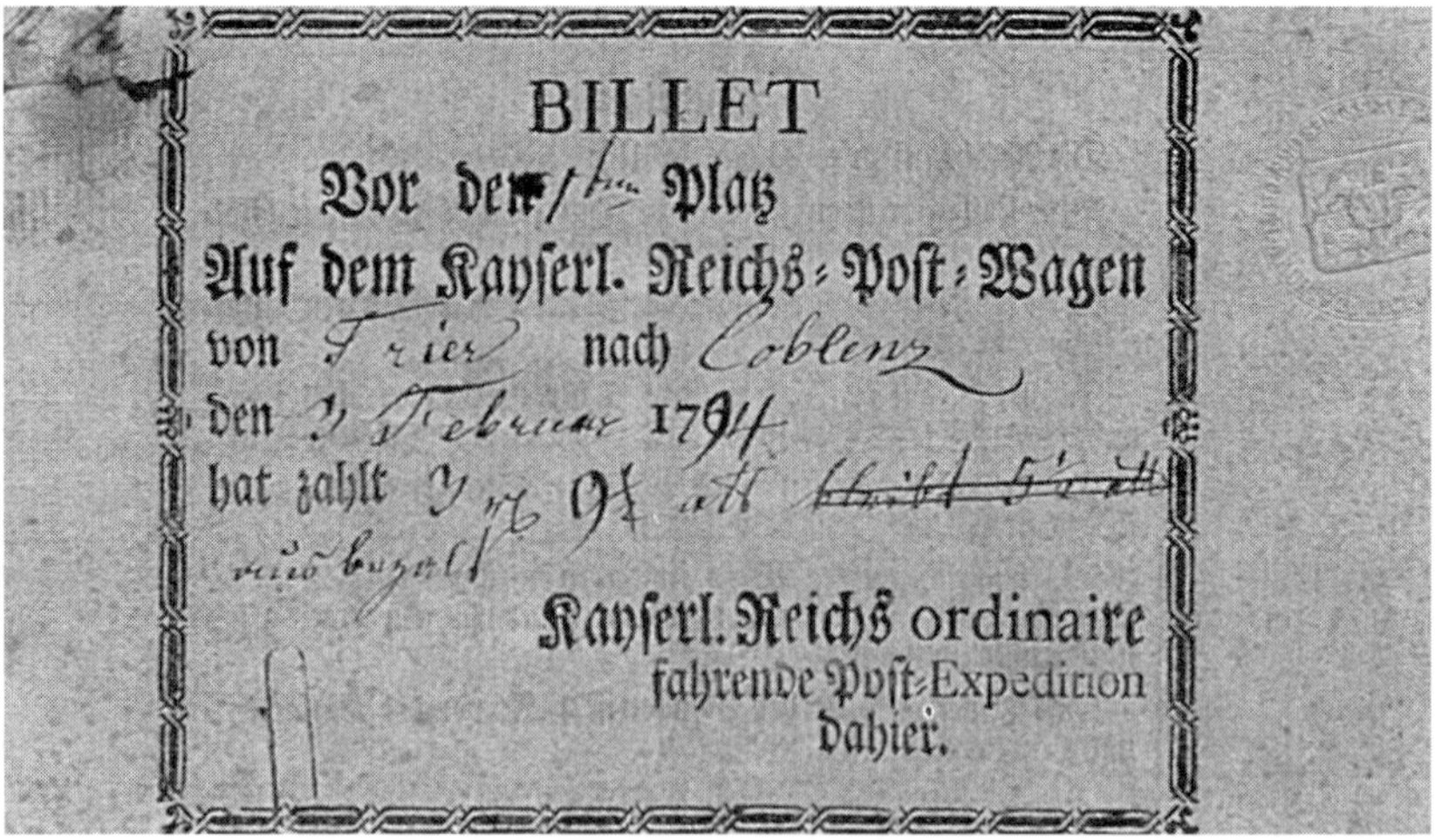

図44 1794年2月3日、トリーア発コブレンツ行の帝国郵便馬車のオリジナル切符

郵便がそれぞれ二十八回と二十五回を下回らないことが記録されている。最大の成果は、最重要情報ルートで毎日郵送される郵便――「ジュルナリエポスト」――だった。ミュンヘンのような小さな上級郵便局でさえ、毎日行き来する騎馬郵便配達人を持っていた。たとえばミュンヘン―アウクスブルク間（ブリュッセル―ローマ郵便路線へ接続）やミュンヘン―レーゲンスブルク間（フランクフルト―ウィーン路線へ接続）である[150]。重要な新路線――ドレスデンからエルフルトやフランクフルトを経由してパリへ向かう「ジュルナリエール」のように[151]――は、一七四〇年代初め、トゥルン・ウント・タクシスとその他の郵便機関との郵便契約によって成立した。一七四五年には、ウィーン―フランクフルトのような重要路線で郵便が毎日輸送された。費用はオーストリアと帝国郵便が分け持ち、タクシスにはフランクフルトからパッサウまでの区間の維持費が課された。全重要区間では、そうした「ジュルナリエポスト」が定期便のスピードを上げるために徐々に敷設されていった[152]。

「ジュルナリエール」の敷設に決定的な役割を果たしたのが、タクシス帝国郵便のトップにいたリーリエン男爵だった。彼は、一七五〇年、国営オーストリア宮廷郵便長を兼務するよう任命される。ウィーンの官僚政治はこれにひどく抵抗した。しかし彼はこの身分にあって、すべての郵便路線で、毎日、郵便馬車を走らせることに着手した。そして二年のうちに、時代遅れになっていたオーストリア郵便を全ヨーロッパで最良最速の郵便に改造したのである。数年前ならまだ、一日でウィーンからプレスブルク（今日のブラチスラヴァ）へ昼食に出かけ、同じ日に戻ってくることなど考えられなかっただろう[153]。

郵便の頻度が上がったことは、フランクフルトの発展を辿れば良くわかる。一七〇〇年頃、フランクフルトからの郵便は、重要路線でもまだ週に二便だけだった。一七五〇年には、郵便は毎日レーゲンスブルクを経由してウィーンへ、シュトラスブルクを経由してフランスへ、またバイエルンへ輸送された。週に四便は、バーゼルを経由してスイスへ、ハンブルクを経由してストックホルム、ダンツィヒ、モスクワへ、さらにザクセンへ、ローマとナポリへ、ブリュッセルとアムステルダムへ、ロンドン、アイルランド、スコットランドへと運ばれた[154]。

十八世紀末の道路状況の改善

近世初期のあいだずっと、郵便路線の改善は、道路の悪状況のために上手くいかなかった。道路は充分に補強されておらず、繰り返し冠水した。騎馬郵便配達人や馬車の前進は、道路が砂質だったりぬかるんだりしていたために遅くなった。啓蒙主義の時代にも依然としてドイツの道路状況がいかにひどかったかは、ツェードラーの百科事典で知ることができる[155]。ようやく十八世紀が経過していくうちに、街道は舗装されていった。

道路が舗装され補強されたのは、軍事的および経済的理由と並んで、ますます人気を博していく乗合郵便馬車のおかげでもあった[156]。逆に、道路建設が始まると、郵便にも影響が見られた。たとえばバイエルンでは、舗装道路の建設を始めたのは、選帝侯マクシミリアン三世ヨーゼフ（在位＝一七四五年―七七年）だった。一七七七年、選帝侯は、

図 45　時代の速度。ホーマン／ドッペルマイル、『全世界の大アトラス…』の騎馬郵便配達人の挿絵カット。（ニュルンベルク、1731 年）

郵便総裁であり皇帝特別主席代理であるカール・アンゼルム・フォン・トゥルン・ウント・タクシスへ宛てた書簡の中で、次のように書いている。

　貴下においては存じていると思われるが、私はここ数年来、私自身の臣民のためだけではなく、帝国全土の公衆のために、バイエルンとオーバープファルツのほとんどすべての幹線、街道、軍用道路を、真の舗装道路とし、その後はそれを多大な費用をかけて良好な状態で維持させている。

書簡の中ではまた、最近の道路改善のおかげで、ミュンヘンからアイプリングを経由してクーフシュタインへと通じる道はもっとも快適なものとなったと記されている。

　バイエルンから、またバイエルンを通って、チロルとイタリアへ行く道は一年じゅう安全に通過できると定評がある。

これに対して、ミュンヘンからヴォルフラーツハウゼン、ヴァルヒェンゼー、ミッテンヴァルトを経由してインスブルックへ至る旧郵便路線は、水と雪のために、あいかわらず「年間を通して、しばしばまったく通過できないか、危険なしには通過できなかった」。それゆえ、選帝侯は、トゥルン・ウント・タクシス侯に、ミュンヘンからインスブルックへの郵便区間を新たに舗装し、ここに必要な宿駅を敷設するよう懇願している[157]。

トゥルン・ウント・タクシスの収入源としての帝国郵便

十八世紀には、郵便輸送の規模だけではなく、経済上の利益も今までにないピークに達した。国営ザクセン郵便では、純益が十倍になった。一七〇〇年頃には二万ターラーだったのが、一八〇〇年頃には二十万ターラーになっている[158]。また国営プロイセン郵便も、純益を著しく伸ばすことができた。一七〇〇年頃にはすでに十万ターラーであったが、百年後にはおよそ七十万ターラーに達した。プロイセンにおいて、郵便用途のための支出は、収入のほぼ半分であった。郵便利益はその四十％が国王の宮廷金庫に入り、残りは国家財政へと引き渡された。国王の個人的な手元金、城建築、軍事予算は、郵便利益で賄われることがもっとも多かったであろう。プロイセンは、一七四二年から一七八六年のあいだ、その郵便から約二千万ターラーの純益を得た[159]。国営オーストリア郵便の純益は、一七九〇年、五十五万グルデンであった[160]。

トゥルン・ウント・タクシスは、一七四九年から一七九三年まで、帝国郵便とネーデルラント郵便で二千四百五十万グルデン（＝千四百万ターラー）の利益を上げた。このうち、ネーデルラント郵便の割合は十六％にすぎない。ただ

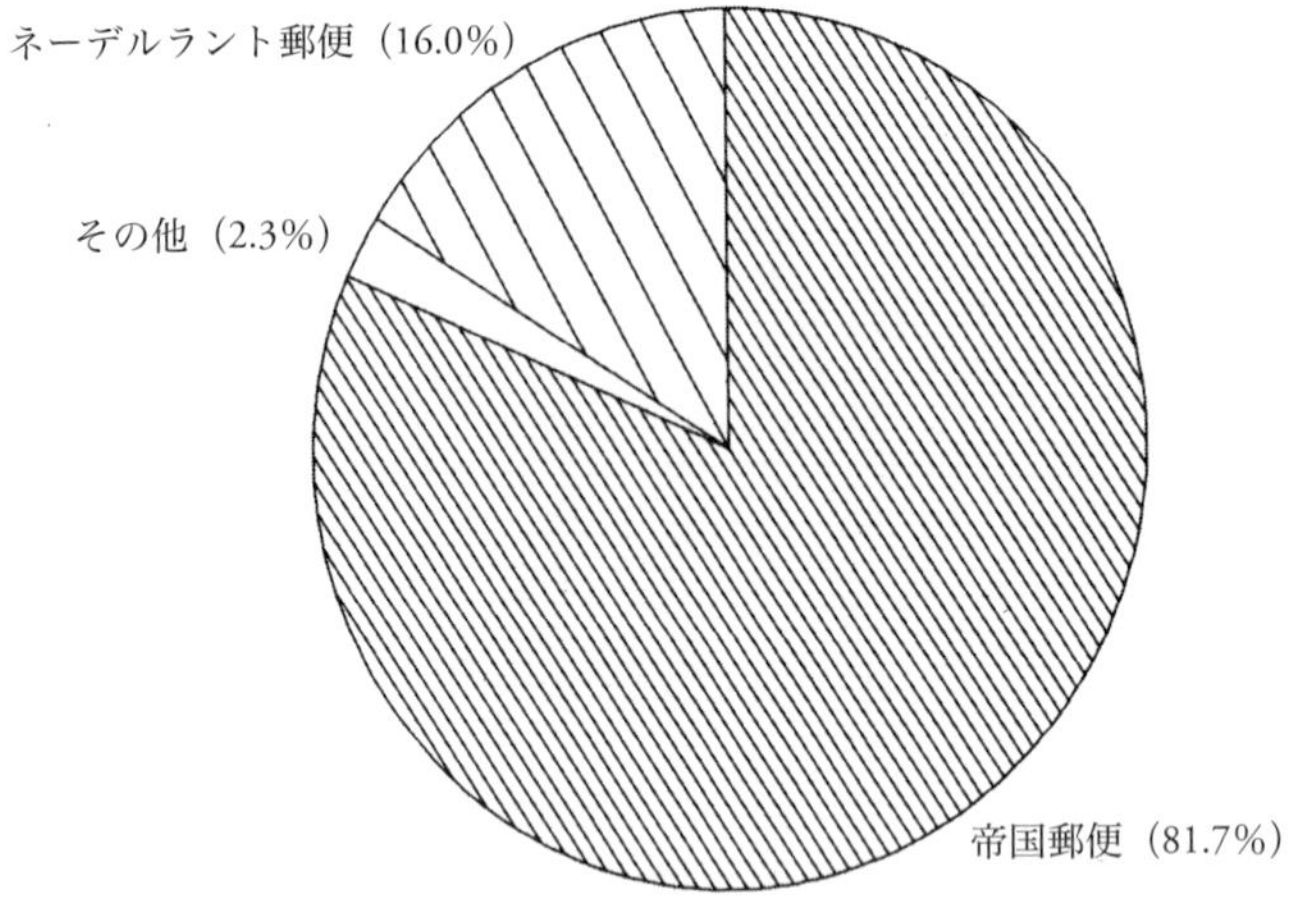

グラフ7　1749年—1793年のトゥルン・ウント・タクシス郵便の利益（100%＝2450 万グルデン）

しマースアイクやリエージュのようないくつかの大きな郵便局は、帝国郵便の一部であったので、帝国郵便で決算された[161]。帝国郵便の収入は、九十%以上が騎馬郵便（書信郵便）からである。馬車郵便（旅客と荷物の輸送）は、十八世紀後半が経過しても、帝国郵便収入のたった七・一%から九・四%に上昇したにすぎない。侯家の富は、郵便からの収入を基本とし、その収入は侯家の総収入の五分の四を占めていて、金融取引のための資本も生んだ。残りの収入はこの金融取引から得られた[162]。

十七世紀初頭の繁栄期にはすでに、帝国郵便の利益が算出されていた[163]。帝国郵便の経済利益についての確実な情報を伝えるのは、トゥルン・ウント・タクシス家の総会計課報告である。現存する最初のものは一七三三年から一七三七年までであり、その後は一七四〇年と一七四一年のものである。一七四八年、タクシス家はフランクフルトからレーゲンスブルクへ移り、一七四九年以降、原簿は完全に保存されている。それらは企業史の無比の史料である。政治的な破局がたびたび起こったドイツ語圏では、長い歴史を持つ企業はごくわずかしかない。その中でもタクシス家に匹敵するほど豊富な企業史のデータを持っている企業は存在しない。この史料のおかげで、十八世紀初頭からのタクシス企業の発

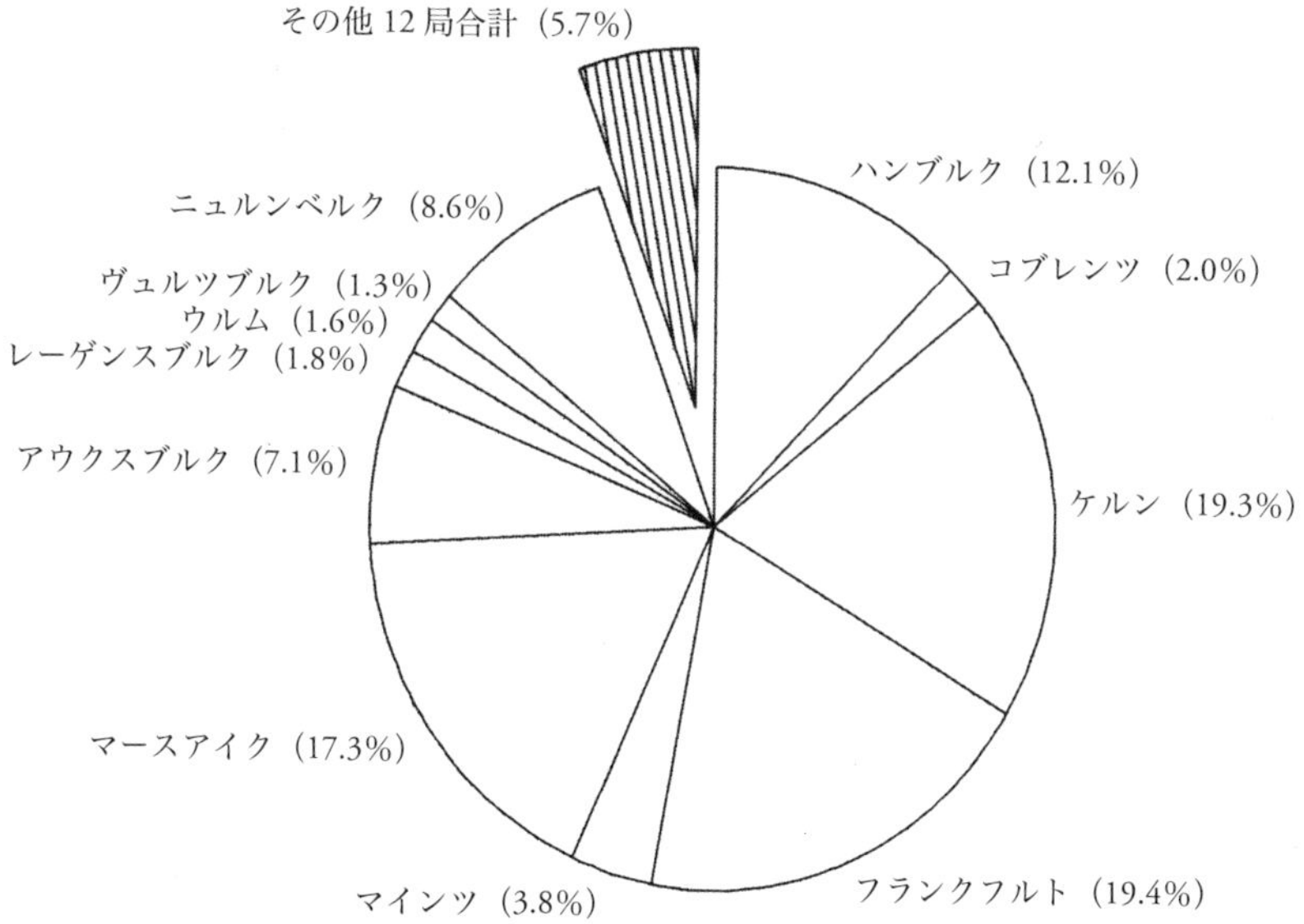

グラフ 8　1749年—1793年の郵便利益における各郵便局の割合（100％＝ 1850 万グルデン）

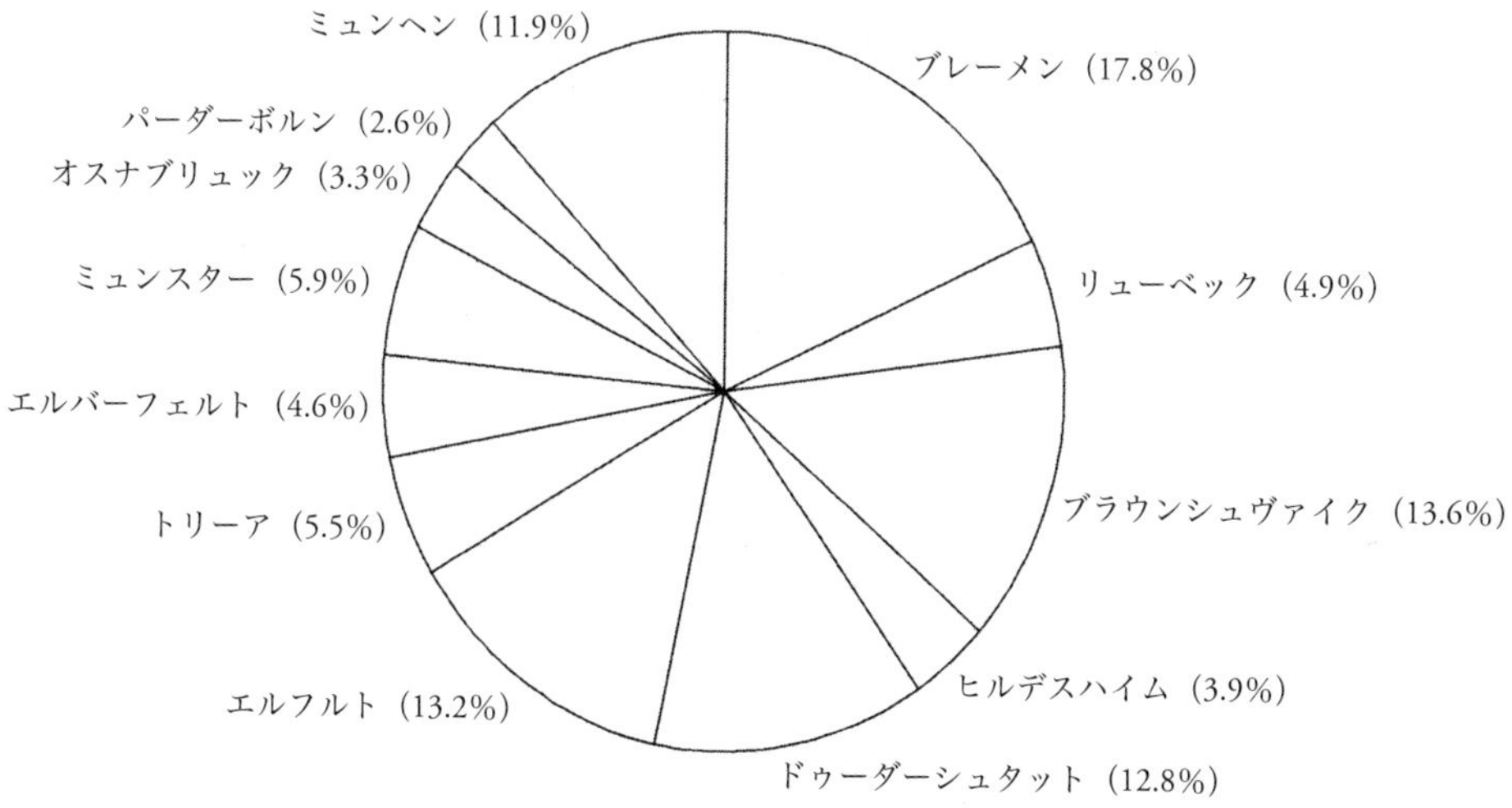

グラフ 9　1749年—1793年の12の小郵便局利益（100％＝100万グルデン）

展に関して、正確に記述することができる[164]。ただし、決算方法はたびたび変更されたため、史料を評価する際、その方法には慎重を期す必要がある[165]。

帝国郵便の年間利益は――それは書信の行き来が増大したことを知る確実な指標である――一七五〇年頃の約三十万グルデンから一七六〇年頃の四十万グルデンに上昇した。二十年後には七十万グルデン、一七九〇年頃には、年間ほぼ百万グルデンで、最高記録に達している。一七九三年以降、のちのベルギーやラインラントで大きな郵便局が失われていくため、郵便利益は再び落ち込んだ。しかし、一般に郵便量が増大したので、トゥルン・ウント・タクシスが帝国郵便から得る利益は、旧帝国の終焉に至るまで、平均八十万グルデンを保った。それぞれの帝国上級郵便局で収益と経費は差引勘定されたので、この数字は純益である。すべてのタクシス上級郵便局は、その純益をフランクフルトの帝国総郵便管理局へ引き渡し、フランクフルトでもう一度決算された。一七四九年以降、郵便の全純益はフランクフルトからレーゲンスブルクにある侯家の「総会計課」に引き渡され、中央決算された[166]。

タクシスの直属統括郵便局と上級郵便局

帝国郵便の領内は、全部で二十三の比較的大きな郵便局で組織されていた。十八世紀、帝国郵便の行政には、上級郵便局（Oberpostämter）、直属統括郵便局（Immediat- und dirigierende Postämter）、下級郵便局（untergeordnete Postämter）の区別があった。直属統括郵便局は侯とその書記局の直接の指揮下にあり、下級郵便局は上役としての上級郵便局へ報告の義務があった。最下位には、馬の交換とその土地の書信の分配だけを行う単純な郵便管理機関や宿駅があった。管理の末端は、書信の分配であり、それはまた書信を集めて、さらに宿駅へ輸送した[167]。

各郵便局の占める重要性は非常に異なっていた。それを測る尺度を提供してくれるのが、一七四九年から一七九三年の帝国郵便の利益である――すなわち、「総会計課報告」が導入されたときから、フランス革命軍へライン左岸領域を引き渡すときまでである。この時期、二十三の郵便局は、書信と小包の輸送で、合わせて約千八百五十万グルデンの利益を上げた[168]。タクシス帝国郵便の領域は、一七九〇年頃にタクシス官吏ヘンチェルが作成した美しい郵便地図を見れば、もっともよく概観できる[169]。

中心となっていたのはフランクフルト上級郵便局である。ここは、一七〇二年から一七四八年まで、帝国郵便総裁の居所だった。具体的には、オイゲン・アレクサンダー、アンゼルム・フランツ（在職＝一七一四年―三九年）、アレクサンダー・フェルディナント（在職＝一七三九年―七三年）・フォン・トゥルン・ウント・タクシスである。中部ドイツにあるフランクフルト上級郵便局が帝国郵便量に占める割合は、十九・四％で、書信と小包郵便全体のほぼ五分の一であった。フランクフルトは、ドイツで最古の新聞のひとつ『フランクフルト上級郵便局新聞』の本拠地であり、先導的な金融の中心地であり、また皇帝戴冠式の都市であった[170]。だからフランクフルトは、上級郵便管理局を受け入れ、タクシス郵便システムの中心地となるべく運命づけられていたのである。その後また、一八一〇年から一八六七年まで、フランクフルトはタクシス郵便の中心地となった[171]。

帝国西部でフランクフルトと比肩する重要性を持っていたのは、ケルン上級郵便局だけだった（十九・三％）。タクシス郵便の主要路線からケルンへは、一五七七年に初めて郵便路線が分岐していた[172]。およそ十七％でこれに次ぐのが、帝国郵便とネーデルラント郵便の境界に位置していたマースアイク上級郵便局であり、この時期、トゥルン・ウント・タクシス家出身の帝国郵便総裁によって運営されていた[173]。次に大きな帝国郵便局は、北部のハンブルク上級郵便局（十二・一％）であった。これに続いたのが南部のニュルンベルク上級郵便局（八・六％）[174]とアウクスブルク上級郵便局（七・一％）[175]である。したがって、境界にあったマースアイク郵便局と五つの大きな上級郵便局だけで、騎馬郵便利益のほぼ八十五％を得ていた。これに馬車郵便を加えると、帝国郵便利益の約九十％を手中に収めていた

図46　1701年のニュルンベルクの街頭風景。聖ザルヴァートル教会の前の人々。左には帝国紋章の付いた帝国郵便局。

ことになる。大きな上級郵便局は、その土地で最多の書信量だけではなく、もっとも包括的な組織と、それに応じて、もっとも多くの配下の宿駅を郵便路線上に持っていた。

これより一等級下に位置するのが、マインツ統括郵便局（三・八％）[176]、コブレンツ統括郵便局（二・〇％）[177]、そしてレーゲンスブルク上級郵便局（一・八％）であった。レーゲンスブルクは一六六九年以降、「永久帝国議会」の所在地であり、また一七四八年以降、帝国議会における皇帝特別主席代理トゥルン・ウント・タクシス侯の居住地でもあった[178]。おそらくそのため、レーゲンスブルク上級郵便局は書信量が少なかったにもかかわらず、地位を引き上げられた。これと同じ規模が、ウルム上級郵便局（一・六％）[179]とヴュルツブルク統括郵便局（一・三％）[180]である。その他の十二の統括郵便局の郵便収入は、一％を下回った。それらの郵便局が騎馬郵便に占める割合は、合計で五・七％（約百万グルデン）であった。規模順に挙げれば、まず、ぎりぎりで一％に満たないブレーメン統括郵便局[181]であり、この郵便局の管轄下には、ハンザ都市外の宿駅はひとつも置かれていなかった。以下、ブラウンシュヴァイク、エルフルト、ドゥーダーシュタットの各統括郵便局とミュンヘン上級郵便局[182]、最後にミュンスター[183]、トリーア、リューベック[184]、エルバーフェルト、ヒルデスハイム、オスナブリュック[185]、パーダーボルン[186]の各統括郵便局であった（二五九頁、**グラフ8・9**参照）。

郵便馬車は、トゥルン・ウント・タクシスでは一六六〇年頃から史料で証明できる[187]。最初はもっぱら赤字を出していたのだろうが、ライバル郵便と競合する理由から経営されていたにちがいない。郵便馬車がようやく利益を生んだとき、それは書信郵便とは区別されて、中央のいくつかの大きな上級郵便局（アウクスブルク、ニュルンベルク、フランクフルト、ケルン）で決算された。一七八〇年代まではフランクフルトとニュルンベルクが最重要な役割を果たしていた。その後アウクスブルクとケルンがこれに加わった。一七五〇年頃、郵便馬車利益は一万グルデンにすぎなかったが、七年戦争時（一七五六年―六三年）に盛期を迎え、平均して三万五千グルデンになった。一七七〇年代まで、郵便馬車利益は平均で二万五千から三万グルデン未満であったが、そののち、急速な発展を遂げ続ける。一七八〇年代にはおよそ四万五千グルデンであり、続く十年間で利益は倍になって約九万グルデンに上がった。さらに帝国郵便の最後の数年間では、十万グルデンを明らかに超えていた。最高記録を達成したのは、ほぼ十五万グルデンの利益を上げた一八〇一年であった[188]。

郵便利益の地域別および構造的分布

十八世紀後半の帝国郵便利益の地域別分布については正確な数字がある。郵便料金が統一されていたので、この数字は、この時期の地域別郵便収入を知るための確実な指標である。ただし、帝国権力がますます分裂していき、タクシス郵便領域がもはや帝国全体に及ばなくなっていた点を考慮に入れなければならない。すでに、プロイセン、ザクセン、オーストリアは、帝国郵便の影響力から外れていた。それゆえ、中部ドイツと北西ドイツの広大な領域は利益の三%しか生み出さなかった。プロイセンとオーストリアは完全に除外されたままである。これに対して今日のバイエルンは二十%、また重要なケルン上級郵便局を持つライン・モーゼル領域も同じく二十%の利益を上げている。さらに、大きなフランクフルト上級郵便局のあるライン・マイン領域からだけで、利益の四分の一が得られた。今日のベルギーにあるマース領域と北ドイツ沿海領域では、帝国郵便が他の郵便と競合しなければならなかったが、およそ十五%の利益があった。

十八世紀の郵便収入には地域別の特性があった。フランクフルト上級郵便局のあるライン・マイン領域(フランクフルト、マインツ、マンハイム)はおそらく一様な発展を遂げていた。その利益は、十八世紀全体を通じて、継続的に――当初の五万グルデンから二十万グルデンを超えるまでに――上がった。ライン・モーゼル領域(ケルン、コブレンツ、トリーア)では、同じような継続的な発展が、一七九四年、フランス軍によるライン左岸領域の占領によって途切れた。また発展は、七年戦争が終了したのちに中断されたが、一七七〇年代になってようやく回復した。マース領域(マースアイク、リエージュ)の発展もまったく同様だった。

沿海領域(ハンブルク、ブレーメン、リューベック)の発展もこれに比肩する。ただし継続性には欠けており、段階的であることがわかる。ここでは、七年戦争が郵便の発展を妨害した。フベルトゥスブルク条約*後、収入は倍に跳ね上がるが、そののち一七八〇年代初期まで停滞する。一七八〇年頃、利益は約四万五千グルデンから約九万グルデンに急成長した。一七九〇年代、マースアイクとケルンを失ったのち、西ヨーロッパ(イギリス、オランダ)との書信の

---

* **フベルトゥスブルク条約** 一七六三年、プロイセンとオーストリアのあいだで結ばれた七年戦争の講和条約。この条約で、プロイセンのシュレージエン領有が確定した。

行き来は、代わりにハンブルクを経由して行われたようである。というのも、一七九四年後の利益は三倍になり、帝国郵便の最後の数年間で二十四万グルデンを超えていたからである。

六つの大きな上級郵便局（フランクフルト、ケルン、マースアイク、ハンブルク、アウクスブルク、ニュルンベルク）の利益を総計すると、特徴的な段階を踏んで一七九三年まで上昇していく。最初（一七三〇年–五五年）、利益は二十万グルデンで安定していた。七年戦争時には、二十五万グルデンを超えるまでに上昇する。続く和議の期間、利益は三十五万グルデンに達するぐらいまで急速に上がり、一七八〇年代には四十五万グルデンへ、一七九〇年代初期には五十五万グルデン以上へと成長して、一七九三年の最高年にはぎりぎり七十万グルデンを記録した。一七九四年後――ケルンとマースアイクは失われていた――四つの残った上級郵便局（フランクフルト、ハンブルク、アウクスブルク、ニュルンベルク）の利益は、約四十万グルデンから一八〇四年の約六十五万グルデンにまでさらに増大している[189]。

この発展図式と異なっていて興味深いのは、ドイツ南部と東部である。今日の北バイエルン（ニュルンベルク、レーゲンスブルク、ヴュルツブルク）では、十八世紀初頭、郵便利益は世紀半ばよりもはるかに多かった。平均利益は六万グルデンだったが、その金額は一七九〇年代になってようやく回復した。その後はすぐに上昇して、一七三〇年代の世紀末にはおよそ十万グルデンに達している。南ドイツ（アウクスブルク、ウルム、ミュンヘン）でも同様の発展が見られるが、その特徴は北バイエルンほどはっきりしていない。いずれにせよ、経済的に発展していた西ドイツや北ドイツ地域に比べて、南ドイツの構造的な発展の遅れは明確であり、その遅れは郵便利益高の変化に読み取ることができる[190]。さらに、構造的な視点から、南ドイツにおける上級郵便局の利益の発展を比較するのも有益である。十八世紀、王宮所在地（ミュンヘン、ヴュルツブルク、マインツ、マンハイム）の利益は、概して、帝国都市（ニュルンベルク、アウクスブルク、ウルム、レーゲンスブルク）の利益を大きく下回っており、平均で二十五%ちょうどであった。ただし、その利益はこのレベルで一定していた。世紀半ば、このように郵便利益の減少は南ドイツを特徴づけていたが、その減少は王宮所在の諸都市では見られなかった[191]。

雇用者としての帝国郵便

トゥルン・ウント・タクシスに雇用され、多くの一族が少なからぬ富を得ていった。帝国郵便に勤務することによって、特にタクシス家の故郷であるイタリアやネーデルラントからドイツへの移住に成功した一族がいくつもあった。ここでは、たとえば、イタリアからのカレーピオ家やソミリアーノ家、ネーデルラントからのフリンツ家やフォン・デン・ビルグデン家を挙げることができるだろう[192]。もちろん、タクシス郵便に勤務していたレーゲンスブルク郵便局長ヨハン・ヤーコプ・エークスレ（一六二〇年―九五年）のように、帝国貴族に出世したドイツ出身の一族もいた。のちにエークスレは、ニュルンベルクとミュンヘンの郵便局も手に入れ、相当な財産を蓄えることができた。彼の息子のひとりであるニュルンベルク郵便局長ヴォルフ・アントン・フォン・エークスレは、一七〇一年に四十八歳で亡くなったとき、十三万二千グルデンの遺産を残した[193]。

ニュルンベルクのリーリエン男爵のような上級郵便局長は、すでに一七三三年、年間四千グルデン以上の定収入を得ている。比較的大きな郵便局の局長たちも、一部は年俸として、また一部は郵便局収益から、多額の収入を手にしていた（バイロイト郵便局では五十％＝七百グルデン）。ニュルンベルク上級郵便局で見られたように、このシステムによって、業績向上への意志が助長された。一七五〇年頃、ミュンヘンの上級郵便局長アンナ・クララ・フォン・エークスレ女男爵の基本給は五百グルデンだった。彼女によって雇われた郵便管理人の基本給は六百三十グルデンとさらに高く、そのうえ、事実上の郵便局長の基本給は千グルデン以上だった。二人の中級官吏の俸給は家賃を含めて二百五十グルデンであった。宿駅長たちの年俸は五十グルデンと六百グルデンのあいだであり、その平均はおよそ百七十グルデンである。さらに宿駅長は、平均で二人から三人の使用人と、一人から二人の「定期的な徒弟」を雇っており、十頭から二十五頭の馬と二台から七台の幌屋根付一頭立て四輪馬車《カレッシュ》を所有していた[194]。

定期収入は、計り知れない数の追加手当で増やすことができた。身分の高い人々のためには、業績に応じた特別手当として、侯には「甘菓子（Douceurs）」、領邦の政府には「褒美（Récompenses）」、帝国郵便総裁には「賞与（Gratifikationen）」があった。また、簿記、証明書の作成、郵便馬車の出発準備、書籍や雑誌の販売のような副業績には、いわゆる「報酬（Emolumente）」があった。一部の中級郵便職員もそれで利益を得ていた。郵便総裁はその他にも、馬車や公舎の無料提供を認めたり、二年ごとに新しい制服を給付した。一般郵便職員も、帝国郵便に勤務することによってある程度の保証を得た。そして宿駅での勤勉さに応じて、同じように副収入への機会もあった。タクシス郵便の特権に従い、多くの土地では、郵便職員の収入は無税だった。何も罪を犯さなかった者は、帝国郵便で官吏と同じ地位を得ることができた[195]。

当初、人権費は高くなかった。一六七五年頃、ミュンヘン上級郵便局には、エークスレ郵便局長と一名の書記、さらにおそらくは一人か二人の使用人がいた。世紀末、もう一名の書記が雇われた。ニュルンベルク上級郵便局のほうが重要だった。初代のH・G・ハイド郵便局長（在職＝一六一五年―二五年）は一人の郵便使用人と二頭の馬を、また彼の後任エーインガー（在職＝一六二五年―三五年）は二人の騎馬配達人と四頭の馬を所有していた。一六七五年、ヨハン・アボンディオ・ソミリアーノ（在職＝一六四六年―七七年）は二名の書記と二人の御者を、さらに彼の後任エークスレは、その二十年後、四人の中級官吏と六人の御者を維持していた。エークスレは、これに加えて、二十六頭の馬も所有しており、その数は彼の前任者の三倍だった[196]。

すでに初期の時代から、郵便職員の適性が重視されていた。職員は、読み、書き、計算に堪能で、外国語の知識があれば有利だった。「できるだけ正確なこと、勤勉、秩序、礼儀」も期待された[197]。正式な採用規定はなかったが、候補者のための推薦状か保証が要求されるのが普通だった。このシステムにより、郵便局は特定の家族内で正規に世襲された。郵便局長や宿駅長の家庭に育った者は、経営を知っていて、推挙することが容易だったからである。通常、両親は早くから子供のために、娘のためにも、そうした相続権を得ようとした。任命は生涯にわたって続いた。郵便官吏は、辞令を受けると、郵便レーエンの所持者に対して誠実を尽くすことと、税や料金規定を含めた郵便法の遵守を宣誓することが義務づけられた。比較的高級な郵便職員に応募する者は、大学を卒業していることが多かった。彼らは「中級官吏」としての職を得る前に、「見習生」として多種の業務領域の手ほどきを受けた。たとえば為替の換算ができない不適性な応募者は採用されなかった。十八世紀の郵便業務指示書は、郵便職員の採用に関して次のように記している。

この機会に、採用したての中級官吏や職員に、彼らのすべての業務を明瞭に説明すべきである。主に、顧客の高い関心を真に促進すること、顧客に迅速なサービスを提供すること、したがって、業務全体が正しく結合することを銘記させるべきである。[198]

従業員を扶養することができない小さな宿駅（副郵便局）では、副業として郵便業務を行うその土地の住民に頼らざるをえなかった。彼らは、使用人をついでに騎馬郵便配達人とし、必要な属具（馬、家畜小屋、宿舎）をもともと所有している旅館業者であることが多かった[199]。

民営企業としてのトゥルン・ウント・タクシス侯への批判

プロイセン郵便は一六四九年から国営独占企業であり、その後スウェーデンは一六六九年に郵便を国営化した。一七一一年にはデンマーク、一七一二年にはザクセン、一七二二年にはオーストリア、一七三六年にはハノーファー、一七三八年にはブラウンシュヴァイクがこれに続く[200]。郵便の国営化には、たいてい政治上の理由があった。新路線は、経営上の利益追求の視点からだけではなく、権力闘争の戦略的視点から敷設された。国境領域では、国家の権威を持った領邦郵便の意向が強調された。書信の往来が増大すると、こうした政治上の動機に国家財政上の動機が加わった。郵便は無尽蔵の財源となったので、国庫主義《カメラリズム》の視点で経営する領邦国家は、利益を吸い上げる機会をそこに認めた。

最後の「民営」郵便企業家トゥルン・ウント・タクシス侯はこのような利益吸収を行っていたので、フランス革命とほぼ時を同じくして、ドイツの公論はこれに異議を唱え始めた。一七八七年、『ゲッティンゲン歴史雑誌』には、「ドイツのいくつかの地方における郵便と通行税についての勝手な考察」[201]というタイトルの論文が掲載された。翌年、シュレーツァーの『国家評論』は、「ドイツのいくつかの地方における郵便制度についての二人の旅行者の苦情」という論文を、また一七八九年には、「ドイツにおける皇帝のタクシス帝国郵便の欠点と欠陥に関して」[202]という論文を発表した。皇帝のタクシス郵便に対する批判のほとんどは、ドイツのプロテスタント地域から出てきたが、そのの ち途絶えることはなかった。革命の年、シュトラスブルクでは、自費出版の小冊子に次のような表題の論文が掲載された。

「ドイツ帝国における皇帝の帝国郵便制度の悪用と、帝国法上および帝国警察《ポリツァイ》に応じてそれを撤廃することについ

Versuch
einer ausführlichen Erklärung
Des
Post-Regals
und was deme anhängig
überhaupt und ins besondere in Ansehung
Des
Heil. Röm. Reichs Teutscher Nation
in drey Theile verfasset,
In deren
Ersten, von der verschiedenen Bedeutung des Wortes Post, und Post-Regal;
von dem Ursprung und Historischen Beschaffenheit derer Posten; von Cursu publico
derer Römer; von Evectionibus seu Diplomatibus, & Tractatoriis, vulgo
Post- und Kost-Zedduln; von öffentlichen Heer- und Land-Strassen;
ingleichen von Meilen und Meilen-Säulen;
In dem
Zweyten, von der eigentlichen Beschaffenheit derer Posten und derselben Rechten
im heil. Römischen Reich teutscher Nation;
Und in dem
Dritten von dem, was dem Post-Wesen anhängig und denen dahin einschlagenden
Actionibus, gehandelt wird.
Herausgegeben
von
Joachim Ernst von Beust,
Hochfürstl. Brandenburg-Culmbachischen Geheimen Regierungs-Rath, und dieses
Hochfürstl. Ordens von rothen Adler Ritter, des Hochlöbl. Fränckischen Creyses hoher Herren Fürsten
und Stände Creyß-Kriegs-Rath, auch Hochgräfl. Hohenlohe-Neuensteinischen Hofmeister
und Ober-Amtmann zu Ohrdruff.
Erster Theil.
Jena, in Verlag Johann Rudolph Crökers seel. Wittwe,
1747.

図 47 ヨーアヒム・エルンスト・フォン・ボイストの三巻本『郵便大権の解釈』は、1747年、郵便という主題を学問的に論究することを基礎づけた。

いて。ひとりの誠実なドイツ人がドイツの自由をもってこれを解明する」

ここで挙げられた帝国郵便の欠点の大部分は、高い料金と書信輸送の不手際であり、反封建的な姿勢から批判されている。料金は、「私的な利害関心」から行われた「恣意的な課税」として解釈された。批判の中心は、一私人である侯が帝国郵便で富を得ている点だった。論文によれば、「一般に有害な帝国郵便の利益」は、多くの帝国侯領の収入を上回っている。このように私服を肥やすことは自然法に反するため、帝国法によってこれを阻止しなくてはならない、とされた[203]。著者は、ピュッターの見解に従い、「タクシス侯の郵便収入の年間利益を百万ライヒスターラー」と見積もっている[204]。その他の政治的な観点は数々の論難書に見られたが、一七九〇年に出版された匿名の著作「領邦君主独自の郵便の必要性と有用性」において明確になる——ここではまたもやその観点とは、国法上・権力政治上の古き対立であり、それはすでに百年前に人々を興奮させていたものであった！

こうした攻撃は、同じように「すぐに」、匿名の反論書を登場させた。帝国総郵便管理局は、自身に向けられた批判に超然とした態度を取ると申し立てたが[205]、ジャーナリズムでの対抗措置を秘かに準備していた。その最初として、早くも一七八九年にレーゲンスブルクで、「皇帝の帝国郵便の悪用と称されるものの暫定的な解明と根拠のなさ」[206]が刊行された。しかしそこでの論拠はまだ充分ではなかったようである。さらに同じ年、ノイヴィートで、「生者たちと死者たちのあいだの秘密の往復書簡」と題された風刺文学が印刷され、先の「皇帝の帝国郵便制度の悪用について」の著者に献呈された。その内容は他の郵便機関の「長所」に立ち入っている。すなわち、フランスでは、書信は無理やり開封され、イタリアでは、郵便制度が分裂しているので、もはや誰も勝手がわからない。ザクセンでは、郵便馬車は四分の一も料金が高くて、そのうえ馬車は古びて快適さに欠ける。ロシアの郵便はもっとはるかに料金が高い。最後に、話題は、改悛の情を抱いて、ドイツの秩序正しい廉価なトゥルン・ウント・タクシス郵便に戻ってくる。

Beschreibung

des noch auf dem Land herum vagierenden Strassen- und Post-Raubers Caspar Bischners.

Caspar Bischner/ ohngefehr 30. Jahr alt/ ein Kayserl. Königl. Oesterreichischer Deserteur, kleiner doch etwas besetzter Postur, brauner aufgeloffener Haar/ runden/ rothlechten/ glatten/ vollkommenen Angesichts/ grauer Augen/ spitziger Nasen/ etwas aufgeloffenen Mauls/ mittleren besetzten graden Fusses/ meistens ein kleines/ auch bißweilen etwas grösseres bluntes Schnautz-Bärtl tragend/ führe ein Soldaten-Sprach/ und trage ein flörenes Halß-Tuch mit Band/ glatten aufgestürmten Huth/ Hecht-grauen Rock mit Cameel-haarenen Knöpff von gleicher Farb/ und langlechten Taschen/ ein silberfarbes roth-ausgeschlagenes Leibl mit weiß metallenen Knöpff/ und kleinen Täschl/ gebe sich mittelst seinem zu solchem End bey sich habenden Patenten vor einen Pilgram aus/ und halte sich mehristen Theils bey Augspurg herum auf.

図48　1753年の悪名高き郵便強盗カスパー・ビシュナーの指名手配書

結論は、「人は短所から学ぶ」であった[207]。

一七九〇年には――再び匿名で――次のようなタイトルを持った論文が出され、トゥルン・ウント・タクシス家に捧げられた。

「タクシス侯の世襲レーエンと新しい選挙協約の重要条項としての帝国郵便制度の皇帝留保権に関する歴史統計学的論文、扇動的な出版物〈悪用について〉やその他の反論書を暴露する、一七九〇年、ドイツ、ドイツ人の真実をもって。」

この論文の著者は、フランツ・ヴィルヘルム・ロートハンマー（一七五一年―一八〇一年）である。彼は、一七七九年から一時的にレーゲンスブルクの侯家の宮廷図書館司書として働いた。また、バイエルンの啓蒙選帝侯マクシミリアン三世ヨーゼフの伝記作者として有名であり、光明会のメンバーだった[208]。彼は帝国法上の議論を要約したのち、具体的な論拠に取り組んでいる。ロートハンマーは、タクシス家が不当な利益を得ているという非難の背後に「著者の黄灰色のねたみ」があると推測しているが、その非難を歴史的な論拠をもってはねつける。つまり、一六一五年以降の皇帝の世襲レーエンに基づいたトゥルン・ウント・タクシス家の用益権を持ち出してくる。彼はまた同時に、トゥルン・ウント・タクシス家の利益と引き換えに、一般の人々も帝国郵便から利益を得てきたのだと考える。タクシスの富の正当性に異論を唱えようとするならば、すべての富の正当性と、歴史上生まれたあらゆる王朝の正当性に同じ権利で反駁することができる、というのである。帝国郵便の悪用と称されるものに対して彼が反論するのは、こうした悪用は取り除くことができる点、そして領邦郵便の悪用と帝国郵便の悪用はどちらが大きいか、その意見は分かれている点である[209]。

ロートハンマーの詳述に挑発されて、ゲッティンゲンの有名な国法学者ヨハン・シュテファン・ピュッターが応答した。ピュッターはそこで、「確かに重要でなくはないもの」であるタクシス郵便制度の歴史上の発展と帝国法上の地位に関して、自身の以前の見解を大幅に敷衍した[210]。ピュッターのような批判者でさえもタクシス郵便の価値を認めてはいるが、しかしその独占に異論を唱えて、こう問いかけている。

もしもっぱらタクシスの独占だけであったなら、概してドイツの郵便制度は現在のように上手く行っていただろうか。[211]

ピュッターの批判は匿名ではなかったので、彼の著作『帝国郵便制度について』は、二つの入念な反論を招いた。そのうちのひとつは、左側にピュッターのテクスト、右側に帝国郵便の視点からの反証というように、二段組みで印刷されていた。そこでは、先に引用したピュッターのテクストに対して、次のように批評されている。

タクシス家はすでに二百年以上も努力と費用を惜しまず、委託された郵便制度を日常生活にとって大いに快適なものとし、公用および私用の通信をきわめて容易にし、維持し、改善してきた。タクシス家は、長年にわたる経験に基づき、拡大された郵便機関を整備したので、その郵便はすべての外国の郵便機関と競合するだけではなく、その長所を異論の余地なく主張することができる。真実を愛するドイツの全顧客の証言を信頼し、彼らが概して郵便料金の低廉さと配達の迅速性、あるいはその他のことについて実際に不平を言わなければならないかどうかを、証拠として提出することができる。[212]

一七九〇年四月のピュッターの著作は、同年七月にブラウンシュヴァイク公がその領邦内で行う帝国郵便の接収を正当化する理由としても考えられていたが、この反論は、的確にその点にも言及している[213]。この反論の著者は、プロイセン王国の枢密顧問官グルントリングを引用して、とりわけ巧妙な論拠を立てた。グルントリングは、さまざまなドイツの郵便機関を比較して、こう記した。

しかしながら、皇帝の郵便が最良で最速であることは確かである。[214]

フランス革命時における帝国郵便の遅咲きの盛期

タクシス郵便は、一七九〇年、「その勢力発展の絶頂期」に、帝国の内部で、約千百三十万の人口を有する二十二万二千五百二十四平方キロメートルの領域を管轄していた。帝国の中でこれに対峙したのが十二の領邦郵便であり、それは全体で千六百七十万の人口を有する四十四万八千三百九平方メートルの領域にわたっていた[215]。多くの包括的な地図書が、次々と、帝国郵便路線の範囲と拡充に関して詳細な情報を提供した[216]。

フランス革命は、始めのうち、帝国郵便にほとんど影響を与えなかった。帝国郵便の地位を最初に攻撃したのは、革命フランス側ではなかった。それはドイツのハノーファーとブラウンシュヴァイクであり、両国は一七九〇年初夏、領内に存在する帝国郵便局を撤廃した。そのうえブラウンシュヴァイクは、帝国郵便が領内を通過することも禁止してしまう[217]。もっとも一七九〇年にはすでに、ブラバントとフランドル地方の反乱によって郵便制度の損害が出始めており、遂に一七九四年、トゥルン・ウント・タクシスはネーデルラントの郵便事業を最終的に完全に失った[218]。その結果のひとつは、イギリス、フランス、スペイン、オランダへの、採算の取れる郵便の通過を失ったことである。

加えて負担となったのは、逃亡した郵便職員たちの管理であり、その状況は、政治が進展していく中でさらに悪化することになる[219]。

フランスのナショナリズムがますます膨張し、国際間の紛争が緊迫するにつれ、ドイツのトゥルン・ウント・タクシス郵便も打撃を受けていく[220]。一七九二年十月にマインツが占拠され、その地の帝国郵便局長は逃げ出さなければならなかった。フランクフルトが占領されると、戦闘地域では郵便が一時的に麻痺した。マインツとフランクフルトの郵便局の会計はフランス軍によって差し押さえられた。しかし一七九三年初めに両都市が奪還されると、まもなく状態は正常に戻った[221]。一七九三年、ケルン上級郵便局を失って、帝国郵便は手痛い損害を受けた[222]。

リュネヴィル講和条約と帝国代表者会議主要決議

すでに一七九五年、プロイセンはバーゼルの和約でフランスへのライン左岸領域の割譲を認め、一七九七年、オーストリアがカンポ・フォルミオの和約でこれに続いた。当然、このことは帝国郵便に影響を及ぼした。一七九八年、マインツでは、フランスの郵便監督官がフランス式で郵便の組織化を開始した[223]。トゥルン・ウント・タクシスは、フランクフルト上級郵便局長フリンツ・ベルベリヒを外交使者に立て、ライン左岸領域について帝国郵便とフランス行政が合意できるように試みた。トゥルン・ウント・タクシスは、コブレンツ、ケルン、リエージュ、アーヘン、マースアイク、マインツの各上級郵便局、フランクフルト管区の一部、マンハイム、ネーデルラントの郵便事業を失うことで、年に約三十三万グルデンの損失を見積もった[224]。これは、「総会計課報告」の算出があるため、完全に現実的な数字と思われる。一七九〇年代初期、ケルン上級郵便局の収入だけでも、年間およそ十八万グルデンだったし、マースアイク上級郵便局の収入も十万グルデン以上だった[225]。それゆえ、侯世子妃テレーゼ・フォン・トゥルン・ウント・タクシスはカンポ・フォルミオの和約に際して悲観的に判断し、弟宛てに次のように書き送っている。

タクシス家がライン左岸を失うことで無くすもの、タクシス家が間近に迫った分割と解体で無くすかもしれないものは、言い尽せぬほどで、収入の四分の三以上であることは確実です。[226]

現状を打破しようとする宣伝活動は、列強の交渉を目前にして、あまり有望ではなかった。しかしそれでも、その試みはなされた。つまり、ラシュタット会議*に際して、一七九八年、『ドイツの郵便世界について』という著作がハンブルクで出版される。それは、選帝侯会議に従属する「郵便最高官職」をトゥルン・ウント・タクシス侯に委託するよう提言した。そこでは、既存の大規模な領邦郵便だけをトゥルン・ウント・タクシス郵便から除外したままにすべきだ、とされた[227]。そののちの進展が示すように、この提案はあながち非現実的なものでもなかった。

リュネヴィル講和条約**後、一八〇一年、フランスとトゥルン・ウント・タクシスのあいだで郵便契約が結ばれた。フランスはその中で、帝国郵便の現状を保証した。ライン左岸の失われた上級郵便局（リエージュ、マースアイク、マインツ、ケルン、トリーア、コブレンツ、マンハイム）は返還されなかった。しかしフランスは、帝国内でタクシス郵便が維持されるよう政治上で支援することを約束した。さらにフランスは、帝国へのすべての書信の輸送をタクシス郵

* **ラシュタット会議**（一七九八年–九九年）　フランス革命戦争期（一七九二年–一八〇二年）、神聖ローマ帝国および帝国領邦とフランス革命政府との全面的な戦争終結をめざした多国間会議。

** **リュネヴィル講和条約**　フランス革命戦争期の一八〇一年、フランス東部のリュネヴィルで、フランスとオーストリアが締結した講和条約。

便に委託したが、なかでもプロイセンは、大きな失望の念を抱いてこの措置を受け入れた[228]。

　したがって、帝国郵便に対する次の攻撃がプロイセンから行われたのは偶然ではない。帝国代表者会議主要決議を先取りして、プロイセンは——失ったライン左岸領域の補償を予定する条約をフランスと締結したのち——一八〇二年、聖界領邦ヒルデスハイム、パーダーボルン、ミュンスターの一部、マインツ大司教領のエルフルトなどを併合した。そして併合した領域では、郵便大権《ポストレガール》を含む完全な主権を要求した。トゥルン・ウント・タクシスは、当該のタクシス郵便局の引き渡し交渉を引き延ばした。タクシスは、フランスの保証や自身とプロイセンとの親族関係を信頼し、来る帝国代表者会議主要決議の結果を待とうとしたからである[229]。

　一八〇三年二月二十五日の帝国代表者会議主要決議は、トゥルン・ウント・タクシスにもう一度、リュネヴィル講和条約時の状況に従ってタクシス郵便が存続できることを保証した。第十三条の正確な文面は、次の通りである。

> ちなみに、トゥルン・ウント・タクシス侯の郵便の維持、ならびにその設置は保証される。したがって、想定される郵便は、リュネヴィル講和条約時に拡大し運営していた状態で保持されるべきである。——この機関が上記の時点の状態のまま完全に存続することをいっそう確実にするために、この機関は皇帝と選帝侯会議の特別な保護に委ねられる。[230]

フランスによって接収されたライン左岸のいくつかの帝国郵便局を埋め合わせるものとして、トゥルン・ウント・タクシス侯には——他の当該の帝国等族たちと同じように——領地の補償が認められ、それはたいてい聖界領邦の負担となった[231]。しかし、プロイセンは、フランスの外交調停にもかかわらず、帝国代表者会議主要決議の規定を無視し、一八〇三年五月一日、ミュンスター、ヒルデスハイム、エルフルトの帝国郵便局を閉鎖した。トゥルン・ウント・タ

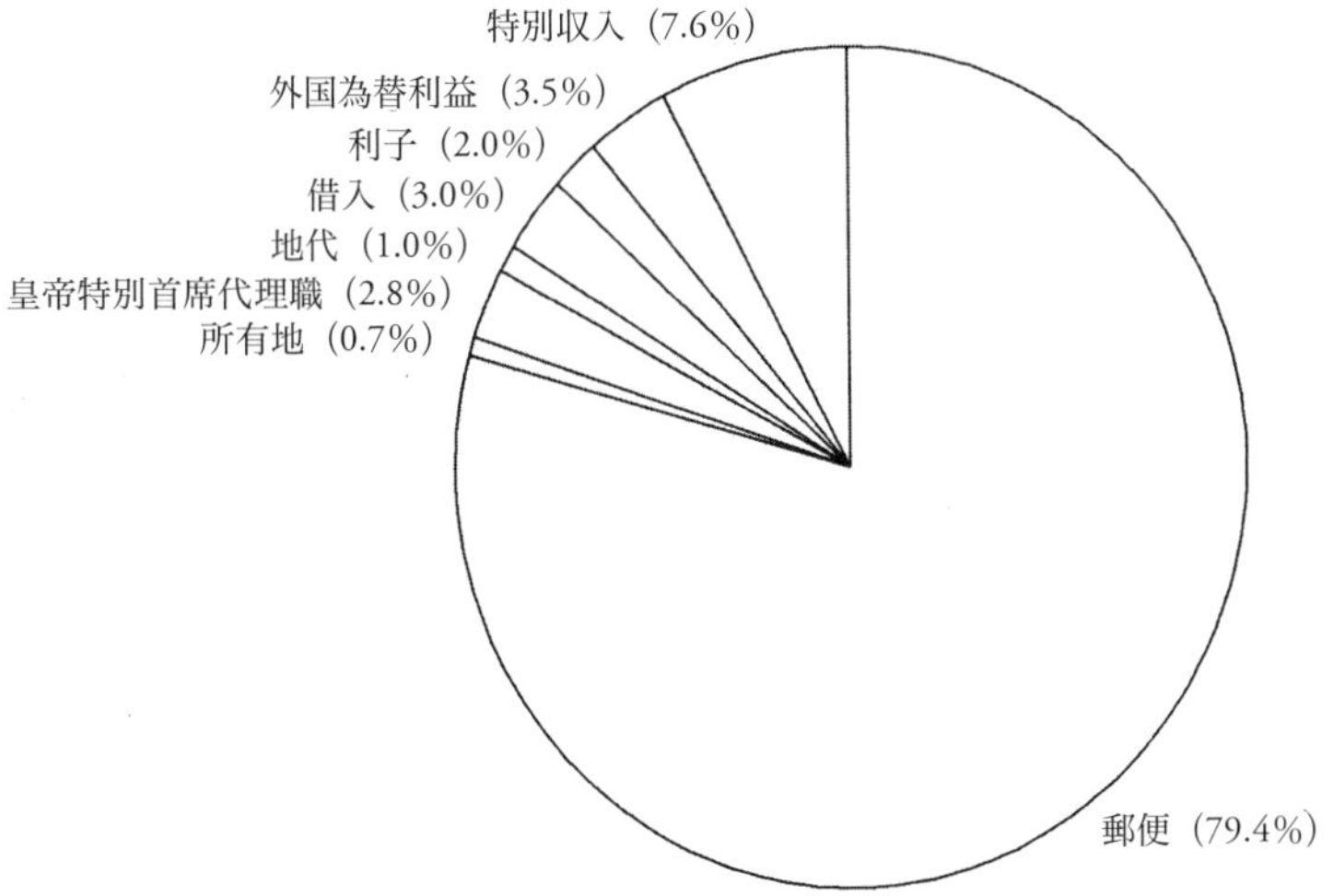

グラフ 10　1733年―1806年のトゥルン・ウント・タクシスの収入（100%＝4600万グルデン）

クシスがその後の交渉で獲得できたのは、タクシス郵便の残りの部分の存続がプロイセンによっても保証され、かつてのタクシス郵便官吏たちの年金要求が受け入れられることだけだった[232]。いずれにせよ、帝国代表者会議主要決議第十三条は、一八一五年のドイツ連邦規約第十七条の基礎となった。ドイツ連邦はその規約によって、トゥルン・ウント・タクシス侯に復権ないしは相応な補償を請け合った[233]。

カール・アンゼルム・フォン・トゥルン・ウント・タクシス侯は、大国のフランスやプロイセンを経験し、帝国の政治の不安定な将来を思い知らされた。そののち、個々の帝国等族と別々に協定を結び、タクシス郵便の存続を確実なものとするよう努力した。すでに一八〇四年、中部ドイツのいくつかの小国（ナッサウ、ザルム、アレンベルク、ヘッセン・ダルムシュタット）と契約を結び、バーデンやテューリンゲンの多くの小侯領がこれに続いた[234]。第三次対仏大同盟戦争の勃発は、一八〇五年、帝国郵便を再び窮地に陥れた。南ドイツの中位諸国バイエルン、バーデン、ヴュルテンベルクがプレスブルクの和約＊で王国に昇格すると、同じように独自の郵便《ポスト》

＊　**プレスブルクの和約**　ナポレオン戦争期（一八〇三

図 49　皇帝フランツ２世
（出典：菊池良生『図解雑学 ハプスブルク家』ナツメ社、2008年、37頁）

大権《レガール》を要求したからである。これら三つの領邦は一八〇六年に自国の郵便機関を設立した[235]。こうして、帝国郵便レーエンが消滅する以前にすでに、のちのトゥルン・ウント・タクシス郵便の領域が浮かび上がってくることになった。

皇帝の退位と帝国郵便レーエンの消滅

一八〇六年七月十二日にパリでライン連邦*が結成されると、そのメンバーは、帝国法と皇帝の権利をもはや認めずに完全な主権を要求したので、神聖ローマ帝国は内部から粉砕された。その後一八〇六年八月六日に皇帝フランツ二世が退位し、レーゲンスブルクの「永久帝国議会」は解体された。さらに、一六一五年から百九十年以上も続いたタクシスの帝国郵便世襲レーエンも消滅する。タクシス家は一四九〇年以降、まずは帝国内のオーストリアで、その後はスペインで、実際に郵便を組織化していったが、それを含めると、タクシス郵便は、郵便創設から帝国郵便レーエンの消滅まで三百十五年以上も存続したことになる[236]。

年—一五年）の一八〇五年、オーストリア領内のプレスブルクで、フランスとオーストリアとのあいだで結ばれた講和条約。

* **ライン連邦**（Rheinbund）「ライン同盟」とも訳されるが、後出する本書の内容から、本書では「ライン連邦」と訳す。

列強が保証したにもかかわらず、郵便の未来、とりわけトゥルン・ウント・タクシス郵便の将来は、さしあたり不確かだった。帝国郵便の——形式的な——消滅ののち、追悼の辞が世に出回り始めた[237]。しかし個別の協定が結ばれていたため、タクシス郵便の最後の時はまだやって来ていないとする希望も存在したのは当然である。確かに帝国は解体したが、帝国郵便はドイツの多くの地域でなお必要不可欠であった。民営のトゥルン・ウント・タクシス郵便として新たに発展すべきだというのである。一八〇六年には、未来が明るくなり、「現在の進化時に、我々の郵便制度の時代のために新しい一歩」が始まるように見えた。

それは、以前、バイエルン、バーデン、ヴュルテンベルクの諸国において、ただ領邦地域の慣習によって皇帝の帝国大権《ライヒスレガール》として黙認されていたにすぎなかったが、いまやこれらの地域でも文書によりレーエン化することが可能だった。少なくとも現在のところ、すでにバイエルン王国と調停中である[238]。

しかしこの展開は、次章のテーマである。

図50　レオンハルト・フォン・タクシス１世男爵（1521年—1612年）。その長い在職期間（1543年—1612年）、郵便は帝国郵便に昇格された。

第3章 トゥルン・ウント・タクシス郵便 一八〇六年―一八六七年

国家が郵便を直接に管理することができるのは明白である……
しかし、民間人も首尾よく、
みずからの計画に完全にのっとって郵便を運営することができるのもまた否定できない。
歴史がそれを証明している。今日の郵便の開始は民営企業であり、
以前と同様に現在でも、タクシス郵便はそれ以外の何物でもない。

ヨハン・ルードヴィヒ・クリューバー[1]

帝国郵便は帝国の崩壊を生き延びる

トゥルン・ウント・タクシス侯が運営した帝国郵便が旧帝国の崩壊を生き延びえたのは、至極当然のことではなかった。フランツ二世は、一八〇六年八月六日に退位し、すべての帝国等族を帝国に対する従来の義務から解放して、皇帝の位が消滅したことを宣言した。皇帝には法的にその権限がまったくなかったにしても、帝国諸等族のあいだに異議はなかった。レーゲンスブルクの帝国議会のような帝国機関は解体した。すべての帝国レーエンと同様に、帝国郵便レーエンも、神聖ローマ帝国の終焉と帝国機関の解体とともに正式に消滅した[2]。

それならばなぜ、帝国郵便は「トゥルン・ウント・タクシス郵便」として、帝国の終焉をさらに六十年ほども生き延びたのだろうか。その根底には、いくつかの大きな和議においてその存続が法的に保証されていたという事実がある。一八〇一年のリュネヴィル講和条約で、ライン右岸で郵便を運営し続ける権利が、トゥルン・ウント・タクシス侯に承認された。一八〇三年、帝国代表者会議主要決議は、第十三条において、リュネヴィル講和条約時の範囲で帝国郵便が存続することを保証した。トゥルン・ウント・タクシス侯はいまや民営郵便事業者となったが、その彼が帝国郵便総裁時代に外国（フランス、オランダ、デンマーク、スイス、リーグレ共和国、チザルピーナ共和国、ヴァチカン）やドイツの各国と結んだ双務条約が、さらに保証を提供した。一八〇三年、新興のアレンベルク公国とザルム公国は、帝国郵便に自国内での郵便運営を委託した。一八〇四年には、ナッサウ公やヘッセン・ダルムシュタット方伯との条約規定が加わり、一八〇五年のうちには、バーデン、ヴュルテンベルク、プファルツ・バイエルン、ヴュルツブルク、ザクセン・ヒルトブルクハウゼン、ザクセン・マイニンゲン、ザクセン・コーブルク、ザクセン・ゴータ、ザクセン・ヴァイマール、ロイスが続いた[3]。

フランスが政治上で優位に立っていた時代に重要だったのは、ナポレオンとの合意であり、タクシス家は常に交渉を繰り返してこの合意を得ようと努めた[4]。ライン連邦規約もその第二十七条において、トゥルン・ウント・タクシス侯の郵便権利の保護を定めている[5]。多くのドイツの小国は独自の郵便機関を創設する自己資金を持っていなかったが、実際、そうした小国の目にトゥルン・ウント・タクシス帝国郵便を維持する価値があると思わせたのは、よく知られたその業務能力であった。いずれにせよ、帝国郵便はすでに一八〇五年には、イギリスとフランスの模範に倣って、「急行馬車」をドイツへ導入していた[6]。しかし、トゥルン・ウント・タクシスに郵便の運営継続を許したのは、何といっても、タクシス自身の外交交渉であった。帝国郵便レーエンが消滅する以前にはもう、多数の諸領邦とレーエン契約を結んでいたのである[7]。国法的に重要なのは、一八〇三年の帝国代表者会議主要決議と一八〇六年のライン連邦規約における保証、なかでも、ウィーン会議でのドイツ連邦の連邦規約における郵便権利の保護であった[8]。

図51　ナポレオン
（出典：菊池良生『図説　神聖ローマ帝国』河出書房新社、2009年、103頁）

ナポレオン時代の郵便制度の分裂

旧帝国の解体後、特に一八〇六年から一八一五年のライン連邦の時代、郵便制度は広範囲にわたって分裂した[9]。プレスブルクの和約後、ナポレオンによって昇格されたバーデン、バイエルン、ヴュルテンベルクの各王国は、完全な主権と同時に郵便大権《ポストレガール》をも要求した。ヴュルテンベルクはすでに一八〇五年終わりに、タクシス帝国郵便を手に入れていた。バイエルンはトゥルン・ウン

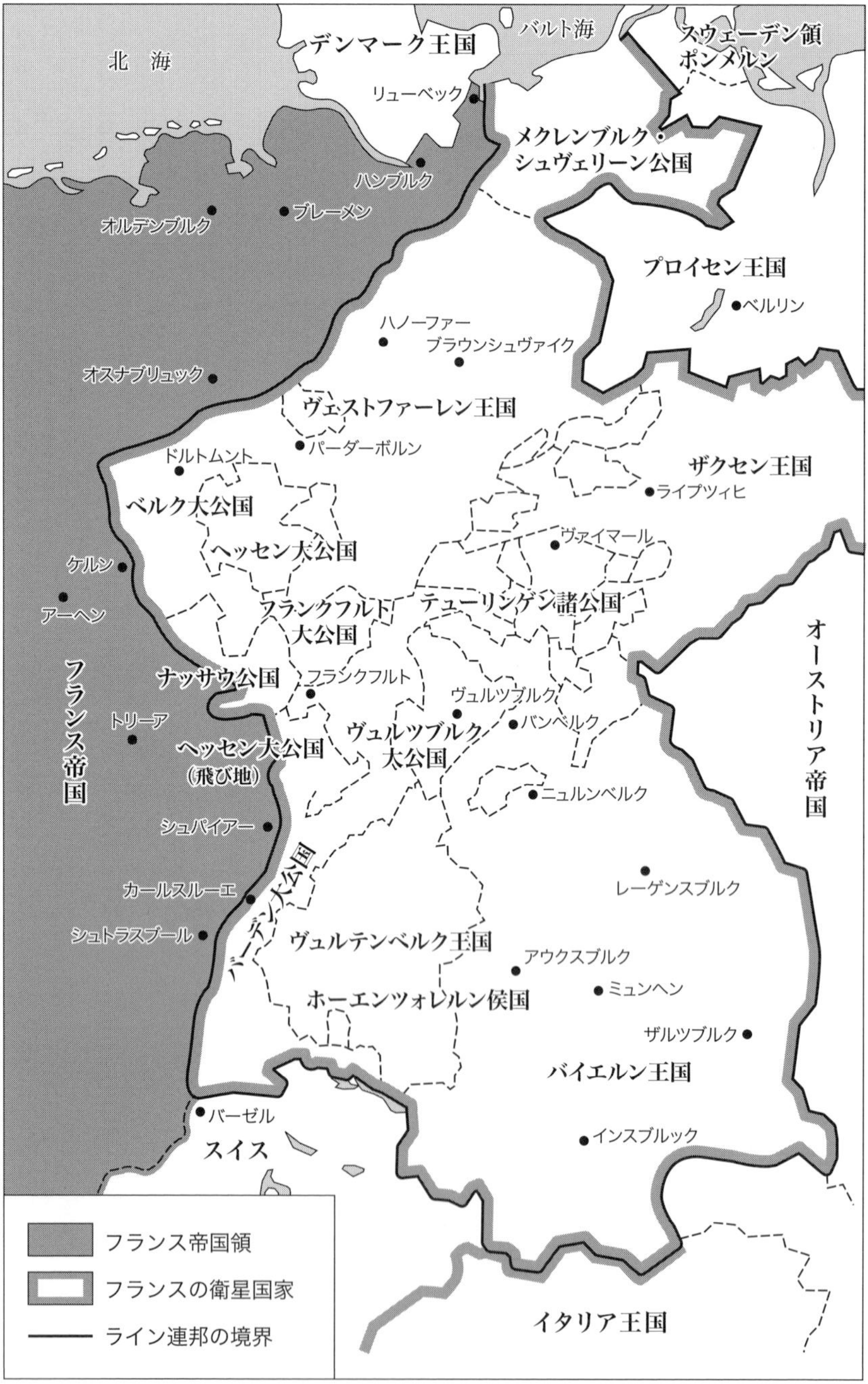

地図5　ライン連邦（1812年）
（出典：石田勇治編著『図説　ドイツの歴史』河出書房新社、2007年、23頁）

ト・タクシスと個別の条約を結び、一八〇六年にタクシス侯を「世襲国家郵便総裁」に任命したが、一八〇八年には郵便を国営化してしまう。バーデン大公国でも似たような進展が見られ、一八一一年、大公国は郵便を自営する。ナポレオンによってつくられたドイツ西部の新諸国家も国営郵便を創設した。たとえば、ヴェストファーレン王国やベルク大公国、バイロイト、ハーナウ、フルダである。ドイツの郵便分裂の頂点は一八一〇年であり、その年、四十三もの郵便機関がかつての帝国郵便領内で競合した[10]。

ドイツの国法学者クリューバーは、一八一一年、その論難書『ドイツの郵便制度、その過去と現在と未来』において、こうした郵便分裂の結果を鋭く批判している。その例として、一八〇六年以前、ニュルンベルクからハンブルクへの書信料金は一八一一年の三分の一だったことを挙げた。書信料金は、通過料金によって値上がりしてしまったのである。またクリューバーによれば、帝国郵便の時代、苦情は中央で処理されていたが、今日では、多数の郵便機関のどれもが自分の管轄外だと宣言し、紛失した手紙を調査するのに高い費用がかかる。各国の国庫は、郵便料金を制定し、書信の往来で私服を肥やすが、通過料金が書信郵便の料金をさらに釣り上げる。郵便は帝国郵便の時代よりも不確かで、スピードも遅く、料金も高くなった、という[11]。

> 公益性が真の郵便を特徴づける長所である。機能的な郵便機関に要求するのは、正確で迅速な運行、依頼されたすべての手紙と小包の安全、文通者や旅行者の快適、主要路線と副路線の適切な連絡、そして最後に、郵便が提供するサービスすべてに対してできるだけ低廉な料金である。[12]

クリューバーはこうした必要条件の確保を国営のプロイセン郵便よりもむしろ民営のトゥルン・ウント・タクシス郵便から期待した。彼の主張はこのとき依怙贔屓がなかった。というのも、一七九一年、クリューバーは、エルランゲン大学教授としてプロイセンの臣下になっていたし、一八〇四年に枢密顧問官としてバーデン大公国に勤務する以前には、プロイセンに雇われた外交官であり、ハルデンベルク大臣の助言者だったからである[13]。

ライン連邦のトゥルン・ウント・タクシス「連邦郵便」計画

レーゲンスブルクでは、帝国郵便の喪失に満足する意向はなかった。一八〇五年から一八二七年までの家長カール・アレクサンダー・フォン・トゥルン・ウント・タクシス侯と、腹心ヴェスターホルト伯や郵便長官アレクサンダー・フォン・フリンツ・ベルベリヒ男爵（一七六四年—一八四三年）は、企業と一族の政治的・経済的立場のために闘う覚悟ができていた。たとえ皇帝の退位がひとつの政治上の区切りだったとしても、革命戦争が始まったときから、一種の持続的な非常事態が支配しており、それを克服することに進展の可能性があった。なるほどライン連邦諸国は完全な国家主権を持っており、それによって自国の郵便大権《ポストレガール》の所有者でもあった。しかし郵便制度の状況は、帝国郵便の時代よりも明らかに悪化していた。フランスは強力だったが、ドイツでは誰もフランス郵便を心から望んではいなかった。そしてプロイセン、バイエルン、オーストリアにおけるドイツの国営郵便の検閲は、フランスの郵便検閲に劣ってはいなかった。それゆえレーゲンスブルクでは、ドイツの「連邦郵便」を創設することを希望した。そこで意図されていたのは、始めはライン連邦諸国の郵便、その後はドイツ連邦諸国の郵便だった[14]。

ライン連邦は、ナポレオンの保護下にあったドイツの中位国家の同盟である。だから、トゥルン・ウント・タクシスでは、一八〇三年から一八一三年の十年間、政治的にはパリをめざした。すでに一八〇六年、郵便長官フォン・フリンツ・ベルベリヒは、トゥルン・ウント・タクシス侯の指揮下でドイツの郵便を統一することについて、タレーラン外務大臣に関心を持たせるよう試みた。ライン連邦議長に予想されていたダールベルク首座大司教侯は、パリでこの件の重要性を指摘すると約束した。ライン連邦の結成直後――まだ皇帝フランツ二世が退位する以前である――フリンツ・ベルベリヒはパリへ赴き、連邦郵便をタクシスへ委託する件を大臣級レベルで協議した。一八〇六年七月二十九日、カール・アレクサンダー・フォン・トゥルン・ウント・タクシスは、ナポレオン宛ての書状で、「ライン連邦の統一郵便」の創設を提案し、そのために自分が尽力することを申し出ている[15]。一八〇六年八月初旬、総郵便管理局は、いくつかのライン連邦諸国の政府に宛て、この件に関する請願書を提出した。事実、当初は、そうした計画を実行する見込みが多少なりともあるように思われた。というのも、たとえ国家による監視付きだとしても、バイエルン、バーデン、ダールベルク首座大司教侯を含めて、ライン連邦をリードする諸国が自国の郵便をトゥルン・ウント・タクシスに委託したからである。ただしバイエルンは、トゥルン・ウント・タクシス侯のパリにおける外交活動に疑心を抱き、両者の関係は冷え始めた。一八〇七年にはすでに、バイエルン王国はモンジュラ大臣のもとで郵便の監視を強化し、一年後に郵便は国営化された[16]。これには年に十万グルデンの補償が付けられていたとはいえ[17]、この損失はトゥルン・ウント・タクシスの政治に打撃を与えた。早くも一八〇八年には、連邦郵便の計画は完全に疑問に付されてしまう。侯の居住地レーゲンスブルクがいまや「郵便の外国」（バイエルン）にすっかり囲まれてしまったことは、深い象徴的な意味を持っていた。一八一〇年にダールベルク首

図52　時代の変革の中で。カール・アレクサンダー・フォン・トゥルン・ウント・タクシス（1770年—1827年）。最後の帝国郵便総裁であり、帝国郵便喪失後のトゥルン・ウント・タクシス郵便の「設立者」。

座大司教侯領レーゲンスブルクがバイエルンに割譲されたとき、トゥルン・ウント・タクシスの居城さえもがバイエルンの地にあった。さらに、他の諸領邦もバイエルンの例に続くことが危惧された[18]。

バイエルン郵便が国営化されたのちの困難な状況下で、レーゲンスブルクでは、派閥闘争が深刻化していた。郵便長官アレクサンダー・フォン・フリンツ・ベルベリヒ男爵が辞任し、枢密顧問官ヴェスターホルト伯はフランクフルトにおける郵便管理を引き受けなければならなかった。一八一〇年／一一年に、トゥルン・ウント・タクシス郵便の総郵便管理局はフランクフルトに移されたからである。これによって、レーゲンスブルクでは、親仏派のフォン・グループ会議顧問官の力が強まった。実際、この政治家とテレーゼ侯妃は、すべての望みをナポレオンに賭けた。そのうえ宮廷顧問官グループは、パリでトゥルン・ウント・タクシス侯をオーストリア信奉者として中傷し、それによって侯妃のためにタクシス侯を辞任に追い込むことまで画策した。衝動的な侯妃は、無思慮にも、フランスが介入すると言って、よりにもよってバイエルンを脅迫した[19]。

テレーゼ侯妃はエルフルトとパリで何回もナポレオンに謁見し、ライン連邦諸国における郵便の委託を取り付けようとしたが、すべての外交的な接触は成果がないままだった。ナポレオンはいつも侯妃に対して一見あいその良い言葉を述べたが、親切な言葉に行動が伴わなかった。バイエルン王国は、あいかわらず政治的にはトゥルン・ウント・タクシスよりも強力であった。こうした一連の失敗は、より現実的な考えを持つ枢密顧問官アレクサンダー・フォン・ヴェスターホルト伯の立場を強化した。彼が諦めないでいたのは、単に侯妃の頼みを聞き入れたからだった。ただし、政治的な意見の相違は程度の差にすぎなかった。ヴェスターホルトも、一八〇九年一月の草案で詳述したように、ナポレオンの力を借りて連邦郵便を創設する計画を持っていた。テレーゼ侯妃だけではなく、慎重なヴェスターホルトも、そのためならパリへ移住する用意があっただろう。しかし侯とヴェスターホルトは賢明にも、バイエルンやオーストリアとの関係を断つことはしなかった[20]。一八一〇年、レーゲンスブルクはダールベルク首座大司教侯の所有からバイエルンへと移るが、このとき、トゥルン・ウント・タクシスの損害はさらに悪化する。レーゲンスブルクの郵便制度だけではなく、いまやバイエルンの監視下に入ったタクシス家の治外法権も失ったのである。その結果、一八一〇年には、トゥルン・ウント・タクシス郵便の総郵便管理局はレーゲンスブルクからフランクフルトへ移された。もともとフランクフルトは長いこと、トゥルン・ウント・タクシス郵便の事実上の中心地であった。

同じ一八一〇年、ナポレオンが北ドイツ沿岸諸都市の郵便をタクシスに返還する考えのないことが明らかになった。一八一一年には、バーデンの郵便がトゥルン・ウント・タクシスを離脱する。その後二年間、ナポレオンのロシア遠征と第三次対仏大同盟戦争によって、郵便問題の影は薄くなった[21]。解放戦争中、トゥルン・ウント・タクシスはライン左岸領域の軍事郵便の運営を引き受け、馴染みの領域で実際に活動を再開することができた。プロイセン軍司令官フォン・グナイゼナウが郵便長官フリンツ・ベルベリヒに宛てた書状で証明しているように、軍事郵便の働きは連合軍を大いに満足させるものであった[22]。しかしながら、この流れでライン左岸の郵便を取り戻すという期待は裏切られた。郵便を管理していた領域の一部は、一八一五年、最終的にベルギーのものとなった。最大の勝者は古くからの敵対者プロイセンであり、プロイセンはラインラントでその国土――それによって国営郵便――を大幅に拡大することができた。プロイセンはタクシスに対して慎重に行動した。一八一六年六月四日付のプロイセン・タクシス郵便契約によって、プロイセンはようやく一八一六年に郵便を引き継いだ[23]。同じくバイエルンも一八一六年になって、領邦高権に基づき、ウィーン会議でバイエルンに分配されたラインプファルツの郵便を受け継いだ[24]。

ウィーン会議での郵便問題

そもそもトゥルン・ウント・タクシス郵便が長く生き延びることができたのは、一八一五年のウィーン会議における諸規定のおかげだった。ドイツ連邦の「連邦レーエン」として郵便を委託してもらうというトゥルン・ウント・タクシスの計画は確かに挫折した[25]。だが、ライン連邦時代の指導的な国法学者ヨハン・ルードヴィヒ・クリューバー（一七六二年—一八三七年）が弁護しているように、そうした計画はまったく的外れというわけではなかった。クリューバーが強調するところによれば、陪臣化されたトゥルン・ウント・タクシス侯は非国営の郵便事業者として書信の検閲に関心がなく、他の郵便機関よりも「リベラル」である。書信料金は、国庫の利益に尽力するプロイセン郵便よりも手頃であり、顧客への郵便サービスも良好である。国民の郵便機関の管理は、利用者と国家のため、民間経営者に委託しなければならない。トゥルン・ウント・タクシスは郵便制度において何百年もの経験と功績を積んでいる。それゆえ、タクシスがすべてのドイツの郵便機関の指導権を引き受けるべきである、というのである[26]。いつものようにそうした計画に反対したのが、どこよりもまずプロイセンであった。ベルリンの郵便文書庫員W・H・マティアスがプロイセンの立場に賛同した著作を出版した。そこではまたしても、トゥルン・ウント・タクシス侯は「よそ者」であり、私服を肥やしているという古い非難を論拠として持ち出している[27]。ウィーン会議直前の前哨戦では、ジャーナリズムでさらに議論がめぐらされた。『フランクフルト上級郵便局新聞』、『イェーナ文学新聞』を始めとする諸新聞がトゥルン・ウント・タクシス侯に味方した。一八一四年、トゥルン・ウント・タクシスとバイエルンは、関連する

図53　ウィーン会議の全権大使たち。前列左から２人目、椅子から起立しているのがメッテルニヒ。
（出典：石田勇治編著『図説　ドイツの歴史』河出書房新社、2007年、27頁）

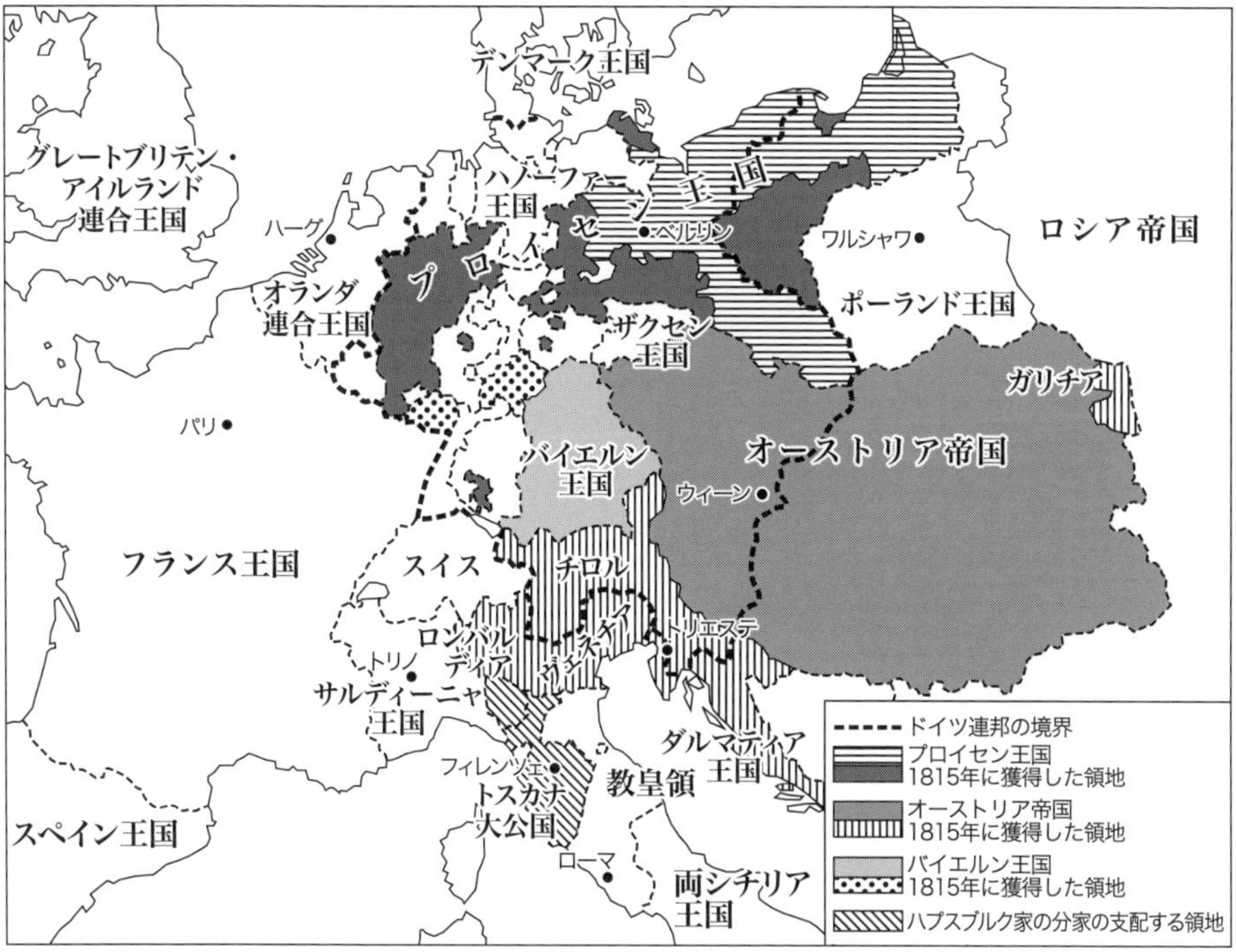

地図6　ドイツ連邦
（出典：石田勇治編著『図説　ドイツの歴史』河出書房新社、2007年、27頁）

論難書をあからさまな形でも公表する[28]。

ウィーン会議の協議に際して、オーストリア宰相メッテルニヒの憲法草案は、トゥルン・ウント・タクシスが意図するように郵便制度を整備することを計画していた。つまり、ドイツ連邦の連邦郵便である。ただしそれは、賃貸借契約を結び、すべての既存の法関係の保護下でという条件であった。オーストリア皇帝フランツは、タクシス家の交渉人フォン・フリンツ・ベルベリヒに支援を保証し、またシュタインとハルデンベルクとの会談も良好に進んだ。プロイセンは、トゥルン・ウント・タクシスに中部ドイツの小国の郵便を割り当て、郵便がさらに分裂するのを防ごうとした。この時点で、これらの小国が外国の国営郵便を受け入れることなどほとんど期待できなかったのである[29]。プロイセンの姿勢には、トゥルン・ウント・タクシスとプロイセン

図54　テレーゼ・フォン・トゥルン・ウント・タクシス（1773年―1839年）、旧姓フォン・メクレンブルク・シュトレーリッツ公女。彼女はナポレオンとも、そしてウィーン会議でも交渉した。

との親族関係が一役買っていた。メクレンブルク・シュトレーリッツ公女テレーゼ・フォン・トゥルン・ウント・タクシス侯妃は、プロイセン王妃ルイーゼの姉であった。ロシアのアレクサンドル皇帝も盟友＊として問題になった。ここでもまた、親族関係が成立していたからである。トゥルン・ウント・タクシス自身は、協議に際して、中部ドイツの既存の郵便領域にその他の小国の郵便を追加してヴュルテンベルクの大きさにまで整理統合し、大きな領邦郵便（プロイセン、オーストリア、バイエルン、ハノーファー、ザクセン）はそのままにしようとした。メッテルニヒ侯は、「ドイツ問題委員会」において、タクシスのこの意向に賛成する理由を非常に巧みに論じた。しかしバイエルンの代表者ヴレーデ侯がその決定を阻止し、「郵便委員会」の設置を要求する。バイエルンがみずからの高権に固執したことによって、郵便は交渉から除外された。列強諸国間の緊張とナポレオンのエルバ島からの帰還は、郵便問題を後退させた[30]。だが舞台裏では、活発な動きが続いていた。列強の中のどこも実際にトゥルン・ウント・タクシスの味方になってくれそうもなく、そのうえタクシス家を保護してくれるのはよりにもよって敵と思われていたバイエルンであることがフリンツ・ベルベリヒにはわかってきた――もちろん、ヴレーデ

＊　**盟友**　ウィーン体制下の一八一五年九月、ロシア皇帝アレクサンドル一世、オーストリア皇帝フランツ一世、プロイセン王フリードリヒ・ヴィルヘルム三世は、「神聖同盟」を結んだ。

侯が宮中舞踏会でほのめかしたように、バイエルンの条件を受け入れてのことである。これによって、トゥルン・ウント・タクシスが連邦郵便と、主権の存在する領邦を所有するという夢は終わりを告げた。あとには補償問題だけが残された。フリンツ・ベルベリヒは完全にその方針を転換する決心を固め、それは当初レーゲンスブルクで大いにセンセーションを巻き起こしたが、のちに容認された[31]。

結局、バイエルン、オーストリア、プロイセンが、トゥルン・ウント・タクシスの運命を決定した。根本的には現状の承認だった。もっともトゥルン・ウント・タクシスにとって非常に有利な条件付きではあった――そしてそれは、トゥルン・ウント・タクシス家、テレーゼ侯妃、郵便長官フリンツ・ベルベリヒ、ならびに宮廷顧問官ミュラーの外交努力の成果である。一八一五年六月十日に調印されたドイツ連邦の連邦規約第十七条では、次のように保証されている。

自由な協定によって別の条約が締結されないならば、トゥルン・ウント・タクシス侯家は、一八〇三年二月二十五日の帝国代表者会議主要決議あるいはその後の条約によって確認された連邦諸国における郵便の所有と利益を保持する。

あらゆる場合において、先の帝国代表者会議主要決議の第十三条により、タクシス侯家には、郵便の委託または適切な補償に基づく権利と要求が保証される。一八〇三年以来、帝国代表者会議主要決議の内容に反して、郵便の廃止がすでに起こったところでも、その補償が条約によってまだ決定的に取り決められていない限り、このことは適用される[32]。

この決定は、大きな影響力を持つことがわかった。それは、トゥルン・ウント・タクシス侯がかつて帝国レーエンとして受領していた郵便機関の所有権を保証したのである。いまやタクシス郵便は完全に民営企業として理解された。連邦規約第十七条の結果として、実際には、トゥルン・ウント・タクシスはそののち、バイエルンとプロイセンから大規模な郵便補償を受け取ることになる。ヴュルテンベルク王国は、始めのうち補償金を支払うことができなかったか支払うつもりがなかったが、一八〇九年には、一八〇五年にいったん国営化した郵便をトゥルン・ウント・タクシスに返還することを余儀なくされた。ウィーン会議後、ドイツの郵便事業者は再び見通せる数に減少した。もっとも、依然として十七もの異なった機関が存在してはいたが。ドイツ連邦時代、オーストリア、プロイセン、バイエルンに次いで、トゥルン・ウント・タクシス郵便は、ドイツの中で（面積と人口数で）四番目に大きな郵便領域を管轄した。

トゥルン・ウント・タクシス郵便の領域

ウィーン会議の列強が計画したように、トゥルン・ウント・タクシス郵便の領域は政治的に分裂していた中部ドイツにほぼ限定された。帝国郵便の伝統的な重点地域は失われてしまったのである。西はプロイセンが占取し、南には、バイエルン、ヴュルテンベルク、バーデンといった中位国家がそれぞれ自国の郵便計画を持っていた。バイエルンは一八〇六年から一八〇八年まで、バーデンは一八〇六年から一八一一年まで、郵便をレーエンとしてトゥルン・ウント・タクシスに授与した。両者の郵便領域は、すでにライン連邦の時代に、補償と引き換えに国営化されて存続していた。ヴュルテンベルクの郵便は事情が少し異なっていた。ヴュルテンベルクは早くも一八〇五年、補償を支払わずに郵便を接収していた。だがウィーン最終規約の決定によれば、その地の郵便はトゥルン・ウント・タクシスに返還されなければならなかった。国王ヴィルヘルム一世（在位＝一八一六年—六四年）が政府を受け継ぐと、合意は容易になった。トゥルン・ウント・タクシスは、「郵便動産の特有委託」と引き換えに、一八〇六年から一八一九年までの補

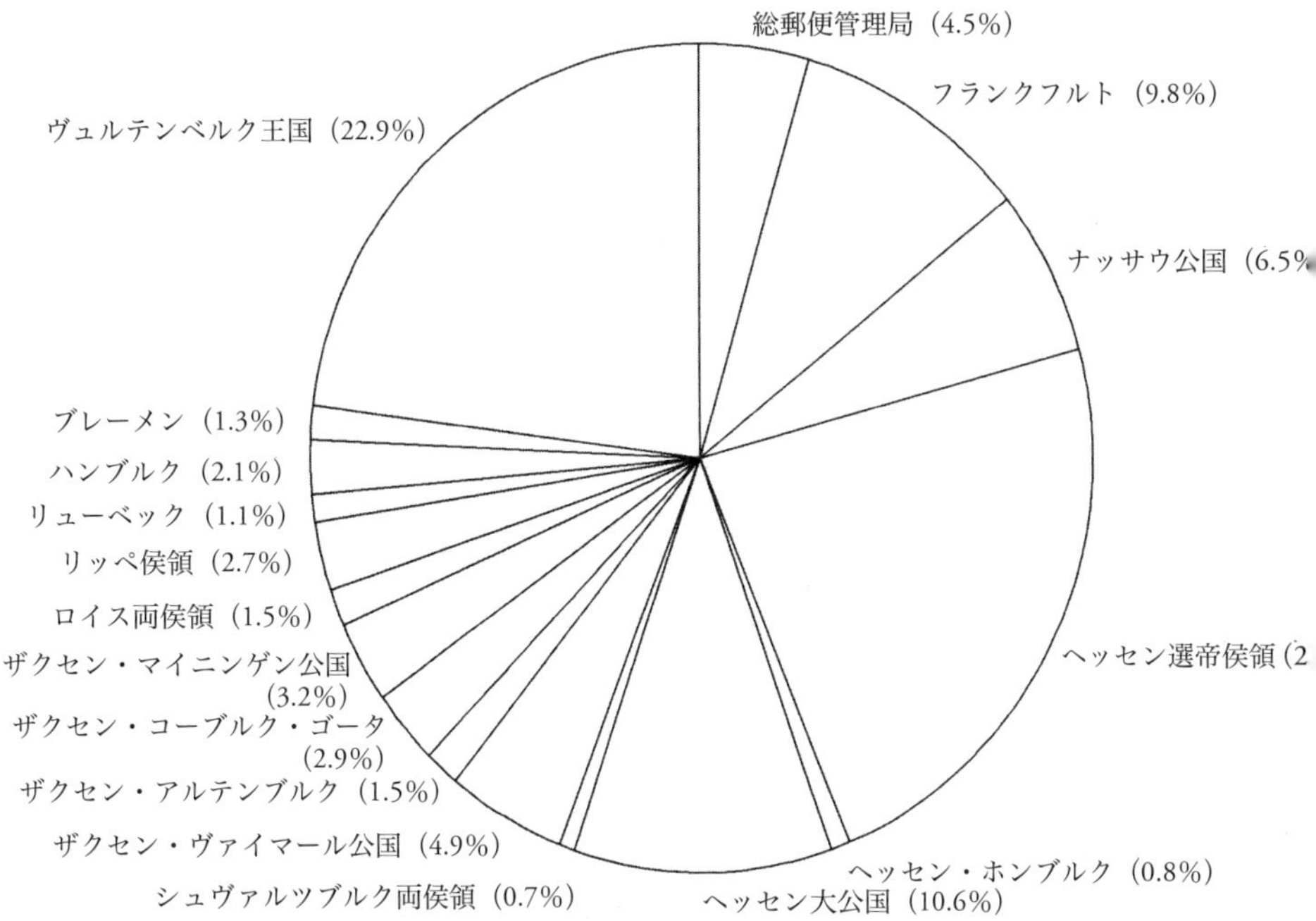

グラフ 11　1828年のトゥルン・ウント・タクシス郵便の従業員分布（100％＝754人）

償金を放棄した。それ以降、トゥルン・ウント・タクシスは再び郵便を経営することができた[33]。タクシス郵便の領域は、八十の下位郵便機関を持つヴュルテンベルクの四つの上級郵便局の範囲を獲得して拡大した。その後三十年以上、ヴュルテンベルクの郵便はトゥルン・ウント・タクシスによって運営される。郵便機関の数は一八四六年までに百二十六になった。しかし三月前期の時代、ヴュルテンベルクの諸身分は「よそ者の」郵便に対する抵抗を強め、一八四九年に議会はレーエン契約の解消を提案する。競合する鉄道路線が敷設されると、郵便収入が減少し始めた。最終的に、ヴュルテンベルク王国とトゥルン・ウント・タクシスのあいだのレーエン契約を解消することがもっとも好都合に思われた。こうして一八五一年、償還契約の合意が可能となり、ヴュルテンベルク議会の両院によって承認された。一八五一年七月一日、王国は、百三十万グルデンの償還金と引き換えに、郵便を自営することになった[34]。

図 55 交通史の一時代の終わりに。1833年、トゥルン・ウント・タクシス郵便の郵便ラッパの合図。

トゥルン・ウント・タクシス郵便の管轄領域内で一風変わっていたのは、スイスのシャフハウゼン州郵便局であり、それは一八三三年から一八四八年まで運営された[35]。

一八二〇年から一八六六年まで、トゥルン・ウント・タクシス郵便は再度、盛期を迎える。巧みな外交と列強による支持のおかげで、フランクフルトの総郵便管理局は、中部ドイツに比較的まとまった郵便管区をつくることができた。ヘッセン選帝侯領とともに、それまでトゥルン・ウント・タクシスの管轄には決してなかったほどのかなり大きな領域が管区の一部となった。ヘッセン大公国、ヘッセ

ン・ホンブルク方伯領、フランクフルト自由都市とともに、ドイツの人口密度がもっとも高い地方のひとつがトゥルン・ウント・タクシス郵便領域の核を形成した。北では、この核領域に、ナッサウ公国、シャウムブルク・リッペ侯領と（一八四五年以降は）リッペ・デトモルト侯領が加わった。東でこうした郵便領域に連なるのは、テューリンゲン地方のザクセン・マイニンゲン公国、ザクセン・コーブルク・ゴータ公国、ザクセン・アルテンブルク公国、ザクセン・ヴァイマール・アイゼナハ大公国、ロイス・グライツ侯領、ロイス・シュライツ侯領、シュヴァルツブルク・ルードルシュタット侯領、そしてシュヴァルツブルク・ゾンダースハウゼン侯領だった。南では、ホーエンツォレルン・ヘッヒンゲン侯領、ホーエンツォレルン・ジグマリンゲン侯領、そしてヴュルテンベルク王国と郵便契約が交わされた[36]。それゆえ、バイエルン王国とバーデン大公国とのレーエン契約が解消したのちも、依然として、十八の異なった国家と郵便賃貸借契約やレーエン契約が結ばれていたのである。さらに、スイスのシャフハウゼン州とハンザ都市ハンブルク、ブレーメン、リューベックとの契約がこれに加わり、そこではトゥルン・ウント・タクシスが同じように郵便機関を運営した[37]。

トゥルン・ウント・タクシス侯の郵便領域は、一八四六年には、五百万を越える人口（そのうちヴュルテンベルクだけで百八十万人）と千六十六平方マイルの面積を持っていた。またこの郵便領域内では、四百四十の郵便局が運営されており（ザクセン・アルテンブルクを含めると四百四十九）、これ以外にハンザ諸都市の市郵便局とシャフハウゼン州郵便局があった[38]。一八四八年以前、他の領邦郵便とは異なり、トゥルン・ウント・タクシス郵便には整理された統計数値が存在していない。同時代の通信員のひとりは、一八四六年に輸送された書信数をおよそ五百万以上と見積もっていた[39]。

ドイツにおけるトゥルン・ウント・タクシス郵便の地位

トゥルン・ウント・タクシス郵便管区の通信政策上の意義は、多数の小侯領をまとめ、ドイツの郵便の統一を準備した点にある。同時代の作家たちは、独自の郵便機関を持つことができない小国にとっての「恵み」をそこに見て取った[40]。だが、ドイツ中部のまとまった郵便管区には、過小評価できない戦略上の価値もあった。その地理上の位置のおかげで、トゥルン・ウント・タクシス郵便管区は、回避しがたい通過地区となっていたのである。ドイツ国内の南北交通や東西交通の大部分がこの管区を通過したし、またいくつかの大きな遠距離通過路線もこの管区を横断した。もちろんトゥルン・ウント・タクシスは通過料金から利益を得た。中部ドイツの好都合な位置は、有利な交渉の立場をもたらした[41]。

一八四六年、ドイツでは――ハンブルクのスウェーデン書信郵便とハンブルク―アメリカ書信郵便を除くと――十六の郵便管区があった。トゥルン・ウント・タクシスの他はすべて国営郵便である。最大の郵便管区はプロイセン(面積三十九%、人口三十六%)であり、オーストリア(二十七%、二十七%)とバイエルン(十%、十%)がこれに続いた。トゥルン・ウント・タクシスは唯一の民営郵便として、面積では第四位に、管轄人口では第三位(八%、十一%)に位置していた。大差でこれに続くのが、ハノーファー(五%、四%)、ザクセン(二%、四%)、バーデン(二%、三%)、シュレスヴィヒ・ホルシュタイン・ラウエンブルク(三%、二%)、そしてメクレンブルク・シュヴェリーン(二%、一％）であった。残りの七郵便管区（オルデンブルク、ルクセンブルク・リムブルク、ブラウンシュヴァイク、メクレンブルク・シュトレーリッツ、ハンブルク、ブレーメン、リューベック）は面積と人口で一％にも満たなかった[42]。

郵便業界で唯一の民営企業として、トゥルン・ウント・タクシス郵便の一部は激しい批判にさらされていた。しかし現存する比較データからは、その活動がむしろポジティヴな成果を上げていたことがわかる。一八一七年、プロイセン郵便の四年前に、タクシス郵便はドイツで、旅客輸送のために急行馬車を再導入した[43]。鉄道の時代が始まりつつあったなか、トゥルン・ウント・タクシスの急行馬車は範とみなされていた。

特にトゥルン・ウント・タクシス郵便のこの急行馬車は、他のどの国にも見られないほど優秀で快適である。そして仕事でも娯楽でも旅行する人には誰にでも、迅速で満足のいく旅行のチャンスを提供するので、そうでなければふだんは特別貸切郵便馬車で旅行する富も名声もある人々でさえも、ときどきこの急行馬車を利用する。[44]

合わせて四百四十の郵便局を持ったトゥルン・ウント・タクシスは、郵便局数という点でも、プロイセン、オーストリア、バイエルンに次いで第四番目だった。郵便管区での郵便機関数は他の郵便管区のそれに匹敵した。二・三七平方マイルないしは一万一千百六十一人（ヴュルテンベルクを除くと九千九百六十四人）にひとつの郵便局があった。このデータにより、郵便領域の人口密度が高かったにもかかわらず、郵便網は充分に拡張されていたことが窺える。少なくとも、たいていの他の領邦郵便よりも郵便網は密であった。面積あたりの郵便局数でいうと、ザクセン、オルデンブルク、ブラウンシュヴァイクの領邦郵便だけが上回っていた。一八四六年、それらの領邦郵便の平均は、二・七八平方マイルないしは九千四百八十九人であった[45]。

トゥルン・ウント・タクシスのフランクフルト本局に関する記述からは、好印象が浮かび上がってくる。

図 56　三月前期の顧客サービス。1845年、フランクフルト・アム・マインのトゥルン・ウント・タクシス郵便の馬車郵便ホール。

現在の郵便局の建物には、正面の下部分に感じの良い玄関ホールを伴った書信郵便局がある。中庭の右側には、馬車郵便局がある。そこには、発着する急行馬車のための高く開口した柱廊広間や大きな荷造り室や事務室がある。左側には（男性用と女性用の）二つの乗客室、新聞用事務所、書信用事務所がある。二階と三階には、郵便長官デルンベルク男爵の事務室と私室がある。中庭の裏手には、上品な急行馬車が秩序正しく並び、トゥルン・ウント・タクシス郵便は現在のところ七十台を所有している。四人乗り、六人乗り、八人乗りのものもあれば、九人乗り、十二人乗りのものもある……二つの時計が時刻を知らせる。ひとつは中央の中庭ホールの上方にあって、夜間は照明され、もうひとつは中庭の目立たない場所にある。時間どおりに急行馬車は発車し、しばしば六台ないし七台の車両を伴ない、特に見本市のあいだはフランケン（バイエルン―オーストリア）路線とザクセン（ライプツィヒ）路線を走る。どの車掌も革製のケースの中に鍵の付いた時計と時刻・旅客票を携帯しており、（罰金が科せられているので）正確に時間を守らなければならない。概して、従業員は皆、厳格に服務規程に従っている。郵便職員の採用に際しては、宗派の違いは問題ないが、仕事の能力と誠実さが配慮されるのだろう。[46]

ドイツ連邦のトゥルン・ウント・タクシス「連邦郵便」計画

国法学者のクリューバーは、帝国郵便の終焉から数年後にはもう、帝国郵便を絶賛していた。帝国郵便は、その後のどの郵便よりも、リベラルで、統一が取れていて、効率が良く、確実で、料金も廉価だったというのである。中欧がウィーン会議で政治的に再編成されたため、おびただしい数の郵便機関は十七に減少してはいた。しかし会議は、郵便問題では失敗していた。トゥルン・ウント・タクシス自身は、ライン連邦の時代、連邦諸国の郵便を委託してもらおうと努力を重ねたが、無駄に終わった。ドイツ連邦の創立後、同じ試みが新しい政治的統一をめざした。二度とも、その望むところは「連邦郵便」であった。

郵便制度の窮状は、ひとりの交通理論家を出現させた。ヨハン・フォン・ヘルフェルト（一七八四年―一八四九年）である。彼は帝国郵便の領域、その後はトゥルン・ウント・タクシス郵便の領域から登場してきた。ヘルフェルトは、ヒルデスハイムの帝国郵便局長だった父親の強い要請で、すでに十六歳のときにトゥルン・ウント・タクシス侯に雇われた。レーゲンスブルクとフランクフルトの中央行政に出仕し、ヒルデスハイム郵便局がプロイセンに引き渡される交渉に列席した[47]。のちに十二年間、自営の運送業を手がける。ヘルフェルトは、ドイツの交通・コミュニケーション学の創始者となった。一八四〇年、彼は最初に大学で「郵便学の講座」を要求する[48]。しかし彼の目標は、学問的性質だけではなく、政治的性質も持っていた。彼は、交通・コミュニケーション制度の包括的な改革の一部として、郵便改革を主張したのである。ヘルフェルトのヴィジョンは、「万国郵便連合」だった。つまり、遮断する壁がなく、契約で規定され、世界にまたがる自由なコミュニケーションだったが、それは四十年以上経ってようやく実現された[49]。

ヘルフェルトのヴィジョンの背景となっていたのは、比較的廉価で、領邦の国境が意味を成していなかったユニヴァーサルな帝国郵便であった。ヘルフェルトは、ドイツの郵便制度の建設に新しい視点を発展させた最初の人物である。帝国郵便が消滅して二年後、彼は、『郵便整備のシステム』と題された著作を出版する。そこでは、郵便料金と組織形態を均一化すること、とりわけタクシス郵便と国営郵便を同等に扱うことが要求されているが、その急進性はレーゲンスブルクの総郵便管理局にとっては行き過ぎであった。それゆえ、新版は総郵便管理局によって阻止されてしまう[50]。ヘルフェルトは、一八二〇年代から、郵便改革のために体系的な活動を開始した。国際的な郵便法の出版[51]も、一八二九年から一八四九年にタイトルを変えて発表された定期雑誌の出版も、この活動の一部である[52]。ジャーナリズムでの活動は他にもいろいろとあった。たとえば一八三四年の手引書『輸送学』である。それはすでに三年後には新版が出され、鉄道技術の初期の進歩を反映している。郵便改革の必要性に関する多くの著作は、今日の郵便事業の基本的な特徴を先取りしている[53]。一律の料金、書信サイズの規格化、郵便ポスト、住所への配達などである[54]。別の著作の表題『すべての文化、商業、産業、国民の幸福を促進するために不可欠な絶対要件としての輸送制度における自由競争』は、著者の自由貿易主義者的な姿勢を認識させる[55]。ヨハン・フォン・ヘルフェルトは、「郵便事業に必要なのは世界市民感覚である。そこでは同国人だけではなく、他の国民にも、他の大陸の人々にもサービスが提供される」と記している[56]。

ヘルフェルトは一八二三年にかつての雇用者トゥルン・ウント・タクシスとけんか別れし、タクシスと対立して徹底的に批判した。一方、領邦郵便の改革努力を高く評価した。一八三〇年頃、バイエルン領邦郵便の料金を最良とみなしている。プロイセンの郵便総裁フォン・ナーグラーは、時代遅れのプロイセン郵便を他の郵便にとっても模範となるように短期間で改造していたが、ヘルフェルトは、十九世紀初頭の馬車郵便の改善をそのフォン・ナーグラーの功績とした[57]。それにもかかわらず、一八三一年、ヘルフェルトは、「ドイツ連邦諸国における郵便制度について」と題された二論文の中で、ドイツ連邦の統一郵便、つまり「連邦郵便」の創設に賛同している。しかも彼はその「連邦郵便」を、以前すでにクリューバーが主張したように、トゥルン・ウント・タクシス侯かフリンツ・ベルベリヒ男爵指揮下のフランクフルト総郵便管理局によって運営されるのがもっとも好ましいとしたのである。料金の引き下げ、書信の輸送時間の短縮、輸送の安全性の向上、合理的な中央管理による経費節約――これらが目標であり、ヘルフェルトはその目標にもっとも速く到達できるのがトゥルン・ウント・タクシス郵便であると考えた。

この件について我々が確信するのは、現況でのドイツの郵便制度の統一は、その全管理を各国がトゥルン・ウント・タクシス侯家に……委託するときに、もっとも首尾よく達成することができるという点である。

ヘルフェルトの主張はこうである。あらゆる正当な批判にもかかわらず、トゥルン・ウント・タクシス郵便があいかわらずドイツで最良の郵便であり、そのうえタクシス郵便は郵便制度における豊富な経験を持っている。トゥルン・ウント・タクシスは陪臣化された侯として、多くの領主家と繋がりがあり、それによって、契約交渉は容易になる。いずれにせよ、ドイツ連邦諸国の一部では、すでにトゥルン・ウント・タクシス郵便が運営されているので、交渉の数は減るだろう。トゥルン・ウント・タクシス侯だけが連邦郵便の資金調達に必要な「資本」を有している。ただし、連邦郵便を民営企業家に委託するための前提は、連邦の監視機関と適切な賃貸借料の支払いである。少し前にはまだ達成不可能と思われていた関税同盟が近いうちに成立するように、「郵便連合」という次の目標は、「連邦郵便」の創立の目標とともにある、というのである[58]。

実際、レーゲンスブルクでは、連邦郵便計画が復活した。一八一九年、ヴュルテンベルク王国の郵便が返還されると、トゥルン・ウント・タクシス郵便の領域は一挙に三分の一も拡大し、その返還が計画への希望を大いに助成した。プロイセンとオーストリアの大郵便管区を除いて、ドイツ語圏では、バイエルン郵便だけがタクシス郵便より大きかった。一八二七年から一八七一年にかけての家長マクシミリアン・カール・フォン・トゥルン・ウント・タクシス侯と、彼の義兄で総行政長エルンスト・フォン・デルンベルク（一八〇一年―七八年）が新しい行政を指揮し、この連邦郵便計画にも意欲を新たに取り組んだ。レーゲンスブルクの中央行政からその特命を受けたのが、上級郵便顧問官で法律顧問官でもあったヨハン・バプティスト・リーベル博士（一七八七年―一八六四年）である。一八三〇年代、バイエルン郵便を取り戻す努力がされるが、その尽力はこの連邦郵便計画と関係している。もっとも、郵便長官フリンツ・ベルベリヒは、バイエルン郵便は賃借料が高額になると予想されるので、財政的には関心をそそられないと指摘してはいた。しかし彼はさらに一八三一年の鑑定で、政治的な利用がこの欠点を大いに埋め合わせてくれるだろうと述べている。つまり、いずれはバーデンもバイエルンの郵便管区に再び接続されるだろうからというのである。バイエルン側の交渉相手は、枢密顧問官ベルンハルト・フォン・グランダウアーだった。一八三二年、同様の交渉がブラウンシュヴァイクとも開始される[59]。

バイエルン郵便プロジェクトは一八三〇年代終わりにグランダウアーの死去とともに行き詰ってしまうが、レーゲンスブルクでは、一八四〇年代も拡大計画に固執していた。一八四〇年、上級郵便顧問官リーベルがある鑑定でそれについて記している。

トゥルン・ウント・タクシス侯家は、レーエン化できる郵便の所有を拡大するよう望まなければならない。それは、郵便制度が侯家の歴史と名声であるからだけではなく、次の二つの理由による。ひとつには、管轄区域が拡大すればするほど、郵便制度はより大きくより良く発展することができるからである。もうひとつには、時代の産業と政治から生じてくる郵便機関への要請が高まってきているので、比較的大規模な運営機関だけが正しい進行の動きに応ずることができるからである。

この記述から明らかなのは、郵便領域の拡充政策にとって決定的なのは、伝統に裏付けされた動機だけではなく、まさに技術的・政治的・インフラ構造的な革新であるという点である。

その郵便行政を地理的に拡大して、内部でさらに大きく発展すること、そして対外関係やその他のドイツの郵便運営機関との関係において今より確かな地位を獲得すること、これがトゥルン・ウント・タクシス侯家が望まなくてはならないことである。[60]

一八四八年まで、侯家側とは別の方面からも、「連邦郵便」をトゥルン・ウント・タクシス家に運営させようとする策略が繰り返しめぐらされた。その際、トゥルン・ウント・タクシス郵便の非国営性、その「中立性」こそが、利点とみなされたのである[61]。

トゥルン・ウント・タクシス郵便への一八四八年革命の影響

マクシミリアン・カール・フォン・トゥルン・ウント・タクシス侯は、一門の経済的発展を憂慮しながら、政治上の諸事件に対応していた。侯家の上級出納部に宛てた一八四八年五月二日付の指示書の中で、状況は次のように冷静

表6　1848年の革命年における予想される半年の郵便利益（単位：グルデン）

ブレーメン上級郵便局	13,500
フランクフルト上級郵便局　会計課	186,000
ハンブルク上級郵便局	45,000
リューベック郵便局	200
シュトゥットガルト上級郵便局　会計課	116,000
	360,700

に記述されている。

政治上の諸事件、償却令、現金の持出禁止等によって、侯家直領地行政からの収入には停滞が生じる公算が大きいので、以下の点に関してすぐに見通せることが必要である。今後六カ月のあいだ、自由に使える現金収入、つまり直領地行政と郵便運営から侯家の上級出納部へ上がってくる利益が見積もりでどの程度になるのか。また、どのくらいの期間その利益をあてにすることができるのか。さらに、その利益は同じ期間内の侯家出納部の概算支出とどのような関係にあるのか。加えて、その算出の結果に従いどのような措置を取り、目下のところ、準備することができるのか、に関してである。[62]

上級出納部は、この指示書に基づき、トゥルン・ウント・タクシスの諸部門から、予想される展開について折り返し情報を得た。その際に明らかになったのは、トゥルン・ウント・タクシスの管理機関のすべてが一八四八年革命の結果を当初は軽視していたことである。「フランクフルト・アム・マインのトゥルン・ウント・タクシス侯の賞賛すべき総郵便管理局」は、一八四八年五月十四日付の返答において、予想される月間収入を**表6**のように見積もった。

この見積もりによれば、毎月六万グルデン以上、一八四八年の年間を通して七十二万千四百グルデンの利益が予想されている[63]。この金額は、先行する二会計年度のおよその平均値である。一八四五年／四六年には、約八十二万グルデンの利益を得ていたが、すでに一八四六年／四七年には、六十三万グルデンに減少していた[64]。

実際には、この計算はあまりにも楽観的だったことが判明した。フランクフルトの総郵便管理局は、一八四九年一月、その予想を下方修正し、状況を次のように要約した。

一八四八年の社会上および政治上の諸事件は、書信の往来だけではなく、旅客の往来にも非常に不利な影響を及ぼした。日常生活の停滞が持続すれば、こうした不利な状況はすぐには好転しないように見える。このことを考慮して、近いうちに郵便が以前の利益を取り戻す希望は目前にはない……。[65]

収入予測は三分の一ほど下方修正されたが、収入の後退はさらに極端な結果となった。一八四七年／四八年の会計年の実際の利益は約六十二万五千グルデンにすぎず、一八四八年／四九年の本来の革命年には約三十六万グルデンの低水位まで、つまり、もともと予想されていた金額の半分にまで落ち込んだのである[66]。

しかしながら、一八四八年の革命がトゥルン・ウント・タクシス郵便に刻んだ切れ目は別のところにあった。郵便管区内の最重要国、つまりヴュルテンベルクとヘッセン選帝侯領において、タクシス侯へのレーエン授与に対する批判がこれまでよりも強まった。その結果として、一八五一年、ヴュルテンベルク王国とのレーエン契約が完全に解消され、トゥルン・ウント・タクシスは一挙にその郵便領域の三分の一を、そのうえスイスへの、またラインラントからイタリアへの重要な通過路線までも失ってしまう。さらにフランクフルト国民議会では、タクシス侯の利害を考慮しないドイツの郵便制度について初めて審議された。（発効されなかった）一八四九年の帝国憲法には、次のように記されていた。

帝国権力は、それが必要な限り、権利者への低廉な補償を条件として、帝国の責任において、帝国の法律に従って、ドイツの郵便制度を引き継ぐ権限を有する。[67]

これにより、トゥルン・ウント・タクシスの主導下で「連邦郵便」を創設するという計画の根は決定的に絶たれた。さらに、台頭してきた鉄道を使って行われる郵便事業の意義が増してくると、トゥルン・ウント・タクシスは民営企業体の不利をはっきりと感じることになった。民営企業は、領邦郵便とは異なり、立法に際して、早期にその利害を新しい技術発展と適合させることができなかったからである。そのため、民営郵便企業は、プロイセンに対してますます守勢に立たされていく。プロイセンはすでに小ドイツ主義の関税同盟で支配的な役割を演じていたのである。

トゥルン・ウント・タクシス郵便の収益性

トゥルン・ウント・タクシス郵便は、十九世紀の三分の二が経過するまで、オーストリア、プロイセン、バイエルンに次いで、ドイツ語圏で第四の規模の郵便管区を運営していた。帝国郵便の最後の年である一八〇六年、純益は六十万グルデンを上回っていた。だが、バイエルンとバーデンの郵便を失った結果、一八一三年までにその利益は半分を下回るまでに落ち込む。しかし、トゥルン・ウント・タクシス侯がウィーン会議によって復権すると、安定した繁栄の新時代が始まり、それはちょうど一世代にわたって続いた。一八一四年から一八四六年／四七年まで、トゥルン・ウント・タクシス郵便の年間純益は平均で四十五万グルデンだった[68]。

一八四八年革命の時代、収入は減少した。それはトゥルン・ウント・タクシスの場合、ヴュルテンベルク郵便の国営化が影響して一八五〇年代初期まで続く。しかしそののち、トゥルン・ウント・タクシス郵便の最後の十年間、純

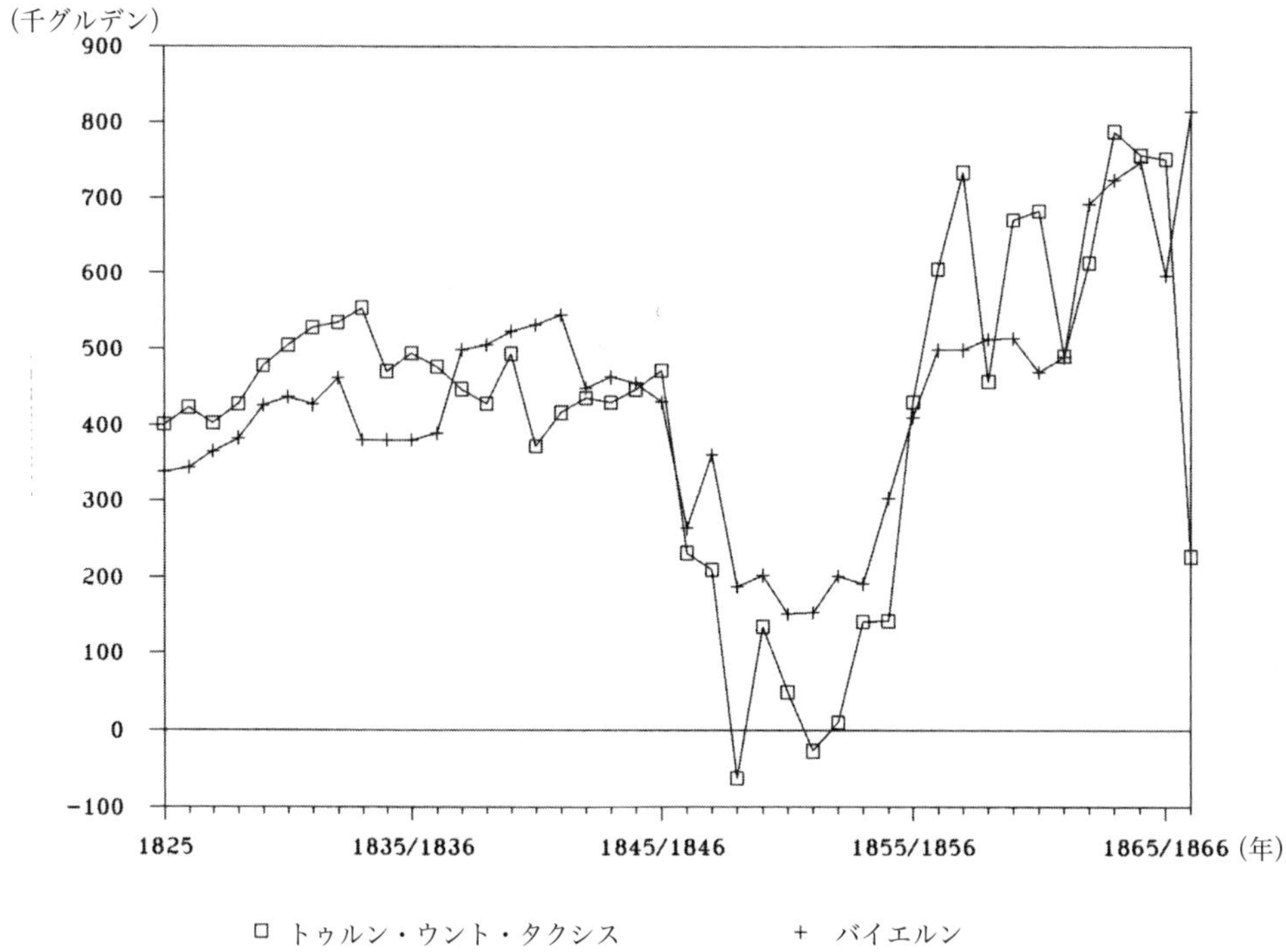

グラフ12　トゥルン・ウント・タクシスとバイエルンの郵便純益の比較

益は改めて非常に高い水準に落ち着いた。つまり、約六十万グルデンであり、それは一八〇六年に帝国郵便が消滅したときの額面である。一八六三年／六四年のようなピーク年には、純益は七十万グルデン以上にまで上昇した[69]。バイエルン郵便とトゥルン・ウント・タクシス郵便の利益を比較すると、実際、両郵便の利益は、一八二五年から一八六六年までのあいだずっと、並行して推移していることがわかる。もっとも、一八四八年／四九年と一八五一年／五二年のトゥルン・ウント・タクシスにおける相当額の減収を除いてである。この年、収入は出費を下回り、赤字を出している。また、収入額に関しても、両郵便は同水準であった[70]。しかし両郵便をプロイセン郵便と比較すると、プロイセン郵便の利益はすでに十九世紀初頭、まったく別の規模で動いていたことがわかる。その利益は、いつも、(オーストリアを除いて)ドイツで次に大きな両郵便の利益を合わせた額の二倍であっ

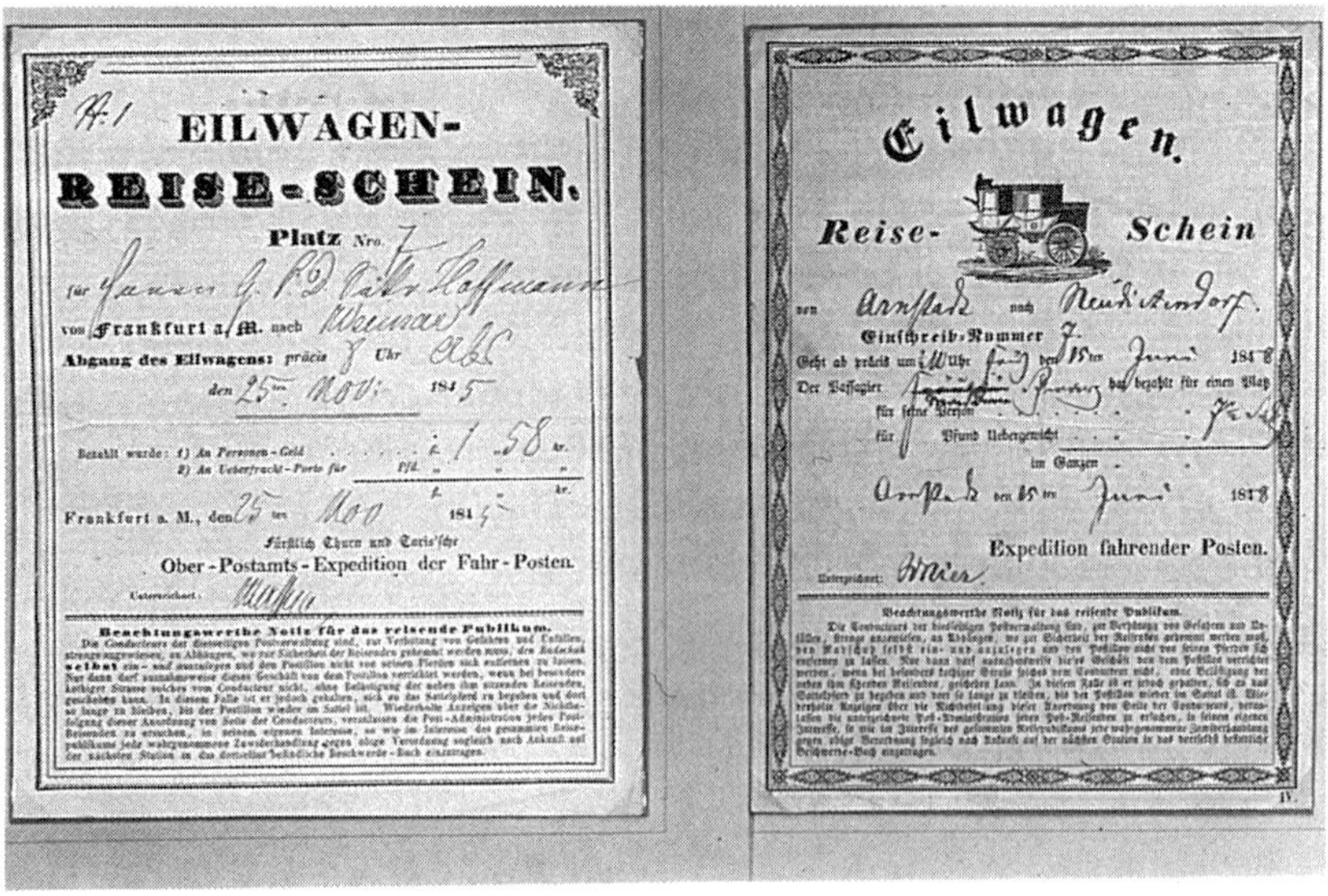

図 57　1840年代、トゥルン・ウント・タクシス郵便の急行馬車の旅行切符

た。一八六三年／六四年には、三百万グルデンにものぼっていたのである[71]。一八〇六年から一八六六年／六七年のトゥルン・ウント・タクシス郵便の総利益は、四千五十万グルデンだった。郵便は一八六六年／六七年まで、もっとも重要な収入源であり続ける。その収入は、十九世紀の三分の二が経過するまで、トゥルン・ウント・タクシス家の全収入の五十六パーセントを占めていた[72]。

　トゥルン・ウント・タクシス郵便の利益の九十三・三%は騎馬郵便からのものであり、馬車郵便からの利益は六・七%にすぎなかった。この数字から、郵便馬車は帝国郵便の時代と比較して増えていないように思われるかもしれない――しかしそれはまったくの誤解である。馬車郵便の利益が少ないのは、もっぱら、大部分の馬車郵便が赤字を出しており、それが利益と差引勘定されたからである。たとえば、ザクセン・アルテンベルク、ザクセン・コーブルク、ザクセン・ゴータ、ヘッセン・ダルムシュタット、ヘッセン・カッセル、ナッサウ、ホーエンツォレルン・ヘッヒンゲンの郵便馬車路線が赤字だった。赤字と賃借料金、いわゆる「封建地代」は、小領邦の場合しばしば非常に高かったので、それは利益と相殺された。中部ドイツにおける多くの小領邦のレーエン郵便は、一八〇六年から一八六六年／六七年のあいだずっと、全利益のたった〇・五％にしかすぎず、その利益はほぼ無いに等しかった。利益が多かったのは、特にフランクフルトを中心にしたライン・マイン領域の郵便であった（利益の七十二％）。フランクフルト上級郵便局だけでも、一八六〇年代初めの最良期には、約百万グルデンの利益を記録している。それに続くのが、ハンブルクを筆頭にしたハンザ諸都市における契約郵便（十六％）と、そして――一八一九年から一八五一年の比較的短期間ではあったが――ヴュルテンベルク郵便（九％）であった。

トゥルン・ウント・タクシス郵便の従業員たち

トゥルン・ウント・タクシス郵便が、十九世紀初頭のヨーロッパにおいて、最大の民営企業のひとつであったことは確実である。一八二八年、郵便「従業員一覧表」によれば、トゥルン・ウント・タクシス侯は、十九の領邦で七百五十四人の従業員を雇用していた[73]。ただし、実際の従業員数はもう少し多かっただろう。「下級の職員、御者、馬丁など」はこの数に入っていなかったからである。彼らの賃金は、郵便局長、宿駅長、郵便管理人の高給に含まれていたのかもしれない[74]。郵便業務内では明確な給与の序列が認められる。郵便長官フォン・フリンツ・ベルベリヒが一万四千グルデンで最高だった。上級郵便局長（七百五十四人の従業員の一％）は平均で（年間）三千五百グルデン、郵便局長（八・四％）は二千グルデン、宿駅長（十五・五％）は千二百グルデンで平均を上回っていた。一方、郵便管理人（十二・九％）は年に約千グルデンで、ちょうど全体の平均であった。郵便馬車の車掌（七・五％）は五百グルデン、郵便配達人（十四・三％）は三百グルデンで平均をはるかに下回っていた。発送係、荷造り作業員、馬具係などの他の従業員たちも同様であった。トゥルン・ウント・タクシスにおける七百五十四人の全従業員に対する年間総支給額

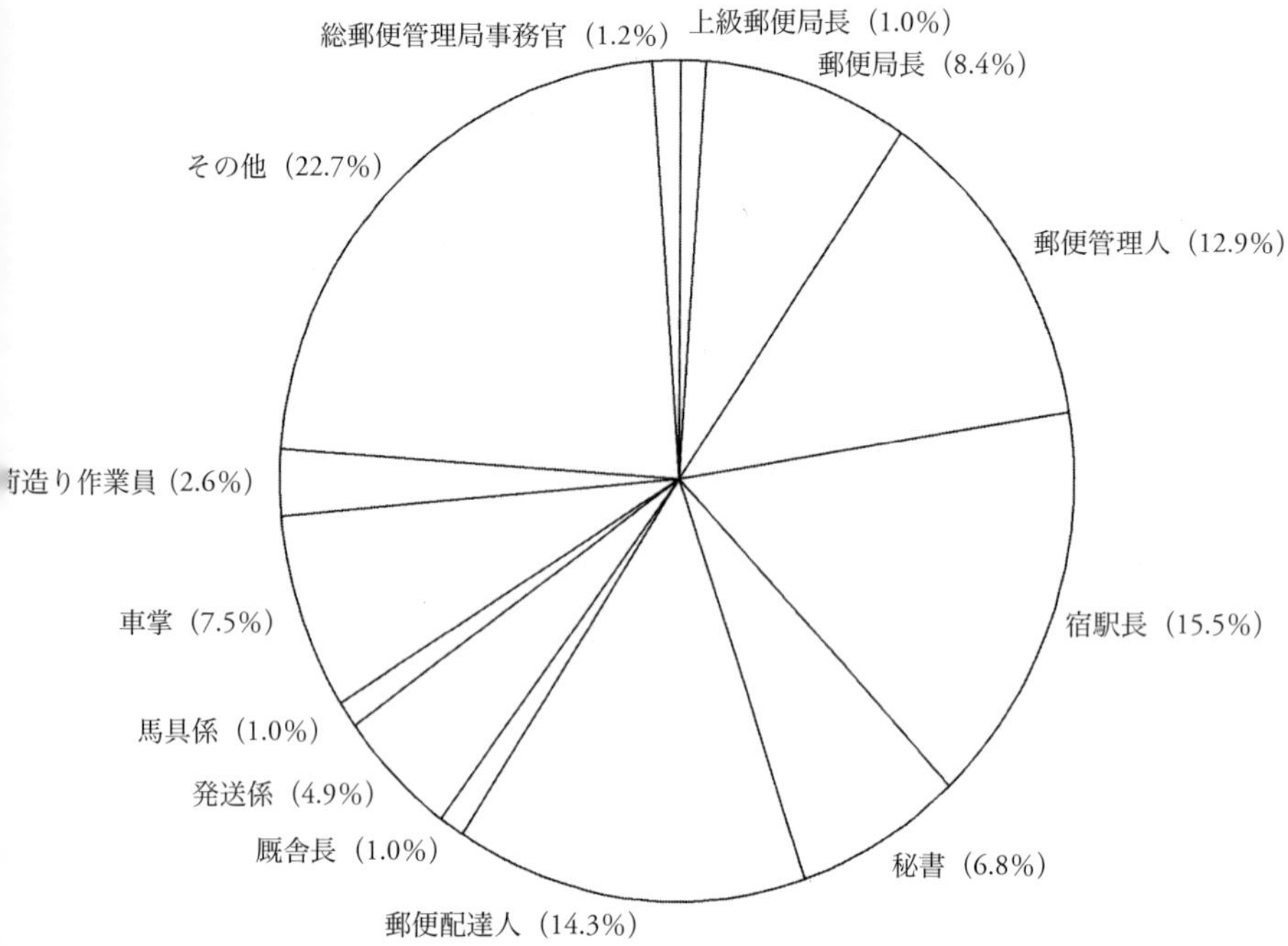

グラフ 13　1828年のトゥルン・ウント・タクシス郵便の従業員構成（100%＝754人）

は、八十万グルデンに達している[75]。

郵便職員の雇用年は、トゥルン・ウント・タクシス郵便の発展を反映している。大部分の職員は一八〇六年以後に採用された。しかしこのことは郵便職員の年齢構成に影響していない。以前の郵便行政によって採用されていた従業員たちが引き続き雇用されたからである。それゆえ、十六歳から七十五歳まで、比較的一様な年齢構成が見られる。ただし、四十六歳から五十歳の年齢別集団が少なくなっており、これは彼らの雇用年が一八〇〇年から一八〇六年の危機年であったためかもしれない。性別構成では男性が圧倒的に多いが、郵便配達人から郵便局長に至るまで、郵便業務の全領域で女性も数人はいた。たいていの領邦郵便とは異なり、トゥルン・ウント・タクシス郵便は超宗派的だった。宗派は、郵便管区内で中心となっている領邦に依った。郵便従業員の二十八・六%がカトリックにすぎず、それに対して、五十四・八%がルター派だった。主としてヘッセン選帝侯

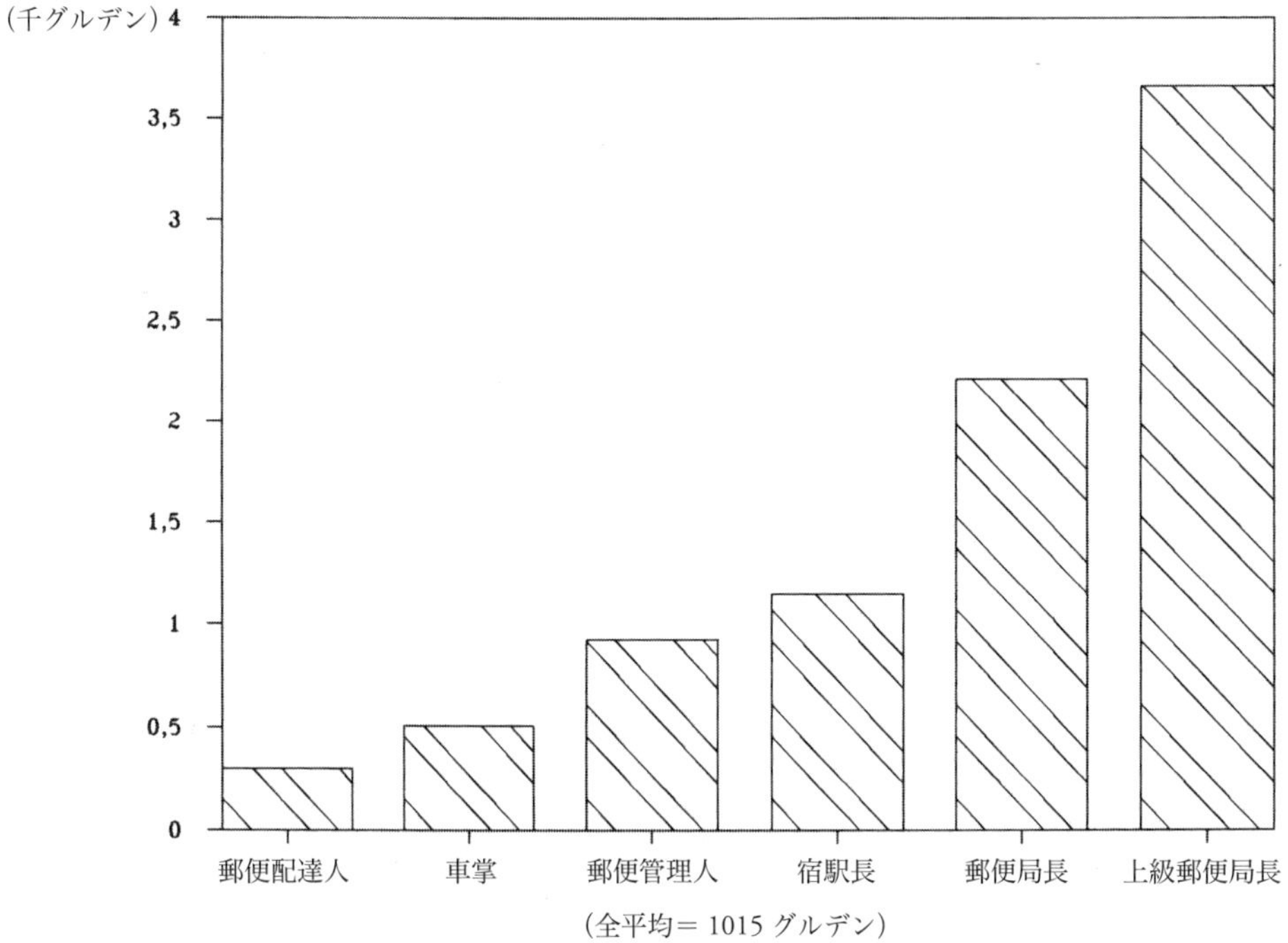

グラフ14　トゥルン・ウント・タクシス郵便の収入ランク（1828年の選択平均値）

領、ナッサウ、ブレーメンに在職していた十六・三％の改革派を入れると、プロテスタントは合わせて七十一％を占めた。その他にユダヤ教の従業員として、マインツには女性郵便配達人のローザ・マイアーがいた。またフランクフルトには、並はずれて稼ぎが良く、自分でさらに何人もの郵便配達人を雇っていたユダヤ人の郵便配達人もいた[76]。

郵便行政のトップには総郵便管理局(Generalpostdirektion)があり、それは一八一〇年レーゲンスブルクからフランクフルト・アム・マインへ移され、一八一一年から一八六七年までフランクフルトにあった。この総郵便管理局は、レーゲンスブルクのトゥルン・ウント・タクシス企業の総行政下にあり、一八二八年以降は、いわゆる「直属事務所」ないしは総行政長エルンスト・フォン・デルンベルク（一八〇一年―七八年）に従属していた[77]。しかしフランクフルトの総郵便管理局は、大規模な企業支部として、かなりの重要性を持っていた。そのトップが郵便長官とその代理である。郵便長官職に就くのは、トゥルン・ウント・タクシス侯が個人的に信頼できる人物であり、それによって特有の親類関係が生まれた。長いこと、アレクサンダー・フォン・フリンツ・ベルベリヒ男爵が郵便長官だった。彼は、レーゲンスブルクの中央行政で教育された有能な管理者であり、その家族はすでに三十年戦争以来、タクシス帝国郵便に勤務していた。当時、ネーデルラント人ジェラール・フリンツがラモラール・フォン・タクシスによってフランクフルト郵便局のビルグデンの後継者に任命されていたのである。郵便副長官は、フリンツ・ベルベリヒ男爵と親族関係にあったフリンツ・トロイエンフェルト男爵である。一八三一年、その後継者となったのは、レーゲンスブルクの総行政長の弟であり、トゥルン・ウント・タクシス侯の義兄であったアウグスト・フォン・デルンベルク男爵（一八〇二年―五七年）だった。アウグスト・フォン・デルンベルクは、一八三七年に郵便長官に昇進し、亡くなるまで在職した[78]。

フランクフルトの総郵便管理局は、長官と副長官、それに六人の事務官から構成されていた。これに従属しているのが事務局、そして統計、為替と税金、監査のための各専門事務室であった。合計でトゥルン・ウント・タクシス郵便の四・五％の従業員がフランクフルトの総郵便管理局に勤務していた。この総郵便管理局の管轄下にあったのが、トゥルン・ウント・タクシス郵便が運営していた十九の領邦内に存在する郵便管理局、つまり上級郵便局、郵便局、郵便配送であった。トゥルン・ウント・タクシス郵便管区の各領邦における従業員数は、全企業内でのその地位を明確に示している。組織の重点は、ドイツ中西部にあった。トップは、ヘッセン選帝侯領（七百五十四人の従業員の二十三・一％）、ヘッセン大公国（十・六％）、フランクフルト自由都市（九・八％）、そしてヘッセン・ホンブルク（〇・八％）と隣接するナッサウ公国（六・五％）を含むヘッセン地方である。第二の重点は、ヴュルテンベルク王国（二十二・九％）の郵便管区を含んだ南西にあった。トゥルン・ウント・タクシス職員の残りの四分の一は、テューリンゲン地方の小公国に勤務していたが、その数も各領邦の重要性を表している。シュヴァルツブルク・ルードルシュタットとシュヴァルツブルク・ゾンダースハウゼンの両侯領では、郵便局員のちょうど〇・七%が、ロイス・シュライツとロイス・グライツの侯領では、一・五%が勤務していた。この地方ではザクセン・ヴァイマール・アイゼナハ公国が四・九%で最大の割合を占めている。ゲーテのフランクフルトの実家はトゥルン・ウント・タクシス家の邸宅に隣接しており、ゲーテは旧帝国郵便の業績を高く評価していた。そのゲーテは、生涯の終りまで、トゥルン・ウント・タクシス郵便のお世話になっていた。北の三つのハンザ都市、ハンブルク（三・一%）、ブレーメン（一・三%）、リューベック（一・一%）は、従業員数からすると、経費は少なかった[79]。逆に、トゥルン・ウント・タクシスのハンブルク郵便局の利益が多いのは、とりわけ注目に値する（一九七頁、**グラフ11**参照）。

トゥルン・ウント・タクシスとドイツ郵便連合

経済が発展していくにつれ、ドイツの郵便の分裂は、障害となるアナクロニズムであることがますます明らかになってきた。一八三四年のドイツ関税同盟の成立以来、連邦統一のためのモデルも存在しており、それが波及しないわけはなかった[80]。イギリスの郵便改革の模範がドイツにまで影響してくる[81]。ヘルフェルトも数十年前から一律の低廉な郵便料金を支持してきたが、こののち、彼の理念もイギリスの郵便改革に目標を置いた[82]。実際に郵便連合の交渉が開始されるまで、みずからの雑誌でジャーナリズムへ刺激を与えようとしたのは、常にヘルフェルトであった[83]。もっとも、彼の活動がどの程度の効果を持っていたのかは正確に評価できない。同時代の権力者たちは彼の理論を知ってはいたが、――メッテルニヒのように――直接に支持することは控えていたからである[84]。ドイツの郵便統一に際して推進力となったのはプロイセンであった。すでに一八四二年、プロイセンの派遣代表は、オーストリアとの郵便協定の締結に際して、目標は全ドイツを包括する郵便領域の創設でなくてはならないと述べている。オース

地図7　オーストリア、プロイセン、バイエルンに次いで第4番目に大きなドイツの郵便管区。1850年のトゥルン・ウント・タクシス郵便の領域。

トリアとプロイセンは、一八四七年までに、「ドイツ郵便連合の基礎の提案」を推薦していた。さらに同年、十七のドイツの郵便行政がドレスデンのドイツ郵便会議に集合し、トゥルン・ウント・タクシスもこれに参加する。一八四八年、政治上の展開のため、郵便連合創設のための努力は無効になりそうな気配であった。というのも、フランクフルト国民議会が承認した決議は、郵便制度を権利者——特にトゥルン・ウント・タクシスのことであるが——への補償のもとで帝国に留保し、連邦法によって規定しようとしたからである[85]。

しかし、帝国創建の失敗後、交渉の道が再開されなければならなかった。一八五〇年、ドイツ・オーストリア郵便連合が設立され、短期間のうちに、トゥルン・ウント・タクシス郵便も含めて、すべての郵便行政が加盟した。一八五〇年七月一日付の連合協定は、当初、向こう十年間ということで発効されたが、そののち、解約する場合は一年前に通告するという条件で無期延長された。この協定の締結をもって、ドイツの郵便統一は基本的に達成された。一律の郵便料金システムを持った郵便が全領域で完全に通用することになり、郵便は、技術の革新（鉄道）を適切に利用できる水準へと引き上げられた[86]。しかしながら、トゥルン・ウント・タクシスはその特殊な地位のためにますます不利な状況に陥っていく。バイエルンやプロイセンなどの国営郵便の背後には国家の全権が控え、立法を郵便改革の要求に適合させることができた。だがトゥルン・ウント・タクシスはその郵便領域にある十九の個別の国々と関係しており、フランクフルトの総郵便管理局は、そのつど、加盟協定のためにそれぞれ規定を取り決めていかなければならなかった。だから、結果はさまざまだった。ロイス、ザクセン・ヴァイマール、ザクセン・コーブルク・ゴータ、ザクセン・マイニンゲン、シュヴァルツブルク・ゾンダースハウゼン、シュヴァルツブルク・ルードルシュタットの各侯領、ヘッセン・ホンブルク、そしてフランクフルトは、すでに一八五一年四月一日に郵便連合に加盟し、ヘッセン選帝侯領、ヘッセン大公国とナッサウは十月一日に加入した。一八五一年十一月には、ハンザ都市ハンブルク、ブレーメン、リューベックがこれに続く。小国の場合とは異なり、これらの都市とは、レーエン関係ではなく、国家条

図 58　1852年以来、書信に切手を貼った。ドイツの北部（グロッシェン銀貨）と南部（クロイツェル）のトゥルン・ウント・タクシス郵便の切手シリーズ。

図59　1830年3月、親オーストリア派の日刊『フランクフルト上級郵便局新聞』の上部飾りカット。騎馬郵便配達人が合図のラッパを吹いている。

約が成立した。一八五二年六月一日にはホーエンツォレルンの諸領邦、一八五三年七月一日にはリッペ・デトモルト侯領、最後に、一八五四年初めにはシャウムブルク・リッペ侯領という順であった[87]。郵便連合の料金規定によって、トゥルン・ウント・タクシスでも、最初の郵便切手が導入された[88]。

第四回郵便会議は、一八六〇年にフランクフルトの総郵便管理局で開催されることになった。マクシミリアン・カール・フォン・トゥルン・ウント・タクシス侯は、そこで、タクシスの郵便領域を統一体とみなし、協定の調印には全協定国の署名を入手する必要がもはやないと押し通すことができた[89]。フランクフルトの郵便会議の議長は、トゥルン・ウント・タクシスの郵便長官アウグスト・フォン・デルンベルク男爵だった。デルンベルクは、こののち数年にわたってプロイセンとオーストリアの対立がますます深刻化していくことを考慮し、トゥルン・ウント・タクシスを代行して、次のような姿勢をはっきりと表明した。すなわち、トゥルン・ウント・タクシス郵便は、オーストリア皇帝家に義務を負った機関、いわば「ドイツにおけるオーストリア・ハンガリー政府の前哨」であると。実際、トゥルン・ウント・タクシス郵便は、最終的に三百五十の郵便局と二千人を超える従業員を有したドイツにおけるひとつの政治的ファクターであった。タクシス郵便が『フランクフルト上級郵便局新聞』のようにジャーナリズムで独自の機関紙を持ち、プロイセンに対する敵意とオーストリア贔屓の姿勢をあからさまに示していたとあれば、それはなおさらである[90]。トゥルン・ウント・タクシスは、最後まで、ドイツ郵便連合のメンバーであった[91]。

技術革命——郵便馬車から鉄道へ

郵便馬車は、今日、我々にとって、技術的には遅れていたがまだのんびりとしていて、もうとうに過ぎ去ってしまった時代の愛すべき象徴のように思われる。ルードヴィヒ・ベルネの『ドイツ郵便馬車ラッパのモノグラフ』のような同時代の記述は、こうした解釈を裏付けてくれる[92]。当時の文学をさらに細かく考察すると、郵便馬車はその不充分さにもかかわらず、高く評価され、一般に認められていた乗り物であったことがわかる。もっと良い輸送手段が他には存在しなかった。計画的に道路が建設され、馬車の技術が改善されると、馬車はより速くより快適になった。郵便馬車による旅客輸送は、一八三〇年代に盛期を迎える。鉄道が導入される以前に、交通制度の革命が始まっていたのである。旅客輸送と書信輸送は分離され、荷積みに必要な待ち時間が短縮された。路線の密度と頻度は非常に高く、多くの区間では一日に何度も往来があった。鉄道の時代が始まっても、郵便馬車はすぐには衰退の危険にさらされなかった。その人気は不屈であり、郵便網の密度が高かったため、その業績はさらに二十年にわたって、鉄道の業績にはっきりと勝っていた[93]。

もちろん長期的な視点に立てば——これによって話を急ごう——鉄道は郵便馬車を凌駕した。一八二九年、ニュルンベルク―フュルト間でドイツ最初の鉄道が開通する六年前になって初めて、フリードリヒ・リスト（一七八九年―一八四六年）は、アメリカの鉄道を例にして、鉄道建設が郵便運営に有利に影響するかどうかを考慮した[94]。これに対して、一八三三年、ヘッセン選帝侯領の顧問官フリードリヒ・フィック博士は、法的な困難を指摘した。鉄道によって郵便の独占権が傷つくだろうというのである。同じ年、デュッセルドルフの法律顧問官エーヴェルトは、プロイセンの郵便総裁フォン・ナーグラー（一七七〇年―一八四六年）とトゥルン・ウント・タクシスの郵便長官フリンツ・ベルベリヒ男爵に宛て、郵便と鉄道の賃貸借関係を提案した。それは同時に、鉄道建設の資金調達と投資に役立つはずだった。当初プロイセンが拒否反応を示したのに対して、『フランクフルト上級郵便局新聞』は、みずからの利益を充分に理解し、フランクフルトをドイツ鉄道網の中心とするという目標を掲げて、鉄道建設を宣伝した。しかし総郵便管理局のこの雰囲気は一八三四年には急変しそうになる。というのも、タクシス郵便路線と直接に競合するフランクフルト―ダルムシュタット―バーゼル区間での鉄道建設計画が周知されたからである。ダルムシュタットのヘッセン大公国政府は、郵便の経営問題として鉄道建設を行う可能性を提案したが、レーゲンスブルクのトゥルン・ウント・タクシス総行政は、これを拒否して対立した。ドイツの他の郵便行政の姿勢も同様だった。状況は静観された[95]。

しかし一八三六年以降、ぎりぎりの状況はますます切迫化していく。とりわけ、フランクフルト、マインツ、ヴィースバーデン間の「タウヌス鉄道」計画がトゥルン・ウント・タクシスの管轄地区に関係した。みずから鉄道建設に参加しようとしたタクシス侯の試みは、明らかに公共の側からも期待されていた[96]が、その端緒で挫折してしまう。一八三七年初め、郵便長官フリンツ・ベルベリヒとトゥルン・ウント・タクシス総行政長エルンスト・フォン・デルンベルクは、ヘッセンとナッサウの当局が、鉄道建設を認可する前にトゥルン・ウント・タクシスと協議を行うとするすべての確約を破棄したことを冷静に確認した[97]。すでに一八三六年にはっきりとしていたのは、鉄道の資金調達に必要な資本はトゥルン・ウント・タクシス侯の可能性を明らかに上回っているので、侯の参加は個別の投資という形では意味があるかもしれないが、新しい交通手段に決定的な影響力を持つことは決してできないという点であった。シュトゥットガルト―フリードリヒスハーフェン間の鉄道にかかる費用の概算だけでも、一千万グルデンにのぼった。少数派の参加について、鉄道協会に議席と投票権を獲得する試みも失敗に終わる[98]。それゆえ、レーゲンスブルクでは、(ザクセンは、ライプツィヒ・ドレスデン鉄道の建設後に国営郵便の補償を法的に予定したが、そのザクセンの範に従って)鉄道協会ないしは鉄道建設の認可を下す国家に対して要求を突き付けるという守勢の戦略に方針を切り替えた。さらに、郵便権利の損傷に対する措置として、レーエン契約に基づく法的可能性に関して鑑定が作成された[99]。郵便の独占経営と鉄道という新しい輸送手段との関係は、旧帝国時代の帝国郵便大権《ライヒスポストレガール》の問題とまったく同じ根本的な問題であった。当時と同様にいままた、ロベルト・フォン・モールのような指導的な国法学者や、ダーヴィト・ハンゼマンのような企業経営者が、郵便問題に、ここではとりわけトゥルン・ウント・タクシス郵便問題に取り組んだのである[100]。

一八三八年、プロイセンの鉄道法が可決されると、郵便にとっても新時代が始まった。郵便と鉄道との関係が初めて法的に規定される。さらに同じ年、ザクセンとバイエルンがプロイセンの範に倣った。実際には損害を証明することができなかったので、一八四八年、指標となる判決において補償訴訟が却下されたのはもっともである[101]。トゥルン・ウント・タクシスは郵便輸送に鉄道を利用するのを拒否していたため、利用が実現されるのはようやく一八五〇年頃になってからであった。トゥルン・ウント・タクシスは、やっと一八六〇年、自社の鉄道車両の調達を決定することができた。一八六〇年代初期、この輸送手段の長所が実証されたとき、他の郵便機関も急速に郵便と鉄道の調整に入った[102]。

一八四八年革命後のトゥルン・ウント・タクシスの政策

トゥルン・ウント・タクシスの政治的姿勢は、一世紀のうちにさまざまに変化した。外交的にはほとんど、郵便事業の開始時から関係の深かったハプスブルク家側に立った。スペイン領ネーデルラントの助成金が途絶え、郵便が帝国大権《ライヒスレガール》に宣言されると、最高封主としてのオーストリア・ハプスブルク家との関係が支配的になっていた。この親近関係が中断されたのは、たとえば皇帝カール七世の時代（在位＝一七四二年─四五年）にバイエルンへ、また、ナポレオン（在位＝一八〇四年─一三年）のフランスへ、一時的に接近したときだけである。タクシス家が、一八一三年以降、多方面にわたる外交関係にもかかわらず、オーストリア宰相メッテルニヒの保護下で良好に扱われていると感じたのももっともである。メッテルニヒによる正統性の解釈は、トゥルン・ウント・タクシス郵便の存続も、タクシス家のシュタンデスヘル＊としての利害も、保護してくれるように思われた。タクシス家は、一七八九年から一八一五年のあいだの政治的大変動に際して、それまで獲得したものの大部分を失ってしまったが、王政復古の政治は、一族のメンタリティーにかなっていた。ドイツ連邦の時代、トゥルン・ウント・タクシスはオーストリアを頼みにしていた。

オーストリアへの支持は、「郵便事業のうえで」重要だった。プロイセンは、ウェストファリア条約以降、独自の領邦郵便を組織し、それは、ドイツ語圏で圧倒的に最大でもっとも有能な郵便に成長していた。プロイセンは常に

＊　**シュタンデスヘル**（Standesherr）　一八〇六年の帝国解体時、それまでの帝国等族貴族は、主権を有する独立国家の君主になるか、あるいは陪臣化された高級貴族であるシュタンデスヘルとして、いずれかの国家に所属することになった。

郵便を政治の手段とみなした結果、（トゥルン・ウント・タクシス郵便によって運営されていた）ドイツ南西の飛び地領域ホーエンツォレルン・ヘッヒンゲン以外で、外国の郵便管区との併合をめざす膨張的な郵便政策を実行していた。これに対して、ウィーンは、トゥルン・ウント・タクシス郵便管区をドイツにおける前哨と考えており、トゥルン・ウント・タクシスの総行政もその見解を共有していた。オーストリアの連邦使節団は、トゥルン・ウント・タクシス家を、特にその郵便制度を支援するよう命令を受けていた。

こうした結び付きの枠内で、トゥルン・ウント・タクシス家は一八四八年以後、独自の政治的活動を展開した。タクシス家の政治上の利害に従ったのが、私的な機関である週刊『フランクフルト上級郵便局新聞』の政治参加であった。『フランクフルト上級郵便局新聞』の記事は、しばしば、一族の従業員や代理人が直接に書いていた。それが有効だったのは、この新聞がドイツ連邦議会の半ば公式のスポークスマンらしきものとみなされていたからである。これを受けて、プロイセンは政治的にトゥルン・ウント・タクシスを嫌っていた。プロイセンの連邦公使オットー・フォン・ビスマルク――のちの帝国宰相――は、『フランクフルト上級郵便局新聞』の反プロイセン論調について繰り返し苦情を述べ、一八五三年には、報復手段として、ドイツ連邦議会でトゥルン・ウント・タクシス郵便の弊害を吟味する申請を提案した[103]。レーゲンスブルクは、ドイツ問題のプロイセン的解決と公然と闘ういわゆる「大ドイツ主義的集団」の中心となった[104]。トゥルン・ウント・タクシス侯の親オーストリア政策は、プロイセンの反プロパガンダを頻繁に引き起こした。トゥルン・ウント・タクシス郵便の弊害と称するものの蔓延が、プロイセンの影響を受けた新聞雑誌のお定《き》まりのテーマとなった。これによって、最後の民営郵便企業を国営化する計画がジャーナリズムで準備されたのである[105]。

一八六〇年代初期のトゥルン・ウント・タクシス郵便

一八六〇年代初期、トゥルン・ウント・タクシス郵便の管轄領域は、三百二十万の人口を有する六百七十四平方マイルであった。この領域に四百三十七の郵便所があり、そのうち六つは移動鉄道郵便局、三百五は郵便局、百二十六は書信集配所である。一八六六年、郵便業務には千二百七人の職員と千八十六人の下級職員が勤務しており、合計で二千二百九十三人になる。その中で三百八十八人は御者、百四十四人は郵便馬車の車掌だった。郵便行政は二百四十九台の郵便馬車と五百八十九頭の馬を所有していた。郵便の輸送に際しては、郵便路線で六十三万一千九百九十五マイル、鉄道で四十八万二千二百五十六マイルが走破された[106]。

一八六六年には、二千二百万の書信、全重量が二千百三十万ポンドになる三百七十万の小包類、千四百二十万の新聞、三百七十万の送金と補償付きの価格表示郵便物が輸送された。旅客数は、六十四万七千六百九十九人であった[107]。

トゥルン・ウント・タクシス郵便の終焉

トゥルン・ウント・タクシス郵便の終焉は、一八六六年の普墺戦争と関連している。オーストリアはシュレスヴィヒ・ホルシュタイン問題におけるプロイセンの拡張主義に反対して連邦軍を動員したが、その軍はケーニヒグレーツでプロイセンに敗れた。いまや事件が矢継ぎ早に起こった。プロイセンは、オーストリアと同盟を結んでいたドイツの中位国家ハノーファー、ヘッセン選帝侯領、ナッサウ、そしてフランクフルト自由都市を併合し、同時にドイツ連邦を解体した。このようにしてプロイセンは、北部・中部ドイツにおいて圧倒的な優位に立った。一八六七年、ビスマルクは、プロイセンの属国を北ドイツ連邦にまとめた[108]。

一八六六年七月二十一日にプロイセン軍がフランクフルトに進駐すると、トゥルン・ウント・タクシス郵便の総郵便管理局と『フランクフルト上級郵便局新聞』の編集局に対抗することが、ビスマルクによる最初の措置のひとつだった。プロイセンの商業大臣イツェンプリッツ伯は、トゥルン・ウント・タクシス郵便への対抗措置のため、プロイセンの郵便顧問官ハインリヒ・(フォン・)シュテファンを特別にフランクフルトへ派遣した。最初からその目的は、シュテファンが少し前からすでに宣伝していたトゥルン・ウント・タクシス郵便の引き継ぎであった[109]。トゥルン・ウント・タクシス郵便に対する法的論拠はなかったが、シュテファンは、プロイセンのライン軍総司令官に総郵便管理局を占拠させた。シュテファンはそののち、郵便長官シェーレ男爵を説得して、総郵便管理局を平和裏に引き渡させる[110]。シェーレは権力に屈して辞任した。彼は総郵便管理局の事務官たちに雇用当局のためそのポストにとどまり、就任時の宣誓に反してシュテファンの指示に従うよう要求した。引き渡しは「品位ある形式で」行われた。もっとも、『上級郵便局新聞』の編集長である宮廷顧問官フィッシャー・グレ博士は、尋問の際に興奮のあまり亡くなってしまう[111]。いまや郵便はプロイセンの管理下に入ったが、その有効な権利はトゥルン・ウント・タクシス侯に引き続き与えられた。「トゥルン・ウント・タクシス侯の総郵便管理局。プロイセン王国管理者」という名称が、権利の継続を象徴している。戦争の結果、レーゲンスブルクとの通信は絶たれたが、一般の郵便の往来は維持された[112]。プロイセンが国法上でフランクフルトを併合したのち、一八六六年十月八日、ツァイル通りにあったトゥルン・ウント・タクシス郵便の本局、いわゆる「赤の家」の上には、プロイセンの旗が掲げられた[113]。

タクシス侯の総郵便管理局試補ヴィルヘルム・リッペルガーがその経過を詳細に記述している。彼が記録したところによれば、こうした状況はトゥルン・ウント・タクシスにとって非常に危険だった。プロイセンは事実上、郵便を占取していた。レーゲンスブルクからの影響力の行使はことごとく阻止されていた。ヘッセン選帝侯領、ナッサウ、ヘッセン・ホンブルク、フランクフルトのようなトゥルン・ウント・タクシス郵便管轄領域の重要な部分は、プロイセンによって併合されていた[114]。これによってはっきりしたのは、少なくともこれらの地域では、領邦高権を理由に郵便事業がプロイセン国家の手に落ちるであろうということであった。プロイセンとの来るべき交渉にとって、この状況は始めからきわめて不利だった。トゥルン・ウント・タクシス側にはいかなる圧力手段もなかった。プロイセンがこれ以上に過激な措置を取るきっかけを与えないため、慎重に策を弄しなければならなかった。マクシミリアン・カール・フォン・トゥルン・ウント・タクシス侯は、プロイセンに郵便を譲渡する交渉を行うよう余儀なくされる。グルーベン男爵とリッペルガー試補は、交渉人として、プロイセンの枢密郵便顧問官ハインリヒ・フォン・シュテファン、枢密公使館参事官エルンスト・フォン・ビューロー、試補オットー・ホフマンと、ベルリンでの協議に入った[115]。

郵便移譲協定は一八六七年一月二十八日に調印された。トゥルン・ウント・タクシス侯は、そこで、諸国全領域における彼のすべての郵便権利を、動産および不動産のあらゆる権利と従物とともに、一八六七年七月一日付でプロイセン国家に譲渡した。また、年金請求権を含む職員の引き受けに関しても合意された。最後に議論されたのは、特に補償金額であった。レーゲンスブルクのタクシス侯の行政は、エルンスト・フォン・デルンベルク伯のもとで、千二十五万ターラー（=千八百万グルデン）以上の請求書を作成していた。その基本となったのは、納得のいく合意に基づいて行われた一八五一年のヴュルテンベルクとの郵便移譲協定と、最後の会計年度一八六四年／六五年の並はずれて良好だった利益状況である。この年度の利益は七十二万四千グルデンにのぼり、これに慣例の係数二十五を掛けて先の請求額が出されたのである[116]。プロイセンにはこの要求を呑む用意はなかった。むしろ、長年にわたる利益平均を基礎にし、必要な投資を考えた。ハインリヒ・フォン・シュテファンは、純益を年間二十八万グルデンと評価し、これに十八を掛けて補償額を算出した。それに従えば、プロイセン国家は補償金として三百万ターラー（=五百

Das

Deutsche Postfürstenthum,

sonst reichsunmittelbar: jetzt bundesunmittelbar.

Gemeinrechtliche Darstellung des öffentlichen Rechts

des

Fürsten von Thurn und Taxis

als Inhabers der gemeinen Deutschen Post.

Von

Karl Ulrichs,

königl. Hannov. Amtsassessor a. D.,

Mitglied des freien Deutschen Hochstifts zu Frankfurt a. M.

Gießen 1861.

Ferber'sche Universitäts=Buchhandlung.

(Emil Roth.)

図60　諸関係を表す表紙。郵便は、18世紀半ばには、トゥルン・ウント・タクシス侯の「侯領」と呼ばれていた。

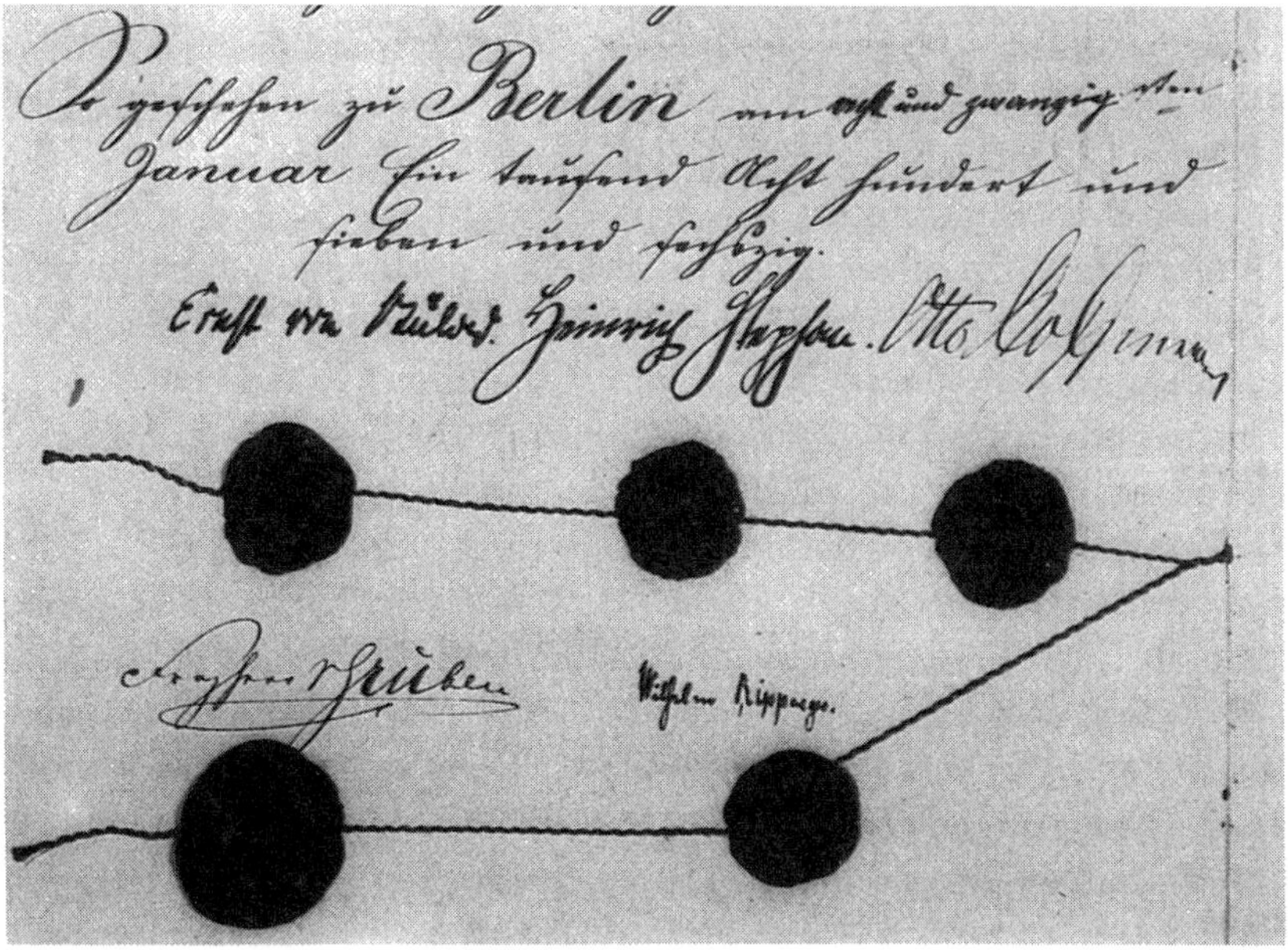

図61　郵便移譲が確定する。プロイセンの派遣代表およびトゥルン・ウント・タクシスの官吏フォン・グルーベンとリッペルガーの署名。

万グルデン）を支払わなくてはならなかった。さらに、トゥルン・ウント・タクシス侯家には、行政機関と一定の上級職員を含めて、プロイセン王家と同じ範囲で郵便料金の無料が確約された。そのうえ、家長には、「世襲郵便総裁」の称号を持つことが許された[117]。

　試補リッペルガーは、協定の締結を次のように注釈している。

> 侯家が、この協定と最終議定書によって、前年の政治上の変革から救い出したのは、事態に従って救出可能なものであった。意味深く広範な交渉に与えられた時間は短く、また、相手側の姿勢は乱暴で強圧的だった。
>
> 　最も重要なこと、つまり補償において嵐の中から救い出されたものは、期待からすればあまりにも少なかった。その期待とは、協定の保護確約、国王の言葉、最後の数年の高い利益、増大する交通を考慮して抱くことを許されたもの

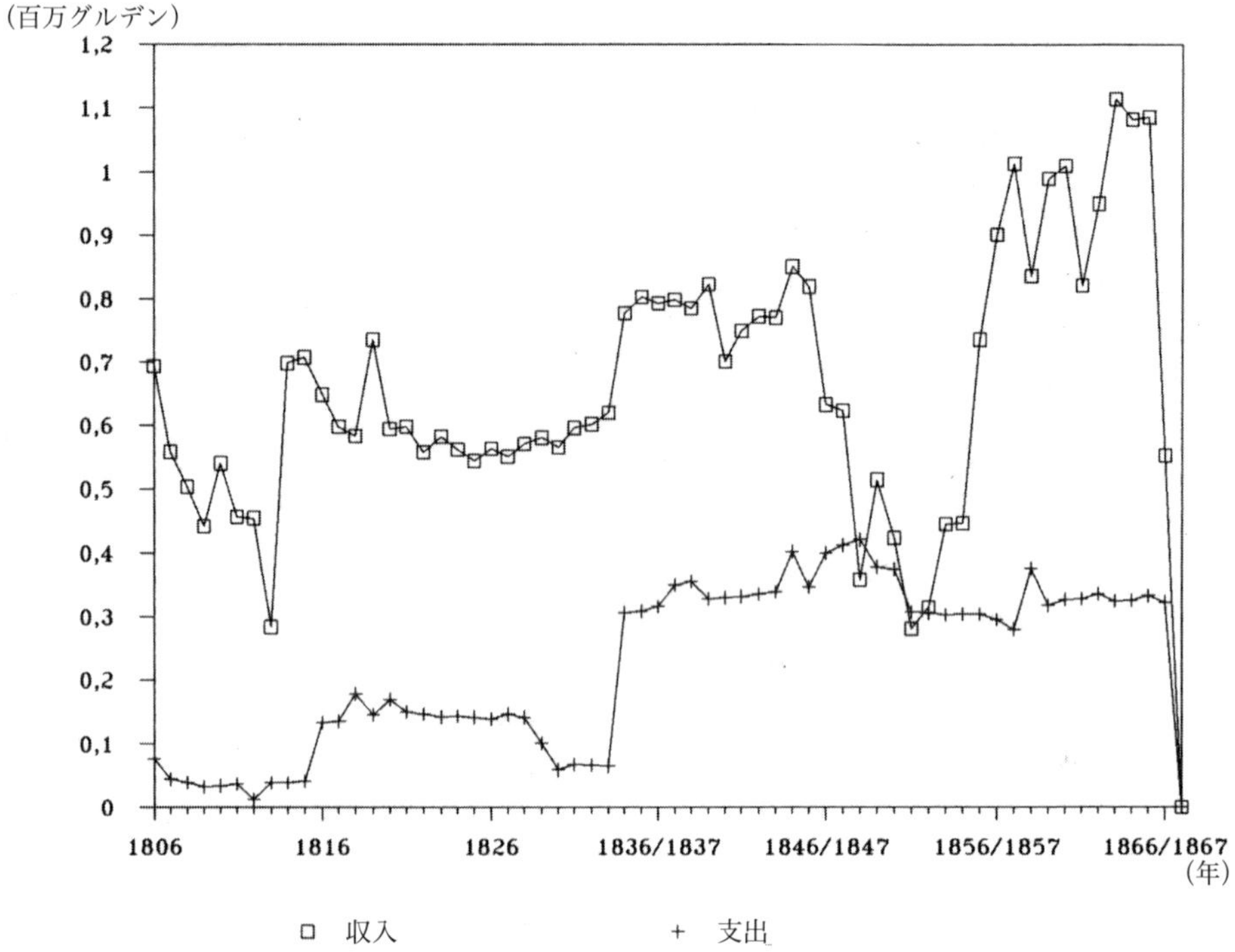

グラフ15 1806年―1866年／67年のトゥルン・ウント・タクシス郵便（賃貸借契約郵便とレーエン郵便）

だった……それでも、それ自体眺めてみれば、その金額は決してわずかではない、確かなものなのである。[118]

プロイセン政府は、一八六七年一月二十九日、領邦議会の両院に、憲法に基づく議決のため、その郵便協定を法案付きで提出した。法案は、補償金額を埋める国債の借入を予定しており、その必要性は国家の利害――「国力強化にとっての意義」――によって根拠づけられた。二月初旬、第一院と第二院はその法律を承認する。二月十六日に国王が署名したのち、一八六七年三月十九日、法令集に公開された。かつてのトゥルン・ウント・タクシスのように、郵便管轄領域にある個々の国家と条約を締結することは、枢密顧問官フォン・シュテファンの手腕にかかっていた。とりわけヘッセンとザクセン・ヴァイマールは、プロイセン郵便がその領邦内に入ってくることをあま

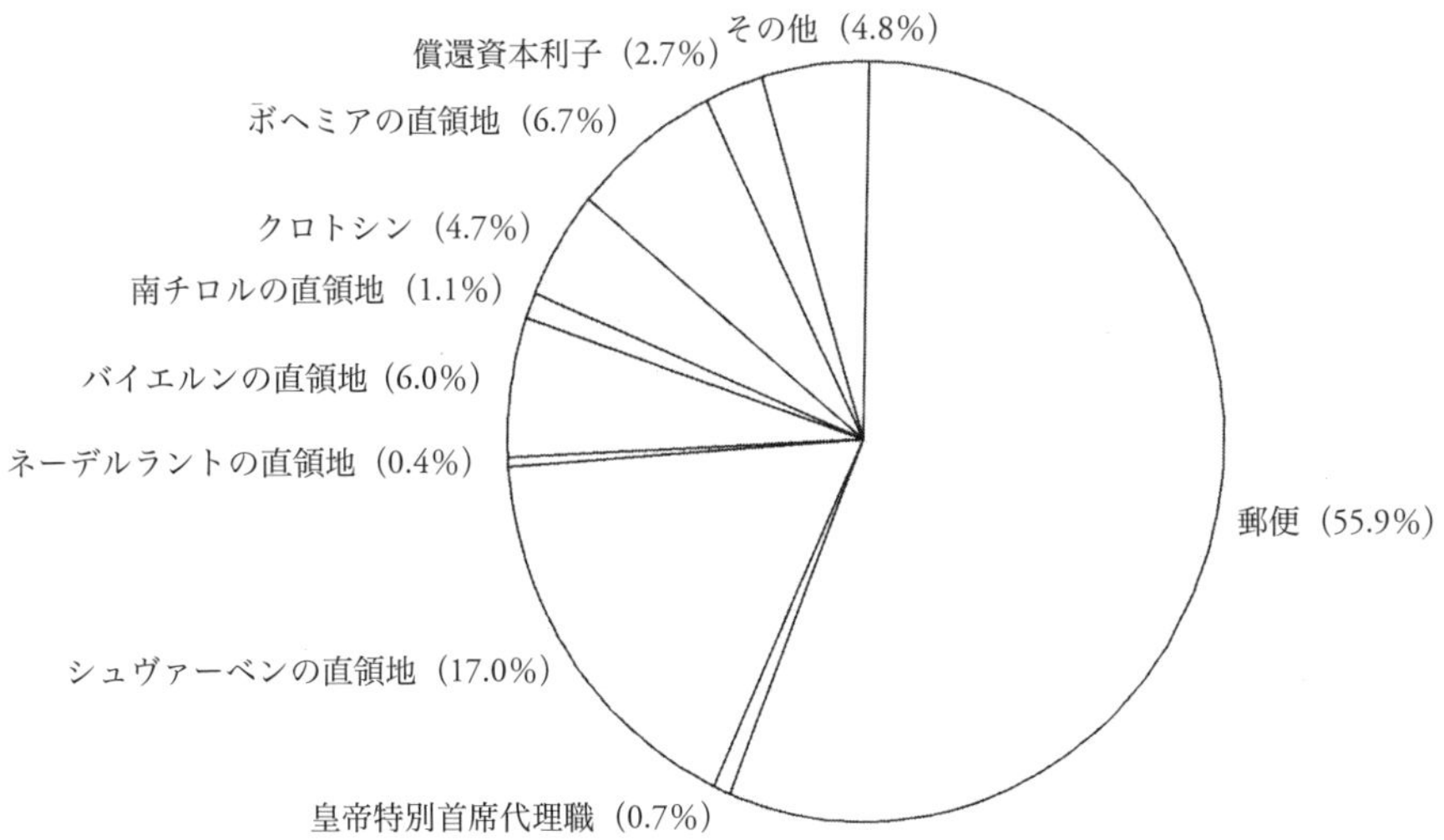

グラフ16　1806年—1867年のトゥルン・ウント・タクシス収入（100%＝6800万グルデン）

り喜ばなかったが、最終的にはプロイセンの圧力に屈しなければならなかった。[119]

トゥルン・ウント・タクシス郵便への追悼の辞

補償法案が可決され、トゥルン・ウント・タクシス郵便管轄領域での郵便事業が国家条約によって保証されて初めて、郵便を移譲することが可能になった。一八六七年六月二十八日付の訓辞で、世襲郵便総裁マクシミリアン・カール・フォン・トゥルン・ウント・タクシスは、郵便職員たちに別れを告げ、これまでの誠実な勤務を感謝し、今後の雇用当局に誠意を尽くして勤務するよう要請した。訓辞では次のように言われた。

　職員諸氏の固い団結、勤務能力、そしてとりわけ満足の意を表して、職員諸氏の信頼できる誠実と忠実により、その成立の当初から筆舌に尽くしがたい困難と戦わなければならなかった郵便行政の長年の存続は可能になりました。[120]

プロイセン側の交渉人ハインリヒ・フォン・シュテファンは論評している。

公正に見てほしいのは、ドイツの郵便制度の新しい形成に対して、トゥルン・ウント・タクシス郵便行政の状況が他の郵便行政の状況と異なっていた点である。他の郵便行政は同時に国営である。国営を改革する財政的な犠牲は、国民に有利になる交通の緩和や、その交通にかかっている税金の軽減によって相殺される。しかしトゥルン・ウント・タクシス侯家は郵便制度をその資産とみなさなければならず、これによって、純粋に国民経済的な目的のためだけにその制度を捧げることは当然のことながら不可能である……公正な考え方をする人なら誰でも、トゥルン・ウント・タクシス侯が自分に与えられた特権からできるだけ多くの利益を引き出そうとするのを悪く思わないであろう。121

最後に、『ゲープハルト――ドイツ史ハンドブック』では次のように記されている。

大規模な経済企業トゥルン・ウント・タクシス郵便は、その利益志向の精神にもかかわらず、交通と経済のうえで、ドイツの多くの領邦に、またドイツ自体に、大きな貢献を果たし、最終的にはのちの国営郵便の基礎を提供した。122

「プロイセンの強い圧力下で」トゥルン・ウント・タクシス郵便が償還されたのち、一八六七年、ハノーファー、シュレスヴィヒ・ホルシュタインならびにラウエンブルクがプロイセン郵便に吸収され、一八六七年の郵便法に基づき北ドイツ連邦郵便が創設された。一八七一年、ハインリヒ・フォン・シュテファンは、ドイツ帝国の郵便総裁として、郵便制度のトップに立った。一八七四年、シュテファンは万国郵便連合の設立を準備した。それは、帝国郵便の解体後、最悪の郵便分裂の時代に生まれたヴィジョンであった[123]。ドイツ帝国が成立したのち、郵便組織は再び「帝国郵便」と称された。一四九〇年にフランツ・フォン・タクシスによって創設され、一五九七年から帝国レーエンとしてみなされ、一八〇六年まで存続したあの由緒ある制度と同じようにである。ドイツ連邦共和国の建国後には、その第二の帝国郵便は「連邦郵便」へと改称された。それは、一八〇六年以降、最初はライン連邦郵便に対して、その後はドイツ連邦郵便に対して、トゥルン・ウント・タクシスの侯たちによって――もっとも彼らによってだけではなかったが――語られた名であった。

第4章　トゥルン・ウント・タクシス家の社会的上昇　企業史と家族史

……そして郵便事業はなおその職務から莫大な利益を上げている。
自分は年に十万ドゥカーテンの利益を郵便制度から得ているのだから、
それはすべての泉が流れ込む井戸だと、亡くなったレオンハルト伯もみずから私に語った。
一六四六年　ヨハネス・フォン・デン・ビルグデン[1]

トゥルン・ウント・タクシス企業の歴史は、一族の盛衰と強く結び付いている。企業利益の多くは、社会的な上昇に「投資された」。他の事例でも知られるように、それは決して珍しいことではなかった。しかしタクシス企業の特別な経済的成功を考慮すると、社会的上昇は企業経営にどの程度作用したのかという疑問が浮上してくる。帝国男爵身分や帝国伯身分への昇進は、ほとんど同時に行われた帝国郵便レーエンの受領とどのような関係にあったのだろうか。もしも帝国貴族にならなかったとしたら、またのちにスペイン貴族と帝国諸侯身分にならなかったとしたら、スペイン、ドイツ、スペイン領ネーデルラントでの郵便経営は可能だったろうか。皇帝特別主席代理の職務遂行（一七四三年／四八年―一八〇六年）は、郵便利益から生まれた莫大な金額を飲み込んだ。しかし、もしもレーゲンスブルクの「永久帝国議会」で常に政治的影響力を行使できなかったとしたら、そもそも帝国郵便は、一八〇六年まで、領邦君主たちの野心に対してもちこたえることができただろうか。そして侯の社会的身分がなく、ウィーンやパリやいくつもの和平会議で侯として外交を代表しなかったとしたら、十九世紀においてなおトゥルン・ウント・タクシス郵便は存在していただろうか。社会的上昇や絶え間ない宮廷生活にかかった費用を「経営学の」視点から評価することは容易ではないが、やり甲斐はある[2]。

十五世紀のスタート

中世盛期のミニステリアーレ*と同じように、タクシス家の場合も、皇帝家に仕えることは決定的に重要だった。

---

* **ミニステリアーレ**（Ministeriale） すでにフランク王国時代、普通よりも高い地位の非自由人として存在し、重装騎兵であることが多かった。中世になると、この非自由騎士が新しい身分である家人（Dienstmannen）の基礎を

「ロゲリウス・デ・タッシス・デ・コルネッロ」が皇帝フリードリヒ三世（在位＝一四四〇年―九三年）のもとでハプスブルク家に雇われたことは文献において繰り返し主張されている。しかしこれは史料で裏付けることができないし、比較的最近の歴史研究によって完全にその蓋然性がなくなった[3]。ヨハネット・タッシスになって初めて、この分家したイタリア一族の勢力範囲がアルプス山脈の北で開かれたことが明らかになる。もっともその一族の地位が始めから非常に高かったと考えてはいけない。インスブルックの財務本庁《ホーフカンマー》は、ヤネットー・デ・タッシスを安易に「ヨハネット・ダックス」とドイツ語名に書き換えた。「ダックス」は、非常に野心があったが、財務本庁《ホーフカンマー》の一被用者にすぎなかった。彼は、自分の勤務とそれへの王の支払い能力のなさのために、クラインとイストリアに質入れとして城をもらい、まもなく貴族の称号（「デ・タッシス」）も得る[4]。しかしこのことによって、ヤネットー・フォン・タクシスが財務本庁《ホーフカンマー》から直接に命令を受け、給料をもらって雇われていた状況が変わったわけではなかった[5]。

自営の企業家へと飛躍するのは、ようやくフランツ・フォン・タクシスになってからである。一五〇一年、フランツ・フォン・タクシスがスペインの「宮廷郵便局長」に任命されると、当初はスペイン総督の居所メーヘレンがヨーロッパの郵便の新しい中心地となった。一五〇七年頃から、それはスペイン領ネーデルラントの裕福な本拠地ブリュッセルに移る。まもなく、ロンドンからヴェネチアへの書信は、ウィーンからマドリードへの郵便と同じようにブリュッセルを通過するようになる[6]。

皇帝や王の書信が輸送されると、デ・タッシス会社《コンパニーア》と政府の結び付きは急速に深まった。フランツ・フォン・タクシス、ないしは「フランチェスコ・デ・タッシス」（一四五九年―一五一七年）が、一四九〇年二月一日に、マクシミ

形成する。彼らは、非自由身分という汚点を薄められていき、高級な勤務にも利用され、のちには国家の最高官職に任命される者もいた。

図62 フランツ・フォン・タクシス(1459年―1517年)。国際郵便制度の創始者。16世紀初頭、いわゆるフランクフルトの親方の板絵。

リアン王のオーストリア宮廷郵便に勤務していたことが史料に初出する[7]。一五〇一年にはメーヘレンのネーデルラント宮廷郵便局長、一五〇五年には自営の独占経営者として、スペイン、ネーデルラント、ドイツの郵便のリーダーとなり、同時に「デ・タッシス会社《コンパニーア》」を指揮した。彼は国際郵便制度の本来の創始者とみなされており、みずからもそのために尽力した。現存する一五〇六年の有名な郵便時間証には彼の自筆サインがある。彼の保護下、メーヘレンから重要度の高いブリュッセルへの移転が行われた。フランツ・フォン・タクシスは、イタリア、オーストリア、ネーデルラントだけではなく、スペインへも行った。彼はフェリペ一世がカスティーリャで統治に就いた際に随行して初めてスペインを訪れ、一五一七年にも、スペイン王カルロス一世の側近としてスペインに滞在している。彼が埋葬されているブリュッセルの教会のタペストリーは一五一八年に完成したが、彼はそこで「郵便局長である……卓越したフランシスクス・デ・タクシス」と表された[8]。

タクシス家とハプスブルク帝国との密接な関係は、一五一八年のフランドル地方のこのタペストリーに、その基本方針に即して描かれた。フランツ・フォン・タクシスとその後継者ヨハン・バプティスタ・フォン・タクシスは、スペイン王カルロス一世（＝皇帝カール五世）とフェルディナント一世とともに登場している。彼らは奉仕しているという姿勢ではあるが、その手には自分たちの職業を象徴する手紙を持っている。迅速な情報伝達は、そののち数十年にわたって、ヨーロッパの各宮廷にとってさらに重要性を増していく[9]。ヨハン・バプティスタ・デ・タッシス（一四七〇年―一五四一年）は、宮廷郵便局長として皇帝の側近にとどまった。皇帝の高級官吏の書状では、彼はしばしば省略されてただ「あのバプティスタ」と呼ばれたし、インスブルックの書記長ゼルントハインは、親しい呼称「親愛なるバプティスタ」を用いて、彼に宛て手紙を書いている[10]。

皇帝マクシミリアンに仕えていた時代の彼の収入を見ると、一五一三年にチロルの財務本庁《ホーフカンマー》へ向けた不平が伝わってくる。不平は、公費の支払いに関する争いから生じた。最初から「外国人」に好意的ではなく、そのうえマクシミリアンの直接の支払指示書に抵抗していた財務庁《カンマー》は、ヨハン・バプティスタ・デ・タッシスが一五〇七年以降、つまり六年間で、一万三千ライン・グルデンを受け取ったと計算した。彼は会計報告を要求される。ヨハン・バプティスタは、滞っている支払いを自分が自己資金で埋め合わせて郵便の機能を維持していることを誰も気にしてはくれないと指摘して、これに対抗した。

金額は決して適切な時期に私に支払われませんでした。にもかかわらず、私はこれまで、陛下の不利益になることも支出になることもないように、郵便を経営してまいりました。

図63　郵便制度の開始。皇帝フリードリヒ3世とその息子マクシミリアンの前に跪くフランツ・フォン・タクシス。（ブリュッセルのタクシス家墓所礼拝堂、1518年のタペストリー・部分）

彼によれば、「まるで自分の事柄であったかのように」[11]、自分が宮廷郵便の面倒を見てきたことを、書記長自身が立証できるというのである。単なる官吏でもなければ自由な経営者でもないといった、オーストリアのタクシス家に特有のどっちつかずの状態は、この争いからも読み取れる[12]。子供のいなかった叔父フランチェスコの死後、一五一七年、バプティスタはブリュッセルへ行き、家長となった。しかし、彼はブリュッセルに腰を据えてずっと滞在していたわけではない。むしろヨハン・バプティスタは皇帝カール五世やその宮廷とともにあちこち旅を続け、ドイツやフランスやイタリアへ赴いた。一五一九年、スペインのカルロス一世がローマ王に選出されたというニュースを、ヨハン・バプティスタは自分でブリュッセルの宮廷に届けた。ヨハン・バプティスタは一五三〇年、カール五世が皇帝に選出された際、戴冠式の行列に参列している。一五三五年、カール五世に支援を求めたチュニスの支配者ムーレイ・ハッサンは、ブリュッセルのヨハン・バプティスタ邸に滞在している[13]。ヨハン・バプティスタは、一五四一年、皇帝に随行して列席したレーゲンスブルク帝国議会で亡くなった[14]。

イタリアの出自とタッシ家の国際性

タクシス家の経営手腕は、当然のことながらその背景を持っていた。ヨーロッパの郵便制度の創始者フランツ・フォン・タクシス（一四五九年―一五一七年）は、分家した一族の祖先の多くと同じように、上部イタリア、より正確に言えば、ベルガモ近くの「ブレンボ峡谷にある」[15]小都市コルネッロの出身だった。当時、裕福だった上部イタリアの中で、そこはむしろ貧しい地方である。おそらくここで、タクシス家の家系は、一二五一年にその名が挙げられているホモデウス・デ・タッツォ[16]という人に遡ることができる。すでに一一四六年には、オードヌス・デ・タクソという人がブレンボ峡谷で言及されている[17]。中世後期に一般的だったように、姓の綴り方はかなり多

図64　1833年、ベルガモ近郊の小都市コルネッロの絵図（『ヨーロッパの企業タッソ郵便』、ベルガモ、1984年による）

様である。「タッソ（Tasso）、タッシ（tassi）、タッスス（tassus）、タクシウス（taxius）、ダックス（Dax）、デ・タッシス（de Tassis）、タシス（Tasis）、タッシス（Thassis）、テッシス（Tässis）、タルシス（Tarsis）、タルギス（Targis）、タルゲス（Targes）、テクシス（Täxis）」と史料には見られる[18]。一族はのちに、ロマンス語系諸国では「デ・タッシス」と、ドイツでは「フォン・タクシス」とみずからを記した。上部イタリアの動物誌では今日見られないアナグマ（「Tasso」）の家紋と、家族の一員が「ルベウス」ないしは「ロッスス」という別名を持っていたという事実から、具体的な証拠はないが、伝記作者たちはランゴバルド人が祖先ではないかと考えている。タクシス家のイタリアの先祖はたとえば「ルゲリウス・デ・タッツィス・デル・コルネッロ」（一三五〇年頃）と自称し、故郷の地方貴族であった。家族の一員の多くには、「公証人」[19]や「公職に就いた商人」[20]のような職業名が伝えられている。ベルガモ市の市民権を得た者もいた。この時代のイタリアでは、貴族階級がこれら二つの職業に就くことができたのである。政治的には、中世後期、ベルガモ周辺地域は、ミラノと帝国に属していたが、一四二八年、ヴェネチア共和国の支配下に長期にわたって入ることになる[21]。

十五世紀、タクシス家（「デ・タッシス」）はイタリア内部で移動していた。一族は、コルネッロとベルガモから経済の中心地であるヴェネチアとローマに分家している。そこで家族のメンバーたちは特に商人や銀行家として活躍した。「サンドリ」と自称していたローマの商人セル・アレクサンデル（「アサンデル」）・デ・タッシス・デ・コルネッロの息子たちを見れば、イタリアで一族に開かれていた可能性がわかるかもしれない。一四八八年に亡くなった「高貴で卓越した男」クリストーフォルス・サンドリは、始めは教皇の郵便局長であり、その後はローマにおけるヴェネチアの飛脚長だった。彼の兄弟のひとりで一五三八年に亡くなったガブリエルはローマの銀行家であり、他の二人、ヤーコプスとアウグスティヌス・サンドリは、ベルガモの商人であり市民だった。アウグスティヌスは市参事会員として政治家の任務にも就いていた。アウグスティヌスの息子たちのうち少なくともひとりはまた商人になったが、もうひとり――アロイージウス・デ・タッシス――は、大学で学び、教会法と民事法の博士号を取得して卒業し、レカナーティとマチェラータの司教になった。彼は殺害されたのち、ベルガモに埋葬されている[22]。富と閑暇によって、タッシ家の才能は開花した。ベルガモのタッシ家のメンバーには、有名な詩人ベルナルド・タッソー（『アマディージ』）やトルクアート・タッソー（『解放されたエルサレム』）がいて、ゲーテは同名の戯曲『トルクアート・タッソー』で彼に記念碑を建てている[23]。

コルネッロ出身の「デ・タッシス家」は、ベルガモ周辺地方から出た他の一族（カレーピオなど）と同じように、早くから情報組織で尽力した。一四七〇年、セル・アレクサンデル・デ・タッシスが最初のタクシス人として登場する。そののち一四七四年、銀行家としても活動していたガブリエル・デ・タッシスは、シクストゥス四世の任期（一四七一年―八四年）に教皇の郵便局長であった。これは、すでに十七世紀の系譜学者たちが知っていた事実である[24]。タクシス家は、一四七四年から一五三九年までローマの教皇の郵便局長であり、一族のメンバーたちはヴェネチアでも業務を行っていた。彼らはこうした状況の中で組織的な知識を得ていく。このことによって、彼らは最終的に、貴族の出自よりも持続する社会的な成功、つまり、大学での博識や商業や銀行業での成功を収めることになる。一族の上昇は、経済活動の第三次産業部門、今日のもっと日常的な表現では、サービス業に定着した[25]。

コルネッロやベルガモとタクシス家との結び付きは、移住後も続いた。ローマのタクシス家（＝サンドリ）は、――裕福になって――十六世紀初頭にベルガモへ戻り、その周辺地域に豪華な邸宅を建て、サント・スピーリト教会に贅を尽くして埋葬された。社会的な成功と明確な家族意識は一致していた。たとえば、商人であり教皇の郵便局長であったアウグスティヌス・デ・タクシス・デ・コルネッロ（一四四〇年―一五一〇年）は、自分の大理石の石棺を二匹のアナグマの上に据えている[26]。ブリュッセルのスペイン王室郵便局長フランツ・フォン・タクシスは、一五一五年、コルネッロ近郊のサンタ・マリア・カメラータ教会に大きな鐘を寄贈した[27]。またオーストリア・ハプスブルクの宮廷郵便局長であり、ブリュッセルでスペイン郵便総裁としてフランツの後継者であったヨハン・バプティスタ・フォン・タクシスは、一五一五年にはクルゾーネの行政長官の称号を、一五一六年にはベルガモの市参事会員の称号を得ている。おそらくその地へ行く時間がほとんどなかったにもかかわらずである[28]。ドイツ、スペイン、ネーデルラントのタクシス家は、故郷の不動産に長いこと固執した。一五三四年には、ミラノ、ブリュッセル、スペインのタクシス家系のあいだで、故郷ベルガモの土地も含めた遺産争いが起こり、決着するのに長くかかった。この争いは、カール五世の名で、メーヘレンの大参事会の委任により、アウクスブルクの郵便局長であり商人であったヨハン・アントン・フォン・タクシスの手で調停された[29]。

タクシス家のフュッセン家系は、イタリアの故郷、ベルガモ近郊のブレンボ峡谷から直接ドイツへ移住してきた。系譜的には、一二五一年に史料で言及されている始祖ホモデウス・デ・タッツォに遡ることができる。一五三七年から皇帝に勤務していたイノツェンツ・フォン・タクシスは、一五九二年に亡くなるまで、フュッセン郵便局を運営した。フュッセンのタクシス家系を手がかりにすると、一族がイタリアを後にしたのち、その独自の社会的な環境をどのようにつくっていったのかが良くわかる。つまり、スペイン領ネーデルラントの郵便局長としては、スペイン王ないしはブリュッセルの郵便総裁ヨハン・バプティスタ・フォン・タクシスの配下にあったし、また、上部オーストリアの郵便局長としては、皇帝ないしはインスブルックの郵便局長ヨゼフ・フォン・タクシスに従属していた。イノツェンツ・フォン・タクシスは、タクシス家のヴェネチア家系出身のダーヴィト・フォン・タクシスの娘ベンヴェヌータ・デ・タッシスと結婚した[30]。イノツェンツ・フォン・タクシスの二人の娘は、タクシス家のプラハ・ウィーン家系の出であるフィリプスとフェルディナント・フォン・タクシス兄弟と結婚している。出自の意識と国際性は、この大きな一族結合体の内部では、いかなる矛盾でもなかった[31]。

タクシス家の移住

タクシス家の本家が生活の中心をブリュッセルに移したことは、フランツ・フォン・タクシスがブリュッセルのノートルダム・デュ・サブロン教会に一族の埋葬墓所をつくらせたことから読み取れる。古ヨーロッパ社会は、死者たちを、そして彼らが死後もその場に居合わせているということを重視していた。その点を考慮すると、このステップの重要性は明確である。それはイタリアとの決別を他の何よりも象徴し、今後の社会的上昇をハプスブルク家に仕えることによって計画していこうとするタクシス家の決意をはっきりと示している。フランツ・フォン・タクシス（一四五九年―一五一七年）からアンゼルム・フランツ・フォン・トゥルン・ウント・タクシス侯（一六八一年―一七三

表7　郵便総裁の出生地、死亡地、埋葬地

	生存期間	出生地	死亡地	埋葬地
フランツ・フォン・タクシス	(1459―1517)	コルネッロ	ブリュッセル	ブリュッセル
ヨハン・バプティスタ	(1470―1541)	コルネッロ	レーゲンスブルク	ブリュッセル
レオンハルト1世	(1521―1612)	ブリュッセル	ブリュッセル	ブリュッセル
ラモラール1世	(1557―1624)	ブリュッセル	ブリュッセル	ブリュッセル
レオンハルト2世	(1594―1628)	ブリュッセル	プラハ	ブリュッセル
ラモラール2世	(1621―1676)	ブリュッセル	アントウェルペン	ブリュッセル
オイゲン・アレクサンダー	(1652―1714)	ブリュッセル	フランクフルト	ブリュッセル
アンゼルム・フランツ	(1681―1739)	ブリュッセル	ブリュッセル	ブリュッセル
アレクサンダー・フェルディナント	(1704―1773)	フランクフルト	レーゲンスブルク	レーゲンスブルク
カール・アンゼルム	(1733―1805)	フランクフルト	レーゲンスブルク	レーゲンスブルク
カール・アレクサンダー	(1770―1827)	レーゲンスブルク	タクシス	ネーレスハイム
マクシミリアン・カール	(1802―1871)	レーゲンスブルク	レーゲンスブルク	レーゲンスブルク

九年）まで、家長たちはすべて、その家族とともにブリュッセルに永遠の憩いの場を見出している。ノートルダム・デュ・サブロン教会を装飾するためにフランツ・フォン・タクシス自身によって注文された豪華なタペストリーには、マクシミリアン一世、スペイン王カルロス一世、フェルディナント一世に囲まれて、手紙を携えているヨーロッパ郵便制度の創始者が描かれている[32]。

長期的には、トゥルン・ウント・タクシス家がヨーロッパ内でどのように移住していったのかは、出生地と埋葬地を比較してみると明らかになる。フランツ・フォン・タクシス以降の各家長に関して、**表7**のような一覧表が出来上がる。

出生地が一族のそのときどきの生活の中心地と一致していることは、ほとんど驚くにあたらない。家長たちは一年に何度もヨーロッパ中を旅行することが珍しくなかったが、そうした一族の可動性、特に家長の移動性を考慮に入れるならば、一見して死亡地が異なっている理由がわかる。特に、死亡地のいくつかは皇帝

図 65　ブリュッセルのトゥルン・ウント・タクシス城前の車寄せ。1686年のベオグラード攻略を契機とした祝祭ムードを描く銅版画シリーズ。

のそのつどの滞在地（一五四一年レーゲンスブルク、一六二八年プラハ）と関係している。これに対して、埋葬地の選択が計画的であったことは目を引く。埋葬地として、暫定的な居住地であったフランクフルトはまったく登場してこない[33]。ハプスブルク世界帝国の中枢ブリュッセルと、のちには「永久」帝国議会の開催地レーゲンスブルクだけが、この点では重要である。

もしもシュヴァーベンにおける自国の建設が陪臣化によって挫折せず、ブーヒャウが首都になっていたならば、おそらくネーレスハイムが埋葬地になっていただろう。カール・アンゼルム侯はすでに、レーゲンスブルクにその身体を、ネーレスハイムにその心臓を埋葬させた。これはかなり多くの貴族の家系で行われていた慣習であり、ある特別な連帯を示している。バイエルン選帝侯の中には、アルテッティングにみずからの心臓を埋葬させた者が何人かいたのである。ブリュッセルからドイツへ埋葬地を移動した事実は、（トゥルン・ウント・）タクシス家がハプスブルク帝国から帝国のドイツ領域ないしはドイツへと徐々にシフトしてきたことを明らかにしている。一族が居住地としてレーゲンスブルクを最終的に決定したことに伴い、カール・アレクサンダー侯の遺体もレーゲンスブルクのザンクト・エメラム修道院の地下墓所に改葬された[34]。

移住の姿勢には、故郷から遠く離れて新しい生活を構築していこうとするタクシス家独自の覚悟も見られる。タクシス家のメンバーたちは、近世初期、ヨーロッパのほとんどすべてのカトリック諸国に根を下ろしていた。イタリア（ローマ、ミラノ、ヴェネチア、ベルガモ、ナポリ）とスペインのタクシス家については既に述べた。スペインのタクシス家は、「デ・ヴィリャメディアーナ伯」の称号も持っていた。しかし、これと並んで、ロレーヌ（ロートリンゲン）にも、サンドリ・タクシスのイタリア家系から出た一分家「デッラ・トッレ・タッシ伯」がいた。他の一分家はアントウェルペンに、別の一分家はボヘミアにも定住していた。アウクスブルクだけでも、タクシス家のドイツの二つの分家（アントニ家系、ゼラフィーン家系）がおり、その他にはフュッセン、インスブルック、コルマン（南チロル）、トリエントに分家がいた。インスブルックには、トゥルン・ヴァルサシーナ・ウント・タクシス帝国伯が、ニーダーエースターライヒにはタクシス・フォン・ツヴェルフェクシング・ウント・ハウスヴェルトがいた。これら傍系の多くは長いこと郵便事業に携わっていたが、彼らを取り扱うことは、本書の企業史の枠を超えてしまうであろう[35]。

十六世紀初頭の貴族化

タクシス家はネーデルラント、スペイン、ドイツで郵便事業を引き受けていたが、スペインでは自分が敵視されていると感じていたため、ハプスブルク帝国内でその社会的地位を統一的に定義することが必要に思われた。一五一二年五月三十一日、皇帝マクシミリアン一世は、フランツ・フォン・タクシスとその兄弟ローガー、レオナルド、ヤネットー、ならびにローガーの息子たちヨハン・バプティスタ、ダーヴィト、マフェオ、シモン・フォン・タクシスに、その功績を顧慮して、帝国、オーストリア、ブルゴーニュ公国の世襲貴族の地位を与え、彼らをホーフプファルツグラーフ（comites palatii Lateranensis）＊に任命した。さらに皇帝は、郵便制度をめぐる功労を考慮して、タクシス家に先祖伝来の家紋（アナグマ）を新しくし、鷲を付け加えることを許可した。一五一二年以降、タクシス家の盾形紋章は、上下に分かれている。下の青い分割区画には一頭の銀色のアナグマが表され、上の金色の区画には一羽の黒鷲の「胸像」が描かれた。また、兜頭巾の上には黄金の郵便ラッパが浮かんでいる。フランツ・フォン・タクシスは、さらに「金拍車騎士」に任命された[36]。

十六世紀、世界の強国はスペインだった。皇帝カール五世（在位＝一五一九年―五六年）の「日の沈むことなき」有名な帝国は、基本的には、スペイン王の国々から成り立っていた。タクシス家は、一五〇一年以降、ブリュッセルのスペイン総督から郵便の助成金をもらっていたため、その世界強国の中心に達し、獲得した地位を保持し改善することに大いに関心を払わなければならなかった。一五〇五年と一五一六年の郵便契約は、このプロセスでの重要なステップである。フランツ・フォン・タクシスが亡くなる以前の一五一七年、ヨハン・バプティスタ・フォン・タクシスは、スペイン王カルロス一世から、王のすべての国々における最高郵便・飛脚長官職を相続する権利を得ていた。一五一八年八月二十八日、女王ファナとその息子スペイン王カルロス一世は、サラゴサで、ヨハン・バプティスタ・フォン・タクシスと彼の兄弟マフェオとシモンに、スペイン支配の国々すべての国籍を与え、生涯にわたる郵便事業の運営を委託した[37]。

国籍付与とは、その諸権利において、スペイン土着の貴族と法的に対等の立場になることを意味していた。ヨハ

＊　**ホーフプファルツグラーフ**（Hofpfalzgraf）　皇帝カール四世が一三五五年にイタリアから輸入した官職。その任務は、特に非訟事件において皇帝の権利を行使することだった。

図66　帝国への一歩。皇帝カール5世は、1534年、ヨハン・バプティスタ・フォン・タクシスに、家紋のアナグマの上に「双頭の鷲」を入れることを許可した。

ン・バプティスタは、郵便大権《ポストレガール》の行使に関する独占的な権利、要するに独占権を得た。郵便総裁には、みずからの意図を達成するために、部下、つまり郵便組織の従業員の裁判権が与えられた。郵便総裁は、その意向で、従業員を雇用したり解雇したりすることができたし、従業員は郵便総裁に誠実を宣誓した。郵便官吏には王の紋章と武器を身につける権利が認められた。宿駅は税と舎営義務を免除され、王の特別な保護下にあった。十万ドゥニエ、必要とあれば、財産差し押さえの処罰威嚇は、第三者が王の特権を乱用することを阻止した[38]。

　国際的な郵便組織の建設に必要な諸特権は、タクシス家にとっては常に支配権をも意味していた。これは、裁判権の例を見れば、もっとも良くわかる。このレーエン授与の結果、タクシス家は一九〇〇年まで、裁判権を行使することができた[39]。さらに、支配者による寵愛の表明もあった。寵愛は、郵便事業と直接の関連は少ないが、社会的上昇を示した。たとえば、一五三四年、紋章の図柄を増やすことを皇帝カール五世から許可された。こうして、ヨハン・バプティスタ・フォン・タクシスは、家紋の紋章の中心盾に描かれたアナグマの上に、頭がひとつの「成長する」鷲の代わりに、ハプスブルク家と帝国もその紋章に持っていた双頭の鷲を描くことを許されたのである[40]。

十六世紀におけるタクシス家の社会的環境

タクシス家による経営の特殊性は、タクシス家が銀行業も商取引も行わず、大規模なサービス事業だけを営んでいた点である。コミュニケーション・交通事業の経営者には特別な可能性が開かれていた。タクシス家みずからが国際的なコミュニケーションにどれほど関与していたかは、たとえば、一五三八年から一五七三年のあいだにアンドレアス・マジウスによって行われた膨大な往復書簡から読み取ることができる。そこでわかるのは、デ・タッシス会社《コンパニーア》のメンバーたちが書信を輸送していただけではなく、こうしたサービスを利用して、当時の指導的な商会や支配者一族と数多くの個人的な関係を結び、とりわけ自身でも往復書簡に参加していたことである[41]。

すでに十六世紀半ば、タクシス家の繋がりは、顧客になりそうな人たちとの個人的な領域にまで及んでいた。例を挙げれば、アントウェルペンで、アウクスブルク郵便局長ゼラフィーン・フォン・タクシスの息子オクタヴィウス・フォン・タクシスは、フィリップ・エドゥアルト・フッガーやオクタヴィアン・ゼクンドゥス・フッガーと盛んに連絡を取っていた。彼らは、社会的な上昇を果たし、出身が同じアウクスブルクであることから、お互いに結ばれていると感じていた[42]。

近世初期の封建ないしは貴族社会において資本主義的手段をもって集団で社会的上昇を遂げていくことは、すべての経済活動をとり仕切っていた「デ・タッシス家族会社」のいわば暗黙の綱領であった。そのための好条件が、財政的にも社会的にもそろっていた。情報組織の構築は、個々の家族員の外交活動によって有効に補われた。たとえば、（父と同名の）ヨハン・バプティスタ・フォン・タクシス（一五三〇年—一六一〇年）は、数カ国のスペイン大使としてタクシス家の利益を促進することができた。しかもそれは、郵便改革の危機の時代のことであった。王フェリペ三世のもとで、彼はスペイン枢密院のメンバーだった[43]。

十七世紀初頭の帝国男爵身分と伯身分

レオンハルト・フォン・タクシス一世（一五二一年—一六一二年）は、一五四三年、カール五世によってスペイン郵便総裁に任命されていたが、約七十年におよぶその在職期間中、社会的上昇には時間がかかった。レオンハルトは、一五五六年にはスペイン王フェリペ二世によって、さらに一五六三年には皇帝フェルディナント一世によって、その在任が認められた。フェルディナント一世の認可は、「郵便が神聖ローマ帝国とオーストリアの世襲領邦に存在する」限りというものであり、のちにこの表現は、郵便を帝国レーエンとする見解を証明するものとして解釈された。数多くの往復書簡や一五六三年のジョバンニ・ダ・レルバの旅行案内書からも理解できるように、レオンハルト一世の時代、郵便は繁栄していた[44]。

しかしまさにその十六世紀末、経済の大枠を示すデータと比較すると、郵便組織の拡充のダイナミズムは明らかに欠如していた。郵便組織を強化するためのきっかけは、ブリュッセルからではなく、フランスやイングランドの新事業家や、自己の危険を冒してケルンへ支線を敷設して成功したヤーコプ・ヘノートのような経営者から出てきた。オランダ独立戦争によって、一五七七年以後、タクシス家はもう少しで帝国郵便を失いそうになり、その所有は「郵便改革」の時代にも危険にさらされた。

一五九五年、郵便路線が復旧され、レオンハルト・フォン・タクシスは帝国においても郵便総裁に任命される。この任命は、それ以前の功績に対する報酬であると同時に、それ以後に与えられる信任の徴《しるし》でもあった。一五九七年、皇帝ルドルフ二世（在位＝一五七六年―一六一二年）が副業郵便制度に対する命令において郵便を皇帝大権に宣言すると、郵便は「帝国郵便」となった。そこでは、「誰もが満足」できる「上手く出来ていて、役に立って、公益に奉仕する制度」のことが問題になっていた[45]。一六〇八年一月十六日、皇帝ルドルフ二世がその郵便総裁を世襲の帝国男爵身分に昇格させたとき、それはレオンハルト個人にとっては、長きにわたる道程の終点であった。レオンハルトはすでにカール五世によって皇帝顧問官に任命されていた。のちに彼は、ネーデルラント総督で枢機卿でもあったアルベルト大公の軍事顧問官にもなり、さらにルドルフ二世のもとでケメラー＊にも就いた。しかしこの昇格は同時に、十七世紀――郵便が莫大な利益を上げる世紀――における一族の急速な社会的上昇[46]の始まりでもあった。

レオンハルトの息子で後継者であったラモラール・フォン・タクシスは、軍人としてその経歴をスタートさせていたが、その人生行路でドン・ファン・デ・オーストリア＊＊のケメラーになった。ラモラールは、父の希望に沿い、マ

＊　**ケメラー**（Kämmerer）　ゲルマン古代以来の宮廷の四家職のひとつ。ケメラーは、君主の財貨、およびこれと分離されていなかった国庫を管理した。トゥルッフゼス（Truchseß）の職務は宮廷全員に対する総監督である。マルシャル（Marschall）は、もともとは宮廷の移動の際に馬や飼料を準備する職務だったが、軍事関係の任務を、シェンク（Schenk）は、食糧関係の任務を行った。

＊＊　**ドン・ファン・デ・オーストリア**（一五四七年―七八年）　皇帝カール五世の庶子で軍人。異母兄であるスペイン

ドリードの宮廷でかなり長いこと過ごし、そこでスペイン王フェリペ二世に目をかけられた。一五八九年以降、ラモラールはブリュッセルで父を手伝い、郵便組織の指揮を執った。皇帝のトゥルッフゼスに任命されたのち、プラハの宮廷に滞在している。そこで一六〇六年にはケメラーに任命され、一六一一年には短期間ではあったがオーストリア宮廷郵便局長職に就くことができた。ラモラールは、ドイツにおける郵便網を決定的に拡充させると約束したことにより、一六一五年、郵便総裁職を世襲レーエンに昇格させることができた。さらに一六二一年には、「タクシス家の男系が途絶えた」場合を考慮して、女子相続レーエンとすることにも成功している――孫で後継者とみなされていた男子はまだ八カ月であった。一六二四年六月八日、皇帝フェルディナント二世は、郵便総裁ラモラール・フォン・タクシス帝国男爵をその死の直前に世襲伯身分に昇進させた[47]。

伯身分への昇格は重要な一段階である。下級貴族（男爵）の一員が帝国においてすぐに諸侯身分になることはめったになかった。のちに諸侯になった者たちの大部分は、非常に長い段階を経て、皇帝によって位階を引き上げられていった。その際、男爵身分と伯身分は諸侯身分への中間段階であった[48]。ドイツの貴族社会では、伯は高級貴族である[49]。興味深いことに、ここでは、タクシス家の「職業的」地位から社会的地位への作用が見て取れる。つまり、一六一五年の帝国郵便総裁職の授与が、帝国伯身分への昇進を「非常に促進」したように思われるのである[50]。

「トゥルン・ウント・タクシス」という名称の皇帝認可

レオンハルト・フォン・タクシス（二世）伯（一五九四年―一六二八年）は、早くから帝国郵便事業に参加し、いく

王フェリペ二世によって王族に認知される。教皇領、ヴェネチア、スペインなどから成る神聖同盟軍総司令官として、一五七一年、レパントの海戦でオスマン帝国に大勝した。

図 67　紋章の鷲とアナグマ。ユリウス・シフレティウス『栄誉の徴』の表紙銅版画。1645年にもまだ、1534年の家紋を使用していた。

つかの成功を収めることができた。彼も皇帝ルドルフ二世によってケメラーに任命されるが、プラハにおいて若くして熱病で亡くなってしまう[51]。未亡人となったアレクサンドリーネ女伯は、旧姓をフォン・リーといったが、一六二八年、相続人がまだ未成年であったために後継者となった。アレクサンドリーネ・フォン・タクシス女伯が帝国郵便事業の経営者だった時代（一六二八年―四五年）、一族の政策のめざすところは、戦略的な重要性からも将来的な影響性からも名門の威信を引き上げることであった。スペインやイタリアの系譜学者アロンソ・ロペス・デ・アラ、フランチェスコ・ザッゼラ、ピエトロ・クレスチェンツィ[52]は、タクシス家がイタリアの貴族デル・トッリアーニないしはデッラ・トッレ家の血筋であることを確認できたと信じていた。デッラ・トッレ家は、一三一一年に皇帝ハインリヒ七世とヴィスコンティ家によって追放されるまで、ミラノとロンバルディアの大部分を支配していた。

これを受けて、アレクサンドリーネ・フォン・タクシスは、金羊毛騎士団の書記長でブザンソンの学識ある司教座教会参事会員ユリウス・シフレティウスに、タクシス家とデッラ・トッレ家（フランス語ではド・ラ・トゥール、ドイツ語ではフォン・トゥルン）との血縁関係を証明するよう委託した。シフレティウスは、その結果として、タクシス家の歴史にとって重要な著書『タッシス家の栄誉の徴《しるし》』を記し、それは一六四五年アントウェルペンで印刷された。二十五歳の成年に達したのち、一六四七年、ラモラール・クラウディウス（二世）伯は、別の系譜学者であるルクセンブルクの紋章官エンゲルベルト・フラッキオに、名門タクシス家の歴史に関する著書の執筆を依頼した。そしてみずからも、一族のすべての分家が、つまりマドリード、ローマ、ヴェネチア、ベルガモ、アウクスブルク、インスブルックの傍系がそのための原資料を提出してくれるよう尽力した。その後ようやく彼の息子の代になって、豪華な大型の三巻本で出版された著書のタイトルは、次のようなものだった。

『非常に名門で、非常に由緒ある、かつては主権を有していたド・ラ・トゥール家系図』[53]

図 68　紋章の塔。エンゲルベルト・フラッキオの『家系図』は、1709年、タクシス家がデッラ・トッレ侯家の出であることを明らかにした。

スペインは、タクシス家がトッリアーニ家の血筋であるとするラモラール・クラウディウス・フランツ・フォン・タクシス（二世）（一六二一年―七六年）の主張を認め、家紋に塔を取り入れることを許可した。スペイン王の紋章官の鑑定に基づき、またトッリアーニ家出身のトゥルン・ヴァルサシーナ伯家の承諾を得て、ラモラール・クラウディウス（二世）は、その称号と紋章を受け取った。スペイン王フェリペ四世は、一六四九年十月六日付の認可証でその同意を明らかにしている。また皇帝フェルディナント三世は、一六五〇年十二月二十四日、「トゥルン・タクシス」の名称使用を許可した。

この名を最初に用いたのは、ラモラール・クラウディウス・フォン・トゥルン・ウント・タクシス帝国伯であった。何回か変更されたのち、一六五三年には新しい家紋が決められる。そこでは帝国鷲紋章は再び放棄された。いまや紋章の中心盾にはアナグマだけが描かれており、アナグマはヴァルサシーナ伯身分を象徴する二つの赤い塔と二匹のライオンに囲まれている。紋章盾の上には伯の冠がかぶせられている。その冠は貴族に列せられたことによってだけではなく、婚姻と系譜学によってもその地位を不動のものとした。一六五一年にアントウェルペンで印刷された『教皇・皇帝・国王・公・侯等名鑑』の中ではすでに、ラモラール・フォン・タクシス（二世）は、帝国、ベルギー、ブルゴーニュ、ロレーヌ（ロートリンゲン）の世襲郵便総裁として、「ラモラルドゥス・クラウディウス・フランシスクス・ド・ラ・トゥール、コーメス・デ・タッシス」と記載された[54]。

バロック時代の経営者

ラモラール・クラウディウス・フランツ・フォン・トゥルン・ウント・タクシス（二世）（一六二一年―七六年）は、帝国の諸行事に列席して注目を浴びた。一六五三年、彼はレーゲンスブルク帝国議会に大勢の伴を従えて登場し、郵

図69 バロック時代の企業家。ラモラール・クラウディウス・フランツ・フォン・（トゥルン・ウント）タクシス（2世）伯（1621年―76年）。1645年―1676年の帝国郵便総裁。

便事業の拡充を皇帝に宣伝した。彼はこれによって、彼の先祖の多くと同じように、ケメラーの称号を得ている。五年後、レオポルト一世（在位＝一六五八年―一七〇五年）の皇帝選挙の際に、彼はフランクフルト・アム・マインにいた。一六六三年／六四年のレーゲンスブルク帝国議会の折には、一六六三年、（パッサウ近郊の）フィルスホーフェンまで旅して皇帝を出迎え、一六六四年、再び皇帝をそこまで送り届けている。フィルスホーフェンは、レーゲンスブルクとウィーンのあいだのタクシス郵便最後の宿駅であった。この個人的な参加は、帝国郵便による皇帝旅行の普段の編成をはるかに凌いでいた。皇帝の愛顧を求めることは、社会的な理由を持つだけではなく、ルイ十四世の膨張するフランスと、競合する領邦郵便を持ったブランデンブルクに対して、必要な政治的支援をもたらすことになった。フランスはネーデルラントの郵便に損害を与えていたのである。ただし領邦郵便に関しては、見通しは良くなかった。ウィーンはみずから、帝国領内に宮廷郵便を持っていたため、領邦が帝国郵便の管轄領域を制限してしまう模範を提供していたからである[55]。オランダ語、ラテン語、フランス語、イタリア語、ドイツ語、スペイン語で記されたラモラールの数千通の手書きの書簡やメモが残されている。それらは、郵便制度の詳細を扱っていて、彼が有能な郵便事業家であったことを証明している[56]。

ブリュッセルのタクシス家は、社会的に上昇していくと、贅を尽くしてその対面を保つことに努力した。ラモラー

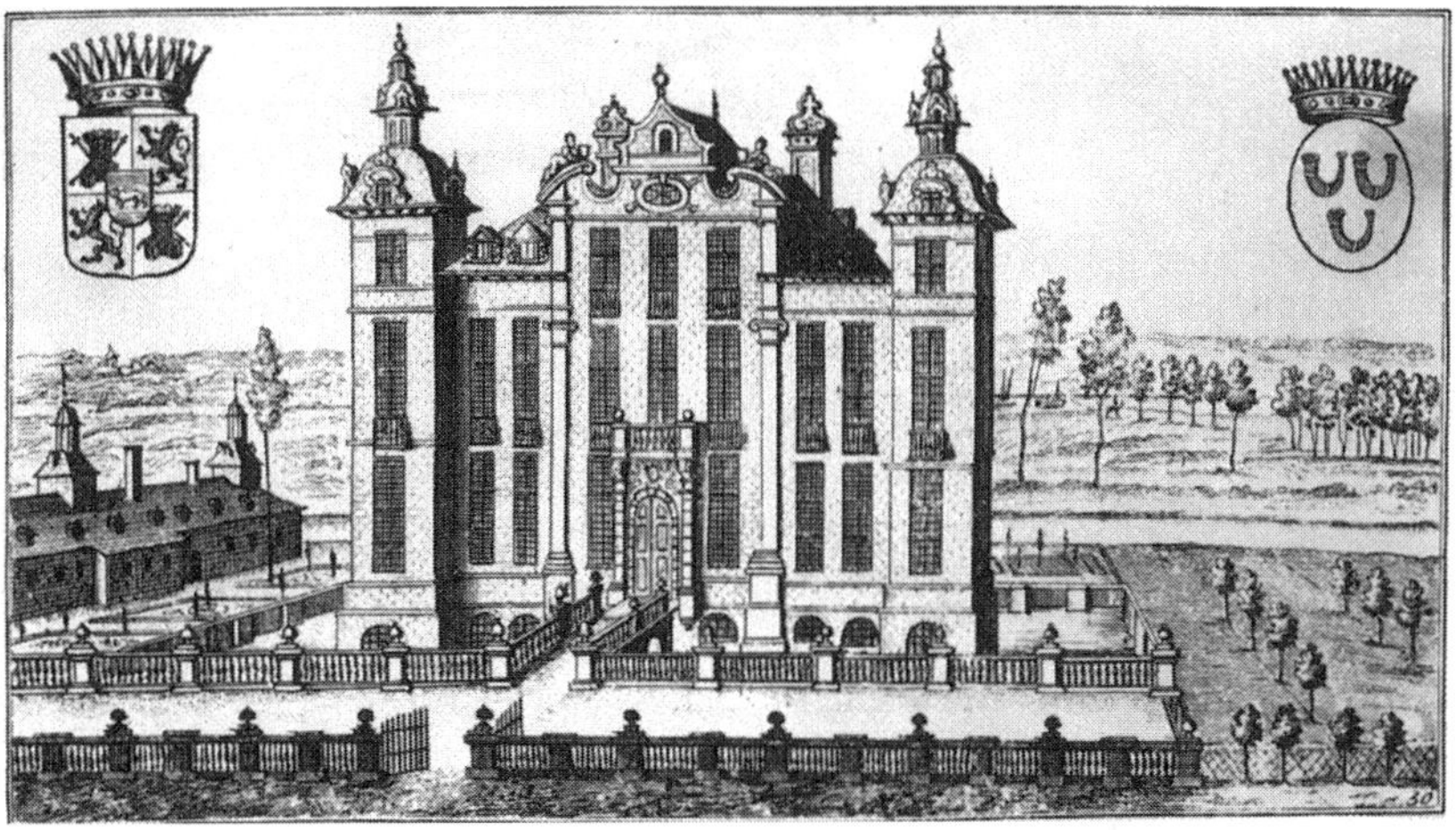

図70　1686年、ブリュッセル近郊のボーリュー城。左上には新しい家紋、右には三つの郵便ラッパの紋章。

ル・クラウディウス・フォン・トゥルン・ウント・タクシス（二世）のもとで、活発な建設工事が開始される。まず一六五〇年代に、フランツ・フォン・タクシスに遡る一族の墓所をバロック様式で新築したことはその前兆であろう。そののち一六六〇年頃、ブリュッセル近郊に、夏の狩猟滞在地としてボーリュー城が建てられた。一族は、ブリュッセルでは、ノートルダム・デュ・サブロン教会の墓所の向かい側に、邸宅を改築した。その豪華な内装と外装は当時の一連の銅版画に見ることができる。貴族の対面維持への「投資」は、その後の社会的上昇を準備した。今日のベルギーであるスペイン領ネーデルラントで、ヨハン・バプティスタ・フォン・タクシスがクリスティーナ・フォン・ヴァハテンドンクと結婚して以来、タクシス家は貴族社会の一員だった。すでにフランツ・フォン・タクシスはブリュッセルに所有地を獲得していた。ヨハン・バプティスタは、その結婚によって領地ブジンゲンを得たが、一五三〇年には皇帝カール五世によりアルデンヌのラ・ロッシュ伯領を授封され、また妻の両親から領地へメッセムも手に入れていた[57]。

最終的に一六七〇年、ラモラール・クラウディウス・フォン・トゥルン・ウント・タクシス伯が妻の一族であるド・オルヌ伯家から領地ブレン・ル・シャトーとヘネガウのオー・イットゥルを獲得したとき、身分にふさわしい土地所有が始まった[58]。これによって、帝国郵便総裁職に依存しないトゥルン・ウント・タクシス家の発展がスタートすることになる。

帝国諸侯身分への昇格

トゥルン・ウント・タクシス帝国伯家は十七世紀を通してずっと、依然としてスペイン王室に仕えていた。一族の居住地はスペイン領ネーデルラントの首都ブリュッセルだった。それゆえ、家長オイゲン・アレクサンダー・フォン・トゥルン・ウント・タクシス伯（一六五二年―一七一四年）が大きな成功とみなしたのは、一六八一年二月十九日にスペイン王カルロス二世によってスペインの世襲諸侯身分に昇格されたことである。同時に、領地ブレン・ル・シャトーは、「ド・ラ・トゥール・エ・タッシス侯国」の称号で侯領に引き上げられた。スペイン王室の主権下、このトゥルン・ウント・タクシス侯領は、下級裁判権と上級裁判権を持っていた。さらに侯は一六八七年、金羊毛騎士団のメンバーに加えられた。これはカトリック・ヨーロッパでは特別な栄誉と同じである。他の一族の諸侯身分昇格に際しても、十七世紀初頭以降、この会員資格は有効であった[59]。

もっとも重要だったのは、一六九五年十月四日、皇帝レオポルト一世によって世襲帝国諸侯身分へ昇格されたことであった[60]。この昇格への道を開いたのは、スペインにおける身分の昇進だけではない。ここではまた、頻繁に見られるように、婚姻が来るべき発展を約束するものとして役立った。一六七八年、オイゲン・アレクサンダー・フォン・トゥルン・ウント・タクシス伯は、フュルステンベルク・ハイリゲンベルク公女アンナ・アーデルハイドと結婚したことにより、たとえ「新参の」帝国諸侯であったとしても、初めて帝国諸侯の娘を妻にしたことになる。フュルステンベルク本家は、一六六七年になってやっと、帝国諸侯身分に昇格していた[61]。ドイツ人との結婚、そして結婚式がブリュッセルではなくウィーンで行われたという事情は、トゥルン・ウント・タクシス家が帝国貴族階級へ絶え間なく成長していったことを良く表している。

こうして、一七〇二年、ヘネガウの不動産がフランス軍によって差し押さえられ、ネーデルラントを離れなければならなかったとき、すでに道は開かれていた。そののち、帝国内への受け入れは急速に進んだ。トゥルン・ウント・タクシス家の最初の侯オイゲン・アレクサンダーは、一七〇四年、つまりブリュッセルからフランクフルトへ移住した直後には早くも、クールライン・クライスの諸侯身分の議席と投票権を得ていた。トゥルン・ウント・タクシス伯家がふさわしい領邦を所有しなくても帝国諸侯身分に受け入れられたことは、十七世紀後半に見られた身分昇格の実践に合致している。皇帝に誠実な他の貴族の家系（アウエルスペルグ、シュヴァルツェンベルグ、リヒテンシュタイン、ヴィンディシュグレーツ）も、同じように身分を引き上げられている[62]。

一七〇二年—四八年　トゥルン・ウント・タクシス侯家の居住地フランクフルト

スペイン継承戦争のため、一七〇二年、オイゲン・アレクサンダー・フォン・トゥルン・ウント・タクシス侯はブリュッセルを離れ、一族の居住地の一部をフランクフルト・アム・マインに移した。タクシス家はネーデルラントの郵便事業を失い、のちにはただ賃貸借で取り戻したにすぎない。ブリュッセルはもはや誰もが認める郵便網の中心地ではなくなり、その代わりにフランクフルトがこの地位へと発展し、ドイツではアウクスブルクを凌ぐようになった。一七一三年のオイゲン・アレクサンダー侯の遺言は、家族所有を家族世襲財産＊へと変えたが、ネーデルラントの所

＊　**家族世襲財産**（Fideikommiß）　不可分・不可譲の、一定の相続原理に従って単独相続される財産。貴族だけがこの財産設定権を持っていた。

図71 ブリュッセルからフランクフルトへ。オイゲン・アレクサンダー。トゥルン・ウント・タクシスの初代の侯(1652年—1714年)。1676年—1714年の帝国郵便総裁。

有地の譲渡とそれに代わる帝国内の所有地の獲得をあらかじめ考慮していた。ブリュッセルの居城は、ラシュタット条約によって一七一四年に返還されたのちにもうしばらく利用されたが、フランクフルトへの移住が過去との断絶を意味していたことはすぐに明らかになった(63)。

決定的だったのは、皇帝カール六世が郵便総裁に、その居住地を長期的に帝国の境界へ移すよう要請したことであろう。トゥルン・ウント・タクシス家の第二代の侯アンゼルム・フランツは、一七一五年にもう一度ブリュッセルに戻るが、そののち一七二四年、すでに慣れ親しんだフランクフルト・アム・マインを新しい居住地に決定し、「もっとも上品な皇帝の郵便局のひとつ」であるフランクフルト上級郵便局の意義を明示した。一七二四年、皇帝は帝国都市フランクフルトに、書状で公式に世襲郵便総裁の決定を伝えた。市長と市参事会は、ウィーンからのこの伝達を決して喜ばなかった。彼らは、自分たちの特権が削減されることを危惧し、特にタクシス侯の税免除が不満であった。フランクフルト市は、五年にわたって、侯の移住に抵抗しようとした。一七二四年には仲介者を通してエシェンハイム大通りに面した地所が獲得されていたが、ようやく一七二九年、その地所の使用がタクシス侯とフランクフルト市とのあいだで契約によって定められた。一七三〇年代、そこにタクシス家の宮殿が贅を尽くして建設される。宮殿にはおよそ百四十の部屋があった。建築費は、総額で約四十万グルデンにのぼった。アレクサンダー・フェルディナント侯は一七四〇年からこの宮殿で生活し続けた。フランクフルトは、その後の計画の好都合な拠点となった[64]。

最初の皇帝特別主席代理職（一七四二年―四五年）と帝国郵便の親授レーエンへの昇格

トゥルン・ウント・タクシス家はフランクフルトで皇帝カール七世と密接に接触することができたため、この居城地は幸運な偶然としての実を示した。ヴィッテルスバッハ家出身のこの皇帝は、ハプスブルク家と不和が絶えなかった。オーストリア軍がバイエルンに入ると、皇帝は帝国の政治的中心地をフランクフルトに移した。つまり、（ミュンヘンから）居城と（レーゲンスブルクから）帝国議会をである。トゥルン・ウント・タクシス家は、すでに皇帝選挙に際してヴィッテルスバッハ家を経済的に援助していた[65]。新皇帝は、選挙後の一七四二年七月、トゥルン・ウント・タクシス家の第三代の侯アレクサンダー・フェルディナントに皇帝特別主席代理職を、つまり帝国議会における皇帝の代理職を提供することによって、感謝の意を表した。ウィーンにいるタクシス家の代理人たちは、早くから、とりわけオーストリア領ネーデルラントで賃借りしている郵便事業に起こるかもしれない危険な結果を侯に警告していた。ある報告によれば、ウィーンの宮廷は「ひどく感情を害して」いた[66]。そのうえ、その不興はとても大きかったので、ちょうどブリュッセルに滞在していたトゥルン・ウント・タクシス侯に対する逮捕命令がブリュッセルのオーストリア総督に伝達されたほどである。マインツ大司教のウィーンでの迅速な調停だけが、逮捕と事件の周知を阻止できた[67]。逮捕命令は誓約と引き換えの監禁に変更された。侯は同時に、その顧問官フォン・リーリエンの報告書を通して、皇帝特別主席代理職を引き受けるいくつかの理由をウィーンに対して説明させた。その際、帝国郵便にとってその職が必要であることが大いに強調されている。侯によれば、自分は、勅令によって委任された皇帝特別主席代理職を引き受けることを繰り返し謝罪することはできない。そうすれば、皇帝の不興を確実に被り、それでなくとも帝国郵便を好まないさまざまな等族たちが、その不興で得をするであろう。[68]

侯は、監禁を解いてほしいと繰り返し請願したが、ウィーンがその請願に応じる十一月終わりまで、ブリュッセルに監禁されたままだった。ウィーンの興奮がいくらか収まるまでのあいだ、アレクサンダー・フェルディナント・フォン・トゥルン・ウント・タクシスは、皇帝特別主席代理職の受け入れを延期した。辞令は一七四三年二月一日付である[69]。皇帝特別主席代理の居所は、この時期、トゥルン・ウント・タクシス侯の居住地であるフランクフルトだった。彼の最初の職務期間は、ヴィッテルスバッハ家出身の皇帝カール七世統治の終わり（一七四二年―四五年）まで続いた[70]。

皇帝特別主席代理職は莫大な費用と結び付いていた。在職者は、その地位にふさわしく、皇帝の代理を務めなければならなかったので、豪華なレセプションを催すこともその職務のひとつだった。毎日、大勢の客をもてなす必要があり、華麗な芝居を上演することも当然の義務であった。小姓や宮廷騎士と並んで宮廷の多くの召使たちの維持、宮廷音楽や芝居は、合わせて約九十から百四十の人員を必要とした。在職者はかなり頻繁に交代するのが常であった。というのも、他の帝国諸侯は、数年以上にわたってこの財政的負担に耐えることができなかったか、耐えたくなかったからである[71]――その名誉称号にはただ二万五千グルデンの報酬が与えられるにすぎず、一方、体面の維持には通例およそ十倍の金額がかかった。一七四四年、その費用は二十五万グルデンに達した[72]。

皇帝特別主席代理職のための資金調達ができるのは、帝国郵便の収入によってだけであった。したがって、トゥルン・ウント・タクシス家は、帝国郵便を民営の収入源として確保する良い口実を得たことになる。この関連で、帝国郵便事業のその後の特権化を見ることができる。皇帝カール七世は、一七四四年七月二日付の実施で、郵便を親授レーエンに格上げした。この処置はすでに、彼の選挙協約の構成要素であった[73]。そのうえ、アレクサンダー・フェルディナント・フォン・トゥルン・ウント・タクシス侯は、帝国郵便の親授レーエンへの格上げとともに、自分が帝国諸侯部会へ受け入れられるのを早めることができると希望した。しかしこうした計画は、一七四五年一月の皇帝カール七世の死去と、マリア・テレジアの夫フランツ・シュテファン・フォン・ロートリンゲンの皇帝選出によって、水泡に帰した。皇帝特別主席代理職も再び失われる。もっとも、トゥルン・ウント・タクシス侯のチャンスは、一七四五年三月のロートリンゲン・ダルマニャック公女シャルロッテ・ルイーゼとの結婚によりまたも上向いた。いまや彼は皇帝家と親族関係にあり、さらにこの波乱万丈の年の十二月には、マリア・テレジアと皇帝フランツ一世自身によって枢密顧問官に任命された[74]。

フランクフルトからレーゲンスブルクへの移住

帝国議会は、一七四五年以降、再び定期的にレーゲンスブルクで開催された。皇帝特別主席代理職はもう一度、向こう三年にわたってフュルステンベルク侯によって引き受けられたが、それが暫定的な解決策にすぎないことは明らかだった。ハプスブルク家とトゥルン・ウント・タクシス家が再接近すると、一七四八年一月二十五日、アレクサンダー・フェルディナント・フォン・トゥルン・ウント・タクシスは、今度はハプスブルク家出身の皇帝フランツ一世によって、改めて皇帝特別主席代理に任命された。一七四八年、この再任とともに、居住地の問題が浮上した。その頃、地理的に有利な位置にあったフランクフルトは帝国郵便の中心地になっていた。そして帝国都市におけるタクシス宮殿の建設は、市参事会との長い闘争ののちにようやく相当な経済的犠牲を払って可能になっていたが、その宮殿

RATISPONA antiquissima Bauariae
urbs, Danubij ripis adiacet

図 72　皇帝特別主席代理職の結果。「永久帝国議会」の都市レーゲンスブルクは、1748年、トゥルン・ウント・タクシスの「ブリュッセル家系」の居住地となった。

がちょうど完成したところだった。それにもかかわらず、レーゲンスブルクへの移住が即決されたことは、皇帝特別主席代理職がトゥルン・ウント・タクシス家にとっていかに重要であったかを示している。

一七四八年一月、タクシス侯の侍従長であるライヒリン・フォン・メルデッグ男爵がレーゲンスブルクに現れ、移住の準備を整えた。従来の皇帝特別主席代理職の居所は、ザンクト・エメラム帝国修道院の建物の一翼にあったが、これは不充分とみなされた。侍従長は、四十の部屋とひとつの「大客間」を有した隣接する「フライジンガー・ホーフ」をフライジング司教から借りることを推薦した。トゥルン・ウント・タクシス侯はこの提案に応じ、契約が合意したのち、大規模な改築を開始させた。他の居室、厩舎や馬車の車庫の付いた農舎は、隣のザンクト・エメラム修道院から賃借りした。

数日にわたって短期間の訪問を行ったのち、一七四八年秋、一族は転居した。道路と郵便馬車を使わずに行われた転居の方法は、文化史的に興味深い。侯家の所帯はフランクフルトでマイン河の荷役船に積まれ、ウンターフランケンのマイン河三角地帯の南端まで運ばれた。荷はマルクトシュテフトからは道路を使ってドナウ河畔のラウインゲンまで輸送された。その際、トゥルーゲンホーフェンにある侯家の城が比較的長い滞在のための一行程として役立った。ラウインゲンで荷は再び船積みされた。十一月七日、レーゲンスブルクのドナウ河港に十二隻の船が到着した[75]。

帝国議会での常任皇帝特別主席代理職（一七四八年―一八〇六年）

皇帝特別主席代理職は、そののち旧帝国の終焉まで、トゥルン・ウント・タクシス侯家が所有したままだった。この継続性は、それまでにない長さだった。というのも、一六六三年から一七四八年までのあいだ、皇帝特別主席代理の平均的な任期は八年間だったからである。費用のかさむこの職務の希望者を何人も出していた一族はそれまでになかった[76]。これに対してトゥルン・ウント・タクシス家はこの職を引き受け、決して再び放棄することはなかった。いわば家族内で世襲されたのである。アレクサンダー・フェルディナント・フォン・トゥルン・ウント・タクシスは、一七四三年から一七四五年までと、一七四八年から一七七三年まで、そのポストに就いた[77]。カール・アンゼルム・フォン・トゥルン・ウント・タクシスは一七七三年に後継者となり、一七七四年十二月二十七日に皇帝ヨーゼフ二世によって就任を認められた。一七九〇年の皇帝レオポルト二世、一七九二年の皇帝フランツ二世の戴冠式ののち、彼は繰り返し任命を受けた。だが、カール・アンゼルムは、生涯にわたって皇帝特別主席代理であり続けたわけでなく、一七九七年、疲れきって辞任した[78]。同じ年、フランツ二世は、侯世子カール・アレクサンダー・フォン・トゥルン・ウント・タクシスをその後継者に指名した。皇帝特別主席代理職は、一八〇六年、帝国郵便総裁職と同様に、旧帝国とともに消滅した[79]。

帝国郵便総裁職と皇帝特別主席代理職をひとりの人物が兼任することを皇帝がどのように利用していたかは、明白である。信書を秘密裏に監視することは、時折ハプスブルク家の役に立っていたが[80]、それだけではない。出版の検閲もすでに十八世紀には重要だった[81]。フランス革命後の一七九〇年、レオポルト二世の選挙協約において初めて、出版の検閲が帝国法上で定められた。一七九〇年九月四日、フランクフルトの選挙会議からトゥルン・ウント・タクシスへ、フリードリヒ・コッタの革命的な『人権のための雑誌』の普及を帝国郵便によって阻止するよう指示が出された[82]。しかし、おそらく別の利点も注目されていた。つまり、トゥルン・ウント・タクシス侯家は、ふさわしい体面の継続的な維持を保証することができた。そのために必要な財源が帝国郵便の利益によって賄われたのである。

また逆に、トゥルン・ウント・タクシス侯家にとっての利益も明らかだった。彼らは、皇帝がトゥルン・ウント・タクシスの帝国郵便事業の維持に関心があり、帝国郵便を領邦化しようとする動きから守ってくれるだろうと確信することができた。さらに皇帝特別主席代理職は、帝国のすべての領邦と外交関係を保つことができたし、この点からも帝国郵便の維持のために働きかけることができた。トゥルン・ウント・タクシスが外交上の取引にとって必要とした情報は、これまでいつもそうであったように、郵便からもたらされた。ちなみに、皇帝特別主席代理職は帝国郵便の維持だけではなく、その後の社会的上昇、とりわけすでに言及した帝国諸侯部会への受け入れ運動にも有益であった[83]。

帝国諸侯部会での議席問題

一七三四年にシュヴァーベンに土地を購入したにもかかわらず、一七七五年頃、トゥルン・ウント・タクシスは、古くからのレーエン制度の意味ではあいかわらず「領邦なき侯」だった。これによって一族は、すでに以前から帝国諸侯のあいだに議論を引き起こしてきた問題と関係した。一六二三年、選帝侯たちは、ボヘミアの裕福なエッゲンベルク男爵が帝国内に土地を所有していないとの理由で、彼の身分昇格に初めて反対していた。これに基づき、一族には諸侯の領邦購入が義務づけられた。ロープコヴィッツ侯家やアウエルスペルグ侯家にも同様な事態が起こっている[84]。こうした抗議の結果、一六五四年、帝国議会の議席と投票権を領邦高権の所有と結び付ける帝国議会決議がなされた[85]。

この決議はその後、帝国国制の基本的な条件となり、帝国諸侯集団内の新参者すべてに関係した。著名なドイツ国法学者ヨハン・ヤーコプ・モーザーは、一七六七年、その著書『ドイツ帝国等族論』において、かなり多くの新しい諸侯が領邦を所有していないことを嘲笑していた。領邦を持たない新諸侯は、選帝侯部会と比較して、帝国諸侯部会の影響をますます弱めていった。さまざまな帝国等族は、トゥルン・ウント・タクシス侯の使節が帝国議会に呼ばれて投票するたびに抗議した。その際、トゥルン・ウント・タクシス家が帝国諸侯の最新の一員ではなかったにもかかわらずである。カール七世の三年にわたる統治のあいだだけでも、九人の新諸侯が「つくり出されて」いたし、一七六四年には五家門がこれに加わり、その後はさらに増え続けた。帝国諸侯部会では、選帝侯家の他に、九つの「古い」諸侯と十三の「新しい」諸侯が議席と投票権を獲得した[86]。もっとも古さだけが重要なわけではなかった。実際、一六五四年の帝国議会決議は、トゥルン・ウント・タクシス侯の使節に対する他の帝国等族たちの抗議を正当と認めていた。そうした表明が帝国の世人に引き起こした心理的圧力を過小評価してはならない――たとえば、ヘッセン・カッセルの公使は、トゥルン・ウント・タクシス侯世子とその妃ヴュルテンベルク女公爵の列席下で、厳粛な紹介の際に、みずからの抗議を記録させた[87]。

皇帝特別主席代理に再就職すると、トゥルン・ウント・タクシス侯家にとって、帝国諸侯部会で議席と投票権を獲得するという、以前から掲げていた要求が再び差し迫ったものとなった。すでに一七四四年の帝国郵便事業の親授レーエンへの格上げが、この目標到達をめざしていた――これは、のちに明らかになるように、決して不当なものではなかった。事実、一七五三年の皇帝の委員令は、「諸侯にふさわしい帝国財産」としての親授レーエンを引き合いに出し、請願された議席と投票権は、侯領の代わりに、この親授レーエンに「基づくことができる……それゆえ侯には議席と投票権が認可されるであろう」とした。「郵便侯領」という嘲りの言葉はこの要求に由来するのかもしれない。その言葉は、トゥルン・ウント・タクシス侯家の財政的な基盤を特徴づけるために、百年以上のちにもまだ使われていた[88]。しかし、多数の帝国諸侯は、この論拠に強く抗議し、次のように要求した。その中には、ブランデンブルク、ブラウンシュヴァイク、ヘッセン・カッセルのように自国の領邦郵便の所有者もいたことは偶然ではない。

現体制の諸侯部会を変更せずに、資格のない新しい諸侯全員の権限を完全に拒絶する。

だが、古い侯家が行ったあらゆる抗議は、トゥルン・ウント・タクシス侯に、慣習と以前の帝国議会決議の要求を満たすよう、「諸侯にふさわしい領邦と臣民の調達」を義務づけることしかできなかった[89]。結局、カール・アンゼルム・フォン・トゥルン・ウント・タクシス侯（一七三三年―一八〇五年）は、侯領の獲得に真剣に着手しなければならなくなった。（この点については、第五章「領邦君主と土地所有者としてのトゥルン・ウント・タクシス」で報告される。）

十八世紀後半における体面維持の課題

国法学者ヨハン・ヤーコプ・モーザーは、その著書『ドイツ帝国議会論』において、皇帝特別主席代理の詳細な任務を記述しているが、その際、特に一七四八年以降の時代を検討している。多くの点に言及したのち、モーザーは原則的に次のように要約する。

それゆえ皇帝特別主席代理は、今日の意味では、ドイツ帝国議会で皇帝を表わす侯である……皇帝特別主席代理職は、帝国議会で皇帝の地位を代理することにある……。[90]

皇帝特別主席代理の任務は、主に代理的な性質ものであった。任務は、帝国議会*を式典的に開会すること、皇帝の提案を報告すること、使節を接待すること、帝国議会決議を受け取って皇帝へ引き渡すことであった。帝国議会の本来の議長職務は帝国大書記長が行った。帝国等族の誰も冷遇されていると感じてはならなかったので、侯が式典的饗宴に際して礼法を尊重することは重要だった。帝国議会の政治的実務や外交的接触と並んで、使節を娯楽で接待することが皇帝特別主席代理の任務のひとつであった。たとえば、「特別の」娯楽として、一連の儀式ばった接待をくつろがせる謝肉祭の舞踏会や橇での遠乗りが好まれた。

一七五〇年、レーゲンスブルク市民は皇帝フランツ一世に誠実を宣誓した。皇帝特別主席代理アレクサンダー・フェルディナント・フォン・トゥルン・ウント・タクシス侯（一七〇四年―七三年）の最初の職務行為のひとつは、その宣誓の受理だった。これは、皇帝の統治が始まって以来、繰り返し延期されてきたものである。一七五〇年、レーゲンスブルク市民はそのために、清潔で厳粛な服装でザンクト・エメラム修道院の広場に整列しなければならなかった。市参事会員たちは接見のために「フライジンガー・ホーフ」の皇帝特別主席代理の前に姿を現した。

市参事会員は、侯の従僕や他の召使たちが二列につくった人垣のあいだを通って階段をのぼり、二人のトゥルッ

---

* **帝国議会**（Reichstag）　帝国議会は本来は毎年召集される規定になっていたが、実際には、選帝侯の同意を得た場合にのみ召集されるようになった。一六五四年五月一七日に閉会したレーゲンスブルク帝国議会までは、皇帝や諸侯の多くはみずから議会に出席していた。しかし一六六三年に召集された帝国議会は、一八〇六年の帝国解体まで閉会されずに永久議会となったため、皇帝や諸侯はみずから議会に出席することをやめてしまい、使節を派遣するだけとなった。

図 73　1750年頃のレーゲンスブルクのザンクト・エメラム帝国修道院。右下には、トゥルン・ウント・タクシス家出身の皇帝特別主席代理の――当時はまだ賃借りしていた――居所。

フゼスに出迎えられて、紋章室へと進んだ。そこには、侯の枢密顧問官たちや騎士たちが待っていた。

……侯が金色の羊毛のついた華麗なマントを羽織って登場すると、一団は二人づつ広間へ入った。召使いたちを先頭に、次は市参事会員、それから侯、そのかたわらには宮廷騎士と顧問官たちがいた。侯は三段高い玉座に据えられた深紅のビロードの椅子に座った。玉座の天蓋の下には皇帝の肖像が掛けられていた。侯の騎士たちが玉座の両側を取り巻き、職務を行うケメラーと最長老たちが玉座の前の両側に立っていた。

部屋の下の玉座の向かい側にはバリケードがあり、そこでは、委員たち、何人かの公使や名士が見物していた。侯は、市参事会員への辞でその儀式を開会した。それから枢密書記長キルヒマイルが玉座に歩み寄り、誠実の宣誓を読み上げる命令を受けた……。


宣誓が読み上げられ、政治的に責任ある者たちが皇帝特別主席代理に向かって手を上げて誓いを行ったのち、公式の儀式が行われた。さらに

……一団は、先ほどと同じように召使たちに先導され、最下の窓を通って、音楽が鳴る中を、広場へ、宮殿の前につくられた舞台の上へと進んだ。そこでは、侯が、天蓋の下に座っていた……枢密顧問官フォン・ハイスドルフが市民に講演する命令を侯より受け、彼は一段目の階段からそれを行った。その後、枢密書記長シュースターが宣誓を読み上げるよう委任された。宣誓は、陽気な声で、右手の二本の指を立てて復唱された。そしてハイスドルフを手本に、〈皇帝フランツ万歳〉が、三度、トランペットと太鼓の鳴る中、市民たちによって歓呼された……。

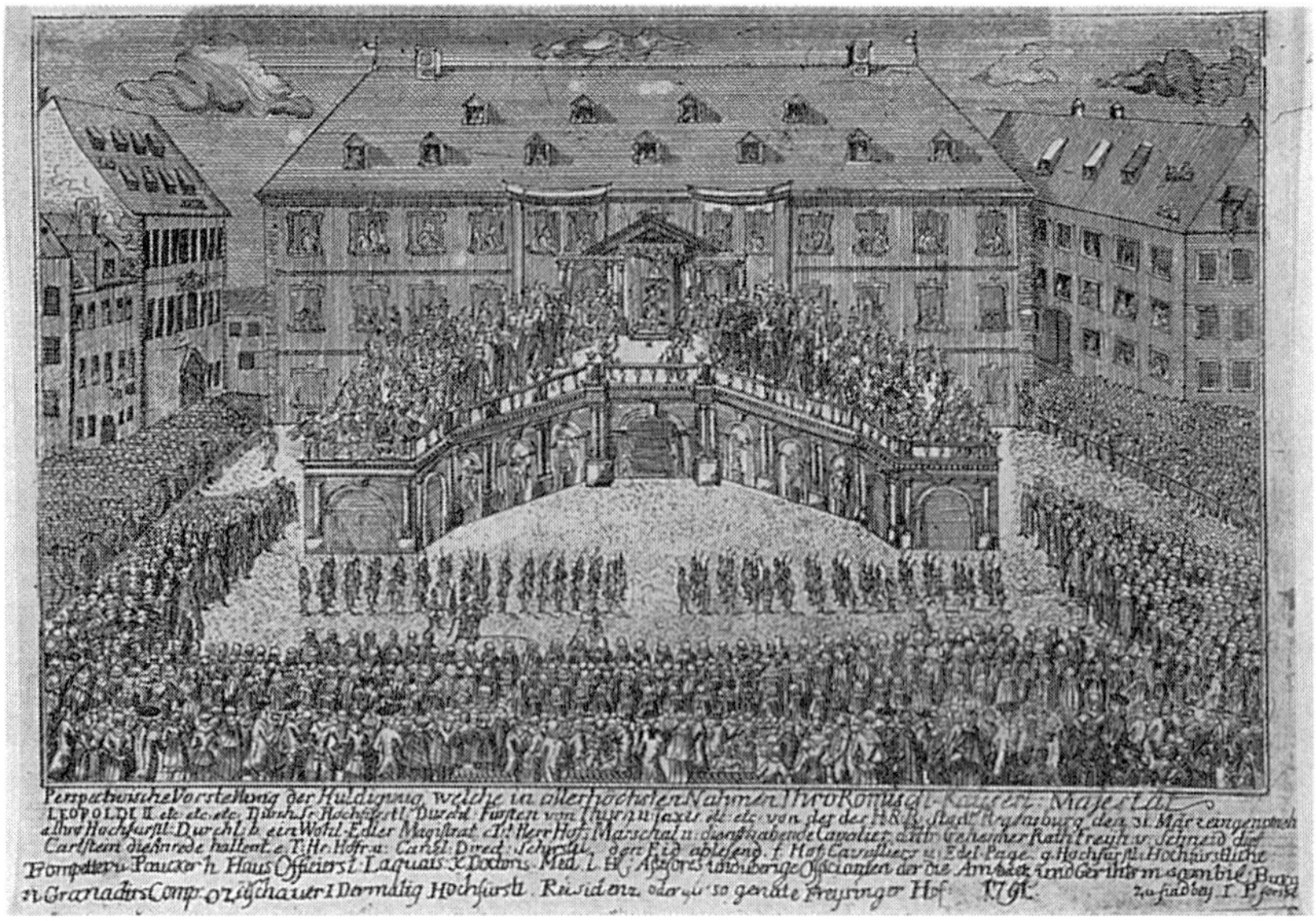

図 74　皇帝の代理人としての皇帝特別主席代理カール・アンゼルム・フォン・トゥルン・ウント・タクシス侯（1733年—1805年）。1791年、レオポルト2世の選挙後に行われた人民の誠実宣誓。

大砲が塁壁から鳴り響き、侯は舞台の上の天蓋の下で、市の名士たちと公式に食事をした。これは「午餐会」と呼ばれた。宮廷楽団が音楽を奏で、皇帝の健康を祈って乾杯された[91]。

皇帝特別主席代理の日常は帝国議会の使節を接待することであり、その進行については、ある宮廷騎士が『帝国議会の儀式記録書』を作成していた。儀式には使節の身分に従って、さまざまな段階があった。帝国の礼儀作法は厳格に定められており、皇帝特別主席代理にとっても拘束力があった。重要な事柄は、帝国議会自体で皇帝を代理することと、帝国大書記長であるマインツ大司教を儀式的に接待することである。トゥルン・ウント・タクシス侯は帝国郵便総裁としてもマインツ大司教に特別な関係があった。大書記長は、依然として、「郵便事業の保護者」の機能を果たしていたのである。宮廷の廷臣団全員がマインツ大司教の公使に敬意を表するよう呼び集められた。世人たちは皇帝特別主席代理の体面維持の業《わざ》に少なからず注目し、そしてトゥルン・ウント・タクシス侯家はレーゲンスブルクで、批判的な人々にも好印象を与えることができた。

だから、たとえば啓蒙主義者ヨハン・ペッツルは、その『バイエルン・クライスの旅』の中で、トゥルン・ウント・タクシス侯の快活な礼儀作法をどちらかといえば肯定的に評価することができた。これとは反対に、彼は当時のレーゲンスブルク司教を大いに批判した。司教は、悪名高い祓魔師ガスナーを贔屓する頑固な保守主義者であった[92]。オーバーミュンスターやニーダーミュンスターの修道院の年配の女性たちはペッツルをひどく嘲った。彼はレーゲンスブルクを、「俗物たち」が帝国の人民の魂を狭めてしまう「暗く憂鬱で内にこもった街」とみなしたが、これとは逆に、皇帝特別主席代理の振舞いを並はずれて肯定的に特徴づけたからである。

トゥルン・ウント・タクシス侯は好意あふれるドイツの諸侯の名だたるひとりである。実際、彼は帝国議会と都市の客を礼を尽くして歓迎している……

彼の美しい楽団は有名である。彼は競馬、屋外射撃、舞踏会、橇での遠乗り、音楽を催している。つまり彼は、自分の莫大な財産をひとりの侯としてふさわしい方法で使っているのだ。彼は人々をともに楽しませる。また、遭難者や貧困者は彼のもとで安全な援助を見出すことができる。最近では、一七八四年にレーゲンスブルク全体が洪水に見舞われたが、そのあと、彼は、きわめて野蛮な娯楽である動物狩りもやめた。人々はそれをたいそう喜び、慈悲深い侯に大いに感謝している。[93]

実際には、帝国議会の都市レーゲンスブルクに見られた対立を充分に想像することは難しい。一方で、帝国都市の頑固なプロテスタントの俗物たち、諸侯の身分を持つ保守的なカトリックの司教や治外法権の帝国修道院が存在しており、他方で、皇帝特別主席代理を頂点にした国際使節が自由主義的な生活を営んでいた[94]。

トゥルン・ウント・タクシス侯の廷臣団

十八世紀後半に皇帝特別主席代理職に就いていた時代、トゥルン・ウント・タクシス侯は、レーゲンスブルクで独自の廷臣団を扶養していた。その頂点にいたのが枢密小会議顧問官たちであり、彼らは何人かの宮廷顧問官に支援されて、侯の実際の政治的執務や協議を行っていた。儀式的な義務、生活管理に貢献していたのは、侍従長、上級主馬頭、旅の随行員長、トゥルッフゼス、狩猟長、宮廷騎士、二人の女官、宮廷女官長だった。さらに聴罪司祭と侍医がいた。宮廷小姓長は、六人から八人の小姓から成る宮廷小姓を指揮し、若い貴族が宮廷内奉仕のために育成された。

トゥルン・ウント・タクシス侯の廷臣団はもともとは百人ぐらいだったが、そののち急速に増加する。新しい任務——シュヴァーベンのいくつかの小領邦における領邦統治の執行——には、廷臣の拡充が必要だった。一七九二年、侯が夏にトゥルーゲンホーフェン城に滞在する際にはおよそ三百五十人の人員がおり、その中には三十九人の貴族がいた。またそうした折には、侯家の管理の全部局（行政、宮廷使用人、宮廷音楽）の構成員がレーゲンスブルクにも残った。この時期、レーゲンスブルクの侯家の廷臣団を四百人と見積もることができる[95]。トゥルン・ウント・タクシス侯の廷臣団の規模と経済力は、皇帝特別主席代理職にとってもそれまでにはなかったほどの華美を極めた[96]。

トゥルン・ウント・タクシス侯家が体面維持のために必要とした費用は、皇帝特別主席代理職時代の第二期（一七四八年—一八〇六年）には、総計で約三千万グルデンにのぼった。そのうちおよそ六十％が宮廷生活に、残りは世子以外の子女に与える年金、ならびに宮殿建築とその管理にあてられた。一七五〇年代、宮廷生活費は年に二十万から三十万グルデンのあいだを動いていた。皇帝特別主席代理職に就任する以前のフランクフルト時代と比較すると、この分野の支出は二倍以上になっていた。続く十年間、支出はもう一度微増し、年に平均して三十万グルデンであった。これに、宮殿建築と管理のための支出が加わる。この支出は、特に一七八〇年代、侯領に格上げされたフリードベル

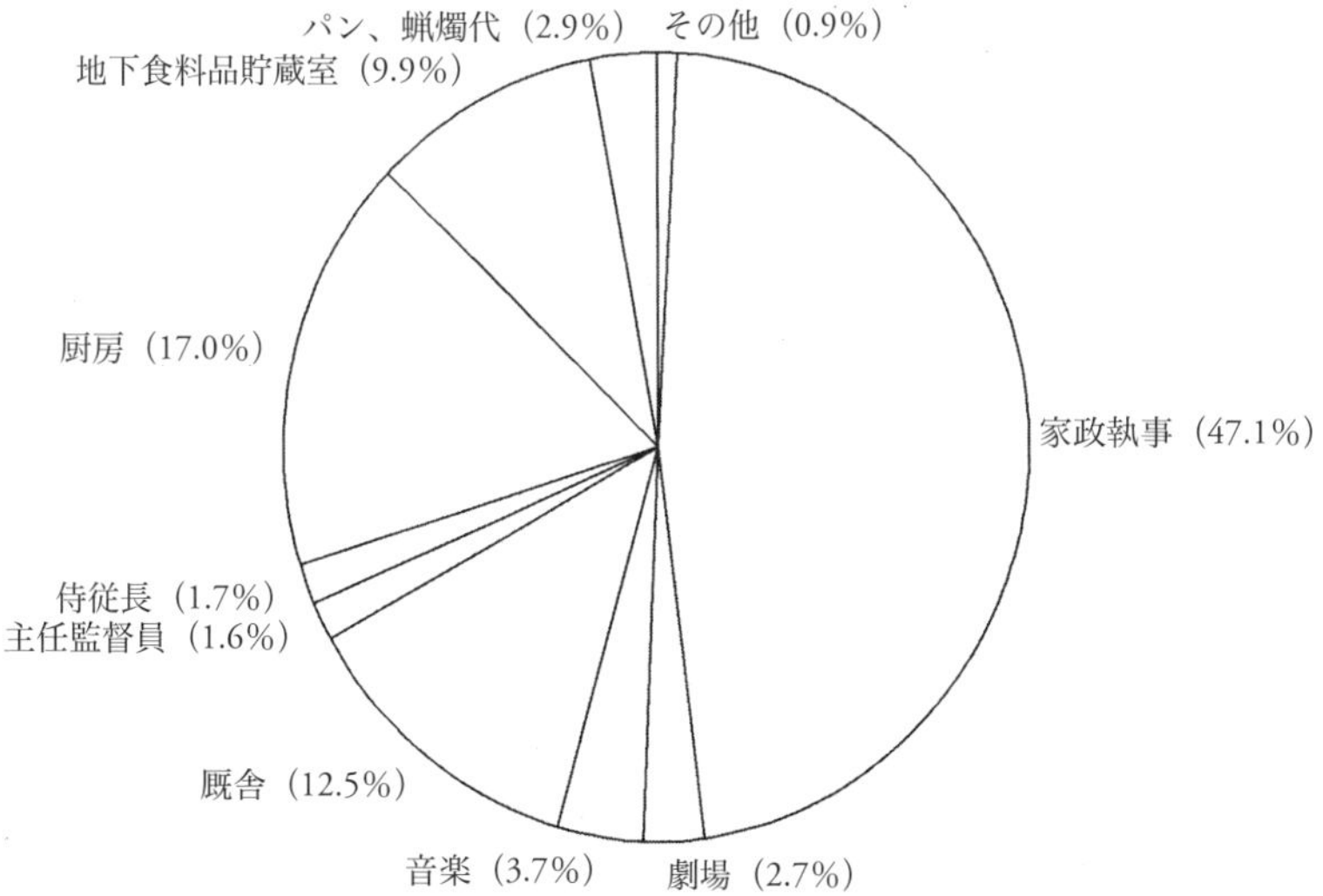

グラフ 17　1750年—1800年の侯家の宮廷生活費（100%＝1500万グルデン）

ク・シェール伯領を獲得したことと関係している。宮廷生活費が四十万グルデンに上昇した一方で、並はずれた支出は体面維持費の総額を何倍にも押し上げた。一七八六年、その費用はピークに達し、百六十万グルデンを超えた[97]。

一八〇〇年頃の損失の多い十年間

フランス革命の結果、トゥルン・ウント・タクシスは深刻な損失を被った。それは、ネーデルラントと帝国郵便の業績が最高頂に達していた時期である。まず一七九〇年、フランドルとブラバントの郵便を永久に失う。同じ時期、ハノーファーとブラウンシュヴァイクがその領内で帝国郵便を廃止した。しかし、トゥルン・ウント・タクシス家にとっての最大の損失は、一七九七年、ライン左岸の管轄領域をフランスへ譲渡したことによって生じた。その譲渡は、一八〇一年のリュネヴィル講和条約で確定された。一八〇二年には、プロイセンが、フランスから補償として受け取っていたライン右岸の管轄領域から帝国郵便を締め出した。ヴュルテンベルクは、プレスブルクの和約で国法上の主権を獲得したあと、帝国郵便を廃止する。ナポレオンは、ヴェストファーレン、バイロイト、フルダ、ハーナウ、ブレーメン、ハンブルク、リューベック、ならびに北西ドイツ（ハンザ地域やリッペ領邦）で帝国郵便を排除した。バイエルンは、一八〇六年、トゥルン・ウント・タクシスに経営の続行を承認するが、一八〇八年には、郵便をみずから国営として引き継いだ。バーデンにおける展開も同様なものであり、バーデンは一八一一年に郵便を国営化した。トゥルン・ウント・タクシス侯家は、この時期、土地領主および領邦君主としても損害を受けなければならなかった。一七九四年、フランスはネーデルラントの所有地ブレン・ル・シャトーとオー・イットゥルを押収した[98]。

すでに一七九七年、侯世子妃時代のテレーゼは、郵便収入の四分の三が失われてしまったと嘆いていた[99]。もっともこれは誇張であった。というのも、最良の数年が基準にされていたからである。たとえば、一七七〇年代と比較すると、収入はまだ非常に良かったのである。しかし一八〇六年まで、経済状態は切迫し、トゥルン・ウント・タクシス家の総決算は数年にわたって赤字を出した――タクシス家のそれまでの歴史で一回限りの出来事だった。いずれにしても支出は皇帝特別主席代理職を失って減少したにもかかわらず、さらに徹底的な節約措置が必要だった。建築工事全体を中止し、どうしても必要な修復だけを行うことにした。賃借りしていたエメラム広場の「外宮殿」は断念された。宮廷生活費は一八〇三年頃には平均して年に四十万グルデンであり、一七八〇年代の最高水準に達していたが、一八〇六年から一八一二年のあいだには、平均で二十万グルデン以下に抑えられた。宮廷生活費は、ウィーン会議のあいだに再び上昇したあと、一八二〇年代には再びこの水準でとどまった[100]。

国法上の点で、遅くとも一八〇三年には、弱小帝国等族に困難が迫っていることが明らかになった。確かに一八〇三年、陪臣化を再度逃れ、トゥルン・ウント・タクシス郵便は、ライン左岸の郵便の補償として、世俗化によってかなりの利益を収めることもできた。しかし、すでに一八〇三年から一八〇六年にかけて、自国の将来に対する不安が増大した。というのも、バイエルンやヴュルテンベルクのような大領邦は領地獲得によって南ドイツの中位諸国となり、弱小帝国等族に対する横暴な侵害すら厭わなかったからである。わざわざ設立されたシュヴァーベンの諸侯同盟は、結局、ヴュルテンベルクの勢力に対してほとんど対抗することがなかった。一八〇六年初め、ヴュルテンベルクは、本来はトゥルン・ウント・タクシス家の所有であったコッヘル・カントーンのいくつかの騎士領を独占した。これへの抵抗に、シュトゥットガルトでは、侵害されたのは侯の私有財産ではなく、これまでコッヘル・カントーンによって行使されていた安定した国家高権のほうであると主張された[101]。テレーゼ侯妃はナポレオンとの交渉でパリにいたが、カール・アレクサンダー侯は、一八一〇年、トゥルン・ウント・タクシス家の状況について、妻に宛てた手紙の中で次のように書いている。

弁解の時代は過ぎ去った。いまや私たちの存在が問題なのである。私たちの一族が裕福なままであるか、それとも私が貧しい貴族になるか、いまやそれを決めなければならない。[102]

国家独立の喪失

帝国の解体はトゥルン・ウント・タクシスに深刻な打撃を与えた。帝国郵便レーエンが消滅し、一八〇六年七月十二日にライン連邦が設立されたのち帝国議会が自己解体すると、皇帝特別主席代理職も終わりを告げた。すでにライン連邦規約は第二十四条において、侯、伯の所有地ならびに飛び地の帝国騎士領をナポレオンの同盟の主権下に従わせることを予定していた。七十二の伯や侯がそれに見舞われ、トゥルン・ウント・タクシス家もその中にあった。第二十六条は、その諸結果を整理し、陪臣化された等族に残された統治権と主権者の国家高権（立法権、上級裁判権、上級警察《ポリツァイ》、軍事高権、租税高権）を区別している。陪臣化された等族に残された統治権に属するのは、たとえば、下級犯罪および民事裁判権、警察《ポリツァイ》および森林裁判権、教会および学校保護権、狩猟および漁猟権、鉱業および製錬独占権、十分の一税および封建権と、それらから入ってくる収入であった。ライン連邦規約は土地の収用を予定してはおらず、陪臣化された貴族たちにその領邦を世襲・私有財産としてそのまま委ねた。貴族の租税上の特権や個人的な特権は保持された。

一八〇六年八月六日、皇帝が退位して、皇帝の保護が喪失すると、中小領邦は「陪臣化」され、かつての帝国の大領邦に併合された[103]。帝国諸伯や帝国諸侯からは新しい大領邦内の「シュタンデスヘル」が生まれた。彼らは多くの特権を持ってはいたが、以前の独立や帝国直属性はなかった。トゥルン・ウント・タクシス侯は、ヴュルテンベルク王とバイエルン王の領邦君主権に屈しなければならなかった。トゥルン・ウント・タクシスの所有地の大部分があったヴュルテンベルクは特にシュタンデスヘルに対して厳しい措置を取った。ヴュルテンベルク王フリードリヒ一世は、ブーヒャウの「政府」を解体するようトゥルン・ウント・タクシスに要求した。この政府が王の主権に矛盾するからというのである。侯家の官職はヴュルテンベルク王国の官庁組織に統合され、官吏とその年金請求権は王国に引き取られた。始めから明らかだったのは、かつての封建高権が公共領域と私的領域へあっさりと分割できない点であった。そのため、陪臣化によって不平等な力関係にある国家とシュタンデスヘルのあいだにさらに紛争が起こることは避けられなかった。貴族の非特権化は急速に進んだ。このことは、一八〇九年ヴュルテンベルクにおける家産裁判権の暫定的廃止においてはっきりと見て取れる。これは、貴族とかつての臣民との関係から公的・法的性格をすべて剥奪した[104]。徹底的な変更をもたらしたのは、(一八三〇年の七月革命がきっかけとなっていた)一八三六年のヴュルテンベルクの三つの償却令であり、これは農民を封建的負担の残滓から解放した。そうした封建的負担が最終的に廃止されたのは、他のドイツ諸地域と同じように、一八四八年革命によってであり、しかも一八四八年四月十四日付および一八四九年六月十七日付の連邦法によってであった[105]。

一八〇六年の陪臣化は、一七八七年にようやく獲得された領邦高権、つまりトゥルン・ウント・タクシス独立国家の存在を終わらせた。侯家の居城をブーヒャウに移転する計画は、ヴュルテンベルク王フリードリヒ一世の新絶対主義政治のために見合わせられた。さらに、ダールベルク首座大司教侯は、新設されたレーゲンスブルク公国の君主として、トゥルン・ウント・タクシス侯にその特権の大幅な保持を保証し、一族がレーゲンスブルクから移住してしまうのを阻止しようとした[106]。

トゥルン・ウント・タクシスは、無抵抗に運命に屈するつもりはなかった。行動的なテレーゼ侯妃は、義父カール・アンゼルムが亡くなってから一族の政治を広範囲に決定していたが、一八〇九年、ナポレオンと交渉してトゥルン・ウント・タクシス家の状況を改善するためにパリへ赴いた。もしもナポレオンが望むのならば、この目的のために、タクシス家がパリへ移住すると申し出る準備すらあった。主たる目標は、一族の経済的基盤を確保するため、失った郵便権利を取り戻すこと、そして国法上の独立を再獲得することであった。とりわけ、ナポレオンから、テューリンゲン地方の当時フランスの飛び領土であったエルフルトを連邦直属の侯領エルフルトとして委譲してもらうよう尽力した。とにかく、その女性交渉人は、押収されたネーデルラントの所有地ブレン・ル・シャトー、オー・イットゥル、イムプデンを取り返すことに成功した。他方で、テレーゼ侯妃は、以前に侯領に格上げされた伯領フリードベルク・シェールを含めたシュヴァーベン地方の所有地の売却を検討した。しかしこれらの計画はレーゲンスブルクの宮廷で抵抗に遭う。パリでは、トゥルン・ウント・タクシスの全計画にネガティヴな態度が取られた。特に、テレーゼと妹のプロイセン王妃ルイーゼとの往復書簡が監視されていたため、こうした計画に関して正確に知ることができたからである。交渉はすべて徒労のままだった。トゥルン・ウント・タクシス小国家は、ドイツの大規模国家のあいだで神経をすり減らしていた[107]。

ナポレオンの敗北後、多くの陪臣化された貴族たちは、旧帝国の復旧とかつての権利の回復をウィーン会議から期待した。これらの期待は、政治状況の甚だしく誤った判断に基づいていた。一八一五年のドイツ連邦規約第十四条において、陪臣化された貴族たちの法的立場は、一八〇六年のライン連邦規約の意味で承認された。いずれにしても、第十四条は、陪臣化された諸侯が今後も高級貴族に属し、統治する君主と対等であることを明確に確認している。ヴュルテンベルクやバーデンの国家的圧力に対して、いまやシュタンデスヘルはとにかく連邦保証を手にしていた[108]。

(トゥルン・ウント・)タクシス家の婚姻

貴族の家系の婚姻に関する考察は、純粋に系譜学的な事柄ではなく、社会史的な基礎データを解明することである。貴族の家系の婚姻は、自己を社会的にどのように組み入れていくのかというプログラムを明らかにする。同時に、歴史人口統計に目を向けることにもなる。近世初期について、そうした人口統計はふつうめったに知ることができない[109]。特にここでは、婚姻の締結に関する考察は有益である。というのも、イギリス、フランス、オーストリアの結婚年齢や結婚回数についての考察と同じように、婚姻の締結は生物学的要因というよりも、社会的要因に依存することが大きいからである[110]。

タクシス家の婚姻はこれまで体系的に考察されたことがなかった。それゆえここでは、その初めての成果を提示できるだけである。近世初期、イタリアの家系は近親結婚をしていた。フランツ・フォン・タクシスの父、「セル」・パクシウス・デ・タッシスも、彼の故郷でトノラ・デ・マニャスコという女性と結婚していたし、フランチェスコ・デ・タッシス(フランツ・フォン・タクシス)の世代も、ヨーロッパ中を旅行していたにもかかわらず、同じような結婚をしていた。フランチェスコの兄でレーゲンスブルクのタクシス家の祖先であるローガー・フォン・タクシス

（一四四五年―一五一四年）は、アレグリア・アルブリチという女性と結婚した。その土地特有のこのような結婚のモデルは、次世代で変わる。郵便総裁ヨハン・バプティスタ・フォン・タクシス（一四七〇年―一五四一年）は、同様にコルネッロで生まれたが、ブリュッセルに定住し、第二の故郷であるスペイン領ネーデルラントの女性クリスティーナ・フォン・ヴァハテンドンクと結婚した。

タクシス家の婚姻を考察すると、予想していたように、そこには社会的な上昇が反映していることを確認できる。婚姻が何を意図していたのかは、身分のわずかな移動が明示してくれる。レオンハルト・フォン・タクシス（二世）は、自身が帝国伯身分に昇進する九年前の一六一六年、ヴァラクス女伯アレクサンドリーネ・フォン・リーと結婚した[111]。婚姻はその後も明確な社会的側面を示している。十七世紀には、「新しい」帝国諸侯の一員であったフュルステンベルク家やロープコヴィッツ家との姻戚関係が生まれた。フュルステンベルク公女との結婚は一六七八年のことだった。それは、トゥルン・ウント・タクシス家がスペインの諸侯身分に昇格する三年前であり、帝国諸侯身分に昇格する十七年前であった。十八世紀、威信はさらに増し、由緒ある領邦侯家（ロートリンゲン、ヴュルテンベルク、メクレンブルク）との婚姻が成立した[112]。

その際、カール・アレクサンダー・フォン・トゥルン・ウント・タクシスとテレーゼ公女との結婚の例が示すように、トゥルン・ウント・タクシス侯家の傑出した経済的状況が常に一役買っていた。公女の父であるメクレンブルク・シュトレーリッツ公カールは、「領邦なき侯」の社会的地位を心配し、イギリスに別の結婚相手を探した。その相手とはプリンス・オブ・ウェールズだったと言われている。しかし公は、妹であるイギリス王妃から断られただけでなく、「貧しい」ドイツの公女にはトゥルン・ウント・タクシス侯家との結婚より良いものはない、何しろその富は持参金さえも必要ないほどのものなのだから、という示唆を受け取った[113]。

十九世紀、社会的発展からは少し時代遅れの感があるが、古きヨーロッパ社会のトップクラスの家系、つまり

表 8　（トゥルン・ウント・）タクシス家の婚姻

（トゥルン・ウント・）タクシス		妻
1512 年　帝国貴族		
フランツ・フォン・タクシス	(1459—1517)	ドロテーア・ルイトヴォルディ
ヨハン・バプティスタ	(1470—1541)	クリスティーナ・フォン・ヴァハテンドンク
1608 年　帝国男爵		
レオンハルト 1 世	(1521—1612)	マルガレータ・ダマン ルイーズ・ボワソ・ド・ルア
ラモラール 1 世	(1557—1624)	ゲノフェーファ・フォン・タクシス（アウクスブルク）
1624 年　帝国伯		
レオンハルト 2 世	(1594—1628)	アレクサンドリーネ・ド・リー女伯(1666 年没)
ラモラール 2 世	(1621—1676)	オルヌ女伯アンナ
1695 年　帝国侯		
オイゲン・アレクサンダー	(1652—1714)	フュルステンベルク公女アンナ ホーエンローエ女伯アンナ
アンゼルム・フランツ	(1681—1739)	ロープコヴィッツ公女マリア
アレクサンダー・フェルディナント	(1704—1773)	バイロイト女辺境伯ゾフィー ロートリンゲン公女シャルロッテ フュルステンベルク公女マリア
カール・アンゼルム	(1733—1805)	ヴュルテンベルク女公爵アウグステ
カール・アレクサンダー	(1770—1827)	メクレンブルク女公爵マリア・テレーゼ
1806年—1918年　シュタンデスヘル		
マクシミリアン・カール	(1802—1871)	デルンベルク女男爵ヴィルヘルミーネ エッティンゲン・エッティンゲン公女マティルデ・ゾフィー
マクシミリアン	(1831—1867)	バイエルン女公爵ヘレーネ（ヴィッテルスバッハ）(1834—1890)
アルベルト	(1867—1952)	オーストリア女大公マルガレーテ（ハプスブルク）(1870—1955)

ヴィッテルスバッハ家やハプスブルク家との婚姻にトゥルン・ウント・タクシス家は成功している。

興味深いことに、婚姻によって、社会的地位だけではなく、地理的・政治的方針についても知ることができる。十六世紀、関心は明らかに統合目標であるネーデルラントに向かっていた。イタリア、スペイン、ドイツへ向かってもよかったはずだろう。例外はアウクスブルクのタクシス家系の一員ゲノフェーファ・フォン・タクシスとラモラール（二世）との婚姻だけである。アウクスブルクは帝国内でもっとも重要な郵便局だった。ここで前面に出てきたのは、おそらく一族の結束を固めることであった。これは、十六世紀に多くのタクシス家系で見られ、「会社《コンパニーア》」の企業構造に即した婚姻政策である。一六〇〇年頃にこの構造が崩れると、王家との政略結婚へと移行していく。

十七世紀、他の時代にはほとんど期待できないぐらいにはっきりと、地理的な関心はネーデルラントに向かった。それゆえ、一六七八年ウィーンで行われた「ドイツ人との」結婚は思いがけないものであった。しかし、それはまだ明確にではないとしても、かなり早期に、その後の方向転換を示唆していた。そののち十八世紀は、帝国内での「ドイツ人との」婚姻によって特徴づけられ、こうした婚姻は経済的にも政治的にも望まれた。その際、驚くべきなのは、宗派の混合をもやってのける大胆さである（ホーエンツォレルン、ヴュルテンベルク、メクレンブルク）。婚姻において明瞭になるのは、シュヴァーベンにおける土地獲得の関心（フュルステンベルク、ホーエンローエ、ヴュルテンベルク）であるが、しかしなぜシュヴァーベンなのか、その原因と効果ははっきりしていない。これに対して、十九世紀と二十世紀には、侯家の新しい生活と投資の重点であったドイツ・オーストリア地域への集中が見られる[114]。

一八〇六年後の法的地位

当然のことながら、トゥルン・ウント・タクシス家の社会的地位は、旧帝国の崩壊後、独特の不安定な状態のままだった。新しい社会的状況にとって、同じような境遇の信頼できる手本は見当たらなかった。皇帝と封建的レーエン制度全体はもはや存在しなかった。帝国議会は解体され、そしてトゥルン・ウント・タクシスが諸侯として同じように議席と投票権を持っていたクライス会議も解散した。国家としての独立も喪失した。トゥルン・ウント・タクシス家の所有地の大部分が存在したドイツの中位国家ヴュルテンベルクとバイエルンは、そのシュタンデスヘルに対して徹底的な陪臣化政策を行い、それは礼儀作法の詳細にまで及んだ。ヴュルテンベルクでは、王フリードリヒ一世がカール・アレクサンダー侯に従来の署名「頓首再拝（gehorsamster Diener und Vetter）」をもはや認めず、隷属の文句「恐惶謹言（alleruntertänigst treugehorsamst）」の使用を主張するありさまだった。陪臣化された貴族たちの対等な関係は、「新・ヴュルテンベルク」の新絶対主義的領邦君主によって否認され、一八一五年のドイツ連邦規約によってようやく再確保された[115]。そののち対立は終わらないままだったが、トゥルン・ウント・タクシス侯は、フランクフルトのドイツ連邦議会で激しく抗議し、一八一九年、ヴュルテンベルクに条約による規制を強いることができた[116]。

国家主権を除いて、シュタンデスヘルにはさしあたり領主権《ヘレンレヒト》は保持された。この権利には、土地の上級所有権、農民の土地隷属身分、臣民に対する家産裁判権および教会に対する保護権があった。しかし古い社会構造の解体は、これらの権利状況をも崩壊させていく。農民たちは十九世紀前半、ドイツ全土でその隷属身分から解放され、彼らが主張した完全な市民的土地所有権を手に入れた[117]。

こうした経過は、陪臣化された貴族にとっては支配権をさらに喪失していくことを意味していた。もっとも、これらの権利は補償なしに没収されるのではなく、金銭で償却された。農民解放は、かつての領主たちにとって、つまりトゥルン・ウント・タクシスにとっても資本の解放を意味した。これは、投資資本として国民経済的にもその必要性が切迫していた時期である[118]。ヴュルテンベルク王国では一八三六年に土地解放が始まった。他の大部分の領邦では土地解放は一八四八年革命と関係していた。ハラルド・ヴィンケルは、ドイツのシュタンデスヘルの中でトゥルン・

ウント・タクシスが最高額の償還金を得たと見積もっている[119]。領主権《ヘレンレヒト》の喪失はこうして市民的財産の構築によって埋め合わされた。もしも望むならば、これを国家的強制による封建領主から資本家への変身と呼ぶことができるだろう。

伝統的に最重要な領主権《ヘレンレヒト》のひとつであった裁判権をめぐる状況はいくらか異なっていたが、裁判権は他の特権以上に社会的な身分の相違を明らかにした。トゥルン・ウント・タクシス家は封建領主としてその所有地で下級裁判権を有しており、国家として存在していた時期には、侯領に格上げされた伯領フリードベルク・シェールにおいて高級裁判権も持っていた。タクシス家は常に特殊な地位を占めていた。というのも、領邦内の裁判権よりも重要だったのが一五一六年に授与された郵便事業における懲戒裁判権であったからであり、この懲戒裁判権は一八六七年まで維持された。さらに一八一二年、トゥルン・ウント・タクシスは、バイエルン王国の宣言により、レーゲンスブルクの職員について第一審および第二審の民事裁判権の形式で特権を認められていた。これは、一八一八年の憲法の意味における農場領主の裁判権ではなかったため、一八四八年の家産裁判権の廃止には入らなかった。一九〇〇年にドイツで施行された民法典をもってやっと、この特権は廃止される[120]。

かつて主権を有していた諸侯はドイツ連邦と直接に関係を結ぼうとしたが、バイエルンでは、指導的な大臣マクシミリアン・フォン・モンジュラ伯が、諸侯のこうした試みすべてに目を光らせていた。陪臣化された貴族たちとの関係は、一八〇八年の憲法と一八一一年および一八一二年の貴族令の中で規定された[121]。ここでもまた、連邦規約とモンジュラの失脚を待ってようやく、貴族の旧体制復活をめざした努力が受け入れられ、その後一八一八年の憲法に明記された。一八一八年のバイエルンの貴族令は、向こう百年のあいだ、陪臣化された貴族に社会的特権を保証している。貴族令は、年齢と出自に関係なく貴族を五階級に分類した。侯爵、伯爵、男爵、騎士、そして「フォン」の称号の付いた貴族である。これによりトゥルン・ウント・タクシスは、貴族の最高階級に属し、連邦規約の意味で統治者と同等であった[122]。トゥルン・ウント・タクシス家の私法および公法上の状況に関しては、一八九五年までの期間、アントン・ローナーが余すところなく論じている。重要なのは、トゥルン・ウント・タクシスとバイエルン国家とのあいだで一八五二年に交わされた契約であり、そこでは、形式上、法的にただレーエンとして与えられていた郵便補償の土地全部が完全に自由な所有権に変わっている[123]。

モンジュラの失脚以降、復古的傾向が強まったとはいえ、バイエルンでもかつての主権者を国家へ組み入れる政策は継続された。それは第一次世界大戦と一九一八年／一九年の革命以前の一八九九年六月九日付の法令まで続き、そこでシュタンデスヘルの免税は廃止された[124]。革命時、バイエルンでは、一九一九年三月二十八日付の法令により貴族は総じて廃止され、貴族の称号を名乗ることも暫定的に禁止された[125]。似たような規定は今日オーストリアではまだ効力がある[126]。少しのちの一九一九年八月十一日に公布されたヴァイマール憲法も共和国に対して、出生や身分によって条件付けられた特権や不利益をもはや認めなかったが、名前の一部として貴族の称号を使用し続けることを認可した[127]。三日後、この新規制の意味するところは、バイエルンの憲法の一部にもなった[128]。一九四六年に公布されたバイエルン自由州の憲法や一九四九年五月八日付のドイツ連邦共和国の基本法も同じ方針上にある[129]。

十九世紀における社会的地位

陪臣化された全貴族の中で、トゥルン・ウント・タクシス侯家は特別な地位を占めていた。帝国郵便レーエンは消滅したが、一八〇三年の帝国代表者会議主要決議と一八二〇年のウィーン最終規約はその条項において、トゥルン・ウント・タクシスが採算の取れる郵便事業を継続していく権利を保証した[130]。事実、結局のところ中部ドイツでは、トゥルン・ウント・タクシス郵便が、ドイツ連邦内における「連邦直属の」地位を依然として有していた。トゥ

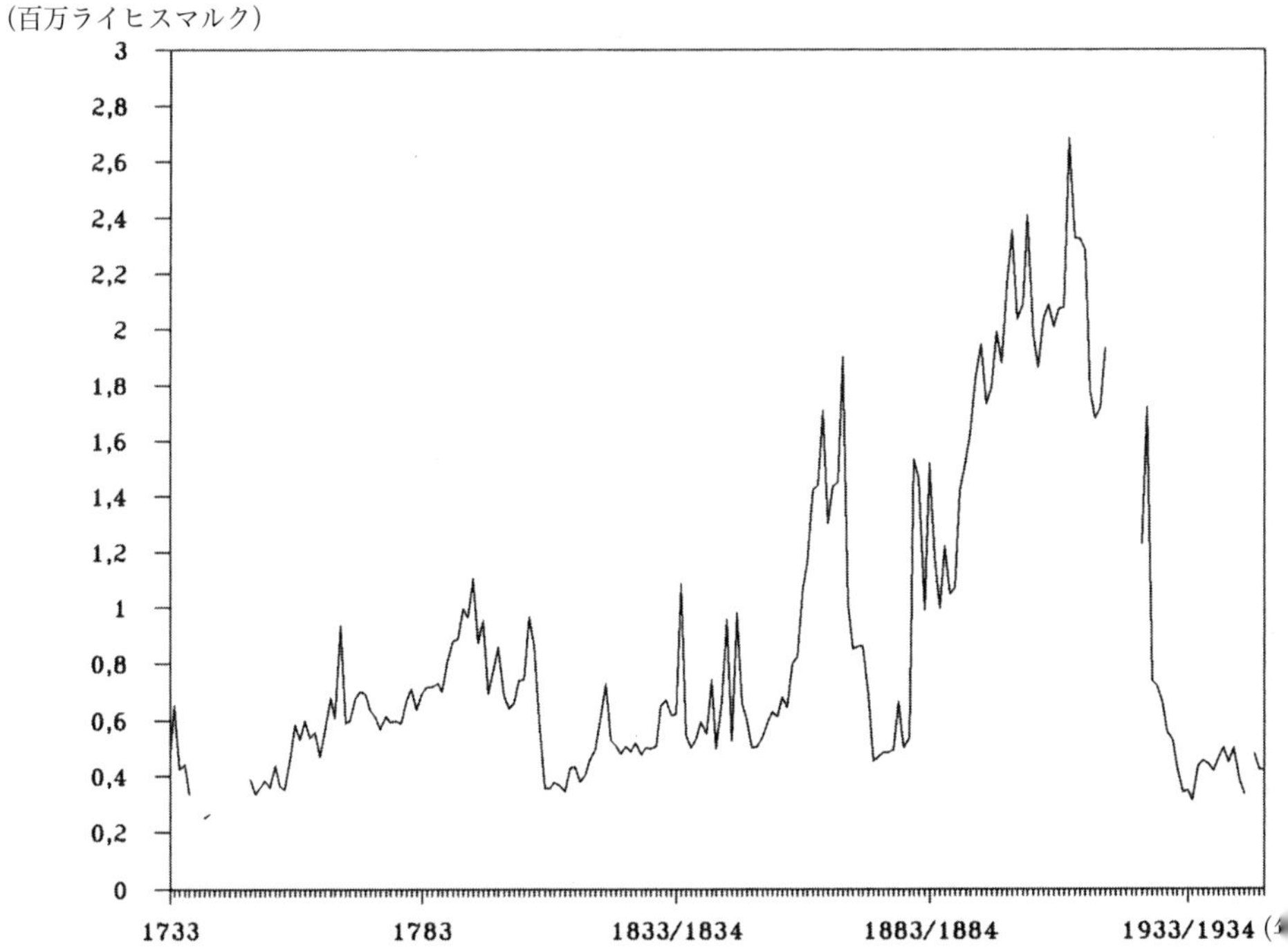

グラフ18　1733年―1948年（インフレ時代を除く）の「身分相応の生活」のための支出（総会計課報告および諸会計課決算から）

ルン・ウント・タクシス侯は、郵便問題のために、フランクフルトと外国のさまざまな宮廷に、いわば国家間の条約締結の権利を持つ外交使節を置いた。ウィーンとパリに使節を置くことは暗黙裡に認められ、そのうえ連邦使節がフランクフルトにあるトゥルン・ウント・タクシス家の宮殿に一時的に滞在すらしたのである。その宮殿は、一族がレーゲンスブルクへ移転したことにより空家になっていた。侯家の「家憲」は、私事ではなく、一七七六年のトゥルン・ウント・タクシス家の長子単独相続令と一八三一年の家族契約をも含み、プロイセン、ヴュルテンベルク、バイエルンおよびオーストリアの官報に公表された[131]。トゥルン・ウント・タクシス侯の積極的な政治姿勢も「国際的」だった。侯は、シュタンデスヘルとして自動的にバイエルンの貴族院（＝第一院）だけではなく、ヴュルテンベルク、プロイセンおよびオーストリアの第一院の議員であった[132]。

その他の視点を考慮すると、トゥルン・ウント・タクシス家の特別な役割がさらに補強される。トゥルン・ウント・タクシス家は、郵便補償によって、陪臣化された貴族の中で最大の土地所有者であった[133]。新しい所有地の経営は、郵便と並んで、新たな収入源を生んだ。経済的な資金は、侯家が先代とまったく同じ「宮廷生活」を送ることを可能にした。宮廷生活の費用だけでも年に平均で二十万グルデンになった。トゥルン・ウント・タクシス郵便が再建され、土地所有から利益が得られるようになったのち、宮廷生活の支出は、数年間、軽々と四十五万グルデンに上昇した。たとえば一八三四年／三五年や、一八四〇年代初めの二年間である。一八五〇年代半ば以降、平均消費は三十万グルデンであり、一八五九年／六〇年と一八六一年／六二年が再び最高年であった。もっともそれらの年も額面上では、一七八六年の絶対最大値を常に下回っていた[134]。十九世紀の多くのシュタンデスヘルにとって、トゥルン・ウント・タクシスの経済的な余力は傲慢なほどであった。ホーエンツォレルン侯カール・アントンは、一八二三年、トゥルン・ウント・タクシスの宮廷では「王の暮らしぶり」を認めることができると思った[135]。事実、すでに市民社会の基盤の上で機能していた君主制の時代に、トゥルン・ウント・タクシスにとって新たな経済的余力が開かれたのである。

社会的上昇と企業史が密接に絡み合っている好例をトゥルン・ウント・タクシス郵便の歴史から引くことができる。バーデンの枢密顧問官クリューバーやコミュニケーション理論家ヘルフェルトのような大ドイツ主義の政治家たちは、十九世紀の最初の三分の一が経過する頃まで、トゥルン・ウント・タクシス侯の指揮下でドイツの郵便制度が統一されることを、とりわけ侯の社会的地位のために支持していた。侯はすでに連邦直属の地位にあるとされた。トゥルン・ウント・タクシスは、陪臣化された貴族として多くの統治家門と結び付きがあり、そのことは「連邦郵便」の創設時の条約交渉を容易にするだろうというのである。ヘルフェルトは次のように述べている。

トゥルン・ウント・タクシス侯家は、一部はドイツ最初のシュタンデスヘルのひとつとしての立場によって、また一部は親族関係と友人関係によって、ドイツの統治家門の多くと親密な関係にある。このことは、ドイツに統一郵便を導入するために、さまざまな国家との交渉を確実に容易にしてくれるであろう。この点では、多くのことに乗り気であってよいだろうし、他の誰でもそうするだろう。

ヘルフェルトは、いずれにしてもドイツ連邦の一部の諸国では、すでにトゥルン・ウント・タクシス郵便経営が存在しており、交渉の数は減らせるだろうから、あとはトゥルン・ウント・タクシス侯が連邦郵便の資金調達に必要な「資本」を都合しさえすればよいとした[136]。

十九世紀の宮廷社会におけるトゥルン・ウント・タクシス

アンシャン・レジームの旧階級制度は、十九世紀の社会ではその意味を失っていた。そうした社会的変化は、個人の姿勢に表れた。マクシミリアン・カール・フォン・トゥルン・ウント・タクシス侯（一八〇二年―七一年）とヴィルヘルミーネ・フォン・デルンベルク女男爵との「恋愛結婚」はこの方向で解釈できる。それは、古い価値規範に従えば、身分不相応な結婚であった。新婦の三人の兄がトゥルン・ウント・タクシス家に勤務していたのだから、なおさらである――これは、後期ロマン主義の友情崇拝によって隠蔽された事実である。その頃、感情は伝統の束縛よりも価値があった。それとともにしだいに婚姻はブルジョア化し、キリスト教徒としてふさわしいものとなっていく。マクシミリアン・カールの両親はまだ、侯世子が生まれた何年か後にも結婚をただ形式上の事柄とみなしていた。侯には側室が、侯妃には愛人がいて、二人ともに非嫡出子がおり、彼らなりに家門の繁栄に貢献していた[137]。マクシミリ

図 75　侯世子マクシミリアン・アントン（出典：マルティン・ダルマイアー／マルタ・シャード『トゥルン・ウント・タクシス侯家。図像 300 年史』レーゲンスブルク、1996 年、119 頁）

アン・カールの結婚は、何世紀ものあいだ首尾一貫して行われてきた社会的上昇を志向する婚姻方針を初めて打ち破るものであった。この歩みは社会的に順応しているように見える。一般に、十九世紀の陪臣化された貴族は、下級貴族と社会的に結合する傾向にあった[138]。

しかし、社会集団としてのシュタンデスヘルの復古的傾向は、すでに次世代において結婚生活に影響を及ぼした。侯世子マクシミリアン・アントンは一八五八年、ヘレーネ・フォン・ヴィッテルスバッハと結婚した。彼女は、バイエルン公女であり、「シシィ」として有名なオーストリアのエリザベート皇后の姉であった[139]。遂にその次の世代では、神聖ローマ帝国のかつての皇帝家であり、ドナウ王国の当時の支配者であるハプスブルク家との姻戚関係が成立する。一八九〇年七月十五日、アルベルト・マリア・ラモラール・フォン・トゥルン・ウント・タクシス侯（一八六七年―一九五二年）は、「オーストリア女大公・ハンガリー・ボヘミア王女マルガレーテ・クレメンティーネ・マリア妃殿下」（一八七〇年―一九五五年）*と結婚した[140]。これによって、社会的上昇は、貴族の権

---

* **オーストリア女大公マルガレーテ・クレメンティーネ・マリア**　彼女の祖父であるオーストリア大公ヨーゼフ・アントン・ヨハン・フォン・エースターライヒ（一七七六年―一八四七年）は、神聖ローマ帝国最後の皇帝フランツ二世かつ最初のオーストリア皇帝フランツ一世の弟である。

利がまだ有効な時代に頂点に達していた。「宮廷生活費」は、一八九二年／九三年から一九一二年／一三年のあいだずっと、ハプスブルク家との婚姻を背景にして、年に平均で百五十万ライヒスマルクを少し下回るほどの高額を維持していた[141]。

バイエルン王家を代行する職務への昇進は、儀礼上でも見て取れた。「国王の最高郵便局長」職は、一八〇八年にトゥルン・ウント・タクシス家の家長に世襲相続されていたが[142]、タクシス家はその職によって、他のシュタンデスヘルよりも特権的地位へ格上げされていた。国王の初代最高郵便局長はマクシミリアン・カール・フォン・トゥルン・ウント・タクシス（一八〇二年―七一年）であり、最後はアルベルト・フォン・トゥルン・ウント・タクシス（一

図76　バイエルン女公爵ヘレーネ。バイエルン王ルードヴィヒ１世が、1854年、オーストリア皇帝フランツ・ヨーゼフ１世との結婚に際して、姪のエリザベート（シシィ）に記念に贈った彼女の兄弟姉妹の絵。左から妹ゾフィー、弟マックス・エマヌエル、弟カール・テオドール、姉ヘレーネ、兄ルードヴィヒ・ヴィルヘルム、妹マティルデ、妹マリー。
（出典：マルティン・ダルマイアー／マルタ・シャード『トゥルン・ウント・タクシス侯家。図像300年史』レーゲンスブルク、1996年、121頁）

図77　オーストリア皇后エリザベート
（出典：菊池良生『図解雑学　ハプスブルク家』ナツメ社、2008年、43頁）

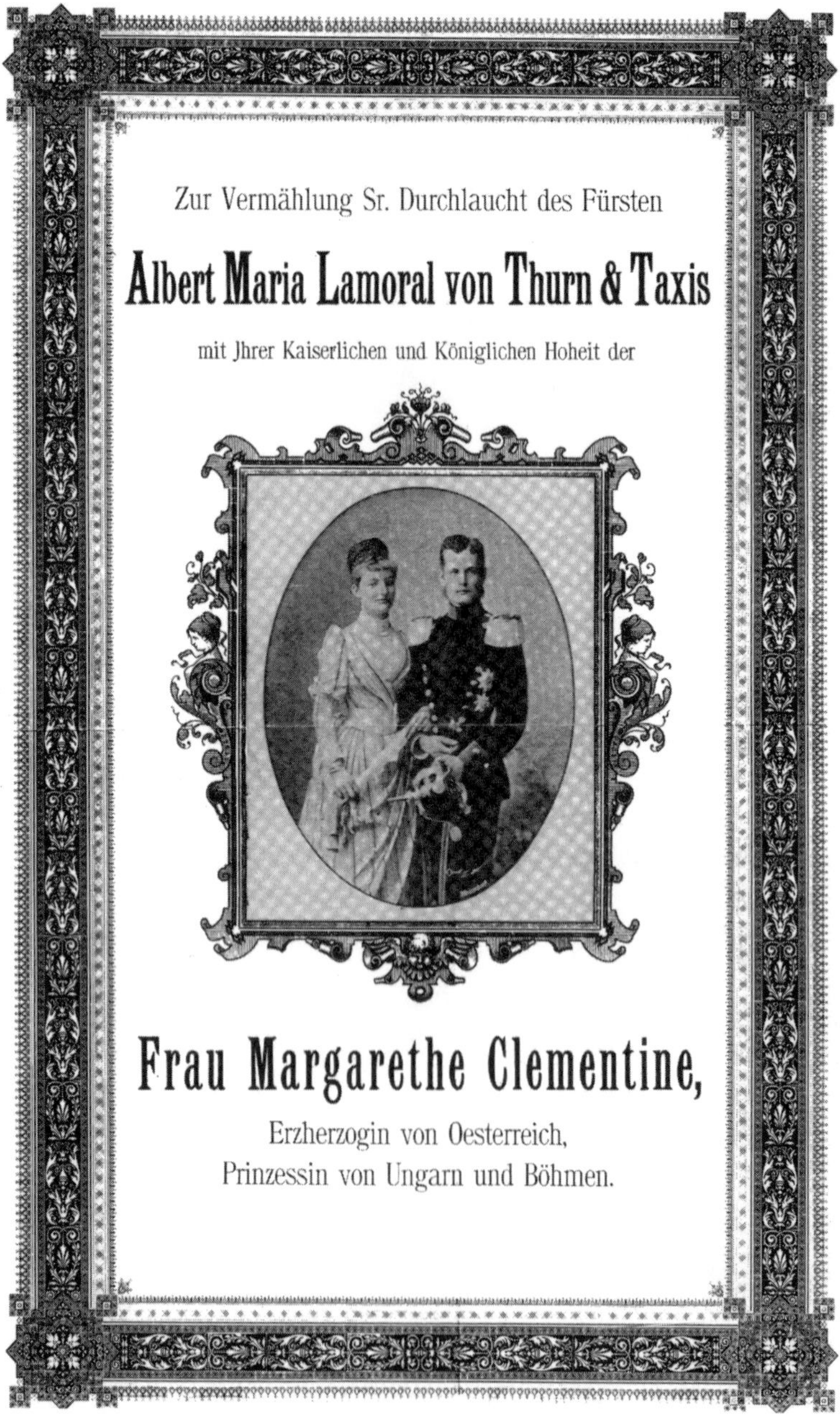

Zur Vermählung Sr. Durchlaucht des Fürsten

Albert Maria Lamoral von Thurn & Taxis

mit Jhrer Kaiserlichen und Königlichen Hoheit der

Frau Margarethe Clementine,

Erzherzogin von Oesterreich,
Prinzessin von Ungarn und Böhmen.

図 78　1890年のハプスブルク皇帝家との姻戚。アルベルト・フォン・トゥルン・ウント・タクシス侯はオーストリア女大公マルガレーテと結婚した。

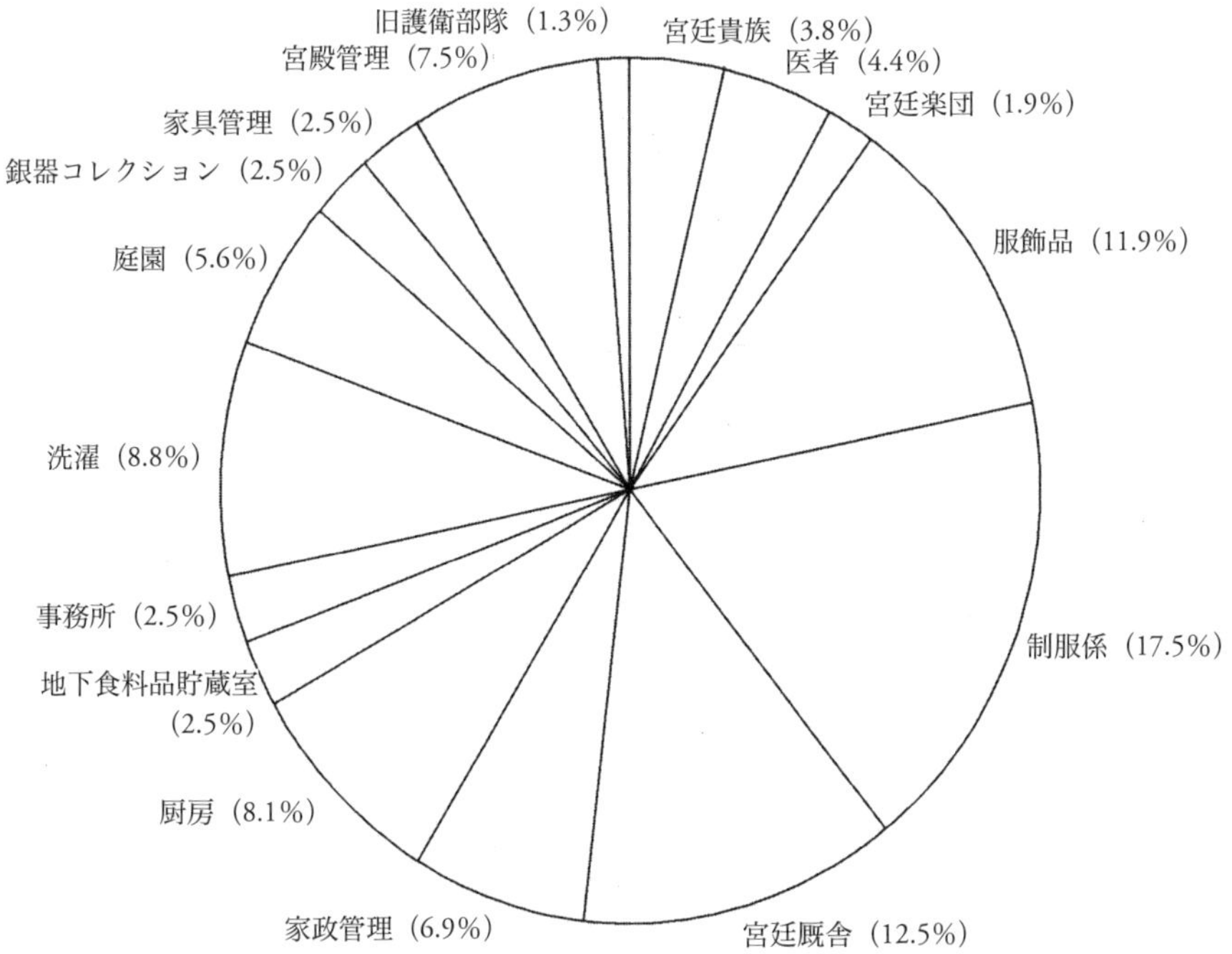

グラフ19　1828年のトゥルン・ウント・タクシス宮廷勤務の従業員分布（100％＝160人）

八六七年―一九五二年）であった。王室の職務（宮廷長官、ケメラー、マルシャル）には、たいてい陪臣化された侯家であるエッティンゲン・ヴァラーシュタイン、エッティンゲン・シュピールベルク、フッガー・バーベンハウゼン、そしてトゥルン・ウント・タクシスのメンバーが就いた。国王の最高郵便局長だけが世襲だった。王室官吏は、その名誉によって自動的に第一院の議員であり、王室家族参議会の一員であった。特別な状況下では、「摂政」、つまり国の摂政職に彼らを任命することもできた。しかし、この事例が起こることはなかった。

王室家族参議会のメンバーであることは、政治上での影響力を持っていたが、この影響力は、王室官吏よりも王子や大臣によって行使された。いずれにしてもこの職務と結び付いていたのが、宮廷の比較的大きな式典すべてに参加することであった。王室官吏は、その制服が豪華なため、第一院の開会式のような代表的な機会には他の

図 79　ブリュッセルにあるゴシック様式のノートルダム・デュ・サブロン教会。脇の聖ウルズラ礼拝堂内に、フランツ・フォン・タクシスが取得した一族の墓所がある。

図 80　「トゥルン・ウント・タクシス」の名称授与後の紋章。アナグマが中心盾に移動し、帝国鷲の代わりにトッリアーニ家とヴァルサシーナ伯領の象徴が見られる。

貴族よりも目立っていた。王権の表章の保管者として、彼らはバイエルン王家と他の貴族とのあいだの位置を占めていた。一八〇八年の憲法に従い、国王の最高郵便局長は宝珠を担った。王室の職務を果たすことは、シュタンデスヘルの中でトップに位置する小集団の威信をさらに向上させた[143]。

身分相応な生活スタイルと貴族の礼儀作法は、宮廷社会の日常を決定する要因だった。もちろん、宮廷生活の中心は、王室の宮廷所在地ミュンヘンである。陪臣化された貴族たちは、ミュンヘンでもふさわしい家政を維持することを強いられた。さらにこれと並んで、居住地――レーゲンスブルク――における体面の維持もあった。十九世紀が経過するなか、バイエルン王国では、これに匹敵するのはただ王家自体であった[144]。

二十世紀におけるトゥルン・ウント・タクシス

一九一八年まで、君主制は、貴族の中でもとりわけ統治君主と同等のシュタンデスヘルに特権と国家のポストを用意していたが、タクシス侯家もそれらを享受していた。一九一八年以降のドイツとオーストリアの民主体制において、生得的身分としての貴族は撤廃された。これにより、貴族は、少なくとも権利を有する身分として公的な優先権を失うこととなった。しかし実際には、その後まだ少しのあいだ、政治的に特殊な地位が貴族には保持されていたことが見て取れる。特にトゥルン・ウント・タクシスの場合、家門のメンバーたちの行動に報道機関が絶えず関心を寄せていただけではない。三十年代に至るまで、繰り返し、旧帝国の栄華を復活しようとするさまざまな計画が存在した。オーストリアでは、一九三八年、ヒトラーに先んじて、ハプスブルク家を召還するプランが真剣に練られた。トゥルン・ウント・タクシスに関して言えば、チロル州の統治を家長アルベルト・フォン・トゥルン・ウント・タクシス侯に提供することが検討された。しかし君主制との距離が大きくなるにつれ、そうした計画も終わりを告げた[145]。

図 81　高権の象徴。18世紀、皇帝の帝国郵便の印璽刻印と印璽具。(レーゲンスブルク、トゥルン・ウント・タクシス中央文書庫、オリジナル)

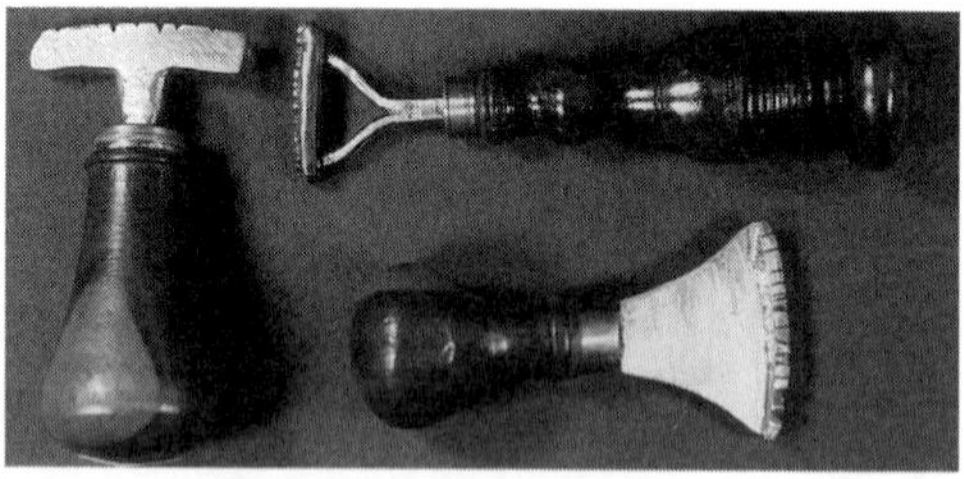

図 82　印璽具

貴族の特別な社会的・「市民的」地位は保持された。一九一八年以後の土地改革の結果、私有財産の損失が見られたが、一九二六年に旧王侯財産没収に関する国民投票が失敗したのち、私法上の地位は認められたままだった。さらに社会的な集団としての繋がりも貴族の政治的な影響力を確保した。ここでは、ヴァイマール共和国時代の貴族の反動的な傾向を挙げることができる。また、ハプスブルク家、ヴィッテルスバッハ家、あるいはトゥルン・ウント・タクシス家のような主導的な貴族家門は、ナチス独裁時の権力者たちに示威的な距離を取り続けた[146]。トゥルン・ウント・タクシス文書庫の記録が示すように、トゥルン・ウント・タクシス家のメンバーたちは当時の権力者に対して距離を置いていた。子供たちはナチスの組織に加入することを許されなかった。トゥルン・ウント・タクシス家の今日の家長の父は、一九四四年に逮捕され、ゲシュタポに拘置されて数カ月を過ごし、終戦を迎えた[147]。権力者たちとは最後まで緊張関係にあったが、アメリカ占領国との関係は当初から良好だった[148]。

さらに一九四五年以後も、トゥルン・ウント・タクシス家のような貴族家門は、その企業が経済的に優れた業績を上げたため、指導的な社会的地位を占めることができた。依然として外国の統治君主との接触があり、国内の有力政治家はレーゲンスブルクへ招待されることを厭わなかった。招待客たちにとってレーゲンスブルクの「侯の居城」でのパーティーは、バイエルンの所有地にある広大な猟区での狩猟と同じように魅力的である。バイエルン州首相フランツ・ヨーゼフ・シュトラウスが一九八八年に亡くなった経緯がこのことを明らかにした。シュトラウスは、タクシス家の当時の家長ヨハネス・フォン・トゥルン・ウント・タクシス侯の招待で、ミュンヘンから飛行機でやってきて、「アッシェンブレンナーマルター」小屋で狩猟するというオーバーワークだった[149]。社会的に際立った地位と経済的な成功の組み合わせは、今日まで保持されてきたと言ってよい。この点は、今日のコンツェルンのピーアール領域に見られる。裕福な顧客との取引を専門にしているトゥルン・ウント・タクシス銀行は、自家製のビール銘柄「トゥルン・ウント・タクシス・ビール」と同様に、所有者一族の富と名声に依存している。何しろその銘柄は、歴史上の理由から、「侯のピルスナービール」と宣伝できるのである[150]。

トゥルン・ウント・タクシス家の上昇——まとめ

領邦貴族、宮廷貴族、官吏貴族、軍人貴族という伝統的な社会的分類では、トゥルン・ウント・タクシス家の地位を把握することはできない[151]。これらの概念のどれも該当しないのである。ヨーロッパ貴族の社会史から援用された他の常套句も、ここでは、有効なようには思われない。トゥルン・ウント・タクシス家は、十六世紀から十七世紀への転換期における「貴族の危機」[152]からも、また、十七世紀と十八世紀に田園生活を送っていた貴族が経験した自己満足的な断末魔の苦しみからも免れた[153]。多くの自立した貴族たちがその苦しみに見舞われたのである。トゥルン・ウント・タクシス家は、宮仕えによって売名する必要がなかったので、宮廷社会の同調圧力からも逃れることができ

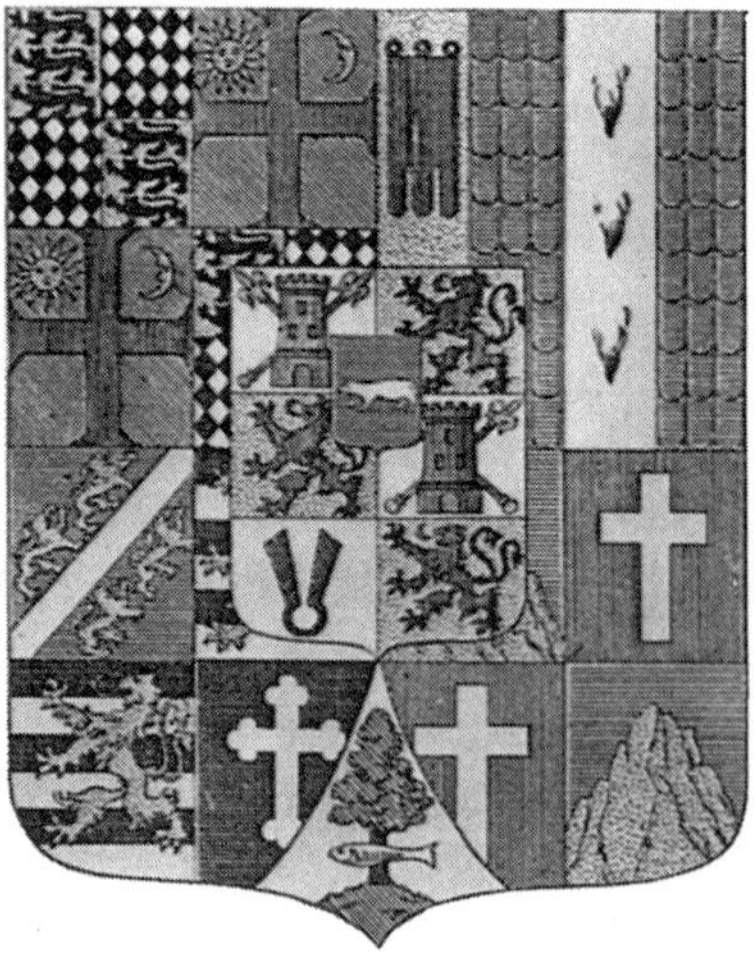

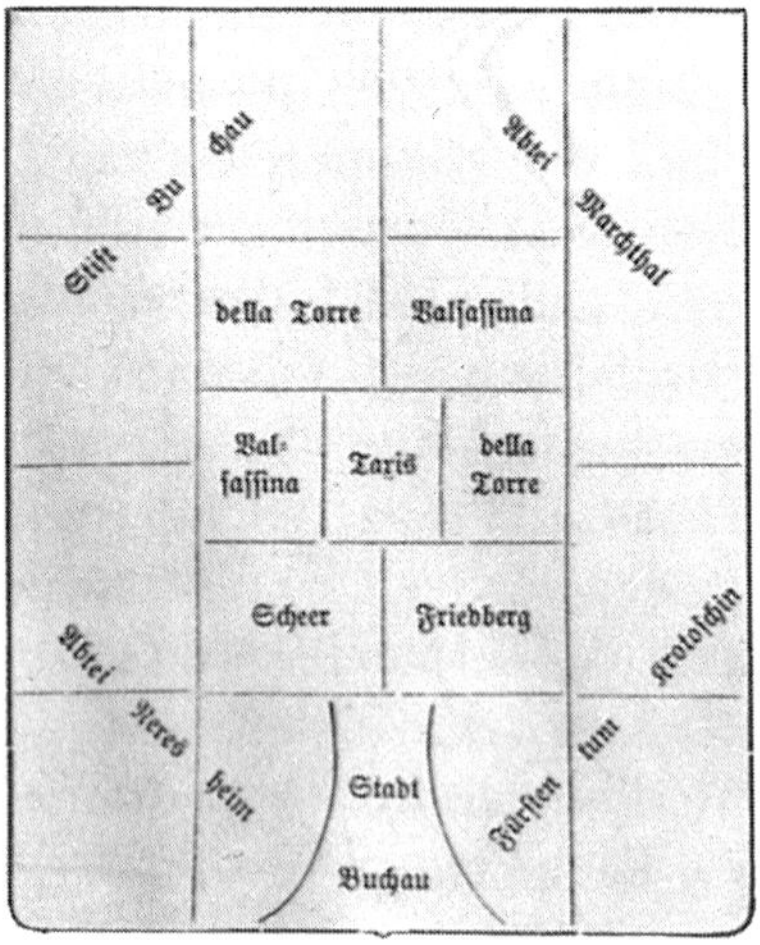

図 83 1819年、クロトシン侯領委譲後のトゥルン・ウント・タクシス侯家の紋章。解説はアントン・ローナーによる。

た。その圧力は、絶対主義時代とその後の時代に社会心理的影響力を持っていた[154]。さらに、タクシス家は、国務にも就かなくてよかった。プリンツ・オイゲン＊のもと対トルコ戦で戦死した公子ラモラール・フォン・トゥルン・ウント・タクシスのように、家族の一員が軍隊に参加することはあった。しかし一族は、いかなる時も、たとえばプロイセン貴族のように、軍務によって社会的に自己を防衛し、国家の勢力範囲に入る必要はなかった[155]。それにもかかわらず、伝統的な基準に従えばトップクラスのヨーロッパの侯家と姻戚関係を結ぶことによって、社会的な上昇の最大の可能性を実現した。何といっても皇帝家とも親戚になったのである。

トゥルン・ウント・タクシス家の成功の秘密は、その経済的

＊ **プリンツ・オイゲン**（一六六三年―一七三六年） フランス生まれのオーストリア軍司令官。ここでは、オーストリア・トルコ戦争における戦闘のひとつ、ベオグラード包囲戦（一七一七年）のことを言っていると思われる。このときオーストリア軍は勝利し、ベオグラードを奪還している。

自立にあった。これにより、タクシス家は、五百年以上も前から独自の道を歩むことができたし、いまもできている。ヴァイマール共和国時代、タクシス家の財産は、ポーランド、ユーゴスラヴィア、チェコスロヴァキアで没収されたにもかかわらず、ドイツにおける最大のひとつに数えられた[156]。確固とした経済的基盤は社会的上昇を可能にし、そしてまた社会的上昇は経済的基盤を有効に保護して拡大させた。トゥルン・ウント・タクシスが皇帝特別主席代理の時代から特にはっきりと示してきた貴族としての体面の維持も、その一端である。歴史家E・P・トムスンは、イギリスの例を取って、経営的には一見したところ無駄に思われる「文化」への投資も、貴族が社会的地位を維持するためにはいかに重要な役割を果たすかを証明している[157]。

図84　郵便の徴を身に着けての社会的上昇。18世紀初頭、正装の制服を着用した帝国郵便総裁。アンゼルム・フランツ・フォン・トゥルン・ウント・タクシス侯と推測される。

ジャーナリストたちは、君主制が終焉して五十年経ったいまも、トゥルン・ウント・タクシスの家長たちを「現代的な君主」とみなし、メディアは「数十億の資産」を語る[158]。今日の家長ヨハネス・フォン・トゥルン・ウント・タクシスは、すでに一九六九年、「侯世子」として紹介されたが、その際、「生まれつきの社長」と特徴づけられたように、社会的な重要性は明らかに変化してきている[159]。比較的最近の出版物は、主として企業活動を前面に出し――「経営者としての公子」――、タクシス家の富に関する印象を伝えている。「経営者」は次のような言葉で引用されている。

そう表現してよければ、現代の貴族は、現代の民主主義の中で競争力を持たなければならない。[160]

メディアは、しごく当然のことのように、「レーゲンスブルクにおける侯の結婚式」について報道した[161]。決して平坦ではなかった複雑な家門の歴史は、平和裏に現代へと組み入れられているように見える。この組み入れは、トゥルン・ウント・タクシスにとって、他の侯家にとってよりも自然であるかもしれない。その歴史は、常に、現代的なタイプの企業の歴史でもあったからである。

第5章 領邦君主と土地所有者としてのトゥルン・ウント・タクシス

「領邦なき侯」

今日、トゥルン・ウント・タクシスは、ヨーロッパで最大の個人土地所有者に数えられる。だがこの不動産は、比較的最近になってからのものである。大部分は、十九世紀が経過するあいだに取得された。土地所有は時間的に郵便経営・後であるばかりでなく、その理由も郵便経営・後と結び付いている。つまりそのほとんどは、一八〇三年から一八一九年に、特定地域の郵便没収の直接補償として、トゥルン・ウント・タクシス侯に与えられた。その他は、一八二二年以降、郵便補償から生まれてきた資金によって購入された。十九世紀後半に行われた東欧における大規模な土地購入でさえも、まだ直接に郵便補償と関連している。ボヘミアの広大な土地は、一八五一年のヴュルテンベルクの郵便補償後に購入され、クロアチアの巨大な土地は、一八六七年に締結されたプロイセンとの郵便補償後に買い入れられた。トゥルン・ウント・タクシスの土地所有の開始は、資産の再分配という興味深い一章を成している。「郵便侯」――資産のルーツがサービス業であった企業家――から大土地所有者が生まれたのである。もちろんまったくの自由意志によってではなかったが、封建時代末期を象徴する典型的な境遇もその一因として作用した。しかもそれは、封建時代をまさに克服しようとしているヨーロッパの真っただ中でのことだった[1]。

まだ十八世紀には、トゥルン・ウント・タクシスは、「領邦なき侯」とみなされていた。土地を全然持っていないというのではなく、「諸侯にふさわしい」土地、つまり帝国領邦を持っていないという意味である。ここでもまた、我々は歴史の息詰まる一章、つまり、ヨーロッパの古き権力エリートたちの中へ参入していく「成金一家」の苦難と関わることになる[2]。スペイン継承戦争後、ネーデルラントでスペインの影響力が失われると、残された道は帝国をまたぐしかなかった。それゆえ、一七二三年、南西ドイツにおける計画的な土地取得政策が開始された。南西ドイツは、帝国レーエンが繰り返し売買されてきた領邦の分割地域であった[3]。

原則的に、トゥルン・ウント・タクシス家は、十五世紀、十六世紀、十七世紀に富を得た他の企業一族と同じように、資産を土地に投資する傾向があった[4]。一般的に、商業資本や金融資本への投資は損失の危険性が高かったからである。そうした投資は、平均的な利回りを減少させるだけではなく、たとえば、商船の沈没や拿捕のように、常に企業倒産の危機をも孕んでいた。アウクスブルクのヴェルザー家のようなトップクラスの銀行家でさえ、繰り返される国家破産のために、毎日「倒産する」可能性があった[5]。十六世紀に政治の覇権を握っていたスペインは、戦争によって債務超過となり、世紀の後半以降、何度も国家破産を経験していた。そのため、フッガー家のような金融資本家たちは、早くから自己の資本を安全な物に投資しようとした。そして封建制社会では、それは土地を意味していた[6]。

（トゥルン・ウント）タクシス家の場合、この必要は差し迫っていなかった。十七世紀、郵便事業は、国家の助成金によってしか維持されないリスクのある企業から、利益の多い独占経営に変わり、その収益はどの地代をもはるかに上回っていた。それゆえ、土地に投資して身の保全をはかる傾向は少なかったのである。社会的な威信を獲得しようとする願いだけが、封建制所有地を手に入れることを必要とした。さしあたり、スペインの諸侯身分と結び付けて、社会的上昇の欲求を満足させるためには、ネーデルラントの小領地ブレン・ル・シャトーだけで充分だった。ようやく十八世紀、ヨーロッパの他の地域で郵便の国営化が実施され始めると、トゥルン・ウント・タクシスにとっても土地獲得による自己防衛策が重要になってくる。

十六世紀と十七世紀における土地所有

一五三四年、ミラノ、ブリュッセル、スペインのタクシス家系のあいだで相続をめぐる長期間の争いが生じ、それは故郷ベルガモの土地にも関係していた。この争いは、カール五世の名で、メーヘレンの大参事会の委任を受け、アウクスブルクの商人であり郵便局長であったヨハン・アントン・フォン・タクシスによって調停された[7]。タクシス家は、すでに早い時期から、時おり、帝国の地に土地を所有していた。ハプスブルク家がその報酬を支払うことができなかったため、「ヨハネット・ダックス」は、数年間、付属する収入込みで、シュタイアーマルク、クライン、イストリアにいくつかの城を質入れとして提供されていた。同じようなことが、タクシス家の他のメンバーについても報告されている。皇帝マクシミリアンは、一五一〇年、ヨハン・バプティスタ・フォン・タクシスに、その二十年間の勤務に対し、年に百三十ドゥカーテン金貨額までの貴族支配収入を抵当として与えた。しかし、これによってそれまでの借金を支払ったのか、最新の報酬を補填しなければならなかったのか、あるいはそれは特別報酬だったのかは、結局のところ明らかになっていない[8]。

タクシス家がスペイン領ネーデルラントへ移住してから、土地取得はこれまでよりも計画的に行われた。すでにフランツ・フォン・タクシスは、メーヘレンとブリュッセルに地所を得ていた。ヨハン・バプティスタは、その結婚によって、領地ブジンゲンを手に入れ、一五三〇年には皇帝カール五世によって、アルデンヌのラ・ロッシュ伯領を授封された。さらに彼は、妻の両親から領地へメッセムを獲得している[9]。しかしようやく一六七〇年になって――タクシス家が帝国伯身分に昇格し、一六六九年のピレネー条約によって、十七世紀のいくつかの大戦争の終結がはっきりしたのち――身分にふさわしい土地所有が積極的に開始された。ラモラール・クラウディウス・フォン・トゥルン・ウント・タクシス伯は、妻の一族ド・オルヌ伯家から、領地ブレン・ル・シャトーとヘネガウのオー・イットゥルを取得する。これらの領地は、貴族社会を上昇していくうえでの新しい一歩を可能にした。一六八一年二月十九日、オイゲン・アレクサンダー・フォン・トゥルン・ウント・タクシス伯のもと、領地ブレン・ル・シャトーは、スペイン王室によって「ド・ラ・トゥール・エ・タッシス侯国」の称号で侯領に昇格された。

トゥルン・ウント・タクシスの経済状態は郵便利益によって順調に発展していたので、それまでの土地購入と建設措置にもかかわらず、さらに一七〇〇年には、ネーデルラントに領地イムプデンを十八万グルデンで取得することができた[10]。これらネーデルラントの所有地は、長いことタクシス家のものであり、この所有は、スペイン継承戦争と革命戦争において暫定的に占領された際に中断されただけだった。一七九四年、フランス軍はネーデルラントの領地を押収した。やっと一八〇九年になって、押収されたネーデルラントの領地ブレン・ル・シャトー、オー・イットゥルならびにイムプデンは返還される。しかしタクシス家の生活の拠点がドイツへ移されると、そうした領地も重要性を失っていった。すでに一七一三年の家族世襲財産は、帝国内の等価の土地でそれを補填することを計画していた。経済的な利益という点で、これらネーデルラントの領地は十八世紀にはほとんど価値を失った。それらは、トゥルン・ウント・タクシス家の全収入のわずか〇・七％にすぎなかったのである[11]。結局、十九世紀のうちに、それらは売却された。

シュヴァーベンにおける領邦建設の開始

トゥルン・ウント・タクシス侯は「領邦なき侯」であり、とりわけこのことは他の諸侯から繰り返し非難された。実際、トゥルン・ウント・タクシスは、帝国内にいかなる土地も持たず、まして、一六九五年に授与された帝国諸侯の称号にふさわしい領地など所有していなかった。そのため、十八世紀初頭、ドイツ内にみずからの領邦建設を開始したことはもっともである。当然のことながら、ネーデルラントにおける領邦獲得政策はスペイン継承戦争のあいだは中止されていたし、ラシュタット条約後、再開されることはなかった。獲得の目標はドイツ南西であった。政治上ばらばらに分裂していたこの地域は、獲得にもっとも適していたのである。それゆえ、十七世紀に諸侯に列せられた

図85　1734年に獲得したトゥルーゲンホーフェン城（1819年以降は「タクシス城」）。北シュヴァーベンにおける統治の中心。19世紀半ばの光景。

家門の多くは、帝国のこの地域に期待をかけた[12]。

トゥルン・ウント・タクシスの場合、きっかけは、オイゲン・アレクサンダー・フォン・トゥルン・ウント・タクシス（一六五二年—一七一四年）とフュルステンベルク・ハイリゲンベルク公女アンナ・アーデルハイドとの結婚だった。この両親から生まれた息子アンゼルム・フランツ・フォン・トゥルン・ウント・タクシス（一六八一年—一七三九年）は、一七二三年、シュヴァーベンで計画的な土地購入に着手した。まず、グラーフェンエッグ伯家から約十九万グルデンでエグリンゲン帝国領地の買い入れに成功し、ヴュルツブルクの郵便局長一族の出身であるマインツ大司教領の顧問官クリストフ・フォン・ベルベリヒがその全権を委ねられた[13]。この買い入れによって、一七二六年、侯はシュヴァーベン・クライスの伯・領主部会《グラーフ・ウント・ヘレンバンク》へ受け入れられる[14]。一七三四年、トゥルン・ウント・タクシス侯は、シェンク・ツー・カステル伯から十五万グルデンでディシンゲン市場付属のトゥルーゲンホーフェン城（一八一九年以降は「タクシス城」と呼ばれた）を購入した。続く一七三五年にはもう、オイスタキウス・マリア・フォン・フッガー伯から領地ドゥッテンシュタインを買い入れ、シュヴァーベンの所有地は整理されていく。アレクサンダー・フェルディナント・フォン・トゥルン・ウント・タクシス侯（一七〇四年―七三年）は、一七四一年にトゥルーゲンホーフェン村（三万八千グルデン）を、一七四九年にはバルメルツホーフェン騎士領（七万二千グルデン）を買って、シュヴァーベンにおける土地取得政策を続けた[15]。

最初から、ドイツのトゥルン・ウント・タクシスで考えられていたのは、まずは家長思想の枠内で農業経営を改善することであった。この家長思想は、完全に初期啓蒙思想の楽観主義の影響下にあった――ヨーゼフ・フォン・フェルデックの『家長』は、「自然と技術をひとつにすれば、他では不可能だと思われることを克服できる」というモットーを掲げている[16]。次に、進歩したイギリスとフランスの農業を視野に入れ、各分野での収穫を増やすために、目標を定めた措置を取ることが考慮された[17]。最後に、一七七〇年代以降、直領地行政の組織化が検討された。まる十年におよぶ直領地収穫の体系的な計画と、侯家の宮廷図書館に収められたしかるべき「官房学に関する」文献がこのことを示唆している[18]。

先に挙げたいくつかの領地に関する一七六七年から一七七六年の会計報告が示しているように、どの所有地も経営的には有望でなかった。「経費」、つまり管区長官《アムトマン》や園丁などの賃金のための固定支出が、収入を上回ることすらしばしばあった[19]。それゆえ、こうした土地取得は、主に政治的性格を有していたのである。トゥルン・ウント・タクシス侯家が帝国諸侯部会へ受け入れられると（一七五四年）、比較的小さい土地の追加購入はもはや行われなくなった。

一七八五年のフリードベルク・シェール伯領の購入

諸侯にふさわしい土地所有は、トゥルン・ウント・タクシスが帝国諸侯部会に受け入れられたのち、帝国法に従って命じられていたのだが、しかしそうした土地を見つけるのはそれほど容易ではなかった。適当な購入対象を探し、その所有者と交渉するのにまる三十年かかった。遂に、オーバーシュヴァーベンの領地シェール、デュルメンティンゲン、ブッセンとともに、フリードベルク伯領を取得することに成功する。税、建設費、管理費、人件費を差し引いたその年間実収は、「たった」約二万六千グルデンと算出された[20]。それにもかかわらず、法的資格（自由所有地と帝国レーエン）、面積、臣民の数によって、この伯領は「諸侯にふさわしい」とみなされた。百九十平方キロメートルのその土地には、一七八九年、合計して八千八百二十人の住民が生活していた。千百四十八人の人口を持つヘルベルティンゲン村と七百四十八人の人口を持つシェール市が最大だった。住民の大部分はカトリックであり、農業に従事していた[21]。

売り主は、ヴァルトブルク帝国世襲トゥルッフゼス家の共同統治者と考えられる[22]。それゆえその伯領には他の領主も定住しているという事実、また年間利益から考えると、二百十万グルデンという購入価格はまったく法外につり上げられたものである。購入金額の支払いは、百万グルデンの頭金払いと十万グルデンの十一回年賦払いであり、その際三・五％の利子が付いていた[23]。莫大な購入価格は、十八世紀全体を通じて侯家の会計が記載しなければならなかった最大の支出費目であった。トゥルン・ウント・タクシス侯家がまさにその十八世紀に帝国郵便とネーデルラントの郵便事業の利益から蓄積していた資本の大部分を、その価格は飲み込んでしまったのである[24]。そうした法外な高額が正当化されたのは、ひとえに、トゥルン・ウント・タクシスにとって次のことが重要だったからである。

タクシス家が帝国諸侯部会で獲得した議席と投票権が、皇帝陛下と帝国に受け入れられた証《あかし》としての拘束力の結果、これに適した掘り出し物の取得によってさらに確固となり保護されること。

一七八六年、所有地は譲渡され、臣民は誠実宣誓を行った。皇帝ヨーゼフ二世は、一七八七年、最高封主としてその売買契約を認め、トゥルン・ウント・タクシス侯に有利なように、付属する領地とともに従来の伯領を格上げした。

フリードベルク・シェールという名と称号を持ち、神聖ローマ帝国の自由で直属で侯領とされた伯領に。

この新設された帝国侯領は、一七八七年十一月五日、身分にふさわしい領邦として、皇帝によってトゥルン・ウント・タクシス侯に授封された。皇帝によるこの授封には紋章の増加が伴った。従来の紋章の下へ向かって、二つの新しい分割区画が付け加えられた。銀色の区画に裁断鋏（シェール）が、金色の区画には赤いライオン（フリードベルク）が描かれている。帝国議会も、取得されたこの土地を諸侯にふさわしい所有地と承認した。一七九三年、トゥルン・ウント・タクシス家の使節が帝国議会で異議を申し立てられることなく初めて公認された[25]。一七九七年、トゥルン・ウント・タクシス侯家はシュヴァーベン・帝国クライスの諸侯部会にも受け入れられた。これはちょうど、郵便帝国が崩壊し始めた時期のことである[26]。

図 86　皇帝ヨーゼフ２世
（出典：加藤雅彦『図説　ハプスブルク帝国』河出書房新社、1995年、54頁）

トゥルン・ウント・タクシスは、帝国代表者会議主要決議の結果として領地を拡大する以前、シュヴァーベンに他の領地も購入したが、その際、フォン・エーベルシュタイン枢密顧問官は、土地の購入に計画性を持たせようとした[27]。一七八六年には、ドゥンステルキンゲンのジールゲンシュタイン男爵家の自由所有地（二万七千グルデン）、一七八九年には、領地グルンズハイム（十五万グルデン）、一七九〇年には、帝国領ゲッフィンゲン

(二十七万五千グルデン)と帝国騎士領ホイドルフ(四十万五千グルデン)を買い入れた。これら一連の行動がめざすところは、シュヴァーベンにひとつの領邦君主制《ランデスヘルシャフト》を構築することであり、それは十八世紀を通じて休むことなく進められた[28]。侯領に格上げされたフリードベルク・シェール伯領はシュヴァーベンにおける土地整理の堅実な核となっていたが、そうした整理統合が農業や林業の経済的関心をさらに増大させたことは、もっともである[29]。

一七八六年のトゥルン・ウント・タクシスの領邦君主任命

トゥルン・ウント・タクシス侯は、侯領となったフリードベルク・シェール伯領を取得することによって、土地を所有している名目だけの侯ではもはやなく、領邦君主となった。皇帝が売却に同意したあと、譲渡交渉では、一七八六年七月二十七日が正式な引き渡し日と定められた。前所有者は、この引き渡し日に、官吏と職員たちを正式に解雇した。書記局と文書庫の鍵が、実際の引き渡しの証《あかし》として、トゥルン・ウント・タクシス家の宮廷顧問官フォン・エップレンに手渡された。そののち、第一級(顧問官)、第二級(書記局下級官吏、上級猟師)、第三級(猟師、醸造主任、営舎使用人、酒蔵管理職人、れんが工、粉職人)および第四級の全職員が伯領の新しい所有者トゥルン・ウント・タクシス侯家に「義務を負い」、宣誓した。隣接する領邦君主やシュヴァーベン・帝国クライスのメンバーたちには、この所有交代は文書で伝達された。最後に政府長官シュナイト男爵とシェールの上級管区長官《オーバーアムトマン》クラーヴェルが演説した。その演説は非常に感動的だったので、「感傷的な心を持った誰の目からも涙を絞り出した」[30]。

新しい領邦君主が登場する際には儀式的な礼砲が発射されたが、一台の大砲がそのためにボーデン湖畔のユーバーリンゲンからシェールへ運ばれた。八月二日、カール・アンゼルム侯は新しく取得した領邦へ入り、騎兵が侯の馬車に同行した。住民たちは歓呼で侯を迎えた。大砲と花火の玉が点火され、鐘が鳴らされた。村では、凱旋アーチを築き、子供たちや乙女たちが人垣をつくった。シェールの市参事会員が市庁舎の前で荘重な黒い衣装をまとって侯を出迎えた。合唱団が表敬の歌声を響かせた。そののち数週間、侯はシェール城に滞在した。このとき、彼は自分の臣民たちを「訪問した」。侯は非常に貧しい乞食小屋をも厭わなかったと報告されている[31]。

臣民の義務的な世襲宣誓を組織化するのにいくらか費用がかかった。まず、市の上役が、住民簿を作成するよう求められた。身分の証人たちと、調書作成者として皇帝の公証人が必要だった。世襲宣誓は一七八六年八月二十四日に行われた。その際、臣民には、相応の儀式を伴って、彼らの権利と義務が表明された。「公証人役場の一機関」が後世の人々のために、こうしたことやその豪華な光景の成り行きを記録した。教区教会では荘厳ミサが、シェール城では祝宴が、そして野外では全臣民のもてなしが執り行われた。晩には花火がその記憶すべき一日を締めくくった――皇帝特別主席代理は祝宴には慣れていた[32]。

小領邦の政府建設

これまでの所有地行政に代わって、いまや「政府」が建設されることになった[33]。カール・アンゼルム・フォン・トゥルン・ウント・タクシス侯は、一七八六年、枢密書記局の下位官庁として「政府部門」をつくり、そのトップに政府長官を配した。政府は、行政・司法官庁であり、地域的な上級管区《オーバーアムト》、営林局《フォルストアムト》、財務管理局《レントアムト》の上位に置かれた。一七八七年、侯領独自の「政府会計課」が設立され、これ以後、直領地の収益はここへ流れ込んだ。会計課は四半期ごとに会計報告を行わねばならず、利益をレーゲンスブルクの「総会計課」へ支払った[34]。それにもかかわらず政府会計課が総会計課から経済的にある程度独立していたことは、一七九〇年、「侯の左右の財布」の絵に描かれた枢密顧問官で政府長官であったエーベルシュタイン男爵が示している[35]。

侯は、カール・テオドール・ヨーゼフ・フォン・エーベルシュタイン男爵（一七六一年―一八三三年）[36]という中央行政の有能な男に、小領邦の責任を委ねた。男爵は君主の独断と恣意的な措置に反対する姿勢を表明していた。「人々が外からの強制なしに善良に行動するよう、国家が作用することができるだろうか……」と、彼は一七八五年、まだ侯世子の教育係だった時期に修辞的に問うている[37]。政府は、すでに一七八八年、職務規定を公布したが、当初は定まった所在地を持たず、侯の近くに置かれていた。つまり、政府はあるときにはレーゲンスブルクに、また別なときにはトゥルーゲンホーフェンやシェールにあることを意味した。もちろん、この可動性は政府の効率を妨げた。それゆえ、一七九一年、政府の定所在地としてレーゲンスブルクが指定される。しかしこれも持続する解決策ではなかった。とりわけ、世俗化によって獲得された重要な土地が、土地所有の意義をつり上げていた時期であった。一八〇四年、政府はブーヒャウに移転される。ブーヒャウは、世俗化によって取得されたきわめて重要な所有地であり、シェールに代わって統治の中心にされようとしていた。いまや、すべての通信文がブーヒャウをめざした。ブーヒャウは、一八〇八年に政府が解体するまでのあいだずっと、政府所在地であった。

侯領は一七八七年から一八〇六年まで存在していたが、政府下には地域的な管理機関があった。シュヴァーベンの土地所有は、当初、シェールとデュルメンティンゲンの二つの上級管区《オーバーアムト》に区分されており、それぞれを統括していたのは、上級管区長官《オーバーアムトマン》を議長にした顧問官団だった。シェールでその職務に就いていたのは、啓蒙思想家のフランツ・クサーヴァー・クラーヴェル（一七二九年―九三年）である。彼は一七五〇年代、シュヴァーベンにおける魔女裁判の廃止に協力し、のちには農業の改善と立法に貢献した[38]。この管理機関は指令による拘束力をもって統制されていた。一七八九年の最初の上級管区令によれば、その仕事は、行政、民事、営林、財政、領邦の警察《ポリツァイ》＊問題と刑事であっ

＊　**警察《ポリツァイ》**（Polizei）　一四〇〇年頃フランスで形成された概念。裁判を除くほとんどすべての国家および地方団体の活動を総称する。ドイツでは一五〇〇年頃から慣用されるようになった。

た[39]。上級管区《オーバーアムト》は比較的自立して統治していたが、国家間の問題や教会の支配権、また高級裁判権のような場合には、侯領の中央官庁である政府か枢密顧問官の指示を求めなければならなかった。上級管区長官《オーバーアムトマン》は法律家であり、簡単な裁判なら裁判官としてその場で判決を下すことができた。刑事事件の審理もしたが、裁判の調書を送付することが義務づけられていた。一七九七年まで、最高裁判所は政府だったが、その後は、レーゲンスブルクに新設された「侯家の宮廷裁判所」だった。上級管区長官《オーバーアムトマン》のその他の任務は――一七九四年デュルメンティンゲン上級管区《オーバーアムト》令によれば――領邦君主の諸権利、流血裁判権や森林権や狩猟独占権の監視、国境の保護、警察《ポリツァイ》（公共秩序、公衆衛生、道路・橋建設、火災予防）、市町村や施設や学校の監督であった。さらに上級管区長官《オーバーアムトマン》には、財務官吏《レントマイスター》として「財政」を管理する義務もあった。当時一般的であったように、司法と行政は、分離していなかった[40]。

理性の小国――「トゥルン・ウント・タクシス帝国領邦」の立法

トゥルン・ウント・タクシスは、領邦君主としての時代、立法者でもあった。侯領となったフリードベルク・シェール伯領の立法は、その範囲、徹底性、目標という点で、十八世紀におけるドイツの小国の中では特別だった。有能な法律家たちが、啓蒙主義の精神に担われ、臣民の福祉を促進するという目標を持って、体系的なラント法の編纂や作成に努力した。刑法典の序言には、「理性的な国民にとって、なぜそのように統治されて別なふうにではないのかを知ることは、時効の適用されない権利……である」と記されている。法典の各項は理性的でわかりやすくなければならなかった。最近になってようやく、専門家によって次のことが確認された。

無名のフリードベルク・シェール伯領は、ヨーロッパの列強より以前に、市民の広範な権利を現代的な精神で秩

図 87　侯領に格上げされた伯領フリードベルク・シェールの領主館、シェール城、1803年。ニコラウス・フーグによる水彩画。

図 88　18世紀の隷属農民の農業労働。着色銅版画。
(出典：F・P・フロリヌス、『聡明な家政管理人』、ニュルンベルク、1719年、トゥルン・ウント・タクシス宮廷図書館)

序づける法典を持っていた。[41]

法典の主要作成者はフォン・エーベルシュタイン枢密顧問官だったが、クラーヴェルとヨーゼフ・クサーヴァー・フォン・エップレン（一七五五年―一八二三年）も協力した。エップレンは一七七九年以来ヴァルトブルク文書庫の責任者であり、一七八六年には宮廷顧問官としてレーゲンスブルクの中央行政へ招聘され、さらに一七九七年には枢密顧問官と政府長官にまで昇進している。エーベルシュタインは本来、その地方の法規をまとめようとしただけだったが、クラーヴェルはその時代遅れの内容を批判した。エップレンは覚書の中で、自国の法典で最初に民法を、その後に刑法、訴訟法、警察法《ポリツァイ》を新しく制定することを提案した。外国の法典も、その哲学精神と「深い洞察」ゆえに模倣に値するため、情報源として参考にするよう勧めている。また自国の法典については、どの程度、そうした新しい法典に適合するかを考慮しなくてはならないとしている[42]。

一七八六年、枢密顧問官でありドイツの体系的な林学創設者であるヴィルヘルム・ゴットフリート・フォン・モーザー（一七二九年―九三年）に由来する森林・狩猟令が公布された[43]。一七八八年には一般立法に関する議論が始まる。その最初の成果は全面的な改革の開始であり、政府レベルでスタートしたのち、各「市民」の姿勢にまで浸透した。同じ一七八八年、政府・荘園参議会令が出され、翌年には、改革好きの啓蒙思想家クラーヴェルの管轄地域であるシェール上級管区のための上級管区令が公布された。これは、その他の上級管区《オーバーアムト》令の模範となった[44]。一七九〇年、フリードベルク・シェール帝国侯領伯領の官吏、下級官吏およびその他の上役のための職務規定が発布された。これは、フランス革命の印象を受け、国家安全の問題と関係していた。上役は、公権を守ることはもちろんだが、まず良好な生活態度、従順、分別、誠実にいそしみ、部下の尊敬、愛、信頼を得て、それに値するよう努力すべ

図 89　旧帝国時代の快適な旅行。帝国都市レーゲンスブルクを背景にした帝国郵便の四輪郵便馬車。

図 90　危機の時代の物騒な道路状況。ナポレオン戦争期の郵便馬車襲撃。

きである。

最終条項は、「全臣民の共通善と繁栄を目的としない」何ごとも命令してはならないと、官吏たちに説いている[45]。一七九〇年に公布され、もっとも基本的な統治者義務として次のことを定義している普通法は、珍しいものである。

個人の幸福がますます実現し維持されるよう既存の社会構造を指導することによって、誠実な臣民の福祉を促進すること。[46]

一般的な「警察《ポリツァイ》」の領域では、一七九一年、火災における臣民の保険保護が配慮され、それは、トゥルン・ウント・タクシス帝国侯領消防令に補われたトゥルン・ウント・タクシス帝国侯領火災保険令に結実した。この条令では、自発的な加入のような原則的な諸問題を定めねばならなかった。模範となる前例がなかったからである。家屋は土地台帳に記録され、通し番号をつけ、価値評価された（第六条―第十条）。「火災保険令」の目に見える結果として、各家屋は新しい番号を付され、その番号を、入口のドアに黒い数字で書きつける必要があった。火災が発生した場合、被保険者は、一年以内に同規模の家を再建することができた[47]。

同じ年の消防令も実際の結果を出した。まずそれは建設監督局の分野と関係していた。わらぶきやこけらぶきの家屋、さらに中央部の厚いガラス板は禁止された。そうしたガラス板は、「普通の平らな丸いガラス板や四角いガラス板」とは異なり、集光鏡のように太陽光線を集め、発火させるかもしれないというのである。五十二の条項では、火災発生の危険性が規制され、その他の百十の条項では、消火方法が指示されていた。それらの指示は、しばしば、役所の規定というよりは実際に役立つ助言の性格を持っていた。消火ポンプを埃から守り、ホースにひびが入らないよ

図 91　時代に先んじ、啓蒙主義の精神のもとで。「トゥルン・ウント・タクシス帝国領邦」のための初期「火災保険令」表紙。

うに定期的に油を塗るべきである、など。各住民に消火用バケツが用意されていなければならなかった——それは市民権と結び付いていた。火事の半鐘から財産保護まで、消火活動の詳細すべてが考慮されていた。教育の世紀は、出版物の形式で人々の注意を引いた。市民や隷農ひとりひとりが印刷された一冊の法令を手渡されて持っていただけではない。一年に二回、法令は市町村民の前で声高に読み上げられなければならなかった。学校の生徒たちは法令を読み、重要な箇所を書き写す義務があった[48]。小領邦にとって最初の一般学校教育令の公布もこれと関連している[49]。

改革の中心は、フリードベルク・シェール帝国侯領一般民法典であり、これはエーベルシュタインがエップレンとクラーヴェルの協力を得て二年をかけて起草し、一七九二年に発表された[50]。法典は当時としては驚くほど現代的であるが、ヴォルテールやロックを模範としていた起草者たちのことを考えれば、不思議ではない。市民の自然権、自由、平等が法典の基本を成していた。内容的には、一七八四年のプロイセン一般法典の草案を範とし、プロイセンの立法手続きの詳細について調査していた。プロイセンの模範に倣って農民の営業を制限することはクラーヴェルによって批判された。それは、臣民の自然権、自由、平等に違反するからである。「人間の自然な自由を、決して不必要に傷つけてはならない」[51]。しかし同時にまた、以前には編纂されていなかったものまで含めて、自国の法解釈の多くの細目も統合された。法典は一七九二年に発効し、十四年のあいだ使用された[52]。

民法の起草とともに、刑法の刷新も考慮された。その際、ベッカリーアと一七八六年のトスカーナ地方の刑法がエーベルシュタインに影響を与えた。「法律なければ刑罰なし」という法的命題を厳密に範とした刑法のための印刷草稿が、一七九三年にウルムで出版された。拷問と死刑は廃止され、行刑は人間らしくなった。しかし刑法は、領邦高権が失われたため、もはや発効することはなかった[53]。一八〇六年、陪臣化とともに、ヴュルテンベルクの立法が拘束力を持つようになったのである。

一八〇三年の世俗化後のシュヴァーベンにおける領邦獲得

フランス革命後とナポレオン・ボナパルトの時代、帝国西部の政治構造は大きく変わった。ナポレオンは、接収したライン左岸の領邦君主たちのために補償を計画し、そのために修道院の所領があてられることになった。その前提は、修道院領の接収とそれを世俗の私有財産に変えること、つまり「世俗化」であった。トゥルン・ウント・タクシス家は、（一七九四年来）ライン左岸の郵便をフランスへ譲渡していたが、ナポレオンの管理機関と良好な外交関係にあったため、一八〇三年、補償権利者に数えられた。帝国代表者会議主要決議で、帝国郵便総裁には、「損害賠償」として有利な条件が認められた。侯領に格上げされた伯領フリードベルク・シェールに次ぎ、シュヴァーベンにおいて、次のような所有地がトゥルン・ウント・タクシス侯家のものとなったのである。フリードベルク・シェール伯領内のエネタッハ修道院とジーセン修道院、ブーヒャウ市と領地シュトラスベルク付属で侯領となったブーヒャウ婦人養老院、オーバーマルヒタール帝国大修道院[54]とネーレスハイム帝国大修道院[55]、領地シェムメルベルクと三つの村落ティーフェンヒューレン、フランケンホーフェン、シュテッテン付属で領地ザルマンスヴァイラーの管区《アムト》オースト

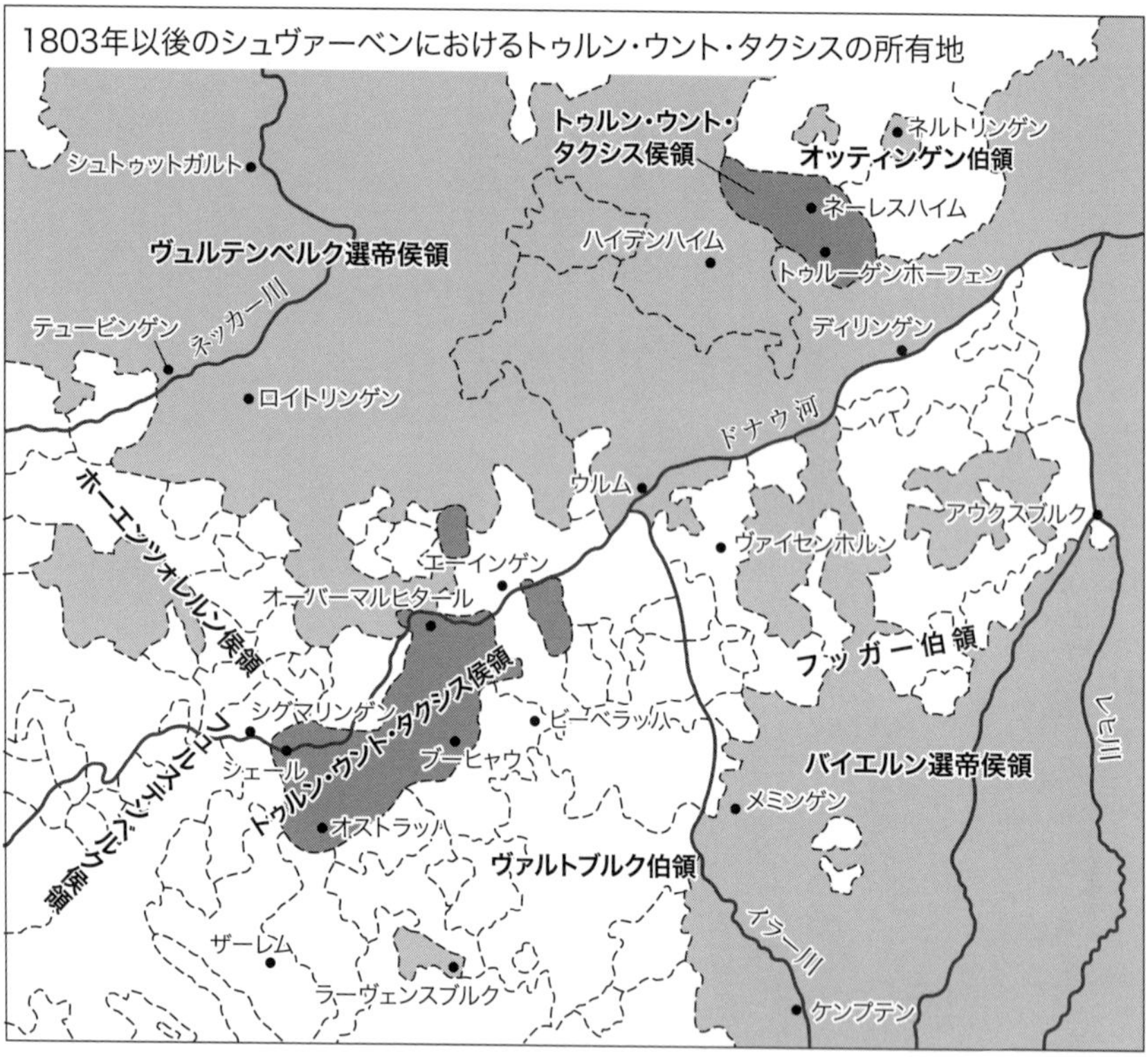

地図8　郵便補償と「トゥルン・ウント・タクシス帝国領邦」。エグリンゲン、トゥルーゲンホーフェン、ディシンゲン、ドゥッテンシュタイン、バルメルツホーフェン周辺の旧所有地は、1803年、世俗化された帝国修道院ネーレスハイムとともに新たな中心となった。
──フリードベルク・シェール伯領周辺の地域は、ブーヒャウとオーバーマルヒタールの各帝国修道院、ジーセンとエネタッハの各修道院、ザルマンスヴァイラー修道院のオストラッハ管区の領地とともに拡大した。
──領地シェムメルベルク、シュトラスベルクとフランケンホーフェンの各管轄区とともに新たな重点地域が誕生した。1805年、エプフィンゲンとオーバーズルメティンゲンの各帝国領地が購入される。上記の地図は陪臣化以前の所有地の状況を示している。
(原案：ダルマイアー／ベーリンガー、地図：ユタ・ヴィンター)

ラッハである。ブーヒャウは、十六世紀以来、（独自のシナゴーグを所有する）ユダヤ教区の所在地で、新しい侯の寛容を享受した。一八三八年には、マクシミリアン・カール・フォン・トゥルン・ウント・タクシス侯が、シナゴーグの新築に補助金を寄付している。物理学者アルベルト・アインシュタインは、ブーヒャウのユダヤ教区に住んでいたアインシュタイン家の出身であると言われ、この一家からは、一八四三年に初めて、マルティン・アインシュタイン博士という大学教育修了者が出ている[56]。

すでに一八〇二年、ヴェスターホルト伯は、ブーヒャウとオーバーマルヒタールへ旅行し、比較的大きな領邦バーデン、バイエルン、ヴュルテンベルクの併合企図を未然に防ぎ、トゥルン・ウント・タクシス侯がこれらの領地を取得する手引きを行った。こうした所有地の増加によって、身分はさらに昇格した。つまり、ブーヒャウ侯、マルヒタール伯およびネーレスハイム伯となり、紋章が増えて、帝国諸侯部会で第二の個人票を得た。シュヴァーベンにおける所有地の増加は著しく有望だったので、完全に有効な領邦の建設が期待できるほどだった。たとえば、政府の下位に置かれていた上級管区《オーバーアムト》の数は、二から十に増えていた。上級管区《オーバーアムト》は、一八〇三年六月二十二日付の通達において、規模順に、次のように列挙されている。1．ブーヒャウ、2．シェール、3．デュルメンティンゲン、4．マルヒタール、5．ネーレスハイム、6．ディシンゲン、7．オストラッハ、8．シェムメルベルク、9．シュトラスベルク、10．フランケンホーフェン管轄区《プフレーゲ》[57]。

トゥルン・ウント・タクシス家の土地所有は、一八〇三年の郵便補償によって、大規模なものとなった。侯領となった伯領フリードベルク・シェールを取得する際の一七八五年時の困難と比較すると、それはあたかもひとりでに起こったかのようだった。

政府から直領地行政へ

しかし、こうして追加取得された土地所有の喜びはつかの間のものだった。旧帝国の解体は、一八〇六年、トゥルン・ウント・タクシスの帝国法上の特別な地位を解消してしまったからである。トゥルン・ウント・タクシス侯は、一八〇六年、陪臣化によって、シュヴァーベンにおいて領邦君主からシュタンデスヘルへ、一八〇九年、ヴュルテンベルクの家産裁判権の廃止によって単なる「大土地所有者」へと降格した[58]。一八一二年まで、トゥルン・ウント・タクシスが土地を所有していたのは（ネーデルラントの古くからの所有地とフランクフルトの邸宅を除いて）シュヴァーベンにおいてだけだったが、ヴュルテンベルクの新絶対主義の措置は特に徹底していた。ヴュルテンベルクでは、国王の管理機関が、陪臣化された貴族たちの国家体制を解体するよう即座に強要した。とりわけこれに見舞われたのは、ブーヒャウにあった「トゥルン・ウント・タクシス帝国領邦」の政府だった。この政府は、陪臣化によって、管轄範囲ごとに大分割されてしまった（立法、高級裁判権、上級警察《ポリツァイ》、召集、課税）。ブーヒャウの政府は、完全に解体されるまで、「ヴュルテンベルク王国暫定政府団」として機能し続けた[59]。

土地所有と支配権の残部の管理のために、一八〇八年に解体された政府に代わったのは、レーゲンスブルクの「直領地上級行政部（Domänen-Oberverwaltung）」である[60]。十九世紀、直領地とは、「ふつう広大な、法的にひとつの全体を成している建造物と土地の集合体以外の何ものでもなく、いずれにせよ、その所有には、多くの点で、主として政治上と社会上、ある特別な権利と利点が結び付いていた」[61]。レーゲンスブルクに置かれていたトゥルン・ウント・タクシスの中央の直領地行政部は、農業の向上と直領地の利益増加を検討していたようである。一八〇八年から一八一五年のあいだ、トゥルン・ウント・タクシス家が陥っていた困難な経済状況を考慮すると、これは驚くに値しない[62]。ともかく、アルブレヒト・ダニエル・テール（一七五二年―一八二八年）の著作とともに、イギリスを範としたこの指導的なドイツの農業改革者のメソッドが受容された[63]。

レーゲンスブルクの行政機関の序列において、直領地上級行政部は、総郵便管理局と同等であり、侯の「枢密書記局」の管轄下にあった。枢密書記局が解体された一八二八年の大規模な行政改革ののち、直領地上級管理機関の重要性は増し、「直領地財務庁（Domänenkammer）」と名乗ることになる。十九世紀の最初の四半世紀に土地が追加獲得されていったことを考えれば、行政全体の中で直領地行政の意義が大きくなっていったことは不思議ではない。しかし、フランクフルトの上級郵便局は引き続きトゥルン・ウント・タクシス侯の管轄下にあり、独自の外交政策を進めていたので、実際には、行政全体の中での直領地行政の地位に変化はなかった。いわゆる直属事務所が、枢密書記局に取って代わった[64]。

裁判権が失なわれると、一八〇九年ヴュルテンベルクでは、上級管区《オーバーアムト》も解体された。しかし、一八二三年から一八四八年、家産裁判権が返還されたのち、上級管区《オーバーアムト》はもう一度復活する。裁判は、ヴュルテンベルクのラント法に従わなければならなかった。司法と行政は、（以前とは異なり）今後、分離されることになった[65]。一八〇九年に直領地上級行政部が設立された際、トゥルン・ウント・タクシス家では、バルメルツホーフェン、ブーヒャウ、デュルメンティンゲン、マルヒタール、ネーレスハイム、オーバーズルメティンゲン、エプフィンゲン、オストラッハ、シェール、そしてシュトラスベルクに各財務管理局《レントアムト》があった。直領地行政部のいわば国家的性格の存続は、陪臣化後の管理区分を見れば明らかになる。現場の行政は財務管理局で組織され、かなり散在していた新旧の所有地群は財務管理局《レントアムト》の管轄下に置かれた。財務管理局《レントアムト》は、――たとえばバイエルン選帝侯領の――国家区分に見られるように、十八世紀における国家の中級官庁の一般的な名称であり、例えて言えば、今日の行政区域にあたる。その名は国庫目的、つまり臣民の税の徴収に由来していた。財務管理局《レントアムト》には、営林局《フォルストアムト》と警察《ポリツァイ》行政局が付け加えられた[66]。

一八〇五年、メッテルニヒ侯から領地オーバーズルメティンゲンとウンターズルメティンゲンを取得し（四十一万グルデン）、一八〇九年、フライベルク男爵から領地エプフィンゲンを買い入れたが（三十四万グルデン）、これらはたいてい耕地整理の必要があり、既存の財務管理局《レントアムト》に併合された。十九世紀のあいだ、財務管理局《レントアムト》は多くの点で構造改革された。全般的に、職務の削減の傾向があっただけではなく、以前の財務管理局《レントアムト》を統合したり解体したりして、その数も減少する傾向にあった。一八六五年以降、シュヴァーベンには、オーバーマルヒタール財務管理庁《レントカンマー》とオストラッハ財務《レント》管理局《アムト》があるだけだった。しかしそれも一八七七年、「オーバーマルヒタール財務管理庁《レントカンマー》」に合併した。

トゥルン・ウント・タクシスは、バイエルン、プロイセン、ボヘミア、クロアチアに順調に所有地を取得していくなかで、所有地区分の地域主義を取るに至った。それは、歴史的に発展してきた構造よりも、時宜にかなった所有構造に適していたためである[67]。オーバーマルヒタール財務管理庁《レントカンマー》は、ちょうど百年のあいだ存在していた。一九七六年、シュヴァーベンの所有地管理も「ザンクト・エメラム財務管理庁《レントカンマー》」の管轄下となった。つまり実際には、企業の総行政に組み入れられたことになる[68]。

バイエルンにおける新たな大土地所有者——一八〇八年の郵便国営化の結果

トゥルン・ウント・タクシスは、十九世紀初頭、バイエルンでは領邦を所有していなかった。バイエルン王国においては一八〇八年に郵便が接収されたが、トゥルン・ウント・タクシス侯家が大土地所有者へ発展していく基礎となったのが、その補償である。補償の支払い計画は、バイエルンにとって非常に複雑であることが判明したので、土地で補償することが決定された。バイエルン王室は、世俗化によって、修道院や教会の大規模な旧領地を手に入れることができた。トゥルン・ウント・タクシスは、一八一二年、郵便接収の補償として、バイエルンの所有地から、レーゲンスブルクにある世俗化されたザンクト・エメラム帝国修道院を取得した。ザンクト・エメラム修道院は、タクシス侯がすでに皇帝特別主席代理の時代から賃借りして住んでおり、今日でも、トゥルン・ウント・タクシス家の主たる居所であり、企業の総行政の所在地である。

補償としてさらに与えられた領地ヴェルトとドナウシュタウフは、かつてはレーゲンスブルク司教教会の所有地であった。バイエルンの郵便補償としてはその他に、この時代バイエルン王国の一部であった南チロルの所有地もあった。散在していたこれらの所有地は、管理上は、シュランデルスとメランの財務管理局《レントアムト》に統合されたが、その利益は、直領地利益のわずか一%であった。二世代後、一八七四年／七五年に、これらの所有地の売却が決定された[69]。

バイエルンで土地が取得され続けたため、十九世紀前半、バイエルンの土地利益の意義は大きくなる。ドナウシュタウフ（四十八万二百八十一グルデン）とヴィーゼント（十七万二千五百グルデン）に追加購入された所有地は、一八一二年には耕地整理された。トゥルン・ウント・タクシスは、一八一五年、ヴュルツブルク大公国の郵便国営化の補償として、ウンターフランケンの領地ズルツハイムをバイエルンから受け取っている（価値―十一万六千グルデン）[70]。

居住地を最終的にバイエルンに決定したことや、とりわけ企業経営に交代があったため、バイエルン王国における計画的な土地購入政策が開始された。ここでの土地購入は、トゥルン・ウント・タクシス家にとってますます重要になっていく。一八二七年、マクシミリアン・カール・フォン・トゥルン・ウント・タクシスが侯と家長になり、彼の義兄で腹心の友であるエルンスト・フォン・デルンベルク男爵が総行政長となった。一八二九年から一八四三年のあいだ、バイエルン王国に比較的大きな土地を購入しなかった年はほとんどなかった。一八二九年の領地ファルケンシュタイン（十五万グルデン）が最初だった。一八三二年にはオーバーブレンベルク（五万五千グルデン）、一八三三年にはパーリング（四万一千二百七十五グルデン）、一八三四年にはバイエルンの国務大臣マクシミリアン・フォン・モンジュラ伯の一族所有からエッグミュール、ラーベルヴァインティング、ノイファールン、ツァイツコーフェン（六十四万グルデン）、一八三五年にはハウス（十六万六千九百三十三グルデン）、同じく一八三五年にはエグロフスハイム（四十一万五千グルデン）、一八三九年にはニーダートラウプリング（二十万グルデン）、一八四〇年にはライン（十八万八千グルデン）、そして一八四三年にはオーバーエレンバッハ（十三万四千グルデン）が続いた[71]。

明らかに、若いバイエルン王国への編入を求める努力がなされていた。トゥルン・ウント・タクシス侯家は、バイエルン王国で、国王の最高郵便局長職とともに、儀礼的な高級公民権の権利があったからである。この公民権は、編入を容易にしてくれたかもしれない。しかし同時に、トゥルン・ウント・タクシス侯の従属は——その先祖は二百年前からスペイン王たちや旧帝国の皇帝たちと契約を結んでいたのではあるが——大きな順応力を必要とし、その順応性は、新しくバイエルンに従った他の「臣民たち」の精神的変化に劣らなかったことを知っておかなければならない[72]。政治的には、王ルードヴィヒ一世統治時代（一八二五年—四八年）のバイエルンに依存した。ルードヴィヒ一世の広く受容されていた統治は、不安定なヴュルテンベルク王国よりも、トゥルン・ウント・タクシスに大きな安定を保証してくれるように思われた。おそらく、バイエルン依存の決定には、強国プロイセンやオーストリアに依存するよりも大きな影響力が働いていたのかもしれない。政治的安定が減少したように見える三月前期、バイエルンにおける大規模な土地購入は実際には停滞した。十九世紀の三分の二が経過していくなか、バイエルンの所有地からの収入は、全収入の約六%、直領地収入の十七%であった[73]。

十九世紀、シュヴァーベンと同様、トゥルン・ウント・タクシスのバイエルンの所有地では、多くの構造改革が行われた。その理由はまず、進行中の土地購入に、のちには行政の合理化傾向にあった。一八五〇年頃、つまり、大規模な土地取得が完了した後、次のような行政単位が存在していた。1．ズルツハイム、2．ヴェルト、3．エッグミュール、4．ファルケンシュタイン、5．オーバーブレンベルク、6．ノイファールン、7．ライン、8．シェーンベルク、9．ニーダートラウプリング、10．ザンクト・エメラム、11．ピュルクルグート。一八六七年までに直領地行政は単純化され、ヴェルト、エッグミュール、ズルツハイム、ザンクト・エメラムの各財務管理局《レントアムト》が残るだけとなった[74]。最終的に、すべての所有地は、ザンクト・エメラム財務管理庁《レントカンマー》の管轄下に置かれた。所有地が飛躍的に増加したため、バイエルンの所有地の割合は、一八六七年から一九一六年、直領地の全利益の二十％になった[75]。

バイエルンにおける土地購入は、十九世紀後半から再開された。一族の生活の中心地レーゲンスブルクが依然として、整理統合されたバイエルン王国に存在したからである。一八五〇年代半ば以降、バイエルンの土地は休むことなく追加購入されていく[76]。グルーベン男爵はハプスブルク君主国の南部にひたすら関心を寄せていたので、彼による企業経営の時代（一八七一年―七七年）に中断が見られたが、その後、第一次世界大戦前の数十年間、再びバイエルンへの集中が際立つほどであった。公女ヘレーネの遺産からシュタルンベルク湖畔のガーラーツハウゼン城が取得され、一八八九年には大農場ヘルコーフェン（六十万ライヒスマルク）、さらに一八九九年にはレーゲンスブルク近郊の城領地プリューフェニング（十四万ライイスマルク）が購入された。

もうひとつの補償――プロイセンのクロトシン侯領

プロイセンのように郵便の国営化が決定的だったところでは、一八一五年のドイツ連邦規約第十七条は、契約によって定められた補償を予定した。この規定は、とりわけ、ラインラントにおけるプロイセンの併合に対して重要だった。それは同時に、かつてトゥルン・ウント・タクシス侯家によって経営されていた帝国郵便の国営化をも意味していたからである。フリードリヒ・ヴィルヘルム王は一八一九年のプロイセン郵便補償によってライン右岸の領邦における郵便喪失を補償しようとしたが、この補償は突出していた。ポーゼン（今日のポーランドのポズナン）大公国におけるプロイセンの管区《アムト》アーデルナウ、クロトシン、オルピシェヴォ、ロスドラツェヴォの領域は「クロトシン侯領」に統合され、シュレージエンにおけるプロイセンの男子相続親授レーエンとしてトゥルン・ウント・タクシスに授与された[77]。プロイセン自身はこの地方を一七九三年になってようやく第二次ポーランド分割で獲得していた。そこは伝統的にはポーランドのガリチアの一部であった[78]。

トゥルン・ウント・タクシスは、クロトシン侯としてプロイセン第一院の議員だった。一八二〇年、カール・アレクサンダー侯は侯領とクロトシン城を実見し、城の修復を指示している。しかし、そののち、侯家がクロトシンを訪れることはめったになかった。一八二四年の訪問は新しいもの見たさであったかもしれない。一八八五年のマクシミリアン侯の訪問計画は、侯が亡くなったために実現されなかった。ようやく一八九七年、アルベルト侯が所有地クロトシンを訪れている[79]。クロトシンは、面積二万五千三百十六ヘクタールで、その五十%を農業利用することができたため、トゥルン・ウント・タクシスにとっては安定した収入源となった。一八六七年から一九一六年、クロトシンは、トゥルン・ウント・タクシスの土地所有利益の二十%を占めていた[80]。

補償金の投資——ボヘミアの土地購入

クロトシンを得て、侯家の土地所有は、シュヴァーベンとバイエルンの比較的まとまった所有地群から遠く離れ、東部へ拡大する態勢に入った。もちろん、この距離は、管理費の点からいえば不便だった。しかし、明らかに、利点は欠点を埋め合わせてくれた。東部の土地と労働力は、中欧の人口密度の高い地域よりも安価だったからである。また侯家は、大君主国の政治的安定性を高く評価していたのかもしれない。いずれにせよ、カール・アレクサンダー・フォン・トゥルン・ウント・タクシス侯は、一八二二年、その企業史において新たな一章を開いた。この年、オーストリア・ハンガリー帝国内に、なかでもボヘミアに、広大な所有地取得が開始された[81]。

ここでは、自覚的な投資が行われた。シュヴァーベン、バイエルン、プロイセンの郵便補償の場合とは違って、現

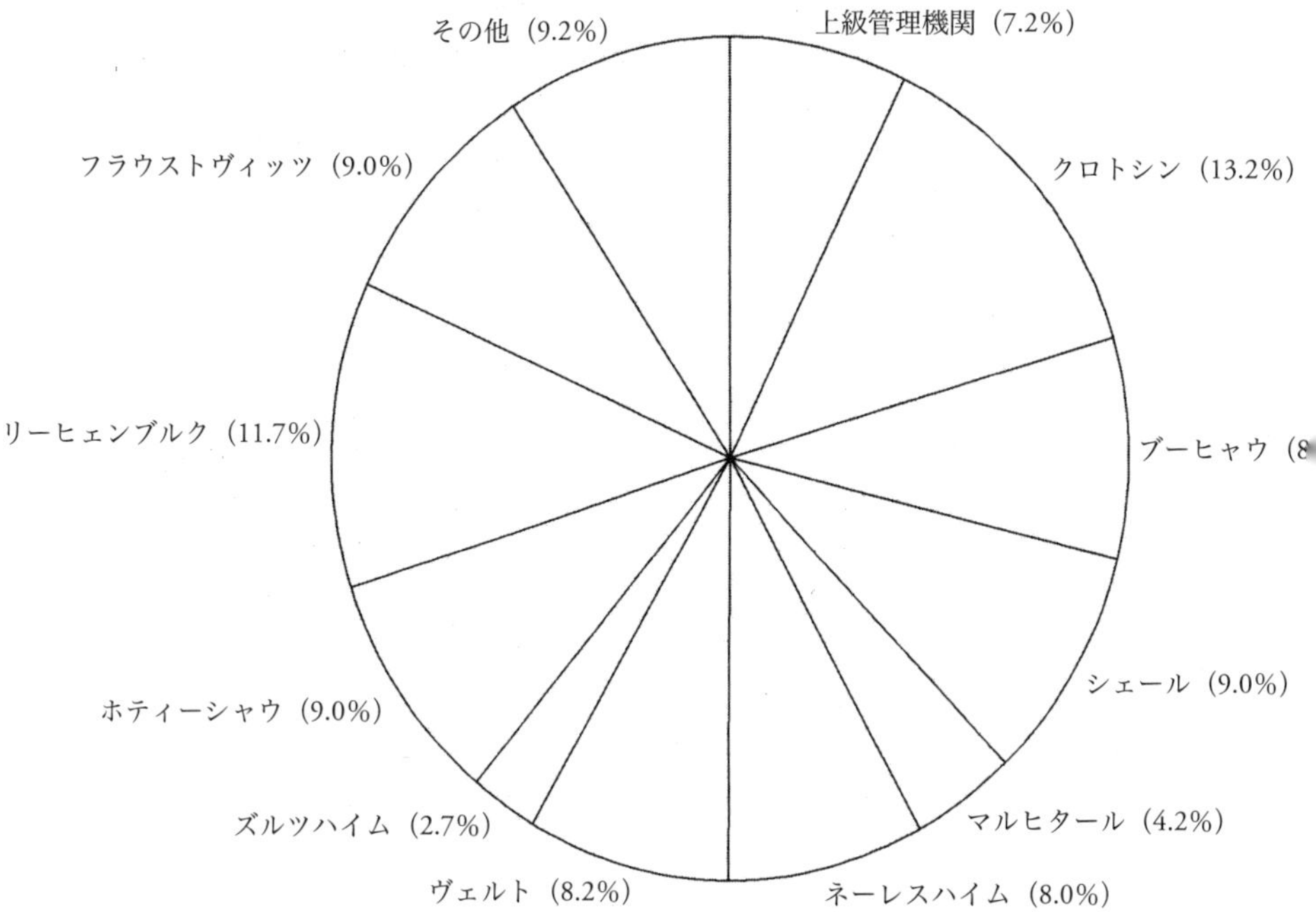

グラフ 20　1828年のトゥルン・ウント・タクシス直領地行政の従業員分布（100％＝401 人）

金が出資されたからである。トゥルン・ウント・タクシス家の土地取得政策は、――バイエルンを除いて――いまや大がかりに、当時ドイツ語圏では最大の政治勢力であったオーストリア・ハンガリー帝国をめざした。しかしなぜその政策がボヘミアで始まったのか、理由は明らかではない。偶然が関与していたのかもしれない。侯は一八二〇年にカールスバードで、一八二三年にはマリーエンバードで湯治していたし、売却の条件が良かったのかもしれない。あるいはボヘミアがレーゲンスブルクに近いことが考慮されたのかもしれない。しかし決定的だったのは、おそらくハプスブルク家との良好な関係だろう。カール・アレクサンダー侯は、直接ハプスブルク家から百八万九千二百グルデンで国家領ホティーシャウ[82]を購入することにより、土地取得政策に着手した。同時に、皇帝フランツ一世は、かつてレーゲンスブルク帝国議会で皇帝特別主席代理を務めた功績に対し、ダイヤ

図92 ホティーシャウ城。1822年、オーストリア・ハンガリー帝国の国家領売却委員会の所有地から購入された西ボヘミアの直領地ホティーシャウ。

入りのハンガリー王国聖イシュトヴァーン大十字勲章を購入者カール・アレクサンダー侯に授与している。すでに翌年には、キンスキー伯から領地フラウストヴィッツとリーヒェンブルクを購入して（百万グルデン）、ボヘミアの所有地は大幅に拡大された。侯がボヘミアの所有地に二カ月滞在したのをきっかけに、一八二六年、フラウストヴィッツは、近隣の領地コシュムベルクを追加購入して（十万グルデン）、耕地整理された[83]。

一世代のち（一八五五年）、ボヘミアでの土地取得政策は、領地ライトミシュルの購入（百八十八万六千グルデン）で再開された。世紀半ばの資本解放後、ドイツにおいて利益の上がる適当な購買対象が不足していたことがこれと関係している[84]。

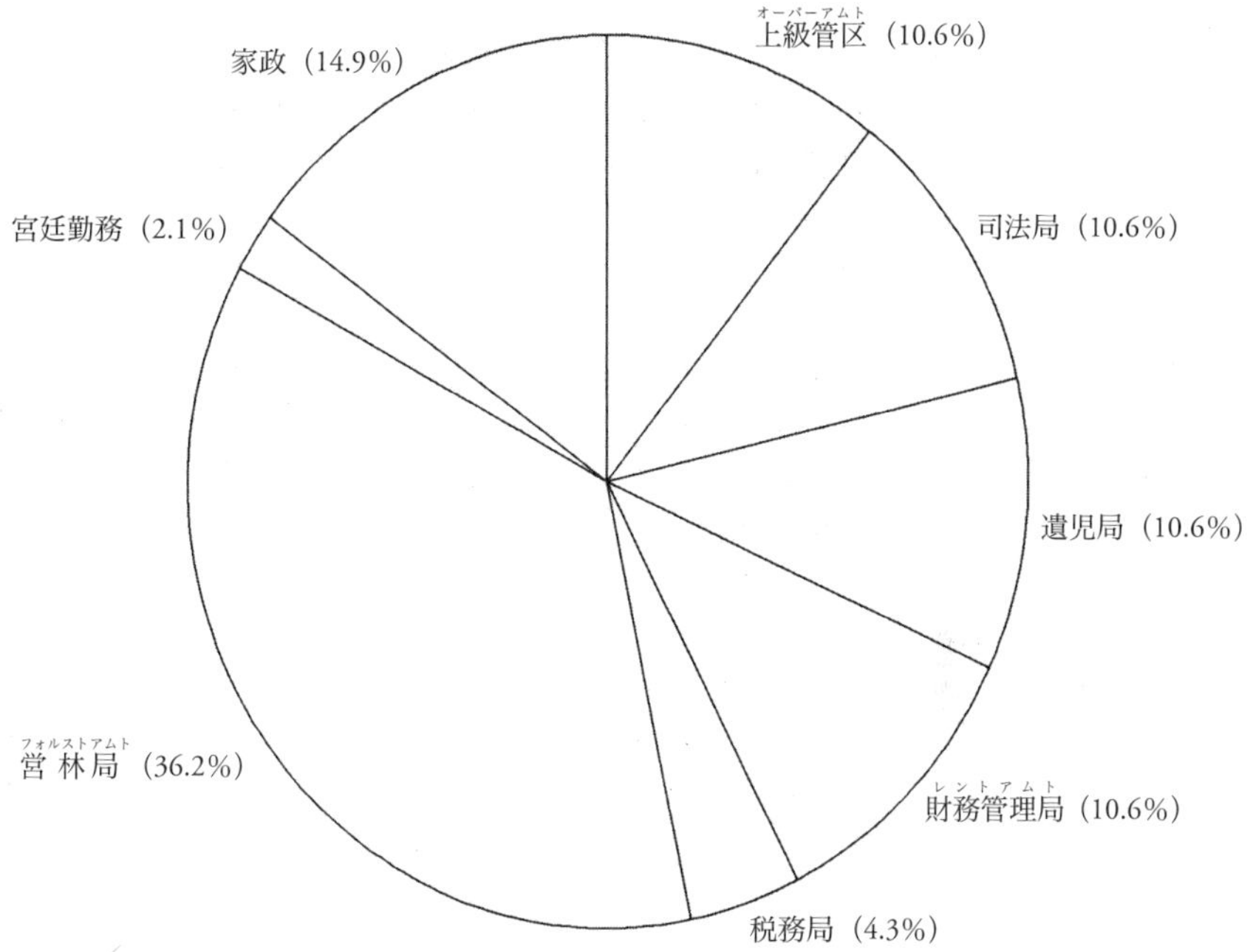

グラフ 21　1828年のリーヒェンブルク直領地行政の従業員分布（100%＝47 人）

ネーデルラントの所有地売却

　トゥルン・ウント・タクシス家が帝国内へ移住したのちも、（ベルギー・）オランダの古い所有地、ブレン・ル・シャトー、オー・イットゥル、イムプデンは、一族の世襲所有地とみなされ保持されていた。一八二一年になっても、カール・アレクサンダー侯は、比較的小規模の土地を追加購入して、ネーデルラントの土地を耕地整理している[85]。その頃、これらの所有地から上がってくる経済利益は決して特別に大きいものではなかった。十八世紀、郵便と比較して、それらの所有地は重要でなかったし、十九世紀になっても、シュヴァーベンやバイエルンの所有地からの利益と比べて、付随的なものであった[86]。

　とはいっても、土地の価値は比較的高かった。ネーデルラントは、ヨーロッパの経済中心地のひとつだったからである。そのうえ、領地ブレン・ル・シャトーには、象徴的な価値もあった。一六八一年、ブレン・ル・シャトーは、スペイン王室によって侯領に昇格され、その数年後には、トゥルン・ウント・タクシスは帝国諸侯身分に昇進した。こうした古い所有地に対する考え方が変化していったのには、一八三〇年のベルギー独立革命と一八三一年の自由主義憲法における封建制の廃止が関係している[87]。

一八三五年、領地イムプデンとブレン・ル・シャトー、さらにオー・イットゥル領内のマイアーホーフを売却することで、ネーデルラントの所有地は基本的に処分された。ブリュッセル近郊のレーケンにあった四つの大牧草地だけが残されたが、一八七二年、それも最終的に売り払われた[88]。同じ頃にバイエルンで計画的な土地購入が行われ、その中にはかつての国務大臣フォン・モンジュラの大規模な所有地取得もあったことを考えると、一八三五年、ある象徴的な変化が起こったと言えるだろう。つまり、二百年にわたってタクシス家の故郷であったネーデルラントへの繋がりが完全に撤去されたのである。同時に、シュヴァーベンに独自の国家を建設する希望を放棄し、新しい故郷バイエルンへ集中していくことが決定された。

土地購入決定のための基準

数年前、ハラルド・ヴィンケルは、一八三〇年以後に行われたトゥルン・ウント・タクシスの農業地所への投資が完全に有意義なもので、単に封建制を追憶させるものではないことを証明した。この頃、一般的に、農業収益率が上がり始めた。これには、輪作農法への移行と、施肥と土地改良による集中的な耕作が関連している[89]。一八四〇年、化学者ユストス・フォン・リービヒ（一八〇三年―七三年）は、無機質肥料をすでに宣伝していた。その無機質肥料のおかげで、その後、農業収益は上がり続ける[90]。農業史家ヴィルヘルム・アーベルは、一八四〇年代と一八七〇年代のあいだの数十年間をドイツ農業の「黄金時代」と名付けた。都市化率が増大した結果、農業生産物の売り上げが長期的に伸びたからである[91]。

この時期、農業用地の購入と耕作に価値があるとみなされたのは、短期間で土地の値段の大きな上昇が見込まれ、投資に見合った利益を得ることができたからでもある。ヴィンケルは、トゥルン・ウント・タクシスの直属事務所の記録を基に、ニーダーバイエルンに購入された土地すべての価値が六年以内に二倍になったことを明らかにしている[92]。比較的小規模の土地を購入する際にも、土地の価値を正確に調査し、値段を吟味することを怠らなかった。それゆえ、たとえば一八三〇年代の購入では、各森林の構成と状況を査定し、農業地の場合には、地味ごとに等級分けし、牧草地の場合には、干し草の見込み生産量を算出した。もちろん、不動産の価値、抵当や税負担――当時はまだ封建制度下の税だったが――も関係していた。すでに一八三三年、ある地域では、森林を取得して木材を独占し、加工産業に良い価格で売れるかどうかが、土地評価の基準であった[93]。

一八四〇年代頃からは、土地購入の際、所在地に注目した。都市や敷設予定の鉄道の近くであることが基準となったが、もちろん将来の投資利益が目的だった[94]。そうした土地に対しては、耕地整理が必要な場合のように、比較的高い価格でも甘んじる準備が始めからあった。一八六〇年代からは、トゥルン・ウント・タクシス総行政の記録に土地改良の経費算出が初出している。投資に期待される利回りが三パーセント以下ならば、その土地購入を決まって見合わせた。ヴィンケルはここで、タクシス企業が同時期、より高い利益の見込まれる有価証券や資本領域へ参加していったこととの相関関係を見ている[95]。基本的には、同時代の手引書で大土地所有者に推奨されていたことが実行されていたと言える[96]。

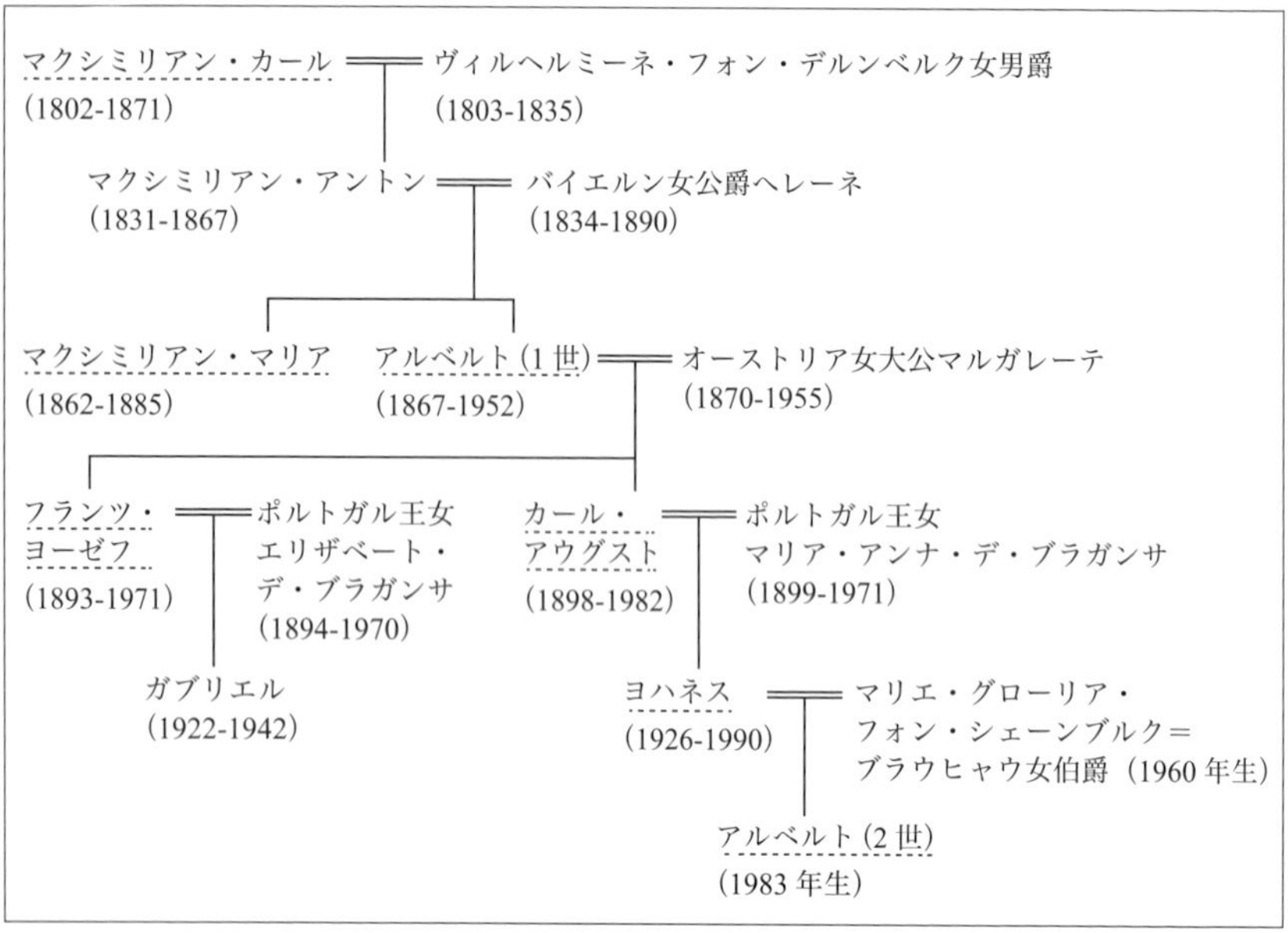

図93　マクシミリアン・カール侯以後のトゥルン・ウント・タクシス家系図（抄）（点線は侯）

クロアチアにおける大規模な所有地取得

スロヴェニアとクロアチアにおける大規模な土地取得は、一八七〇年代初期に見られた。マクシミリアン・カール侯の死後、侯世子の未亡人でバイエルン公女ヘレーネ＊が、未成年の息子マクシミリアン・マリアの後見として企業経営を行っていた時期である。し

＊　**バイエルン公女ヘレーネ**（一八三四年―九〇年）　ヘレーネは、一八五八年、侯世子マクシミリアン・アントン・フォン・トゥルン・ウント・タクシスと結婚したが、マクシミリアン・アントンは、父マクシミリアン・カールよりも四年早く、三十六歳で死去した。侯世子マクシミリアン・アントンとヘレーネ妃の長男マクシミリアン・マリアは九歳で祖父マクシミリアン・カールの跡を継いで侯となるが、二十三歳で病死する。そののち、次男アルベルトが兄の後継者となり、侯となった。

かしこの土地取得政策の政治的決断は、当時の総行政長であった教皇権至上主義者グルーベン男爵によると思われる[97]。一八七二年には、バッチャーニ侯から、フィウメ伯領（リエカ）の領地ブロードとグロブニク、さらにアグラム伯領（ザグレブ）の城と村落オザリを二百四十九万六千九百グルデンで購入し、一八七三年には、エルドディ伯から、同じくアグラム伯領の領地ジェリン・チチェを買い入れた（百二十万グルデン）。これらの土地の前所有者は、ハンガリーの貴族階級だった。マリア・テレジア・フォン・トゥルン・ウント・タクシス（一七九四年―一八七四年）がパール・アンタル・エスターハージー侯と一八一二年に結婚して以来、ハンガリー貴族との親戚関係が存在していた。メッテルニヒの腹心エスターハージーは、一八一五年から一八四二年までロンドン駐在のオーストリア公使であり、一八四八年にはバッチャーニ政府の一員だった。エスターハージー一家は一八六五年からレーゲンスブルクで暮らしていた[98]。

所有地は主に農業と林業に利用されたが、鉄道路線アグラム（ザグレブ）―フィウメ（リエカ）―あるいはカールシュタット（カールロヴァッツ）―ライバッハ（リュブリャーナ）沿いの交通に便利な場所にあった。その領域全体は当時オーストリア・ハンガリー帝国の一部であり、フィウメはもっとも重要な輸出港だった[99]。一八七二年から一八七六年のあいだ、ロクヴェ、プラセ、アグラム、レケニク、デルニツエ、ツェルニクなどで土地が追加購入され、クロアチアの所有地は計画的に耕地整理された。一八七五年に取得されたいくつもの褐炭坑のための

図 94　マクシミリアン・マリア侯（出典：マルティン・ダルマイアー／マルタ・シャード『トゥルン・ウント・タクシス侯家。図像 300 年史』レーゲンスブルク、1996 年、122 頁）

採掘権は、この地方の産業発展に貢献しようとする意図を明示している[100]。

今日のユーゴスラヴィアの全所有地は、一九〇三年まで、バニャ（カールシュタット／カールロヴァツ）にあった侯家の財務管理庁《レントカンマー》の管轄であり、さらにその下にはレケニクとロクヴェ、のちにはデルニツェの二つの営林局《フォルストアムト》が置かれていた。一九〇三年以降、ロクヴェとカールシュタットには別々の財務管理局《レントアムト》が維持されていたが、一九三四年以来、すべての局は再びカールシュタット財務管理局《レントアムト》に統合された。広大な所有地からの利益は、莫大な購入価格に相当することは決してなかった。必要な投資、滞った支払い、さらに一九一六年の接収のため、利益は非常に不安定だった。一八七二年から一九一六年までの総利益は、約五百万グルデンであった[101]。しかし、この地域にとって、林業は経済活性の原動力に発展した。多くの住民が林業に雇用を見出したからである。気候条件や地形、山の多い立地条件に対応して、所有林は、主として、トウヒ、モミ、ブナの木材を自然栽培で生産した[102]。

「不動産保有量変動会計報告」

十八世紀末まで、土地の取得は、企業の全利益が収められて資本が蓄積されていた中央の会計課、すなわち総会計課（Generalkasse）が引き受けていた。フリードベルク・シェール伯領購入のための巨額資金でさえも、総会計課から直接に引き出された。十八世紀末に会計改革が始まり、資本蓄積の任務は一時的にいわゆる予備金会計課（Reservekasse）に委ねられ、その結果、土地購入はこの資金で行われるようになった。支出に関して、予備金会計課報告は、土地取得のために三分の二以上の支出を記録している。このあいだ、トゥルン・ウント・タクシスは、郵便補償によって、バイエルン、シュヴァーベン、プロイセンで大土地所有者になっていた。相当な金額が土地購入のために出ていっただけではなく、土地売却によっても入ってきたのである。不動産部門、いわゆる不動産保有量は、一八二〇年代終わりには、行政の変更が必要と思われるほどの規模になっていた。

直領地行政の新規定後、一八二八年／二九年の大規模な行政改革では、今後、無秩序な土地購入や土地売却を行ってはならないことが指示された[103]。不動産保有量（＝Grundstock）の変動に関する各財務管理局《レントアムト》の申告義務の他に、売却金の記帳と再投資についての正確な指導が出された。こうした指示の結果として、不動産保有量変動会計報告(Grundstocks-Veränderungs-Rechnung)が新設された。のちにこの措置は、侯家の起債を非常に容易にしてくれる[104]。土地や不動産の購入と売却はこれにより——少なくとも理論的には——総会計課から切り離された。不動産保有量変動会計報告は、一八二九年来、二セットで（セットA—家族世襲財産、一八二九年—一九五六年[105]、セットB—個人財産、一八二九年—六九年／七〇年[106]）保存されている。

その後、この会計は、土地取得に役立った——ドイツの中小諸国の郵便レーエンがトゥルン・ウント・タクシスのそれまでの主たる収入源だったが、それが不安定になればなるほど、土地取得の任務は重要になっていった。それによって、二セットの会計報告は、「総会計課報告」と並んで、第二の主要会計報告となった。不動産保有量変動会計課は独立採算だった。会計課新設の設立資金は、当初、上級出納部が出さなければならなかった。上級出納部から不動産保有量変動会計課へ寄せられたこの補助金は、一八五〇年まで重要だったが、そののち数十年にわたって完全に中止された。一八九二年／九三年になって再び、七十万ライヒスマルクという特記すべき金額が出され、その後、上級出納部の下に置かれていた資本管理部によって、この補助金は繰り返された。

土地取得のための資金の一部は、最初から、支配権や土地の売却により手に入ったものだった。たとえば、一八三〇年代半ばにネーデルラントの古い所有地ブレン・ル・シャトーやイムプデンを売ったり、一八六〇年代、とりわけ一八七〇年頃に、南チロル（メラン財務管理局《レントアムト》）の所有の解消と関連した土地を売りに出した[107]。一八六七年まで、土地取得のための補助金のほぼ三分の一が土地領主権の償還金から、特に一八四八年と一八六二年のあいだは、さらにと、家族世襲財産や家屋・動産売却に由来する総会計課の直接補助金は、重要ではなかった[108]。一八六七年のプロイセンの郵便補償から五百万グルデン以上が入ってきた。これに対して、比較的長期的な視野に立つ三分の一が郵便補償から来ていた。一八五一年のヴュルテンベルクの郵便補償から百三十万グルデンが、その後、一八六七年のプロイセンの郵便補償から五百万グルデン以上が入ってきた。

一八七一年後、特に一八九三年／九四年後の期間、新しい資金源として、「資本管理部（Kapitalienverwaltung）」からの補助金が加わった。しかしこれも、土地売却と比較すると、むしろわずかである。たとえば、一九〇一年／〇二年、一九一二年／一三年の会計年度にはそれぞれ百万ライヒスマルクであった。逆に、時おり、不動産保有量変動会計課から資本管理部へかなりの金額が送金されてきたようである。例を挙げれば、プロイセン国家は入植目的のために大農場テレージエンシュタインやマルガレーテンホーフの売却を強要していたが、一九一六年／一七年の会計年度に、資本管理部は、二百八十万ライヒスマルクを下らない金額をその売却によって受け取っている[109]。一八七一年来、土地の転売は不動産保有量変動会計課の主たる収入源となった。それと比べれば、他の全収入源はもはや重要ではなかった。驚くべき総計額となった不動産保有量変動会計は、トゥルン・ウント・タクシス郵便の喪失以来、基本的には自己採算制であった。土地とは関係のないただひとつ特記すべき金額は、郵便補償金であった[110]。

こうした事実は、再度、トゥルン・ウント・タクシス企業の経済基盤の由来を明らかにしてくれる。結局、すべては郵便経営に基づいており、しかもそれは、およそ四百年という期間にわたってであった。当然の帰結として、不動産保有量変動会計報告に見られる土地購入は、土地売却やその他の財源から高収入が記載されていた年月と一致する。要するに、この会計課によって、所有が、基本的には不動産所有が再分配されたのである。最大規模の土地の買い入れは、一八六〇年代にボヘミアで行われた。領地ライトミシュルの取得費用がかさんだためである。しかしその領地取得は、この地方における計画的な土地取得政策を完成するものだった[111]。一八七〇年代初期、オーストリア・ハンガリー帝国の南部で土地の買い入れが行われた。このために、不動産保有量変動会計課から最大の支出がなされた。

一八七四年だけでも、約四百五十万グルデンの土地が購入され、それは、プロイセンの郵便補償にほぼ匹敵する規模であった[112]。

不動産保有量変動会計報告のセットＢ（個人財産）を見ると、共通点は多いが、相違点もある。収入に関しては、ここでも、全収入に対する土地領主権償還の割合が、およそ三分の一と比較的高かった。これに対して、不動産売却の割合は目立って低く、それだけいっそう、自己資本からの補助金の割合がほぼ三分の二で高くなっている。そのうち、わずかな部分は個人財産自体から、九十五％は企業の上級出納部から入ってきた。支出に関しては、供給された資本の約八十％が不動産購入に、さらに五％が物的負担に使われていることが確認できる。およそ十五％だけが資本譲渡に支払われた。一八三三年／三四年の大きな土地取得を除けば、会計報告のセットＢでは、主として、比較的小規模の土地・不動産購入が記帳されている[113]。

一八〇六年―一九一六年の所有地収入

所有地からの収入は、トゥルン・ウント・タクシスにおいて、帝国郵便の終焉までまったく取るに足りないものだった。ようやく十九世紀初頭から、所有地利益が重要になってくる。一八二〇年代終わり、所有地は、中欧の広大な部分に散在していた。シュヴァーベン、バイエルン、ボヘミア、そして東プロイセンのガリチアに拡がる大規模な所有地群の他に、南チロルに比較的小規模な所有地群とネーデルラントに古い所有地があった。このように所有地が散在していたため、統計上や国法上の状況を緊急に概観する必要があったが、それは、一八二八年の包括的な行政改革とともに初めて行われた[114]。さらに、侯家の農業経営財産や土地財産の利益に関して見通しを得ることも試みられた[115]。

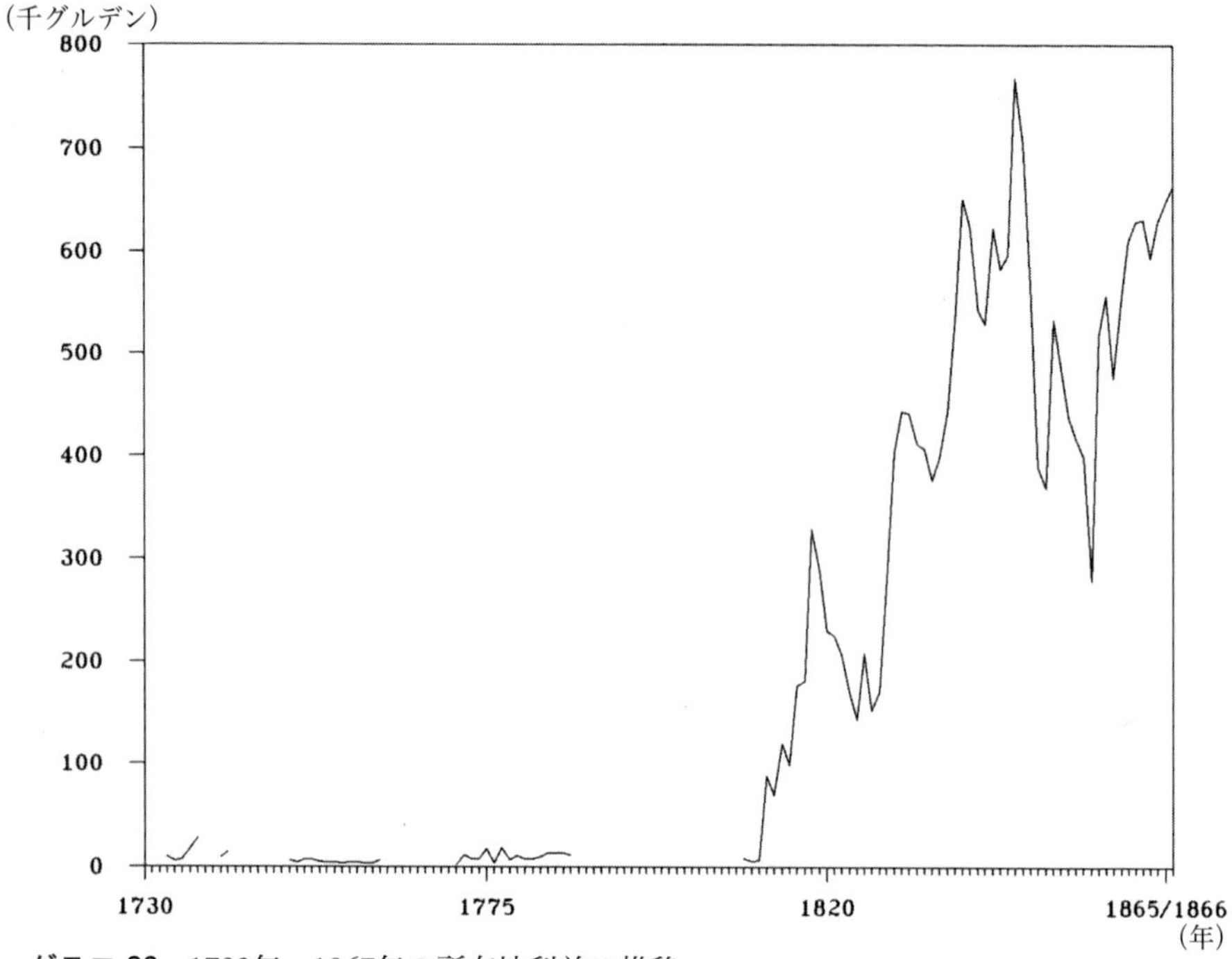

グラフ 22　1733年—1867年の所有地利益の推移

実際、所有地が散在していたにもかかわらず、利益状況は悪くなかった。シュヴァーベンの所有地は、十九世紀全体を通じて、安定した収入源だった。これらシュヴァーベンの所有地は、ようやく一八七七年になって行政上「オーバーマルヒタール財務管理庁《レントカンマー》」に統合されたが、ここでは概観する都合上、始めから統一体として扱うことにする。一八〇六年から一八六七年、すなわち、陪臣化と郵便の最終的な喪失のあいだの時期、シュヴァーベンの所有地利益は、トゥルン・ウント・タクシス家の総収入の十七％であった。ボヘミア、プロイセン、南チロル、バイエルン、ネーデルラントの他の直領地収入は、合計して約十九％である[116]。十九世紀の最後のほぼ三分の一、シュヴァーベンの各財務管理局《レントアムト》オーバーマルヒタール、タクシス、オストラッハ、ネーレスハイム、ドゥッテンシュタインは、平均して年に五十万ライヒスマルクの利益をもたらしており、そのいちばん大きな割合を占めていたのは常に、オーバー

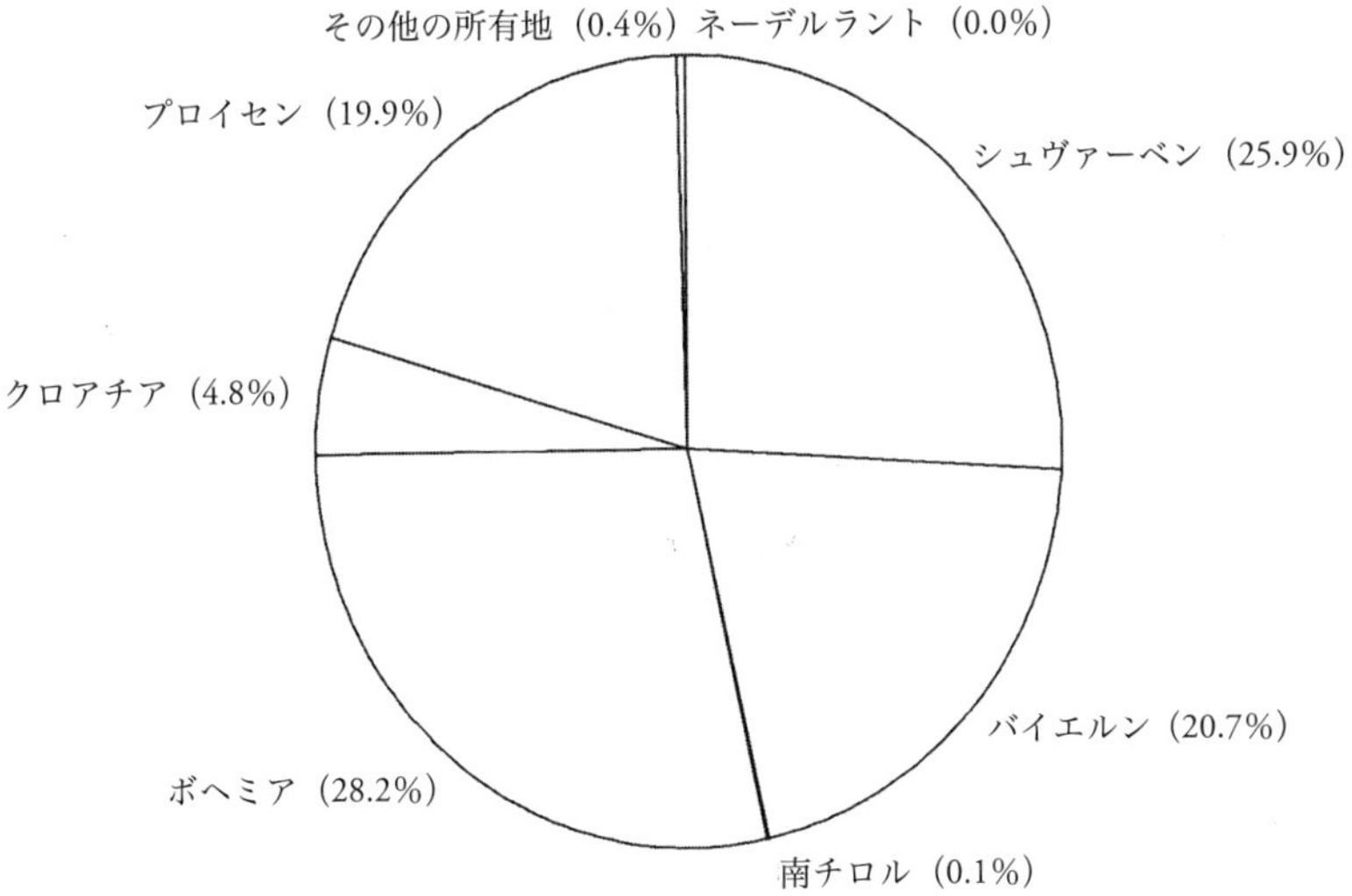

グラフ23　1867年／68年—1915年／16年の地域別所有地利益
（100%＝1億1100万ライヒスマルク）

マルヒタール財務管理局《レントアムト》だった。第一次世界大戦前、利益は増加し、百万ライヒスマルクを超えることさえ何年もあった。シュヴァーベンの所有地利益は、この時期、直領地総利益のおよそ四分の一であった[117]。

　クロトシン侯領からの収入は、十九世紀前半、平均で四万グルデンであったが、一八四七年から一八六七年には、十万グルデンを超えるようになった。西部の諸領地とは逆に、一八四八年／四九年の革命年は、クロトシンからの収入に影響を与えていない。世紀の終わり頃、侯領からの年利益はおよそ六倍となり、平均して二十五万グルデンないしは四十五万ライヒスマルクであった。一八六七年から一九一六年のあいだ、クロトシンだけでトゥルン・ウント・タクシス家の土地利益の二十%、総計で約二千二百万ライヒスマルクを上げている[118]。

　直領地の総収入を考察すると、それは一八三〇年代になってトゥルン・ウント・タクシス郵便の利益に初めて到達したこと、そののち、一族の歳入は二本の柱に基づくようになったことが確認できる。一八四八年の革命年直前の時期は——郵便におけるのと同様に——再度、財政的に落ち込んでいる。直領地利益は、一八四五年／四六年には七十七万グルデンを超えていたが、翌年には約七十一万グルデン、一八四七年／四八年には約五十八万五千グルデン、そして本来の革命年一八四八年／四九年には四十万五千グルデンの最低レベルにまで落ち込んだ[119]。一八四九年初め、将来の予想は非常に慎重になった。たとえば利益を供給していたネーレスハイム管区《アムト》のようなかなり多くの管轄区域で、こう明言された。「この利益の引き渡しは確実なものではない」[120]。郵便領域では、革命の結果としてヴュルテンベルクの郵便が失われたが、それと同じように、土地所有においても、土地負担の償却とともに構造変革を克服しなければならなかった。しかしこの収入の減少は、新しい土地購入（一八五五年ボヘミアの領地ライトミシュル）によって、またおそらくは農場経営の集中化によって、直ちに埋め合わされ、むしろ収入は増加した。

トゥルン・ウント・タクシス郵便の喪失と東部における土地改革の開始のあいだの時期、すなわち一八六七年から一九一六年までを分析すると、驚くべき発見がある。ボヘミアの所有地利益は、総計で一億一千百万ライヒスマルクの所有地総利益の二十八・二％を占め、もっとも利益が多かったのである。二位にシュヴァーベン（二十五・九％）、以下バイエルン（二十・七％）、プロイセン（十九・九％）、大差でクロアチア（四・八％）が続いていた[121]。オーストリア・ハンガリー帝国の後継国家としてのチェコスロヴァキアでは土地改革が行われ、トゥルン・ウント・タクシスに特別な打撃を与えた。タクシス家は、この損害のために国際裁判所で訴訟を起こし、それは何年も続いた。先の所有地総利益の割合を見ると、その打撃の理由がわかる[122]。

長期的な会計報告を基にすると――初めて諸地域を概観した一八二〇年の会計改革から第二次世界大戦の終結まで、つまり百二十五年間である――、シュヴァーベン（三十一・五％）、バイエルン（二十五・五％）、ボヘミア（二十五・五％）における土地所有はそれぞれ利益の四分の一以上を占めており、クロトシン（十三・四％）も重要であったことが見て取れる。これに対して、クロアチア（二・六％）、南チロル（〇・六％）、ネーデルラント（〇・二％）からの利益はかなり低かった。この時期の直領地からの純益は、総計で、二億五百四十万ライヒスマルクにのぼっている[123]。

大土地所有者としてのトゥルン・ウント・タクシス

郵便を喪失したことにより、トゥルン・ウント・タクシスはその伝統的な活動分野を奪われていた。補償の大部分は土地で支払われ、補償金は土地所有に投資されていた。一八三〇年代以降、土地所有からの収入規模は、郵便からの収入規模と並んだ。一八六七年以後には、企業の重点は完全に土地所有に移される。財産と経常収入は、経済の第一次産業部門に集中していった。一八八一年の徹底的な行政改革は、こうした事情を顧慮している。企業の総行政の中心だった直属事務所は解体された。主に所有地の行政を委託されていた直領地財務庁《ドメーネンカンマー》が、残された職務の大部分を引き継ぎ、もっとも重要な官庁に昇格した[124]。一八六七年、経常収入は、当初ほぼ半減した。ようやく半世紀後、つまり第一世界大戦直前、直領地行政は、一八六〇年代の郵便と土地所有からの金額に名目上は匹敵する経常収入のレベルに再到達している[125]。

十九世紀後半に行われた計画的な土地取得政策によって、トゥルン・ウント・タクシス侯は、世紀末、ヨーロッパで最大の土地所有者に数えられた。『バイエルンにおける大富豪の資産・収入年鑑』は、ドイツ帝国のもっとも裕福な七富豪のひとりとして彼を挙げた。その富豪たちとは、プロイセン君主（皇帝ヴィルヘルム二世）、バイエルン君主（ルードヴィヒ三世王）、メクレンブルク君主（アドルフ・フリードリヒ大公）、産業界の女性相続人ベルタ・クルップ・フォン・ボーレン・ウント・ハルバッハ、そしてギド・ヘンケル・フォン・ドナースマルク侯だった。皇帝ヴィルヘルム二世の資産は、三億九千四百万ライヒスマルクと算定されていた。この時期、アルベルト・フォン・トゥルン・ウント・タクシスの富はその「法外な土地所有」にあったが、彼の次には、銀行家の中ではもっとも裕福な女性相続

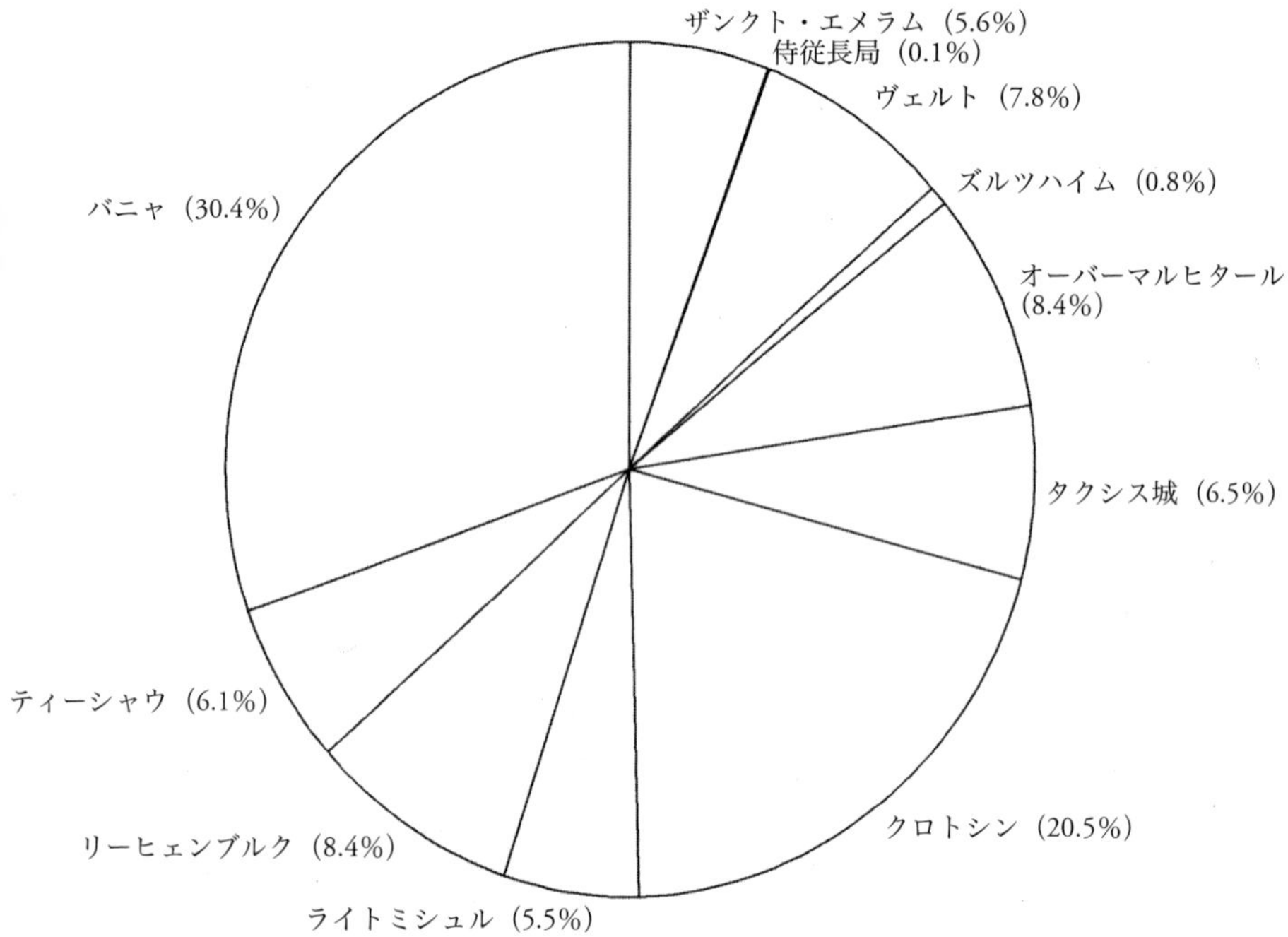

グラフ24　1898年のトゥルン・ウント・タクシス家の所有地
(100%＝123,765 ヘクタール)

人であるマティルデ・フォン・ロートシルト女男爵が挙がっている[126]。

バイエルンでは、アルベルト・フォン・トゥルン・ウント・タクシス侯が、ルードヴィヒ三世王に次いでもっとも裕福だった。王の財産は三億ライヒスマルクと評価されている。バイエルンで三番目に裕福な蒸気機関車製造工場所有者フォン・マッフェーイは、「たった」四千五百万ライヒスマルクの資産で、大差をつけられている。一九一四年、バイエルン王の年収は五百六十万ライヒスマルク、トゥルン・ウント・タクシス侯の年収は、五百万ライヒスマルクと見積もられた[127]。

ボヘミアとクロアチアの土地を購入して、トゥルン・ウント・タクシスの所有地は、プロイセン王家の家族世襲財産規模（九万七千四十三ヘクタール）を超える規模（十二万三千七百六十四ヘクタール）に達していた。しかし所有地はドイツ帝国とオーストリア帝国のいくつかの

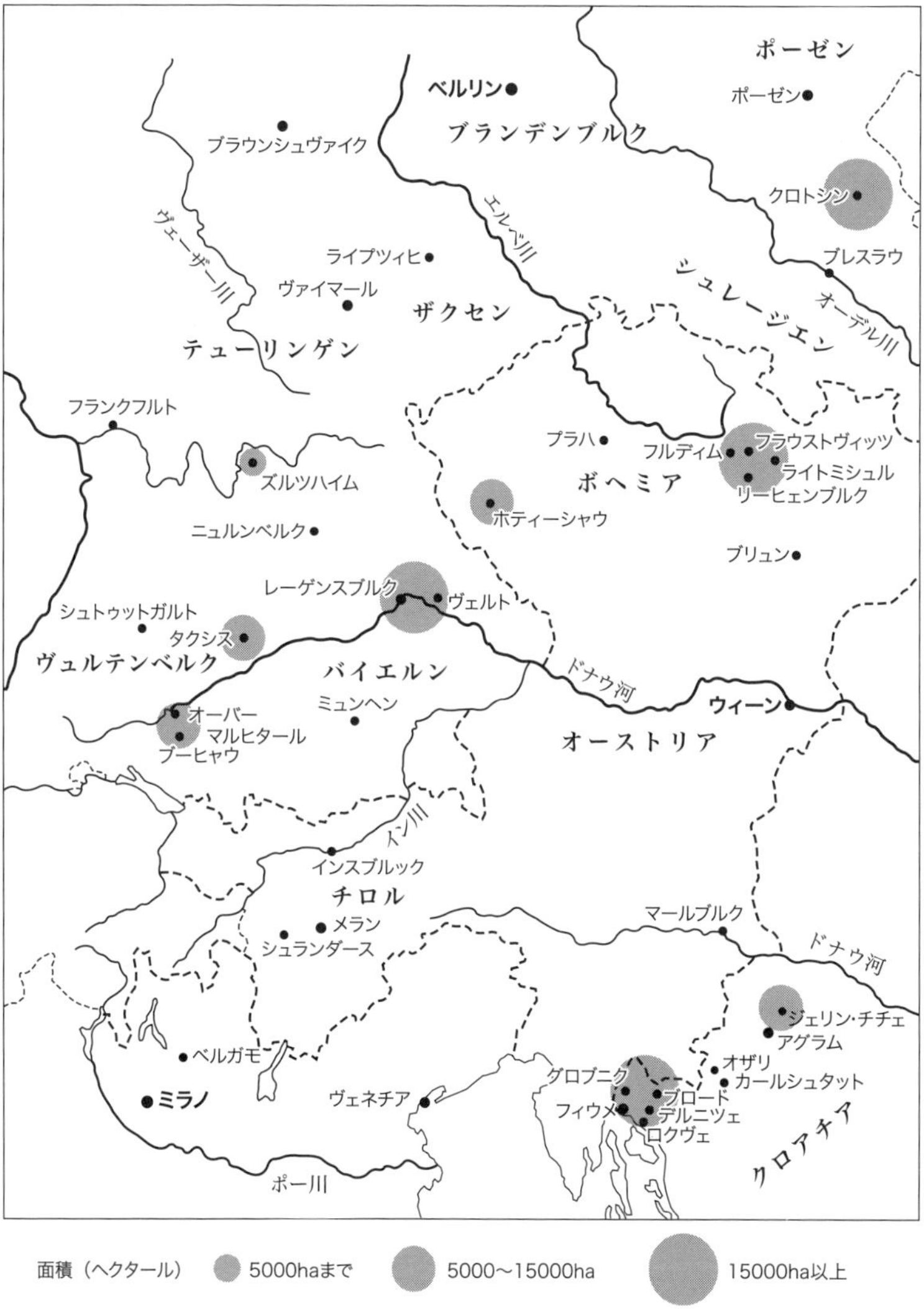

地図：ユタ・ヴィンター　原案：ベーリンガー

地図9　1900年頃の所有地分布

表9　1900年頃のトゥルン・ウント・タクシスの土地所有[128]

政治上の所属		トゥルン・ウント・タクシス	面積
1900年	現在	財務管理局《レントアムト》	（ヘクタール）
1. ドイツ帝国			
バイエルン	ドイツ連邦共和国	侍従長局	68
バイエルン	ドイツ連邦共和国	ザンクト・エメラム	6925
バイエルン	ドイツ連邦共和国	ヴェルト	9656
バイエルン	ドイツ連邦共和国	ズルツハイム	950
ヴュルテンベルク	ドイツ連邦共和国	オーバーマルヒタール	10337
ヴュルテンベルク	ドイツ連邦共和国	タクシス	8079
プロイセン	ポーランド	クロトシン	25316
2. オーストリア			
ボヘミア	チェコスロヴァキア	ライトミシュル	6826
ボヘミア	チェコスロヴァキア	リーヒェンブルク	10376
ボヘミア	チェコスロヴァキア	ホティーシャウ	7576
クロアチア	ユーゴスラヴィア	バニャ	37655
		総計	123764

地方に散在していた。各所有地は表9のように分散していた。

　これらの所有地は、総面積が千二百三十七・六四平方キロメートル（=十二万三千七百六十四ヘクタール）で、当時まだ独立していた多くの領邦を上回っていた。たとえば、ドイツで最大の侯領であったリッペ侯領の面積は、千二百十五平方キロメートルしかなかった[129]。一八九九年、トゥルン・ウント・タクシスの所有地は、直領地《ドメーネン》財務庁《カンマー》の管轄下にある十の局によって管理され、三百人を超える官吏と職員を持っていた[130]。

　一九一四年、トゥルン・ウント・タクシス侯の全資産は、二億七千万ライヒスマルクと算出された。そのうち二億五千万が土地所有分、千九百万がその他の資産分であった。所有地のもっとも価値ある部分はドイツにあり、その価値は一億七千百万と評価された。所有地のうち、営林地の価値が一億三千六百万、耕地の価値が三千五百万と査定された[131]。

二十世紀初頭の農業

所有地の大部分は農業利用度が低かった。バイエルンの財務管理局《レントアムト》ヴェルトでは六％、シュヴァーベンの所有地では十％をぎりぎり超えるぐらいであり、大規模なクロアチアの直領地においても同程度だった。ボヘミアの所有地では平均を少し上回っていた（リーヒェンブルク三十％、ライトミシュル三十三％、ホティーシャウ四十五％）。もっとも集中的に耕作されていたのが、クロトシン侯領（五十％）と、そしてレーゲンスブルクの居城近くにあるバイエルンの所有地を管理していたザンクト・エメラム財務管理局《レントアムト》であった。四十八％という農業利用度で、ザンクト・エメラム財務管理局《レントアムト》がドイツの所有地の中でもっとも価値があったことは確実である[132]。

一九〇七年の『バイエルンにおける大土地所有手引書』によって、この時期、トゥルン・ウント・タクシスのバイエルンの所有地がどのように耕作されていたのかがいくらかわかる。慎重に取得されたニーダーバイエルンの大農場は、たいてい、ランツフートとレーゲンスブルクのあいだの丘陵地にあり、天候が比較的温和だった。栽培されていたのは、小麦、ライ麦、大麦、カラス麦、ホップ、一部にはクローバー、ジャガイモである。他に、酪農、畜産、家禽飼育、養鯉も行われていた。牛はアルゴイ、ピンツガウ、グラウビュンデンのジムメンタール、北ドイツ、オランダから購入された。牧草地には家畜小屋の堆肥、耕地にはすべて化学肥料が施された（カイナイト、アンモニア、硝酸カリウム、トーマス鉱滓骨粉、石灰塵、燐酸塩）。必要とあれば、土地は排水や給水で改良された。穀物栽培では三圃農法が一般的だった。果物栽培は営業としてはほとんど行われていない。作業のためには、草取り機、干し草攪拌機、種まき機、刈り取り結束機、わら刻み機、蒸気打穀機のような多くの現代的な機械や、一八八〇年頃に完成されたザックの万能犂＊のような新しい耕作システムが導入された[133]。

その土地生まれの労働力は、賄いつき住み込みで、年に百五十から三百ライヒスマルク（雇い男）ないしは百から二百ライヒスマルク（雇い女）を稼いだ。賃金は、その土地の状態に適応しており、中心となるレーゲンスブルクの近隣では高かった。世襲大農場シーアリングでは、男性と女性の使用人が同じ報酬であることが明示された（二百ライヒスマルクに賄いと住居）。ノイファールンでは、その土地の労働力の他に、イタリアの日雇い労務者も雇われていた。彼らは賄いつきで一ライヒスマルクか、賄いなしで二ライヒスマルクを受け取った。ホップの収穫時に、オーバーエレンバッハではバイエルンの森から、オーバーハーゼルバッハではボヘミアから、季節労働者を雇い入れた。ほとんどすべての大農場に、ビール醸造所と飲食店があり、また多くの大農場には蒸留酒醸造所があった。いくらか珍しいのは、シーアリングの蒸気製材所経営である。大農場は、侯家の直領地行政部から賃借りしている小作人によって耕作された[134]。

バイエルンの所有地の主要部分は農業経営地であり、所有林が多かったのはオーバープファルツのほうだった。耕作の状況はニーダーバイエルンと似ていたが、それぞれ異なった特徴があった。酪農、豚の肥育、養蜂が、ホップ栽培地よりも広まっていた。世襲大農場アウホーフ、ヴォルクスコーフェン、ヘルコーフェンのような高度に発展した経営地では、濃厚飼料を肥育に組み入れ、施肥は多種多様であり、四圃農法で栽培されていた。バルビング、トリフトルフィング、ピュルクルグートでは、複式簿記が用いられていたが、その他では単式であった。酪農の際には、ふ

＊ **ザックの万能犂**　ライプツィヒの農業機械工場主ルドルフ・ザック（Rudolf Sack 一八二四年―一九〇〇年）は、一八五〇年、ドイツで最初の鉄鋼製の犂を製造した。犂製造工場「ルドルフ・ザック」は、一九四五年まで、ドイツのトップクラスの犂・農業機械工場のひとつだった。

つうバターも製造され、乳製品は特にレーゲンスブルクに、またニュルンベルクやパッサウにも売られた。

オーバープファルツでも、農業以外の経営が一般に行われていた。飲食店、ビール醸造所、蒸留酒醸造所である。世襲大農場アルテグロフスハイムには、六十人の労働者を雇用していた環状窯を持つ二つのれんが工場と一つの蒸気製材所があり、バルビング・クロイツホーフでは、砂利採取場が経営されていた。プリューフェニングでは、ビアホールの他に「カフェ・レストラン」があった。アルテグロフスハイムとヘルコーフェンでは、プロイセンのガリチアからやって来たポーランド人の季節労働者たちが雇われ、世襲大農場ハウス「ポーランド」、アウホーフ、ヴォルクスコーフェン、ピュルクルグート、トリフトルフィング、ニーダートラウプリングでは、「ロシアのポーランド」からの労働者たちが働いていた。世襲大農場ピュルクルグートはすでにレーゲンスブルクの市領域であったが、そこで支払われていた四百ライヒスマルクの使用人賃金は特別に高かった[135]。

営林

トゥルン・ウント・タクシスの所有地は、森林が大部分だった（九万一千二百三十九ヘクタール＝七十四％）。森林の割合が特に高かったのが、バイエルンの財務管理局《レントアムト》ヴェルト（九十四％）とシュヴァーベンの所有地である（タクシス八十八％、オーバーマルヒタール八十六％）。当時はオーストリア帝国に属していたクロアチアの大規模な所有地の農業利用率も低かった（森林の割合八十八％）。ボヘミアの所有地の森林割合はそれよりは低かった（森林の割合　リーヒェンブルク七十％、ライトミシュル六十七％、ホティーシャウ五十五％）。比較的低いのはクロトシン侯領（五十％）と、レーゲンスブルクの居城周辺の所有地を管理していたザンクト・エメラム財務管理局《レントアムト》（五十二％）だった[136]。

侯家の営林は、十八世紀にシュヴァーベンの広大な森林を取得したのちに開始されていた。レーゲンスブルクの宮廷図書館に所蔵されている最初の営林関係の著作がこの時期の出版であることは偶然ではない137。関心が高まるのは、侯領となった伯領フリードベルク・シェールの購入によってである。一七八六年、ヴィルヘルム・ゴットフリート・フォン・モーザー（一七二九年―九三年）はドイツの体系的な山林経営の創始者のひとりとなったが、その枢密顧問官で財務庁長官のモーザーは、トゥルン・ウント・タクシスの行政にいた時代、最初の営林専門雑誌のひとつを出版している138。その雑誌は、国内・外の所有林令の収集に特に寄与した139。

当初、林業は、管理上では上級管区《オーバーアムト》と結び付いていた。デュルメンティンゲンの上級管区《オーバーアムト》令が示しているように、上級管区《オーバーアムト》長官《マン》は同時に営林の臨時代行者だった。一七九八年に初めて、侯領となった伯領フリードベルク・シェールに、営林地区の開墾と森林耕作だけが担当の林務官が採用された。集中的に営林に従事したことは、最新の専門文献を続けて調達していたことに窺われる140。

一八〇二年／〇三年、大規模に営林地域が拡大されたことにより、独自の上級営林局《オーバーフォルストアムト》が創設され（ブーヒャウ、オーバーマルヒタール、ネーレスハイム）、これらは上級管区《オーバーアムト》と同格だった141。他の局《アムト》と同じように、営林局《フォルストアムト》の領域でも多くの点が再編成された。時には、独自の営林局《フォルストアムト》会計が存在したようである。しかし、正規の決算は財務管理局《レントアムト》を通して行われた。最終的に、シュヴァーベンの営林局《フォルストアムト》は、ブーヒャウに集中化された142。

十九世紀、トゥルン・ウント・タクシスでは、シュヴァーベンと同様に、バイエルン、プロイセン、ボヘミア、クロアチアでもしだいに営林が盛んになる。特に一八七〇年代、造林が集中的に行われた一時期があったようである。一群の営林関係の文献143と、侯家の所有地における林務官や林務官補助のための一連の服務規定から、それがわかる144。現代的な営林の諸原則を東部の森林地域に転用したことによって、その地の営林は、多くの同時代人の目に模範として映った145。

一九〇〇年頃、バイエルンの担当区の中心は、山林管理地区レーゲンスブルク・ザンクト・エメラムとヴェルト

地図 10　陪臣化後。ネーレスハイムとトゥルーゲンホーフェン周辺のトゥルン・ウント・タクシスの所有地は、新しいヴュルテンベルク王国の主権下に入った。

であった。各担当区（ハインスバッハ、ツァイスコーフェン、エグロフスハイムなど）には日付を記入した経営計画がある。たいていの森林では高木林が、つまり広葉樹は少なく針葉樹が栽培されていた。林伐期は八十年から百年である。モースホーフやライン担当区では、林伐期三十年の中木林や低木林もあった。ここでは、オーク、シラカバ、ハンノキ、トネリコ、ニレ、ヨーロッパブナ、シデが繁茂していた[146]。大規模なヴェルト営林局《フォルストアムト》地区は、前部バイエルンの森にあったトゥルン・ウント・タクシスの森林の残りの部分を経営していたが、そこでも事情は似ていた。この営林局《フォルストアムト》地区には、主として、かつての帝国領ドナウシュタウフ、ヴェルト、ファルケンシュタインの森林が含まれている。それらは、一八一二年と一八二九年、一部は郵便補償として、一部はトゥルン・ウント・タクシスの購入によって取得された。ここでは主として、山地の下方にブナ林、トウヒ林、モミ林が、さらに低いところにオーク、シデが保有されていた。生息地調査の際、森林は十一の造林処理グループに区分され、生息地の六十パーセントが「高業績生息地」に数えられた。一九八一年の立木総量——針葉樹林と広葉樹林は七対三の割合である——に関しては、小規模な修正だけが予定された。たとえば、ベイマツのためにトウヒの割合を減らしたり、広葉樹の割合を少し引き上げるといったようなものである[147]。

第一次世界大戦後の東部における接収

第一次世界大戦後、かつてのドイツ帝国やオーストリア・ハンガリー帝国の東部では、新しい国家が設立された。新興国家のポーランド、チェコスロヴァキア、ハンガリー、ユーゴスラヴィアは、土地改革によって国内状況に新秩序をもたらし始めた。ユーゴスラヴィアの場合、それはすでに一九一八年であった。チェコスロヴァキアでは、一九一九年、二百五十ヘクタール以上の全所有地の接収が決定され、貴族階級は廃止された[148]。かつてのプロイセンのガ

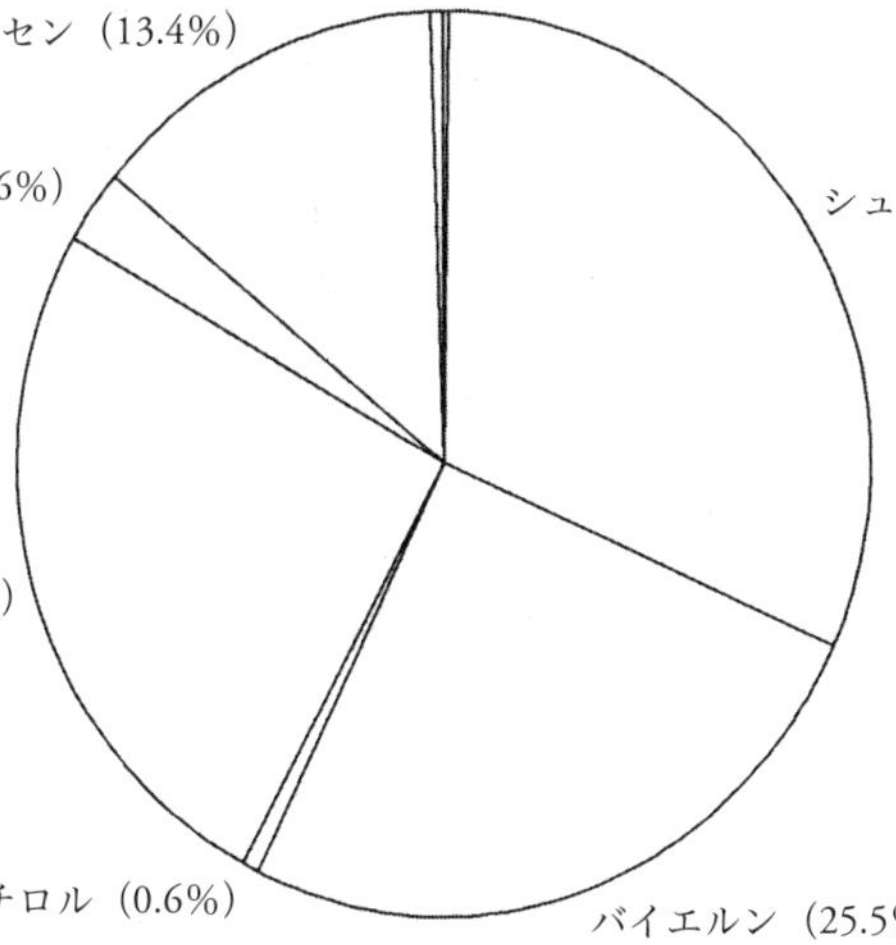

グラフ25　1820年―1944年／45年の地域別所有地利益
（100%＝2億540万ライヒスマルク）

リチアが属していたポーランドでは、一九二〇年、農業改革専用の省庁が設立され、そのきわめて厳しい措置はドイツの所有者たちに向けられた[149]。

侯家の所有地に対する土地改革の影響は深刻だった。世紀転換期の頃、トゥルン・ウント・タクシスは、バイエルンに一万七千五百九十九ヘクタール以上、ヴュルテンベルクに一万八千四百十六ヘクタール以上、つまり、今日のドイツ連邦共和国内に合計で三万六千十五ヘクタールの土地を所有していた。広大な所有地の残りの部分は、第一次世界大戦後の土地改革に見舞われた地域にあった。今日のチェコスロヴァキアに二万四千七百七十八ヘクタール（ライトミシュル、リーヒェンブルク、ホティーシャウ）、今日のポーランドに二万五千三百十六ヘクタール（クロトシン）、そして今日のユーゴスラヴィアに三万七千六百五十五ヘクタール（バニャ）である。これは、合計で八万七千七百四十九ヘクタールになり、面積から見れば、侯家の所有地の中で他を圧倒する最大部分であった[150]。

一九一五年のセルビアの法律に基づき、ハプスブルク帝国崩壊後、一九一八年、広大な領域が新設されたユーゴスラヴィア国家のものとなった。一九一九年に設立された農業改革省の措置は、特に、かつてのハプスブルク領内の外国人大土地所有者を対象にした[151]。こうした措置はユーゴスラヴィア国内では議論の余地がないわけではなかった。というのも、トゥルン・ウント・タクシスの所有地は、新国家内の最大の直領地に数えられたが、その営林は水準が高かったからである。おかげで、その地方の経済は発展を遂げた。私営と国営の営林を比較すると、私営のほうがはるかに優れており、バニャ財務管理局《レントアムト》の営林は、「ユーゴスラヴィアのもっとも模範的で、目的を最大に達成した林業」とすらみなされた[152]。

接収はゆっくりと行われ、不安定なままだった。トゥルン・ウント・タクシスは接収とユーゴスラヴィアの土地改革の影響に対して訴訟を起こそうと試みた。遂に一九三九年、ハーグの仲裁裁判所の決定が下り、当該の領域が返還されることになった。しかし第二次世界大戦がすでに勃発しており、秩序だった経営は不可能だった。一九四五年、ユーゴスラヴィア国家によって再び、今度は最終的に所有地が接収された[153]。

トゥルン・ウント・タクシスがこうした所有権の制限を傍観しなかったことは、驚くに値しない。ユーゴスラヴィアの場合と同じように、ポーランド[154]とチェコスロヴァキアに対しても、国際裁判所に提訴し[155]、民法上の話し合いが何十年も続いた。その際に問題になったのは、接収それ自体ではなく(その事実性は不可逆であるとみなさなければならなかった)、むしろまたしても補償であった。ジュネーヴにおけるドイツ・チェコスロヴァキア仲裁裁判所の係争に、世間は重大な意義を認めた。この係争が、チェコスロヴァキア国内に土地を所有する他のドイツ人やオーストリア人すべての運命をも決定したからである。だから交渉ははかどらなかった。チェコスロヴァキア国家は、国内の法律に基づいて、外国の大土地所有者に補償のない接収を行う姿勢を固持した。これに対して、トゥルン・ウント・タクシスは、ヴェルサイユ条約の決定を主張した。ヴェルサイユ条約は、新興国家に対して、接収の際にはかつての敵国の市民にも相応な補償を支払うことを義務づけていた(第二百九十七条)[156]。国内的な考慮——被告(チェコスロヴァキア)

表 10　南西ドイツの六大土地所有者[159]（単位：ヘクタール）

	総面積	耕地	森林
トゥルン・ウント・タクシス	17085	1867	15218
フュルステンベルク	16374	2038	14298
ホーエンツォレルン・ジグマリンゲン	14994	3344	11100
ヴュルテンベルク（公）	10233	4083	5957
ヴァルトブルク・ヴォルフェッグ・ヴァルトゼー	6615	723	5837
ヴァルトブルク・ツァイル	6035	958	5066

側から申し立てられたような――は、国際条約の合法性を吟味するときには問題にならないとされた[157]。同時代のある評論家は、ジュネーヴの仲裁裁判所委員会の活動を評価した。これまでそうした問題に対して定評のある国際裁判もなかったし、ふさわしい学術的な準備作業もなかったという。「これが、ここでこの訴訟が指摘される理由なのである」[158]。

二十世紀におけるドイツの私有大所有地

テオドール・ヘービヒは、一九二〇年代終わりに、「ドイツの私有大所有地」に関する考察の中で、ドイツにおける大土地所有の地域分布を展望した。予想されたように、トゥルン・ウント・タクシスは、伝統的に土地を所有してきた地域で、突出していた。一七二三年に土地取得が始まった南西ドイツでは、二百年後のヴュルテンベルク・ホーエンツォレルンにおいてもまだ、フュルステンベルク、ホーエンツォレルン・ジグマリンゲン、ヴュルテンベルク公たちを抜いて、大土地所有者のトップに君臨していた（**表10**）。

大土地所有者の多くは、ドイツのいくつかの地方にかなりの土地を持っていた。特にかつての君主たちである。たとえば、ホーエンツォレルン・ジグマリンゲン家は、プロイセンのブランデンブルクやポンメルンの各州にそれぞれ、南西ドイツと同じくらいの面積の所有地を持っており、その面積は四万六千ヘクタール以上で、

表11　バイエルンの五大土地所有者[161]

	総面積（ヘクタール）
クラーマー・クレット	6761
バイエルン（公）	6223
ヴァルトブルク・ヴォルフェッグ・ヴァルトゼー	5039
トゥルン・ウント・タクシス	4441
ポッシンガー	3624

両大戦間の時代におけるドイツ最大の私有大土地所有者に数えられた。総じて言うと、最大規模のいくつかの所有地はドイツ東部にあり、合計面積は九万七千四十三ヘクタールで、それらは主にプロイセンの家族世襲財産であった[160]。トゥルン・ウント・タクシスのほうはといえば、東部における大土地を接収で失っていた。トゥルン・ウント・タクシスは、南西ドイツの他には、ただ故郷バイエルンにのみ、広大な所有地を持っていた（**表11**）。

トゥルン・ウント・タクシスは、両大戦間のドイツにおける最大の私有大土地所有者の中で、十五位だった。他の私有大土地所有者たちとは異なり、所有地はドイツの西部にあった――一九四五年以後、これは決定的に有利だった[162]。

一九四五年以後の西方志向――海外の土地取得

一九四五年の終戦後、トゥルン・ウント・タクシスは、シュヴァーベンとバイエルンに――つまり、のちのバーデン・ヴュルテンベルク州とバイエルン州に――所有地を保持した。東部の土地改革から生じた補償金は、西部に送金され、土地に投資された。今日、ドイツ連邦共和国における所有地は、総計で約三万ヘクタールになる[163]。

一九五九年以降、一族の関心が西へ向いていることは、ブラジルに大規模な土地を取得した事実に見て取れる。この土地購入に決定的だったのは、トゥルン・ウント・タクシス家がポルトガルのかつての王朝ブラガンサ家と親戚関係＊にあったこと、そしてまた経済的な利点を考慮したことであった。ブラガンサ家は、すでにブラジルに土地を所有していたし、ブラジルは、一九五〇年代、第三世界の将来有望な産業国とみなされていた。取得された土地は主として原生林と灌木林から成り、数千頭の牛を放牧できる牧草地はほんのわずかであった。農場地域は柵で囲まれ、人工衛星で撮影されている[164]。マット・グロッソ州の「サォン・ジョアン農場」はおよそ六万ヘクタールの総面積を持ち、今日、トゥルン・ウント・タクシスの最大の所有地である[165]。

さらに一九六〇年、カナダのバンクーバー島（ブリティッシュ・コロンビア州）に最初の森林を取得し、のちに追加購入して、約一万ヘクタールに拡大した[166]。製材業は、現地で、企業の所有林部門の代理人によって展開されている。一九七七年には、カナダで、木材産業のためのサービス企業が設立された。海岸や湖畔に面した所有地のいくつかの部分は、現在、住宅建設とリゾート用に開発されている。一九六〇年代、利益のためだけではなく投資としても、カナダの他の土地を重点的に買い入れ、農場利用に賃貸ししている。また同じような視点から、トゥルン・ウント・タ

＊　**ブラガンザ家と親戚関係**　アルベルト・フォン・トゥルン・ウント・タクシス一世侯とオーストリア女大公マルガレーテ・クレメンティーネ侯妃を両親とするフランツ・ヨーゼフ・フォン・トゥルン・ウント・タクシス侯（一八九三年―一九七一年）は、一九二〇年、ポルトガル王女エリザベート・デ・ブラガンサ（一八九四年―一九七〇年）と結婚した。しかし一人息子の侯世子ガブリエルが一九四二年にスターリングラードで戦死したため、フランツ・ヨーゼフ侯の弟カール・アウグスト（一八九八年―一九八二年）が後継者となった。カール・アウグスト侯は、義姉エリザベート侯妃の妹であるポルトガル王女マリア・アンナ・デ・ブラガンサ（一八九九年―一九七一年）と一九二一年に結婚している。

クシスは、カナダの数多くの都市に建物を購入したり建設した。たとえば、バンクーバーには二十階建てのビルを所有している[167]。その他、重点的に購入されているのはアメリカ合衆国の土地である。そこでは、トウモロコシやダイズ生産のために農場地の賃貸しを行っている。アメリカ合衆国の南東部（ジョージア州）では、所有林が購入された[168]。トゥルン・ウント・タクシスの営林管理は、カナダ、アメリカ合衆国、南アメリカの土地購入によって、新たな課題に挑戦している[169]。

図 95　フランツ・ヨーゼフ侯
（出典：マルティン・ダルマイアー／マルタ・シャード『トゥルン・ウント・タクシス侯家。図像 300 年史』レーゲンスブルク、1996 年、161 頁）

図 96　カール・アウグスト侯とマリア・アンナ・デ・ブラガンサ侯妃
（出典：マルティン・ダルマイアー／マルタ・シャード『トゥルン・ウント・タクシス侯家。図像 300 年史』レーゲンスブルク、1996 年、172 頁）

森林所有と環境保護

今日、トゥルン・ウント・タクシスは、ドイツに二万八千ヘクタールの山林を持っており、連邦共和国で最大の森林所有者に数えられる。トゥルン・ウント・タクシスの営林にはおよそ三百人の職員が従事し、平均年間売上高は約三千万マルクである[170]。山林経営は、トゥルン・ウント・タクシス企業を担う支柱のひとつである。シュヴァーベンでは二百年以上、バイエルンでは百五十年以上ものあいだ、その時々にもっとも現代的なメソッドに従って、造林が行われてきた。数年前からは、トゥルン・ウント・タクシスも、他の大規模な森林所有者と同じように、ドイツの森林枯死あるいは「新種の森林被害」の問題と向き合っている。一九七六年以降、古くからの価値ある森林でモミの枯死が見られるようになった。これまでの森林被害の徹底調査は、国有林における診断結果と一致している[171]。ミュンヘン大学の森林被害研究のための森林植物学講座は、「森林樹木へのガス状大気有害物質の影響」研究所を設立し、連邦科学研究省の支援も受けていた。一九八五年、バイエルン営林協会はトゥルン・ウント・タクシスの営林地区ヴェルトへ調査旅行を実施したが、その際、この研究所によって視察の重点が明らかにされた。

トゥルン・ウント・タクシス営林局長で総行政の一員であるフランツ・リーデラー・フォン・パール男爵は、一九八六年、ドナウシュタウフの森林を例にして、森林被害の状態を報告した。一九八〇年代半ば、森林被害は面積の三分の二に及ぶとされた。トゥルン・ウント・タクシスの大規模な所有林と関連して、企業グループのドドゥコ・フォン・トゥルン・ウント・タクシスが開発した製品、触媒式排気ガス浄化装置が関心を集めている。レーゲンスブルクの居城は、触媒式排気ガス浄化装置に関する情報公開討論の場となった[172]。リーデラー・フォン・パール男爵は、ドイツ営林協会長として、その装置の有効性を立証するための出版に参加し、版を重ねている[173]。

今日の農業と不動産

今世紀初頭以来、ドイツの所有地は自営である。一九六〇年代終わりまでの経営の特徴は、当時としては機械化と技術化が遅れた非常に集約的な農業であった。農業と家畜の飼育は多岐にわたって営まれていた。一九七〇年代、農業経営が広範に刷新され、結果として、専門化されることになった。これ以後、ヴュルテンベルクの大農場では、穀物と菜種に照準を合わせた大型機械化経営が行われ、ニーダーバイエルンでは、栽培の重点は、テンサイ、ジャガイモ、冬作物、タマネギである。特に北イタリア市場向けに生産されている。利益の少ない家畜の飼育は完全に廃止された。農業の経済目標は、利回りを最大限に効率化することにある。

トゥルン・ウント・タクシスの不動産は、今日、南ドイツの若干数の城、レーゲンスブルクのレストラン、ドイツ南部と西部の事業用不動産、アメリカ合衆国の事業オフィス地区や住居施設、カナダのオフィス高層ビル、配送センター、開発予定地区である。現在、不動産管理の課題は、旧来通りに物件を管理するというよりも、たとえば、農業用地の整地を完成させるなど、積極的に不動産価値を引き上げることにある[174]。

郵便から土地所有へ

領主としての土地所有は、旧ヨーロッパ社会の貴族たちが自己を理解する上で根本的なことだった。タクシス家は、社会的に上昇したにもかかわらず、郵便経営者として、長いこと、この排他的な特権階級の成員ではなかった。大きな利益を得て初めて、トゥルン・ウント・タクシスは、一七二三年以降、帝国内に領地を購入し、一七八五年／八六年以後、二十年間、みずからの侯領を所有した。郵便侯が領邦君主となったのである。しかしトゥルン・ウント・タクシスの土地所有は特記すべき利益を上げなかった。管理費が税を食い尽してしまった。経営的な視点から見ると、利益の少ない若干の副業を除いて、トゥルン・ウント・タクシスは、三百年以上にもわたって郵便企業だった。

一八〇三年以降、ヴュルテンベルク、バイエルン、プロイセンが法外な補償を土地の形で支払うと、事態は変化

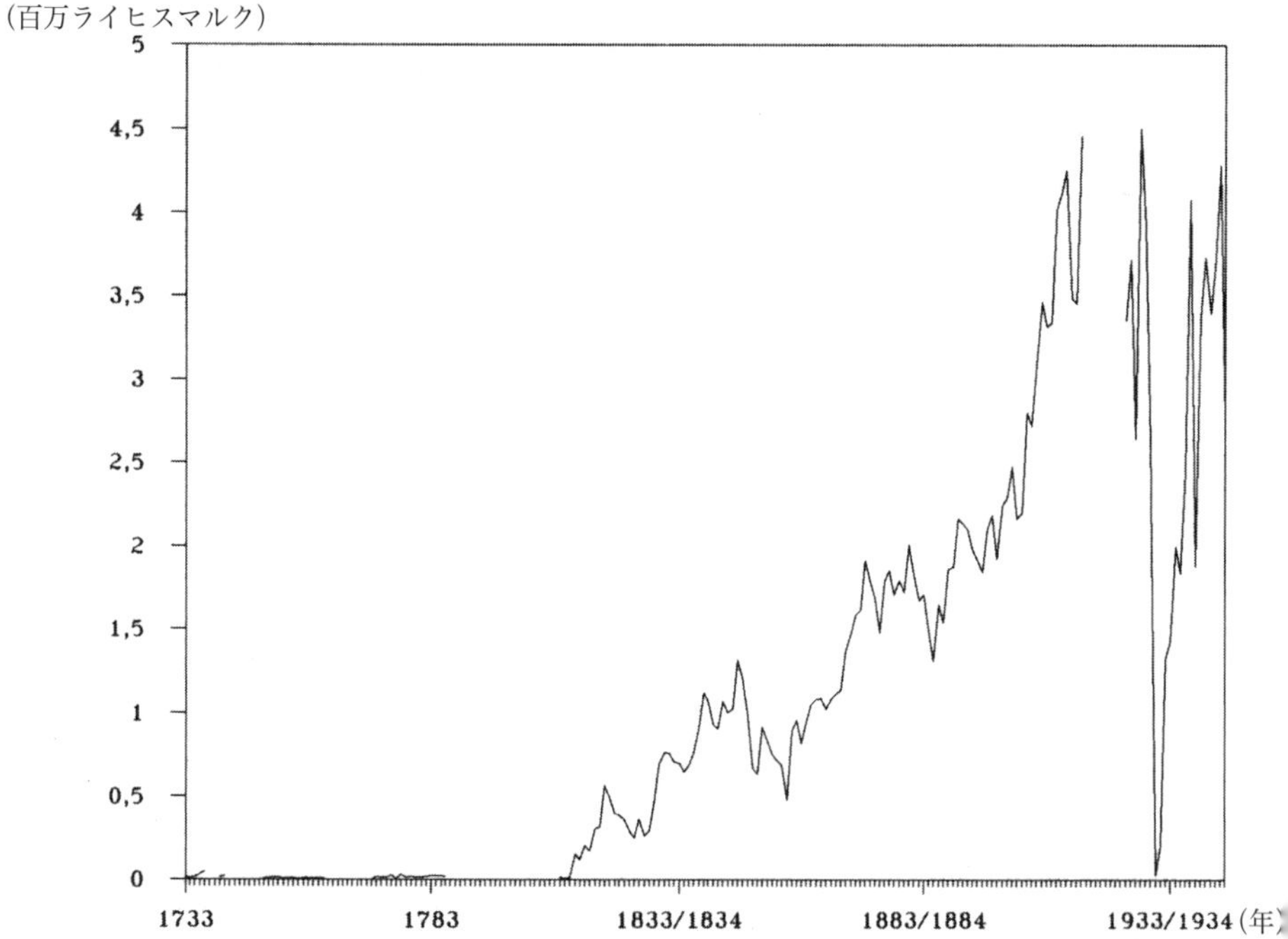

グラフ 26　1733年―1945年の所有地利益（1875年以前は換算。インフレ時代を除く）

し始めた。さらに、陪臣化と農民解放による支配権の喪失、土地経営の合理化、バイエルン、ボヘミア、クロアチアでの的確な土地購入は、十九世紀において、企業の構造を変革する要因だった。一八〇〇年頃にはまだ、所有地からの収入は郵便利益と比較すると重要ではなかったが、十九世紀の最初の三分の一が終わる頃、「直領地」はトゥルン・ウント・タクシス郵便とほとんど同等になった。世紀の三分の二が終わって郵便が最終的に失われると、所有地利益が主たる収入源となる。一九〇〇年頃の数十年間では、大土地所有が企業のアイデンティティーを構成する基礎要因となった。

数十年にわたってこの状態は続いた。大まかに言えば、郵便の喪失以来、百年のあいだだろう。トゥルン・ウント・タクシスは、農業と林業へ集中することによって、政治的に混乱した時代の最前線から身を引くことができた。政治と産業資本主義に、出来る限り接触しないでいたのである。この禁欲のおかげで、トゥルン・ウント・タクシスのドイツにおける資産は、二つの世界大戦、一九一八年の革命、ナチス独裁を無傷で生き延びることができたのかもしれない。

およそ一世代前から、企業のアイデンティティーは再び変化し始めている。その徴《しるし》は、あらゆる経済領域における活動である。工業部門への参入、金融サービス部門の強化、そして土地経営、営林経営、不動産経営の推進である。農業と林業の利回りは低いが、その土地所有は、主に、開発予定地区として、あるいは財産権の点で好都合である。資産は、一世代ごとに、相続税のため約三十五％減少する。農業と林業では、統一価格が低く定められているため、相続が有利なのである。トゥルン・ウント・タクシスは依然として大土地所有者であるが、この所有はもはや企業のアイデンティティーの本質を成してはいない。

第6章　企業全体の歴史

トゥルン・ウント・タクシス——ひとつの企業？

トゥルン・ウント・タクシスは、帝国郵便レーエンの所有者であり、十五世紀以降は民営の郵便経営者であり、十九世紀以降は大土地所有者だった——ここでは企業史が扱われるのだろうか[1]。然りである。企業の創立者フランツ・フォン・タクシスは、ヨーゼフ・シュムペーターの言う真の企業家の理想タイプにぴったりだった。シュムペーターによれば、それは、いつの時代にも人々のあらゆる層に存在している活動的で創意に富んだ革新者のことである[2]。もちろん「企業家（Unternehmer）」という概念は現代的な表現である——一七四九年のツェードラーの百科事典に「企業家」は載っていない。この概念は、フランス語の事を企てる人（entrepreneur）のドイツ語化と思われる。事実、事を企てる人は、（トゥルン・ウント・）タクシス家が近世に生み出した企業家タイプだった。王室の委託を受け、契約を基礎に、自己資金を賭けて大きな計画を実行する人物である[3]。

十六世紀と十七世紀のタクシス家の企業は、初期資本主義の企業家精神の枠内で見るべきである。有力な企業タイプは「人的会社」であり、その理想はドイツ南部の企業家一族フッガー家やヴェルザー家だった[4]。両家は、遠隔地貿易に参入し、商業や鉱業、南ドイツで問屋方式で営まれていた繊維製品や金属製品生産にも再投資した。南ドイツの大商人たちは、富を手にすると、ヨーロッパ内で銀行家として機能し、皇帝選挙、戦争、スペインの新世界探検に出資した[5]。タクシス家の企業構造も同時代の大貿易商社と似ている。これらの人的会社では、家族の男性成員は、資本金をもって企業に参加するだけではなく、みずからも共同で仕事をしなければならず、出資分を自由に処理することはできなかった。企業の集団の中から、会社の政策を決定する「統治者」、つまり家長が出た[6]。タクシス家は、当初、自己資金が少なく、一六〇〇年頃まで、その組織は助成金なしにやっていけなかった。しかしタクシス家は始めから、郵便を民営企業として経営することを試みた。十六世紀の膨張する経済の中で、郵便の需要が高まることが期待できたからである[7]。十六世紀、彼らは、すべての重要な地位を家族成員でカバーし、組織をみずからコントロールした。「会社《コンパニーア》」と並んで、「ディ・タッシ家族会社」という概念も使われた[8]。

最初の三百年間はタクシス企業の重点が郵便経営にあったとしても、始めから他の事業にも従事していた。すでにヤネットー・フォン・タクシスは、仕事の報酬として、現金ではなく、土地所有収益を受け取らなければならなかったのである。古くからのイタリアの所有地、一五三〇年からのネーデルラントの所有地、そして一七二三年からのシュヴァーベンの所有地も、現場で管理されていただけではなく、ブリュッセルのタクシス本社によって、一七〇二年からはフランクフルトによって、一七四八年からはレーゲンスブルクによって指揮されていた。他の企業家と同じように、タクシス家も手形取引や信用貸し取引を行い、両替業の利益で投機していた。成員がアントウェルペンやアウクスブルクのような重要な商業地に駐在しているという家族会社の企業構造が、そのことを容易にしてくれた[9]。しかし組織上の諸問題を投げかけたのは、他の事業部門というよりも郵便制度の拡大であった。近世初期において、これほどの規模の企業は他にほとんど存在していない。もし存在していたとしても、鉱業、工場制手工業あるいは問屋業のように、従業員はたいていい一ケ所か狭い地域に集中していた[10]。

企業の成長問題と構造改革

郵便経営が拡大したことによって、管理の分化がどうしても必要になった。ドイツ南部の商社と同じように、それは会社《コンパニーア》組織の解体を伴った[11]。商社の場合、人的会社に続いたのは、在外支店体制だった。つまり、本社にまとまった経営陣がおり、会社の各支店に代理人たちを持つ階級組織型である[12]。十六世紀末頃、商社「ゲオルク・フッガーの相続人たち」では、本社は、きわめて高給のひとりの「簿記係長」によって指揮され、さらに、数人の固定給取りの「部下たち」が彼の仕事を補助していた。在外支店では代理人たちが雇用されており、彼らはもはや家族の成員ではなく、パーセント計算の利益配分で生計を立てていた[13]。

タクシス家は、ネーデルラント、ブルゴーニュ、ロレーヌ（ロートリンゲン）、ドイツにおいて、郵便事業を経営し拡充したが、これも有能な代理人たちを雇用することによってこそ行うことができた。郵便改革の時代、アウクスブルクの銀行家たち、そしてシュヴァーベンやチロルの宿駅長たちと複雑な交渉を行うなか、会社《コンパニーア》組織の能力は疲弊していった。一五九五年、郵便総裁レオンハルト・フォン・タクシスは、ブリュッセルの公証人の前で、管理人ピエール・ド・エルベを総全権代表に、二人の郵便局長ヨーゼフ・カレーピオ（シェッパッハ）とヤーコプ・ヘノート（ケルン）をその代理人に任命した[14]。

特にヤーコプ・ヘノートと、のちにヨハネス・フォン・デン・ビルグデン（フランクフルト）は、正真正銘の企業家代理人に成長した。彼らが雇用されていなかったら、十七世紀初頭におけるドイツの郵便制度の迅速な拡充は考えられなかっただろう。賃金は、伝統的な「封建制の」利益配分形式で支払われた。すなわち、特定の郵便路線の利益がレーエンのように譲渡されたのである。しかし彼らの場合、この体制が遠心的な性向を取ることが明らかになった。企業家代理人のどちらも、なぜ自分は郵便制度やその一部を自立して引き受けてはならないのかと自問することになるが、それはある程度、当然であった。そうした疑問は、「会社《コンパニーア》」組織の内部では、たとえばアウクスブルクの郵便局長ゼラフィーン・フォン・タクシスのような企業家代理人の場合には、決して湧き上がってくるものではなかった[15]。

帝国郵便レーエンの世襲制が、組織の引き締めと改造の基礎をつくった[16]。三十年戦争のあいだ、郵便はレオンハルト・フォン・タクシス二世とアレクサンドリーネ・フォン・タクシスによって従来よりも厳しく管理された。一六二三年、郵便路線を陪臣レーエン＊として与える危険な実践は廃止された[17]。その後、郵便局長は、もはや定額ではなく、やりくりして手に入れた利益をブリュッセルへ送金しなければならず、みずからは固定給を受け取った。とりわけ、一六二八年、ネーデルラント人ジェラール・フリンツがフォン・デン・ビルグデンと交代したような人事決定も重要だった。フリンツは、外国人でカトリックであり、プロテスタントの帝国都市では、外部による、つまりタクシスによる支援が頼りだった。フリンツ・トロイエンフェルト家（一六六四年貴族に列せられる）とフリンツ・ベルベリヒ家といった分家も含めて、フリンツ家の成員たちは、二百年以上ものあいだ、郵便経営においてタクシスに誠実を尽くした[18]。タクシスの意のままになるもうひとりの全権代表者は、ケルンの郵便局長ヨーハン・ケースフェルトだった。ここでは再度、会社《コンパニーア》の動機が感じ取れる。彼の妻アンナは、旧姓タクシスだったからである[19]。

十七世紀半ば以降、大きな上級郵便局員のあいだで一種のファミリーを形成すること[20]、指導的な上級郵便局長の家族が姻戚関係を結ぶことが、帝国郵便の団結に貢献したようである。ハムペは、その研究の中で、やがて「ほぼ全員が相互に婚姻および親戚関係になり」、たいていは市民階級出身の者たちがこの郵便事業を通じて帝国貴族へ、ある種の集団的上昇を遂げることができた、とまで主張している[21]。大きな郵便局の局長であるということは、組織化の訓練だった。十六世紀から十九世紀に至るまで、トップクラスの有能な人材は、郵便事業から、企業自体の中から集められた。このことは、たとえば、ヘノート（ケルン）[22]、ド・ベッカー（ケルン／ネーデルラント郵便）[23]、フォン・デン・ビルグデン（フランクフルト）、フリンツ・フォン・トロイエンフェルト（ハンブルク／ブレーメン／フランクフルト）[24]、フォン・ベルベリヒ（ヴュルツブルク／フランクフルト）、フォン・ハイスドルフ（アウクスブルク）[25]、フォン・クルツロック（ハンブルク）[26]、ド・ボア（マースアイク）[27]、フォン・リーリエン（ニュルンベルク／マースアイク）、ザ

＊　**陪臣レーエン**（Afterlehen）　封建家臣が自分のレーエンをさらにその家臣に分け与えるレーエン。

図97　アレクサンダー・コンラート・フォン・フリンツ・ベルベリヒ男爵（1764年―1843年）、旧姓フリンツ・トロイエンフェルト。総郵便管理局長官であり、トゥルン・ウント・タクシス家の指導的政治家。

イレン・ヴァン・ネイエフェルト（ブルッヘ〈ブルージュ〉）の各一族を見ればわかる。ハイスドルフ家では、郵便経営の職業教育は常に大学で法学を学ぶことであった。ヤーコプ・ハインリヒ・ハイスドルフは、郵便大権《ポストレガール》に関する博士論文でそれを証明している[28]。

　このように、トップクラスの人材は企業自体の中から補充されたが、おそらくその最善の例は、アレクサンダー・コンラート・フリンツ・フォン・トロイエンフェルト（一七六四年―一八四三年）だろう。彼は、一七八六年、ヘンリエッテ・フォン・ベルベリヒと結婚した一年後、フリンツ・ベルベリヒと名乗ることを皇帝によって認可された。フリンツ・ベルベリヒは、ブレーメンの郵便局長家の跡取りで、彼の妻はフランクフルトの郵便局長家の相続人だった。フリンツ・ベルベリヒは、一七八六年、フランクフルトの上級郵便局長としてトゥルン・ウント・タクシスに勤務し、一八一一年から一八四三年まで、本拠がフランクフルトにあるトゥルン・ウント・タクシス総郵便管理局長官であった。これより以前、またこれと並行して、彼は国内および国外政策上の多くの任務を果たした。とりわけ、この枢密顧問官は、一八〇三年以来、帝国議会の公使として、またのちには、ヨーロッパのさまざまな和平会議の外交官として、トゥルン・ウント・タクシスを代表した[29]。

　企業が分化したため、ブリュッセルの事務局、整然とした登記、秩序ある文書庫体制が設立され、その体制は、残されている一六八九年の最古の総合目録に表れている[30]。企業の組織的な引き締めも必要になった。その結果、郵便事業では、区分された階級組織（宿駅―郵便局―上級郵便局―郵便総裁）がつくられた。一六八九年の文書庫総合目録からは、それ以後の上級郵便局のシステムがわかる。アントウェルペン、アウクスブルク、ケルン、ラインハウゼンの各郵便局との保存されている通信文は、少なくとも一五九〇年代まで遡ることができる。しかし通信を行っていたのは、比較的重要な郵便局とだけではない。その他にも多くの政府、聖界君主や世俗諸侯、たとえばウィーンに駐在する自国の代理人とも文通していた[31]。

遅くとも十七世紀後半、タクシス企業では、中央レベルでの組織の分化も必要だった。その理由は、郵便路線が平面的な郵便網に拡充されたこと、郵便から出た利益を土地所有、資本ビジネスに投資したことである。上位の「経営陣」を必要とする時期に来ていた。トゥルン・ウント・タクシス伯家が帝国貴族に昇格すると、従業員がさらに増え始めた。一六八一年、「領地ブレン・ル・シャトー」を基礎にスペインの侯領を獲得したことが転機となった[32]。

トゥルン・ウント・タクシスに典型的な経営構造は、当時の国家政府の構造に匹敵したが、それはこの時点で始まったのだろう。実際、同規模の企業はほとんど存在しなかったので、国家という機能している大組織構造を範としたのは当然だった。そうした国家のような組織だったため、一風変わっていたのは、市民の資本家とは異なり、一八二九年まで、「会社の所有者」の私用が予算に組み込まれていたことである――企業の財務はそれほどにも長いあいだ、ほとんど君主国の国家財政の性格を有していた[33]。しかし特徴的なのは、十七世紀末にはまだ、トゥルン・ウント・タクシス侯家の文書庫が、主に、郵便に関する記録と文書で満たされていたことである[34]。

十八世紀における企業経営

スペイン継承戦争後の時代の組織令を見れば、企業の経営構造を知ることができる。この危機の時代、ネーデルラントの郵便事業を失ったため、アンゼルム・フランツ侯（一六八一年—一七三九年）は行政改革を行わなければならなかった。一七一九年の『総規則書（Règlement général）』[35]には、次のような規定が掲載されていた。「枢密参議会（Conseil privé）」規定、「郵便審議会（Conseil des Postes）」規定、書記局規定、収入管理規定、家政経済規定。同時代の絶対主義国家のように、最高首脳部は「枢密参議会」であった。枢密参議会は、二人の枢密顧問官アードリエン・デカルトとオイゲン・ヨーゼフ・ド・ボアから構成され、二人は毎週二回、会議に集まることになっていた。ド・ボアは、帝国郵便事業長であり、さらに「我々の家の執事」として機能し、行政の実権を握っていたと思われる。というのは、彼の弟フランソワ・ド・ボアは「総収入官」あるいは「大蔵大臣」だったからである。彼のもとに、いまやオーストリア領ネーデルラントとなった所有地管理から送られてくる収入、とりわけ帝国上級郵便各局から引き渡される四半期ごとの収入が集まってきた。それはタクシス家の富を築くものだった[36]。

一七二三年の第二の『総規則書』では、枢密参議会が侯夫妻の面前で会議を招集することが定められていた。デカルト、ド・ボア、アンゼルム・フランツ侯、そしてザーガン女公爵かつロープコヴィッツ公女である「ルイーゼ侯妃」（一六八三年—一七五〇年）は、企業の主要な業務、つまり郵便制度、資本・不動産問題や家政の要件を協議した。侍従長の管轄下にあった宮廷生活は、「枢密参議会」の予算基準に照らして決めなければならなかった[37]。ド・ボアの引退後、枢密参議会は数人の有能な顧問官を入れて増員された。ケルペンとフォン・ハイスドルフが枢密顧問官となり、フォン・ハイスドルフが帝国郵便を管轄した[38]。ゲオルク・フリードリヒ・フォン・ベルベリヒ男爵とフローレンス・フォン・リーリエン男爵（一六九六年—一七七五年）も宮廷顧問官の称号を得た。彼らの一族は、郵便事業において重要な役割を果たした[39]。

一七八五年になってもなお、行政は一七二〇年代と似ていた。フランス語からドイツ語へ切り替わり、二人の指導的な顧問官から構成される「枢密参議会（der Geheime Rat）」が頂点に立った。ヤーコプ・ハインリヒ・フォン・シュナイト男爵[40]が、家門の問題、つまり、伯領、領地、司法、財政、帝国議会やクライス議会への家門の代理を管轄した。「帝国郵便とネーデルラント郵便の経理総監」、総会計課、ならびに家政と宮廷は、アレクサンダー・フェルディナント・フォン・リーリエン男爵（一七四二年―一八一八年）が父の後継者として義務を負った。いまやこの二人の指導的な顧問官の配下に八人の宮廷顧問官がおり、特別の任務を委託されていた。その中には有名なリュートゲンドルフ男爵がいて、彼はアウクスブルクで気球飛行を計画し、ドイツの公衆の注目を引いた[41]。

伯領フリードベルク・シェールの購入と侯領への昇格、それに続く政府業務は、トゥルン・ウント・タクシス家の行政区分全体に影響を及ぼすことになった。当然、国家に似た行政構造はさらに堅固になる。一七八六年、シュヴァーベンにおけるさまざまな地方行政の上級官庁として「政府」が導入された。そのトップにはまずシュナイト男爵、一七八八年には、政府長官カール・テオドール・フォン・エーベルシュタイン男爵[42]、そして政府副長官にはカール・アレクサンダー・フォン・ヴェスターホルト伯が配置された[43]。彼らは同時に枢密顧問官として、レーゲンスブルクの中央行政の一員であった。長官および副長官の下には六人の政府顧問官がおり、その一部は宮廷顧問官と同一人物であった[44]。

枢密顧問官フォン・エーベルシュタインは、一七九〇年、『覚書』の中で、政府を枢密書記局や総郵便管理局と合併することを説いた。それによって、政府の職務が大幅に削減されるし、部門の個別行政は不信と嫉妬を促進するからというのである。統一委員会を枢密顧問官たちの監督下に置くべきであるとした[45]。しかし、行政の最終的な改革は一七九八年まで引き延ばされた。一七九八年、「侯の枢密書記局」という新しい上級官庁が設立され、それは「実際の指導的な枢密顧問官たち」、シュナイト男爵、ヴェルツ男爵、そしてフリンツ・ベルベリヒ男爵から構成された[46]。

政府が枢密参議会、のちには枢密書記局に従属していたという点から、領邦行政よりも企業全体の経営が優先されたままであったことがわかる。企業の収入構成を見れば、その理由が明らかになる。つまり、税のような国家の古典的な収入項目、さらにまた皇帝特別主席代理職収入は、タクシスの予算においてまったく重要ではなかったのである[47]。利益は、ほとんどもっぱら、民営企業の領域から入ってきた。十八世紀末、カール・アンゼルム侯は、企業の経営を二人の指導的な枢密顧問官フォン・シュナイトとフォン・フリンツ・ベルベリヒの手に委ねた。総会計課の監督には、宮廷顧問官ゲオルク・フリードリヒ・フォン・ミュラー騎士が二人の補助として付けられた[48]。

一八〇〇年以前における郵便経営者のその他の事業

トゥルン・ウント・タクシスがブリュッセルからフランクフルト・アム・マインに転居したのは、フランクフルトが帝国郵便の拠点だったからである。同時に、三十年戦争以降、フランクフルトは、アウクスブルクに代わって、ドイツの主導的な銀行所在地となっていた[49]。タクシス家のような企業一族はヨーロッパの初期資本主義とともに大きくなり、ヨーロッパのトップクラスの銀行家、十六世紀にはフッガー家やヴェルザー家、十八世紀には伝説的なマイアー・アムシェル・ロートシルトと取引関係にあったが[50]、そのタクシス家が常にある程度、金融取引を行っていたことは不思議ではない。一七一九年の『総規則書』は、ドイツからの収入を、つまり帝国郵便の利益を、フランクフルトにいる侯家のドイツの代理人を経由し、アントウェルペンの銀行家ファン・ブレの仲介で、ブリュッセルへ送金することを決めていた[51]。

一七二三年の『総規則書』は、しごく当然のことながら、資本取引、銀行預金の変動および借入金の借入れを前提としている[52]。一七三三年以来、トゥルン・ウント・タクシスは、資本借入、資本利子、資本返済に関して継続して報告してきた。トゥルン・ウント・タクシスでさえも時おり借入枠を越えていたことを、一七三九年、アレクサン

Nomen tuum
Laudesq manebunt
ALEXANDER FERDINANDVS.
Sacr:Rom:Imp:Princeps de Turre et Taxis, Comes Valsassinæ, Liber Baro in Impden, Eglingen et Osterhofen, iṁediatæ Prov: Hannoniæ Marech: hæred: aurei Velleris Eques, Sacr:Rom: Cæsarear:et Cæsar:Reg: Apostol: Majest: Consil: intim: actual: in Comitiis gener: Imp: Princip: Coṁissarius Cæsar, per Sacr: Roman: Imperium, Burgundiam et Belgium Supremus Postarum Generalis hæreditarius.
natus d. 22. Martii 1704.
J. E. Nilson, del. Sc. et excud. Aug. V.

図98　第三代の侯アレクサンダー・フェルディナント・フォン・トゥルン・ウント・タクシス（1704年—73年）。タクシス家の初代皇帝特別主席代理。右下には帝国郵便総裁職のアレゴリーである郵便ラッパ。

ダー・フェルディナント侯の政府時に開かれた行政の危機対策会議が物語っている。その会議では、およそ二十万グルデンの負債をかかえ、一族の評判の良さを憂慮する声が出された。フランクフルトの邸宅建築とシュヴァーベンの土地購入が、借金の山を積み上げていたのである[53]。

たとえば一七四二年のヴィッテルスバッハ家の皇帝選挙と関連して、他人資本を借入れたことにより、一七八〇年代に返済するまで、高額の利子がついてまわった[54]。完全な数字は推測すらできない。というのも、先述したウィーンやアントウェルペンなどの会計課や、その後は政府会計課も同じように資本取引を行っていたのは確実だが、その証明が残っていないようだからである。トゥルン・ウント・タクシスは、ある意味で、たとえば、貸付金取引で、みずから銀行家として機能していた。例を挙げれば、ヘッセン方伯に十四万グルデンの貸付金を便宜している[55]。

しかし、郵便経営以外の事業規模を、過大評価してはいけない。一七三三年から一八〇六年のあいだ、トゥルン・ウント・タクシスの収入の約八十%が郵便から入ってきたのである。残りは、「特別収入」(七・六%)、外国為替利益(三・五%)、皇帝特別主席代理職収入(二・八%)、借入(三・〇%)、資本利子(二・〇%)、地代(一・〇%)であった。それゆえ、整理された会計簿に記載されている資本取引の規模は、合計するとわずかなままだった。所有地からの収入でさえも、会計上は、総計およそ五千万グルデンの〇・七%にすぎなかった。ただし、その数字は完全には把握されてはいないと思われる[56]。

十八世紀の最後の四分の一、トゥルン・ウント・タクシスとフランクフルトの銀行家ロートシルト(ロスチャイルド)との繋がりは強固になった。マイアー・アムシェル・ロートシルトは、自分と息子たちのために、両家の密接な取引関係を示唆しながら、カール・アンゼルム侯の宮廷要員職に雇用してほしいと願い出たほどである。主要枢密顧問官フリンツ・ベルベリヒは、その申請を許可するよう取りなした。ロートシルト家が信頼できること、為替取引において帝国郵便に好意的であること、侯家の上級出納官フォン・ヘルフェルトとともに行っている大規模な共同事業のことを指摘した。ただし、三人の息子全員ではなく、最年長のアムシェル・マイアー・ロートシルトだけを宮廷要員として採用することが唯一の条件だった。そこでは、父親がすでにヘッセン選帝侯領の宮廷代理人であることが言及されている。ロートシルト家のユダヤ教の信仰については、書類のどれにも触れられていない。宮廷要員への任命は、一八〇四年一月十七日に行われた[57]。

一七九三年までの総会計課と資本の蓄積

財務管理に関しては広範囲にわたる一連の帳簿が残されているため、トゥルン・ウント・タクシス企業の事業規模を知ることができる。これは、第一級の経済・社会史上の史料である。その価値は文献において原則的には知られていた[58]。しかしその数値を分析して評価することはこれまで行われてこなかった――本書が初めてこれに取り組む[59]。

中央の会計課――総会計課（Generalkasse）――の設立年月日はよくわからない。関係文献で申告されている日付は誤りである[60]。目録や蔵書を一瞥すると、すぐに誤りを正すことができる。一七一九年、『総規則書』が公布された際にはすでに総会計課は存在しており、総会計課帳簿がつけられ、顧問官フランソワ・ド・ボアの管轄下にあった。決算は四半期ごとに行われ、これがその後も続いた[61]。ド・ボアの後継者は枢密顧問官フォン・ハイスドルフ（在職＝一七三二年以前―三九年）、イグナツ・ヘンデル（在職＝一七三九年―四九年）、枢密顧問官フランツ・クサーヴァー・フィリップ・フォン・シュースター（在職＝一七四九年―六〇年）[62]、出納管理官ゾーンライン（在職＝一七六〇年―六七年／I）、会計係ミュラー（在職＝一七六七年／II―七八年）、宮廷顧問官ヨハン・ヴィナント・フォン・マストヴェイク（在職＝一七七八年―九四年）であった[63]。枢密顧問官フォン・ハイスドルフの在職時代以降、総予算と総会計課帳簿が残されている[64]。その開始がいつだったのか、さらに遡ることは不可能ではない。すでに十六世紀以来、「高い身分の人々」には、収支を整理して計算するよう勧告されていた[65]。十八世紀初頭、会計制度に関する文献はある程度複雑になっており、「簿記学」に関する同時代のしかるべき文献がトゥルン・ウント・タクシスの図書館に保管されている[66]。総会計課の初期の服務規定は、一七三五年から一七六七年まで存在している[67]。

「総会計課報告」と「総会計課文書」は、レーゲンスブルクのトゥルン・ウント・タクシス侯家中央文書庫に残されている。それらの史料には、一七三三年以降、一七三三年から一七三七年、一七四〇年から一七四一年の期間の侯家の行政収支報告が詳細に記録されている。一七四九年以後は、報告書は原則として完全な形で二十世紀までそろっている[68]。トゥルン・ウント・タクシスはスペイン継承戦争における諸事件のため、一七〇二年、ブリュッセルからフランクフルト・アム・マインに本拠地を移し、その後は一時的にブリュッセルに戻ったが、行政用語は一七六七年までフランス語だった。各郵便局、ネーデルラントとシュヴァーベンの領地は、毎月決算し、経費を差引勘定し、実際に利益を総会計課に送金するよう義務づけられていた。すべての通貨、たとえばネーデルラント・グルデンは、毎週の相場表に照らして、フランクフルトで使われているライン・グルデンに換算された。その際、支払いは手形証書なのか銀行小切手なのか、あるいはまた郵便馬車による送金が良いのかは、総会計課の出納管理官が決めなければならなかった[69]。

トゥルン・ウント・タクシスの総会計課の決算原則は単純明快だった。それはあたかも、会計課に金を出し入れする大きな箱があるかのように決算された[70]。一七三三年の最初の出納帳は、次のような収入項目をつくっている。

——「ドイツの郵便収益収入」

——「オランダ王国の郵便収入」

——「資本返済収入」

――「資本利子収入」
――「所有地・領地収益収入」
――「特別収入」

収入額から見れば郵便経営が圧倒的に重要であったが、すでに土地領主制と資本取引からの定期的な収入をともに決算している。

支出は、「使節と年金」がトップで、続く内訳は、宮廷生活費、給料、特別支出である。会計報告は、収支表、差引残高つきの年度決算で締めくくられた。

ドイツ語の最初の出納簿には、「トゥルン・ウント・タクシス侯家の総会計課収支報告」という名が付いている[71]。それより数十年前の決算方法が完全に踏襲されており、内訳がドイツ語になっているだけである。レーゲンスブルクのトゥルン・ウント・タクシス侯家中央文書庫に残されている「総会計課報告」[72]と「総会計課文書」[73]を用いて、年度決算を再構成することができるが、それは数字を充分に処理したのちにである[74]。

総会計課に所属するものが削られることもあった。たとえば一七六七年以来、シュヴァーベンの領地利益は、項目の見出しだけは存在したが、実際の金額はもはや会計課に入ってこなかった。少しのちに、同じことがネーデルラントの所有地に関しても起こっている。これが意味するのは、すべての土地領主収入が予算から除外されたということである。当時、トゥルン・ウント・タクシスの全予算に占める領地の割合は低かった。収入が管理費を上回ることはめったになかった。一七六一年、全所有地の利益は六千四百六十四グルデン十七クロイツェルだった。この金額は、小規模なウルム帝国上級郵便局の収入よりもいくらか低かったのである[75]。トゥルン・ウント・タクシスがフリードベルク・シェール伯領を取得したのちも、この状況は変わらなかった。土地取得によって財政が多少混乱し、リーリエン男爵がある鑑定で財政を改革することを提案していた[76]。一七八七年、「政府会計課」の設立とともに、中央の

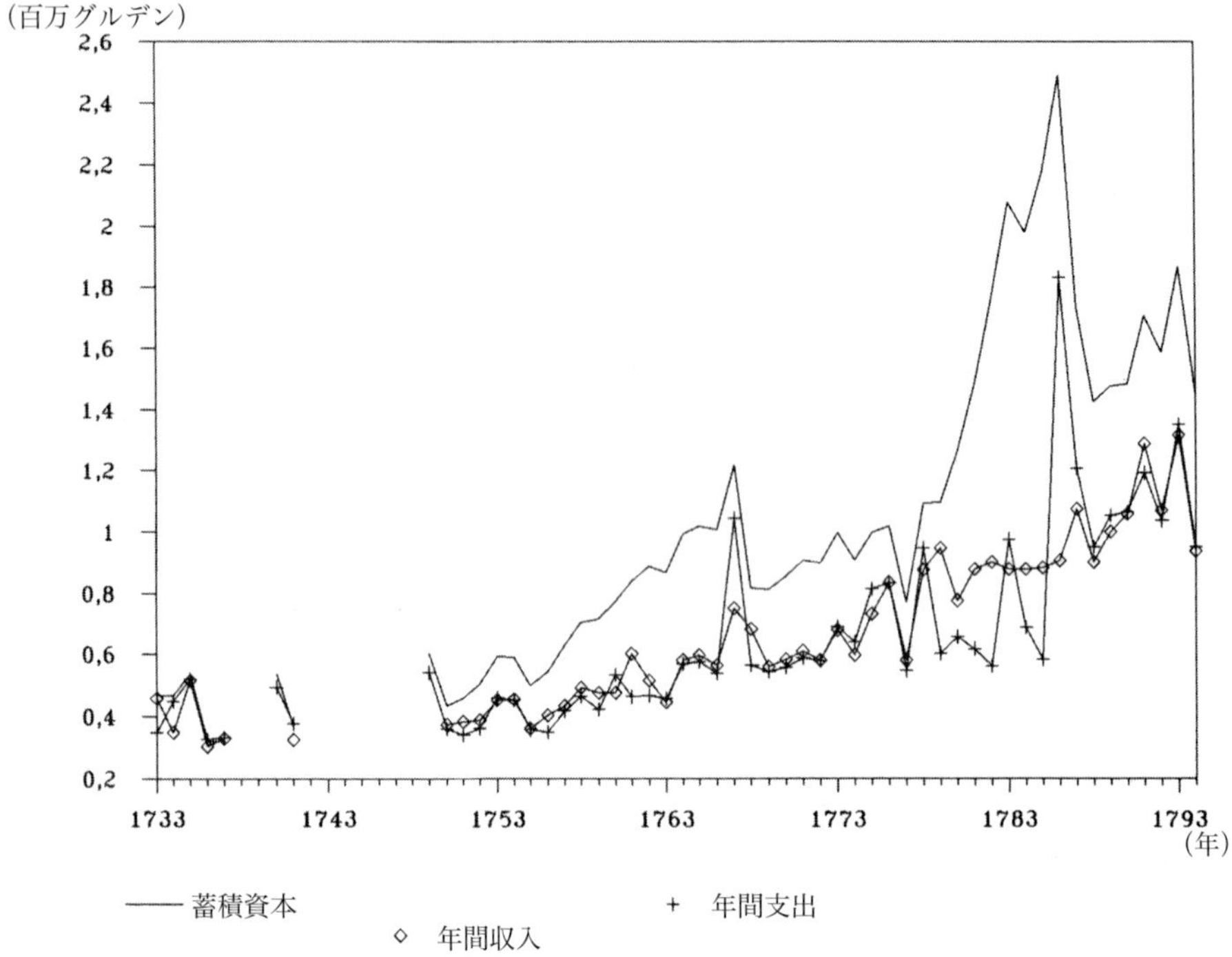

グラフ 27　18世紀の資本蓄積　1733年—1794年

会計原則は打ち破られたが、その業務行為も企業全体にとってみれば周辺的なことだった。すでに十八世紀、政府会計課と並んで、他の会計課も存在していた。ウィーン、フランクフルト、アントウェルペンにおける「下級会計課」であるが、侯家の会計報告との関係はいまだ明らかにされていない[77]。

　これ以外にもいくつか会計課があったが、それは今日の解釈では保険ともいうべきものであり、本来の財務とは区別されねばならない。一七六三年／六四年に設立されていた「支援会計課」[78]のことである。これは、総会計課・予備金会計課に完全に依存しており、ここから、一八三〇年頃には十一万五千グルデンにものぼる資本基金をもらっていた。この会計課は、年金請求権のない侯家の職員遺族を支援する純粋に慈善的な制度であった。一八一三年／一四年には、これに「寡婦および孤児会計課」の内容が追加され、その会計課は一時的に支援会計課から独立していたこともある[79]。たとえば、「郵便馬車の御者救援会計課」のようなその他の支援会計課があったことも言及しておかなければならない[80]。

一七九三年まで、総会計課には資本が蓄積された。つまり、前年の剰余金は会計課の中で資本として預けられたままだった[81]。一七五五年に――皇帝特別主席代理職と関連した社交費のために――設立された宮廷経済委員会[82]も総会計課の金で運営された。これに応じて、土地の購入も総会計課から行われた。一七八五年の伯領フリードベルク・シェールの買い入れは、十八世紀で最大の支出だった。この支出は、先の数十年間に蓄積された資本の大部分を飲み込んでしまったのである――社会的上昇のための高い投資であった[83]。

伯領フリードベルク・シェールの購入、これと関連した建築計画、さらに計画されていた土地購入によって、古い会計制度は崩壊しそうだった。「経理総監」のリーリエン男爵は、節約のために「駆り立て猟や芝居」をすでに中止していた。遂に一七八六年、リーリエン男爵は、すべての支出が記載されているきちんとした会計報告書と「総計画」を作成し、行政の諸部門が建造物などのために予定外の支出を行わないように要請した[84]。侯はこの改革計画に好意的で、ヴェスターホルト伯に宛てた書簡で次のように述べている。

いずれ我々の財政が秩序を必要とするときが来るならば、それは確実にこの瞬間であろう。いま我々は、トゥルッフゼスにこれほど顕著な支払いをしなければならず、伯領シェールに建設する予定があり、そして可能ならば、さらにもっと土地を取得することを望んでいる。[85]

一七九六年まで、会計課はただひとつしか、つまり総会計課しか存在していなかった。イグナッツ・エドムント・フォン・ヘルフェルトが上級出納官に就任すると[86]、会計課が分割された。しかし一八二九年まで、総会計課は中心的機能を保持し続ける。一八二八年、宮廷顧問官フォン・ミュラーはその任務を回顧して証明している。総会計課は「当座の年間収入全部を受け入れ、決定されたか指示された支出を負担しなければならなかった」[87]。一七九五年の『総会計課管理のための命令規定』は、「主要決算が正しいことを証明するために」のみすべての副次的な決算を用いるように定めている[88]。ヴィンケルは、簿記をチェック可能なものにしようとするこうした努力に、当時の経営学の影響を見て取った。当時の経営学は、下級官吏の横領を警告しており、多くの企業家が熱心に耳を傾けたことであろう[89]。

一七九四年―一八二九年における財務管理の危機の時代

十八世紀初頭に会計制度が決定的に変革されたのはスペイン継承戦争の結果だったが、今回はフランス革命の結果であった。ライン左岸の上級郵便局を失ってから、当初、会計にもはや剰余金はなかった[90]。一七九七年、フォン・ヘルフェルトが上級出納官に就任すると、資本蓄積という任務は総会計課から取り上げられた[91]。この年以降、決算はその年度ごとに行われ、差引残高の余剰は次年度決算に流れず、剰余金として、特別に設立された別の会計課に引き渡された。この改革が有益だったのは、「毎年、収入が支出をカバーしているかどうかをチェックすることができた」からである[92]。

一七九七年から一八二九年まで、予備金会計課（Reservekasse）[93]が資本蓄積の任務を引き受けた。トゥルン・ウント・タクシス家は一七九〇年にネーデルラントの郵便事業を、一七九三年／九四年にライン左岸の各上級郵便局とケルン上級郵便局を失ったため、経済的に困窮していた。この予備金会計課というドラマチックな名称は、こうした事態と関係している。しかし改革を行っても、財政状態は決して整然とはならなかった。新しい予備金会計課は独立して歩み始めた。蓄積された資本は財産としてため込まれなかった。予備金会計課の会計報告は、一八一九年までは欠落しているようであり、一八二〇年から一八三一年までの期間は残されている。その資本は、清算委託会計課(Liquidationskommissionskasse)の解消時に引き渡された[94]。予備金会計課の設立は邪道であり、会計課の新設はさらに続いた。一八〇四年には、別の会計課が分離する。予備金会計課にそれまで蓄積されていた資本は、家族世襲財産会計課(Fideikomißkasse)に引き渡され、この会計課は独自に決算を行って、「不動産保有量を増やす」用途のために使われることになった[95]。

一八〇六年、帝国郵便レーエンが消失し、トゥルン・ウント・タクシス家の主要収入源の喪失が差し迫った。一八〇七年、リーリエン男爵は、再度、全支出の総計画、つまり、秩序ある予算の作成を要求して頭角を現した。しかし会計制度を指揮していた宮廷顧問官フォン・ヘルフェルトは、職務へのこうした口出しを「誤解と無知に基づいた」「権限の不当行使」として拒絶してしまう。そして行政長ヴェスタ－ホルト伯とフランクフルトの上級郵便局長フリンツ・ベルベリヒ男爵がリーリエン男爵の提案を支持したにもかかわらず、この改革の導入は見合わせられた[96]。

一八〇八年、国家主権とバイエルンの郵便レーエンを失ったのち、改めて財政改革の問題が浮上した。行政改革は侯家の管理機関を四部門(郵便、宮廷、直領地、財務)に分割し、それらは総管理機関(＝枢密書記局)の配下に置かれた。ブーヒャウの政府を解体しなければならなかったので、政府会計課も解消された。フォン・ヘルフェルトは、その機能をレーゲンスブルクの上級出納部に移動させたが、決して総会計課には組み入れず、独自の直領地会計課(Domänenkasse)をつくった。この会計課は臣下の税を徴収し、純益を総会計課に送金した。「直領地会計課報告」は一八一九年まで存在し、そののち解消された。一八二〇年以降、直領地収入は再び個々の所有地の名で直接に総会計課において決算された[97]。一八〇八年四月に設立された「清算委託会計課」は比較的長く生き延び、当初は主にシュヴァーベンの領地の負債償却に役立った[98]。総会計課は、みずからの負債償却のために年に二万グルデンを出さなければならなかったが、一八二〇年以後、清算委託会計課にはさらにこうした総会計課の負債整理も任された。やっと一八九四年になって、清算委託会計課は有価証券管理部とともに資本管理部に吸収された[99]。

こうした会計の混乱は、ある会計には充分に流動資金があるのに、別の会計から金を借りるという事態を繰り返し引き起こした。実際の会計状況は常にはっきりと確認できていたわけではない。というのも、請求額が会計間で計画性なくあちこち振替送金されていたので、「これらの会計の各構成要素を分離することはまったく不可能だった」からである[100]。ある鑑定の次のような記述は、会計の状態を照らしている。

宮廷顧問官で上級出納官であった故ヘルフェルト氏が一八一九年にすべての会計業務をどのような状態で残して亡くなったのかは、残念ながら周知のことである。要するに、何が総会計課に、何が家族世襲財産会計課に、何が予備金会計課に属しているのか、もはや分離することができなかった。だから、総会計課には新たな一章を開かねばならなかったし、家族世襲財産会計課と予備金会計課の現存する構成要素を分離せずに継続しなければならなかった。[101]

それゆえ、上級出納官フォン・ヘルフェルトの死後、彼の後継者である宮廷顧問官フォン・ミュラーは、家族世襲財産会計課と直領地会計課の解消を指示し、残された他の会計課に計画性を持たせた[102]。さらに一八一九年十二月、日記(Journal)と毎日の出納帳(Manual)が導入され、それらは、毎日および毎月、総会計課の収支と実際の会計状況を正確に概観しなければならなかった。一八一九年の会計報告規定は、「これらの帳簿が正確かどうか確かめる前に、一日たりとも事務所を後にしてはいけない」と被用者たちに指示している[103]。

一八一九年の改革は、会計報告を部分的に単純化したにすぎない。予備金会計課に利益を引き渡すだけの年度決算の代わりに、総会計課の内部で差引勘定を行おうとする考えは事態をややこしくした。だから、一八二〇年から一八二八年まで、予備金会計課と総会計課のあいだで相互に資本が移動する。年度末に利益を引き渡したため空になった総会計課に、年度初め、予備金会計課は資本準備金を支給する。しかしその資本準備金はのちに再び返済されなければならないというものだった[104]。一八二四年の改革もまた少なからず曖昧だった。その改革とは、清算委託会計課の負債償却委託の資本を、負債償却の代わりに、予備金会計課のための借入れとして利用し、そののち予備金会計課のほうでも負債償却の任務を担うとするものだった[105]。会計制度が全面的に改良されるのは、ようやく一八二七年から一八二九年にかけて、行政が広範囲に改革されたときであった。

新しい経営法──「直属事務所」の創設

一八二八年は、経営においてひとつの区切りだった。遂に古来の伝統が終わりを告げ、旧帝国の栄光の時代が過ぎ去った。トゥルン・ウント・タクシスの帝国領邦も、帝国議会における皇帝特別主席代理職も、帝国郵便も、過去のものとなった。トゥルン・ウント・タクシス行政の受け継がれてきた国家機構（枢密参議会、枢密書記局、侍従長局）も不要になっていたし、競合する諸官庁の並立や対立はもうとうに非生産的ものと判明していたし、会計制度はすでに長いあいだ非合理的だった。個人財産と企業財産はいまだに分割されていなかった。企業組織と「経営」の改革が差し迫って必要になる。一八二七年、最後の皇帝特別主席代理で帝国郵便総裁だったカール・アレクサンダー・フォン・トゥルン・ウント・タクシスと、そして彼の行政長であり、トゥルン・ウント・タクシス帝国領邦のかつての政府長官であったヴェスターホルト伯が亡くなる[106]。マクシミリアン・カール侯（一八〇二年―七一年）がそののち事業を引き継ぐと、変革のための道が開かれた。

改革を組織したのは、侯の若い義兄エルンスト・フリードリヒ・フォン・デルンベルク（一八〇一年―七八年）だった。彼は四十年以上もトゥルン・ウント・タクシス行政のトップに立つことになる。デルンベルクはバイエルン王国の林業で行政経験を積んでいた。侯が彼の妹ヴィルヘルミーネ（一八〇四年―三五年）と結婚する六カ月前に、デルンベルクは総行政長に任命されている。デルンベルクは、一八二八年の『備忘録』の中で、必要な変革の前に、企業の諸部門の現状を正確に概観すべきだと主張した。彼はこの目的のために、企業の各部門に、現在の経営の構成、目的、組織について報告するよう求めた。すべての主要会計と副次会計は、一八二七年七月十五日を期日に、会計報告を提出しなければならなかった。所有地、その利益と負債をリストアップし、郵便契約や郵便収入を展望することが要求された。さらに、「総一覧表」で、すべての企業部門の被用者状況と賃金コストを正確に報告する必要があった。デルンベルクによって指示されたこれらの統計は、第一級の社会史史料である。将来の義兄の行政能力に寄せる侯の信

図99　マクシミリアン・カール・フォン・トゥルン・ウント・タクシス侯（1802年―71年）。バイエルン、ヴュルテンベルク、プロイセン、オーストリアにおけるシュタンデスヘル。トゥルン・ウント・タクシス郵便の所有者。

図100　恋愛結婚。ヴィルヘルミーネ・フォン・デルンベルク女男爵。彼女の次兄エルンストは1827年―71年のトゥルン・ウント・タクシス総行政長であり、エルンストの弟アウグストは総郵便管理局長官だった。

頼は大きかった。彼は改革時代にイタリア旅行に出たが、署名しただけの白地の便箋を置いていき、デルンベルクはそれを用いて事業を指揮した[107]。

デルンベルクの断固たる改革は、枢密書記局と侍従長局の解体、および直領地行政の改善であった[108]。こののち、「直属事務所（Immediatbüro）」にのみ、直領地部門と郵便部門における比較的重要な経営上の決定の権利があった。直属事務所は、侯直属の中央の首脳部である。これによって、官庁業務がより効率的に進行し、事業がより迅速に進展することが期待された。そして、行政において当時すでにそう呼ばれていた「古ウサギたち」の抵抗にもかかわらず、この期待は現実になった。人事・財務（上級出納部）、登記や文書庫は、エルンスト・フリードリヒ・フォン・デルンベルクの指揮下、直属事務所の直轄となった。彼は、一八二九年、自分のポストを固めるために、兄弟のうちの二人を経営陣に矢継ぎ早に引き入れている。兄フリードリヒ・カール・フォン・デルンベルク（一七九六年―一八三〇年）は経済委員会のトップに置かれ、以前の侍従長局に代わって、宮殿、庭園、中庭の管理を受け持った。弟アウグスト・フォン・デルンベルク（一八〇二年―五七年）は、郵便長官フリンツ・ベルベリヒの後任となる権利込みで、その代理人となった。副長官フリンツ・トロイエンフェルトが職を免除されたのち、一八三一年、アウグスト・フォン・デルンベルクは、彼の後を継ぎ、さらに一八三七年、フランクフルトの郵便長官になっている。

デルンベルク兄弟の地位は妹ヴィルヘルミーネ侯妃に負うところが大きいが、その侯妃は突然早世してしまう。しかし経営は、そののち数十年にわたって、デルンベルク兄弟の手中に堅く握られていた。企業の所有者と彼らとの友好関係は維持された。事実、エルンスト・フリードリヒ・フォン・デルンベルクは、企業の組織変革だけではなく、金融事業においても、手腕を発揮したのである。正規の会計外の投資は、始めから、総行政長によって行われた。世紀半ばの資本の解放、一八四八年後の税償却、一八五一年のヴュルテンベルクの郵便補償と関連して、動産管理は、侯の命令により、「通常の事務手続き」から取り上げられ、総行政長エルンスト・フリードリヒ・フォン・デルンベルク直属の「特別管理」下に置かれた。デルンベルクは、直属事務所の財務担当者、上級出納官、そして上級出納部検査官とともに、投資を決定しなければならなかった。

「そのように実行されるべき経営に関して、最大限に秘密を厳守することが特別な義務」であると指示された。最重要決定は、侯の承認が必要だった[109]。一八五八年十二月、侯は、義兄が動産管理に歩合で利益参加することを認めた。侯にはそなわっていないほどの「特別な経営知識、思慮深さ、巧みさ」が義兄にはあるからというのである――それは、明確な形を取った特別賞与であった[110]。総行政長は、この利益参加によって、みずからの財産を迅速に増やすことに成功し、それは今日なお、レーゲンスブルクのデルンベルク財団の形式で生き続けている。一八六一年から一八六六年までのあいだだけでも、デルンベルクの利益配分は、ほぼ百五十万グルデンにのぼった[111]。

一八二八年の企業・人事組織

デルンベルクの企業統計の一部を成しているのが、いわゆる総一覧表（Generaltableau）の作成だった[112]。総一覧表は、調査の実施年におけるトゥルン・ウント・タクシス侯家の全従業員に関する多種多様なデータをまとめている。つまり、実際の改革が発効する以前のものである。従業員については、次のデータが記録された。名字、名前、肩書き、官職名、職務権限1―3、住所、出生地、出生年、宗教上の所属、家族内身分、息子と娘の数、採用年、採用地、最初の地位、基本給1―3、賞与や現物給付や役得の加給金額1―2、企業内での給与の全額と地位。こうしたデータを基に、多くの問いにさまざまに答えることが可能だった。たとえば、年齢構成、収入構成、あるいは企業内の被用者の宗教分布である。

調査が実施された一八二八年、トゥルン・ウント・タクシスは千三百四十五人を雇用していた。これら被用者は、宮廷（十二％）と、本来の企業である行政（八十八％）の大きな部門に分散配置されていた。

Ⅰ．宮廷
1．侍従長局　（六人　＝〇・四％）
2．宮廷勤務　（八十三人　＝六・〇％）
3．宮廷経済　（七十七人　＝五・六％）
Ⅱ．行政
1．中央　（二十四人　＝一・七％）
2．郵便　（七百五十四人＝五十四・九％）
3．直領地　（四百一人　＝三十一・三％）

人事の重点は郵便にあった。この企業部門は、フランクフルト総郵便管理局とそれに従属した十四の上級郵便管理局に分かれていた。上級郵便管理局は、ハンブルクとシュトゥットガルトのあいだのドイツのさまざまな地域にあり、重点はヴュルテンベルク、ヘッセン、ザクセン、テューリンゲンであった。二番目に大きな企業部門は、レーゲンスブルクの直領地行政と、そしてそれに従属し、当時の所有地（シュヴァーベン、バイエルン、ボヘミア、プロイセン、ベルギー、チロル）に存在していた二十の直領地行政だった。総郵便管理局（二・五％）や直領地上級管理機関（二・一％）でさえも、レーゲンスブルクの中央行政（一・七％）よりは従業員の数が多かった。このこともまた、中央行政が比較的大きな独自の任務――たとえば、これまでよりも規模を大きくして開始されようとしていた銀行サービスや資本取引――ではなく、調整を託されていたことを示している。

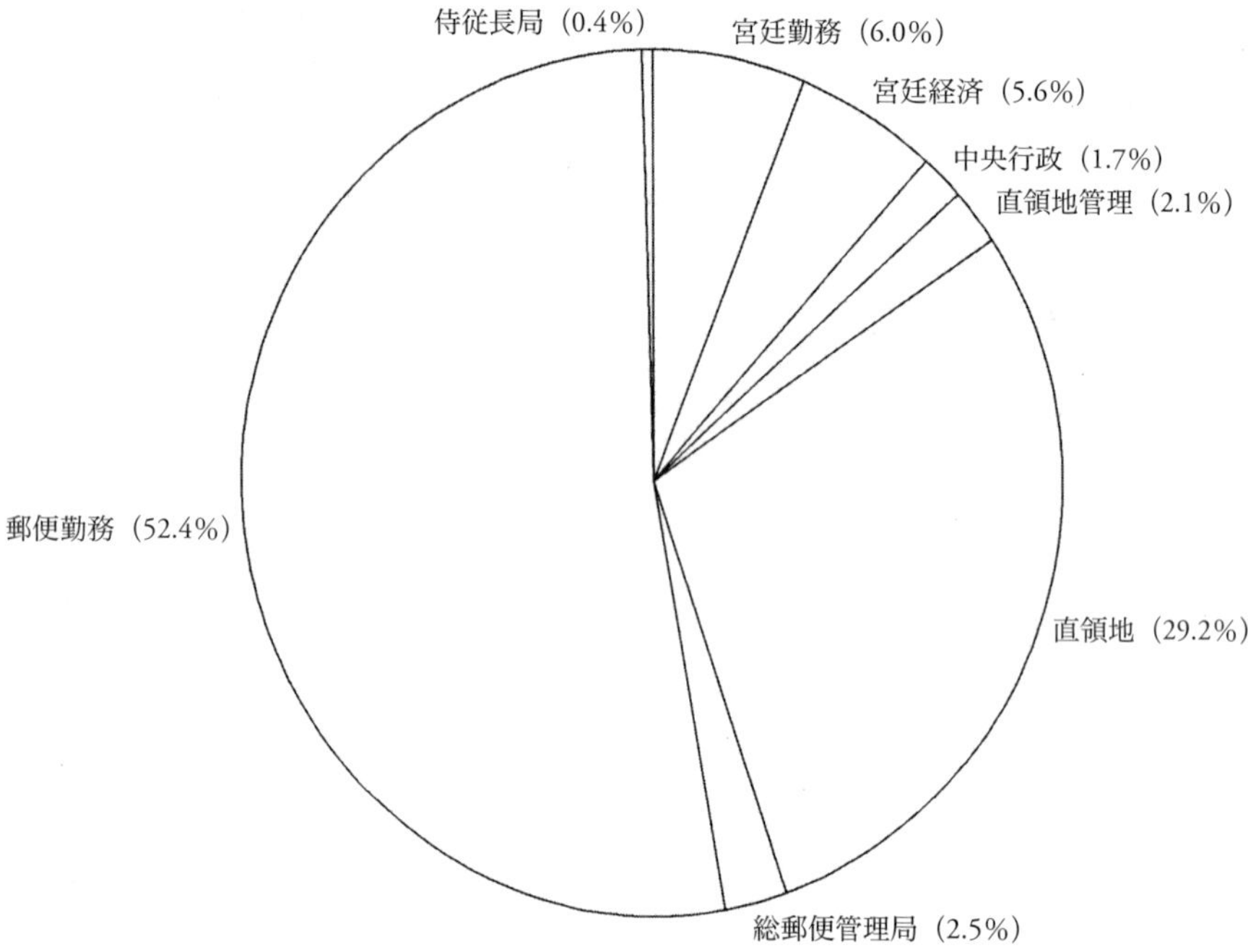

グラフ 28　1828年のトゥルン・ウント・タクシスの従業員分布（100%＝1345 人）

主要官吏、つまり五人の枢密顧問官のうち、二人が宮廷部門に勤務していた。侍従長ヴェルナー・フォン・ライカム男爵[113]と侍医エリアス・テオドール・フォン・ヘスリングである。企業自体の枢密顧問官は、中央行政のミュラー騎士、上級郵便管理局長のアレクサンダー・フォン・フリンツ・ベルベリヒ男爵とその弟カール・オプタトゥス・ヨーゼフ・フォン・フリンツ・トロイエンフェルト男爵である。宮廷顧問官は、医師のポップ博士、フリッツ博士、ラング博士、上級出納官ヨハン・アーロイス・クラップ[114]、司書・文書庫員アウグスト・クレーマー[115]、書記局管理人ヨハン・バプティスト・クラインシュミット、そして第二審民事裁判所長フランツ・アントン・フォン・ドレであった[116]。フランクフルトの（九人のうち）五人の総郵便管理局顧問官が宮廷顧問官の称号を持っていた。アントン・マルクス、フリードリヒ・フォン・エップレン・ヘルテンシュタイン[117]、ペーター・ヨーゼフ・ド・ラ・

エ、カール・テオバルト・コルネリウス・フォン・フリンツ・トロイエンフェルト男爵、そしてアレクサンダー・フォン・クレメント男爵である。郵便部門には他にも宮廷顧問官がいた。アイゼナハの上級郵便局委員フランツ・マクシミリアン・ディーツ[118]とダルムシュタットの上級郵便局長ヴィルヘルム・クリストフ・ネーベルである[119]。レーゲンスブルクの直領地上級管理機関には四人の宮廷顧問官がいた。オイゲン・フォン・ザイフリート騎士、ヴィルヘルム・フォン・ベンダ、ヨーゼフ・クラーヴェル、そしてゲオルク・ヤーコプ・ラングである。直領地部門にはひとりの宮廷顧問官、オストラッハの上級管区長官《オーバーアムトマン》フェーリクス・ヴィトマンがいた。その他にも顧問官の称号（衛生顧問官、経済顧問官、法律顧問官、森林顧問官、財務顧問官、会計顧問官、正顧問官）が授与されていたが、その名をここで挙げるには及ばないであろう。

給与額は各企業部門により異なっていた。郵便がいちばん高額で、平均収入は年に千グルデンだった。宮廷勤務の収入はちょうどその半分で、直領地行政と宮廷経済がそれに続いた。宮廷経済の被用者の給与は郵便の三分の一にも満たなかった。中央の勤務部門でも、フランクフルトのトゥルン・ウント・タクシス上級郵便管理局の給与――平均して約二千グルデン――は、レーゲンスブルクの中央行政のそれをはるかに上回っていた。最高額所得者は、フランクフルトの郵便長官かつ枢密顧問官フリンツ・ベルベリヒで、年俸一万四千六百九十九グルデンであった。

しかし、その下の収入分布は、決して行政組織の階級に応じてはいなかった。むしろ、次の九人は、一人を除いて、市民階級出身の郵便局長たちであった。ここでは、端数を切り落とした数字を挙げよう。マインツ郵便局長カール・ドレシャーは、約一万一千グルデンの収入があった。ルター派のフランクフルト郵便既舎長ヨハン・クリストフ・ショットが一万五百グルデンでこれに続いた。改革派のカッセル（ヘッセン）上級郵便局長ヨハン・ヤーコプ・ネーベルタウが八千八百グルデン、カトリックのハンブルク上級郵便局長アレクサンダー・フォン・クルツロック伯が八千六百グルデン、ルター派のダルムシュタット郵便局長アダム・ヴィーナーが八千四百グルデン、ハッテンハイム

（ナッサウ）の宿駅長ヨハン・ヴェルレが八千グルデン、アルテンブルク（ザクセン）の郵便局長フリードリヒ・オットー・ハーガーが八千グルデン、ゲラの郵便局長クリスティアン・エルンスト・フートが七千グルデン、ゴータの郵便局長ゲオルク・ベルンハルト・シェーファーが六千六百グルデンだった。ようやくこの下が再び中央行政の成員である。侍従長かつ枢密顧問官ヴェルナー・フォン・ライカムが六千三百二十三グルデンだった。彼は一七八五年に総郵便監察主任としてキャリアを開始していた。次がリムブルクの宿駅長アントン・ブッシュで六千二百グルデン、そしてフランクフルトの郵便副長官かつ枢密顧問官カール・オプタトゥス・フォン・フリンツ・トロイエンフェルトが六千百十八グルデンだった。郵便部門の「高額所得者たち」がまだ数人続いたあと、第二十位にいたのが、ブルッへ（ブルージュ）の出身で、貴族の宮廷騎士ではトップのフランツ・クサーヴァー・ザイレン・ヴァン・ネイエフェルト男爵であった。彼の「給与額等級」である四千グルデンには、他にフランクフルト総郵便管理局のトップクラスの顧問官たちがいた。郵便長官から最下級の営林労働者や宮廷下女に至るまで、総じて統計上の平均収入は年に七百八十五グルデンだった。もちろん下級の被用者たちの年間賃金は、ふつう、たった二百グルデンほどだった。

千三百四十五人の被用者のうち、三分の二以上が結婚しており（六十八・四％）、やもめは少数だった（八％）。宗派分布は、カトリックが五十三・五％、ルター派が三十七・二％、改革派が九・一％だった。ユダヤ人の被用者（〇・二％）では、フランクフルトの「ユダヤ人郵便配達人」イザーク・シュースター、マインツのロザーリエ・マイアー、そしてボヘミアの領地リーヒェンブルクの火酒醸造業者エリアス・ブライテンフェルトがいた[120]。平均を上回る数のカトリック教徒たちが、宮廷部門、中央行政、直領地に従事していたが、郵便では平均を下回っていた（二十八・六％）。ルター派信者たちは郵便事業の五十四・八％を行い、改革派信徒たち（十六・三％）は郵便管理にしか勤務していなかった。

被用者全体に占める女性の割合は三・八％だった。そのうちの約六十％が宮廷勤務であり、宮廷下女から布製品管理人、宮廷歌手、貴族の宮廷女官までいた。残りの四十％弱は郵便事業に従事しており、しかもそれは、郵便配達人という下級レベルだけではなく、宿駅長のレベルであった（二十一・六％）。女性従業員に支払われた賃金の約四分の三が、数人の女性郵便局長の取り分となった。宗派分布は、職業上の地位に応じていた。およそ六十％がカトリック、三十三％がルター派、四％が改革派、そして二％がユダヤ教であった。すでに述べたように、ユダヤ人女性では、マインツの郵便配達人ロザーリエ・マイアーがいた。彼女は一七七三年に生まれ、九人の子供をもうけ、すでに未亡人だった。女性の四十一％が未亡人、六％が既婚、五十三％が未婚だった。二十六歳未満の女性が全体のほぼ八％しかいなかったことを考えると、この未婚率は非常に高い。また、六十歳を超えた女性は全体の十九％しかいなかったが、未亡人率もきわめて高かった。つまり、自分で生活費を稼がなくてはならなかったのは、主に夫のいない女性たちであった[121]。

一八二九年以降の「整理された会計」

会計は絶え間なく混乱し、プロイセンとボヘミアにおいては名目上利益の見込みの少ない所有地が計画性もなく購入されていた[122]。一連の財務に関する鑑定はこれらを批判し、一八二八年／二九年の会計の大改革が行われた。この改革は、一八二九年／Iの半年決算後、一八二九年（七月一日）—三〇年（六月三十日）の会計年度で発効された[123]。このとき初めて、会計年度が暦年ともはや一致しなくなった。財政改革によってさらに改善されたのは、毎年、予算の見込み計画案を出すようになったことだった。一八三六年には、三年計画案の作成も検討されたが、前年度収入を基にした年間計画案にとどまった[124]。帳簿の刷新は非常に有効であることがわかった。一八二九年に作成された帳簿の基本パターンは、いくらか変更と「逆戻り」があったが（たとえば、一八七二年—九二年、総会計課で再度、資本が蓄積された）、原則的に一九五八年まで続けられた。ほぼ百三十年間である。ヴィンケルは、一八二六年のバイエルンの財政決算改革を、一八二七年にトゥルン・ウント・タクシスで始まった改革の模範としている[125]。

すべての改革と同様に、一八二九年の会計改革によって、従来よりも会計の見通しが良くなるはずだった。しかし会計制度がそれまでになく複雑になる点もあった。一八二九年以後、支出欄では、次のような項目がもはや総会計課で処理されなくなった。侯夫妻の個人的支出、宮廷生活費、宮廷建築費、銃器庫、接待費、進物、侯自身が手元にとっておく補助金。これにより、トゥルン・ウント・タクシスに中央決算が導入されて以来初めて、家族の私的家計が企業から分離され、同時に予算から国家予算の性格が失われた。予備金会計課の解消後、いつでも使える現金が不動産保有量変動会計報告（Grundstocksveränderungsrechnung）として支出されない限り、総会計課が「引き渡し負債（Ablieferungsschuldigkeit）」の名称で、そうした現金を直接に侯へ支払った。

宮廷生活は、専門の経済委員会が担当した。経済委員会は、その運営費を、総会計課の年間収入から間接的に、引き渡し負債を経由して受け取っていた。その結果、宮廷生活費は、もはや企業の経費で決算されずに、利益から流用された。一八二九年の改革後、総会計課には残高が存在してはならなかった[126]。いずれにせよ、この改革の結果、上級出納部は総会計課決算に加えて、宮廷生活費の請求金額を記載したもうひとつ別の決算を行わなければならなかった。現金現在高決算（Abrechnung der Kassenbestände）である[127]。

会計報告は、試みられた改革すべてにもかかわらず混乱していたが、特徴的なのは、そののち少なくとも管理機関の三部門によって投資が意図されたことである。投資は、一八二九年／三〇年以降、清算委託会計課の新しい任務に割り当てられた[128]。「そうした金は即座にまた侯家のために使われる」ことが定められていたからである[129]。全剰余金に関係して、不動産保有量変動会計報告が二分割されたのに対応し、一八二九年／三〇年、清算委託会計課も分割された。報告書セットA（家族世襲財産）に、セットB（個人財産）が加わった。会計改革は、家族世襲財産と個人財産を分離したが、同時に、清算委託会計課ではさらに「個人財産に属する黒字・赤字資本について」決算された。この会計報告書セットは依然として上級出納部によって作成されていたが、一八七〇年に再び廃止された[130]。

「現金現在高決算」（一八二九年―七一年）

一八二九年の会計改革で、総会計課の中心機能はさらに制限された。会計制度は、「合理化」によって、複雑性を増していた。予備金会計課が廃止された結果、資本蓄積のための新たな場所が求められた。いまや、すべての会計の活動を相殺し、資本の流れを調整する別の会計が必要になった。一八二九年／三〇年から一八七一年／七二年までのあいだ、この機能を引き受けたのが、上級出納部で行われた一連の「現金現在高決算（Abrechnung der Kassen- und Rechnungsbestände）」である[131]。

資本は、総会計課の持続的な剰余金によって蓄積されていた。一八四八年／四九年の革命年だけは剰余金がなかった。資本の蓄積は、最初の二十年間、安定していた。二十年間で、資本は五十万未満から六百万グルデンに増えた。一八五一年以後、この資本高の半分が減少した。資本の借用は、「侯への引き渡し」という名称で、決算書に記載された。総会計課と並んで、一八五〇年／五一年以降、不動産保有量変動会計報告からの引き渡し金もあった。これは、時には、総会計課からの引き渡し額を超えることもあった。この新たな引き渡し金は、農民解放後に始まった土地負担償却からのものである。一八五〇年代終わり、資本高は再び急上昇し、そののち数年間、六百万と七百万グルデンのあいだを動いた。一八六三年／六四年、約五百万グルデンが資本から借用されている。一八七一年まで、資本高は改めてゆっくりと二百五十万グルデンまで増大した。

現金現在高決算は、会計間における資本の直接の流れについて説明するのではなく、会計剰余金のいわば受け皿として役立った。この剰余金の大部分は、企業所有者であるトゥルン・ウント・タクシス侯が直接使用するものとして転送された。特に一八五一年／五二年、一八六七年／六八年、そして一八五八年／五九年である。一八五八年／五九年は、侯世子とバイエルン公女ヘレーネとの結婚が関与しているにちがいない。侯が自由に使用するための引き渡し金は、一八二九年から一八七一年までのあいだ、千七百三十万グルデンにもなった[132]。会計剰余金から直接に、経済委員会の費用、つまり宮廷生活費も賄われた。宮廷生活費は、一八二九年以降、本来の企業部門から分離して決算された。宮廷生活費の平均は、最高支出の五年間を除いて、一八二九年／三〇年と一八七一年／七二年のあいだ、年に二十万グルデンをいくらか超えるほどだった。その最高支出年（一八三四年／三五年、一八四三年／四四年、一八四五年／四六年、一八六一年／六二年、一八六五年／六六年）、費用は平均支出の二倍以上にもふくらんでいる。一八五八年のヴィッテルスバッハ家との結婚により、宮廷生活費は平均で三十万グルデンに上がった。

さらに、会計剰余金は、異なる会計間の資本の流動にも役立った。なぜ資本の流動が直接に行われるときがあったり、現金現在高決算を通じて行われるときがあったのか、その理由は、少なくともそれらの支払いが同じ会計年度に起こっている場合、完全にははっきりしているわけではない。これに対して、その他の場合、資本の利用はすぐに理解できるように思われる。一八六三年／六四年までに蓄積された七百万グルデンという額の資本から、約四百五十万が直接に不動産保有量変動会計報告（家族世襲財産）へ送金されている。つまり、それは土地の取得に使われたのである。

現金現在高決算によって会計がわかりやすくなったと主張することはできない。資本管理は総行政長デルンベルクとは完全に切り離されて行われていた。そして、現金現在高決算は何も成果を上げなかった。それは、同じ上級出納部によってかつて行われていた総会計課報告でも解決できなかっただろう。だから会計制度の次の改革は、当然の一歩を進んだ。つまり、「現金現在高決算」を解消し、その任務を、資本蓄積の機能も含めて、再び総会計課に割り当

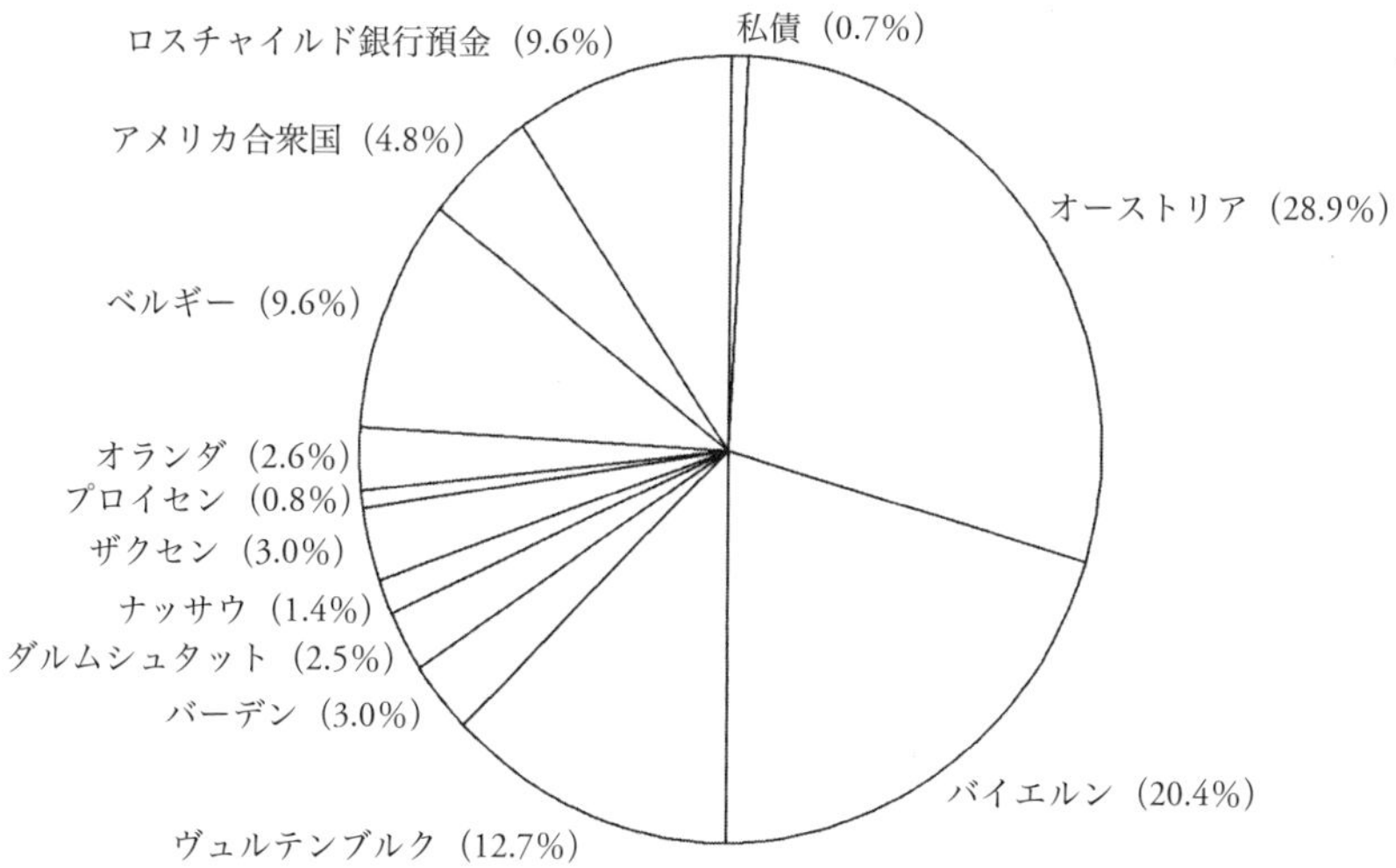

グラフ29　1852年時の国債投資（100％＝350万グルデン）

てたのである。

的確な投資の開始

企業を郵便から土地所有に構造変革することが、十九世紀における最初の数十年間、企業を発展させる主要な動機だった[133]。当時の総行政長デルンベルクは、一八三〇年代終わりから行われてきた的確な土地購入のおかげで、直領地部門からの収入が郵便部門からの収入を上回り始めたと証明しようとした[134]。彼の総括は、所有地を取得する際に営利目標を徹底的に追求することを明らかにしている。ここで、企業の発展は静止していない。しかし同時にまた、目標を定めた投資を開始することによって、制限も加えられた。かつての帝国貴族はいまやシュタンデスヘルとなっていたが、土地領主制の領域外での投資は、彼らの大部分からは身分に不相応なものとしていまだに拒否されていた。トゥルン・ウント・タクシスの投資は、そうした時期に始められたのである[135]。一八三六年／三七年、上級出納部内で資本決算書（Kapitalienrechnung）の作成が開始された。初年度、八万八千グルデンの確定利子付きの国債が記録されている。フランクフルトの銀行家ロートシルト（ロスチャイルド）を通じて、大量のオーストリア国債証券が購入された。このいわゆる「硬貨」は、一八一六年以来、国立銀行によって発行されており、硬貨で五％の利子を付けていた。同じような条件で、バイエルンとヘッセン・ダルムシュタットの国債も買われた[136]。

この「有価証券管理」は、――一八六三年まで清算委託会計課と同様に――現金現在高決算に記載されていない。それにもかかわらず、有価証券管理は、一八五二年まで、上級出納部内で行われていた。しかも、清算委託の資本管理とは独立していた。清算委託は、あいかわらず、主として負債の削減に従事していたのである。デルンベルク時代の投資の効果については、一八五一年五月付のデルンベルクの事業報告書で知ることができる。その報告書は、彼の就任から一八四八年の革命勃発のあいだの十九年間をそれ以前の十九年間と比較している[137]。当初、投資は主に国債に行われた[138]。そして国債は、十九世紀を通してずっと、トゥルン・ウント・タクシスの投資を担い続けるひとつの支柱となる。その際、国債は、土地所有への投資と似て、非常に旧式な投資分野だった。土地所有への投資は、国債よりも利回りが低かったが確実だった。一八四〇年代、有価証券や国債の保有高は飛躍的に伸びた。その一部は目標を定めた購入によってであったが、一部は意図しないものでもあった。つまり、一八四八年以後のバイエルンとヴュルテンベルクの税償還国債、国家に譲渡された裁判権の代価としての国債、そしてヴュルテンベルクの郵便補償から購入された国債である。

一八三〇年代、ヨーロッパ全域で、最初の鉄道路線の建設が突然のごとく始まったが、それ以後、はるかに安全な投資市場が成立した。鉄道網の建設は、特にドイツの工業化にとって起爆機能を持っていた。それは工業化の「先導領域」とみなされている[139]。鉄道建設の費用がかさんだため、資金をもっとも有効に調達することが公に議論された。ドイツの各小国は鉄道建設に関心があり、直接イニシアティブを取ることもまれではなかったが、そうした国家と資金提供者との関係が特に顧慮された[140]。一八三八年のプロイセンの法律は、鉄道株式会社の設立を定めている。株式会社に関する一般法公布の五年前のことである[141]。トゥルン・ウント・タクシスは、鉄道建設と特別な関係にあった。この新しい輸送システムは、郵便企業の主要な競争相手だったからである。独力で鉄道路線を建設することも考えられたが、費用が侯の自己資金調達力を超えていたので、これらの計画の実現は見合わせられた[142]。

総じて、デルンベルク下の侯家の行政は、工業分野に対して控え目な態度を取っていた。折しもドイツが工業資本主義に向かっていた時期である[143]。侯家は、近代的発展に始めから乗り遅れていたと言わなければならない。当時、工業分野は時おり資金調達に困窮していたが、タクシス家は自由資本を工業分野に意識的に投資しなかったと言うことができる[144]。一八四〇年、エーリヒ・ウント・リュードルファー兄弟会社が既存の自社機械製造工場への参加を申し出たとき、トゥルン・ウント・タクシスはそれに応じなかった。問い合わせには詳細な書類、見積もり、評価が含まれ、「我々の祖国の」工業化の必要性が経済目標として強調されていたのにである。五％の利回りが保証されていたにもかかわらず、その計画は拒否された。他方、同時期、利回りがたった三％の国債には出資されていた。トゥルン・ウント・タクシスはボヘミアの土地領主として製糖工場を自営していたが、ドイツの製糖工場への出資は断った。一八六〇年代初期にも、「企業」への参加を拒んでいる——今回はミュンヘンとエルランゲンの綿糸機械紡績工場であった[145]。

郵便補償と土地負担償却による資本の発生

十九世紀前半、一般に資本が不足していたことがドイツの工業化を遅らせた要因であると文献では議論されているが[146]、トゥルン・ウント・タクシスの場合には、その問題にはっきりと答えることができる。タクシスでは、有意義に投資できる以上の資本が存在していた。トゥルン・ウント・タクシス郵便と直領地から上がってくる当座の収入の

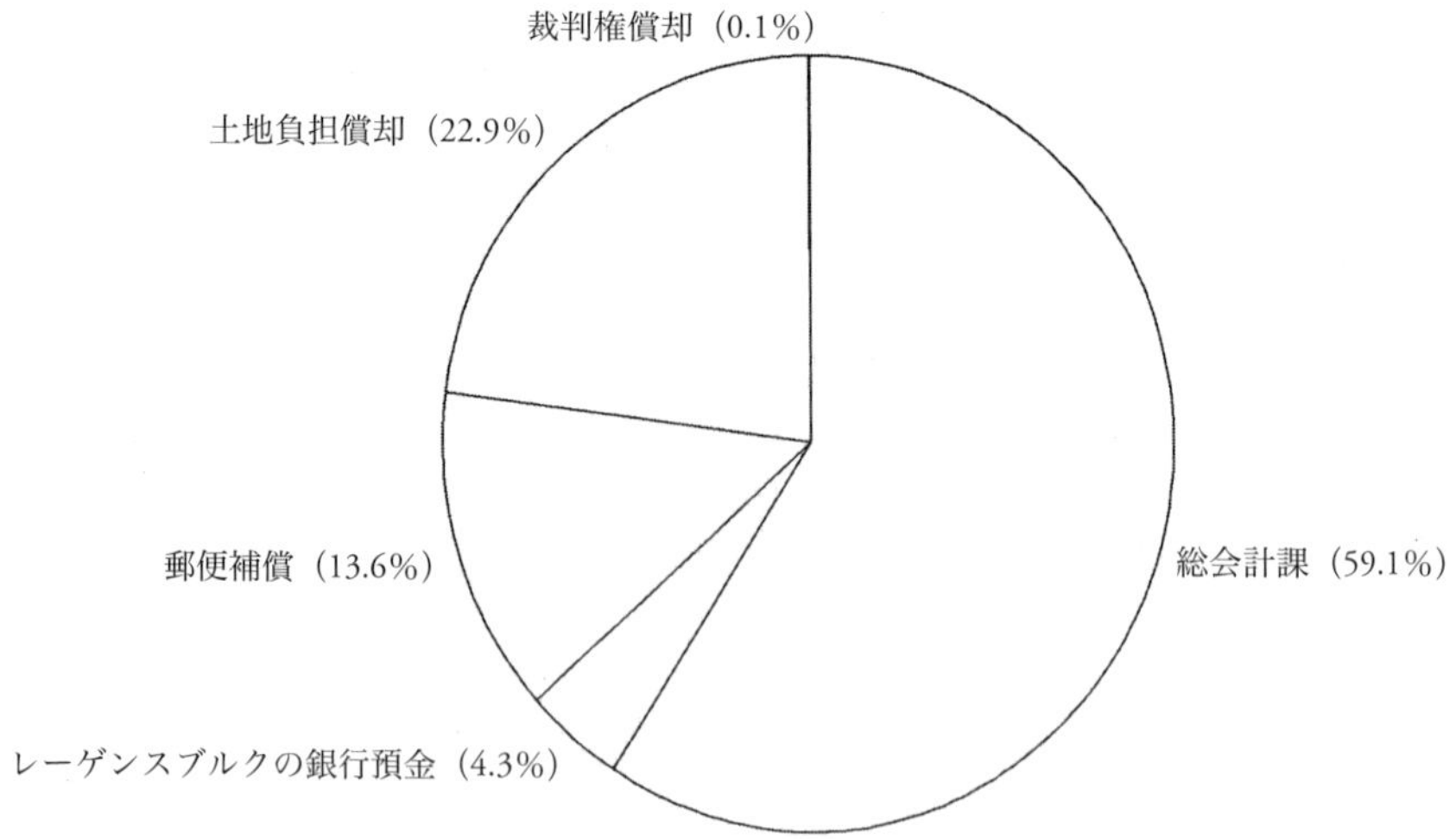

グラフ30　1852年時の投下資本の出所（100%＝350万グルデン）

他、とりわけ補償金が大規模に資本を発生させた。これは、以前の郵便補償とは異なっている。以前の郵便補償は、その大部分が世俗化された修道院領の形で支払われていた。最初の重要な資本は、「土地負担償却」によって発生した。これは、かつての土地領主たちにとって農民解放がもたらした有利な結果であった[147]。その基礎を成したのが、一八三六年におけるヴュルテンベルクの三つの償却法であり、一八三〇年の七月革命がきっかけとなっていた。ドイツの他の地方と同じように、土地負担が最終的に廃止されたのは、一八四八年革命および一八四八年四月十四日付と一八四九年六月十七日付の連邦法によってである。十分の一税と物的負担の償却は、一八二一年の廉価な穀物価格を基礎にして行われた。これによって、多くのシュタンデスヘルはそれまでの収入の半分を失い、従来の収入構造の完全な変革を迫られた。しかしトゥルン・ウント・タクシスは、この経済的転機を何とか無事に切り抜けた。侯家は、一八五〇年代半ばまでに、南ドイツ地域では最大の償却金額である五百四十万グルデンを超える額を受け取っている[148]。

償却金は、土地所有という形で償却された権利と比較して、大きな利点を持っていた。つまり、償却金は、長期的に少しづつ会計に入ってくるのではなく、――理論的には――一挙に、自由に使える莫大な資本を提供してくれた。たとえ実際には償却が数年にわたって長引き、家族世襲財産が自由な使用を制限したとしても、ここでは相当額の資本が発生した。トゥルン・ウント・タクシスは一八四〇年に最初の償却金を受け取った。一八五四年までに、ヴュルテンベルクだけでも、領主収入と十分の一税に対して合計二百七十万グルデンが支払われ、それに四%の通常利率で利息が付いた[149]。一八五七年にバイエルンで生じた償却資本の一覧表は、この時点までにトゥルン・ウント・タクシスの上級出納部に二百八十万グルデンという額が支払われたことを証明している[150]。ボヘミアの領地ホティーシャウの償却金額は五十五万六千オーストリア・グルデン、さらに、一八五五年になってようやく取得された領地ライトミシュルの償却金額は五十四万グルデン、クロトシン侯領の税償却金額は二十八万三千二百七十八ターラー、プロイセンのホーエンツォレルン・ジグマリンゲンの土地負担償却金額は二十六万二千二百七十五グルデンであった[151]。

土地負担償却の一部は、自由のきかない償却国債で支払われたため、資本として自由に処理できなかった。特にこれに該当したのが、プロイセンとオーストリアの償却である。シュタンデスヘルたちは、この拘束をあっさりと受け入れ、大規模な国債所有者になった。トゥルン・ウント・タクシスは、バーデンの土地負担償却額だけをベルリンで抗告している。そうはいっても、トゥルン・ウント・タクシスは特権的な立場にあった。ヴュルテンベルク王国とバイエルン王国からの償却金額が実際に支払われたからである。これに加えて、ヴュルテンベルクの郵便接収によって、さらに百三十万グルデンの自由に使える資本を思いがけなく手に入れた。これはレーゲンスブルクの上級出納部に現金で支払われた[152]。

トゥルン・ウント・タクシスの大ドイツ主義政策

トゥルン・ウント・タクシスは、郵便事業を開始して以来、政治的には（短期間の中断を除いて）ハプスブルク家と繋がっていた。ハプスブルク家がタクシス家を呼び寄せ、トゥルン・ウント・タクシスのほうも最後まで、ハプスブルク家がタクシス家の利益を保証してくれる第一人者だと思っていた。十九世紀、それはウィーンにいるオーストリア皇帝であった。トゥルン・ウント・タクシスは帝国郵便の後継者として「連邦郵便」の創設を計画していたが、これはただオーストリアとだけしか考えられなかった[153]。旧帝国時代と同じように、この関係は相互性に基づいていた。トゥルン・ウント・タクシスは、オーストリアのために――郵便検閲から郵便新聞に至るまで――尽力する用意があった。とりわけ、トゥルン・ウント・タクシス郵便の機関紙である『フランクフルト上級郵便局新聞』は、親オーストリアで反プロイセンのプロパガンダに臆することなく利用されていた[154]。フランクフルトのエシェンハイム大通りにあるトゥルン・ウント・タクシスの邸宅は、一八一六年から最後まで、連邦宮殿としてドイツ連邦議会の所在地だったが、この邸宅を私的居住地としても利用できたのはオーストリア公使だけだった（プロイセン公使オットー・フォン・ビスマルクは大いに立腹した）[155]。

ドイツの国民運動が再び活発になり、プロイセンでビスマルクが首相に就任すると、一八六〇年代初めには、オーストリアでもドイツ連邦の改革計画が熟し、当然のことながら、ドイツ連邦ではプロイセンではなく、オーストリアが主導的役割を演じるべきだとされた。このオーストリアの改革計画には、トゥルン・ウント・タクシスによる政治的な働きかけも寄与していた[156]。

一八六二年一月以来レーゲンスブルクから届けられた一連の――「デルンベルク陳情書」として有名な[157]――陳情書は、きわめて明確である。たとえば、一八六二年四月初旬の陳情書には次のように記されている。

トゥルン・ウント・タクシス侯殿下は、ドイツの大きな部分、しかもまさにドイツ問題にとって特別に重要な連邦諸小国で郵便の経営にあたっておいでです。殿下はその郵便事業を、オーストリア・ハンガリー帝国の皇帝陛下の御職務に捧げられたまったく特別な機関として、つまり、ドイツにおけるオーストリア・ハンガリー帝国政府の前哨としてみなしておられます。[158]

トゥルン・ウント・タクシス郵便がオーストリアのために有用であることがあからさまに列挙されている。陳情書によれば、この郵便はそれ自体、「かつての帝国体制から残存している最後の制度」として、「かつてのドイツの帝政の栄光」と、その栄光の後継者たち、つまりオーストリアの皇帝たちを表している。郵便経営は、いまや二千人の官吏と全ドイツにおよぶ組織網を持ち、親オーストリア派を増やすよう努力し、全住民の意見をくまなく調査することができる。これに対して、プロイセンは、「小ドイツ主義的傾向」を普及させるために郵便を利用するだろう、というのである。デルンベルク自身、ウィーンを訪れ、トゥルン・ウント・タクシス侯のメッセージを伝えている。デルンベルクは、「オーストリア・ハンガリー帝国の皇帝陛下ご自身の御口から」君主の関心を確認する機会に恵まれた[159]。

オーストリア外務大臣レヒベルク伯が総行政長デルンベルクに宛てた書簡から読み取れるように、これらの申し出は、「トゥルン・ウント・タクシス侯殿下が古くから皇帝家に示してきた誠実」に起因するが、オーストリアはそうした申し出を尊重する術を心得ていた。またこの書簡は、ウィーンにおけるデルンベルクの謁見にも触れている。その際、デルンベルクは、親オーストリア宣伝を行うことと「ドイツのほぼ全域で……ドイツの新聞雑誌ができるだけその影響を拡大すること」[160]について語っていた。しかし「デルンベルク陳情書」は、トゥルン・ウント・タクシス郵便に直接関連した利益だけに限定されず、たいていは郵便にまったく言及することなく、外交・内政上の多様な問題を扱っている。レーゲンスブルクのマクシミリアン・カール・フォン・トゥルン・ウント・タクシス侯の周囲に集まった「大ドイツ主義サークル」は、ドイツ問題が向かう将来の基本的な性格を認識し、それを手助けする論拠をオーストリアに提供しようとした。その際、考えられる憲法草案は個々の条項に至るまで練り上げられ、起こり得る不測の事態すべて（戦争、プロイセンの不参加）が議論された[161]。一八六三年、フランクフルトの諸侯会議でオーストリアの連邦改革計画が挫折すると、トゥルン・ウント・タクシスの政治上の希望も粉々に砕け、郵便喪失の公算もさらに大きくなった[162]。

一八五〇年―七〇年の「有価証券管理部」による投資

一八五〇年頃の数年間に行われた補償は、トゥルン・ウント・タクシス家が保有する多額の有価証券の基礎となった。上級出納部は、まず一八五〇年、「償却会計が直接受け取った償却債を保有することによって、負担償却された責任物件にある程度の関係を残すため」、四％（普通利子）の利回りがある償却国債を保持することを提案した[163]。いくつかの銀行がこの債券に関心を示したが、数年のあいだ、売却は検討されなかった。ヴュルテンベルクの郵便補償も、当初、ロートシルト（ロスチャイルド）銀行によって有価証券に投資される。二十万グルデンがアメリカ合衆国の債券に六％という有利な利回りで投資されたが、四十五万グルデンには投資の可能性がまったく見つからなかった。ロートシルト銀行はそれに対して、一％の利子なら支払う用意があるとしぶった[164]。有価証券事業はますます規模を拡大し、一八五二年、すでに言及した有価証券管理部（Effektenverwaltung）が設立されることになる。

最近の出来事で引き起こされた税償却によって、またその後は、ヴュルテンベルクの郵便補償によって、多額の国債やその他の債券が我々の主要会計に流れ込んできたので、その取り扱いについて……特別な決定を行うこと

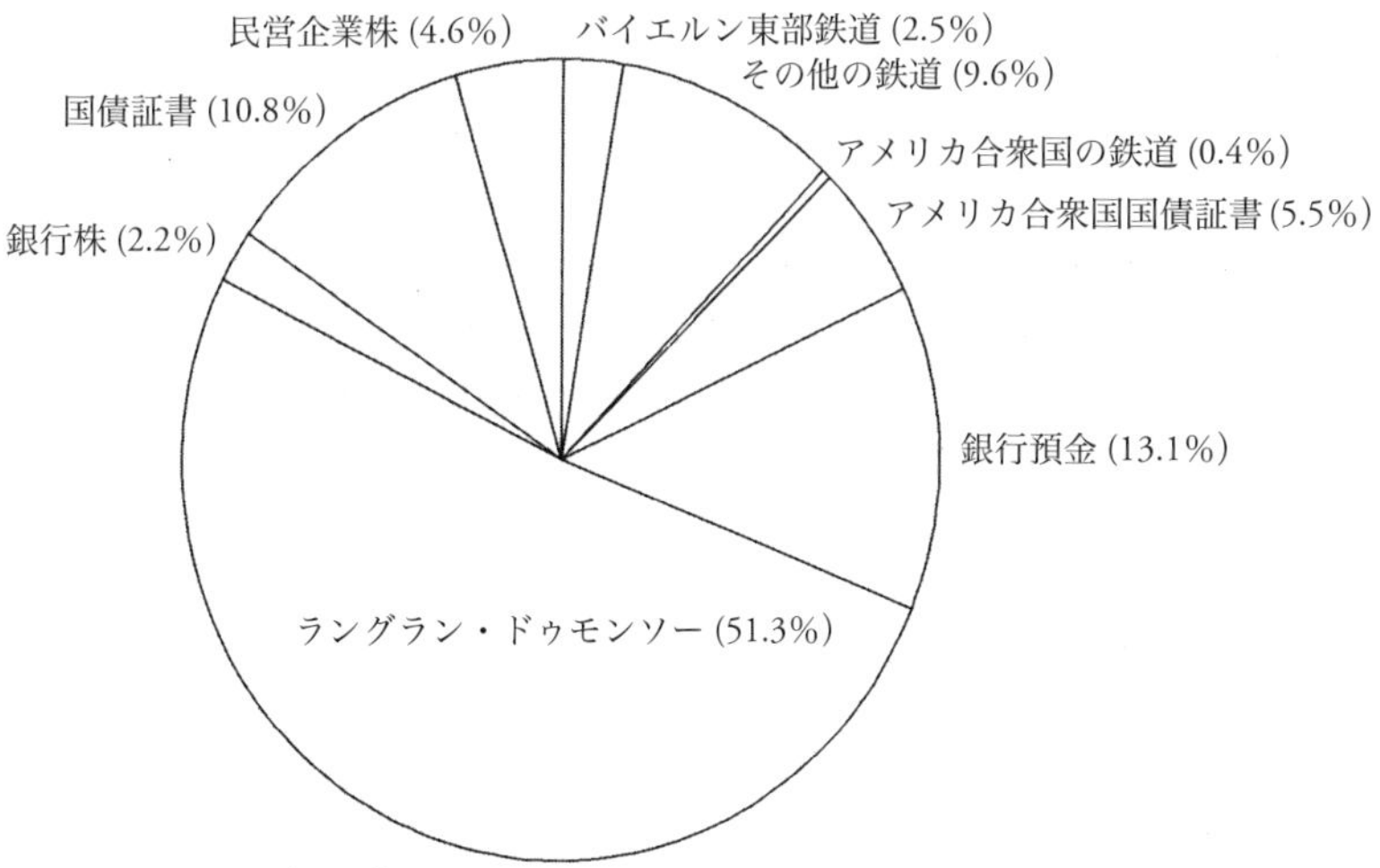

グラフ 31　1870年時の有価証券投資（100％＝2620万グルデン）

が必要だと思われる。

侯の決定では、「目下、同じように利益の上がる所有地を取得するふさわしい機会がないので、国債とその他の債券における事業と売上は、利益をもたらすもっとも有望な見込みを保証してくれる」と明言されている[165]。

投資は依然として国債と鉄道株券へ行われた。工業部門への出資は歓迎されなかった。一八五〇年代末、保有していた約千五百万グルデンの有価証券すべてのうち、国債の割合は二十五％に減少していた。一八五六年に設立されたバイエルン東部鉄道会社への出資が、総額のほぼ五十％で、重要性を増していた。バイエルン東部鉄道会社は、数年のうちに、レーゲンスブルク周辺に時宜を得たインフラと、そしてこの地域の経済的な再活性化のための前提条件をつくり出した。トゥルン・ウント・タクシスは、一八五五年、レーゲンスブルク市の要請により、鉄道国際資本連合に加入した[166]。さらに六％がアメリカ合衆国とヨーロッパの銀行株だった。銀行株はおよそ十％に保たれ、これに対して、民営企業株はわずか二・六％にすぎなかった。七％の銀行預金は、あいかわらず利回りが芳しくなかったようである。

投資家たちがプロジェクト立案者になりやすいのは、ドイツの「創業者熱」の特徴を良く表している[167]。トゥルン・ウント・タクシスは、一八五〇年から一八七〇年のあいだ、カトリック・ヨーロッパの他の多くの貴族たちと同様に、ベルギーの投機家ラングラン・ドゥモンソーの金融取引に巻き込まれた[168]。トゥルン・ウント・タクシスは、一八六五年、教皇権至上主義者フランツ・ヨーゼフ・フォン・グルーベン男爵の勧めに従って、千二百六十万フランという冒険的に高額の出資を行って、このカトリック金融帝国に参加した。一八七〇年、ラングラン・ドゥモンソーの有価証券は、トゥルン・ウント・タクシスが保有する有価証券のちょうど五十一・三％であった[169]。総行政長デルンベルクは、個人的に、さらに三百二十万フランを取引していた。しかし、当初の成功ののち、ラングラン・ドゥモンソーは破産してしまう。フランクフルトの銀行エルランガー・ウント・ゾーネは、オーストリア皇帝からその清算を委託された。トゥルン・ウント・タクシスも伝統的に、エルランガー銀行を通して金融取引の大部分を行っていたのである[170]。一八七一年までに、エルランガー銀行は、トゥルン・ウント・タクシスのために少なくとも九百五十万フランを破産から救うことができた[171]。

製糖工場主としての土地領主

トゥルン・ウント・タクシスが行っていたドイツの商工業部門への出資が限定されていた一方――それでも農業経営地の賃借り人たちによってビール醸造所、蒸留酒醸造所、製材所は経営されていた――、東ヨーロッパの広大な所有地における状況は異なっていた。ここでは、土地領主たちが、しごく当然に、産業部門にも進出した[172]。ヴォルフガング・ツォルンは、「貴族企業家」や「封建産業企業家」を、ドイツ初期の企業家に特有なタイプと認めてもいる。ツォルンは、その典型として、シュレージエンの鉱業侯ギド・ヘンケル・フォン・ドナースマルクを挙げている[173]。

東部において、トゥルン・ウント・タクシスも例外ではなかった。一八三一年、ボヘミアのドブラヴィッツに製糖工場が建設される。この目的のために、専門家カール・ヴァインリヒがわざわざ呼ばれた。彼は、一八三〇年、プラハの雑誌『ボヘミア』のある記事の中で、国民経済の必要性と製糖の技術を扱っていたので、侯の行政に注目されていた。ドブラヴィッツ製糖工場は、オーストリア・ハンガリー帝国の模範経営となった。一八三二年、トゥルン・ウント・タクシス侯は「愛国・経済協会」の視察を許可していたが、その協会の報告で、製造の過程が詳細に記述されている。テンサイの洗浄、すりおろし、圧縮といった機械装置による過程と、汁液の浄化、精製、濃縮、結晶といった化学的な過程とである。プラハの行政機関への委員会報告では、この製糖工場はフランスの最大規模の工場に匹敵し、このような工場を十から十五ほど設立すれば、国内需要を満たし、植民地からの砂糖輸入が必要なくなるだろうと言われている。ドブラヴィッツは、最初に設立された工場のひとつであるだけでなく、一八三五年頃には二百人の労働者を雇用するその土地で最大の製糖工場だった。ここでは、年に十万ツェントナーのテンサイが加工され、その際、巻き上げ装置がテンサイの圧縮エネルギーを供給した。官公庁報告は、ボヘミアの製糖産業へ寄与したトゥルン・ウント・タクシスの功績を強調している。一八四四年の統計では、ルシャンとリチュカウ（ボヘミア）にあったタクシス家のその他の製糖工場も言及されている[174]。

ボヘミアの製糖業では、トゥルン・ウント・タクシスの例に倣う貴族たちがいた。ロープコヴィッツ侯、キンスキー侯、コロレド・マンスフェルト侯、エッティンゲン・ヴァラーシュタイン侯がまもなく工場経営に乗り出し、シェーンボルン伯やダールベルク伯も同様だった。帝国の他の地域に関しては、エスターハージー侯家やバッチャーニ伯の名を挙げることができるだろう。土地負担償却による資本の発生後、非常に多くの土地領主たちがテンサイ糖産業に投資したので、世紀転換期の頃、テンサイ糖産業はオーストリア・ハンガリー帝国の最大の輸出産業になっていた[175]。

ドイツの資本にとってもうひとつの投資領域は、今日のユーゴスラヴィア連邦人民共和国であり、その北部は当時オーストリア・ハンガリー帝国に属していた[176]。第一次世界大戦前、ここにもトゥルン・ウント・タクシスの資本参加があった。ベオグラードの製糖工場への出資である。高級貴族の資本参加はここでは特別なことではなかった。すでに十八世紀、女帝マリア・テレジアはリエカの同じような製糖工場の株主のひとりだった[177]。ゲオルク・フォン・トゥルン・ヴァルサシーナ伯は、一九〇〇年頃、プレヴァリエの製鉄所の所有者であり、一九〇六年、その近くに厚紙工場を設立している[178]。一八七五年、いくつかの褐炭坑の採掘権を取得したことは、トゥルン・ウント・タクシスもこの地域の産業発展に寄与するつもりであったことを明示している[179]。

鉄道建設へ続けられた出資

一八三〇年代初期から、総郵便管理局とレーゲンスブルクのトゥルン・ウント・タクシスの中央行政は鉄道問題に集中的に取り組んでいたが[180]、すでに一八三六年、鉄道融資に必要な資金がトゥルン・ウント・タクシス侯の財力を確実に超えていることが明らかになった。そのため、個々のケースへの出資のみが有意義な投資だった[181]。

鉄道融資へ積極的に参加する決定は、バイエルンの「東部鉄道会社」の設立と関連していた。当時、バイエルン王国の東部は、独自の鉄道路線を持たない工業化の遅れた地域であった。伝統豊かなレーゲンスブルクでさえ、まだ鉄道網に接続していなかった。国家による鉄道建設がバイエルンでもその限界に突き当たったのち、一八五五年、新たな法律によって民営の鉄道会社の設立が可能になった。そのすぐあと、ニュルンベルク市とレーゲンスブルク市は民営の鉄道会社設立へ向けてイニシアティブを取った。そしてトゥルン・ウント・タクシス侯を資金提供者として獲得することに成功した。一八五六年、ニュルンベルクの王立国立銀行とロートシルト（ロスチャイルド）銀行の協力のも

図 101 カール・アンゼルム・フォン・トゥルン・ウント・タクシス侯（1733年—1805年）。皇帝特別主席代理であり、領邦君主であり、帝国郵便総裁だった。郵便馬車とともに。

図 102 1830年代における鉄道交通の開始に関する風刺紙。トゥルン・ウント・タクシスの郵便馬車がまだ凱旋している……。

図103　概念の混乱。「トゥルン・ウント・タクシス帝国郵便の郵便局長」。実際には1850年頃のトゥルン・ウント・タクシス郵便の郵便局長。

と、東部鉄道会社が設立される。国家は、四・五％の資本利子を保証した。この保証によって株は魅力的なものとなる。デルンベルクは、六千万グルデンの設立資本のうち、トゥルン・ウント・タクシスの全権代表として、即座に四百万グルデンを引き受け、さらに八百万グルデンのオプションを確保した。一八五九年、レーゲンスブルク—シュトラウビング間とレーゲンスブルク—ランヅフート間の接続とともに、ニュルンベルク—レーゲンスブルク間の鉄道が開通した[182]。ランヅフート—ミュンヘン間は一八五八年から鉄道で結ばれ、レーゲンスブルクは鉄道網に接続されることになった。一八五九年／六〇年、レーゲンスブルク—シュトラウビング間はパッサウまで延長された。そののち一八六〇年代には、ローカル線網が拡充されていく。

レーゲンスブルク周辺地域の鉄道株の購入は、当時の経営の中でもっとも成功した活動のひとつだったかもしれない。というのも、ここでは、通常の配当だけではなく、同時に、「故郷地域」の構造発展が問題になっていたからである。その発展は、土地価格の上昇と飛躍的に伸びた木材需要に表れていた。木材は鉄道建設自体でも必要とされたが、住宅建設や、生業と個人世帯での日常にも入用だった。トゥルン・ウント・タクシスは、最大の森林所有者として、まずは直接に、木材需要から利益を得た。ようやく最近になって、その地域の経済が鉄道建設から得た法外な発展が証明されている[183]。一八四〇年代以降、土地購入に際しては、鉄道路線が将来的に引かれるかどうかという状況が考慮されていたが[184]、いまや逆に、土地があるところへ鉄道を建設するという可能性が開かれた。それゆえ、東部鉄道への出資は幾重にも意味があった。これとまったく同様に、トゥルン・ウント・タクシスは一八九九年、レーゲンスブルク―ドナウシュタウフ―ヴェルト間の鉄道路線の融資に主要出資者として参加した[185]。

しかし、その地方の鉄道建設が進むと、トゥルン・ウント・タクシスは、一八五六年来、地域の最大土地所有者として、計画路線や駅地のために土地を提供する義務を繰り返し負った。一八三七年のバイエルンの強制収用法に基づき、補償は、たとえば東部鉄道建設の場合には並の程度であった[186]。いずれにしても、トゥルン・ウント・タクシス家がレーゲンスブルク周辺地域の経済に集中していくにつれ、侯家の直領地《ドメーネン》財務庁《カンマー》長官フランツ・ボンが同時にバイエルン領邦議会におけるレーゲンスブルクの議員になったことは好都合であった[187]。

「ピルゼン鉱山監督局」（マティルデン鉱山）

ボヘミアにおけるトゥルン・ウント・タクシスの鉱山監督局は特別な地位を占めていた。この監督局には、リティッツ近郊の二つの石炭坑が統合された。これらの石炭坑はボヘミアの領地ホティーシャウとともに取得されていたものである。両炭坑は、当初、自営されていたが、のちに賃貸しされ、一八五七年、マティルデン鉱山の名称で統合され、再び自営された。ボヘミアの石炭坑はそののち数年にわたって計画的に拡大された。一八六一年の『石炭坑に関する備忘録』は、精錬経営を強化していく動機を説明している。決定的だったのは、フルト―ピルゼン―プラ

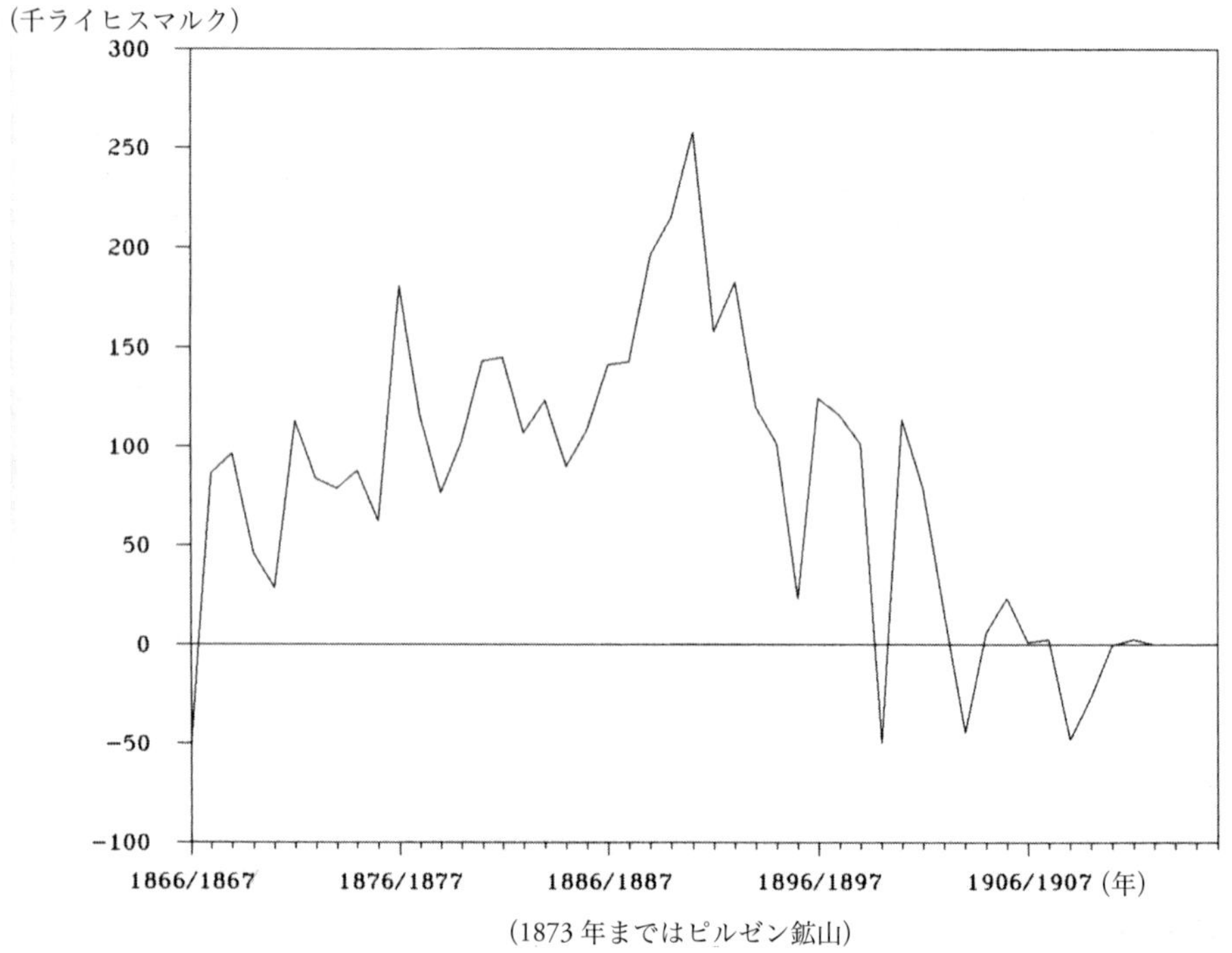

グラフ 32　1866年／67年―1910年／11年の「マティルデン鉱山」の利益推移（総計 380万ライヒスマルク）

ハ間の鉄道路線の開通であった。その建設は、一八五六年のバイエルンとオーストリアの国際条約によって予定されていた[188]。トゥルン・ウント・タクシス侯は東部鉄道の主要株主として有名になっていたが、侯の融資は、「ボヘミアの西部鉄道」の計画と建設にとって重要だった。一八五九年の建設開始後、全路線は一八六二年に開通した[189]。

一八六三年には、鉄道駅スクルニアンの近くにあるマクシミリアン・カール石炭鉱山が購入され、一八六五年には、「ピルゼン鉱山監督局」が設立された。これは侯の他の外部局と同列に置かれ、直領地の上級管理機関ないしはレーゲンスブルクの上級出納部の直接の管轄下に入った。一八六六年／六七年、侯の管理機関は支線「マティルデ立坑―ニュルシャウ駅」を建設させ、トゥルン・ウント・タクシスの石炭鉱区を西ボヘミアの国有鉄道に接続させた。一年後、マクシミリアン・

カール立坑も鉄道に繋がった。一八六五年と一八六七年の「ピルゼン鉱山監督局」服務規定ならびに一八七一年の石炭坑労働者服務規定は、レーゲンスブルクの中央行政が行っていた組織上の努力を示している。また、監督局家屋や営業建造物、そして労働者集落の建設も明らかになる[190]。一八九五年、鉱山の全面積は二百三ヘクタールの採掘地域に達した[191]。

文献における推定に反して、マティルデン鉱山の経営は完全に黒字だった。確かに、一九一〇年頃、炭坑は掘り尽くされ、その結果として利益が上がらないために廃業されたが[192]、それまでには相当な利益があった。その利益のおかげで、インフラ開発のための高額な投資は正当化された。十九世紀終わりまで、平均の年間利益は十万ライヒスマルクを超え、トゥルン・ウント・タクシス鉱山は一八九〇年に最高利益に達した。利益は二十五万ライヒスマルクを超えていた。そののち、炭坑の産出量は急速に減少したにちがいない。一八九九年以降、マティルデン鉱山は定期的に赤字となり、黒字年と相殺されたからである。総会計課報告において、「マティルデン鉱山」の収入科目は、一八六六年／六七年から一九一〇年／一一年の期間、約三百八十万ライヒスマルクの総利益を証明している[193]。

一八七一年―一九一四年の整理された資本管理

総行政長エルンスト・フォン・デルンベルクの退職後、一八七一年／七二年、上級出納部による秩序ある資本管理が開始され、有価証券管理部と名付けられた[194]。続く二十年間の有価証券管理部の資本取引高は一億四千二百万ライヒスマルクにものぼった。この管理の業務行為の対象は、まず第一に、株式の購入、管理、そして売却であった。その資金の一部は、侯の現金資産ないしは銀行預金から借用され、それらは当初の二百六十万ライヒスマルクから平均して五十万に後退した。これに加えて、上級出納部から特記すべき補助金があった。たとえば一八七九年／八〇年には、二百二十万ライヒスマルクという高額が上級出納部から有価証券管理部へ支払われている。保有する資本高は、一八八八年／八九年、マクシミリアン・マリア侯の遺産から約二千三百万ライヒスマルクが流れ込み、最大の増加幅を記録した。遺産は同じ年、株式に投資されている。こうした資本高を保有し、有価証券管理部は独立採算制で、利息利益と為替利益の一部は再投資された。しかしまた、侯の一族へ現金が支払われたり、企業内でも資本が上級出納部へ流れた。有価証券利息は、長年にわたる平均で、年におよそ百万ライヒスマルクだった[195]。

もちろん、多くの部局で資本を管理することは無意味だった。それゆえ、その後の会計改革がこの無秩序を終わらせたのは不思議ではない。一八九三年、総会計課は、資本蓄積の任務は総会計課から再び奪われた。いまや、この任務は資本管理部に委託される[196]。一八九三年、総会計課は、二十年間で蓄積された資本を資本管理部へ支払わなければならなかった[197]。資本管理部は、一八九三年／九四年、清算委託会計課の借方と貸方も引き受けた[198]。ようやく、比較的大きなレベルで、借方と貸方が再びひとつにまとまった。一八九三年／九四年の資本管理の基礎を成していたのは有価証券管理、つまり実際の財産管理だったからである。この資本管理部も、保有株すべてに対して変動を日ごとに記録する独自の資本出納帳を持っていた。資本管理部の決算書には、収入（たとえば、有価証券利息や不動産抵当の貸付金利息）と支出に分かれた年度決算書と付属決算書があった。付属決算書の第二十三項には、基本財産の現況（借方と貸方）が再記載されていた[199]。

一八九三年／九四年から一九一二年／一三年の期間、この資本管理部には独自の運営帳簿が存在していた。一九一二年、資本管理部は総会計課の管轄下に置かれた。これにより、一世紀以上にわたる慌ただしい改革ののち、トゥルン・ウント・タクシス企業の簿記は――会計制度に基づき――一七九七年以前と同程度に再び単純化された。収入と支出が概観可能な数項目にまとめられ、企業の全部門を包括した。当時と異なる一点は、年度貸借対照表の作成（一七九七年に導入された）と、もう一点は、企業財産と私的財産の分離（一八二九年以降）であった。しかしこの分離は、

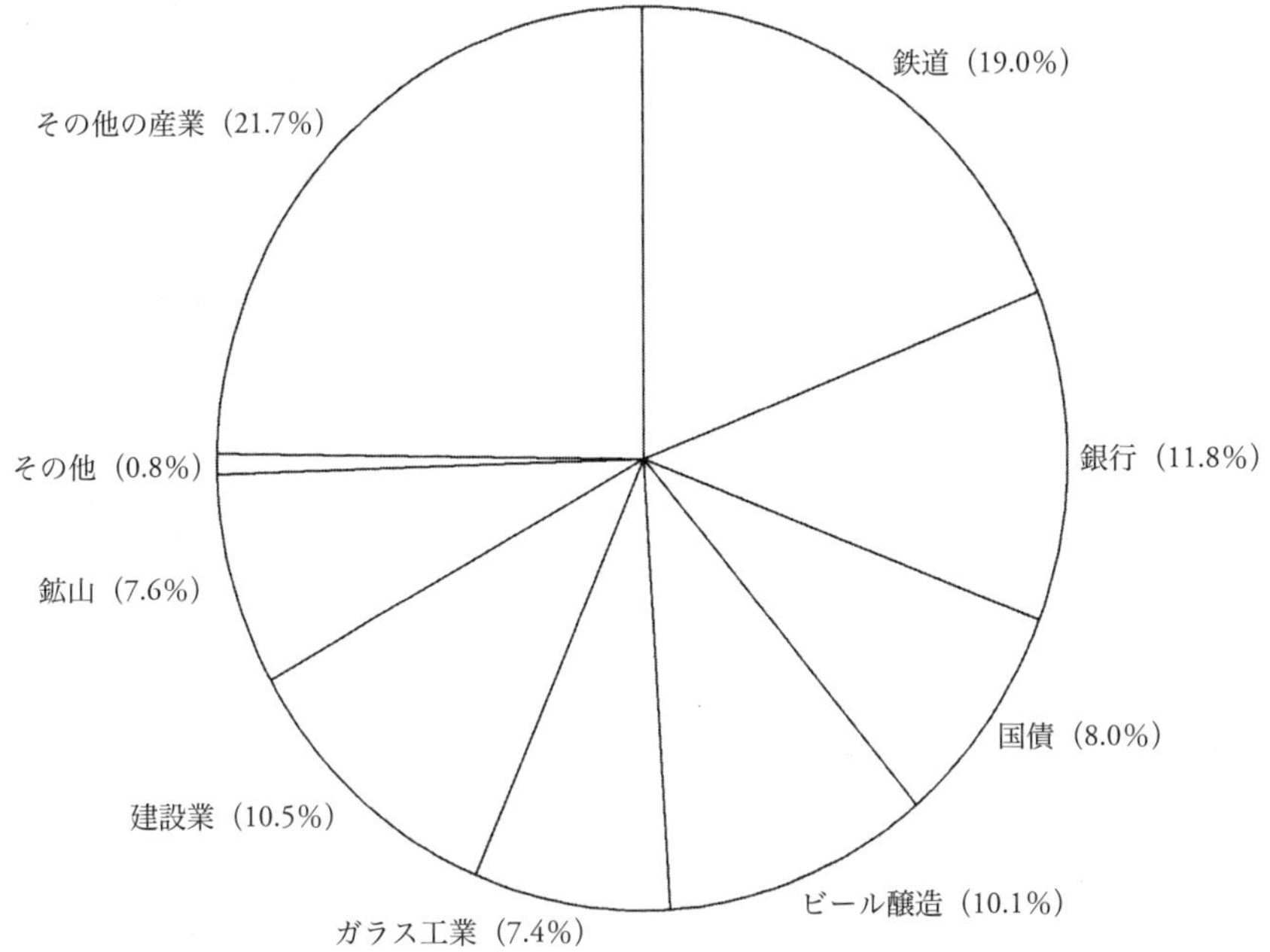

グラフ33　1900年／01年のドイツの株所有（100%＝860万ライヒスマルク）

実際の利益計算を非常に複雑化することになる。資本管理部は私的財産分野の計算を行わなかったからである。

一八九四年／九五年の会計報告改革で、トゥルン・ウント・タクシスの資本管理について継続的に情報が得られるようになる。家族世襲財産の借方は、一八九三年から一九四三年の期間、二千五百万から三千万ライヒスマルクのあいだを動き、平均で約七百万の年間取引高があった。年間の利子収入は、抵当利息がかなり安定していて二十万ライヒスマルク、有価証券利息が不安定で二十五万と百万ライヒスマルクのあいだだった。年間の支出構成によると、資本の半分以上が新たに投資された。しかしかなりの割合が、企業の他の部局、とりわけ上級出納部や不動産保有量変動会計報告へ流れている。また一部は、返済、貸方利息の支払い、相場差損金、公共の税金に使われた。資本管理の収入は、六十%が株式売却ないしは返済された自己資本から生じ、約十二・五%が有価証

図104 1900年頃のレーゲンスブルク製糖工場のパンフレット。今日の南部製糖株式会社の前身。

券利息、さらに五%が抵当利息であった。他の会計（不動産保有量、上級出納部）からの引き渡しは合計で収入の五%未満だった。残りは、外国為替利益、前年度収入の延滞分、新たに借入れられた貸方であった。

株式への出資は、第一次世界大戦の終わりまで、鉄道株が重要な役割を占めていた。国債はもっと長期にわたって保有された。しかし旧来からのこの二つの投資は、一八九〇年代が経過していくあいだに後退する。一九〇〇年頃、所有する株式はもっとも分散していた。「オーストリア」とドイツの株式所有は、それぞれ約九百万ライヒスマルクだった。オーストリア・ハンガリー帝国では、ほとんどが鉄道株（四十八%）と銀行株（三十六%）、そして鉱山株（八%）であった。同じ頃、ドイツの株式所有は、約二十%が鉄道であり、銀行、ビール醸造、ガラス工業、建設業、鉱山業、国債にそれぞれ約十%、その他の産業に二十五%という内訳であった。両大戦中は、国債と金属工業の割合が上昇した。産業界への出資は、オーストリア・ハンガリー帝国とドイツ帝国の領域に限られており、ドイツ帝国では、とりわけレーゲンスブルク周辺地域が検討された。バイエルン東部鉄道は、あいかわらず投資の中心のひとつだった。

投資の重点のひとつに、レーゲンスブルク製糖工場があった。トゥルン・ウント・タクシスは、一八九九年、この工場のために建設用地を提供しただけではなく、三十五%の保有率で、バイエルン製糖株式会社の最多額株式を所有していた。一九〇六年には、所有率は六十四%に上昇し、一九〇九年から一九一八年、トゥルン・ウント・タクシスは、占有所有者となった。第一次世界大戦前の最後の平時年、製糖業は頂点に達した。百万ツェントナーのテンサイが砂糖に精製され、二百人の労働者が常勤していた。製糖の季節的な繁忙期には従業員の数はおよそ九百人に増えた。レーゲンスブルク製糖工場の設立は、鉄道の建設、産業の興隆、そして農業生産の向上の相互作用を模範的な形で示している[200]。

私有財産宣伝活動家としてのグルーベン男爵

トゥルン・ウント・タクシス侯に勤務し、政治的資質をそなえていたひとりに、フランツ・ヨーゼフ・フォン・グルーベン男爵（一八二九年―一八八年）がいる。彼は法学博士の学位を得たのち、一八五八年、直領地行政の試補として、トゥルン・ウント・タクシスに勤務した。総行政長エルンスト・フォン・デルンベルクはグルーベンのジャーナリズムにおける才能を認めた。その後、グルーベンの職責範囲はたちまち拡大した。彼は直領地行政から総行政へ引き抜かれ、そこで、上級郵便顧問官としてトゥルン・ウント・タクシス郵便の経営に参加しただけではなく、郵便の重要性をジャーナリズムでも主張した[201]。さらにフォン・グルーベンは、一八六二年／六三年のいわゆる「デルンベルク陳情書」の執筆者とみなされている。トゥルン・ウント・タクシスは、その陳情書で、皇帝フランツ・ヨーゼフ一世にトゥルン・ウント・タクシス家

図105　オーストリア皇帝フランツ・ヨーゼフ１世
（出典：菊池良生『図解雑学ハプスブルク家』ナツメ社、2008年、41頁）

の功績を明示し、ドイツ連邦を改革させようとした[202]。

フォン・グルーベンは、一八六六年／六七年、トゥルン・ウント・タクシス郵便がプロイセンへ移譲される際の交渉で力を発揮した[203]。一八六〇年代終わり、トゥルン・ウント・タクシス家の経営首脳陣内に、深刻な意見の衝突が見られるようになる。それは毒された雰囲気とも言えた。フォン・デルンベルクを含め、よりリベラルな旧世代が、侯世子夫妻や教皇権至上主義者だったグルーベンと対立した。グルーベンは、老侯とデルンベルクを非カトリックであると思った。デルンベルクのほうでも、グルーベンを、イエズス会の「第三修道会」のメンバーであると疑った。マクシミリアン・カール侯の死後、一八七一年末、グルーベンは総行政のトップに任命される――国家とカトリック教会の文化闘争の時代、特定宗派への所属が初めて、昇進に有利となった[204]。

一八七一年から一八七七年、グルーベンは侯の総行政長だったが、そののち、侯世子の後見人を務めていた母ヘレーネと不和になったため、辞職している。原因は、クロアチアにおけるグルーベンの土地取得政策に関する意見の相違だったが、個人的な性格の対立も関与していた。侯世子の母ヘレーネは、グルーベンにとって、「野心においては活気がありすぎ、熟慮においては落ち着かなすぎる」と映った。彼女のほうは、グルーベンの中に、頑固すぎる被用者を見ていたのかもしれない。そのため、グルーベンは、トゥルン・ウント・タクシスに二十年勤務したのち、退職を余儀なくされた[205]。

それから彼は、生涯の最後の十年間、ジャーナリズムで幅広い活動を展開した。そのことによって、トゥルン・ウント・タクシスで勤務したことや一八八一年から一八八八年にドイツ帝国議会の中心会派の成員であったことより有名になった[206]。一八七〇年、トゥルン・ウント・タクシス老侯やデルンベルクは、グルーベンが政治的カトリック主義に有利なように公の場に登場したことで彼を叱責していた。いまや、そのグルーベンは、ドイツのカトリック教徒全国大会で定期的に講演する中心人物となっていた。彼は、主として、政治問題に意見を表明することで活躍した。

その際、テーマとなっていたのは、外交や内政の日常問題や社会政策だった。グルーベンは、キリスト教・カトリックの立場から、一方では「社会問題」の解決を大いに支持しながら[207]、他方では私有財産を賞賛することができたのである。私有財産は、当時、社会主義あるいは「共産主義」運動によって疑問に付されていたと思われる。グルーベンは、一八八四年、アムベルクで開かれたカトリック教徒全国大会での演説で、マルクス主義運動を越えて——事実、カール・マルクス（一八一八年—八三年）は同時代人であった——国家に管理された社会主義へ批判を拡大している。その際、彼は、保守的な国家社会主義者カール・フォン・ロトベルトゥス・ヤゲッツォー（一八〇五年—七五年）を自分の敵対者としてあえて選択した[208]。

一八八〇年以降、ウィーンの雑誌『改革』、『歴史・政治誌』（ミュンヘン）および『キリスト教・社会誌』（ノイス）に、フォン・グルーベンの数多くの記事が、匿名あるいは筆名（「アルベルトゥス」ないしは「A.」）で掲載された。おそらくその筆名は、若いアルベルト・フォン・トゥルン・ウント・タクシス（一八六七年—一九五二年）への賛辞を表しているのだろう。グルーベンは、「私有財産の起源と性質」について繰り返し検討し[209]、旧約聖書の中で根拠づけられている私有財産の宗教的理由に関してみずからの見解を説明した。つまり、私有財産は、ノアが洪水の後に彼の息子たちに土地を分配したことによって生じたのだとされた。結局のところ、私有財産の発生は、神の摂理として、神的秩序の構成要素として理解されている[210]。

トゥルン・ウント・タクシス企業の「復古主義」

一八六七年のトゥルン・ウント・タクシス郵便の喪失は、企業の破局を意味することが明らかになった。鉄道建設への絶え間ない投資と製糖や鉱業への出資にもかかわらず、一八八〇年頃から、トゥルン・ウント・タクシス企業の景気停滞に一層の拍車がかかった。タクシス企業は、郵便経営とともに、有能な指導的人材を新規採用する重要な活動分野を失った。かつてあれほど広大な範囲に拡がっていた経済界をリードする企業の「復古主義」と特徴づけられるプロセスがいまや始まる。農業と林業への集中はその理由を説明している。国法上の意味でのトゥルン・ウント・タクシスの国家性は、すでに一八〇六年、陪臣化とともに失われていたが、行政内部では逆に国家機関的な特徴が強まっていく。『侯の内勤と外勤の現役職員に関する職階表』は、初めて一八七四年に、さらに一八七九年以降は平均で二年に一度の間隔で新しく印刷されたが、それはこの傾向を示している[211]。国家機関的な特徴を明瞭にするものには、一八八一年から毎年発行された『トゥルン・ウント・タクシス侯の行政勤務のための服務規定誌』もある[212]。この復古主義のプロセスを象徴する史料として、郵便接収の年に生まれた所有者アルベルト・フォン・トゥルン・ウント・タクシス（一八六七年―一九五二年）の生涯のデータを考察することができるだろう。

単に外見上では、企業組織の急激な変化は、従業員数に読み取ることができる。一八二八年、千三百四十五人の従業員のうち、百六十六人（＝十二％）は宮廷に、二十四人（＝二％）は中央行政に、四百一人（＝三十一％）は直領地（農業・林業）に、七百五十四人（＝五十五％）は郵便に勤務していた[213]。しかし、トゥルン・ウント・タクシスに直接雇用されていたほとんどすべての「官吏」たちがさらに「下級官吏」を雇っていたことを考えると、郵便事業の実際の規模が初めてはっきりしてくる。一八六六年、郵便事業には千二百七人の官吏と千八十六人の下級官吏が勤務していた。合計で二千二百九十三人である[214]。十九世紀半ばを過ぎるまで、郵便はトゥルン・ウント・タクシス企業の中心だった。直領地の職員数を約四百五十人と見積もると、トゥルン・ウント・タクシス企業は、郵便を喪失する以前、年に約千六百五十人に直接に給料を払って雇用し、そのうちのほぼ七十五％が郵便事業に従事していた[215]。

この状況がまたたく間に変わった。数年後、その変化を正確な数字で把握することができる。一八七四年、職階表によれば、六百八人がトゥルン・ウント・タクシス企業に勤務していた。そのうち六十四％が営林部門、十六％が財務管理局《レントアムト》、一%が鉱山経営、そして十八%が「内勤」であった。「内勤」には中央行政と宮廷経済／宮殿管理がまとめられていたが、狭義の宮廷部門（宮廷騎士、召使）は含まれていない。それはもはや企業の一部ではなかった。ただし、のちには再び企業の一部となる。職階表で鉱山労働者と製糖工場労働者が載っていない一方、営林職員は最下級の臨時の森林監視人に至るまで記されていることは特徴的かもしれない[216]。

一九〇一年以後、宮廷の被用者が職階表に再掲された。つまり、企業の「復古主義」が、一八二九年の諸改革以前のように、企業と私的家政とのあいだの境界を改めて曖昧にしてしまった。職員に関するこうした状況は、立て続けに交代した総行政長のせいではなく[217]、むしろ、ヘレーネ・フォン・トゥルン・ウント・タクシスが企業経営の実権を事実上握ったことによる。彼女は、バイエルンのマクシミリアン公の娘で、一八七一年から一八八三年まで長男マクシミリアン・マリア、一八八五年から一八八八年まで次男アルベルトの後見人だった[218]。ヘレーネが指令によって時おり総行政長職を欠員にしたことに説明の必要はないだろう。その後、カール・フォン・アレティーン男爵（一八九〇年頃―一九一四年）が再度、総行政長職に継続して在任している。

いまや、企業の重点は整然と組織された農業と林業であった。しかしその経営方法は、当時の技術的な発展と比較すると、ますます時代遅れとなっていた。いわゆる泡沫会社乱立時代、ドイツの工業化が急速に進んだことを考慮するなら、トゥルン・ウント・タクシスでは、この時期、企業の停滞だけが確認されるし、第一次世界大戦後の時期には後退すら見られた[219]。第一次世界大戦前、少なくとも農業は最新の耕作方法に適応していたのに対して、二十世紀前半には、ここでも停滞が蔓延した。一九六〇年代末まで、集約的な生産方法は収益率の低いままだった。

企業を新たに支配した保守精神の特徴として、一八八一年に行われた直属事務所の廃止が挙げられる。いくつかの企業部門を調整してきた総行政のかつての中心は解体され、それを埋める部門もつくられることなく、任務は「直領地上級管理機関」に委託された。すべての重要決定は女性後見人が下すことになったのである[220]。直領地上級管理機関は「直領地財務庁《ドメーネンカンマー》」と改称された[221]。その名称付与は当然だった。すでに一八七一年、一八二九年の諸改革以前と同じように、宮廷経済委員会は「侍従長局」となっていた。これに関しては、一八八八年、バイエルン王室と「侍従長」の称号の授与権をめぐって喜劇のような争いが生じた。「侍従長」の称号は、ようやく一八九九年、バイエルンのルーイトポルト摂政によって付与されている[222]。一九三一年、つまりすでにヴァイマール共和国の時代には、「参議会（Conseil）」が復活さえしている。百年以上廃止されていた枢密参議会のことである。参議会は、侯、トップの枢密顧問官、侍従長、そして部局長として直領地財務庁《ドメーネンカンマー》の担当者たちによって構成された。そうした称号からは想像できないことだが、討議の重点は、経済問題、つまりトゥルン・ウント・タクシス企業の問題にあった[223]。

一九一八年以後の地方化

百年後の被用者を例に取って比較してみると、企業の組織変化の規模がわかる。一九二七年の職階表には、依然として、六百二十九人の従業員が挙がっている。ここでは、鉱業と製糖工場の被用者の喪失は記載されていない。以前にも、この分野の労働者は言及されていなかったからである。ヴァイマール共和国時代、トゥルン・ウント・タクシスでは、二百四十八人の職員（四十％）が宮廷生活（廷臣団、侍従長局、宮殿管理職員、自動車部局も含めた厩舎）に従事していた。タクシス企業のほうは東部地域の接収のために従業員数が三百八十一人に減少していたが、これと比較すると、合計で六百二十九人の従業員のうち宮廷生活の職員数は、不釣り合いに多い。企業の三百八十一人のうち、六十三人がユーゴスラヴィアに、九十七人がチェコスロヴァキアにいた。裁判が進行していたため、カールロヴァツ、レケニク、デルニツェ、ライトミシュル、リーヒェンブルク、ホティーシャウの財務管理局《レントアムト》と営林局《フォルストアムト》は維持されていた。もっとも、その一部からはもはや収入がなかった。いずれにしても、彼らは、企業に雇用されていた従業員の四十二％であった[224]。

総行政は、いまや、ヨーゼフ・フォン・マリンクロートとフーゴ・フォン・ロールスハウゼンのたった二人から成り、彼らは同時に直領地財務庁《ドメーネンカンマー》長官であった。彼らの直下には、三十人の職員を有した直領地財務庁《ドメーネンカンマー》、八人の総会計課、そして四人の図書館・文書庫が置かれていた。バイエルンの大農場には二十七人、バイエルンの財務管理局《レントアムト》と営林局《フォルストアムト》には七十九人、ヴュルテンベルクには七十三人、つまりドイツには、総計して二百二十三人が雇用されていた。行政の職員とシーアリングの醸造主任ヨーゼフ・ヴァルトを除くと、すべての被用者は農業と林業分野で活動していた。農作業労働者は、この統計には含まれていない。外国の所有地を失うとともに、復古主義への傾向だけではなく、地方化への動向も非常にはっきりとしてきた[225]。

ドイツにおける二十世紀前半の政治的大変革——一九一四年から一八年の第一次世界大戦、一九一八年／一九年の革命、一九一九年から三三年のヴァイマール共和国時代、一九三三年から四五年のナチス独裁、第二次世界大戦[226]、占領時代（アメリカ軍）、そして一九四九年のドイツ連邦共和国建設——これらすべては、レーゲンスブルクに隠遁していた存在に損害を与えることはなかった。東欧の土地改革による外国所有地の喪失、一九四二年スターリングラードにおける侯世子ガブリエルの死、あるいはのちの社長カール・アウグスト・フォン・トゥルン・ウント・タクシスのゲシュタポによる逮捕のような直接の衝撃も何も変化させなかった。カール・アウグストは、国防力破壊工作のかどでフライスラーの民族裁判所に告訴されることになっていたのである[227]。いわゆる「長の記録」は、総行政長シルンディンガー・フォン・シルンディング男爵がアルベルト・フォン・トゥルン・ウント・タクシス侯に宛てた内部報告と侯の自筆コメントが付いたものだが、それを読むと、ほとんど信じられないほど世の中と隔絶した平穏な光景が伝わってくる。所有地と営林地の管理に集中し、一種独特な虚構の国家のような様相を呈したこの世界では、世界の政治上の出来事は何ら重要ではなかった。アメリカ占領軍代理のパットン将軍も、トゥルン・ウント・タクシスの特殊な状況に配慮した[228]。

ドイツ連邦共和国における再興

一九四九年以後、つまり新しく建設されたドイツ連邦共和国におけるいわゆる「奇跡の経済復興」の時代、タクシス企業の政策の切り替えにはまだ数年を要した。本質的に単なる管理を超えた企業戦略の発展は、現在の所有者ヨハネス・フォン・トゥルン・ウント・タクシス（一九二六年生）の人柄と関係している。彼は、後継予定者として早くからジャーナリストたちの注目を集めていた[229]。彼の祖父であり、オーストリア・ハンガリー帝国の時代から在職していたアルベルト・フォン・トゥルン・ウント・タクシス（一八六七年―一九五二年）は、遺言で、財産の先位相続人に彼を指定しており、彼の伯父フランツ・ヨーゼフ・フォン・トゥルン・ウント・タクシス（一八九三年―一九七一年）は、一九六五年、彼を総行政長に任命した[230]。最終的に、彼の父カール・アウグスト・フォン・トゥルン・ウント・タクシス（一八九八年―一九八二年）の後継者として、ヨハネス・フォン・トゥルン・ウント・タクシスはみずからも侯の称号を受け、家長となった[231]。

今日の企業所有者は、一族所有のニュルンベルク農林銀行で職業訓練を行ったのち、絶えず経済問題に関心を向けてきた。しかし、一九四〇年代終わりにアメリカ合衆国へ長期にわたって旅行したことが、彼が理想とするトップ企業家のイメージを変えるきっかけとなった。ヨハネス・フォン・トゥルン・ウント・タクシスは、そこで、将来アメリカ合衆国大統領となる数人の他、大統領顧問ロックフェラーのような企業家や、フィデル・カストロといった人物たちとも知り合う機会を得た。たとえばトゥルン・ウント・タクシス銀行のような自企業における根本的な変革、産業部門や金融サービス部門への参加の増大、あるいは、ブラジル、アメリカ合衆国、カナダにおける不動産購入は、封建制貴族から貴族企業家への急激な変身を示している。しかしその背後には、とりわけ世代間の葛藤、つまり、相続した所有地やその社会的な価値に対する根本的に異なった考え方もあった[232]。

企業の刷新は、いくつかの段階を踏んで行われた。一九七〇年、未来の所有者ヨハネス・フォン・トゥルン・ウント・タクシスの委託で、企業の組織がアメリカの企業コンサルタント会社によって審査された。その結果、長年管財人を務めて退職する上級直領地長ヨーゼフ・シュナイダー博士の代わりに、プロの経営者が求められた。ヨハネス・フォン・トゥルン・ウント・タクシスは、いくつかのインタヴューで、その動機を説明している。一九六〇年代末、彼にとって、自分の企業はダイナミズムに乏しく、「国有鉄道のような官僚国家」に思えたというのである。ジャーナリズムは、それを「自家内の革命」と呼んだ[233]。

図 106　ヨハネス・フォン・トゥルン・ウント・タクシス侯、侯妃グローリアと子供たち。『貴族の系図手引書。侯家』(1984年) の公式写真。

「封建的な官僚国家」から現代的な企業への改造は、総行政長ヘルマン・メムマー博士の庇護のもと（一九七一年–八七年）でも迅速には進まなかった。約二十年後、過去と未来とのあいだの境界線はいまだ同じような言葉で描写された[234]。しかし、変化のスピードが遅いことに不満を抱きながらも、最近の数十年間で、企業の構造は大きく変わった。かつて企業が何十年間も地方化と集中化のプロセスを歩んだのに対して、今度は逆に、投資を国際化し多様化する戦略で、目的設定的な経営が行われた。その経過は、新しい経営陣の投入とともにさしあたりの頂点に達した[235]。

企業部門 営林と木材業

トゥルン・ウント・タクシス企業の現在の五つの重点部門は、たいてい「歴史上の核」を持っている。その核は的確な投資で拡大され、今日の経済的基準に従って効率を最大限に高められた。シュヴァーベンとバイエルンの広大な所有林は、伝統的に、目標を定めた林業の対象であったが、企業の重点部門である営林と木材業は、その伝統資産に基づいている。所有地に占める森林の割合が高かったため、営林は、トゥルン・ウント・タクシス郵便の喪失後ほぼ百年のあいだ、企業内で重要な位置を占めるようになった。森林は、今日でも、一族の財産の大きな部分である。しかし、最近の二十年間で経営政策が変化したため、企業のこの重点部門はかなり意義を失い、企業哲学の変化を示して、構造変革されねばならなかった。

地域の多様化を基本方針とする傾向は、トゥルン・ウント・タクシスの営林にも該当した。その傾向は、一九六〇年代、カナダの森林地域の購入で始まる。カナダの新しい所有林は、ドイツの山林よりも早く、垂直的分化への可能性を開いた。すでに購入の際に、価値が上がりそうな魅力的な所在地が検討された。たとえば、海岸線を所有林に取り込んだ。ここには、的確な投資のための出発点があったからである。それは別荘地の建設から魚や牡蠣の養殖業にまで発展した。垂直的分化へのこうした傾向は、ドイツにおいても効力を発揮した。単純な木材販売の代わりに、生産の連鎖が生まれた。それは、従来通りの営林から、自社の大製材所（TTS木材産業有限会社）を経て、その下請けの加工木材業にまで及んだ。営林企業部門は、今日、ドイツ（バイエルン州、バーデン・ヴュルテンベルク州）、カナダ

（ブリティッシュ・コロンビア州）そしてアメリカ合衆国（ジョージア州、フロリダ州）の営林地を経営している[236]。

企業部門　不動産と農業

不動産と農業が企業の第二の重点部門であり、それは十八世紀以来ドイツに存在した財務管理庁《レントカンマー》組織に遡る。農業部門の管轄下にあるのは、ドイツの古くからの所有地と、アメリカ合衆国（イリノイ州）とブラジル（マット・グロッソ州）で最近の数十年に新しく購入された土地である。ドイツ連邦共和国内における農業有効面積は約二千百ヘクタールであり、農場管理の年間売上高はおよそ千五百万マルクにのぼっている。農業経営では、この十年間で、収益性を上げるために、生産の特定化と機械化が進んだ。経済とエコロジーの関係に注目し、環境の負担を減らすために、化学肥料や農薬の投入を最低限に抑えている。

不動産部門の構成はもっと複雑である。まず、いわゆる「財務管理庁《レントカンマー》」がある。そこには、本来の不動産管理と、ドイツ、カナダ、アメリカ合衆国における一連の賃貸不動産が所属している。その他に、「トゥルン・ウント・タクシス不動産サービス有限会社」（ＴＴＩＳ）や「ＩＣ不動産投資コンサルティング有限会社」（ＩＣ）があり、そのオフィスの所在地は、レーゲンスブルク、デュッセルドルフ、フランクフルト、ミュンヘン、トロント（カナダ）、サンフランシスコ（アメリカ合衆国）、アトランタ（アメリカ合衆国）である[237]。ＩＣは、三億マルクを超える投資額で、北アメリカにおける不動産投資の領域でドイツのマーケットリーダーである。国際志向の投資家たちに、個人向け出資の可能性を提供している。この企業部門は、不動産事業領域の変遷を明らかにしている。ここでも、農林業あるいは賃貸料取り立てのような伝統的な形式に代わって、資産がダイナミックに運営されるようになった。不動産を管理するよりも不動産の価値を積極的に引き上げることを任務とする「流動資産経営」である。

図 107　トゥルン・ウント・タクシス企業は新市街区を開発する。1988年、レーゲンスブルクの「侯の競馬場」モデルプロジェクトの計画。

ドイツにおける目下の投資の典型的な例は、レーゲンスブルクの新市街区の開発である。それは「競馬場」プロジェクトと呼ばれている。旧市街の西にある二十ヘクタールの広大な草地は、一九〇二年から一九七一年まで、競馬場として利用されていた。トゥルン・ウント・タクシスは、その土地に対して、一九八三年／八四年、国際的な建築家コンペを公示した。そこでは、クオリティーの高い住宅をそなえ、都市計画の上で有意義な全体計画が目標とされた。バウハウス様式のさまざまなタイプの建物、隣接したショッピングセンター、歩行者と自転車用道路の分離した交通計画、三十％の緑地がその計画モデルを特徴づけている。整地済みの土地は、計画と開発を含めて、民間の建築主あるいは施行者に売却される[238]。このような土地利用は、所有不動産の伝統的な経営方式を打ち破るものである。ここでは、企業全体がめざすダイナミックな経営との連携が見て取れる。

企業部門　金融サービスと資本ポートフォリオ

トゥルン・ウント・タクシスが銀行に似た活動を行っていたことは、すでに十七世紀に証明できる。比較的現代的な資本ポートフォリオは、一八三〇年代、つまり、総行政長エルンスト・フォン・デルンベルクの時代まで遡る。今日、金融サービスという企業の重点部門は、ヨーロッパと北アメリカに分かれている。

ヨーロッパ金融サービスの中心は、「トゥルン・ウント・タクシス侯銀行合名会社」である。これは、西ドイツで比較的大きい親族所有の私銀行のひとつであり、所有者が完全な債務履行責任を負う数少ないものである。この銀行は、一八九五年に設立された株式会社に由来する。その株式は一九二三年、五万ライヒスマルクの額面価値でトゥルン・ウント・タクシスのものとなった[239]。この機関は、当時の企業哲学に応じて、ニュルンベルクを本拠地とする「農林銀行株式会社」という商号を用いた。アルベルト・フォン・トゥルン・ウント・タクシスの死後、一九五二年にはフランツ・ヨーゼフ・フォン・トゥルン・ウント・タクシスが、一九六四年には未来の後継者ヨハネスが所有者となった。ヨハネスは、以前の所有者たちとは違って、銀行の監査役会議長もみずから引き受けている[240]。さらに同年、ミュンヘンの証券取引所に支店を開設し、一年後には銀行の本店をそこに移転した。銀行は、経営を拡大し、国内外の縁故を利用して新しい取引領域へ参入を始めた[241]。顧客は、主に、中小の企業や裕福な個人客である。一九八八年、銀行の決算額はおよそ八億六千万マルクであった。銀行には約二百人の従業員を有する三つの支店がある[242]。

銀行は、国際的に活動するための起点となる企業部門であるが、その経営政策は、これまで以上に強く企業全体と一体となることによって、新たな目標を見出した。その経営の方法は、比較的小さい従属企業、いわゆる「いくつかの金融サービス小売業」を、魅力的な部分市場に細分化し、それらの市場を迅速かつ効率的に管理することにある。トゥルン・ウント・タクシスは、そのために、「信用間現金・有価証券仲介有限会社」（ＩＫＶ）、「トゥルン・ウント・

タクシス資産信託有限会社」（TTV）、「TTLトゥルン・ウント・タクシス賃貸有限会社」（TTL）、「トゥルン・ウント・タクシス投資コンサルティング有限会社」（TTBB）、ならびにチューリヒに拠点を置く「トゥルン・ウント・タクシス投資経営者株式会社」（TTIM）において、五十％以上、七十五％以下の比率で、出資を行っている。ブッチャー・アンド・カンパニー（フィラデルフィア）の共同経営者となることによって、アメリカ合衆国で金融インフラを構築するための一歩を踏み出した。それを通して、ドイツの投資家たちにも興味深いオファーを提供し、さまざまなプロジェクトを推進していくことができる[243]。アメリカ合衆国の事業には、ブッチャー・アンド・カンパニーの他に、「トラスティーズ・プライベート・バンク」、「アメリカン・トレード・パートナーズ」があり、アメリカ東海岸の大ブローカー業者のひとつ「ホィート・ファースト・セキュリティーズ」（リッチモンド／バージニア州）には二十五％以下の比率で出資している。

「侯の」ビール――「トゥルン・ウント・タクシス侯ビール醸造会社」

もちろん、企業グループのパレット上でもっとも色鮮やかなのは、シーアリングとレーゲンスブルクにビール工場を所有する「トゥルン・ウント・タクシス侯ビール醸造会社」である。この醸造会社は、いわば地域の看板である。というのも、その商標はレーゲンスブルクとその周辺ではどこでも、そして地域をはるか越えても目にすることができるからである。醸造会社の豊富な生産は、通常のヘレスからヴァイツェンビールを経てピルスナーや種々の特産ビールに至るまで、さまざまなビール種の在庫を完璧にそろえることができる。その中には、一九八八年以来、「ビールの中の黒パン」と宣伝される黒色ライ麦ビール「シーアリングのライ麦」もある。醸造会社の地域枠を越えたトップ銘柄は、「侯のピルスナー」である。従業員数は、一九八九年、約三百三十人であり、売上はおよそ八千万マルクだった。法的には、トゥルン・ウント・タクシス醸造会社は有限会社である[244]。

ビール醸造は、ずっと以前から、農業、あるいはむしろ法的には直領地の特定不動産の醸造販売権と結び付いていた[245]。第一次世界大戦前、合計で約百二十の小規模醸造所がトゥルン・ウント・タクシス家の散在する所有地に存在していた。これらの醸造所の生産能力は低かったが、その地域の供給に貢献していた。ボヘミアの醸造所のひとつでは、チェコの国民音楽の創設者フリードリヒ・スメタナの父が醸造主任をしていた[246]。トゥルン・ウント・タクシス家の醸造組織は、一九二〇年代以来、レーゲンスブルクの南にあるシーアリングの醸造所に集結した。一九五七年、「レーゲンスブルク醸造所株式会社」の取得とともに、関心はレーゲンスブルクに移る。会社は、「トゥルン・ウント・タクシス侯ビール醸造会社」の社名のもとに拡充された。トゥルン・ウント・タクシス醸造会社は、地域の数多くの小規模醸造所を獲得し、数年のうちに、東バイエルン地域で指導的地位を築くまでになった。今日、この醸造会社は、ミュンヘンとニュルンベルクの大規模醸造所に次いで、バイエルンの醸造会社で第六位を占めている。一九八〇年代初期、全生産量は、年間およそ七十二万ヘクトリットルにのぼった[247]。

企業部門　製造下請け業

トゥルン・ウント・タクシスが所有する工業部門の核は、プフォルツハイムにあるドドゥコ・グループである。ドドゥコ・グループは、電子産業や自動車産業で利用される貴金属含有の接触部原材料を製造する世界的な最重要メーカーのひとつである。プフォルツハイムのカメラー株式会社は一八七五年に創業された。一九五四年、トゥルン・ウント・タクシスは、最初の工業会社としてこれを手に入れた[248]。さらに一九七一年、当時千六百人の従業員を数えたドドゥコ合資会社の経営に参加する。ドドゥコ合資会社は、一九二二年に化学者オイゲン・デュルヴェヒター（一八

図 108　製造下請け業部門への参加。プフォルツハイムの「ドドゥコ」本社工場の航空写真。

九七年－一九八〇年）によって創立された貴金属産業のための金・銀精錬所に遡る。一九八七年以来、トゥルン・ウント・タクシスはその専有所有者である[249]。

生産と販売の海外への拡張は、一九六三年、パリとミラノに設立された販売会社をもって開始されたが[250]、無限責任社員としてトゥルン・ウント・タクシスが経営参加したのちに急発展した。一九七一年にはマドリードに製造工場を獲得し、一九八二年にそれを大規模に拡張して、ドドゥコ・エスパーニャ株式会社という商号を用いている。一九七六年には、アメリカ合衆国のニュージャージー州シーダーノウルズにアート・ワイアー・ドドゥコが、そして一九八二年には、ブラジルにドドゥコ有限会社（サンパウロ）が創設された。フランスのドドゥコ・フランス（パリ）販売会社には、ドドゥコ・イタリア（ミラノ）が加わり、一九七二年にはイギリスにドドゥコ有限会社（ノッティンガム）が、一九八四年には日本に代理店（東京）が設立されている[251]。

ドイツでは、プフォルツハイムとジンスハイムの製造工場が移転拡張された他、ダッハウ（バイエリッシェ金属工場有限会社）とレオンベルク（シュトーラー・ドドゥコ有限会社）の工場が企業群に合併された。ドイツ以外の工場は、フランス、スペイン、アメリカ合衆国、ブラジルにある。

ドドゥコは、情報・エネルギー技術、電子工学、自動車電気設備、表面加工技術・接続技術・触媒技術、貴金属再生の領域で製造している[252]。ドドゥコ会社の新しい活動分野のひとつは、自動車排気ガス・リサイクルシステムの製造であり、これは、大気汚染、とりわけ一酸化炭素、炭化水素、酸化窒素による環境悪化を軽減させるものである[253]。一九八九年、企業部門ドドゥコは、ほぼ三千人の従業員を雇用し、売上は約六億マルクであった[254]。

工業部門のもうひとつの経営参加は、プフォルツハイムのウニドール会社である。これは、精密打ち抜き機部品や工業電子機器の製造に集中している。従業員数はおよそ二百人、売上は約三千万マルクである[255]。トゥルン・ウント・タクシスの工業参加が進む方向は、製品提供の国際化であり、その際、欧州共同市場の設立を視野に入れた「ヨーロッパ化」が最優先事項である。

トゥルン・ウント・タクシス企業の今日の経営

一九八八年十一月、『インダストリー誌』は、「侯は改造させる」というタイトルで、トゥルン・ウント・タクシス企業の根本的な再組織化について報告した。その組織改造の目標は、二十一世紀への世紀転換期後、一九八三年に生まれた後継者アルベルトに現代的な企業を手渡すことである。以前の総行政長の代わりに、五人から構成される執行役会が置かれ、総代表ヘルゲ・ペーターゼン博士（一九四六年生）が議長を務める。企業の所有者は、監査役会の積極的な議長の役割を演じ、所有者と密接な関係を保持した合議制の経営スタイルが取られている。

総行政は持株会社として機能し、実際の経営は、各会社の首脳部に任せている。中央の執行役会のメンバーは、各企業部門の首脳部のメンバーではない。五人の役員にはそのつど、企業全体の中央権限のうちのひとつ、またはいくつかが割り当てられ、概して、五つの企業部門のうちのひとつが配分される。再組織化の目標は、ある雑誌報告の中で、次のように特徴づけられている。「新しい総代表ヘルゲ・ペーターゼンは、何世紀もの塵を巻き上げ、再組織化と会社買収によって、巨万の富の帝国を立ち上げる準備をしている」[256]。今日の企業組織は、すでに述べた五つの部門へ企業を分類している。さらにこれに、いくつかの「特別部門」が加わる。その中には、美術コレクション、宮殿、図書館・文書庫、寄付や基金などがあり、今日の企業所有者は、自分は「博物館長」のように感じると発言した[257]。

「企業設立」から五百年ののち、トゥルン・ウント・タクシスは、産業のあらゆる部門に見られる。第一次産業部門、工業、そしてサービス部門である。今後は、基本的には、農業・林業の資産部分から資本を引き揚げ、より利益の多い部門、たとえば、マイクロエレクトロニクス、不動産サービスや金融サービス部門へ投資していく予定である。

トゥルン・ウント・タクシス家の資産については推測するしかないだろう。正確な数字が公表されていないからである。林業・木材業、不動産・農業、金融サービス・資本ポートフォリオ、ビール醸造、製造下請け業の各部門を持つ企業の他に、個人の所有地と不動産、そして価値評価の難しい美術コレクションが資産に数えられる。資産全体の

図 109 プフォルツハイム、ドドゥコ株式会社の製品から、精密機械部分。

大部分が国内と西ヨーロッパにある。外国の所有地は、アメリカ合衆国、カナダ、ブラジルに分散し、企業活動は、西ヨーロッパ、アメリカ合衆国、ブラジルで行われている。

郵便企業から資産管理へ

ある意味で、トゥルン・ウント・タクシスは、出発点に戻ってきた。サービス業を行っていた初期の企業から、五百年を経たのちに、サービス業経営へと再帰したのである。かつての郵便経営者は、大土地所有者として百年の長い眠りを貪ったあと、いまや金融サービス業分野で活動している。もちろん、今日の企業は、かつての企業と同じ戦略上の立場を有してはいない。フランツ・フォン・タクシスによって創設された郵便企業は、世界で無比のものだった。それはヨーロッパに新しいインフラ構造を築いたのである。今日の企業は、経営が多角化された、むしろ「普通の」大企業であり、それに相応する組織構造と経営スタイルの特徴を持っている。バイエルンのビール醸造者、ヴュルテンベルクの林務官、ブラジルの農業労働者、そしてアメリカ合衆国の銀行家のあいだに、「結束した団体のアイデンティティー」をつくり上げることはできない。しかし、トゥルン・ウント・タクシスの場合、多分化した企業組織は何ら不都合ではない。資産の多角化は、長期的な安全を提供してくれるからである。企業のどの部門も処分するつもりはなく、改革の熱意を持ちながら、むしろ現在の分散状態で改造し、強化していく方針である。企業の各部門は、「協力」関係へと歩み寄り、新しい購入は、現存する企業の重点を有意義に補完し、拡張しなければならない。その際、経費が過度にかさんだり、権限の委譲や脱中心化のコンセプトを妨害してはならない。そうすることによって、多角化と「経営の集中」とのあいだのバランスが達成される。

結語

商人ルードヴィヒ・フォン・シュクラーの後継者として、カール・アレクサンダー・フォン・トゥルン・ウント・タクシス侯は、一七九九年、フリーメーソン結社のレーゲンスブルク支部「三つ鍵の成長者」の「大親方」になった。代理人は、実際の生活とほぼ同じように、政府長官アレクサンダー・フォン・ヴェスターホルト伯（一七六三年―一八二七年）[1]だった。そのロッジは、諸規約によって、啓蒙主義に典型的な理想を信奉した。フリーメーソン組織のロッジ活動は、啓蒙主義の時代、ドイツでは大きな役割を果たしていた。皇帝ヨーゼフ二世からヨハン・ヴォルフガング・フォン・ゲーテに至るまで、その時代の多くの指導的人物たちがそうした結社に所属していた。彼らは、啓蒙主義の世俗運動の意味で「理性的な」社会改革に関心を持ち、考えを同じくする者たちのネットワークをつくった。その目標は特に、通常の生活の階級制度、つまり宗派や身分の差を回避し、非公開で、自由なコミュニケーションを樹立し、博愛主義的に公共のために活動し、「兄弟のようにひとつになった人類という世界市民的な夢」を見ることであった[2]。レーゲンスブルク・ロッジは、このネットワークに組み込まれている。宗教を否定しなかったが、しかし「理性」が「姉妹のように」教会を援助した[3]。毎月、隔週の土曜日に、選ばれた人々が「ロッジ会議」に集まった。一八〇四年、「三つ鍵のカール」と改名されたそのロッジには、九十八人のメンバーがいた。比較的大きなロッジのひとつであった。他の多くのロッジと同様[4]、このロッジも中心へ向かって組織されていた。その中心とは、トゥルン・ウント・タクシス企業であった。

メンバーは、レーゲンスブルクでは、侯の他に、少なくともトゥルン・ウント・タクシスの七人の顧問官、三人の宮廷騎士、三人の近侍であった。レーゲンスブルク、アウクスブルク、ミュンヘン、ウルム、シュトゥットガルトの各帝国上級郵便局長たち、そしてシュヴァーベンにあるトゥルン・ウント・タクシスの領邦行政の成員たちも会員だった。それ以外に、およそ三分の二の独立会員、つまり、外交官、将校、商人、医者、聖職者、印刷業者、音楽家がいた。ウィーンの「作曲家」、オッフェンバッハの指揮者、フルダの司教座教会参事会員、ダルムシュタットのシュトルベルク・シュトルベルク世襲伯、ギーセンのバルザー教授[5]、ストックホルムのスウェーデン枢密書記官フォン・シェールビングである。数人の会員は、名前を伏せることを好んだ。一七五六年にフリーメーソン活動に従事することになった帝国設営係将校H・G・フォン・ミュラーだけが、「親方」ヴェスターホルトの他に、第七ロッジ位階を持っていた[6]。侯家の座長であり、ロッジ会員だったエマヌエル・シカネーダーは、オペラ『魔笛』の台本を書いた。その作曲家ヴォルフガング・アマデウス・フォン・モーツァルトは、ウィーンの子ロッジ「桂冠希望」の会員だった[7]。おそらく『魔笛』は、公表されたフリーメーソン活動のもっとも有名な綱領であろう。ここでは、その目標が聴衆に紹介されている。「真実を求め、徳を行い、神と人間を心から愛する。これが我々の合言葉であれ」[8]。

トゥルン・ウント・タクシス家出身の皇帝特別主席代理は皆、フリーメーソン会員だった[9]。アレクサンダー・フェルディナント（一七〇四年—七三年）は、パリで秘密結社活動と接触し、レーゲンスブルクで最初のロッジ「誠実なシャルル（Charles de la Constance）」を創立した。ブランデンブルク・バイロイト女辺境伯ゾフィー・クリスティーネ・ルイーゼとの結婚から生まれた息子カール・アンゼルム（一七三三年―一八〇五年）は、一七六二年、「帝国とネーデルラント郵便の経理総監」リーリエン男爵とともに、バイロイト宮殿の有名なロッジ「太陽」に迎えられた。一年後、彼は親方の位階を得て、レーゲンスブルクのロッジの会員となった。一七六七年、「ドイツ語の」ロッジ「三つ鍵の成長者」が創立される。これは、ハーグの大ロッジに範を取り、数年のうちに、独力で、十四の子ロッジを設立している。その中には、ウィーン、ミュンヘン、ライプツィヒのロッジもあった。遂に、第三代の皇帝特別主席代理であるカール・アレクサンダー・フォン・トゥルン・ウント・タクシス（一七七〇年―一八二七年）は、みずから、レーゲンスブルクの親ロッジのトップに立ったのである[10]。

十八世紀にトゥルン・ウント・タクシスによって営まれた多くの文化的活動は、フリーメーソン精神を背景にすることによってしか理解できない。ここでは、たとえば、一七七九年／八〇年につくられ、レーゲンスブルク市を取り囲む公共の緑地帯である「カール・アンゼルム並木通り」の建立が考えられる[11]。一七六〇年、「フランスの演劇」のために市立屋内球技場の譲渡契約がレーゲンスブルク市と結ばれた。アレクサンダー・フェルディナント侯の時代は、「コメディー＝フランセーズ」の完全な影響下にあり、彼の後継者のもとでは、イタリアのオペラがこれに続いた。フランツ・ルードヴィヒ・フォン・ベルベリヒ男爵[12]の庇護のもとでドイツ演劇部門が設立されたことは、新聞雑誌によって非常に賞賛された。一七七八年七月、ベルリンの『文学・演劇新聞』は、ある批評の中で、「皇帝特別主席代理トゥルン・ウント・タクシス侯殿下の」保護をほめたたえている。たとえば、啓蒙思想家ゴットホルト・エフライム・レッシング（一七二九年―八一年）の戯曲が上演され、その中には、『ミス・サラ・サンプソン』や、もちろん、『ミンナ・フォン・バルンヘルム』もあった。一七八一年、皇帝ヨーゼフ二世は、「ファルケンシュタイン伯」としてお忍びで、宮廷劇場を訪れている。ドゥニ・ディドロの『一家の父』が演じられた。カーテンが下りたのち、皇帝はみずからの素性を明らかにし、祝儀で俳優たちに表敬した[13]。

社交生活を促進するため、トゥルン・ウント・タクシス侯のレーゲンスブルクの宮廷では、独自の宮廷音楽が演奏され、いくらか有名になった。音楽監督として、理論家ヨーゼフ・リーペル（一七〇九年―八二年）と監督テオドール・フォン・シャハト男爵（一七四八年―一八二三年）が際立った[14]。当然のことながら、帝国議会都市の祝宴文化においても、皇帝特別主席代理は、皇帝の代理人として主要な役割を果たした。一七四八年、皇帝特別主席代理の到着時にはすでに、公式の式典が執り行われた[15]。帝国郵便総裁の経済的な背景を基盤に、帝国議会の交際術は予想外の規模になった。皇帝の就任、皇帝家の誕生、結婚、死亡は、従来よりも豪華に挙行された。行列、花火、「祝賀射撃祭」が、帝国都市の祝宴文化を形成した。公式の国家行事の他に、一連の公開娯楽があった。たとえば、トゥルン・ウント・タクシスも出演した獲物の狩り立て芝居である[16]。E・P・トムスンの研究以来知られているように、覇権を得ようとするそうした自己演出の形式は、十八世紀においてもしばしば、肉体的な強制よりも、父権主義的な権威を強化した[17]。

宮廷図書館を迅速に建設するために、トゥルン・ウント・タクシスは、「首相」でありフランクフルトの上級郵便局長であったフランツ・ルードヴィヒ・フォン・ベルベリヒの指揮のもとで、学識豊かな人々の蔵書を購入していく。その中には、一七七七年、五千八百グルデンで買い入れられたヨハン・アダム・フォン・イックシュタット男爵（一七〇二年―七六年）の有名な蔵書もあった[18]。一七七三年以降、新しい蔵書を調達するために予算が定められた。たとえば、一七七六年には、ヴォルテールの『全集』二十四巻を百九十八グルデンで入手している。一七七九年以来、光明会員フランツ・ヴィルヘルム・ロートハマー（一七五一年―一八〇一年）を最初として、常勤の司書が雇用された。その図書館の特徴は、遅くとも一七八二年以後、「尊敬すべき読書好きの男性は誰でも利用できるように」公開されている点だった。開館時間は決まっており、作業室には紙と筆記用具がそなわり、読書室には時事的な「学術雑誌」が置かれ、館外貸出のために貸出期間があった[19]。一七八六年以降は、ヴェスターホルトが図書館を監督していた。

神学に関する著作は、この図書館にはほとんどなかった。中心は、法学、国家学、官房学、哲学に関する著書であった。イマヌエル・カントの『純粋理性批判』はすぐに入手された。さらに文学が加わった。ゲーテの『四巻本著作』を一七八七年の出版年には早くも購入している。同時代の図書館記述は、レーゲンスブルクにあった侯家の「公開図書館」に四十六ページもの紙面を割いている[20]。

侯領に格上げされた伯領フリードベルク・シェールの管理者たちは、啓蒙された模範国家の建設を求めて努力した。そこでは、一七八六年以降、有能な法学者たちが、臣民の安寧を促進する目的で、体系的なラント法をつくるよう尽力していた。法典のひとつの序言には、「なぜそのように支配されるのかを知る」臣民の権利について言及されている。法文はすべて理性的で許容できるものでなくてはならなかった。その小邦は、こうした背景のもとで、ヨーロッパの大国よりも早く、近代的な立法を有していた[21]。トゥルン・ウント・タクシスの司書カイザーは、帝国議会の都市における啓蒙主義の普及度について憂慮していた。その際、彼は、「帝国議会の」影響圏を、都市と司教区本部の影響圏とは明確に区別していた[22]。宮廷医ヤーコプ・クリスティアン・ゴットリープ・シェッファーは、医療状況に関する初期の概観の中で、帝国議会都市ののびのびとした暮らしぶりと実際に行われている寛容を強調し、そうした雰囲気は歴代の皇帝特別主席代理たちによっても形成されているとした[23]。トゥルン・ウント・タクシス家が芸術史および文化史に寄与した貢献は本書の対象ではないが[24]、しかし、企業経営が帝国郵便の最盛期にその力を汲み取っていた精神的な源に目を向けることは意義深いと思われる。

トゥルン・ウント・タクシスは、決して「静かな」企業ではなかった。すでに一四九〇年、最初のタクシス郵便の騎馬配達人たちは、彼らの到来を大きな音で予告した。昼も夜も鳴り渡る郵便ラッパの響きは、速度の総体、時代全体の象徴となった。郵便ラッパは、馬を迅速に交代させ、道路では荷車をわきにやり、遮断棒や市門を開けることを要求した。フランツ・フォン・タクシスは、一五〇五年、ハプスブルク世界帝国のヨーロッパ地域で郵便の独占権を得ると同時に、郵便ラッパの単独使用を確保していたのである。それは帝国郵便の象徴[25]、またそれを越えて郵便一般の象徴となった。今日いまなお、中欧では、郵便ラッパが様式化された形で郵便ポストを装飾している。郵便の色は、金地に黒鷲という皇帝の紋章に由来する。黄色は、今日でも、ドイツや他の多くの国々で郵便を表す色である。宿駅は常にその土地のきわめて大きな宿屋でもあったが、帝国郵便やトゥルン・ウント・タクシスの盾形紋章は、そうした宿駅で人目を引いた[26]。現在でも、それらの宿屋のうちの非常に多くが、「郵便旅館」という名である[27]。

コミュニケーションの可能性が改良され、ヨーロッパの人々は従来よりも接近した。ブリュッセル―パリ間を一日半、ブリュッセル―インスブルック間を五日、ブリュッセル―ナポリ間、あるいはブリュッセル―グラナダ間を二週間。十六世紀初頭、これは法外な速さだった。手紙を送る者は、迅速な返信を期待できた。手紙の書き手は、返信の間隔が長く空きすぎると謝るようになった。文通者は誰でもが、アルブレヒト・デューラーのようにみずからの怠慢を認めるわけではなかった。デューラーは、ニュルンベルクの友人ヴィリバルト・ピルクハイマーに、自分はただ手紙を書くのを「怠けてしまった」のだと直截に伝えている[28]。十六世紀半ば以降、タクシス郵便路線では、定期的な出発時刻と到着時刻があった[29]。郵便の毎週のリズムが、商用通信や私信から種々の「新・新聞」に至るまで、十六世紀の情報伝達を特徴づけた[30]。

このようにして、新聞業界の初期にはタクシス郵便が関与していた。有名な『フッガー新聞』に見られるように、定期的な郵便連絡の創設とともに、情報が書信から独立し始める[31]。大規模な郵便局は、情報が合流する地点につくられた。タクシスが友人たちに情報を迅速に渡したり、売ったり、あるいは少なくとも、選択された情報を即座に的確に定期的に伝えるために郵便組織を使ったことは当然である[32]。明敏な印刷業者たちは、センセーショナルなニュースをさっさとタクシス郵便の名で公表し、タクシスの評判の良さを利用した。それゆえ、一五二七年、アウク

Anno 1747. (No. 1.) 2. Januarii.

Montägige

Ordentliche wochentliche

Kayserl. Reichs-

Post-Zeitung,

In Franckfurt am Mayn.

図 110　新聞制度の開始に根差していた。(トゥルン・ウント・) タクシスのフランクフルト上級郵便局は、1609年—1867年、新聞を発行した。

スブルクの印刷業者は、ドイツの傭兵によるローマの略奪、つまり「サッコ・ディ・ローマ」＊に関する新聞を、ローマの郵便局長ペルゲリン・デ・タッシスの名で売ったのである[33]。

まもなく、タクシス郵便局長たちは、最新のニュースを載せた新聞をみずから印刷させるほどにまでなった。そもそも、最初の定期的なドイツ語の新聞は、タクシス郵便と密接に関係していた[34]。一六一七年、フランクフルトの新聞発行者エ

＊　**「サッコ・ディ・ローマ」**　一五二七年、神聖ローマ皇帝カール五世の軍が、ローマで殺戮、破壊、強奪などを行った事件。給料を支払われていなかった傭兵の怒りが頂点に達していたと言われる。この頃、イタリア権益をめぐって、フランス王家とハプスブルク家とのあいだで衝突が繰り返されていたが、一五二五年のパヴィアの戦いで、フランス王フランソワ一世は敗れ、カール五世の捕虜となった。しかし釈放後、再びカール五世に対抗し、教皇クレメンス七世もフランスを支持したのが、この事件のきっかけとなった。

メルとタクシス郵便局長フォン・デン・ビルグデンは、自分たちの二つのライバル新聞が理由で争いになった。仲介を依頼されたマインツ選帝侯は、「公共の報告や新聞はいつも郵便局にあった」と強調した[35]。多くの郵便局は、みずから新聞を発行した。常にもっとも有名だったのは、フランクフルトの『週刊定期郵便新聞』であり、その表紙絵にはラッパを吹く騎馬郵便配達人が描かれていた。改名された『フランクフルト上級郵便局新聞』は、いつも親皇帝派で反プロイセンであり、一八六六年のプロイセン軍による占領まで発行されていた[36]。ウェストファリア条約のようなセンセーショナルなニュースは、信頼性を高めるために、表紙に騎馬郵便配達人を描いた。本書のカバーに選択された「平和をもたらす郵便配達人」のようにである。信頼性と迅速性が郵便の特徴であり、一六九一年、ハンブルクでは、『飛ぶように速い郵便馬車の御者』という名の新聞が発行された[37]。今日なお、かなり多くの新聞が「Post（郵便）」という概念をその表題に持っていることは偶然ではない[38]。

さらに郵便馬車による旅行は、重要な革新をもたらした。「郵便による」旅客運送は、一五一五年以降、史料で証明することができる。アウクスブルクの商人ルーカス・レム（一四八一年―一五四一年）は、その有名な日記の中で、「郵便路線を使った」旅行について報告している。報告によれば、彼は馬を交換して六日間でブリュッセルからアウクスブルクへ行き、毎日、三から五の宿駅を通ったという。アウクスブルクからブリュッセルへの帰途では、二十三の「宿駅」にほぼ七日間以上を要した。数年後、レムは、アントウェルペンからブリュッセルを経てシュトラスブルクまで、「日に二つの宿駅」を進んだ[39]。フランツ・フォン・タクシスとスペインのカルロス一世のあいだで結ばれた一五一六年の郵便契約は、タクシス郵便による民間人のための「旅客郵便」に、郵便局長たちの特別報酬を定めていた[40]。「旅客郵便」を用いての馬による旅行は、その信頼性ゆえに人気があった[41]。たとえば、一五四九年、ブラウンシュヴァイク公エーリヒがローマへ旅行したときのように、身分の高い人たちも「郵便路線を使って」騎行した[42]。もちろん、郵便馬車の時代にも、郵便路線を使った旅行が当たり前だった。一七八二年の教皇のドイツ旅行がその一例である[43]。フリードリヒ・ニコライのような批判的な旅行者も、たいてい、郵便馬車旅行の質の高さを賞賛している[44]。

郵便旅行案内書や郵便地図は、観光を刷新した[45]。すでに初期印刷本の中には、曲がりなりにもローマへの旅程とローマの観光名所を記述したガイドブックがある。しかし、のちの旅行作家たちは、この初期の旅行案内書について手厳しい意見を述べている。たとえば、マルティン・ツァイラーは次のように書いた。「現存する小旅行書は、案内書というよりはむしろ道を迷わせるものである」[46]。一五六二年、新しい種類の旅行手引書が出版される。ローマにいたジェノヴァ人郵便局長ジョヴァンニ・ダ・レルバの『世界のさまざまな地域への郵便旅程』である。一五六二年と一六七四年のあいだに少なくとも十九版を重ね、最初の四年間で七版を数えた。イタリア語の初版の扉に描かれた騎馬郵便配達人の絵の下に、謎めいた言葉「RAIT FLVCX」が書かれている。研究書によれば、これはタクシス郵便配達人たちの掟「速く走れ！（Reite flugs!）」のことである[47]。中欧と西欧に関するその旅行案内書は、空間的には、メッシーナ（シチリア）からアントウェルペン、ウィーンからリスボンやセビリアまで伸びている。ローマからアントウェルペンまでの距離は九十八の宿駅に、マドリードからアントウェルペンまでは百七の宿駅に区分されていた[48]。マインツの帝国郵便局長でトゥルン・ウント・タクシスの宮廷顧問官だったフランツ・ヨーゼフ・ヘーガーの旅行案内書は有名になり、一七六四年以来、数多く重版された。ヘーガーは、その図版に、別の有名なタクシス郵便局長、「マースアイク帝国上級郵便局長」ヨハン・ヤーコプ・ド・ボアの「郵便地図」を使った[49]。ブラウンシュヴァイク帝国郵便局長ヨハン・フリードリヒ・ティールケ[50]やマインツ郵便局長フランツ・マクシミリアン・ディーツ[51]の出版物、またトゥルン・ウント・タクシス郵便職員ヨハン・ゴットリープ・クリスティアン・ヘンチェルとウルリヒ・ヘンチェルの郵便地図は、何度も版を重ねている[52]。

タクシス郵便の活動範囲は、ハプスブルク世界帝国の分割ののち限定された。十六世紀末頃、スペインとイタリア

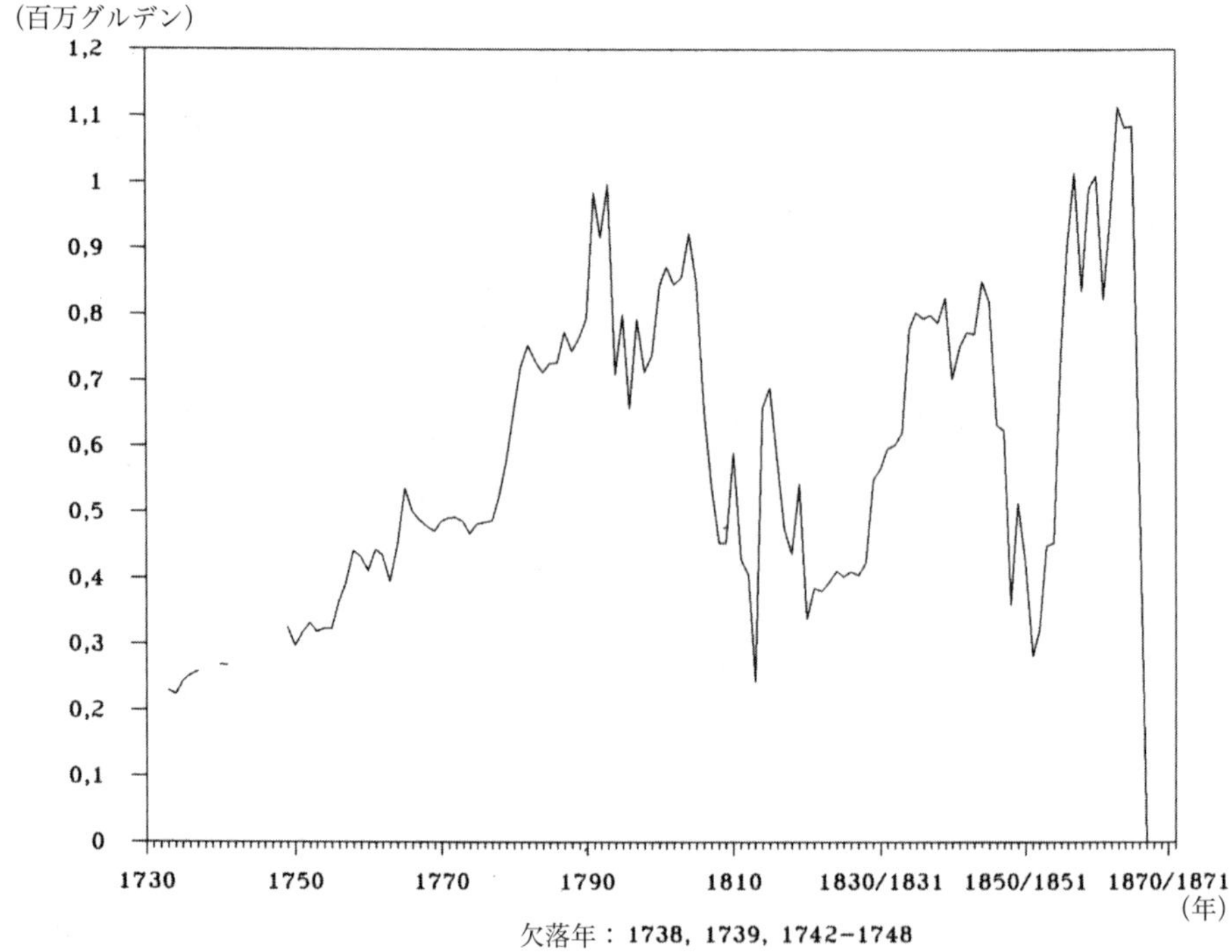

グラフ 34　1733年―1866年／67年のトゥルン・ウント・タクシスの郵便収入

のタクシス路線は独立し、フランス、オランダ、オーストリア、その他の国々では、まもなく国営の郵便組織が競合した。帝国内では、十七世紀に、プロイセン国営郵便というライバルが出現する。それは、二百年を超えて、親皇帝派の民営企業トゥルン・ウント・タクシスと徹底的に戦うことになり、一八六七年、最終的にタクシス郵便を接収する。ビスマルクの郵便長官ハインリヒ・フォン・シュテファンですら認めていたように、ヨーロッパの郵便制度をめぐる（トゥルン・ウント・）タクシス家の歴史的功績をどう判断するかは自由である[53]。技術的な専門概念の発展から消印や切手制度に至る詳細な事柄まで、コミュニケーションの制度史は、トゥルン・ウント・タクシス企業史と結び付いている[54]。一九五二年、ブリュッセルで開かれた世界郵便会議を機に、ベルギー郵便は、（トゥルン・ウント・）タクシス家出身の郵便総裁たちを追想し、切手シリーズを発行した。彼らは初期のネーデルラント郵便にも関与し、一七九〇年まで、ベルギーの郵便制度を指揮していた[55]。

郵便史は、トゥルン・ウント・タクシス企業史の核である。十八世紀における帝国郵便とネーデルラント郵便の信じがたい利益は、これまで推測されてきただけであったが、「総会計課報告」のおかげで正確に算定することができた。「総会計課報告」には純益が記入されたので、郵便経営の再投資率ははっきりしている。宮廷交際費は帝国議会の皇帝特別主席代理職と関係していたが、郵便経営からその宮廷交際費と所有地購入へ支払われた利益額は、史料を用いて充分に証明することができる。一七八五年、二百十万グルデンでフリードベルク・シェール伯領を購入したことは影響が大きかった。蓄積された資本の大部分を使ってしまったからである。一見すると、この投資は企業とは何ら関係がなかったように思われる。しかし、そこには複雑な関連が存在した。伯領の購入と侯領化は、帝国議会での議席と投票権を確保し、それは、皇帝特別主席代理と帝国郵便総裁の政治上の重要性にとって不可欠だった。ある種の政治的重みだけが、郵便が国営化されるのを延期することができるように見えた。事実、「トゥルン・ウント・タクシス郵便」の場合、少なくとも一部はそうした思惑どおりになった。一七九〇年以降、ネーデルラントと帝国郵便の国営化が徐々に始まった。しかし、トゥルン・ウント・タクシスの企業経営は、その政治的重要性の結果、部分的な国営化のほとんどすべてに対して豊富な補償を手に入れることができた。そのための基礎は、一八〇三年の帝国代表者会議主要決議で保証された郵便権と、一八二〇年のウィーン最終規約で確保された相応な補償に対する権利だった。

ドイツにおける大所有地は、その大部分が、一八〇三年から一八二三年のあいだの郵便補償に遡る。トゥルン・ウント・タクシスは、きわめて短期間のうちに、補償によって所有地を得た。所有地利益は、一八三〇年代以降、郵便利益と同等になった。その前提となったのは、所有地を厳しく管理し、最新の農林業の基準に従って所有地を経営することだった。それは、都市化と急激な人口増加の時代、利益の成長を保証したのである。侯家の「直領地」の管理

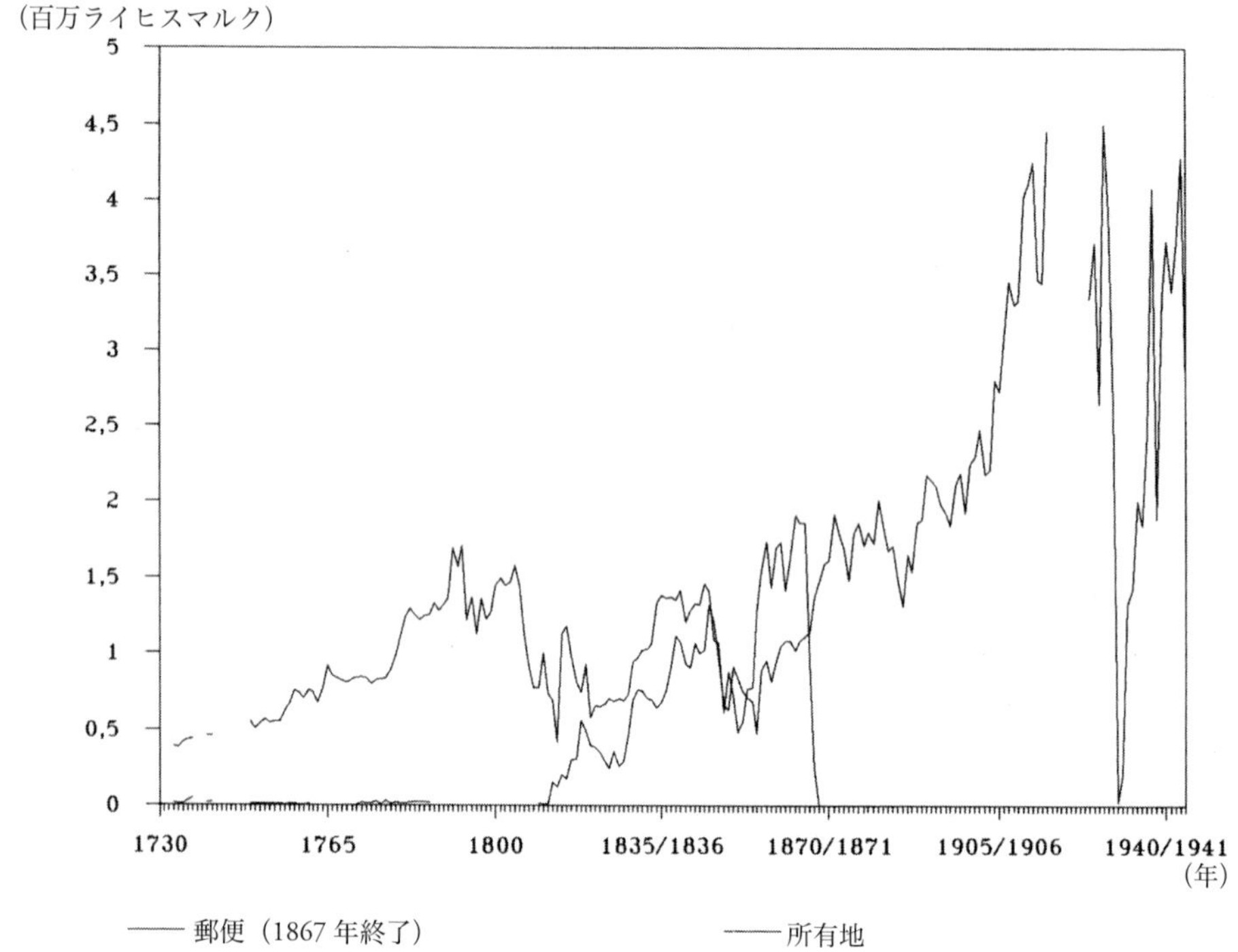

グラフ 35　1733年—1945年の郵便利益と所有地利益（1875年以前は換算。インフレ時代を除く）

は比較的独立して行われていたが、特にボヘミアでは、大規模な産業が経営された。その中では、ドブラヴィッツ製糖工場とピルゼン近郊の「マティルデン鉱山」がとりわけ言及するに値する。フランクフルト・アム・マインの総郵便管理局長官は、帝国郵便時代の経験に基づく充分な知識を持った老練なフリンツ・ベルベリヒ男爵だった。法的な状況が困難だったにもかかわらず、その総郵便管理局が、六十年のあいだに、トゥルン・ウント・タクシス郵便を戦闘力のある経済企業に発展させた。その企業は——古い常套句ではあるが——十九世紀のすべての技術的革新をみずからの経営に統合していった。鉄道と蒸気船は、郵便馬車より採算が取れるところで投入された。

　十九世紀半ば頃、タクシス企業は、土地負担の償却、あるいは土地所有と関係した古い封建法の廃止に対する経済的補償によって、莫大な自由資本を手にした。土地の追加購入には、この資本の一部しか使われなかった。国債と株式へ出資することで、新しい投資の可能性が開かれていたからである。当時の経営陣は、イデオロギー上の障害のため、劇的に成長していた利益の多い産業分野への投資を避けていた。多額の株式を購入することで鉄道建設に共同出資し、バイエルンの「東部鉄道」で成功した。土地価格はまさにトゥルン・ウント・タクシスの広大な所有地で上昇し、鉄道建設は木材産業を大いに活気づけ、そして新しいインフラの構造的経済政策は、地域産業の迅速な発展をもたらした。当然、その結果として、労働力が流入して農業の利益にもなった。

企業は、一八六七年にトゥルン・ウント・タクシス郵便を最終的に失うと、変革が崩壊につながらないよう硬直化した。しかし、企業の構造だけではなく、性格も変化する。かつてのダイナミックな企業は、土地所有分野に集中し、むしろ頑固な管理機関へと変貌した。それは、基本的には現存するものを管理し、さらに獲得した資本の多くを土地所有に再投資するか、消費に回した。ヴィッテルスバッハ家の公女ヘレーネが企業を経営して以来、消費は再び、皇帝特別主席代理職時代にひけをとらない規模になっていた。この停滞の時期、株式資本額の絶対数は減少した。十九世紀末、所有地獲得に照準を合わせた企業政策は完全に疑わしいものになっていたが、その不確実性は予想される土地改革で明らかになった。第一次世界大戦後、ポーランド、チェコスロヴァキア、ユーゴスラヴィアの所有地は、土地改革によって価値を失った。かつての広大な所有地のうち、バイエルンとヴュルテンベルク、つまり今日のドイツ連邦共和国の土地だけが残ったのである。

トゥルン・ウント・タクシスは、「長期にわたる」企業史を提供してくれる。トゥルン・ウント・タクシス企業史がたいていの他の企業史と相違しているのはこの点だけではない。多くのセンセーショナルな要因も異なっている。フランツ・フォン・タクシスは企業を設立しただけではなく、いわば世界を変えた人物であるが、彼の革命的な考えはまずもってこの要因のひとつである。所有者一族が五百年を超えてひとつの企業を経営し成功を収めているという持続性、これは驚くべきものである。この企業は、少なくとも二百年以上にわたり無比のものであり、当時、有能な経営者を特に自社領域から獲得することができたのも不思議ではない。郵便国営化という世俗の傾向がトゥルン・ウント・タクシス郵便にも波及したのち、企業の資本が他の資産形態へと変化していったことは興味深い。企業史はマクロ経済の動向に組み込まれている[56]が、しかし高度工業化の時期におけるトゥルン・ウント・タクシスの場合のように、個々の企業史は、大きな逸脱を、そして時には、逆方向の展開さえも見せる。トゥルン・ウント・タクシス企業が依然として存在しているだけではなく、停滞期ののち、かつての革新をめざす意志を受け継いでいることは注目に値する。その際、企業の成功多き長き歴史は、負担になると同時に鼓舞してくれるものなのかもしれない。

訳者あとがき

本書は、Wolfgang Behringer, *Thurn und Taxis. Die Geschichte ihrer Post und ihrer Unternehmen.* Piper Verlag, München 1990の全訳である。

著者のベーリンガーは、一九五六年ミュンヘンに生まれ、二〇〇三年ザールラント大学（ザールブリュッケン）の近世史の教授職に就き現在に至っている。一九八五年ミュンヘン大学で博士号を（"Hexenverfolgung in Bayern"『バイエルンにおける魔女狩り』）、また一九九七年ボン大学で大学教授資格を（"Im Zeichen des Merkur"『メルクールの標識のもとに』）取得した。ベーリンガーは大学内外のアカデミックシーンで意欲的に活動しているだけではなく、ジャーナリズムで発言したり、ラジオ番組に出演するなどして、魔女、郵便、気候、スポーツといったさまざまなテーマを文化史という視点からわかりやすく論じてきた。本書以外の最近の主要著作には以下のようなものがあり、版を重ねている。また次に挙げるように、ここ数年、各国語へのベーリンガー翻訳ブームとも言える現象が見られ、本書の他にも、二点の邦訳が予定されている。

Hexen. Glaube – Verfolgung – Vermarktung.（『魔女。信仰—迫害—商品化』）C.H. Beck-Verlag, München 1998.（二〇〇五年には中国語、二〇〇八年にはイタリア語に翻訳されている）

Im Zeichen des Merkur. Reichspost und Kommunikationsrevolution in der Frühen Neuzeit.（『メルクールの標識のもとに。帝国郵便と近世初期のコミュニケーション革命』）Verlag Vandenhoek & Ruprecht, Göttingen 2003.

Witches and Witch-Hunts. A Global History.（『魔女と魔女狩り。ひとつの世界史』）Polity Press, Cambridge 2004.（二〇一三年以降、日本語、チェコ語、中国語への翻訳が予定されている）

Kulturgeschichte des Klimas. Von der Eiszeit bis zur globalen Erwärmung.（『気候の文化史。氷河期から地球温暖化まで』）C.H.Beck-Verlag, München 2007.（二〇一〇年には英語、ハンガリー語、チェコ語、二〇一一年には韓国語の訳書が出ている。また二〇一三年以降、中国語、イタリア語、日本語、トルコ語への翻訳が予定されている）

Kulturgeschichte des Sports. Vom antiken Olympia bis ins 21.Jahrhundert.（『スポーツの文化史。古代オリンピックから二十一世紀まで』）C.H.Beck-Verlag, München 2012.（二〇一三年以降、中国語への翻訳が予定されている）

タクシス郵便の概要についてはすでに日本語で出版されたいくつかの著作がある（後出の主要参考文献を参照されたい）。しかしトゥルン・ウント・タクシスの詳細な郵便史、またそれにとどまらず、家族史・企業史を含めたトゥルン・ウント・タクシスの全貌を日本語で知りうる基礎的な文献は本邦訳だけであると思われる。

さらに本書のテーマを敷衍し、広くメディア論と関係させているという視点から、先に挙げた『メルクールの標識のもとに。帝国郵便と近世初期のコミュニケーション革命』に言及しておきたい。これは、ベーリンガーの大学教授資格取得論文であり、厖大な文献と史料を駆使して執筆され、二〇〇三年に出版された力作である。近世史家のベーリンガーはそこで、産業革命と近代化により歴史が加速する以前、歴史が停滞していたと一般には思われていた十五世紀以後の近世初期をコミュニケーション史の独自の時代とみなし、「印刷革命」と並んで、近世に発展した「ユニヴァーサル・メディア」である郵便制度が近代のメディア革命を発動させた「変革の担い手」であるとしている。そのうえベーリンガーは、コロンブスとともにヨーロッパにおける空間と時間の知覚を決定的に変えたのは、グーテンベルクではなく、「郵便制度の発明者」フランツ・フォン・タクシスであったと論じる。「Post（宿駅）」による空間分割のシステム、それに伴う空間と時間の概観化と計量化は、本書でも詳述されている。またヨーロッパ大陸を縦横断する郵便路線の導入と郵便の周期性は、インフラ構造を大きく変化させ、十六世紀以降、ヨーロッパの人々の生活世界をその一日のリズムに至るまで特徴づけた。当時の交通、通信、道路建設、地図、旅行、外交、官房、銀行・信用システム、遠方貿易、新聞、公共性など多くの他のメディアは、郵便制度によるメディア革命とインフラ基盤なくしては理解しえない。貴族階級から聖職者、都市市民まで、ヨーロッパはその政治・経済・学問を、郵便制度という社会が持つ新しい循環に徹底的に依存することになった。それゆえ、マーシャル・マクルーハンは「グーテンベルクの銀河系」ではなく、「タクシスの銀河系」と名づけるべきであったとまでベーリンガーは主張している。

そのうえで興味深いのは、そうしたタクシス郵便が郵便事業で唯一の民営企業であり続けた点だろう。十七・十八世紀、他の地域では郵便が国営化され、絶対主義領邦国家の国庫主義《カメラリズム》に貢献していく中でのことである。これもまた、本書で繰り返し強調されている論点のひとつである。イタリア・ロンバルディア出身のタクシス家は郵便経営から得た莫大な利益を基に、ドイツのもっとも裕福な貴族へと短期間に上りつめた。その経済力を背景に、神聖ローマ帝国の帝国諸侯としてみずからの領邦を買い入れ、帝国議会における皇帝特別主席代理を務め、ヴィッテルスバッハ家やハプスブルク家とも婚姻関係を結んだ。そしてその社会的上昇が逆に、郵便経営を潤滑に促進していくという相互作用を生んだのである。ドイツ文学者のヨッヘン・ヘーリッシュがその著書『メディア史――ビッグバンからインターネットまで』（Jochen Hörisch, *Eine Geschichte der Medien. Vom Urknall zum Internet.* Suhrkamp-Verlag, Frankfurt am Main, 2004）の中でタクシス郵便に関して言うように、「メディア・情報技術産業で大きな富を築いたのはマイクロソフトやエスピーエスの時代が最初ではなかった」のである。神聖ローマ帝国史と絡んだタクシス郵便の息詰まる興亡、そしてタクシス家の華麗なる社会的上昇の記述は、まさに本書の醍醐味である。

最後に、本書との出会いと邦訳出版の実現までについて述べたい。拙訳カール・ハインツ・ボーラー著『ロマン派の手紙。美的主観性の成立』（法政大学出版局、二〇〇〇年）以来、「メディアとしての書簡」をテーマのひとつとして追いかけてきた。本書にも登場するが、十八世紀は、ドイツ語圏で教養層の人々が「すぐに返事を出し」、スポーツのように手紙をやりとりした「書簡熱の時代」であった。インターネットによる現代のソーシャルネットワークさながらである。十九世紀、ゲーテは『詩と真実』の中で、みずからの青春時代に流行ったその「書簡熱」を回顧し、タクシス郵便の利便性について触れている。そのゲーテやシラー、そして神聖ローマ帝国の歴代の皇帝たちの書簡を輸送したタクシス郵便とはいかなるものだったのか。関連文献を調べるうち、前述したように、タクシスの郵便史・家族史・企業史の全貌を知りえる日本語文献がないことがわかった。そうしたなか、二〇〇七年三月下旬、ベルリンからレーゲンスブルクへ旅する機会に恵まれた。現在でもタクシス家の居城であるトゥルン・ウント・タクシス城を見学し、市内のある古本屋で本書と偶然に出会った。帰国後、三元社社長の石田俊二氏に本書の翻訳出版を相談したところ快諾してくださり、また著者のベーリンガー氏からも「日本語版への序」の執筆を含め、邦訳に協力してくださる旨、たいへん親切なお手紙をいただいた。お二人には心からの感謝をこの場で申し上げたい。さらに訳稿の作成にあたって、とりわけ次のお二人にご協力いただいた。ここで、謝意を表したい。まず、史料からの引用部分の訳出に際しては、立教大学文学部文学科教授ミヒャエル・フェルト氏にご教示いただいた。フェルト氏は近世ドイツ語の難解な官庁語を現代ドイツ語に書き換えてくださり、訳者は直訳よりも読者の読みやすさを優先して訳出することを心掛けた。また、ドイツ法制史に関連した箇所などは訳者の専門外であったため、立教大学文学部史学科准教授小澤実氏に訳稿を通読していただいた。他にも多くの方々のお力をお借りした。本書の原文には、ドイツ語以外に、引用、人名、地名などに関連して、ラテン語、英語、オランダ語、フランス語、スペイン語、イタリア語、チェコ語、ポーランド語、ハンガリー語、スロヴェニア語などが登場する。これらの訳出や表記に際して訳者は可能な限りみずから調べたが、どうしても確認できない箇所があり、先の方々に質問してご返事いただいた。お名前を挙げることは差し控えるが、ここに記して御礼申し上げるとともに、訳者の力不足に対しては読者諸氏のご批判・ご叱正を乞いたい。終わりに、前述のレーゲンスブルクへの小旅行に快く同行してくれた夫の前田良三に「ありがとう」と言いたい。三月下旬とはいえ、ドナウ河畔の古都レーゲンスブルクに吹く風は身を刺すように冷たかった。陽だまりのなか、トゥルン・ウント・タクシス侯ビールに舌鼓を打っていた彼の笑顔が私を鼓舞してくれた。

二〇一三年二月

髙木葉子

主要参考文献（★印は、タクシス郵便に関しての記述を含む日本語文献である）

Behringer, Wolfgang, *Im Zeichen des Merkur. Reichspost und Kommunikationsrevolution in der Frühen Neuzeit*, Göttingen 2003.

Dallmeier, Martin / Schad, Martha, *Das Fürstliche Haus Thurn und Taxis. 300 Jahre Geschichte in Bildern*, Regensburg 1996.

Faulstich, Werner, *Medien zwischen Herrschaft und Revolte. Die Medienkultur der frühen Neuzeit (1400 – 1700)*, Göttingen 2002.

Faulstich, Werner, *Die bürgerliche Mediengesellschaft (1700 – 1830)*, Göttingen 2002.

Grillmayer, Siegfried, *Habsburgs Diener in Post und Politik. Das ››Haus‹‹ Thurn und Taxis zwischen 1745 und 1867*, Mainz 2005.
Hörisch, Jochen, *Eine Geschichte der Medien. Vom Urknall zum Internet*, Frankfurt am Main 2004.
Nickisch, Reinhard M.G., *Brief*, Stuttgart 1991.
Sösemann, Bernd (Hrsg.), *Kommunikation und Medien in Preußen vom 16. bis zum 19. Jahrhundert*, Stuttgart 2002.

飯塚信雄『フリードリヒ大王』中公新書、一九九三年
石田勇治編著『図説　ドイツの歴史』河出書房新社、二〇〇七年
ウィートクロフツ、アンドリュー、瀬原義生訳『ハプスブルク家の皇帝たち』文理閣、二〇〇九年
ウィルスン、ピーター・H、山本文彦訳『ヨーロッパ史入門　神聖ローマ帝国1495―1806』岩波書店、二〇〇五年
エヴァンズ、R・J・W、中野春夫訳『ルドルフ二世とその世界』平凡社、一九八八年
江村洋『中世最後の騎士――皇帝マクシミリアン一世伝』中央公論社、一九八七年
江村洋『ハプスブルク家』講談社現代新書、一九九〇年
江村洋『カール五世　中世ヨーロッパ最後の栄光』東京書籍、一九九二年
江村洋『ハプスブルク家の女たち』講談社現代新書、一九九三年
加藤雅彦『図説　ハプスブルク帝国』河出書房新社、一九九五年
川成洋『図説　スペインの歴史』河出書房新社、一九九四年
菊池良生『戦うハプスブルク家』講談社現代新書、一九九五年
菊池良生『傭兵の二千年史』講談社現代新書、二〇〇二年

菊池良生『神聖ローマ帝国』講談社現代新書、二〇〇三年
菊池良生『ハプスブルク帝国の情報メディア革命――近代郵便制度の誕生』集英社新書、二〇〇八年★
菊池良生『図解雑学　ハプスブルク家』ナツメ社、二〇〇八年
菊池良生『図説　神聖ローマ帝国』河出書房新社、二〇〇九年
菊池良生『ハプスブルク家の光芒』ちくま文庫、二〇〇九年
木村直司『ドイツの古都レーゲンスブルク』NTT出版、二〇〇七年★
クラインハイヤー、G、シュレーダー、J、小林孝輔監訳『ドイツ法学者事典』学陽書房、一九八三年
『ゲーテ全集　第十巻』河原忠彦／山崎章甫訳、潮出版社、一九八〇年
佐藤弘幸『図説　オランダの歴史』河出書房新社、二〇一二年
渋谷聡『近世ドイツ帝国国制史研究』ミネルヴァ書房、二〇〇〇年
清水廣一郎『中世イタリア商人の世界』平凡社、一九八二年
新人物往来社編『The ハプスブルク王家――華麗なる王朝の700年史』、二〇〇九年
新人物往来社編『ビジュアル選書　ハプスブルク帝国』、二〇一〇年
神寶秀夫『近世ドイツ絶対主義の構造』創文社、一九九四年
中野京子『名画で読み解く　ハプスブルク家　12の物語』光文社新書、二〇〇八年
成瀬治・山田欣吾・木村靖二編『世界歴史大系　ドイツ史1』山川出版社、一九九七年
成瀬治・山田欣吾・木村靖二編『世界歴史大系　ドイツ史2』山川出版社、一九九六年
成瀬治『近代ヨーロッパへの道』、講談社学術文庫、二〇一一年
幅健志『帝都ウィーンと列国会議』、講談社学術文庫、二〇〇〇年

ハフナー、セバスチャン、魚住昌良監訳・川口由紀子訳『図説　プロイセンの歴史』、東洋書林、二〇〇〇年
ハルトゥング、F、成瀬治・坂井栄八郎訳『ドイツ国制史』岩波書店、一九八〇年
ブリュフォード、W・H、上西川原章訳『十八世紀のドイツ――ゲーテ時代の社会的背景』三修社、一九七四年
ペレ、ジョセフ、塚本哲也監修・遠藤ゆかり訳『カール五世とハプスブルク帝国』創元社、二〇〇二年
星名定雄『郵便の文化史――イギリスを中心として』みすず書房、一九八二年
星名定雄『情報と通信の文化史』法政大学出版局、二〇〇六年★
前川和也編著『コミュニケーションの社会史』ミネルヴァ書房、二〇〇一年★
ミッタイス、H、世良晃志郎訳『ドイツ法制史概説　改訂版』創文社、一九七一年
皆川卓『等族制国家から国家連合へ』創文社、二〇〇五年
村上淳一『近代法の形成』岩波書店、一九七九年
山崎彰『ドイツ近世的権力と土地貴族』未來社、二〇〇五年
山本文彦『近世ドイツ国制史研究――皇帝・帝国クライス・諸侯』北海道大学図書刊行会、一九九五年

Justingen
Königlich
Tiefenhülen
Steinhof
Bremelau
Neusteisslingen
Frankenhofen
Dechingen
Granheim
Altsteisslingen
Ziegelhütte
Niederhofen
Oberdischingen
Ehingen
Muningen
Schlechtenfeld
Oefingen
nach Ulm
Reichenstein
Kirchen
Stetten
Neuburg
Marchthal
Donau
Rothenacker
Weihel
Mittenhausen
Unter Marcht.
Kirchbierlingen
nach Laupheim
Unter Sulmendingen
Ober Sulmendingen
Folkesheim
Dathausen
Schusenberg
Hausen
Unter Stadion
Rettlingen
Ingerkingen
Untersingen
Altheim
nach Ulm
Dietershausen
Dietershausen
Moosbeuren
Aufhofen
Langenschemern
Baltringen
Alberweiler
Uttenweiler
Ahlen
Warthausen
Birkenhart
Obere Ries
Bismanshausen
Burren
Mettenberg
Dürmentingen
Alleshausen
Seekirch
nach Ochsenhausen
Biberach
Schitt.
Tiefenbach
Mittelbiberach
Kanzach
Buchau
Zweifelsberg
Oggelshausen
Kappel
Eggelsbach
Plankenthal
Tegernau
Appendorf
Chausse nach Ochsenhausen
Hochdorf
Allmannsweiler
Reichenbach
Ingoldingen
Winterstetten
Schussenried
Kirnbach
Dorf Winterstetten
Otterswang
Michelwinnaden
Aulendorf
Wannenberg
Boms
Ebersbach
nach Waldsee
Altshausen
Zollenreite
Vogelsang
Johann Schreyvogel

トゥルン・ウント・タクシス
その郵便と企業の歴史

発行日　二〇一四年四月一〇日　初版第一刷発行
著　者　ヴォルフガング・ベーリンガー
訳　者　髙木葉子
発行所　株式会社 三元社
〒一一三－〇〇三三
東京都文京区本郷一－二八－三六 鳳明ビル
電話／〇三－三八一四－一八六七
ファックス／〇三－三八一四－〇九七九
印刷
製本　モリモト印刷 株式会社

ISBN978-4-88303-356-0

Printed in Japan
http://www.sangensha.co.jp

著者紹介

ヴォルフガング・ベーリンガー [Wolfgang Behringer]

1956年ミュンヘン生まれ。現在、ザールラント大学教授（近世史）。

主要著作 : “Hexen. Glaube—Verfolgung—Vermarktung.”（魔女。信仰—迫害—商品化）1998年、“Im Zeichen des Merkur. Reichspost und Kommunikationsrevolution in der Frühen Neuzeit.”（メルクールの標識のもとに。帝国郵便と近世初期のコミュニケーション革命）2003年、“Witches and Witch-Hunts. A Global History.”（魔女と魔女狩り。ひとつの世界史）2004年、“Kulturgeschichte des Klimas. Von der Eiszeit bis zur globalen Erwärmung.”（気候の文化史。氷河期から地球温暖化まで）2007年、“Kulturgeschichte des Sports. Vom antiken Olympia bis ins 21. Jahrhundert.”（スポーツの文化史。古代オリンピックから21世紀まで）2012年など。

訳者紹介

髙木葉子 [たかぎ・ようこ]

上智大学大学院文学研究科博士課程単位取得退学（ドイツ文学専攻）。現在、早稲田大学・青山学院大学・法政大学非常勤講師。

主要訳書 : K.H. ボーラー『ロマン派の手紙。美的主観性の成立』（法政大学出版局、2000年）、M. シュナイダー『時空のゲヴァルト。宗教改革からプロスポーツまでをメディアから読む』（共訳、三元社、2001年）、『シリーズ言語態6　間文化の言語態』（共訳、東京大学出版会、2002年）、K.H. ボーラー『大都会《メトロポール》のない国。戦後ドイツの観相学的パノラマ』（法政大学出版局、2004年）など。

人名・地名索引

〈あ〉

アーデルナウ（旧ポーゼン大公国、今日のポーランド、ポズナン）331
アーベル、ヴィルヘルム［農業史家］336
アーヘン（ノルトライン・ヴェストファーレン）176
アイゼナハ（エルフルト県、東ドイツ）393
アイプリング（オーバーバイエルン）156
アイルランド（ヨーロッパ）155
アインシュタイン［ブーヒャウ出身のユダヤ人家族］325
—アルベルト（1879-1955）［博士　物理学者］325
—マルティン［博士］325
アヴィオ（イタリア）049
アウエルスペルグ［侯家］263, 270
—皇帝の使節　109
アウグスト1世（1526-1586）［ザクセン選帝侯］062, 067
アウグストゥス［ローマ皇帝］020
アウクスブルク（バイエルン）011, 015, 028, 031-2, 039-40, 042, 044, 047-8, 051-3, 056, 058-60, 064-8, 071, 073, 075-6, 079, 082, 084, 088-9, 091, 093-7, 100-2, 105, 108, 113-4, 130-2, 140, 142, 151, 153-4, 161, 163, 165, 245, 249, 252, 257, 263, 287, 307-8, 369-71, 373, 375-6, 440, 446
アウホーフ［世襲地］352-3
アグラム（ユーゴスラヴィア）339　→ザグレブ参照
アジア　015
アシャッフェンブルク（バイエルン）068, 089
アトランタ（アメリカ合衆国）429
アブラハム・ア・サンクタ・クララ（＝ヨハン・ウルリヒ・メゲルレ）［説教者・作家］007
アフリカ　015, 077
アムステルダム（オランダ）110, 155
アムベルク（オーバープファルツ）421
アメリカ合衆国　005, 362, 364, 406-7, 426, 429, 432, 434-5, 437
アラ、アロンソ・ロペス・デ［系譜学者］257
アラゴン（スペイン）039
アラビア　015, 043, 094
アルザス（フランス）108
アルテッティング（バイエルン）248
アルテグロフスハイム（バイエルン）353
アルトドルフ（ニュルンベルク郡）［1580年以降ニュルンベルク・アカデミー］120
アルニンク、カスパー（1671年没）［ミュ

ンスター郵便局長（1643-1662）］111
アルバ、フェルナント・アルバレス・デ・トレド（1507-1582）［公］063-4
アルブリチ、アレグリア［ローガー・フォン・タクシスと結婚］285
アルブレヒト５世（1528-1579）［バイエルン公］069
アルベルト・フォン・エースターライヒ（1559-1621）［枢機卿・大公］254
A、アルベルトゥス（筆名）421→グルーベン参照
アレクサンドル１世（1777-1825）［ロシア皇帝］194
アレッサンドリア（イタリア）046
アレティーン、カール・フォン［男爵　総行政長］423
アレンベルク（ドイツ）179, 184
アントウェルペン、アントドルフ（ベルギー）036-7, 039, 042-3, 045-6, 056, 065, 073, 077, 088, 090-1, 095-6
イェーナ（ゲラ県、東ドイツ）192
イサベラ（1474-1504）［カスティーリャ女王］035
イサベラ・クララ・エウヘニア（1566-1633）［スペイン王女］108
イストリア（ユーゴスラヴィア）030, 239, 308
イタリア　002, 005, 008-9, 015-6, 018, 020-2, 024, 036-8, 041, 044, 046-7, 049-50, 056-7, 059, 075-7, 083-4, 088, 101, 108, 110, 129-30, 156, 166, 171, 209, 240, 242-6, 249-50, 257, 260, 284, 287, 352, 364, 369, 389, 434, 441, 445, 447
イツェンプリッツ、フォン［伯］228
イックシュタット、ヨハン・アダム・フォン（1702-1776）［男爵　啓蒙思想家］442
イムプデン（オランダ）［領地］283, 309, 335-6, 341
イルズング、ゲオルク（1510-1580）［銀行家・皇帝の顧問官・「郵便改革」の委員］064-8, 073, 079, 082
インカ帝国（ペルー）020
イングランド／イギリス　088, 092, 105, 110, 129, 136, 164, 175, 185, 217, 253, 284-5, 303, 311, 326, 434
インスブルック（チロル、オーストリア）002, 005, 012-3, 018, 024-5, 027, 029-30, 033-8, 040, 042, 047-50, 056, 071, 074, 089, 157, 239, 241, 246, 249, 257, 444
インド　015, 077, 094
ヴァインリヒ、カール［製糖専門家］409
ヴァチカン　021, 184
ヴァハテンドンク、クリティーナ・フォン（1561年没）［ヨハン・バプティスタ・フォン・タクシスと結婚］261, 285
ヴァルサシーナ（イタリア）259, 298
ヴァルト、ヨーゼフ［醸造主任］425
ヴァルトブルク、フォン［帝国世襲トゥルッフゼス家］312
—ヴァルトブルク・ヴォルフェッグ・ヴァルトゼー　359-60
—ヴァルトブルク・ツァイル　359
ヴァルヒェンゼー（バード・テルツ・ヴォルフラーツハウゼン郡、バイエルン）157
ヴァレンシュタイン、アルブレヒト・フォ

ン（1583-1634）［軍司令官］103, 105
ヴァンゲン（バーデン・ヴュルテンベルク）113-4
ヴィースバーデン（ヘッセン）223
ヴィースフレッカー、アンゲリカ［女性歴史家］030
ヴィーゼント　329
ウィーナー・ノイシュタット（オーストリア）013
ウィーン（オーストリア）005, 011, 018, 029, 034, 038, 049, 069, 071, 089-90, 110, 132, 144, 147, 153-5, 185, 191-4, 196, 203, 210, 226, 238-9, 246, 260, 263-6, 280, 283, 287, 290-1, 373, 382, 404-5, 421, 440-1, 447, 449
ヴィスコンティ［侯家］257
ヴィッテルスバッハ［侯家］017, 144, 265-6, 286-7, 294, 300, 378, 398, 451
ヴィッパッハ（ユーゴスラヴィア）030
ヴィトマン、フェーリクス（1761年生）［宮廷顧問官・オストラッハ上級管区長官《オーバーアムトマン》］393
ヴィリャメディアーナ、オニャーテ・ウント［伯家（スペインのタクシス家系）］128, 249
ヴィルヘルム1世（1781-1864）［ヴュルテンベルク王］196
—ウィレム1世（1533-1584）［オラニエ公］063, 065-6
—ヴィルヘルム2世（1859-1941）［プロイセンの皇帝］347
ヴィンケル、ハラルド［歴史家］288, 336-7, 384, 396
ヴィンディシュグレーツ［侯家］263
ヴェーヴェリングホーフェン、ヨハン・ゴットフリート・フォン［ネーデルラントの郵便局長一族出身の郵便査察官］147
ヴェスターホルト、カール・アレクサンダー・フォン（1763-1827）［伯　枢密顧問官・政府長官］188, 190, 375, 383, 385, 387, 439-40, 442
ヴェストファーレン（ドイツ）187, 280
ヴェネチア（イタリア）002, 011, 015, 021-2, 027, 031, 034, 038, 048, 056, 059, 074-6, 089, 092, 094-6, 108, 129, 239, 244-6, 249, 255, 257
ヴェルザー［企業家一族］015, 032, 043, 051, 079, 082, 307, 368, 376
ヴェルシュタイン（アルツァイ・ヴォルムス郡、ラインラント・プファルツ）039, 053, 071, 073-4, 077, 079, 083-4, 088
ヴェルツ、カール・ヴァレンティン・フォン［指導的枢密顧問官］375
ヴェルト（レーゲンスブルク郡、バイエルン）329-30, 333, 348, 350-1, 353-4, 356, 363, 413
ヴェローナ（イタリア）034, 038, 048-9
ウォーラーステイン、イマニュエル［アメリカの歴史家］036
ヴォルクスコーフェン［世襲領地］352-3
ヴォルテール（＝フランソワ・マリー・アルエ）(1694-1778)［フランスの哲学者］322, 442
ヴォルフラーツハウゼン（バイエルン）157
ヴォルムス（ラインラント・プファルツ）

053, 083
ヴュルツブルク（バイエルン）132, 159, 162, 165, 184, 310, 371
―大公国　329
ヴュルテンベルク（ドイツ）059, 063, 065, 071, 074-5, 119-20, 179, 181, 184-5, 194, 196-7, 199, 201, 206, 209-10, 213, 216, 229, 279-82, 284-5, 287-8, 291, 306, 323, 325-7, 330, 342, 346, 350, 355, 357, 359-60, 364, 388-9, 391, 400, 402-3, 406, 425, 428, 437, 451
―ヴュルテンベルク公　071, 073, 359
―ヴュルテンベルク女公爵、アウグステ・マリー・エリザベート・ルイーゼ（1734-1787）［カール・アンゼルム・フォン・トゥルン・ウント・タクシスと結婚］271, 286
ウルム（バーデン・ヴュルテンベルク）012, 038, 051, 053, 071, 090, 159, 162, 165, 323, 381, 440
ヴレーデ、カール・フィリップ・フォン（1767-1838）［侯］194
ウンターズルメティンゲン（バーデン・ヴュルテンベルク）327
エ、ペーター・ヨーゼフ・ド・ラ（1777 年没）［宮廷顧問官］392-3
エーインガー、ヴィルギル［ニュルンベルクの郵便局長（1625-1635）］167
エーヴェルト［デュッセルドルフの法律顧問官］223
エークスレ、アンナ・クララ・フォン（1700 年頃 -1762）［女男爵　ミュンヘンの上級郵便女性局長］166
―ヴォルフ・アントン・フォン（1652-1701）［男爵　レーゲンスブルクとニュルンベルクの郵便局長］166
―ヨハン・ヤーコプ・フォン（1620-1695）［男爵　レーゲンスブルクの郵便局長、のちにニュルンベルクとミュンヘンの郵便局長］166
エーベルシュタイン、カール・テオドール・フォン（1761-1833）［男爵　枢密顧問官・政府長官］313, 315-6, 319, 322-3, 375
エーレンベルク、リヒャルト［経済史家］043
エグリンゲン（バーデン・ヴュルテンベルク）［帝国領地］310, 324
エグロフスハイム［領地］329, 356
エスターハージー［侯家］339, 409
―パール・アンタル（1786-1866）339
エスリンゲン（バーデン・ヴュルテンベルク）053
エッグミュール［領地］329-30
エッゲンベルク、フォン［男爵］270
エッティンゲン・ヴァラーシュタイン［侯家］297, 409
エッティンゲン・エッティンゲン、マティルデ・ゾフィー・フォン［公女　マクシミリアン・カール・フォン・トゥルン・ウント・タクシスと結婚］286
エッティンゲン・シュピールベルク［侯家］297
エップレン、ヨーゼフ・クサーヴァー・フォン（1755-1823）［宮廷顧問官・改革者］314, 319, 322
エップレン・ヘルテンシュタイン、フリードリヒ・フォン（1782 年没）［総郵便

管理局顧問官］392
エネタッハ（バーデン・ヴュルテンベルク）323-4
エバースバッハ［宿駅］071-2
エプフィンゲン（バーデン・ヴュルテンベルク）324, 327-8
エメル、エゲノルフ［フランクフルトの書籍商・新聞発行者］445-6
エリザベート（シシィ）（1837-1898）［皇后・バイエルン女公爵　オーストリア皇帝フランツ・ヨーゼフ１世と結婚］294-5
エルバ島　194
エルバーフェルト（ノルトライン・ヴェストファーレン）159, 163
エルヒンゲン（ノイ・ウルム郡 バイエルン）025-6, 053, 072
エルフルト（東ドイツ）089, 154, 159, 163, 178, 190, 283
エルベ、ペーター・ド［レオンハルト・フォン・タクシス１世の総全権代表］079, 370
エルランガー・ウント・ゾーネ［フランクフルトの銀行家］408
エルランゲン（バイエルン）401
エルンスト・フォン・エースターライヒ（1553-1595）［大公］069
エンジスハイム（オー＝ラン県、フランス）029
エンツヴァイヒンゲン（ヴァイヒンゲン市、バーデン・ヴュルテンベルク）071-2
オイゲン・フランツ（プリンツ・オイゲン）・フォン・ザヴォイエン・カリグナン（1663-1736）302
オー・イットゥル（ブラバント州、ベルギー）262, 280, 283, 308-9, 335-6
オーストリア　012, 018, 025, 031, 034, 036, 038, 047, 050, 052, 069-70, 079, 089-90, 097, 105, 108, 115-6, 119, 136-7, 144-6, 153-5, 157, 164, 169, 176-7, 180, 188, 190, 193-6, 200-2, 206, 210-1, 217-9, 221-2, 225-7, 240, 242, 245-6, 250, 253, 255, 265, 284, 287, 290-1, 294-6, 299, 302, 330, 339, 348, 350, 353, 358, 361, 374, 388, 400, 403-6, 408, 414, 418-9, 448
オーストリア・ハンガリー帝国　222, 332-4, 339, 342, 356, 405, 409-10, 418, 426
オーバーエレンバッハ　330, 352
オーバーズルメティンゲン　324, 327
オーバーハーゼルバッハ　352
オーバープファルツ（バイエルン）156, 352-3
オーバーブレンベルク（バイエルン）［領地］329-30
オーバーマルヒタール（アルプ・ドナウ郡、バーデン・ヴュルテンベルク）323-5, 328, 344, 348, 350, 353-4
オーマン、フリードリヒ［郵便史家］030, 037
オケル、アンドレアス（1658-1718）［プロイセンの法学者］123-4
オザリ（クロアチア、今日のユーゴスラヴィア）［領地］339
オストラッハ（ジグマリンゲン郡、バーデン・ヴュルテンベルク）324-5, 327-8, 344, 393
オスナブリュック（ニーダーザクセン）

109, 159, 163
オスマン帝国　094, 255
オッフェンバッハ（ヘッセン）440
オランダ　004, 015-6, 046, 063, 077, 110, 116, 136, 164, 175, 184, 260, 335, 351, 380, 399, 448
オルデンブルク（ニーダーザクセン）201
オルヌ、ド［伯家］261, 308
—アンナ、フォン・オルヌ（1630-1693）［女伯　ラモラール・フォン・トゥルン・ウント・タクシス２世と結婚］286
オルピシェヴォ（旧ポーゼン大公国、今日のポーランド、ポズナン）331
オレアリウス、J.C.［郵便時刻表の著者］129

〈か〉

ガーラーツハウゼン（バイエルン）331
カールロヴァツ（＝カールシュタット）（ユーゴスラヴィア、旧クロアチア）339-40, 424
カイザー、アルブレヒト・クリストフ（1756-1811）［宮廷顧問官・司書］443
カスティーリャ（スペイン）019, 035, 039, 240
カステル、シェンク・ツー　310
カストロ、フィデル［革命家］426
ガスナー、ヨハン・ヤーコプ（1727-1779）［有名な祓魔師］277
カッセル（ヘッセン）116-7, 393
カッツェンエレンボーゲン、フォン［伯］011
カナダ　361-2, 364, 426, 428-9, 437
ガリチア（旧プロイセン、今日のポーランド）332, 343, 353
カルムス、ルードヴィヒ［郵便史家］064, 146
カルロス１世(1500-1558)［スペイン王・(カール５世　皇帝)］002, 015, 017, 019, 040-2, 045, 050-2, 054-6, 060-1, 069, 085, 133, 143, 240, 242, 245, 247, 250-4, 261, 308, 445-6
—カルロス２世（1661-1700）［スペイン王］135-6, 262
—カール６世（1685-1740）［皇帝］017, 134-7, 143-4, 146, 264
—カール７世、アルブレヒト(1697-1745)［皇帝］017, 134, 137-8, 144-5, 225, 265-7, 271
—カルロス（1545-1568）［スペイン王太子（ドン・カルロス）］045
カレー（パ・ド・カレー県、フランス）108
カレーピオ［郵便局長一族］166, 244
—ヨーゼフ・デ　060, 065-6, 068, 071, 079, 370
カンシュタット（バーデン・ヴュルテンベルク）038, 053, 071-2
カント、イマヌエル（1724-1804）［ドイツの哲学者］443
教皇領　021, 255
キンスキー、フォン［伯］334, 409
クーフシュタイン（チロル、オーストリア）156
クール（グラウビュンデン州、スイス）029
グスタフ２世、アドルフ（1594-1632）［スウェーデン王］105, 108

グナイゼナウ、ナイトハルト・フォン（1760-1831）［伯　プロイセンの元帥］191
クニットリンゲン（ルードヴィヒスブルク郡、バーデン・ヴュルテンベルク）038, 058, 071-2
クニッヒェン、アンドレアス（1561-1621）［法律家・顧問官］120
クラーヴェル、フランツ・クサーヴァー（1729-1793）［シェールの啓蒙主義の上《オー》級管区《バーアムト》長官《マン》］314, 316, 319, 322
—ヨーゼフ（1767年没）［宮廷顧問官］393
グラーツ（シュタイアーマルク、オーストリア）029, 089
グラーフェンエッグ、フォン［伯家］310
クラーマー・クレット　360
クライン（スロヴェニア、ユーゴスラヴィア）030, 050, 239, 308
クラインシュミット、ヨハン・バプティスト（1766年没）［宮廷顧問官］392
クラップ、ヨハン・アーロイス（1762年没）［宮廷顧問官］392
グラナダ（アンダルシア州、スペイン）039, 444
クラプマール、アルノルト（1574-1611）［アルトドルフの教授・国法学者］120
グランヴェラ、アントアーヌ・ペレノー・ド（1517-1586）［枢機卿・スペインのフェリペ2世の顧問］064
グランダウアー、ベルンハルト・フォン（1776-1838）［バイエルンの枢密顧問官］206
クリスティアン4世（1588-1648）［デンマーク王］103
クリューバー、ヨハン・ルードヴィヒ（1762-1837）［ライン連邦時のドイツの指導的国法学者］183, 187, 192, 203, 205, 292
グループ、フォン［会議顧問官］190
グルーベン、フランツ・ヨーゼフ・フォン（1829-1888）［男爵　総行政長・帝国議会議員］229, 231, 331, 339, 408, 419-21
クルップ・フォン・ボーレン・ウント・ハルバッハ、ベルタ　347
クルツロック、アレクサンダー・フォン（1779-1838）［伯　ハンブルクの上級郵便局長］371, 393
グルンズハイム（バーデン・ヴュルテンベルク）313
グルントリング、フォン［プロイセンの枢密顧問官］175
クレーヴェ（ノルトライン・ヴェストファーレン）116
クレーマー、アウグスト（1776-1834）［司書・文書庫員・宮廷顧問官］392
クレスチェンツィ、ピエトロ［系譜学者］257
クレメント、アレクサンダー・フォン（1790年没）［男爵　宮廷顧問官］393
クロアチア（ユーゴスラヴィア）004, 306, 328, 338-40, 345-6, 348, 350-1, 353-4, 357, 365, 420
グローティウス、フーゴー（1583-1645）［国法学者］126
クロップシュトック、フリードリヒ・ゴットリープ（1724-1803）［詩人］139

クロトシン（旧ポーゼン大公国、今日のポーランド、ポズナン）233, 302, 331-3, 345-6, 348, 350-1, 353, 357, 403
グロブニク（ユーゴスラヴィア）［領地］339
ケースフェルト、ヨハン（1580年頃 -1633）［1603年以降ケルンの郵便局長としてヘノートの後継者］088, 104, 371
—アンナ［旧姓タクシス］371
ゲーテ、ヨハン・ヴォルフガング・フォン（1749-1832）［詩人］002, 139, 143, 217, 244, 439, 443
ケーニヒグレーツ（今日のフラデツ・クラーロヴェー、チェコスロヴァキア）227
ケーニヒスベルク（今日のカリーニングラード、ソ連）116
ゲッティンゲン（ニーダーザクセン）169, 174
ゲッフィンゲン（バーデン・ヴュルテンベルク）313-4
ゲルヴィーヌス、ゲオルク・ゴットフリート（1805-1871）［歴史家］139
ケルペン、フォン［枢密顧問官］374
ケルン（ノルトライン・ヴェストファーレン）032, 039, 050, 053, 057-9, 065-6, 073-7, 083-4, 088-91, 094-6, 099-100, 104, 108, 110, 151, 153, 159, 161, 163-5, 176-7, 253, 370-1, 373, 384
ケルンテン（オーストリア）030
ケンプテン（バイエルン）025-6
ゴータ（エルフルト県 東ドイツ）394
コーブルク（バイエルン）151
コシュムベルク（今日のチェコスロヴァキア）334
コッタ、フリードリヒ（1756年没）［出版者・郵便局長］270
コッヘル（騎士カントーン）281
コドーニョ、オッターヴィオ［有名な郵便旅行案内書の著者］008
ゴフ、ジャック・ル［フランスの歴史家］010
コブレンツ（ラインラント・プファルツ）037, 154, 159, 162, 164, 176-7
コルネッロ（ベルガモ州、イタリア）242-5, 247, 285
コルマン（南チロル、イタリア）050, 249
コロレド・マンスフェルト、フォン　409
コロンブス、クリストファー（1450年頃 -1506）［探検家］ 001, 009
コンスタンツ（バーデン・ヴュルテンベルク）030, 050

〈さ〉

ザイフリート、オイゲン・フォン（1769年生）［騎士　宮廷顧問官・法律顧問官］393
ザクセン（東ドイツ）067, 069, 116, 135, 155, 157, 169, 171, 194, 200-2, 224, 391, 399
—アルテンブルク　197, 199, 212, 394
—コーブルク　184, 212
—コーブルク・ゴータ　197, 199, 219
—ザクセン選帝侯領　063, 089
—ヒルトブルクハウゼン　184
ザグレブ（＝アグラム）（ユーゴスラヴィア）339
ザッゼラ、フランチェスコ［系譜学者］

257
サラゴサ（アラゴン、スペイン）250
ザルツブルク（オーストリア）049
ザルム　179, 184
ザンクト・エメラム（レーゲンスブルク）249, 268, 273-4, 328, 330-1, 348, 350-1, 353-4
サンタ・マリア・カメラータ（ベルガモ州、イタリア）245
サント・スピーリト（ベルガモ、イタリア）245
サンドリ（タクシス・イタリア家系、アレクサンデル・デ・タッシス〔1485年没〕の子孫）→タクシス参照
サンフランシスコ（アメリカ合衆国）429
シーアリング（バイエルン）352, 425, 432-3
ジーセン（バーデン・ヴュルテンベルク）323-4
ジーバー、ヨハン（1651年没）［ライプツィヒの郵便局長］089
ジールゲンシュタイン、フォン［男爵］313
シェール（バーデン・ヴュルテンベルク）312, 314-9, 325, 333
シェーレ、フォン［男爵　総郵便管理局長官］228
シェーンブルク・グラウヒャウ、マリーエ・グローリア・フォン［女伯　ヨハネス・フォン・トゥルン・ウント・タクシスと結婚］427
シェーンベルク（バイエルン）330
シェーンボルン、フォン［帝国副書記長］146
―伯家　409
シェッパッハ（ギュンツブルク郡、バイエルン）058, 060, 071-2, 079, 370
シェッファー、ヤーコプ・ゴットリープ（1752-1826）［宮廷顧問官・医者・作家］443
ジェノヴァ（リグリア州、イタリア）076, 447
シェムメルベルク　323-5
ジェリン・チチェ（ユーゴスラヴィア）339
シェールビング、フォン　440
シカネーダー、エマヌエル（1751-1812）（本名ヨハン・ヨーゼフ・シカネーダー）440
ジギスムント・フォン・チロル（1427-1496）［公］016
司教
―ヴュルツブルクの司教　132
―フライジングの司教　268
―レーゲンスブルクの司教　277
シクストゥス4世（1471-1484）［教皇］244
―シクストゥス5世（1585-1590）［教皇］077
シフレティウス、ユリウス［司教座教会参事会員］043, 256-7
シマンカス（スペイン）005
シャウムブルク・リッペ［侯領］199, 221
シャハト、テオドール・フォン（1748-1823）［男爵　枢密顧問官・音楽監督］442
シャフハウゼン（スイス）198-9
シャルル勇胆公（1433-1477）［ブルゴーニュ公］016

シュヴァーベン（ドイツ）003-4, 065, 233, 248, 270, 278, 281, 283, 287, 310-4, 316, 323, 325-6, 328, 330, 332, 335-6, 340, 343-6, 351, 353-4, 357, 360, 363, 369-70, 375, 378, 380-1, 385, 391, 428, 440
シュヴァルツェンベルグ［侯家］263
シュヴァルツブルク・ゾンダースハウゼン［侯領］197, 199, 217, 219
シュヴァルツブルク・ルードルシュタット［侯領］197, 199, 216-7, 219
シュースター、フランツ・クサーヴァー・フィリップ　379
—枢密書記長　275
シュースター、イザーク（1781年生）［フランクフルトのユダヤ人郵便配達人］394
シュクラー、ルードヴィヒ・フォン［レーゲンスブルクの商人・フリーメーソン会員］439
シュタイアーマルク（オーストリア）308
シュタイン、ハインリヒ・フリードリヒ・フォン（1757-1813）［男爵　プロイセンの政治家・改革者］193
シュタウフェン王朝　011
シュテッテン（バーデン・ヴュルテンベルク）323
シュテファン、ハインリヒ・フォン（1831-1897）［プロイセンの郵便顧問官］228-9, 232, 234-5, 448
シュトゥットガルト（バーデン・ヴュルテンベルク）053, 208, 224, 281, 391, 440
シュトラウス、フランツ・ヨーゼフ（1915-1988）［バイエルン州首相］004, 301
シュトラウビング（バイエルン）412
シュトラスブルク（ストラスブール）（フランス）029, 034, 050, 058, 108, 155, 169, 446
シュトラスベルク（バーデン・ヴュルテンベルク）323, 327
シュトルベルク・シュトルベルク、フォン［世襲伯］139, 440
シュナイダー、ヨーゼフ［博士］427
シュナイト、ヤーコプ・ハインリヒ・フォン［男爵　指導的な枢密顧問官］314, 375, 376
ジュネーヴ（スイス）358-9
シュパイアー（ラインラント・プファルツ）012, 027, 037, 053, 058, 062, 064, 068, 108
シュムペーター、ヨーゼフ（1883-1950）［国民経済学者］368
シュランデルス（南チロル、今日のイタリア）329
シュレーゲル、カロリーネ・フォン（1763-1809）［女性作家］139
シュレージエン（ポーランド）146, 164, 331, 408
シュレスヴィヒ・ホルシュタイン 227, 234
シュレスヴィヒ・ホルシュタイン・ラウエンブルク　200, 234
ショーラー、クリストフ（1618-1671）［メミンゲン市の医者］025, 026
ショット、ヨハン・クリストフ［郵便厩舎長］393
シラー、フリードリヒ・フォン（1759-1805）［詩人］139
シルンディンガー・フォン・シルンディング［男爵］425

ジンスハイム（ライン・ネッカー郡、バーデン・ヴュルテンベルク）434
神聖ローマ帝国　002, 029, 085, 180, 253, 294, 313
スイス　155, 184, 198-9, 209
スウェーデン　105, 108-9, 116-8, 169, 200, 440
スカンジナビア　129
スコットランド（ヨーロッパ）155
ストックホルム（スウェーデン）155, 440
ストロッツィ［企業家一族］043
スフォルツァ、ビアンカ・マリア・フォン・ミラノ（1472-1510）［皇帝マクシミリアン1世と結婚］029
スペイン　001-3, 005-6, 008, 015, 018, 021, 033-5, 037, 039-43, 045-7, 052, 054-6, 058, 060-1, 063-8, 071, 073, 077-9, 085, 088, 092, 097-8, 105, 108-10, 128-9, 133, 135-7, 143, 146, 175, 180, 225, 238-40, 242, 245-7, 249-50, 253-5, 257, 259-63, 285, 287, 306-9, 330, 335, 368, 373, 380, 384, 435, 446-7
スメタナ、フリードリヒ（1824-1884）［チェコの作曲家］433
ズルツハイム（バイエルン）329-30, 333, 348, 350
スロヴェニア（ユーゴスラヴィア）338
ゼッケンドルフ、ファイト・ルードヴィヒ・フォン（1626-1692）［国法学者］126
セビリア（アンダルシア、スペイン）447
ゼルントハイン、ツィプリアン・フォン［皇帝の書記長］040, 049, 051, 241
ゾーンライン［出納管理官］379
ゾフリンゲン　053
ソミリアーノ、ヨハン・アボンディオ（1617-1677）［ニュルンベルクの帝国郵便局長・バロック詩人］167

〈た〉

ダールベルク、フォン　409
—カール・テオドール（1744-1817）［選帝侯・首座大司教］188-90, 283
タクシス、トゥルン・ウント・タクシス、タッソー
—アウグスティヌス・デ・タクシス・デ・コルネッロ（1440-1510）［教皇の郵便局長］245
—アウグスティヌス・サンドリ（1451-1510）［教皇の郵便局長、ベルガモの市民・顧問官］244
—アムブロジウス・フォン・タクシス（1546年没）［アウクスブルクの郵便局長］052
—アルベルト（1983年生）［侯世子］435
—アルベルト・マリア・ラモラール・フォン・トゥルン・ウント・タクシス（1867-1952）［侯］286, 294-7, 299, 332, 338, 347-8, 361, 421-3, 425-6, 431
—アレクサンダー・フェルディナント・フォン・トゥルン・ウント・タクシス（1704-1773）［第3代侯　郵便総裁］143-5, 161, 247, 264-7, 269, 273, 286, 310-1, 377, 440
—アレクサンドリーネ・フォン・タクシス（1589-1666）、旧姓ド・リー、ヴァラクス女伯［女性郵便総裁］105-6, 108-10, 113, 257, 285-6, 370

―アレクサンデル・デ・タッシス・デ・コルネッロ、セル (1485年没) ［ローマの商人］ 244
―アロイージウス・デ・タッシス (1463-1520) ［パレンツォ、レカナーティ、マチェラータの司教］ 244
―アンゼルム・フランツ・フォン・トゥルン・ウント・タクシス (1681-1739) ［第2代侯　郵便総裁］ 161, 246-7, 264, 286, 303, 310, 374
―アントニオ・デ・タッシス (1533-1620) ［ローマの皇帝の郵便局長］ 046
―アントン・デ・タッシス (1509-1574) ［アントウェルペンの郵便局長］ 046
―アントン・フォン・タクシス (1542年没) ［アウクスブルクのオーストリア宮廷郵便局長　カタリーナ・デ・タッシスと結婚］ 051-2, 245, 308
―イザベラ・フォン・タクシス (1603年頃没) ［アウクスブルクの女性郵便局長］ 075
―イノツェンツ・フォン・タクシス (1592年没) ［フュッセンの郵便局長　ベンヴェヌータ・デ・タッシスと結婚］ 052, 246
―オイゲン・アレクサンダー・フォン・トゥルン・ウント・タクシス (1652-1714) ［初代侯　郵便総裁］ 136, 161, 247, 262-4, 286, 308, 310
―オードヌス・デ・タクソ (1146年の文書) 242
―オクタヴィオ・デ・タッシス (1621-1691) ［ヴェネチアの皇帝の上級郵便局長］ 048
―オクタヴィオ・フォン・タクシス (1572-1626) ［アウクスブルクの郵便局長］ 047, 093, 097
―カール・アウグスト・フォン・トゥルン・ウント・タクシス (1898-1982) 425-6
―カール・アレクサンダー・フォン・トゥルン・ウント・タクシス (1770-1827) ［第5代侯　郵便総裁］ 188-9, 247, 249, 269, 281, 285-6, 288, 332-5, 387, 439, 441
―カール・アンゼルム・フォン・トゥルン・ウント・タクシス (1733-1805) ［第4代侯　郵便総裁］ 156, 179, 247-8, 269, 272, 276, 283, 286, 314-5, 376, 378, 411, 441
―カタリーナ・フォン・タクシス ［アントン・フォン・タクシスと結婚］ 031
―ガブリエル・サンドリ (1467-1538) ［ローマの教皇の飛脚長・銀行家］ 244
―ガブリエル・デ・タッシス ［1474年以後ローマの教皇の郵便局長］ 021, 244
―ガブリエル・デ・タッシス (1529年没) ［インスブルックの郵便局長・宮廷郵便局長］ 034, 040, 048-9
―ガブリエル (1922-1942) ［侯世子］ 361, 425
―カルロ・フォン・タクシス1世 (1660年没) ［ローマの皇帝の郵便局長］ 046
―クリストーフォルス・サンドリ (1488年没) ［ローマにおけるヴェネチアの飛脚長］ 244
―クリストフ・フォン・タクシス (1532-1589) ［アウクスブルクのオーストリア宮廷郵便局長　レギーナ・フォン・タ

クシスと結婚］052
—ゲオルク・デ・タッシス（1556/59年没）［アウクスブルクの郵便局長］050
—ゲノフェーファ・フォン・タクシス（1628年没）［ラモラール・フォン・タクシス（1世）と結婚］286-7
—サンドリ　244-5, 249
—シモン・フォン・タクシス（1世）（1563年没）［ミラノの上級郵便局長］046-7, 245-50
—シモン（2世）（1582-1644）［ローマのスペイン上級郵便局長］046
—ゼラフィーン・デ・タッシス（1世）（1556年没）［アウクスブルクの皇帝とスペイン王の郵便局長］044, 050, 052
—ゼラフィーン・フォン・タクシス（2世）（1538-1582）［アウクスブルクとラインハウゼンの郵便局長］008, 048, 052-3, 057-9, 061, 065-7, 074, 097, 252, 370
—ダーヴィト・デ・タッシス［ヴェローナとトリエントの皇帝の郵便局長］048, 050, 246, 249
—テレーゼ・マティルデ・フォン・トゥルン・ウント・タクシス（1773-1839）、旧姓フォン・メクレンブルク・シュトレーリッツ女公爵［カール・アレクサンダー・フォン・トゥルン・ウント・タクシスと結婚］176-7, 190, 194-5, 280-1, 283, 285-6
—トルクアート・タッソー（1544-1595）［詩人］244
—パウル・フォン・タクシス（2世）（1599-1661）［チロルの世襲宮廷郵便局長・上級郵便局長］048
—パクシウス・デ・タッシス・デ・コルネッロ、セル　284
—バルトロモイス・デ・タッシス（1556年没）［ラインハウゼンの郵便局長］050
—ファン・デ・タッシス（1世）（1607年没）［スペインの郵便総裁］046
—ファン・デ・タッシス（2世）（1622年没）［スペインの郵便総裁］046
—フィリプス・フォン・タクシス（1585年没）［ルーチア・フォン・タクシスと結婚］246
—フェルディナント（1608年没）［ユリアーナ・フォン・タクシスと結婚］246
—フェルディナント・デ・タッシス（1648年没）［ヴェネチアの郵便局長］248
—フランツ（フランチェスコ、フランシスク）・フォン・タクシス（1459-1517）［郵便総裁］001-2, 008, 021, 024, 031, 033, 035, 039-42, 085, 129, 133, 249-50, 261, 286, 308, 368, 437, 443, 446, 451
—フランツ・フォン・タクシス（2世）（1521-1543）［1541年—1543年の皇帝の郵便総裁］044
—フランツ・ヨーゼフ・フォン・トゥルン・ウント・タクシス（1893-1971）［侯］361-2, 426, 431
—ペルゲリン・デ・タッシス［ローマの郵便局長］046, 445
—ベルナルド・タッソー（1493-1569）［詩人］244
—ベンヴェヌータ・デ・タッシス（1576年没）246

—ポンペオ・デ・タッシス（1591-1646）［ローマの皇帝の郵便局長］046
—ホモデウス・デ・タッツォ（1251年の文書）242, 245
—マクシミリアン・アントン・フォン・トゥルン・ウント・タクシス（1831-1867）［侯世子］294, 338
—マクシミリアン・カール・フォン・トゥルン・ウント・タクシス（1802-1871）［第6代侯　トゥルン・ウント・タクシス郵便の所有者］206-7, 221, 229, 233, 247, 286, 293, 295, 325, 329, 338, 387-8, 405, 420
—マクシミリアン・マリア・フォン・トゥルン・ウント・タクシス（1862-1885）［侯］338-9, 416, 423
—マフェオ・デ・タッシス（1535年没）［スペインの郵便局長］045, 249-50
—マリア・テレジア・フォン・トゥルン・ウント・タクシス（1794-1874）339
—ヤーコプス・サンドリ（1529年没）［ベルガモの商人・市民］244
—ヤネットー（ヤネトゥス、ヨアネトゥス、ヨハネット、ヨハン）・フォン・タクシス（ダックス、タッシス）（1518年没）［マクシミリアンの郵便局長］022, 024, 027, 029-31, 042, 239, 249, 308, 369
—ヨアネトゥス・デ・ベルガモ［1480年頃の教皇の急使］021-2
—ヨーゼフ・フォン・タクシス（1496-1555）［インスブルックの宮廷郵便局長］048
—ヨハネス・フォン・トゥルン・ウント・タクシス（1926年生）［侯］301, 303, 426-7
—ヨハン・アントン・デ・タッシス（1510年以前-1580）［ローマの皇帝の郵便局長］046, 050
—ヨハン・バプティスタ・フォン・タクシス（1470-1541）［郵便総裁］024, 031, 041-6, 048-9, 052, 054-6, 097, 240-2, 245-7, 249-52, 261, 285-6, 308
—ヨハン・バプティスタ・フォン・タクシス（1530-1610）［スペインの外交官］253
—ヨハン・フォン・タクシス［オーストリアの宮廷郵便局長］052
—ライモンド・デ・タッシス（1515-1579）［スペインの郵便総裁］045
—ラウレンツ・ボルドーニャ・デ・タッシス［トリエント公会議の郵便局長］050
—ラモラール・イニゴ・フォン・トゥルン・ウント・タクシス（1686-1717）302
—ラモラール・クラウディウス・フランツ・フォン・トゥルン・ウント・タクシス（2世）（1621-1676）［伯　郵便総裁］105, 117-8, 128, 216, 247, 257, 259, 261, 286, 308
—ラモラール・フォン・タクシス（1世）（1557-1624）［伯　郵便総裁］073, 075, 077, 079, 085, 088-91, 097-8, 247, 254-5, 286-7
—リーエンハルト・デ・タッシス（1519年没）［ローマの郵便局長］046-7, 049
—ルードヴィヒ・フォン・タクシス（1569年没）［ブリクセン、ボーツェン、コル

マンの宿駅長］050
—ルゲリウス・デ・タッシス・デル・コルネッロ（1350 年頃）243
—ルッジェーロ・デ・タッシス（1610年没）［ミラノの郵便局長］046, 077
—レオンハルト・フォン・タクシス（1 世）（1521-1612）［男爵　郵便総裁］008, 041, 044, 058, 060-1, 063-6, 070, 073-9, 081-3, 085, 088, 096-8, 181, 247, 253-4, 286, 370
—レオンハルト・フォン・タクシス（2 世）（1594-1628）［伯　郵便総裁］099, 103-5, 107, 237, 247, 255, 285-6, 370
—ローガー・フォン・タクシス（1445-1514）249, 284
—ロジェリウス・デ・タッシス（1582 年没）［ヴェネチアの郵便局長］048
ダッハウ（バイエルン）435
ダマン、マルガレータ（1549 年没）［レオンハルト・フォン・タクシス 1 世と結婚］286
ダルムシュタット（ヘッセン）223, 393, 399, 440
タレーラン・ペリゴール、シャルル・モーリス・ド（1754-1838）［フランス外務大臣］188
ダンツィヒ（グダニスク、ポーランド）155
チェコスロヴァキア　303, 346, 350, 356-8, 424, 451
チザルピーナ共和国　184
中国　009, 015
チューリヒ（スイス）050, 108, 432
チュニス（アフリカ）045, 242
チロル（オーストリア）004, 016, 018, 022, 026-7, 029, 033-4, 044, 048, 072, 074-5, 108, 146, 156, 233, 241, 249, 299, 329, 341, 343-6, 357, 370, 391
ツァイラー、マルティン［旅行案内書の著者］447
ツェードラー、ヨハン・ハインリヒ［百科事典の出版者］010, 155, 368
ツェルニク（ユーゴスラヴィア）339
ツォルン、ヴォルフガング［経済史家］408
ディーツ、フランツ・マクシミリアン（1767 年没）［宮廷顧問官・マインツ帝国上級郵便局長・のちにアイゼナハの上級郵便局委員］393, 447
ティーフェンヒューレン（バーデン・ヴュルテンベルク）323
ティールケ、ヨハン・フリードリヒ［郵便局長・作家］150, 447
ディシンゲン（ブレンツ河畔ハイデンハイム郡、バーデン・ヴュルテンベルク）310, 324-5
ディドロ、ドゥニ（1713-1784）［作家］441
ティリー、ヨハン・セルクラエス（1559-1632）［伯　カトリックの軍司令官］103
テール、アルブレヒト・ダニエル（1752-1828）［農業改革者］326
デカルト、アードリエン［枢密顧問官］374
テュービンゲン（バーデン・ヴュルテンベルク）120
デューラー、アルブレヒト（1471-1528）［ド

イツの画家］018, 444
テューリンゲン（ドイツ）089, 179, 199, 216, 283, 391
デュッセルドルフ（ノルトライン・ヴェストファーレン）223, 429
デュルヴェヒター、オイゲン（1897-1980）［博士　化学者・企業家］433
デュルメンティンゲン（バーデン・ヴュルテンベルク）312, 316-7, 325, 327, 354
デルニツェ（ユーゴスラヴィア）340, 424
デルンベルク、フォン
—アウグスト（1802-1857）［総郵便管理局長官］202, 221, 389
—ヴィルヘルミーネ（1803-1835）［女男爵　マクシミリアン・カール・フォン・トゥルン・ウント・タクシスと結婚］286, 293, 388
—エルンスト・フリードリヒ（1801-1878）［総行政長］206, 215, 223, 329, 388-90, 398-401, 404-5, 412, 415, 419-20, 431
—フリードリヒ・カール（1796-1830）389
テレージエンシュタイン　342
デンマーク　103, 169, 184
ドイツ　001-3, 005-6, 008-11, 015-6, 018, 020-2, 024, 027, 029, 031, 033, 036-9, 044-6, 048-51, 055-7, 059-64, 066, 069, 071, 073-9, 083, 088, 092, 095, 097, 099-101, 103, 108, 110, 118, 120, 126-30, 133, 146, 150-1, 155, 158, 161, 164-6, 169, 171, 173-7, 179, 181, 184-5, 187-8, 191-6, 198-201, 203-7, 209-11, 213, 216-23, 225-8, 234-5, 238-40, 242-3, 245, 248-9, 255, 257, 260, 262-3, 271-2, 277, 280, 282-5, 287-90, 292-3, 299, 303, 306, 309, 311, 316-7, 319, 327, 331, 333-4, 336, 341, 347-8, 350-2, 354, 356-60, 362-4, 366, 368-70, 374-6, 380-1, 391, 400-2, 404-6, 408, 410, 417-8, 420, 423, 425-6, 428-32, 434-5, 439, 441, 444-6, 449, 451
ドゥーダーシュタット（ゲッティンゲン郡、ニーダーザクセン）159
ドゥッテンシュタイン（バーデン・ヴュルテンベルク）310, 324, 344
トゥルーゲンホーフェン城（1819 年以後タクシス城）278, 310
—村　268, 311, 316, 324, 355
ドゥルケン、ゴスヴィン［レルモント郵便局長］110
トゥルン・ヴァルサシーナ、ゲオルク・フォン［伯］410
ドゥンステルキンゲン（バーデン・ヴュルテンベルク）313
トッリアーニ、デッラ・トッレ［イタリアの貴族家門］257-8, 259, 298
ドナウシュタウフ（レーゲンスブルク郡）329, 356, 363, 413
ドブラヴィッツ（チェコスロヴァキア　旧ボヘミア）409, 450
トムスン、E.P.（1924 年生）［イギリスの歴史家］303, 442
トリアヌス、カエサル［親タクシス派の帝国国法学者ショッペ（ヒルデスハイム）の筆名］123, 126
トリーア（ラインラント・プファルツ）037, 154, 159, 163-4, 177
—トリーアの選帝侯　074

トリエント（イタリア）038, 046, 048-50, 057, 249
トリフトルフィング（バイエルン）352-3
ドレ、フランツ・アントン・フォン（1760年没）［宮廷顧問官］392
ドレシャー、カール（1805年没）［郵便局長］393
ドレスデン（東ドイツ）154, 219, 224
トロント（カナダ）429

〈な〉

ナーグラー、カール・フリードリヒ・フェルディナント・フォン（1770-1846）［プロイセンの郵便総裁］204-5, 223
ナイメーヘン（ヘルダーラント州、オランダ）110
ナッサウ（ライン・ラーン郡、ラインラント・プファルツ）179, 184, 197, 199, 212, 215-6, 219, 223, 227-8, 394, 399
ナポリ（イタリア）002, 018, 037-8, 041, 056, 077, 094, 155, 249, 444
ナポレオン1世、ボナパルト（1769-1821）［フランス皇帝］004, 179, 184-5, 187-91, 194, 225, 280-1, 283, 320, 323
ニーダートラウプリング（バイエルン）330, 353
ニコライ、フリードリヒ（1733-1811）［作家・出版者］447
日本　434
ニュルンベルク（バイエルン）011, 053, 079, 089-91, 098, 100-1, 108, 110, 126, 132-4, 151, 153, 156, 159, 161-3, 165-7, 187, 318, 353, 371, 412, 426, 431, 433, 444
ネーデルラント　012, 015-6, 018, 021, 025, 033-4, 036, 039-42, 045, 047, 049, 053, 056, 060-1, 063-7, 070, 072-8, 085, 088, 099, 105, 108, 110, 128, 130, 135-6, 138, 157-8, 161, 166, 175-6, 216, 233, 238, 240, 245, 249, 254, 260, 263, 279-80, 283, 287, 306-7, 309, 312, 326, 335-6, 341, 343-6, 357, 369-71, 375, 380-1, 384, 441, 449
—オーストリア領　144, 265, 374
—スペイン領　002, 021, 035, 037, 041, 045-7, 060, 063, 085, 136, 225, 239, 246, 261-2, 285, 308
ネーベル、ヴィルヘルム・クリストフ（1773年没）［ダルムシュタットの郵便局長］393
ネーベルタウ、ヨハン・ヤーコプ（1772-1839）［カッセルの郵便局長］393
ネーレスハイム（オストアルプ郡、バーデン・ヴュルテンベルク）247-8, 323-5, 327, 333, 344, 346, 354-5
ノイヴィート（ラインラント・プファルツ）171
ノイファールン（バイエルン）329-30, 352
ノートルダム・デュ・サブロン教会（ブリュッセル〔ベルギー〕）031, 246-7, 261, 298
ノッティンガム（イギリス）434

〈は〉

ハーグ（オランダ）358, 441
バーゼル（スイス）155, 176, 223
パーダーボルン（ノルトライン・ヴェストファーレン）159, 163, 178

バーデン［大公国］179, 181, 184-5, 187-9, 191, 196, 199-200, 206, 210, 280, 284, 292, 325, 399, 403
バーデン・ヴュルテンベルク　360, 428
ハーナウ（ヘッセン）187, 280
パーリング（バイエルン）［領地］329
パール、フォン［オーストリアの宮廷郵便局一族］115
バイエルン（ドイツ）004, 069-70, 144, 155-6, 165, 179, 181, 185, 188-91, 194-6, 200, 206, 210-1, 218-9, 225, 248, 265, 280, 288-91, 294-5, 299, 327-33, 336-8, 340, 343-54, 360, 385, 388, 391, 400, 403, 410, 413-4, 418, 423-5, 428, 433, 437, 451
ハイスドルフ、フォン［郵便局長一族］371-2
—ヤーコプ・ハインリヒ（1724-1786）［上級郵便局長］372
—ヨハン・ハインリヒ（1686-1756）［アウクスブルクの上級郵便局長・枢密顧問官］275, 374, 379
ハイデルベルク（バーデン・ヴュルテンベルク）120
ハイド、ハンス・ゲオルク［初代ニュルンベルク郵便局長］167
バイロイト（バイエルン）280, 286, 440-1
ハインスバッハ　356
ハインリヒ７世（1274-1313）［皇帝］257
バウアー、ハインリヒ［ケルン市飛脚］058
パヴィア（イタリア）046, 445
パウエルスバッハ、カール・フォン（1735-1802）［騎士　郵便査察官］148
ハウス［領地］329, 353
パッサウ（バイエルン）154, 260, 353, 412
ハッサン、ムーレイ［1525年—1534年および1535年—1568年のチュニスの支配者］242
バッチャーニ、ヨーゼフ・ゲオルク・フォン［伯（ウィーン）］339, 409
パットン、ジョージ・スミス・ジュニア（1885-1945）［アメリカ第３軍の陸軍大将、1945年バイエルンの軍政指揮官］425
バニャ（ユーゴスラヴィア）340, 348, 350, 357-8
ハノーファー（ニーダーザクセン）116, 169, 175, 194, 200, 234, 279
ハノーファー選帝侯領　227
ハプスブルク　004, 015-9, 027, 029, 033-4, 036-7, 046, 054-5, 060-1, 070, 084-5, 101, 135-8, 143-4, 146, 225, 239-40, 245-6, 248-9, 252, 265, 267, 269, 286, 295-6, 299-300, 308, 331, 333, 357-8, 404, 443, 445, 447
ハムペ、H.［郵便史家］371
パリ（フランス）039, 041, 128-9, 147, 154, 180, 188-90, 238, 281, 283, 291, 434, 440, 444
バリャドリード（スペイン）054
バルザー、ゲオルク・フリードリヒ・ヴィルヘルム（1780-1846）［教授］440
ハルスデルファー、ゲオルク・フィリップ（1607-1658）［ニュルンベルクの市参事会員・バロック詩人］132
バルセロナ（カタロニア、スペイン）047
ハルデンベルク、カール・アウグスト・フ

ォン（1750-1822）［男爵　プロイセンの政治家］188, 193
バルビング（バイエルン）352-3
パルマ公［ネーデルラントのスペイン総督］073
バルメルツホーフェン（バーデン・ヴュルテンベルク）311, 324, 327
ハレ（東ドイツ）123-4
ハンガリー　042, 045, 089, 334, 339, 356
バンクーバー（カナダ）362
バンクーバー島　361
ハンゲンヴァイスハイム（アルツァイ・ヴォルムス郡、ラインラント・プファルツ）071-2
ハンゼマン、ダーヴィト（1790-1864）［政治家］224
ハンブルク（ドイツ）089, 100-1, 108, 117, 155, 159, 161, 164-5, 187, 197, 199-201, 208, 213, 217, 219, 280, 371, 391, 393, 446
ピアチェンツァ（エミーリア・ロマーニャ、イタリア）046
ビシュナー、カスパー［郵便強盗］172
ビスマルク、オットー・フォン（1815-1898）［帝国宰相］226, 228, 404, 448
ビツル、ミヒャエルとアーロイス　140
ヒトラー、アドルフ（1889-1945）［独裁者］299
ヒニューバー、リュートガー（1665年没）［ヒルデスハイムの郵便局設立者］135
ビューロー、エルンスト・フォン［プロイセンの枢密公使館参事官］229
ピュッター、ヨハン・シュテファン（1725-1807）［帝国国法学者］003, 127, 171, 174-5
ピュルクルグート（バイエルン）330, 352-3
ビルグデン、ヨハン・フォン・デン（1582-1654）［フランクフルトの郵便企業家］089, 099-101, 108, 116, 166, 216, 237, 370-1, 446
ピルクハイマー、ヴィリバルト（1470-1530）［ニュルンベルクの都市貴族・人文主義者］444
ピルゼン（チェコスロヴァキア）413-5, 450
ヒルデスハイム（ニーダーザクセン）117, 119, 135, 159, 163, 178
ヒンケルト、ヨハン　065-6, 068
ピンツガウ（ザルツブルク、オーストリア）351
ファーバー、アントン　126
ファナ（1479-1555）［狂女　アラゴン・カスティーリャ女王　スペイン王フェリペ1世と結婚］035, 250
ファルケンシュタイン（バイエルン）329-30, 356, 441
ファン・デ・アウストリア（1547-1578）065
フィーアリング、バルターザー［ボーベンハイムの宿駅長］079
フィウメ　→リエカ参照
フィック、フリードリヒ［博士　ヘッセン選帝侯領の顧問官］223
フィッシャー・グレ［博士　宮廷顧問官］228
フィラッハ（ケルンテン、オーストリア）029

フィラデルフィア（ペンシルベニア州、アメリカ合衆国）432
フィルスホーフェン（バイエルン）260
フィレンツェ（イタリア）038, 043
ブーヒャウ（バーデン・ヴュルテンベルク）248, 282-3, 316, 323-7, 333, 354, 385
—侯領となった婦人養老院　323
フェリペ１世（1478-1506）［スペイン王（フィリップ美公）］002, 018-9, 033-5, 039-40, 240
—フェリペ２世（1527-1598）［スペイン王］008, 041, 045, 060-1, 063, 108, 143, 253, 255
—フェリペ３世（1578-1621）［スペイン王］253
—フェリペ４世（1605-1665）［スペイン王］105, 259
—フィリップ１世（1504-1567）［ヘッセン方伯］062
フェルディナント１世（1503-1564）［皇帝］017, 060-1, 240, 247, 253
—フェルディナント２世(1578-1637)［皇帝］008, 017, 099, 101, 103, 105, 255
—フェルディナント３世(1608-1657)［皇帝］017, 048, 109-10, 259
フェルディナント２世・フォン・エースターライヒ（1529-1595）［大公］069
フェルデック、ヨーゼフ・フォン［官房学者］311
フォークト、フリッツ［交通理論家］084
ブジンゲン（ベルギー）261, 308
フッガー、フォン［アウクスブルクの企業家一族］015, 031, 037, 040, 043, 051, 079, 082, 307, 368, 376, 444
—オイスタキウス・マリア、フォン［伯］310
—オクタヴィアン・ゼクンドゥス（1549-1600）［豪商］252
—ゲオルク　369
—ハンス（1531-1598）066
—フィリップ・エドゥアルト　252
—マルクス（1529-1597）066
—ヤーコプ（1459-1525）［いわゆる「富豪」］031, 040
フッガー・バーベンハウゼン、フォン［侯］297
ブッセン（バーデン・ヴュルテンベルク）312
プファルツ・バイエルン　184
プファルツ選帝侯　071, 073, 099, 101
プファルツ選帝侯領　071, 119
プフォルツハイム（バーデン・ヴュルテンベルク）433-6
フュッセン（オストアルゴイ郡、バイエルン）038, 050, 072, 245-6, 249
フュルステンベルク、ハンス・フォン　262, 267, 286-7, 359
フュルステンベルク・シュテューリンゲン、マリア・ヘンリエッテ・ヨゼファ(1732-1772)［アレクサンダー・フェルディナント・フォン・トゥルン・ウント・タクシスと結婚］286
フュルステンベルク・ハイリゲンベルク・シュテューリンゲン、アンナ・マリア・アーデルハイド・フォン（1659-1701）［オイゲン・アレクサンダー・フォン・トゥルン・ウント・タクシスと結婚］262, 285-6, 310

ブライテンフェルト、エリアス（1782年没）［リーヒェンブルクのユダヤ人火酒醸造業者］394
フライブルク／ブライスガウ（バーデン・ヴュルテンベルク）018, 029, 034, 038, 050, 071, 108
フライベルク、フォン［男爵］328
フラウストヴィッツ（チェコスロヴァキア、旧ボヘミア）［領地］333-4
ブラウン、シュテファン［ラインハウゼンの小包受取人（16世紀）］058
ブラウンシュヴァイク（ニーダーザクセン）117-8, 159, 169, 175, 201, 206, 272, 279, 447
ブラウンシュヴァイク、フォン［公家］175
—エーリヒ［公］446
ブラウンシュヴァイク・リューネブルク（ニーダーザクセン）116-7, 119-20, 146
ブラガンサ［侯家（ポルトガル）］361-2
ブラジル（南アメリカ）360-1, 426, 429, 434-5, 437
フラッキオ、エンゲルベルト［系譜学者］257-8
プラハ（チェコスロヴァキア）039, 071, 076, 079, 084, 088-90, 098-9, 101, 103, 105, 153, 246-8, 255, 257, 409
ブラバント（ベルギー）110, 175, 279
フランクフルト・アム・マイン（ヘッセン）013, 024, 039, 050, 076, 079, 088-91, 094-6, 098-102, 108-10, 116-7, 121, 132, 138, 140, 143-4, 146, 151, 153-5, 158-61, 163-5, 176, 190-2, 197-9, 201-3, 205, 208-9, 213, 215-7, 219, 221-3, 226-40, 247-8, 260, 263-8, 270, 278, 288, 291, 326-7, 369-72, 376, 378, 380, 382, 385, 389, 391-4, 400, 404, 406, 408, 429, 442, 445-6, 450
フランケンホーフェン（バーデン・ヴュルテンベルク）323-5
フランス　002-4, 021, 025, 039, 045, 056, 060, 063, 067, 073, 088, 092, 109-10, 128-30, 135-8, 146, 155, 161, 164, 169, 171, 175-80, 184-5, 188, 190, 225, 242, 253, 257, 260, 269, 279-80, 283-4, 302, 309, 311, 316, 319, 323, 368, 374, 380, 384, 409, 434-5, 441, 445
フランツ1世（1708-1765）［皇帝（フランツ・シュテファン・フォン・ロートリンゲン）］017, 138, 145, 267, 273, 275
—フランツ2世（1768-1835）［皇帝（オーストリアのフランツ1世）］017, 180, 184, 189, 193-4, 269, 294, 333
フランツ・ヨーゼフ1世（1830-1916）［オーストリア皇帝］295, 419
ブランデンブルク　063, 116, 118-20, 260, 272　→プロイセン参照
—選帝侯　016
—ブランデンブルク選帝侯領　116-7, 120
—フリードリヒ・ヴィルヘルム（1620-1688）［大選帝侯］117-8
ブランデンブルク・バイロイト、ゾフィー・クリスティーネ・ルイーゼ・フォン（1710-1739）［アレクサンダー・フェルディナント・フォン・トゥルン・ウント・タクシスと結婚］286, 440-1
フランドル（ベルギー）042, 128, 175, 240,

279
フリードベルク（バーデン・ヴュルテンベルク）［伯領］312-3
フリードベルク・シェール（バーデン・ヴュルテンベルク）［侯領化された伯領］278-9, 283, 289, 311, 313-4, 317-9, 322-5, 354, 375, 381, 383, 443, 449
フリードリヒ1世（1754-1816）［ヴュルテンベルク王］282-3, 288
―フリードリヒ3世（1415-1493）［皇帝］008, 016-8, 241
―フリードリヒ5世（1596-1632）［プファツル選帝侯］099, 101
―フリードリヒ・ヴィルヘルム3世（1770-1840）［プロイセン王］194, 331
フリードリヒスハーフェン（バーデン・ヴュルテンベルク）224
ブリクセン（ボルツァーノ県、イタリア）050
プリューフェニング（バイエルン）［城領地］331, 353
ブリュッセル（ベルギー）002, 012-3, 024, 029-31, 033, 035-9, 041-6, 052, 056-9, 064-7, 072-4, 077-9, 082, 085, 091-2, 094, 096, 099, 107-11, 113-4, 129, 132, 135-6, 154-5, 239-42, 245-8, 250, 253, 255, 260-6, 268, 285, 298, 307-8, 336, 369-72, 376, 380, 444, 446, 448
プリンス・オブ・ウェールズ　285
フリンツ
―ジェラール（1640年没）［フランクフルトの郵便局長］099, 108, 216, 371
フリンツ・トロイエンフェルト、フォン　371
―アレクサンダー・コンラート（1764-1843）372　→フリンツ・ベルベリヒ参照
―カール・オプタトゥス（1765-1852）［男爵　フランクフルト・アム・マインの総郵便管理局長官］392, 394
―カール・テオバルト・コルネリウス（1797-1872）［男爵　総郵便管理局顧問官］393
フリンツ・ベルベリヒ、アレクサンダー・コンラート・フォン（1764―1843）［男爵　指導的政治家・フランクフルト・アム・マインの総郵便管理局長官］150, 176, 188-91, 193-5, 205-6, 213, 216, 223, 372, 375-6, 378, 385, 389, 392-3, 450
ブルゴーニュ（フランス）016, 018, 072, 105, 128, 250, 259, 370
フルダ（ヘッセン）089, 187, 280, 440
ブルッヘ（ブルージュ）（西フランドル州、ベルギー）015, 372, 394
フルト（オーバープファルツ、バイエルン）413
ブルフザール（カールスルーエ郡、バーデン・ヴュルテンベルク）130
ブレ、ファン［ブリュッセルの銀行家］376
プラセ（クロアチア、今日のユーゴスラヴィア）339
ブレーメン（ドイツ）116-7, 159, 162, 164
プレス（バーデン・ヴュルテンベルク）025-6, 053
プレスブルク（ブラチスラヴァ〈チェコスロヴァキア〉）155, 179-80, 185, 279

プレセック（ケルンテン）030
ブレン・ル・シャトー（ブラバント州、ベルギー）262, 280, 283, 307-9, 335-6, 341, 373
プロイセン　004, 006, 063, 116-20, 123-4, 137, 146, 157, 163-4, 169, 175-6, 178-9, 188, 191-6, 200-1, 203-4, 206, 210-1, 217-9, 221-9, 231-4, 279, 283, 291, 302, 306, 322, 328, 330-2, 340, 342-8, 350, 353-4, 356-7, 359-60, 364, 388, 391, 395, 399-400, 403-6, 420, 446, 448
ブローデル、フェルナン（1902-1985）［フランスの歴史家］015
ブロード（ユーゴスラヴィア）［領地］339
ヘーガー、フランツ・ヨーゼフ［宮廷顧問官・郵便馬車委員・作家］149, 447
ペーターゼン、ヘルゲ（1946 年没）［博士］435-6
ヘービヒ、テオドール　359
ヘメッセム（オランダ）［領地］261, 308
ベオグラード（ユーゴスラヴィア）248, 302, 410
ヘスヴィンケル、ヨハン・バプティスト・フォン［フランクフルトの郵便局長］110
ヘスリング、エリアス・テオドール・フォン［侍医］392
ベッカー、ド［郵便局長一族］371
ベッカリーア、チェザーレ（1738-1794）［刑法改革者］323
ヘッセン（ドイツ）062, 118, 197, 216, 219, 223, 232, 391, 393
ヘッセン・カッセル（ヘッセン選帝侯領）117, 119-20, 197-8, 209, 212, 214, 216, 219, 223, 227-8, 271-2, 379
ヘッセン・ダルムシュタット　179, 184, 212, 400
ヘッセン・ホンブルク　197, 199, 216, 219, 229
ペッツル、ヨハン（1756-1838）［作家・政治家カウニッツの秘書］277
ベッヒャー、ヨハネス・ヨーアヒム（1635-1685）［化学者・国民経済学者］151
ヘノート、ヤーコプ（1625 年没）［ケルンの郵便局長］066, 073-6, 078-9, 082-3, 091, 098-9, 134, 253, 370-1
ベハイム［ニュルンベルクの都市貴族］055
ペルー（南アメリカ）015
ベルガモ（ロンバルディア、イタリア）048, 071, 242-5, 257, 308
ベルギー　005, 036, 046, 160, 164, 191, 259, 261, 335-6, 391, 399, 408, 448-9
ベルク（ヴェストファーレン）187
ヘルコーフェン［大農場］331, 352-3
ペルシャ　020
ヘルニク、ルードヴィヒ（ルドルフ）・フォン　120-3
ベルネ、ルードヴィヒ（1786-1837）［作家］222
ヘルフェルト・フォン
—イグナツ・エドムント［トゥルン・ウント・タクシスの上級出納官（1797-1819）］378, 383-6
—ヨハン（1784-1849）［郵便学者］203-5, 217, 292-3
ベルベリヒ、フォン［郵便局長一族］
—クリストフ　310

―ゲオルク・フリードリヒ（1687-1768）［フランクフルトの上級郵便局長］374
―フランツ・ルードヴィヒ（1784 年没）［フランクフルトの上級郵便局長・郵便査察官］441-2
―ヘンリエッテ［アレクサンダー・コンラート・フォン・フリンツ・トロイエンフェルトと結婚］372
ヘルベルティンゲン（バーデン・ヴュルテンベルク）312
ベルリン（ドイツ）116, 192, 229, 403, 441
ヘレーネ、バイエルン女公爵（1834-1890）［マクシミリアン・アントン・フォン・トゥルン・ウント・タクシス侯世子（1831-1867）と結婚］286, 294-5, 331, 338, 398, 420, 423, 451
ヘンケル・フォン・ドナースマルク、ギド［侯・企業家］347, 408
ベンダ、ヴィルヘルム・フォン（1779 年没）［枢密顧問官］393
ヘンチェル
―ヨハン・ゴットリープ・クリスティアン（1766 年没）［中級会計官・「ヘンチェル地図書」の発行者］447
―ウルリヒ（1804 年没）［郵便顧問官・作家］161, 447
ヘンデル、イグナツ［総会計課収入官］379
ボア・ド［郵便局長一族］371
―オイゲン・ヨーゼフ［枢密顧問官］374
―フランソワ　374, 379
―ヨハン・ヤーコプ　447
ボイスト、ヨーアヒム・エルンスト・フォン［伯　ドイツの政治家・作家］018, 020, 078, 126, 170
ポイティンガー、コンラート（1465-1547）［人文主義者・アウクスブルク市書記］040
ホイドルフ（バーデン・ヴュルテンベルク）314
ホーエンツォレルン・ジグマリンゲン　199, 359, 403
ホーエンツォレルン、フォン　287
―カール・アントン［侯］292
ホーエンツォレルン・ヘッヒンゲン　199, 212, 226
ホーエンローエ　287
ホーエンローエ・ランゲンブルク・シリングスフュルスト、アンナ・アウグスタ・ツー（1675-1711）［女伯　オイゲン・アレクサンダー・フォン・トゥルン・ウント・タクシスと結婚］286
ボーサー、ハインリヒ［テュービンゲンの法学者］120
ボース（バーデン・ヴュルテンベルク）026, 053
ポーゼン（ポーランド）331
ボーツェン（イタリア）038, 050
ボーベンハイム（バーデン・ヴュルテンベルク）［宿駅］071-2, 079
ポーランド　303, 331-2, 350, 353, 356-8, 451
ボーリュー［ブリュッセル近郊のタクシス城］261
ポーロ、マルコ（1254-1324）［ヴェネチアの商人］009, 020
ポッシンガー　360

ホティーシャウ（チェコスロヴァキア、旧ボヘミア）［領地］333-4, 348, 350-1, 353, 357, 403, 413, 424
ホフマン、オットー　229
ボヘミア（チェコスロヴァキア）004, 099, 101, 103, 233, 249, 270, 294, 306, 328, 332-4, 342-6, 348, 350-4, 357, 365, 391, 394-5, 401, 403, 409, 413-4, 433, 450
ポンメルン（東ドイツ）359
ポルトガル　015, 110, 361
ボローニャ（イタリア）038, 046
ボン、フランツ（1830-1894）［バイエルン領邦議会議員・直領地行政長官］413

〈ま〉

マースアイク（リムブルフ州、ベルギー）158-9, 161, 164-5, 176-7, 371, 447
マイアー、ローザ（ロザーリエ）（1773年没）［マインツのユダヤ人女性郵便配達人］215, 394-5
マインツ（ラインラント・プファルツ）159, 162, 164-5, 176-7, 215, 223, 393-5, 447
マインツ選帝侯（大司教）（郵便事業の保護者）068, 085, 089-91, 097-8, 121, 128, 265, 276, 446
—ヨハン・シュヴァイカルト・フォン・クロンベルク（1553-1626）089-91, 446
マインツ大司教領　068, 088, 120, 178, 310
マウダッハ（バーデン・ヴュルテンベルク）071-3
マクシミリアン1世（1459-1519）［皇帝］001, 008, 016-9, 023-5, 027, 029-30, 033-4, 037, 051, 084-5, 241, 247, 249, 308
—マクシミリアン2世（1527-1576）［皇帝］017, 060, 062, 064
—マクシミリアン3世ヨーゼフ（1727-1777）［バイエルン選帝侯］155, 173
マクシミリアン（1808-1888）［バイエルン公］423
マジウス、アンドレアス（1514-1573）［クレーヴェ公ヴィルヘルムの顧問官］056, 252
マストヴェイク、ヨハン・ヴィナント・フォン［宮廷顧問官・総会計課出納係］379
マッフェーイ、フォン［騎士　工場所有者］348
マティアス（1557-1619）［皇帝］017, 089, 091, 097-8
マティアス、ヴィルヘルム・ハインリヒ［プロイセンの郵便文書庫員］192
マドリード（スペイン）128, 239, 257, 434, 447
マニャスコ、トノラ・デ　284
マリア（1457-1482）［ブルゴーニュ女公　マクシミリアン1世と結婚］016
マリア・テレジア（1717-1780）［オーストリア女大公　皇帝フランツ1世と結婚］017, 137-8, 144-6, 153, 267, 410
マリア・フォン・エースターライヒ（1505-1558）［ハンガリー王ラヨシュ2世と結婚］042
マリンクロート、ヨーゼフ・フォン［直領地《ドメーネン》財務庁《カンマー》長官］425
マルガレーテ・クレメンティーネ・マリア

(1870-1955)［オーストリア女大公　アルベルト・フォン・トゥルン・ウント・タクシスと結婚］286, 294, 296, 361
マルガレーテンホーフ［大農場］342
マルクス、アントン（1766年没)［宮廷顧問官］392
マルクス、カール（1818-1883）［哲学者・社会主義理論家］421
マルクドルフ（バーデン・ヴュルテンベルク）050
マンダーシャイド、フォン［伯］078
マントヴァ（イタリア）046, 129
マンハイム（バーデン・ヴュルテンベルク）164-5, 176-7
ミッテンヴァルト（バイエルン）157
南アメリカ　004, 362
南チロル（チロル、現在のイタリア）233, 249, 329, 341, 343-6, 357
ミュラー、ゲオルク・フリードリヒ（1759年没)［騎士　上級出納部会計係、のちに枢密顧問官］195, 376, 379, 384, 386, 392
ミュンスター（ノルトライン・ヴェストファーレン）109-13, 159, 163, 178
ミュンツベルク、ヴェルナー［郵便史家］072
ミュンヘン（バイエルン）070-1, 108, 129, 132, 154, 156-7, 159, 163, 165-7, 265, 299, 301, 401, 412, 421, 429, 431, 433, 440-1
ミラノ（ロンバルディ、イタリア）015-6, 021, 029, 037-9, 042, 046-7, 050, 067, 076-7, 129, 133, 244-5, 249, 257, 307, 434
メーヘレン（アントウェルペン州、ベルギー）012-3, 030, 239-40, 245, 308
メキシコ　015
メクレンブルク　285, 287, 347
メクレンブルク・シュヴェリーン　200-1
メクレンブルク・シュトレーリッツ　201
—カール2世（1741-1816）［公］285
—ゾフィー・シャルロッテ（1744-1818）［イギリス王妃　ジョージ3世と結婚］285
—テレーゼ［女公爵］→タクシス参照
—ルイーゼ（1776-1810）［プロイセン王妃］194
メッシーナ（イタリア）447
メッテルニヒ・ヴィネブルク、クレーメンス・ヴェンツェル・ネポムク・ロータ一・フォン（1773-1859）［伯　オーストリア宰相］192-4, 217, 225, 327, 339
メディチ［フィレンツェの家門］043
メミンゲン（バイエルン）025-6, 038, 053, 114
メムマー、ヘルマン［博士］427
メラン（南チロル、イタリア）329, 341
モーザー、ヨハン・ヤーコプ(1701-1785)［有名な帝国国法学者］001, 008, 057, 084, 087, 127, 271-2
—ヴィルヘルム・ゴットフリート・フォン（1729-1793）［宮廷顧問官・林業創設者］319, 354
モーツァルト、ヴォルフガング・アマデウス（1756-1791）［作曲家］440
モール、ロベルト・フォン（1799-1875）［法学者］224
モスクワ（ソ連）155

モンジュラ、マクシミリアン・ヨーゼフ・フォン（1759-1838）［伯　バイエルン王国国務大臣］189, 289-90, 329, 336

〈や〉

ユーゴスラヴィア　030, 303, 340, 350, 356-8, 410, 424, 451
ユトレヒト（オランダ）110
ヨアネトゥス・デ・ベルガモ　021-2
ヨーゼフ2世（1741-1790）［皇帝］269, 312, 439, 441
ヨーロッパ　001-6, 010, 015-6, 019, 021, 027, 032, 036-7, 046, 055, 060, 073, 077, 084, 088, 092, 101, 103, 126, 128-9, 146-7, 155, 164, 213, 239, 241, 243, 246-7, 249, 262, 284-5, 301-2, 306-7, 317, 335, 347, 364, 368, 372, 376, 400, 407-8, 431, 435, 437, 443-4, 448

〈ら〉

ラ・ロッシュ（リュクサンブール州、ベルギー）［伯領］261, 308
ラーベルヴァインティング（バイエルン）［領地］329
ライカム、ヴェルナー・フォン（1764年没）［男爵　枢密顧問官］392, 394
ライトミシュル（ボヘミア、今日のチェコスロヴァキア）［領地］334, 342, 346, 348, 350-1, 353, 357, 403, 424
ライバッハ　050, 339　→リュブリャーナ参照
ライヒリン・フォン・メルデッグ［男爵　侍従長］268
ライプツィヒ（東ドイツ）037, 067, 089, 100-1, 108, 116, 135, 151, 202, 224, 352, 441
ライプニッツ、ゴットフリート・ヴィルヘルム（1646-1716）［ドイツの哲学者］151
ライン（バイエルン）［領地］330
ラインハウゼン（カールスルーエ郡、バーデン・ヴュルテンベルク）029, 038-9, 046, 048, 050, 053, 057-8, 060, 072-3, 075-7, 088-9, 373
ラング、ゲオルク・ヤーコプ（1775年没）［宮廷顧問官］393
ラングラン・ドゥモンソー［ベルギーの投機家］407-8
ランヅフート（バイエルン）351, 412
リー、アレクサンドリーネ・ド　→アレクサンドリーネ・フォン・タクシス参照［レオンハルト・フォン・タクシス（2世）と結婚］
リーグレ共和国　184
リーザー（ベルンカステル・キュース郡ラインラント・プファルツ）072, 130, 132
リーデラー・フォン・パール、フランツ［男爵］363
リーヒェンブルク（ボヘミア、今日のチェコスロヴァキア）［領地］333-5, 348, 350-1, 353, 357, 394, 424
リヒテンシュタイン［侯家］051, 263
リーペル、ヨーゼフ（1709-1782）［楽長］442
リーベル、ヨハン・バプティスト（1787-1864）［博士　法律顧問官］206
リーリエン［郵便局長一族］371

—アレクサンダー・フェルディナント・フォン（1742-1818）［男爵　帝国郵便・ネーデルラント郵便の経理総監］375, 381, 383, 385
—フランツ・ミヒァエル・フローレンス・フォン（1696-1775）［男爵　帝国郵便・ネーデルラント郵便の経理総監］145, 153-4, 265, 374, 441
リール（ノール県、フランス）035
リエージュ（ベルギー）011, 077, 158, 164, 176-7
リエカ（＝フィウメ）（ユーゴスラヴィア）339, 410
リエンツ（東チロル、オーストリア）029
リシュリュー、アルマン・ジャン・デュ・プレシー（1585-1642）［枢機卿］146
リスト、フリードリヒ（1789-1846）［ドイツの国民経済学者・政治家］223
リスボン（ポルトガル）447
リチュカウ（ボヘミア　今日のチェコスロヴァキア）409
リッペ・デトモルト（ノルトライン・ヴェストファーレン）199, 221
—リッペ侯領　197
リッペルガー、ヴィルヘルム［郵便委員］228, 231
リービヒ、ユストゥス・フォン（1803-1873）［化学者］336
リヒテンシュタイン、パウル・フォン　051
リムブルク（ラーン河畔）（リムブルク・ヴァイルブルク郡　ヘッセン）394
リュートゲンドルフ、ヨーゼフ・マクシミリアン・フォン（1750-1829）［男爵　宮廷顧問官・気球飛行者］375
リュードルフファー、エーリヒ・ウント［兄弟会社］　401
リューネブルク（ニーダーザクセン）053
リューベック（シュレスヴィヒ・ホルシュタイン）159, 163-4, 197, 199, 201, 208, 217, 219, 280
リュブリャーナ（＝ライバッハ　ユーゴスラヴィア）050, 339
リヨン（フランス）039, 041, 046
リンダウ（バイエルン）113-4
リンツ（オーストリア）110
ルア、ルイーズ・ボワソ・ド（1610年没）［レオンハルト・フォン・タクシス（1世）と結婚］286
ルイ14世（1638-1715）［フランス王］109, 135-6, 260
ルイトヴォルディ、ドロテーア（1521年後没）［フランツ・フォン・タクシスと結婚］286
ルーイトポルト（1821-1912）［バイエルンの摂政宮（1866-1912）］424
ルードヴィヒ1世（1786-1868）［バイエルン王］295, 330
—ルードヴィヒ3世（1845-1921）［バイエルン王］347-8
ルクセンブルク・リムブルク［郵便管区］201
ルシャン（チェコスロヴァキア）409
ルドルフ2世（1552-1612）［皇帝］002, 017, 060, 066, 068-9, 075, 078, 081, 084-5, 088, 097, 119, 254, 257
レヴァント（オリエント、アジア）094
レーケン（ブリュッセル近郊）［地方自治体］

336
レーゲンスブルク（バイエルン）003, 005, 024, 072, 090, 107, 114-5, 129, 144, 153-5, 158-60, 162, 165-6, 171, 173, 180, 184, 188-91, 195, 203-4, 206, 215-6, 223, 226, 228-9, 238, 242, 247-9, 259-60, 265, 267-9, 273-4, 277-8, 283-4, 289, 291, 299, 301, 304, 315-7, 319-20, 326-9, 331, 333, 339, 351-4, 363-4, 369, 375, 380-1, 385, 390-1, 393, 403-5, 407, 410-5, 418-9, 425, 429-30, 432-3, 439-43
レオポルト１世（1640-1705）［皇帝］017, 117-9, 133, 260, 262
―レオポルト２世（1747-1792）［皇帝］017, 269, 276
レオンベルク（バーデン・ヴュルテンベルク）435
レケニク（クロアチア、今日のユーゴスラヴィア）339-40, 424
レックル（イストリア）030
レッシング、ゴットホルト・エフライム（1729-1781）［ドイツの詩人・哲学者］139, 441
レッツ（オーバープファルツ、バイエルン）090
レヒベルク、ヨーゼフ・ベルンハルト・フォン（1806-1899）［伯　オーストリア外務大臣］405
レム、ルーカス（1481-1541）［アウクスブルクの商人］446
レルバ、ジョヴァンニ・ダ［ローマのジェノヴァ人郵便局長・有名な旅行案内書の著者］012, 038, 253, 447
レルモント（オランダ）110
ロイス　184, 197, 219
ロイス・グライツ［侯領］199, 217
ロイス・シュライツ［侯領］199, 217
ロイトキルヒ（ラーヴェンスブルク郡、バーデン・ヴュルテンベルク）114
ロヴェレート（トリエント州、イタリア）049
ロートシルト（ロスチャイルド）043, 147, 378-9, 400, 406, 410
―アムシェル・マイアー　379
―マイアー・アムシェル（1743-1812）［フランクフルトの銀行家］376, 378
―マティルデ・フォン［女男爵］348
ロートハンマー、フランツ・ヴィルヘルム（1751-1801）［光明会員・作家・司書］173-4, 442
ロートリンゲン、シャルロッテ・ルイーゼ・フォン・L・ダルマニャック（1724-1747）［アレクサンダー・フェルディナント・フォン・トゥルン・ウント・タクシスと結婚］145, 267, 286
―フランツ・シュテファン・フォン　→フランツ１世参照
ローナー、アントン［法律顧問官］290, 302
ロープコヴィッツ［侯家］270, 285, 409
―マリア・ルドヴィカ・アンナ（1683-1750）［ザーガン女公爵　ロープコヴィッツ公女　アンゼルム・フランツ・フォン・トゥルン・ウント・タクシスと結婚］286, 374
ローマ（イタリア）002, 010-2, 015, 020-1, 025-6, 037-9, 041-2, 046-7, 056-7, 076-7, 094, 120, 144, 154-5, 244-5, 249, 257,

445-7
ロールスハウゼン、フーゴー・フォン［直領《ドメー》地財務庁長官《ネンカンマー》］425
ロクヴェ（クロアチア　今日のユーゴスラヴィア）339, 340
ロシア　146, 171, 191, 194, 353
ロスドラツェヴォ（旧ポーゼン大公国、今日のポーランド、ポズナン）331
ロスハウプテン（ロスハプト）（ギュンツブルク郡、バイエルン）058
ロック、ジョン（1632-1704）［イギリスの哲学者］322
ロックフェラー　426
ロット、コンラート［アウクスブルクの企業家］067-8
ロトベルトゥス・ヤゲッツォー、カール・フォン（1805-1875）［保守的な国家社会主義政治家］421
ロボルト、ゼバスティアン［リンダウの郵便局長］113
ロレーヌ（ロートリンゲン）（フランス）105, 249, 259, 370
ロンドン（イギリス）155, 239, 339
ロンバルディア（イタリア）003, 016, 257

事項索引

〈た〉

〈な〉

〈は〉

〈ま〉

〈や〉

〈ら〉

〈わ〉

略語

ADB	Allgemeine Deutsche Biographie
ADPG	Archiv für Deutsche Postgeschichte (seit 1953)
AESC	Annales. Économies – Societés – Civilisations
APB	Archiv für Postgeschichte in Bayern (seit 1925)
APF	Archiv für Post und Fernmeldewesen (seit 1949)
APG	Archiv für Postgeschichte
APT	Archiv für Post und Telegraphie (seit 1873)
Aufl.	Auflage
AZ	Archivalische Zeitschrift
Bd., Bde.	Band, Bände
BDLG	Blätter für deutsche Landesgeschichte
CSSH	Comparative Studies in Society and History
DA	Diplomarbeit (masch.)
Ders., Dies.	Derselbe, Dieselbe
Diss.	Dissertation
DPA	Deutsches Postarchiv (seit 1873)
DPAl	Deutscher Post-Almanach (1842–1853)
DPG	Deutsche Postgeschichte (1937–1943)
Ebd.	Ebendort
FZA	Fürstliches Zentralarchiv Thurn und Taxis Regensburg
GG	Geschichte und Gesellschaft
Hg.	Herausgeber
HHStA	Haus-, Hof- und Staatsarchiv Wien
HJb	Historisches Jahrbuch der Görres-Gesellschaft
HPG	Hessische Postgeschichte (seit 1956)
HStAM	Hauptstaatsarchiv München
HV	Historischer Verein
HZ	Historische Zeitschrift
JHVD	Jahrbuch des Historischen Vereins von Dillingen
Jg., Jge.	Jahrgang, Jahrgänge
JNS	Jahrbücher für Nationalökonomie und Statistik
LRA	Landesregierungsarchiv
MA	Magisterarbeit (masch.)
masch.	maschinenschriftlich
MIÖG	Mitteilungen d. Inst. f. österr. Geschichtsforschung
MPG	Mittelrheinische Postgeschichte
MPT	Monatsblätter für Post und Telegraphie (seit 1900)
ND	Neudruck
NDB	Neue Deutsche Biographie
NF	Neue Folge
Nr.	Nummer
o.J., o.O.	ohne Jahresangabe, ohne Ortsangabe
OPD	Oberpostdirektion

ÖNB	Österreichische Nationalbibliothek Wien
PG	Postgeschichte (seit 1980)
Pgbl.	Postgeschichtsblätter
S.	Seite
SBM	Staatsbibliothek München
ScrM	Scripta Mercaturae (seit 1967)
StAR	Stadtarchiv Regensburg
Tradition	(= ZUG, Jahrgänge 1956–1976)
TT	Thurn und Taxis
TTS	Thurn-und-Taxis-Studien
UP	L' Union Postale (seit 1875)
VHVO	Verhandlungen des Historischen Vereins Oberpfalz
VSWG	Vierteljahresh. für Sozial- und Wirtschaftsgeschichte
ZA	Zulassungsarbeit (masch.)
ZBLG	Zeitschrift für bayerische Landesgeschichte
ZHF	Zeitschrift für historische Forschung
ZHVS	Zeitschrift des Historischen Vereins für Schwaben
Zs.	Zeitschrift
ZUG	Zeitschrift für Unternehmensgeschichte
ZWLG	Zeitschrift für württembergische Landesgeschichte

原典史料

Fürstlich Thurn-und-Taxissches Zentralarchiv Regensburg

Bestand Chefakten

Nr. 3–6 (1925–1951)

Bestand Domänenkammer (DK)

Nr. 439–453 (Rentamt St. Emmeram – Brauhäuser); 19274 und 19314 (Mathildenzeche); 21441, 24445, 21481 (Berechnung der Domänenerträge in Kroatien); 21267–21316 (Bodenreform in Böhmen), 21317–21440 (Liquidation des Fürstentums Krotoszyn), 21481

Bestand Generalkasse

1. Akten
Nr. 1 Rechnungsinstruktion von 1819
Nr. 4 Generelle Bestimmungen über das Obereinnehmerei- und Rechnungswesen 1829/30–1863
Nr. 7 Rechnungs-Schematismus 1829
Nr. 9 Grundstocksveränderungsrechnung 1829–1877
Nr. 11 Kassen-Etats 1829–1847/48
Nr. 17 Sechsprozentige Anleihe der Vereinigten Nordamerikanischen Freistaaten (USA) 1848–1851
Nr. 31 Erhebung der Postgefäll-Überschüsse 1829–1868
Nr. 43 Abtretung der Postgerechtsame an Preußen 1867–1872
Nr. 44 Generalabrechnung Preußen – Thurn und Taxis 1867
Nr. 45Portofreitum des Hauses Thurn und Taxis (Reichsportofreiheitsgesetz vom 29. V. 1872)
Nr. 47 Laufenden Einnahmen und Ausgaben der Jahre 1848–1852
Nr. 100/101 Badische Postentschädigungszahlungen (1811–1931!)
Nr. 119 Verkauf der Besitzungen in Belgien 1834–1838
Nr. 128 Ankauf der Hft. Leitomischl 1858–1867
Nr. 187–193 Beteiligung an Kohlebergwerken 1901–1917

2. Rechnungen
Nr. 1 Hauptrechnung. Einnahmen und Ausgaben
a. (in drei Faszikeln) Faszikel 1: 1733–1737, 1740–1741; Faszikel 2: 1749–1760; Faszikel 3: 1762–1767/I. – (Darin enthalten: Einkünfte aus den Grundherrschaften 1767–1776)
b. (in Büchern): 1767/II–1829/I; 1829/30–1944/45; 1947–1958
Nr. 2 (Belege zu 1)
Nr. 3 Abrechnung der fürstlichen Obereinnehmerei über die »Kassen- und Rechnungsbestände«, 1829/30–1871/72
Nr. 4 (Belege zu 3)
Nr. 5 Grundstocksveränderungsrechnung, Serie A: Haus- und Stammvermögen, 1829–1956

Nr. 6 (Belege zu 5)
Nr. 7 Rechnung der fürstlichen Liquidationskommission über die »Aktiv- und Passivkapitalien« 1808–1829/I; »Rechnung der fürstlichen Liquidationskommission über Kapitalienverwaltung« 1829/30–1891/92; »Kapitalienverwaltung« 1892/93–1944/45
Nr. 8 (Belege zu 7, 1808–1923/24)
Nr. 9 Liquidationskommissionskasse Serie B: Privatvermögen 1832/33–1869/70
Nr. 18 Domänenkasse-Rechnungen 1808–1819, Reservekasse-Rechnungen 1820 bis 1831
Nr. 19 (Belege zur Reservekasse-Rechnung 1820–1831)
Nr. 20 Grundstocksveränderungsrechnung, Serie B: Privatvermögen (1829–1869/70)
Nr. 21 (Belege zu 20)
Nr. 22 Einnahme-Vormerkungen der Generalkasse 1872/73–1915/16
Nr. 45 Journal Privatkasse der Fürstin Therese 1812–1819
Nr. 93 Rechenschaftsberichte der fürstlichen Effektenverwaltung 1871/72–1892/93

Bestand Generaltableau 1828

Bestand Haus- und Familiensachen (HFS)

1. Akten
Nr. 1 Allgemeine Verordnungen über Verwaltungsgegenstände, namentlich das Cassa-Wesen betr. 1729–1828 (darin auch das Règlement général von 1719); 117–118 (Venezianische Postavisi und Postconti 1608–1610), 261 (Planmäßiger Grundbesitzerwerb 1789); 306 (Kassenreform 1828); 790 (Ältestes Archiv-Repertorium von 1689); 2347 (Kapitalienbücher der Fideikommißkasse 1708–1819); 2355 Verordnungen über das Thurn-und-Taxissche Hofökonomie-Wesen 1719–1810 (darin das Règlement général von 1723, Promemoria Lilien 1786)
2. Urkunden
Nr. 1387 (Fürstentestament von 1713)

Bestand Hofmarschallamt (HMA)

1. Akten
Nr. 1 (Oberste Leitung im 18. Jahrhundert), 2, 3, 5, 24 (Anlage der Grundstocksveränderungsrechnung 1828); 139/2–147 (Prinzipalkommissariat Zeremonialprotokolle); 376 (Kassenreform 1828)

Bestand Immediatbüro (IB)

Nr. 365 (Württembergische Postentschädigung von 1851); 381 (Grund-Erwerbspolitik 1831/32); 543 (Grundstückskäufe), 561 (Kaufkriterien 1833), 650 (Kritik der Kassenführung 1828), 654, 688 (Rechnungen über Capitalien-Verwaltung 1870/1871–1892/93); 671/I–II (Instruktionen für die Obereinnehmerei zur General-Cassa-Rechnung 1795–1819); 678 (Revisionsvorlage der Grundstocksveränderungsrechnung 1829/30–1848/49); 680 (Verwendung der disponiblen Cassabestände zum Ankauf von Staatspapieren und deren Anlegung bei der königlichen Filialbank, 1834–1859); 696 (Gründung der Effektenverwaltung); 702 (Eintragung der »Fürstlich Thurn und Taxisschen Generalkasse Regensburg« als Firma im Handelsregister 1924); 1183 (Herstellung der Realitäten-Inventare 1844–1881); 1187 (Fürstliches Ökonomie- und Grundeigentum. Ertrag, Karten und Pläne); 1206 (»Betrieb von Bräuhäusern 1836–1881«); 1227–1228 (»Tableaus über die statistischen und staatsrechtlichen Verhältnisse der fürstlichen Besitzungen, Vol. 1 (1828–1867), Vol. 2 (1870–1881); 1248 (Grundentlastung Bayern bis 1857); 1392 (Grundentlastung Württemberg bis 1854); 1496 (Wertberechnungen bei Waldgrund 1863); 2052 (Pro-

memoria über den Steinkohlenbergbau von 1861); 2053 (Mathildenzeche); 2774 (Grundstückskaufkriterien 1840er Jahre)

Bestand Personalakten

Nr. 445–475 (Becker); 522–523 (Berberich); 1221 (Coesfeld); 1499–1514 (Diez); 1578–1582 (Dollé); 1708 (Eberstein); 1914–1919 (Epplen-Härtenstein); 3226–3247 (Haysdorff); 3494–3495 (Herrfeldt); 5049–5052 (Krapp); 5214–5218 (Kurzrock); 5505–5507 (Liebel) 5529–5546 (Lilien); 5710–5714 (Lütgendorf); 5997–5998 (Mastwyk); 6366 (Müller); 6503–6505 (Nebel); 7777 (Rothschild); 8498 (Schneid); 8678–8681 (Schuster); 9795–9810 (Vrints); 10125 (Welz); 10188 (Westerholt)

Plansammlung

Postkarten 1, Postkarten 5

Bestand Postakten

Nr. 6 (Statistische Ermittlungen 1858–1865) 48, 49 (Post-Traktate 1690–1789); 52 (Generalien 1840–1866); 149–150 (Postmeilenzeiger 1835); 156 (Posterträge 1841–1861); 162 (Frankfurter Oberpostamtszeitung); 218 (Postillons-Hilfskasse 1834–1862); 307 (Eisenbahn-Karte 1853); 324 (Postvertrags-Sammlung 1804–1853); 491 (Statistische Notizen des Revisors Ripperger ca. 1850); 591 (Postregal und Postzwang 1807–1855); 599 (Postverkehr mit Frankreich); 603 (Postverkehr mit USA 1842–1856); 640–649 (Formblattmuster Thurn-und-Taxis-Post); 654, 656, 665 (Reichspostgeneralat des Lamoral von Taxis 1646); 668 (Denkschrift Lilien zugunsten des Reichspostgeneralats 1758); 669 (Verzeichnis der Reichspostbeamten um 1770); 692–730 (Rats-Sessionsprotokolle der Generalpostdirektion 1798–1811); 714 (Verfassung und Rechnungsweise der Generalkasse); 731–733 (Post-Dienstverordnungen 1592–1579, 1585–1598, 1608–1786 – Abschriften); 748 (Reichspost: Einteilung und Unterordnung der Ämter und Stationen unter Ober-Ämter und Commissariate 1718–1766); 792 (Maßnahmen zur Vermehrung der Posteinnahmen 1807); 814 (Verhandlungen Postreformation, enthält Mandat Kaiser Rudolfs vom 16. Juni 1595), 815–816 (Auszüge aus den Postreformations-Akten); 919 (Kaiserliche Wahlkapitulationen zum Postwesen); 925–930 (Denkschriften zum Reichspostregal); 935 (Vorschläge zur Vermehrung der Posteinkünfte und Herstellung einer besseren Ordnung, 1745–1770); 942–943 (Abhandlungen über das Postregal 1770); 949–954 (Diskussionen über das Reichspostgeneralat 1789/90), 965–967 (Konsequenzen für das Postwesen nach dem Preßburger Frieden und der Gründung des Rheinbundes), 968 (Denkschrift Lilien, Finanzlage des Hauses Thurn und Taxis 1807/1808); 969–970 (Projekte einer Thurn-und-Taxis-»Bundespost« 1807–1811), 971–974 (Dossiers Lilien über die Thurn-und-Taxis-Post); 983 (Korrespondenz 1647–1650 über L. von Hörnigks »Tractatus de postarum jure«); 998 (Liste von 52 Dissertationen zum Postregal); 999–1002 (Diskussionen um das Reichspostwesen 1789–1791); 1076 (Thurn-und-Taxis-Eilpostwagen 1826); 1090–1095 (Diskussionen um die Thurn-und-Taxis-Post in den 1850er Jahren); 1109 (Poststundenpässe 1495–1506, Faksimile nach Postmuseum Wien und LRA Innsbruck); 1112–1113 (Verordnungen über die Akzeleration der Postkurse 1605–1795); 1114 (Paß- und Stundenzettel Augsburg 1611–1788); 1122 (Kurswesen Reichs(ober)postamt Augsburg 1625–1801); 1136 (Posttarife 17. Jahrhundert); 1154 (Tabellen aller Postämter, Ende 18. Jh.); 1265 (Verdoppelung des Postkurses Augsburg-Italien, 1656–1660); 1481–1533 (Postvisitationen, 17.–18. Jahrhundert); 1534 (Reisebeförderungen 1653–1747); 1538–1549 (Reisebeförderung Kaiser Karls VII. 1741–1745); 1547 (Krönungsreise Kaiser Josephs II. nach Frankfurt/Main 1762/64); 1582 (Taxwesen

Augsburg 1604–1617); 1590 (Taxwesen Frankfurt 1624–1759); 1621 (Projekte für Taxerhöhungen 1680–1800); 1673 (Ausgaben Leonhards von Taxis für die von Brüssel ausgehenden Posten nach Luxemburg, Deutschland und Italien, Ende 16. Jh.); 1676 (Brüsseler Postamtsrechnungen 1655–1657), 1677–1680 (Brüssel Reitende Post, Rechnungen 1761–1794); 1682 (Postamtsrechnungen Regensburg 1701–1754); 1683–1705 (Rechnungen Fahrpost Nürnberg ab 1701), 1712 (Rechnungen Oberpostamt Köln seit 1723–41); 1713 (Postbilanz Brüssel-London 1727, u. ä.); 1714 (Rechnungsweise bei der Generalkasse 1735–1798); 1751–1752 (Bilanzen über den Ertrag der fahrenden Posten 1746–1778); 1776 und 1837 (Verordnungen zum Postrechnungswesen); 1749 (Ertragsvergleich mit der brandenburgischen Post); 1787 (fürstliche Post-, Tuch- und Zeugfabrik Dischingen); 1889 (Jahreserträgnisse der Posten 1813–1827); 2074–2085 (Postillion-Hilfskasse); 2264 (Kaiserliche Postordnungen und deren Publikation 1698–1768); 2347–2354 (Postraub 1561–1806); 2402 (Eisenbahnen), 2399 (Eisenbahnbau), 3776 (Postamtsrechnung Lindau 1640/41 und 1652/53), 4363 (Übereinkünfte Jacob Henots mit den Tiroler Posthaltern 1583); 4341 (Rechnungen des Reichs-Oberpostamts Roermond 1667–1671); 5116 (Abschriftliche niederländische Postrechnungen 1556–1596); 5158 (Ertrag der Niederländischen Posten 1706); 5254 (Rechnungen über die englische Korrespondenz 1750–1761); 5256 (Rechnung des General Post-Bureaus in Brüssel 1753–1757); 5403, 5158

Bestand Posturkunden

Nr. 1 (Postvertrag des Franz von Taxis von 1505); 2 (Postvertrag von 1516); 3 (Postvertrag des Johann Baptista von 1517); 7 (Einsetzung Johann Baptista von Taxis durch Kaiser Karl V. 1520); 14 (Bestallungsurkunde Kaiser Karls V. für Leonard von Taxis 1543); 20 (Verordnung des Postmeisters Leonhard von Taxis an die niederländischen Postmeister 1551); 29 (Rat von Brüssel schlichtet Streit zwischen Leonard und Seraphin von Taxis um Posteinkünfte 1568); 30 (Kaiser Ferdinand I. bestätigt 1563 die Bestallung des Leonard von Taxis durch Kaiser Karl V. von 1543); 32 (König Philipp II. von Spanien bestätigt Leonard von Taxis in seinem Amt); 45 (Mandat Kaiser Rudolfs vom 15. 9. 1596); 46 (Postordnung von 1596 für die Postmeister zwischen Brüssel und Augsburg); 48 (Kaiserliches Mandat gegen das Nebenbotenwerk vom 6. November 1597); 196 (Reichspostordnung von 1698); 251 (Reichspost als Thronlehen 1744)

Bestand Schwäbische Akten

Nr. 601 (Oberamtsordnung Scheer), 623, 648, 674 (Rechtskodifikation Friedberg-Scheer)

Bestand Kroatien Akten

Nr. 63 (Kaufvertrag Brod, Grobnik & Ozail); Nr. 446 (Kaufvertrag Zelin-Cice)

Stadtarchiv Memmingen

Chroniken

Stadtarchiv Regensburg

Dörnberg-Nachlaß Nr. 183–185

参考文献

Abel, W., Zur Entwicklung des Sozialprodukts in Deutschland im 16. Jahrhundert. Versuch eines Brückenschlags zwischen Wirtschaftstheorie und Wirtschaftsgeschichte, in: JNS 173 (1961), 449–489.
– Agrarkrisen und Agrarkonjunktur, Hamburg 1978 (3. Aufl.).
– Hausse und Krisis der europäischen Getreidemärkte um die Wende vom 16. zum 17. Jahrhundert, in: Histoire économique du monde méditerranéen 1450–1650. Mélanges en l'honneur de Fernand Braudel, Toulouse 1973, 19–30.
Abraham a Sancta Clara, Etwas für Alle/Das ist: Eine kurtze Beschreibung allerley Stands- Ambts- und Gewerbs-Personen, Würzburg 1699.
Achterberg, E., Der Bankplatz Frankfurt am Main, Frankfurt/M 1955.
Ackold, E., Gründlicher Unterricht Von dem Aus Landes-Fürstlicher Hoheit herspringenden Post-Regal Derer Chur- und Fürsten des H. R. R., Halle 1685.
Allgemeines Bürgerliches Gesätzbuch für die Reichsgefürstete Grafschaft Friedberg-Scheer, Regensburg 1792.
Altmannsberger, H. J., Die rechtlichen Gesichtspunkte des Streites um das Postregal in den Schriften des 17. und 18. Jahrhunderts, Diss. jur. Frankfurt/M. 1954.
Anales de los ordenanzas de correos de España, Tomo 1, (1283–1819), Madrid 1879.
Anweisung, nach welcher die Postmeister, Postverwalthere und Expeditores bey denen Kayserlichen Reichs-ordinaire fahrenden Posten sich zu richten haben, Frankfurt/M. 1748.
Aretin, K. O. von, Heiliges Römisches Reich, 1776–1806, 2 Bde., Wiesbaden 1967.
– Vom Deutschen Reich zum Deutschen Bund, Göttingen 1980.
– Der bayerische Adel. Von der Monarchie zum Dritten Reich, in: Bayern in der NS-Zeit, München 1981, 513–568.
– Das Reich. Friedensgarantie und europäisches Gleichgewicht 1648–1806, Stuttgart 1968.
Arnecke, G., Die Frankfurter Oberpostamtszeitung 1814–1848. Zur Typologie der Biedermeier-Presse, Diss. phil. München 1942.
Aubin, H./Zorn, W., (Hg.), Handbuch der deutschen Wirtschafts- und Sozialgeschichte, 2 Bde., Stuttgart 1971/1976.
Aue, H., Die rechtliche Entstehung der bayerischen Staatspost in den Jahren 1805–1808, Diss. jur. München 1949.
Aus der Geschichte des Klosters Obermarchthal, Bad Buchau 1985.
Bastl, B., Das Tagebuch des Philipp Eduard Fugger (1560–1569) als Quelle zur Fuggergeschichte. Edition und Darstellung, Tübingen 1987
Batke, A., Die ersten 100 Jahre Postgeschichte in Göttingen, in: ADPG (1961), Heft 1, 34–52.
Barbieri, D., Direction pour les voiageurs en Italie avec la notice de toutes les postes et leurs prix, Bologna 1771.
Barudio, G., Zu treuen Händen. Schwedens Postwesen im Teutschen Krieg, in: Lotz (1989), 67–76.
Bauer, C., Unternehmung und Unternehmungsformen im Spätmittelalter und in der beginnenden Neuzeit, Jena 1936.

Bauer, W., Die Taxis'sche Post und die Beförderung der Briefe Karls V. in den Jahren 1523 bis 1525, in: MIÖG 27 (1906), 436–459.
Baumgarten, Kurtze deduction, worauff das Regale Postarum der Stände des Heil. Röm. (Reiches) fundieret, pro argumento et dispositione einer breiteren und accurateren Ausführung entworffen, o. O. o. J. (vor 1710).
Becher, J. J., Närrische Weisheit und weise Narrheit: oder Ein Hundert, so politische als Physicalische, Mechanische und Mercantilische Concepte und Propositiones, Frankfurt/M. 1682.
Becker, H. J., Der Postkurs Brüssel – Innsbruck im Eifel-, Mosel- und Hunsrückraum, in: PgBl OPD Saarbrücken 5 (1982), Nr. 1, 12–17; Nr. 2, 4–10.
Becker, K., Die Quellenlage zur Geschichte des Postwesens in rheinländisch-pfälzischen Archiven, in: Mittelrheinische Postgeschichte 15 (1967), Heft 1, 19–31.
Beer, J. C., Der geistliche Reis-Gefehrt, Nürnberg 1679.
Behrens, B., Thurn und Taxis. Postmeisters Milliarden, in: Wirtschaftswoche Nr. 29 vom 14. 7. 1989, S. 72–76.
Berchelmann, W., Die Thurn-und-Taxisschen Postablagen und das Landpostbotenwesen im Großherzogtum Hessen, o. O. 1953.
Bergemann, U., Die letzte Konferenz des Deutschen Postvereins 13. November 1865 bis 2. März 1866, in: ADPG (1970), Heft 1, 9–28.
Berger, P.-R., Der Donauraum im wirtschaftlichen Umbruch nach dem Ersten Weltkrieg. Währung und Finanzen in den Nachfolgestaaten Österreich, Ungarn und Tschechoslowakei 1918–1929, Diss. phil. Wien 1982.
Bergius, J. H. L., Polizey- und Cameral-Magazin, Bd. 7., Frankfurt/Main 1773, S. 142–180 (Postwesen).
Beust, J. E. von, Versuch einer ausführlichen Erklärung des Post-Regals, und was deme anhängig, überhaupt und ins besondere in Ansehung des Heiligen Römischen Reichs Teutscher Nation ... verfasset, 3 Bde., Jena 1747/48 (= zit. als: *Beust*).
Beyrer, K., Die Postkutschenreise, Tübingen 1985.
– Das Reisesystem der Postkutsche. Verkehr im 18. und 19. Jahrhundert, in: Zug der Zeit – Zeit der Züge. Deutsche Eisenbahn 1835–1985, Bd. 1, Berlin 1985, 38–60.
– Etappen der Personenbeförderung im deutschen Postreiseverkehr, in: ADPG (1987), Heft 1, 30–60.
Birghden, J. von den, Bericht von der ehemaligen Beschaffenheit des Post-Wesens im Heiligen Römischen Reich, in: Beust, II, 567–589.
– Alleruntertänigste Verantwortung und Ableugnung auff der Frau Grävin Alexandrine von Taxis ... Schrifft, o. O. o. J.
Birke, A. M. / u. a., (Hg.), Bürgertum, Adel und Monarchie. Wandel der Lebensformen im Zeitalter des bürgerlichen Nationalismus, München/u. a. 1989.
Bittner, L., (Hg.), Gesamtinventar des Wiener Haus-, Hof- und Staatsarchives, 5 Bde., Wien 1936–1940.
Blaich, F., Zur Wirtschaftsgesinnung des frühkapitalistischen Unternehmertums in Oberdeutschland, in: Tradition 15 (1970), 273–281.
Bleeck, K./Garber, J., Deutsche Adelstheorie im Zeitalter des höfischen Absolutismus, in: Buck (1981), I, 223–228.
Blessing, W. K., ›Der Geist der Zeit hat die Menschen sehr verdorben ...‹. Bemerkungen zur Mentalität in Bayern um 1800, in: Weis (1984), 229–250.
Blühm, E./Gebhardt, H., (Hg.), Neue Beiträge zur historischen Kommunikationsforschung, München/u. a. 1987.
Blumenfeld, B., Der Prinz als Manager eines Milliardenvermögens, in: Adel, Schlösser und Millionen, Burscheid 1981, 196–207.
Bödeker, H. E./Herrmann, U., (Hg.), Über den Prozeß der Aufklärung in Deutschland

im 18. Jahrhundert. Personen, Institutionen und Medien, Göttingen 1987.
Bödeker, H. E., Aufklärung als Kommunikationsprozeß, in: R. Vierhaus, (Hg.), Aufklärung als Prozeß, Stuttgart 1988, 89–112.
Boegler, A., Die finanziellen Ergebnisse der bayerischen Post- und Telegraphenverwaltung, Leipzig 1913.
Bogel, E./Blühm, E., Die deutschen Zeitungen des 17. Jahrhunderts. Ein Bestandsnachweis mit historischen und bibliographischen Angaben, 2 Bde., München/u. a. 1971.
Borchardt, K., Zur Frage des Kapitalmangels in der ersten Hälfte des 19. Jahrhunderts, in: Jahrbücher für Nationalökonomie und Statistik 173 (1961), 401–421.
– Wirtschaftsgeschichte: Wissenschaftliches Kernfach, Orchideenfach, Mauerblümchen oder nichts von dem?, in: Kellenbenz/Pohl (1987), 17–31.
Born, K. E., (Hg.), Moderne deutsche Wirtschaftsgeschichte, Köln/Berlin 1966.
Borst, O., (Hg.), Wege in die Welt. Die Industrie im deutschen Südosten seit Ausgang des 18. Jahrhunderts, Stuttgart 1989.
Bosl, K./Franz, G., (Hg.), Biographisches Wörterbuch zur deutschen Geschichte, Bd. 3, München 1975, Sp. 2898–2905 (Thurn und Taxis, Artikel von E. Probst).
Born, K. E., (Hg.), Moderne deutsche Wirtschaftsgeschichte, Köln/Berlin 1966.
Börne, L., Monographie der deutschen Postschnecke, in: Ders., Skizzen, Aufsätze, Reisebilder (hgg. von J. Hermand), Stuttgart 1967, 3–31.
Bors, J. J., Neue und vollständige Postkarte durch ganz Deutschland, Nürnberg o. J. (ca. 1770).
Brandversicherungs-Ordnung für die Hochfürstlich Thurn- und Taxisschen Reichslande, o. O. 1791.
Braudel, F., The Mediterranean and the Mediterranean World in the Age of Philipp II., 2 Bde., 1973.
– Europäische Expansion und Kapitalismus 1450–1650, in: E. Schulin, (Hg.), Universalgeschichte, Köln 1974, 255–295.
Braun, G./Hogenberg F., Civitates Orbis Terrarum, 6 Bde., Köln 1572–1617.
Brem, L., Die alte Poststraße München – Braunau – Wien, in: APB 5 (1937–1939), 394–404.
Brentano, L., Der Unternehmer, Berlin 1907.
Breysig, K., Der brandenburgische Staatshaushalt in der zweiten Hälfte des 17. Jahrhunderts, in: Jahrbuch für Gesetzgebung, Verwaltung und Volkswirtschaft im deutschen Reich 16 (1892), 1–42, 449–526.
Brühl, C., Fodrum, gistum, servitium regis. Studien zu den wirtschaftlichen Grundlagen des Königtums im Frankenreich und in den fränkischen Nachfolgestaaten Deutschland, Frankreich und Italien vom 6. bis zur Mitte des 14. Jahrhunderts, Bd. 1, Graz 1968.
Brulez, W., Anvers de 1585 à 1650, in: VSWG 54 (1967), 75–99.
Brüninghaus, B., Bibliographie zur Unternehmensgeschichte und Unternehmerbiographie, in: Zeitschrift für Unternehmensgeschichte 29 (1984), 185–203; 30 (1985), 50–62.
Brunner, J., Ein deutsches Postbüchel aus dem Jahre 1764, in: APB 4 (1934–1936), 345–349.
– Die Poststraße von Augsburg bis zum Böhmerwald, in: APB 5 (1937–1939), 135–150.
– Das Postwesen in Bayern in seiner geschichtlichen Entwicklung von den Anfängen bis zur Gegenwart, München 1960.
Brunner, M., Die Hofgesellschaft – Die führende Gesellschaftsschicht Bayerns während der Regierungszeit König Maximilians II., München 1987.
Brunner, O., Adeliges Landleben und europäischer Geist. Leben und Werk Wolf

Helmhardts von Hohberg 1612–1688, Salzburg 1949.
Brunner, P. L., Aus dem Bildungsgange eines Augsburger Kaufmannssohnes vom Schlusse des 16. Jahrhunderts, in: ZHVS 1 (1874), 137–182.
Brusatti, A., Das Problem der Unternehmensfinanzierung in der Habsburger Monarchie 1815–1848, in: Kellenbenz (1971), 129–139.
– (Hg.), Die Habsburgermonarchie 1848–1918, Bd. 1, Die wirtschaftliche Entwicklung, Wien 1973.
Bucelinus, G., Germaniae topo-chrono-stemmatographicae pars quarta, Ulm 1678.
Buck, A./u. a., (Hg.), 3 Bde., Europäische Hofkultur im 16. und 17. Jahrhundert, Wolfenbüttel 1981.
Carlowitz, H. C. von, Sylvicultura Oeconomica, Leipzig 1732.
Cecchi, E./Frangione, E., Posta e postini nella documentazione di un mercante alle fine del trecento, Prato 1986.
Chandler, A. D., The Visible Hand: The Managerial Revolution in American Business, Cambridge/Mass. 1977.
Chemnitz, B. P. von, De ratione statu in Imperio nostro Romano Germanico, o. O. 1640.
Chifletius, J., Les marques d' honneur de la maison de Tassis, Antwerpen 1645.
Cipolla, C./Borchardt, K., (Hg.), Europäische Wirtschaftsgeschichte, Bd. 2, Stuttgart/New York 1979.
Clapmarius, A., De arcanis rerum publicarum libri sex, Bremen 1605.
Cocceji, S., Disputatio juridicae de regali postarum jure, (Resp. U. J. Lübbecke), Frankfurt/Oder 1703.
Conze, W., Adel, Artistokratie, in: O. Brunner/W. Conze/R. Kosselleck, (Hg.), Geschichtliche Grundbegriffe, Bd. 1, Stuttgart 1972, 1–48.
Crescenzi, G. P., Corona della nobiltà d'Italia, 2 Bde., Bologna 1639/1642.
Codogno, O., Nuovo itinerario delle poste per tutto il mundo, Mailand 1608.
Cowles, V., Die Rothschilds, 1763–1973. Geschichte einer Familie, Würzburg 1974.
Dallmeier, M., Quellen zur Geschichte des europäischen Postwesens 1501–1806, Teil I, Quellen – Literatur – Einleitung (= TTS 9/I), Kallmünz 1977 (= zit. als: *Dallmeier I*); Teil II, Urkunden – Regesten (= TTS 9/II), Kallmünz 1977; (= zit. als: *Dallmeier II*); Teil III, Register (= TTS 9/III), Kallmünz 1987.
– Die Funktion der Reichspost für den Hof und die Öffentlichkeit, in: Daphnis. Zeitschrift für Mittlere Deutsche Literatur 11 (1982), 399–431.
– /Uhlig, L., Thurn und Taxis – Stationen eines traditionsreichen Unternehmens, in: Der Kontakt – Doduco Werkzeitschrift, Winter 1983, 3–11.
– Die Kaiserliche Reichspost und das fürstliche Haus Thurn und Taxis, in: Zwei Jahrtausende Postwesen (1985), 65–116.
– Reichsstadt und Reichspost, in: R. A. Müller, (Hg.), Reichsstädte in Franken, Bd. 2, München 1987, 56–69.
– Die Alpenrouten im Postverkehr Italiens mit dem Reich, in: Lindgren (1987), 17–26.
– Die Kaiserliche Reichspost zwischen Zeitungsvertrieb und Zensur im 18. Jahrhundert, in: Deutsche Presseforschung 26 (1987), 233–258 (= Presse und Geschichte II).
– Poststreit im Alten Reich. Konflikt zwischen Preußen und der Reichspost, in: Lotz (1989), 77–104.
Danzer, P., Bayern und die Vereinheitlichung des Postwesens in Deutschland 1815–1914, Diss. phil. München 1923.
Das ehemalige Institut des Judenbriefträgers in Frankfurt/Main, in: APT 19 (1891), 13–17.
Das Postwesen im ehem. Königreich und in der späteren Republik Polen, in: APT 32 (1904), 647–650.
Das schweizerische Postwesen in seiner Entwicklung bis zum Jahre 1912, Zofingen 1914.

Davis, J. C., A Venetian Familiy and its Fortune 1500–1900: The Donà and the Conservation of their Wealth, Philadelphia 1975.
Davis, N. Z. Die Geister der Verstorbenen, Verwandtschaftsgrade und die Sorge um die Nachkommen. Veränderungen des Familienlebens in der frühen Neuzeit, in: Dies., Frauen und Gesellschaft zu Beginn der Neuzeit. Studien über Familie, Religion und die Wandlungsfähigkeit des sozialen Körpers, Berlin 1986, 19–51.
Delépinne, La Poste Tassienne 1490–1815. La Poste internationale en Belgique sous les grands Maîtres des Postes de la Famille de Tassis, Brüssel 1984.
Demel, W., Adelsstruktur und Adelspolitik in der ersten Phase des Königreichs Bayern, in: Weis (1984), 213–228.
Der europäische Postillion, o.O. 1728.
Deyl, Geschichtliches über die spanische Post, in: APT 10 (1882), 353–371.
Die Post, Mutter der Zeitung, Frankfurt/M. 1967.
Dienst-Anweisung für die Fürst Thurn-und-Taxisschen Forst-Assistenten im Fürstenthume Krotoszyn, Regensburg 1875.
Dienst-Anweisung für die Fürst Thurn-und-Taxisschen Forstmeister und Revierförster, Regensburg 1875.
Dietz, A., Frankfurter Handelsgeschichte, 5 Bde., Frankfurt/M. 1910–1925.
Diez, F. M., Allgemeines Post-Lauf- und Straßenbuch durch das ganze Heilige Römische Reich und einige angränzende Lande mit der bey yeder Haupt- und Handelsstadt bemerkten Ankunft und Abgang sowohl reut- als fahrender Kaiserlicher Reichsposten, Frankfurt/Main 1790.
Dinklage, K., Die landwirtschaftliche Entwicklung, in: Brusatti (1973), 403–462.
Dipper, C., Die Bauernbefreiung in Deutschland 1790–1850, Stuttgart 1980.
– Adelsliberalismus in Deutschland, in: D. Langewiesche, (Hg.), Liberalismus im 19. Jahrhundert. Deutschland im europäischen Vergleich, Göttingen 1988, 172–192.
Doduco 1922–1972 (Firmenschrift), Pforzheim 1972.
Döhler, J. F., Kurzgefaßte Abhandlung von denen Regalien oder Rechten der obersten Gewalt, Nürnberg 1775.
– Abhandlung von Domainen, Contributionen, Steuern, Schazungen und Abgaben, Nürnberg 1775.
Dohr, F., Das Postwesen am linken Niederrhein 1550–1900, Viersen 1972.
Dörries, H., Postprobleme vor 175 Jahren. Graf Ludwig zu Bentheim-Steinfurt und die Thurn-und-Taxissche Reichspost, in: Neue Beiträge zur Geschichte der Post in Westfalen (1981), 169–172.
Dreitzel, H., Zur Reichspublizistik. Forschungsergebnisse und offene Probleme, in: ZHF 5 (1978), 339–346.
Drescher, H., Stadt und Herrschaft Krotoschin in der Zeit des Königreichs Polen (1415–1793), Pforzheim 1978.
Dresler, A., Die Post als Titel in Publizistik und Presse, in: APB 2 (1928–30), 114–116.
– Die ›Neue Zeyttung‹ des Postmeisters Pelgerin de Tassis aus Rom von 1527, in: APB 9 (1955–1957), S. 29.
Duchhardt, H., Philipp Karl von Eltz, Kurfürst von Mainz, Erzkanzler des Reiches (1732–1743). Studien zur kurmainzischen Reichs- und Innenpolitik, Mainz 1969.
Dufayel, Ein Posthandbuch aus dem Jahre 1779, in: APT 17 (1889), 164–173.
Duffner, R., Das deutsche Posthaus von seinen Anfängen bis zur Gegenwart, Diss. phil. Berlin 1939.
Dülmen, R. van, Entstehung des frühneuzeitlichen Europa 1550–1648, Frankfurt/Main 1982.
– Die Gesellschaft der Aufklärer. Zur bürgerlichen Emanzipation und aufklärerischen Kultur in Deutschland, Frankfurt/Main 1986.

Dünnewald, A., Zur Entwicklungsgeschichte des Postregals, Münster 1920.
Dussler, H., (Hg.), Reisen und Reisende in Bayerisch Schwaben, 2 Bde., Weißenhorn 1964/1968.
Eber, C. L., Geographisches Reise-, Post- und Zeitungslexikon von Teutschland, 2 Bde., Jena 1756.
Eberhardt, W., Ursprung und Entwicklung des Brief- und Postgeheimnisses im weiteren Sinne, Frankfurt/M. 1930.
Eckardt, M./Steil, G., 100 Jahre Thurn und Taxissche Freimarken, in: APG 8 (1952), 31–33.
– Franco Taxis. Ein Rückblick auf das Portofreitum des Hauses Thurn und Taxis in Bayern vor 45 Jahren, in: APB 9 (1955–1957), 79–87.
Effenberger, E., Geschichte der österreichischen Post, Wien 1913.
Efinger, J., Geographisches Hand- und Postbuch, Wien 1779.
Ehrenberg, R., Das Zeitalter der Fugger. Geldkapital und Creditverkehr im 16. Jahrhundert, 2 Bde., Jena 1922 (3. Aufl.).
Ein Augsburger Postbericht aus dem Jahre 1736, in: APT 21 (1893), 734–740.
Eisenbeiß, W./Höfler, J., Regensburger Postgeschichte, 2 Teile, Neumarkt/Opf. 1980.
Elias, N., Über den Prozeß der Zivilisation. Soziogenetische und psychogenetische Untersuchungen, 2 Bde., Frankfurt/M. 1978.
Elsen, P. van, Die deutsche Landstraße. Verkehrsgeographische Betrachtungen über die Entwicklung vom Postzeitalter bis zur Gegenwart, Diss. phil. Köln 1929.
Eltester, O. C., Nachweisung der Ortsentfernungen nach Postkursen nebst einer allgemeinen Portoberechnung von Berlin ab auf alle Handlungsplätze Deutschlands, Berlin 1789.
Engelmann, B., Meine Freunde – die Millionäre. Ein Beitrag zur Soziologie der Wohlstandsgesellschaft nach eigenen Erlebnissen, Darmstadt 1963.
Ennen, L., Geschichte des Postwesens in der Reichsstadt Köln, Köln 1873.
Epplen, F. von, Widerlegung verschiedener der fürstlich Thurn und Taxisschen Postadministration in einer Druckschrift gemachten Beschuldigungen, o. O. 1815.
Eßlinger, K., Der Einfluß der Taxis auf die Postsprache, in: APB Jg. 8 (1932), S. 61 (neuere Zählung: Bd. 3 [1931–1933]).
Extrapost-Ordnung. Ordonnance pour le Service de la Poste aux Chevaux (Hg.: General-Direktor der Großherzoglich Frankfurtischen Posten, Alexander Freiherr von Vrints-Berberich), Frankfurt 1812.
Euler, F. W., Wandlungen des Konnubiums im Adel des 15. und 16. Jahrhunderts, in: Rößler (1965), II, 58–95.
Faber, A., Neue Europäische Staatscanzley, Erster Theil, Frankfurt/Leipzig 1761 (5. Kapitel »Vom Reichs-Post-Wesen«).
Färber, S., Das Regensburger Fürstlich Thurn-und-Taxissche Hoftheater und seine Oper 1760–1786, in: VHVO 86 (1936), 3–155.
– Der Fürstlich Thurn-und-Taxissche Hofkomponist Theodor von Schacht und seine Opernwerke, in: Regensburger Beiträge zur Musikwissenschaft 6 (1979), 11–122.
Farr, I., ›Tradition‹ and the Peasantry: On the Modern Historiography of Rural Germany, in: Evans, R. J./Lee, W. R., The German Peasantry. Conflict and Community from the Eigteenth to the Twentieth Centuries, London/Sydney 1986, 1–37
Faulhaber, B., Geschichte des Postwesens in Frankfurt am Main. Nach archivalischen Quellen, Frankfurt 1883.
Feldeck, J. von, Kern einer vollständigen Haus- und Land-Wirtschaft, oder: Der Wohlerfahrne Böhmisch- und Österreichische Haußvatter, Leipzig 1718.
Felts, A./Taube, D. von, ›Freiheit ist Luxus‹. Fürst Johannes von Thurn und Taxis im Gespräch, in: Madame Nr. 10 (1988).

Fendl, E., Volksbelustigungen in Regensburg im 18. Jahrhundert, Vilseck 1988.
Fick, J. C. Taschenbuch für Reisende durch Deutschland, o. O. 1972.
– Kleines Postbuch durch Deutschland (...), Nürnberg 1814.
Figini, G., I Tassi e di feudi di Rachele e Barbana nell' Istria, Bergamo 1895.
– I Tassi e la posta di Roma nel secolo XV.–XVI., in: Il Coordinatore Postale (1896), Nr. 6.
– Una pagina in servizio della storia delle poste, Bergamo 1898.
Firmengeschichte, Unternehmerbiographie, historische Betriebsanalyse, Wien 1971.
Fischer, P., Historical Aspects of International Concession Agreements, in: Grotian Society Papers. Studies in the History of the Law of Nations (1972), 222–261.
Fischer, W., Das Verhältnis von Staat und Wirtschaft in Deutschland am Beginn der Industrialisierung, in: Kyklos 14 (1961), 337–363.
– Wirtschaft und Gesellschaft im Zeitalter der Industrialisierung – Aufsätze, Studien, Vorträge, Göttingen 1972.
– /u. a., (Hg.), Handbuch der europäischen Wirtschafts- und Sozialgeschichte, 6 Bde., Stuttgart 1980 ff.
– Quellen und Forschungen zur historischen Statistik von Deutschland. Ein Forschungsschwerpunkt der DFG, in: Jb. der historischen Forschung in der Bundesrepublik Deutschland 12 (1985), 47–52.
– Unternehmensgeschichte und Wirtschaftsgeschichte. Über die Schwierigkeiten, mikro- und makroökonomische Ansätze zu vereinen, in: Kellenbenz/Pohl (1987), 61–71.
Flacchio, E., Généalogie de la très-illustre, très-ancienne et autrefois souveraine maison de la Tour, 3 Bde., Brüssel 1709.
Fleitmann, W., Postverbindungen für den Westfälischen Friedenskongreß 1643–1648, in: ADPG (1972), Heft 1, 3–48.
Florinus, F. P., Oeconomus prudens et legalis, oder: Allgemeiner Klug- und Rechtsverständiger Haus-Vatter, Nürnberg 1705.
– Oeconomus prudens et legalis continuatus, oder: Großer Herren Stands und Adelicher Hauß-Vatter, Nürnberg 1719.
Forster, F., Der Thurn-und-Taxissche Wildpark, in: Beiträge zur Geschichte des Landkreises Regensburg 24 (1981), 38–39.
Frančišković, S., Šume i Šumarstvo vlastelinstva Thurn Taxis, Zagreb 1928.
Franckenberg, F. L. von, der Iztregierenden Welt große Schaubühne, Nürnberg 1675.
Franz, C. von, Akademische Abhandlung von der Sr. kurf. Gn. von Maynz als dem hl. röm. Reichs Erzkanzlern in Ansehung des kayserlichen Reichspostwesens zustehenden Gerechtsamen, welche aus denen Schutz-, Leitungs- und Aufsichtsrechte, wie auch aus anderen Quellen zufließen, Diss. jur. Mainz 1784.
Freimer, R., Die Post in Koblenz, in: ADPG (1960), Heft 2, 17–25.
Fremdling, R., Eisenbahnen und deutsches Wirtschaftswachstum 1840–1879. Ein Beitrag zur Entwicklungstheorie und zur Theorie der Infrastruktur, Dortmund 1975.
Frey-Schlesinger, A., Die volkswirtschaftliche Bedeutung der habsburgischen Post im 16. Jahrhundert, in: VSWG 15 (1919/20), 399–465.
Freytag, R., Das Prinzipalkommissariat des Fürsten Alexander Ferdinand von Thurn und Taxis, in: JHVD 25 (1912), 1–26 (= zit. als: *Freytag*).
– Über Postmeisterfamilien mit besonderer Berücksichtigung der Familie Kees, in: Familiengeschichtliche Blätter 13 (1915), 1–6.
– Die Beziehungen des Hauses Thurn und Taxis zu Napoleon im Jahre 1804, in: APT 48 (1920), 6–19.
– Zur Geschichte der Poststrecke Rheinhausen–Brüssel, in: APT 49 (1921), 289–295.
– Wie Papst Pius VI im Jahre 1782 durch Bayern reiste, in: APT 49 (1921), 141–150.

– Die Taxis in Füssen. Ein Beitrag zur Familien- und Postgeschichte des 16. Jahrhunderts, in: APT 50 (1922), 1–18.
– Die Postmeisterfamilie Somigliano. Ein Beitrag zur Postgeschichte Hamburgs und Nürnbergs, in: APT 50 (1922), 217–222.
– Aus der Geschichte der Fürstlich Thurn-und-Taxisschen Hofbibliothek in Regensburg, in: Zentralblatt für Bibliothekswesen 40 (1923), 323–350.
– Die Kunst im fürstlichen Hause Thurn und Taxis, in: Das Bayerland 37 (1926), 155–159.
– Post und Zeitung, in: APB (1928), 24–50. (Bd. 2, 1928–30).
– Zur Postgeschichte der Städte Augsburg, Nürnberg und Regensburg, in: APB (1929), 31–55 (Bd. 2, 1928–30).
– Zur Geschichte der Poststrecke Nürnberg-Prag, in: APB (1930), 112–116 (Bd. 2, 1928–30).
– Verzeichnis geschriebener und gedruckter Postberichte, Posttarife und ähnlicher Dokumente des fürstlichen Zentralarchivs Regensburg, in: APB (1931), 15–48 (Bd. 3, 1931–33).
– Die fürstlich Thurn-und-Tasisschen Exspektanzdekrete 1773–1800. Eine Quelle der deutschen Post- und Familiengeschichte, in: APB (1933), 52–80 (Bd. 3, 1931–33).
– Vom Sterben des Immerwährenden Reichstags, in: VHVO 84 (1934), 185–235.
– Der Nachlaß des bei Belgrad 1717 gefallenen Prinzen Lamoral von Thurn und Taxis, in: MIÖG 51 (1937), 177–185.
– Taxissche Postdienstanweisungen aus dem 18. Jahrhundert, in: APB (1943), 289–292 (Bd. 6, 1940–43).
– Belgisch-Taxissche Erinnerungsmarken 1952, in: APB 8 (1952–1954), 48–51.
– Dachs, Horn und Adler als Symbole der alten Reichsposten, in: APB 8 (1952–54), 156–162.
Fried, P., Die Bauernbefreiung in Bayern. Ergebnisse und Probleme, in: Weis (1984), 123–129.
Friederici, E., Der Zusammenhang des ersten deutschen Zeitungswesens mit der Post, in: APT 50 (1922), 260–266.
Friese, J. B., De eo quod iustum est circa literas resignatas, oder: Von recht auffgebrochenen Brieffen, Diss. jur. Jena 1721 (Resp. M. C. Otho).
Fürnrohr, W., Der immerwährende Reichstag zu Regensburg. Das Parlament des Alten Reiches, in: VHVO 103 (1963), 165–255.
Gall, L., Bismarck. Der weiße Revolutionär, Frankfurt/M. 1980. (3. Aufl.).
Gambert, L., Die Beziehungen zwischen der Fürstlich Thurn und Taxisschen Post und England zu Beginn des 19. Jahrhunderts, ZA Würzburg 1973.
Gattermeyer, H., Die Mutterloge »Carl zu den drei Schlüsseln« im Orient Regensburg, in: Quatuor Coronati Jahrbuch 25 (1988), 245–253.
Genealogisches Handbuch des Adels, Bd. 70, Limburg/Lahn 1978.
Geretshauser, N., Unternemen Thurn und Taxis – Der Prinz sucht einen Generaldirektor, in: Capital 10 (1971), Nr. 11, 200–204.
Geschichte des Schwedischen Postwesens, in: APT 33 (1905), 329–339, 356–371.
Giebel, H. R., Sturkturanalyse der Gesellschaft des Königreichs Bayern im Vormärz 1818–1848, München 1971.
Glasewald, A. E., Thurn und Taxis in Geschichte und Philatelie, Gössnitz 1926.
Glay, Le, Correspondance de l' empereur Maximilien Ier et de Marguerite d' Autriche, 2 Bde., Paris 1839.
Glouchevitz, P., Prince Johannes von Thurn und Taxis, in: Forbes. The World's Billionaires, 24. July 1989, S. 144.

Goethe, J. W. von, Dichtung und Wahrheit, in: Ders., Gesammelte Werke (Hamburger Ausgabe), Bd. 13.
Goff, J. Le, Kultur des europäischen Mittelalters, Zürich 1970.
Goller, E., Jacob Henot, Postmeister von Cöln. Ein Beitrag zur Geschichte der sogenannten Postreformation um die Wende des 16. Jahrhunderts, Bonn 1910 (= zit. als: *Goller*).
Gollwitzer, H., Die Standesherren. Die politische und gesellschaftliche Stellung der Mediatisierten 1815–1918. Ein Beitrag zur deutschen Sozialgeschichte, Göttingen 1964 (2).
Görs, G., Thurn-und-Taxisschen Postwesen, und sein Regal und die Ursachen der Ablösung des Regals, Diss. phil. Münster 1907.
– Post-Literatur aus dem 17. und 18. Jahrhundert, in: APT 37 (1909), 144–150.
Greiff, B., Tagebuch des Lucas Rem aus den Jahren 1494–1541. Ein Beitrag zur Handelsgeschichte der Stadt Augsburg, Augsburg 1861.
Greiner, K., Württemberg und Thurn und Taxis im Kampf um das Postregal, in: ADPG (1959), 2. Heft, 40–54; (1960), 1. Heft, 39–59.
– Die Post in Württemberg unter Herzog, Kurfürst und König Friedrich (1797–1816), in: ADPG (1962), 2. Heft, 17–52.
Groot, T., Vom sichersten Mittel wider die Beraubung der so reuttenden als fahrenden Posten (...), o. O. 1769.
Grosse, O., Die Beseitigung des Thurn-und-Taxisschen Postwesens in Deutschland durch Heinrich Stephan, München 1898.
– Das Postwesen in der Kurpfalz im 17. und 18. Jahrhundert, Tübingen/Leipzig 1902.
Großhaupt, W., Die Welser als Bankiers der spanischen Krone, in: ScrM 21 (1988), 158–188.
Gruben, F. J. von, Die sociale Frage, Regensburg 1884.
– Über Ursprung und Natur des Privateigenthums, in: Christlich-sociale Blätter, Jg. 15 (1882), 97 ff. (in Fortsetzungen).
Gründlicher Bericht und Vorstellung, was es mit denen von des Herren Fürsten von Taxis zu Nürnberg neuerlichst angelegten Extra Ordinari Land Fuhrwerken vor eine Beschaffenheit habe, Nürnberg 1705.
Gründlicher Gegenunterricht, warum aus landesfürstlicher Hoheit kein Postregal gerspringe (...), sondern Ihro R. K. Majestät allemal beständig (...) vorbehalten worden, o. O. 1685.
Grundmann, H., (Hg.), Gebhardt. Handbuch der deutschen Geschichte, Bd. 3. Von der Französischen Revolution bis zum Ersten Weltkrieg, Stuttgart 1970 (9. Auflage).
Günther, F., Der österreichische Großgrundbesitzer. Ein Handbuch für den Großgrundbesitzer und Domänenbeamten, Wien 1883.
Haass, H., Das hessische Postwesen bis zum Beginn des 18. Jahrhunderts, in: Zeitschrift des Vereins für hessische Geschichte 44 (1910), 1–108.
Häbich, T., Deutsche Latifundien. Bericht und Mahnung, Stuttgart 1947 (3. Auflage).
Haberkamp, G., Die Musikhandschriften der Fürst Thurn und Taxis Hofbibliothek Regensburg. Thematischer Katalog. Mit einer Geschichte des Musikalienbestandes von Hugo Angerer, München 1981.
Haferkamp, H./Probst, E., Thurn und Taxis Stempelhandbuch, 3 Teilbände, Schwandorf 1976–1978.
Hampe, H., Postgeschichtliche Sippenkunde, in: DPG (1941/42), 34–46.
Handbuch des größeren Grundbesitzes in Bayern, München 1907.
Hansemann, D., Die Eisenbahnen und deren Aktionäre in ihrem Verhältnis zum Staat, Leipzig 1837.
Hartmann, E., Entwickelungs-Geschichte der Posten von den ältesten Zeiten bis zur

Gegenwart mit besonderer Beziehung auf Deutschland, Leipzig 1868.
Hartmann, H., Über schwarze Kabinette und ihren Zusammenhang mit der Taxisschen Post in Bayern, in: APG 1 (1925), 68–78.
Hartung, F., Die Wahlkapitulationen der deutschen Kaiser und Könige, in: HZ 107 (1911), 306–344.
Haysdorff, J. H., De reservatio postarum Caesari proprio, et qua tali a statibus Imperii agnito (Praes. J. H. Bocius), Bamberg 1745.
Heberle, G., Der Übergang der Grafschaft Friedberg-Scheer vom Hause Waldburg an das Haus Thurn und Taxis, ZA o. O. 1969.
Hecht, J., Einleitung zum Universal Europäischen Post-Recht, Preßburg 1749.
Heger, F. J., Tablettes des Postes de l'empire d'Allemagne et des provinces limitrophes, Mainz 1764.
– Post-Tabellen oder Verzeichnuß deren Post-Straßen in dem Kayserlichen Römischen Reich, verfaßt durch den Churf. Maynzischen und Fürstlich Taxisschen Hofrath, auch des kayserlichen Reiches Post Commissarium, Mainz 1764.
Heidemann, J. W., Handbuch der Post-Geographie von Deutschland. Erster Theil, diejenigen Länder enthaltend, in welchen die Fürstlich Thurn-und-Taxisschen Posten sich befinden, Sondershausen 1822.
Helbok, C., Der Mainzer Erzkanzler als Schutzherr des Reichspostwesens, in: DPG 2 (1939/40), 232–239.
– Die Reichspost zur Zeit Kaiser Karls VII. (1742–1745), in: APB (1940), 61–68 (Bd. 6, 1940–43).
– Zur Geschichte des deutsch-österreichischen Postvereins, in: DPG 4 (1943), 49–83.
Hellmuth, H., Der Kampf des Kaisers mit den Ständen des Deutschen Reichs um das Postregal im siebzehnten und achtzehnten Jahrhundert, in: APT 54 (1926), 237–244, 262–272, 291–298.
Helmecke, R., Die Personenbeförderung durch die deutschen Posten, Diss. phil. Halle 1913.
Hendschel, J. G. C., Verzeichnis der dem Kaiserlichen Reichs Ober- und dirigierenden Postämtern untergeordneten Stationen und Expeditionen nach den Post-amtlichen Directions-Bezirken entworfen, Regensburg 1793.
Hendschel, U., Telegraph. Monatliche nach Notizen des Kursbüros der Fürstlich Thurn und Taxisschen General-Post-Direktion und anderen offiziellen Quellen bearbeitete Übersicht über Abgang und Ankunft der Eisenbahnen, Posten und Dampfschiffe in Deutschland nebst Angabe der Entfernungen, Frankfurt/M. 1847.
Hennig, R., Verkehrsgeschwindigkeiten in ihrer Entwicklung bis zur Gegenwart, Stuttgart 1936.
Henning, F.-W., Dienste und Abgaben der Bauern im 18. Jahrhundert, Stuttgart 1969.
– Spanien in der Weltwirtschaft des 16. Jahrhunderts, in: ScrM 3 (1969), 1–37.
Hepding, L., Verordnungen zum Schutz der Postpferde in der Thurn-und-Taxis-Zeit, in: Historia Medicinae Veterinariae 5 (1980), 86–95.
Herba, G. da l', Itinerario delle poste per diverse parte del mondo, Rom 1563.
Herberhold, F., Das fürstliche Haus Thurn und Taxis in Oberschwaben. Ein Beitrag zur Besitz-, Verwaltungs- und Archivgeschichte, in: ZWLG 13 (1954), 262–300.
Herrfeldt, J., System der Post-Einrichtung, Frankfurt/M. 1808.
– (Hg.), Sammlung aller europäischen Postverordnungen, Worms 1827.
– Historische Nachrichten von dem fürstlichen Hause Thurn und Taxis, in: Archiv für das Transportwesen (1829), 42–45.
– (Hg.), Archiv der Postwissenschaft, Frankfurt/Main 1829ff.
– Literatur des Postwesens, in: Archiv für das Transportwesen (1829), 154–161.
– Fürstlich Thurn-und-Taxissche Lehens-Posten, in: Sammlung aller europäischen

Postverordnungen (1829), 1–5.
– Übersicht der Vervollkommnung der Postwagen in Deutschland seit ihrer ersten Entstehung bis zu ihrem dermalen Zustande, in: Archiv der Postwissenschaft 2 (1830), 17–19.
– Fürstlich Taxissches Lehenspostwesen. Sendschreiben an den Herrn Doernberg, Vize-General-Postdirektor, in: Archiv der Postwissenschaft 4 (1832), 25–26.
– Fürstlich Thurn-und-Taxissche Posten, in: Archiv der Postwissenschaft 7 (1835), 2–3, 9–11, 23–24, 33–34, 100.
– Aktenmäßige Darstellung meiner Fürstlich Thurn-und-Taxisschen Postdienstverhältnisse in den Jahren 1800–1823, o. O. o. J. (ca. 1842).
Herrmann, G., Der Streit der Thurn-und-Taxisschen Reichspost und der reichsstädtischen ›Post‹ um das Postregal im 16. und 17. Jahrundert, Diss. jur. Erlangen 1958.
Herrmann, K., Die Personenbeförderung bei der Post und Eisenbahn in der ersten Hälfte des 19. Jahrhunderts, in: ScrM 11 (1975), Heft 2, 3–25.
– Die Thurn-und-Taxis-Post und ihre Beziehung zur Bodensee-Schiffahrt, Kallmünz 1980.
– Thurn-und-Taxis-Post und die Eisenbahnen. Vom Aufkommen der Eisenbahnen bis zur Aufhebung der Thurn-und-Taxis-Post im Jahre 1867 (= TTS 12), Kallmünz 1981 (= zit. als: *Herrmann*).
– Die Postbeförderung auf den deutschen Eisenbahnen von den Anfängen bis zur Reichsgründung, in: Jahrbuch für Eisenbahngeschichte 14 (1982), 7–32.
– Pflügen, Säen, Ernten – Landarbeit und Landtechnik in der Geschichte, Reinbek 1985.
Herz, J., Die Postreform im Deutsch-österreichischen Postverein, Wien 1851.
Herzog, H., Die deutschen Lehenposten des 17. bis 19. Jahrhunderts, in: APT 35 (1907), 433–442.
– Postmeister von den Birghden. Ein Lebensbild aus der Zeit des Dreißigjährigen Krieges, in: APT 46 (1918), 9–22.
– Die Postgerechtsame des Hauses Carvajal im spanischen Amerika (1514–1769), in: APT 47 (1919), 183–191.
– Die erste schwedische Post vor 300 Jahren, in: APT 48 (1920), 377–382.
Heut, A., Die Übernahme der Taxisschen Reichsposten in Bayern durch den Staat, München 1925.
Hildebrandt, R., Die ›Georg Fuggerischen Erben‹. Ihre kaufmännische Tätigkeit und ihre soziale Position 1555–1600, Berlin 1966.
Hilger, W., Die Verhandlungen des Frankfurter Bundestages über die Mediatisierten 1816–66, Diss. phil. München 1956.
Hinüber, G., Historische Nachricht, den Anfang und Zustand des Postwesens im Hildesheimischen, Braunschweigischen, Brandenburgischen, Hessencasselischen, Bremischen, etc., von 1636 bis 1670 betreffend, Frankfurt/M./Leipzig o. J. (ca. 1760).
Hirsching, F. K. G. von, Versuch einer Beschreibung sehenswürdiger Bibliotheken Teutschlands, 3. Band, Erlangen 1788, 670–716.
Hirtsiefer, W., Seit wann hat die Taxissche Post Gebühren für Briefe erhoben?, in: DPG 1 (1937/38), 282–283.
Hobsbawm, E. J., Die Blütezeit des Kapitals. Eine Kulturgeschichte der Jahre 1848–1875, München 1977.
Hoffmann, L., Das Recht des Adels und der Fideikommisse in Bayern, München 1896.
Hofmann, H. H., Adelige Herrschaft und souveräner Staat. Studien über Staat und Gesellschaft in Franken und Bayern im 18. und 19. Jahrhundert, München 1962.
– (Hg.), Bankherren und Bankiers, Limburg/Lahn 1978.
Hohberg, W. H. von, Georgica curiosa aucta. Das ist: Umständlicher Bericht und klarer

Unterricht von dem vermehrten und verbesserten adelichen Land- und Feldleben, 3 Bde., Nürnberg 1716/1749.
Hohendahl, P. U./Lützeler, P. M., (Hg.), Legitimationskrisen des deutschen Adels 1200–1900, Stuttgart 1979.
Homann, J. G./Goppelmayr, J. G., Großer Atlas über die gantze Welt (...), Nürnberg 1731.
Hönn, G. P., Kurtzeingerichtetes Betrugs-Lexicon, Coburg 1721 (2. Auflage).
Horenbeeck, J. van, Jean-Babtiste de Tassis. Deuxième Grand-Maître des Postes des Pays-Bas, in: Revue des Postes Belges 14 (1955), 124–128.
Hörnigk, L. von, Inauguralis conclusionum juridicarum centuria de regali postarum jure, Frankfurt/Main 1638.
Huber, H., Bilder aus der Regensburger Industrie, Borna 1906.
– Tractatus politico-historico-juridico-aulicus de regali postarum jure, Wien 1648.
– Beständige in jure und facto Vest-gegründete Abfertigung Nürnbergischer vermeinter Refutation, das kayserliche Postwesen (...) betreffend, o. O. 1650.
– Tractatus (...) de regali postarum jure, Frankfurt/M. 1663.
Huber, M., Bilder aus der Regensburger Industrie, Borna 1906.
Hübner, H., Zur Geschichte der Portofreiheit, einer die deutsche Post jahrhundertelang bedrückenden betriebsfremden Last, in: ADPG (1961), Heft 1, 28–33.
Hueck, W. von, (Hg.), Adelslexikon, 6 Bde. (A-Kra), Limburg 1972–1987.
Hug, N., Prospecte aller Ortschaften der gefürsteten von Thurn-und-Taxisschen Grafschaft Friedberg-Scheer, nach der Natur gezeichnet (...), [ca. 1803], München 1966.
Iselin, J. C., Neu-vermehrtes historisch- und geographisches allgemeines Lexikon, 6 Bde., Basel 1726–1744.
I Tasso, ›Maestri di Posta‹, 3 Bde., Bergamo 1982.
Jacquemynes, G., Langrand-Dumonceau, promoteur d'une puissance financière catholique, 5 Bde., Brüssel 1960–1965.
Jaeger, H., Gegenwart und Zukunft der historischen Unternehmerforschung, in: Tradition 17 (1972), 107–124.
– Business History in Germany: a Survey of Recent Developments, Business History Review 48 (1974), 28–48.
Jode, P. de, Theatrum pontificum, imperatorum, regum, ducum, principum, etc., Antwerpen 1651.
Jungenfeld, E. von, Das Thurn-und-Taxissche Erbgeneralpostmeisteramt und sein Verhältnis zum Postamt Mainz. Die Freiherren Gedult von Jungenfeld und ihre Vorfahren als Mainzer Postbeamte 1641–1867, in: Quellen und Studien zur Postgeschichte 4 (1981), 1–39.
Justi, J. H. G. von, Staatswirthschaft oder Systematische Abhandlung aller Oeconomischen und Cameral-Wissenschaften, die zur Regierung eines Landes erfodert werden, Teil 2, Leipzig 1755, S. 140–170 »Von dem Postregal«.
– Die Grundfeste von der Macht und Glückseligkeit der Staaten, oder ausführliche Vorstellung von der gesamten Policeywissenschaft, Königsberg/Leipzig 1760.
– System des Finanzwesens, Halle 1766 (S. 172–200 »Von dem Postregal«).
Kaelble, H., (Hg.), Wie feudal waren die deutschen Unternehmer im Kaiserreich? Ein Zwischenbericht, in: Tilly (1985), 148–171.
Kalamitäten und deren Bewältigung in einem Betrieb des Großprivatwaldes. Exkursionsführung zur Waldfahrt Nr. 11, Fürst Thurn und Taxis Forstamt Wörth, Regensburg 1985 (Hg.: Bayerischer Forstverein).
Kalmus, L., Der Briefwechsel zwischen Lamoral von Taxis und Erzkanzler Johann Schweikhard (1612–1623), in: APB (1935), 177–185 (Bd. 4, 1934–46).
– Weltgeschichte der Post. Mit besonderer Berücksichtigung des deutschen Sprachgebietes, Wien 1937 (= zit. als: *Kalmus*).

Kaltenstadler, W., Internationale Bibliographie zur vorindustriellen Handels- und Verkehrsgeschichte, in: ScrM 11 (1975), Heft 2, 96–103.
– Bevölkerung und Gesellschaft Ostbayerns im Zeitraum der frühen Industrialisierung (1780–1820), Kallmünz 1977.
Kamm, R., Aufnahme und Anstellung des Personals der ehemaligen kaiserlichen (taxisschen) Reichspost in Bayern (1665–1808), in: APT 38 (1910), 217–223.
– Die Gehaltsverhältnisse des ehemaligen taxisschen Postbeamtenpersonals in Bayern (1665–1808), in: APT 38 (1910), 430–441.
Kaufhold, K. H., Forschungen zur deutschen Preis- und Lohngeschichte (seit 1930), in: Kellenbenz/Pohl (1987), 81–101.
Kämmerer, L., Johann von Herrfeldt und die Idee des Weltpostvereins, in: APF 8 (1963), 1–108.
Kaupp, P., 500 Jahre Posthorn – Historischer Ursprung, hoheitliche und kommunikative Funktion, in: APT 40 (1988), 193–224.
Kayser, A. C., Versuch einer kurzen Beschreibung der Kaiserlichen freyen Reichsstadt Regensburg, Regensburg 1797.
Kellenbenz, H., Unternehmertum im süddeutschen Raum zu Beginn der Neuzeit, in: K. Rüdinger, (Hg.), Gemeinsames Erbe. Perspektiven europäischer Geschichte, München 1959, 105–128.
– Firmenarchive und ihre Bedeutung für die europäische Wirtschafts- und Sozialgeschichte, in: Tradition 14 (1969), 1–20.
– (Hg.), Öffentliche Finanzen und privates Kapital im späten Mittelalter und in der ersten Hälfte des 19. Jahrhunderts, Stuttgart 1971.
– Deutsche Wirtschaftsgeschichte, 2 Bde., München 1977/1981.
– /H. Pohl, (Hg.), Historia socialis et oeconomica. Festschrift für Wolfgang Zorn zum 60. Geburtstag, Wiesbaden 1987.
– Die Entstehung des Postwesens in Mitteleuropa, in: Festschrift für Othmar Pickl zum 60. Geburtstag, Graz/Wien 1987, 285–291.
Kießkalt, E., Die Post in der deutschen Dichtung, Straubing 1914.
Klarmann, N. G., Unternehmerische Gestaltungsmöglichkeiten des Privatbankiers im 19. Jahrhundert (dargestellt am Beispiel des Bankhauses Erlanger & Söhne), in: Hofmann (1978), 27–44.
Klein, E., Zur Frage der Industriefinanzierung im frühen 19. Jahrhundert, in: Kellenbenz (1971), 118–129.
– Geschichte der öffentlichen Finanzen in Deutschland (1500–1800), Wiesbaden 1974.
Klein, T., Die Erhebungen in den weltlichen Reichsfürstenstand 1550–1806, in: BDLG 122 (1986), 137–192.
Klimpert, R., Lexikon der Münzen, Maße, Gewichte, Zahlarten und Zeitgrößen aller Länder der Erde, Berlin 1896 (2. Aufl.).
Klock, C., Tractatus nomico-politicus de contributionibus, Bremen 1634.
Klüber, J. L., Das Postwesen in Deutschland, wie es war, ist, und seyn könnte, Erlangen 1811.
– (Hg.), Akten des Wiener Congresses in den Jahren 1814 und 1815, 9 Bde., Erlangen 1815–1818.
Knäulein, W., Das Postamt Würzburg. Gründung und Übernahme durch den Staat Bayern. Rechnungswesen und Postkurse, DA Erlangen/Nürnberg 1965.
Kneschke, E. H., (Hg.), Neues Allgemeines Deutsches Adels-Lexikon, 9 Bde., Leipzig 1859–1870 (ND 1929/30).
Koch, A., Schrifttum über das deutsche Postwesen, 1871–1964, Hamburg/Berlin 1966 (= zit. als: *Koch I*).
– Die deutschen Postverwaltungen im Zeitalter Napoleons I. Der Kampf um das

Postregal in Deutschland und die Politik Napoleons I. (1798–1815), in: ADPG (1967), Heft 2, 1–38.
– Schrifttum über das deutsche Postwesen, Nachtrag 1500–1964, Hamburg/Berlin 1969 (= zit. als: *Koch II*).
– Schrifttum über das deutsche Postwesen, 1965–1970, Hamburg 1972 (= zit. als: *Koch III*).
Kocka, J., Unternehmer in der deutschen Industrialisierung, Göttingen 1975.
– (Hg.), Theorien in der Praxis des Historikers (= GG Sonderheft 3), Göttingen 1977.
Köhler, K., Entstehung und Entwicklung der Maximilianischen, spanisch-niederländischen und kaiserlich taxisschen Posten, der Postkurse und Poststellen in der Grafschaft, im Herzogtum und Kurfürstentum Württemberg, in: Württembergische Jahrbücher für Statistik und Landeskunde (1932/33), 93–130.
Kollmer, G., Die Familie Palm. Soziale Mobilität in ständischer Gesellschaft, Ostfildern 1983.
Kommun-Ordnung für die Gefürstete Reichsgrafschaft Friedberg-Scheer, Riedlingen 1790.
Korzendorfer, A., Die ersten hundert Jahre Taxispost in Deutschland, in: APB (1930), 38–53 (Bd. 2, 1928–30).
– Die Nachrichtenbeförderung in Deutschland während des 16. Jahrhunderts, in: Deutsche Verkehrs-Zeitung 55 (1931), 616–619.
– Bayerischer Verkehrsgeschichtsatlas, in: APB (1931), 1–15 (Bd. 3, 1931–1933).
– Die Postreform, der Kampf der Taxis um die Post in Deutschland und die Errichtung des Postkurses Brüssel – Köln – Prag in den Jahren 1575–1616, in: APB (1933), 117–124 (Bd. 3, 1931–1933).
– Die Anfänge des Postwesens in Deutschland. Eine Zusammenfassung der bisherigen Forschungsergebnisse, in: APB (1941), 117–127; (1942), 205–211 (Bd. 6, 1940–1943).
– Alexandrine von Taxis, Generalpostmeisterin des Deutschen Reiches während des Dreißigjährigen Krieges, in: Deutsche Verkehrs-Zeitung 58 (1934), 638–639.
Kownatzki, H., Geschichte des Begriffes und Begriff der Post nebst einem Anhang über die Entstehungszeit der Post, in: APT 51 (1923), 377–423.
Krämer, A., Apologie der Fürstlich Thurn-und-Taxisschen Posten. Ein Wort zu seiner Zeit, o. O. [Regensburg] 1814.
– Rückblick auf das Leben Karl Alexanders, Fürst von Thurn und Taxis, Regensburg 1828.
Kränzler, Die Augsburger Botenanstalt, in: APT 4 (1876), 658–662.
Krasnobaer, B. I. / u. a., (Hg.), Reisen und Reisebeschreibung im 18. und 19. Jahrhundert als Quellen der Kulturbeziehungsforschung, Berlin 1980.
Krebs, K., Das Kursächsische Postwesen zur Zeit der Oberpostmeister Johann Jacob Kees I und II, Leipzig/Berlin 1914.
Kremer, K. H., Johann von den Birghden (1582–1645), in: ADPG (1984), Heft 1, 7–43.
Kretzschmer, R., Vom Obervogt zum Untergänger. Die Verwaltung der Grafschaft Friedberg-Scheer unter den Truchsessen von Waldburg im Überblick (1452–1786), in: Veröffentlichungen der staatlichen Archivverwaltung Baden-Württembergs 44 (1986), 187–204.
Kron und Ausbund aller Wegweiser, Köln 1595.
Kruchem, H. M., Die Freiherren von Lilien und die Post des Heiligen Römischen Reiches Deutscher Nation, in: Ders., Die Brücke der Erbsälzer. Europäische und westfälische Postdokumentation 1600–1900, Werl 1975, 7–79.
Krünitz, J. G., (Hg.), Oeconomische Encyclopädie, oder allgemeines System der Land-,

Haus- und Staatswirthschaft, 112 Bde., Berlin 1773–1812.
Kunze, H., Das Wegeregal, die Post und die Anfänge der Eisenbahnen in den Staaten des Deutschen Bundes, Diss. jur. Bochum 1982.
Landes, D. E., Der entfesselte Prometheus. Technologischer Wandel und industrielle Entwicklung in Westeuropa von 1750 bis zur Gegenwart, München 1983.
Lankes, O., Die Geschichte der Post in Augsburg von ihren Anfängen bis zum Jahre 1808, nach archivalischen Quellen geschildert, Diss. phil. München 1914.
– Zur Postgeschichte der Reichsstadt Augsburg, in: APB (1926), 39–49, 68–81; (1927), 44–56, 112–125 (Bd. 1, 1925–1927).
Lebensformen einer tausendjährigen Unternehmerreihe, in: Tradition 10 (1965), 1–7.
Leclerc, H., Von der Botenordnung zum Reichskursbuch, in: ADPG (1985), 8–34.
Lentner, J., Die Post in Burghausen im 17., 18. und 19. Jahrhundert, in: APB 11 (1961–1963), 37–46, 96–110, 111–126.
– Umfang des Postverkehrs in München und Postbetriebsreformen in den ersten Jahren nach Einführung der Taxisschen Reichspost in Bayern, in: APB 12 (1964–1966), 161–180.
– Die bayerischen Entschädigungsleistungen an die Fürsten von Thurn und Taxis für die Abtretung der Posten, in: APB 13 (1967–1969), 96–109.
– Die taxisschen Postmeister aus dem Hause Öxle, in: APB 14 (1970–1972), 263–283.
– Eine Reise mit der Post nach Beendigung des Dreißigjährigen Krieges, in: APB 15 (1973–1975), 1–5.
Lenz, Die Entwicklung des Eisenbahn-Postdienstes in Deutschland, in: APT 16 (1888), 70–81, 116–121.
Le Poste dei Tasso, un'impresa in Europa, Bergamo 1984.
Linde, J. T. B. von, Das deutsche Postrecht nach seiner bundesgesetzlichen Bestimmung, Gießen 1857.
– Das deutsche Postrecht nach seiner staatsrechtlichen Beschaffenheit, Gießen 1858.
Lindenberg, C., Die Briefumschläge von Thurn und Taxis, Berlin 1892.
Lindgren, U., (Hg.), Alpenübergänge vor 1850. Landkarten – Straßen – Verkehr, Stuttgart 1987 (= VSWG Beiheft Nr. 83).
Linseisen, K., Die Post im Zeichen des Passauer Wolfs. Die Zeit der österreichischen Hofpost und der Thurn-und-Taxis-Post, in: APB 19 (1986–1988), 161–182.
List, F., Das Nationaltransportsystem in volks- und staatswirtschaftlicher Beziehung, Altona 1838.
Lohner, A., Geschichte und Rechtsverhältnisse des Fürstenhauses Thurn und Taxis, Regensburg 1895.
Löper, C., Der Schriftsteller und Dichter Sebastian Brant, Verfasser eines Straßburger Kursbuches, in: APT 3 (1875), 389–401.
– Martin Zeiller, der Verfasser des ersten deutschen Reisebuches, in: APT 4 (1876), 307–316.
– Das älteste deutsche Post-Reisehandbuch, in: APT 6 (1878), 623–633, 651–661.
Lopez de Haro, Nobiliario genealogico de los Reyes y Titulos de Espana, Madrid 1622.
Loewenfeld, W., Der Prozeß des Fürsten von Thurn und Taxis gegen den tschechoslowakischen Staat, in: Detektor, Die tschechoslowakische Bodenreform, Wien 1925, 53–61.
Lorandi, M., Le poste, le armi, gli onori: i Tasso e la commitenza artistica internazionalità del postere, internazionalità dell'arte, in: Le Poste dei Tasso, un'impresa in Europa, Bergamo 1984, 87–138.
Lossen, M., (Hg.), Briefe von Andreas Masius und seinen Freunden, 1538–1573, Leipzig 1886.
Lotz, W., (Hg.), Deutsche Postgeschichte. Essays und Bilder, Berlin 1989.

Ludwig, F., Untersuchungen über die Reise- und Marschgeschwindigkeit im 12. und 13. Jahrhundert, Berlin 1897.
Ludwig, J. P., Dissertatio juris publici et feudalis de jure postarum hereditario. Vom Recht des General-Erb-Postamts, Halle 1704.
Luebbecke, F., Das Palais Thurn und Taxis in Frankfurt am Main, Frankfurt/Main 1955.
Lünig, J. G., Das Teutsche Reichs-Archiv, 24 Bde., Leipzig 1713–1722.
Maczak, A./Teuteberg, H.-J., (Hg.), Reiseberichte als Quellen europäischer Kulturgeschichte. Aufgaben und Möglichkeiten historischer Reiseforschung, Wolfenbüttel 1982.
Mages, E., Eisenbahnbau, Siedlung, Wirtschaft und Gesellschaft in der südlichen Oberpfalz (1850–1920), Kallmünz 1984.
Maier, B., Die kulturellen und wirtschaftlichen Voraussetzungen für die Einbeziehung des privaten Briefverkehrs in die taxissche Post, in: DPG 4 (1943), 96–100.
Maire, O. le, Francois de Tassis (1459–1517), organisateur des postes internationales et la tapisserie de la légende de Notre-Dame du Sablon, Brüssel 1956.
Mancal, J., Zwei Organisationsformen der Aufklärung: Akademien und Geheimbundwesen, in: W. Baer/P. Fried, (Hg.), Schwaben/Tirol. Historische Beziehungen zwischen Schwaben und Tirol von der Römerzeit bis zur Gegenwart (Beiträge), Rosenheim 1989, 472–490.
Mandrou, R., Les Fuggers, propriétaires fonciers en Souabe 1560–1618. Etude de comportements socio-économiques à la fin du XVIe siècle, Paris 1969.
Mangili, E., I Tasso e le Poste, Bergamo 1982.
Martin, R., Jahrbuch der Millionäre Deutschlands, Berlin 1913.
– Jahrbuch des Vermögens und Einkommens der Millionäre in Bayern, Berlin 1914.
Maßregeln zur Beschleunigung der Kaiserlichen Ordinaripost auf der Strecke von Augsburg nach Lieser aus dem Jahre 1662, in: APT 33 (1905), 717–719.
Matis, H., (Hg.), Von der Glückseligkeit des Staates. Staat, Wirtschaft und Gesellschaft in Österreich im Zeitalter des aufgeklärten Absolutismus, Berlin 1981.
Matthias, W. H., Über Posten und Postregale, mit Hinsicht auf Volksgeschichte, Statistik, Archäologie und Erdkunde, 2 Bde., Berlin 1832.
Maubach, G., Der Kampf zwischen Thurn und Taxis und der freien Reichsstadt Aachen um die Einrichtung eines »Kayserlichen Postamts«, in: ADPG (1954), 18–24.
Mauersberg, H., Wirtschafts- und Sozialgeschichte zentraleuropäischer Städte in neuerer Zeit, Göttingen 1960.
Mayer, A. J., Adelsmacht und Bürgertum. Die Krise der europäischen Gesellschaft 1848–1914, München 1984.
Mechtler, P., Der Kampf zwischen Reichspost und Hofpost, in: MIÖG 53 (1939), 411–422.
Mehler, J. B., Das fürstliche Haus Thurn und Taxis in Regensburg. Zum 150jährigen Residenzjubiläum, Regensburg o. J. (1899).
Meidinger, H., Die Fürstlich Thurn-und-Taxissche Postanstalt. Eine historisch-statistische Skizze, in: Zeitschrift des Vereins für deutsche Statistik 2 (1848), 853–861.
Melis, F., Intensità e regolarità nella diffusione dell'informazione economica generale nel Mediterraneo e in Occidente alla fine del Medioevo, in: Mélanges économiques du monde méditerranéen, 1450–1650. Mélanges en l'honneur de Fernand Braudel, I, Toulouse 1973, S. 389–429.
Memorabilia Europae, oder denkwürdige Sachen, welche ein Reisender in den fürnehmsten Städten Europae heutigen Tags zu observieren (...) hat, Ulm 1688.
Meyer, J. F., Grundsätze zur Verfechtung und Beurtheilung richtiger Pachtanschläge über alle Zweige der Landwirthschaft für Domainencammern, Gutsbesitzer und Pachtbeamte, Hannover 1809.

Migliavacca, G., Simone Tasso: Gran Maestro di Osti, Poste e Corrieri delle Stati di Milano, in: Catalogo. Prima Mostra Mondiale di letteratura filatelica, Mailand 1982, 21–34.
Minchinton, W., Die Veränderungen der Nachfragestruktur von 1500–1700, in: Cipolla/Borchardt (1983), 51–112.
Mitterauer, M., Zur Frage des Heiratsverhaltens im österreichischen Adel, in: Fichtenau, H./Zöllner, E., (Hg.), Beiträge zur neueren Geschichte Österreichs, Wien/u. a., 1974, 176–194.
Mohl, R. von, Das rechtliche Verhältnis der taxisschen Post zu den Staatseisenbahnen, in: Zeitschrift für die gesamte Staatswissenschaft 1 (1844), 7–49.
Möseneder, K., (Hg.), Feste in Regensburg. Von der Reformation bis in die Gegenwart, Regensburg 1986.
Moser, J. J., Von denen Rechten und Pflichten des Kaisers in Post-Sachen (...), in: Ders., Teutsches Staatsrecht, 50 Teile in 25 Bden., Leipzig 1737–1753, Teil 5 (1742), 1–272.
– Von denen Teutschen Reichs-Tags-Geschäften, Frankfurt/M. 1768.
– Von denen Teutschen Reichs-Tägen, Frankfurt/Leipzig 1774.
Müller, C. F., Über die Reform des Postwesens in Deutschland. Ein Beitrag zur Erörterung der Zeitfrage, Frankfurt/M. 1843.
Müller, E., Der Postdienst in Münster während der Westfälischen Friedenstagung (1641–1649), in: APT 47 (1919), 144–156.
Müller, J., Der Zusammenbruch des Welser'schen Handelshauses im Jahre 1614, in: VSWG 1 (1903), 196–234.
Müller, P., Die Post in Thüringen, in: DPG 2 (1939/1940), 89–104.
Müller-Fischer, E., Das Posthorn, in: APF 4 (1952), 122–128.
Mummenhoff, W., Der Nachrichtendienst zwischen Deutschland und Italien im 16. Jahrhundert, Diss. phil. Berlin 1911 (= zit. als: *Mummenhoff*).
– Die ältesten Poststraßen zwischen Rom und Deutschland und ihre Stationen, in: Archiv für Urkundenforschung 4 (1912), 229–254.
Mundorf, M., Bibliographie zur Unternehmensgeschichte und Unternehmerbiographie, in: Zeitschrift für Unternehmensgeschichte 32 (1987), 185–201; 33 (1988), 58–70, 181–199, 253–255.
Münzberg, W., Stationskatalog der Thurn und Taxis-Post (= TTS 5), Kallmünz 1967.
– 500 Jahre Post. Thurn und Taxis 1490–1867, Teil I. Niederländische Post/Vorderösterreichische Pachtpost/Überrhein, Regensburg 1989.
Neckarsulmer, E., Der alte und der neue Reichtum, Berlin 1925.
Neu, R., Die Organisation der Thurn-und-Taxis-Post, DA München 1985.
Neubauer, E., Das geistig-kulturelle Leben der Reichsstadt Regensburg (1750–1806), München 1977.
Neugebauer-Wölk, M., Revolution und Constitution. Die Brüder Cotta, Berlin 1989.
Neumann, G., Neresheim, München 1947.
Neumann, H.-G., Der Zeitungsjahrgang 1694. Nachrichten und Nachrichtenbeschaffung im Vergleich, in: Deutsche Presseforschung 26 (1987), 233–258 (= Presse und Geschichte II), 127–157.
Neumann, I., Bibliographie zur Unternehmensgeschichte und Unternehmerbiographie, in: Tradition 12 (1967), 441–448, 545–552; 13 (1968), 48–56, 153–160, 265–272; 14 (1969), 57–64, 216–224, 339–346; 15 (1970), 160–167, 217–224, 321–328; 16 (1971), 97–104, 201–208, 304–312; 17 (1972), 101–104, 200–208, 326–331; 19 (1974), 48–56; 20 (1975), 46–52; 21 (1976), 52–64.
Nicolai, F., Beschreibung einer Reise durch Deutschland, 3 Bde., Berlin 1783/84.
Nipperdey, T., Deutsche Geschichte 1800–1866. Bürgerwelt und starker Staat, München 1983.

Nonne, Über das gemeine Reichs- oder Fürstlich-Taxissche Postwesen, gegen den Herrn Geheimen Justizrath Pütter in Göttingen, Hildburghausen 1792.
Nordmann, J., Kodifikationsbestrebungen in der Grafschaft Friedberg-Scheer am Ende des 18. Jahrhunderts, in: ZWLG 28 (1969), 265–342.
North, G., Die Übernahme des Thurn-und-Taxisschen Postwesens durch Preußen 1867, in: APF 19 (1967), 42–68.
– Von der Taxis-Post zur Post des Deutschen Reiches – von der Zersplitterung zur politischen Einheit, in: ADPG (1984), 14–33.
Nusser, H., Das bayerische Adelsedikt vom 26. 5. 1818 und seine Auswirkungen, in: Archiv und Wissenschaft, München 1961, Bd. 3, 308–325.
Obpacher, J., Das königlich bayerische 3. Chevauxlegers-Regiment Taxis, o. O. 1926.
Ockel, A., Dissertatio de regali postarum jure electorum principumque imperii quo inanibus oppositionibus Caesarii Turrianii respondetur, Halle 1698.
Ohff, H., Stern in Wetterwolke. Königin Luise von Preußen, München 1989.
Ohler, N., Quantitative Methoden für Historiker, München 1980.
Ohmann, F., Die Anfänge des Postwesens und die Taxis, Leipzig 1909.
Olearius, J. C., Allgemein-nützliche Postnachrichten, oder summarischer Auszug eines vollständigen Post-Systems, Wien 1779.
Ortmann, W., Franz von Taxis, in: APF 1 (1949), 52–55.
Parker, G., Der Aufstand der Niederlande. Von der Herrschaft der Spanier zur Gründung der Niederländischen Republik 1549–1609, München 1979.
– Die Entstehung des modernen Geld- und Finanzwesens in Europa, in: Cipolla/Borchardt, 335–380.
Patent Kaiser Josephs II. vom 28. November 1768 zum Schutze der Posten, in: APT 21 (1893), 522–526.
Pemsel, H., Das Reichsoberpostamt München. Anfänge und Entwicklung des Postwesens, Diss. phil. Innsbruck 1962.
Personal-Etat der Fürstlich Thurn-und-Taxisschen Postbeamten, in: Deutscher Post-Almanach 5 (1846), 93–112.
Pezzl, J., Faustin oder das philosophische Jahrhundert, Zürich 1783.
– Reise durch den Baierschen Kreis, Salzburg/Leipzig 1784.
Piefke, C., Thurn und Taxis in der Bremischen Postgeschichte, in: Bremisches Jahrbuch 29 (1940), 82–105.
Piendl, M., Das Ende der Thurn-und-Taxis-Post, in: Tradition 6 (1961), 145–154.
– Die Gerichtsbarkeit der Fürsten Thurn und Taxis in Regensburg im 19. Jahrhundert, in: Archiv und Wissenschaft, München 1961, Bd. 3, 292–307.
– Das Fürstlich Thurn und Taxissche Zentralarchiv in Regensburg, in: Mitteilungsblatt für deutsches Archivwesen (1962), Nr. 15, 19–24.
– (Hg.), Beiträge zur Kunst- und Kulturpflege im Hause Thurn und Taxis, Kallmünz 1963.
– Thurn und Taxis 1517–1867. Zur Geschichte des fürstlichen Hauses und der Thurn-und-Taxisschen Post, Frankfurt/M. 1967.
– Das bayerische Projekt der Thurn-und-Taxis-Post 1831–1842, in: ZBLG 33 (1970), 272–306.
– Schloß Obermarchthal des Fürsten Thurn und Taxis, München 1971.
– Die Archive des Fürsten Thurn und Taxis, in: Mitteilungen für die Archivpflege in Bayern, Sonderheft 8 (1972), 105–117.
– Schloß Thurn und Taxis Regensburg, München/Berlin 1977.
– (Hg.), Beiträge zur Geschichte, Kunst- und Kulturpflege im Hause Thurn und Taxis (= TTS 10), Kallmünz 1978.
– Prinzipalkommissariat und Prinzipalkommissare am Immerwährenden Reichstag,

in: Albrecht, D., (Hg.), Regensburg – Stadt der Reichstage, Regensburg 1980, 131–150.
– Das fürstliche Haus Thurn und Taxis. Zur Geschichte des Hauses und der Thurn-und-Taxis-Post, Regensburg 1980 (= zit. als: *Piendl*).
– Post, in: Volkert, W., (Hg.), Handbuch der bayerischen Ämter, Gemeinden und Gerichte, 1799–1980, München 1983, 250–256.
Pinkvos, Postgeschichte der Stadt Osnabrück, in: APT 9 (1881), 585–590.
Pirenne, H., Geschichte Belgiens, 4 Bde., Gotha 1899–1913.
Pitz, H., Entstehung und Umfang statistischer Quellen in vorindustrieller Zeit, in: HZ 223 (1976), 1–39.
Pohl, H., Unternehmensgeschichte in der Bundesrepublik Deutschland. – Stand der Forschung und Forschungsaufgaben der Zukunft, in: ZUG 22 (1977), 26–41.
Pohl, M., Einführung in die deutsche Bankengeschichte, Frankfurt/M. 1976.
Pollard, S., The Genesis of Modern Management, London 1965.
Pölnitz, G. von, Jacob Fugger, 2 Bde., Tübingen 1949/1952.
– Das Generationenproblem in der Geschichte der oberdeutschen Handelshäuser, in: Rüdinger, K., (Hg.), Unser Geschichtsbild – Sinn der Geschichte, Bd. 2, München 1955, 65–79.
Post-Buch für Central-Europa, Frankfurt/Main 1840.
Post-Charte für ganz Deutschland und durch die angränzenden Theile der benachbarten Länder, Nürnberg 1806.
Postillione und Boten im 17. Jahrhundert, in: MPT 2 (1900/1901), 207–209.
Postunterhandlungen zwischen Kursachsen und dem Haus Thurn und Taxis ausgangs des 17. Jahrhunderts, in: APT 20 (1892), 590–600.
Postvisitationsprotokoll über die Verhältnisse im Bezirke des Kayserlichen Reichsoberpostamts München im Jahre 1750, in: APB 6 (1940–1943), 47–60.
Press, V./Willoweit, D., (Hg.), Liechtenstein. Fürstliches Haus und staatliche Ordnung. Geschichtliche Grundlagen und moderne Perspektiven, München/Wien 1988 (2. Auflage).
Probst, E., Regensburger Quellen zur mainfränkischen Verkehrsgeschichte, in: Mainfränkisches Jahrbuch 13 (1961), 216–249.
– Fürstliche Bibliotheken und ihre Bibliothekare 1770–1834, in: Piendl (1963), 127–229.
– Westfälische Postvisitationen 1755. Visitationsberichte des Frankfurter Oberpostamtsdirektors Franz Ludwig von Berberich als orts-, landes- und verkehrsgeschichtliche Quelle, in: Pgbl. OPD Münster 14 (1968), Heft 2, 3–31.
– Organisation, Rechtsgrundlage und Wirkungskreis der Thurn-und-Taxis-Post 1852–1867, in: Haferkamp/Probst (1976), 1–60.
– Postorganisation. Behördliche Raumorganisation seit 1800, Grundstudie 3, Hannover 1977.
– Karl Ritter von Pauersbach und seine Thurn und Taxisschen Postvisitationen 1782/1783, in: Studien und Quellen zur Postgeschichte 2 (1979), 1–34.
– Die Entwicklung der fürstlichen Verwaltungsstellen seit dem 18. Jahrhundert, in: Piendl (1978), 267–386 (= zit. als: *Probst I*).
– Die Thurn-und-Taxis-Post und Europa, in: Neue Beiträge zur Geschichte der Post in Westfalen (1981), 1–6.
– Erwerb, Rentabilität und Verlust des Thurn-und-Taxisschen Kantonalpostamts Schaffhausen 1833/34–1848/53, in: R. C. Rehm, (Hg.), Postgeschichte und klassische Philatelie Schaffhausens, Schaffhausen 1987, 144–159.
– Das Zeitalter der Lehenposten im 19. Jahrhundert. Thurn und Taxis, in: Lotz (1989), 123–147 (= zit. als: *Probst II*).

Profil einer Mitgliedsfirma: Doduco KG, Dr. Eugen Dürrwächter, in: Markt Deutschland – Japan, Tokio 1985 (August), 26–29.
Pufendorf, S., De statu Imperii Germanici (...), Genf 1667.
Pütter, J. S., Kurzer Begriff des Teutschen Staatsrechts, Göttingen 1768 (2. Aufl.), darin »Vom Postwesen« S. 167–172.
– Erörterungen und Beyspiele des Teutschen Staats- und Fürstenrechts, Erstes Heft, Vom Reichspostwesen, Göttingen 1790.
Puttkammer, The Princes of Thurn und Taxis, Chicago 1938.
Quetsch, F. H., Zur Geschichte des Post-, Boten- und Transportwesens in Mainz, in: APT 3 (1875), 354–365.
Rabb, T. K., The Struggle for Stability in Early Modern Europe, Princeton 1974.
Ranisch, C., Disputatio de rhedis meritoriis, vulgo Landkutschen, Leipzig 1685.
Reckenthäler, W., Die Thurn-und-Taxissche Post, ihr Übergang zu einer öffentlichen Anstalt und ihre wirtschaftliche Auswirkung auf das westrheinische Verkehrsgebiet, Diss. phil. Bonn 1944 (konnte nicht eingesehen werden).
Reden, von, Statistische Beilage zum Bericht des Volkswirthschafts-Ausschusses vom 17. April 1849 über die das deutsche Postwesen betreffende Vorlagen, in: Wochenblatt für das Transportwesen 4 (1849), 72–77.
Redlich, O., Vier Post-Stundenpässe aus den Jahren 1496–1500, in: MIÖG 12 (1891), 494–504.
Rehbein, E., Zu Wasser und zu Lande. Die Geschichte des Verkehrswesens von den Anfängen bis zum Ende des 19. Jahrhunderts, München 1984.
Reichert, A. J. F., Post und Presse, in: APB 7 (1949–1951), 213–231.
Reif, H., Westfälischer Adel 1770–1860. Vom Herrschaftsstand zur regionalen Elite, Göttingen 1979.
– Der Adel in der modernen Sozialgeschichte, in: Schieder, W./Sellin, V., (Hg.), Sozialgeschichte in Deutschland, Bd. 4, Göttingen 1987, 34–60.
Reinbold, P. F. C., Über das Postwesen und die Art der Einrichtung desselben, Göttingen 1803.
Reinhard, W., Freunde und Kreaturen. ›Verflechtung‹ als Konzept zur Erforschung historischer Führungsgruppen – Römische Oligarchien um 1600, München 1979.
Reis, J. P., Histoire des Postes, des Télégraphes et des Téléphones du Grand-Duché de Luxembourg, o. O. 1897.
Reiser, R., Adeliges Stadtleben im Barockzeitalter. Internationales Gesandtenleben auf dem Immerwährenden Reichstag zu Regensburg. Ein Beitrag zur Kultur- und Gesellschaftsgeschichte des Barockzeitalters, München 1969.
– Mathilde Therese von Thurn und Taxis (1773–1839), in: ZBLG 38 (1975), 739–748.
Reiß, G., Das Passauer Postwesen im 17. Jahrhundert, in: APB 12 (1964–1966), 241–250.
Rennert, G., 400 Jahre Taxis in Tirol und in den vorderösterreichischen Landen, in: UP 59 (1934), 339–369.
– Postbote, Postreuter, Postillion, Hinkender Bote und Kurier im 16. und 17. Jahrhundert, in: DPG 2 (1939/40), 160–174.
– Die ersten Postzeitungen in den Niederlanden, in: DPG 3 (1941/42), 147–154.
Rensing, F. J., Geschichte des Postwesens im Fürstbistum Münster, Hildesheim 1909.
Riedel, E., Zur Geschichte der Reisegeschwindigkeiten, in: APG 8 (1952), 117–121.
Ritter, G. A./Vierhaus, R., (Hg.), Aspekte der historischen Forschung in Frankreich und Deutschland. Schwerpunkte und Methoden, Göttingen 1981.
Roeck, B., Reichssystem und Reichsherkommen, Stuttgart 1984.
– Reisende und Reisewege von Augsburg nach Venedig in der zweiten Hälfte des 16. und der ersten des 17. Jahrhunderts, in: Lindgren (1987), 179–187.

Rollka, B., Perspektiven einer vergleichenden historischen Kommunikationsforschung und ihre Lokalisierung im Rahmen der Publizistikwissenschaft, in: Deutsche Presseforschung 26 (1987), 413–425;
Romano, R./Tenenti A., Die Grundlegung der modernen Welt. Spätmittelalter, Renaissance, Reformation, Frankfurt/M. 1967.
Roseno, A., Die Entwicklung der Brieftheorie von 1655 bis 1709, Diss. phil. Köln 1933.
Rössler, H., (Hg.), Deutscher Adel, 1430–1555, 2 Bde., Darmstadt 1965.
Rothammer, F. W., Historischstaatistische Abhandlung über das Kaiserliche Reservatrecht des Reichspostwesens als eines Fürstlichtaxisschen Erblehens und wichtigen Artikels der neuen Wahlkapitulationen, o. O. [Regensburg] 1790.
Rotteck, C. von/Welcker, C., Das Staatslexikon, 12 Bde., Altona 1845–1848 (2. Aufl.).
Rübsam, J., Johann Baptista von Taxis. Ein Staatsmann und Militär unter Philipp II. und Philipp III. 1530–1610. Nebst einem Exkurs: Aus der Urzeit der Taxis'schen Posten 1505–1520, Freiburg/Br. 1889 (= zit. als: *Rübsam*).
– Un Itinéraire international de l'année 1563, in: UP 14 (1889), 82–88, 99–103.
– Zur Geschichte der ältesten Posten in Tirol und den angrenzenden Ländern, 1504–1555, in: UP 16 (1891), 197–206.
– Zur Geschichte des internationalen Postwesens im 16. und 17. Jahrhundert, in: HJb 13 (1892), 15–79.
– Franz von Taxis, der Begründer der modernen Post, und sein Neffe Johann Baptista von Taxis, 1491–1541, in: UP 17 (1892), 125–131, 141–149, 157–162.
– Verordnung Kaiser Karls V. zur Aufrechterhaltung des Postmonopols aus dem Jahre 1545, in: UP 19 (1894), 185–190.
– Le tarif général des Pays-Bas autrichiens de l'année 1729, in: UP 19 (1894), 44–49.
– Postgeschichtliches aus der Zeit Kaiser Maximilians I., in: APT 23 (1895), 46–56.
– Un traité postal international de l'année 1660, in: UP 20 (1895), 146–156.
– Un compte postal de l'année 1555, in: UP 20 (1895), 157–164.
– Un traité postal de 1517, in: UP 22 (1897), 112–119.
– Aus der Urzeit der modernen Post, in: HJb 21 (1900), 22–57.
– Un droit de survivance à l'emploi de maître des postes à Braine-le Comte de l' année 1548, in: UP 25 (1900), 91–96.
– Das kaiserliche Postamt zu Mailand in der ersten Hälfte des 16. Jahrhunderts unter Simon von Taxis, in: APT 29 (1901), 443–454.
– Die Reichspostordnung aus dem Jahre 1698, in: APT 29 (1901), 653–662.
– Eine Statistik des englischen Briefverkehrs mit dem Postamt Antwerpen vom Jahre 1678, in: MPT 4 (1902), 239–246.
– Un service privilégié des postes et des estafettes des Pays-Bas pour Londres de l'année 1633, in: PU 27 (1902), 193–198.
– Une instruction pour le bureau des postes impérial de Cologne de l'année 1604, in: UP 28 (1903), 1–5.
– Postgeschichtliches aus dem 17. Jahrhundert, in: HJb 25 (1904), 541–557.
– Postavisi und Postkonti aus den Jahren 1599 bis 1624, in: Deutsche Geschichtsblätter 7 (1906), 8–19.
Rürup, R., Johann Jacob Moser. Pietismus und Reform, Wiesbaden 1965.
Sammlung einiger Nachrichten und Verordnungen, das reutende und fahrende Postwesen in den hochfürstlich Badischen Landen betreffend, Karlsruhe 1791.
Saurer, E., Straße, Schmuggel, Lottospiel. Materielle Kultur und Staat in Niederösterreich, Böhmen und Lombardo-Venetien im frühen 19. Jahrhundert, Göttingen 1979.
Sautter, G., Die französische Post am Niederrhein bis zu ihrer Unterordnung unter die General-Postdirektion in Paris 1794–1799, Köln 1898.

– Die Reichspost beim Einbruch der Franzosen in das Reich 1792–1793, in: APT 41 (1913), 1–16, 43–53, 85–92.
– Friedrich Cotta. General-Postdirektor der Französischen Republik in Deutschland 1796, in: HJb 37 (1916), 98–120.
Sautter, K., Auffindung einer großen Anzahl verschlossener Briefe aus dem Jahre 1585, in: APT 37 (1909), 97–115.
– Die Thurn und Taxissche Post in den Befreiungskriegen 1814 bis 1816, in: APT 39 (1911), 1–27, 33–49.
– Geschichte der deutschen Post, 3 Bde., Frankfurt/M. 1928–51.
Schaefer, G., Geschichte des Sächsischen Postwesens vom Ursprunge bis zum Übergang in die Verwaltung des Norddeutschen Bundes, Dresden 1879.
Schäffer, J. C. G., Versuch einer medizinischen Ortsbeschreibung der Stadt Regensburg, Regensburg 1787.
Schematismus über das active Personal im inneren und äußeren Fürstlich Thurn und Taxisschen Dienste, 31 Bde., Regensburg 1874–1931.
Scheurer, H., Würzburger Postgeschichte, in: APB 8 (1952–1954), 128–141, 162–179, 225–240.
Schieder, T., (Hg.), Handbuch der europäischen Geschichte, 7 Bde., Stuttgart 1968–1987.
Schilling, H., Aufbruch und Krise. Deutschland 1517–1648, Berlin 1988.
Schilly, E., Ernst Wilhelm Heinrich von Nassau-Saarbrücken und die Thurn-und-Taxissche Reichspost, in: Zs. f. d. Geschichte der Saargegend 16 (1968), 159–208.
– Die Saarbrücker Postvisitation im Jahre 1770 im Rahmen der Thurn-und-Taxisschen Dienstvorschriften, in: Pgbl. OPD Saarbrücken 21 (1972), 16–24.
– Postgeschichte heute, in: Pgbl. OPD Saarbrücken 26 (1977), 37–39.
– Die Entwicklung des Postwesens im Saarraum von den Anfängen bis heute, in: Pgbl. OPD Saarbrücken 30 (1981), 2–6.
– Verkehrs- und Nachrichtenwesen, in: K. G. A. Jeserich/u. a., (Hg.), Deutsche Verwaltungsgeschichte, Stuttgart 1983, Bd. I, 448–468; Bd. II, 257–286.
Schindler, N., Freimaurerkultur im 18. Jahrhundert. Zur sozialen Funktion des Geheimnisses in der entstehenden bürgerlichen Gesellschaft, in: R. M. Berdahl, u. a., (Hg.), Klassen und Kultur. Sozialanthropologische Perspektiven in der Geschichtsschreibung, Frankfurt 1982, 205–263.
Schivelbusch, W., Geschichte der Eisenbahnreise. Zur Industrialisierung von Raum und Zeit im 19. Jahrhundert, München 1977.
Schlip, H., Die neuen Fürsten, in: Press/Willoweit (1988), 249–293.
Schlösser, S., Der Mainzer Erzkanzler im Streit der Häuser Habsburg und Wittelsbach um das Kaisertum 1740–1745, Stuttgart 1986.
Schmid, H., Die Säkularisation und Mediatisation in Baden und Württemberg, in: Baden und Württemberg im Zeitalter Napoleons, Bd. 3, Stuttgart 1987, 135–156.
Schmidt, H., Streitigkeiten zwischen der Taxisschen Postverwaltung und der Landes-Postverwaltung von Hessen-Kassel im 18. Jahrhundert, in: APT 18 (1890), 325–333.
Schmidt, W., Zur Geschichte der Grafen von Dörnberg in Regensburg 1817 bis 1897, (unveröffentlichtes Manuskript).
Schober, R., Tirol und Fürst Albert von Thurn und Taxis: Verhandlungen zur Restauration der Monarchie nach dem 1. Weltkrieg, in: Innsbrucker Historische Studien 3 (1980), 131–158.
Schöppl, H., Kurze Geschichte der Regensburger Loge, aus: Der Erzähler, Nr. 33, 1925.
Schorer, C., Memminger Chronik, Memmingen 1660.
Schramm, G., Europas vorindustrielle Modernisierung, in: R. Melville, (Hg.), Fest-

schrift für Karl Othmar von Aretin zum 65. Geburtstag, Wiesbaden 1988, 205–222.
Schröder, W., Auswirkungen der französischen Revolution und der Politik Napoleons auf die Struktur des Postwesens in Deutschland, in: Wissenschaftliche Zeitschrift der Hochschule für Verkehrswesen Dresden 5 (1957/58), 775–791.
– Johann von Herrfeld, ein Post- und Verkehrswissenschaftler der ersten Hälfte des 19. Jahrhunderts, in: Wissenschaftliche Zeitschrift der Hochschule für Verkehrswesen Dresden 7 (1959/60), 761–771.
Schröder, W.H./Spree, R., (Hg.), Historische Konjunkturforschung, Stuttgart 1980.
Schucht, R., Zur Geschichte des Postwesens in Braunschweig, in: APT 29 (1901), 113–122.
Schulte, A., Zur Entstehung des deutschen Postwesens, in: Beilage zur Allgemeinen Zeitung Jg. 1900, Nr. 85, S. 1–5.
– Geschichte des mittelalterlichen Handels und Verkehrs zwischen Westdeutschland und Italien, 2 Bde., Leipzig 1900.
Schulz, T., Die Mediatisierung des Adels, in: Baden und Württemberg im Zeitalter Napoleons, Bd. 2, Stuttgart 1987, 157–174.
Schulze, W., Deutsche Geschichte im 16. Jahrhundert, 1500–1618, Frankfurt/Main 1987.
Schumpeter, J. A., Business Cycles, New York 1939.
– Theorie der wirtschaftlichen Entwicklung, München 1964 (6. Aufl.).
Schüttenhelm, J., Der Geldumlauf im südwestdeutschen Raum vom Riedlinger Münzvertrag 1423 bis zur ersten Kipperzeit 1618, Stuttgart 1987.
Schwarz, K., Die Entstehung der deutschen Post, Berlin 1931.
– Entstehung und Entwicklung der deutschen Postgebühren, in: APF 7 (1955), 73–139.
Schwellenbach, R., Weltanschauung und Verkehrswesen, in: APT 37 (1909), 341–359.
Schwennicke, D., (Hg.), Europäische Stammtafeln. Stammtafeln zur Geschichte der europäischen Staaten, NF Bd. 5, Marburg 1988. (= zit. als: *Schwennicke*).
Schröcker, A., Ein Schönborn im Reich. Studien zur Reichspolitik des Fürstbischofs Lothar Franz von Schönborn (1655–1729), Wiesbaden 1978.
Sebastian, F., Thurn und Taxis. 300 Jahre Post, Hannover 1948.
Seckendorff, V. L. von, Teutscher Fürsten-Stat, Frankfurt/M. 1656.
Seibold, G., Fürstliches Unternehmertum, in: Ders., Die Radziwillsche Masse. Ein Beitrag zur Geschichte der Familie Hohenlohe im 19. Jahrhundert, Gerabronn/Crailsheim 1988, 80–84.
Siebold, J. C. G. Schäffers, Hochfürstl. Thurn- und Taxisschen Leibarztes Biographie, Berlin 1824.
Simon, K. G., Deutsche Kronprinzen. Eine Generation auf dem Wege zur Macht, Frankfurt/M. 1969.
Simonsfeld, H., Der Fondaco dei Tedeschi in Venedig und die deutsch-venezianischen Handelsbeziehungen, Stuttgart 1887.
Simsch, A., Der Adel als landwirtschaftlicher Unternehmer, in: Studia Historiae Oeconomiae 16 (1981), 96–115.
Sitta, H. W., Franz Joseph Freiherr von Gruben, Diss. phil. Würzburg 1953.
Skalweit, S., Der Beginn der Neuzeit, Darmstadt 1982.
Slokar, J., Geschichte der österreichischen Industrie und ihre Förderung unter Kaiser Franz I., Wien 1914.
Sombart, W., Der moderne Kapitalismus. Historisch-systematische Darstellung des gesamteuropäischen Wirtschaftslebens von seinen Anfängen bis zur Gegenwart, 3 Bde., München/Leipzig 1916 (ND 1987).
Sonzogni, V., Cornello dei Tassi in Valle Brembana, Bergamo 1982.

Spielmann, E., Das Postwesen der Schweiz, seine Entwicklung und Bedeutung für die Volkswirtschaft, Bern 1920.
Spindler, M., (Hg.), Handbuch der bayerischen Geschichte, 4 Bde., München 1977–1981 (2. Aufl.).
Srbik, H. von, (Hg.), Quellen zur deutschen Politik Österreichs 1859–1866, 5 Bde., Berlin 1934–1938.
Stagl, J., Der viel unterwiesene Passagier. Reisekunst und Gesellschaftsbeschreibung vom 16. bis 18. Jahrhundert, in: Krasnobaer (1980), 353–384.
Stängel, K., Das deutsche Postwesen in geschichtlicher und rechtlicher Beziehung von seinem Ursprung bis auf die neueste Zeit, Stuttgart 1844.
Staudenraus, R., Die Anfänge der Post in Nürnberg und die Geschichte der Nürnberger Posthäuser, in: APB 3 (1931–1933), 52–74.
– Die Postmeisterfamilie Haysdorff, in: APB 6 (1940–43), 1–7.
– Der Nürnberger Poststall 1615–1922. Zugleich ein Beitrag zum Wirtschaftsproblem der Posthaltereien, in: APB 7 (1949–1951), 121–131.
– Johann Abondio Freiherr von Somigliano, kaiserlicher Reichspostminister zu Nürnberg 1646–1677 und sein »Leidletzender Denktrost«, in: APB 7 (1949–1951), 249–252.
– Die in der Taxis-Zeit (1615–1808) im Bereich des vormaligen Oberpostamts Nürnberg entstandenen Postkurse, in: APG (1952), 33–44, 80–93.
Staudinger, U., Die Gemäldegalerie des Fürsten Maximilian Karl von Thurn und Taxis (1802–1871). Ein vorläufiger Katalog, 2 Bde., MA 1984.
– Die Eröffnung der Reitschule des Fürsten von Thurn und Taxis 1832, in: Möseneder (1986), 460–464.
Steinburg, J. R. von, Mammonia, oder Schlüssel deß Reichthumbs, Straßburg 1623.
Steinhausen, G., Geschichte des deutschen Briefes. Zur Kulturgeschichte des deutschen Volkes, 2 Bde., Berlin 1889/1891 (= zit. als: *Steinhausen*).
– Geschichte der deutschen Kultur, Leipzig/Wien 1904.
Stephan, H. von, Geschichte der preußischen Post (bis 1858). Neubearbeitet und fortgeführt bis 1868 von K. Sautter, Berlin 1928.
Stieler, J. K., Teutsche Sekretariats-Kunst, Nürnberg 1673, Teil II, 26. Kapitel »Vom Postwesen«.
Stolleis, M., Die bayerische Gesetzgebung zur Herstellung eines frei verfügbaren Grundeigentums, in: Coing, H./Wilhelm, W., (Hg.), Wissenschaft und Kodifikation des Privatrechts im 19. Jahrhundert, Bd. 3. Die rechtliche und wirtschaftliche Entwicklung des Grundeigentums und Grundkredits, Frankfurt/Main 1976, 44–117.
Stolte, B., Beiträge zur Geschichte des Postwesens im ehemaligen Hochstift Paderborn, Paderborn 1891.
Stone, L., The Crisis of the Aristocracy 1558–1641, London 1965.
Storch, A. F., Das Postwesen von seinem Ursprunge bis an die Gegenwart, Wien 1866.
Streit, C./Noack, O., Thurn und Taxis – dynamisches Management, in: Forum für Fach- und Führungsnachwuchs, St. Gallen 1988, 20–23.
Strieder, J., Jakob Fugger der Reiche, Leipzig 1926.
– Zur Genesis des modernen Kapitalismus. Forschungen zur Entstehung der großen bürgerlichen Kapitalvermögen am Ausgang des Mittelalters und zu Beginn der Neuzeit, zunächst in Augsburg, Leipzig 1935.
Strobel, R., Die Allee des Fürsten Carl Anselm in Regensburg, in: Piendl (1963), 229–269.
Stromer, W. von., Organisation und Struktur deutscher Unternehmen in der Zeit bis zum Dreißigjährigen Krieg, in: Tradition 13 (1968), 29–37.
– Oberdeutsche Hochfinanz, 1350–1450, (= VSWG Beihefte 55–57), Wiesbaden

1970.
Stuntz, H., Soziale Fürsorge in der Taxisschen und Bayerischen Postverwaltung, in: APB 4 (1934–1936), 409–417.
– Das Regensburger Lotto. Ein fehlgeschlagener Versuch der Taxisschen Post, in: APB 5 (1937–1939), 40–46.
Stürmer, W., Das ruhelose Reich. Deutschland 1866–1918, Berlin 1985 (2. Aufl.).
– /Teichmann, G./Treue, W., Wägen und Wagen. Sal. Oppenheim jr. & Cie. Geschichte einer Bank und einer Familie, München/Zürich 1989.
Tapisseries bruxelloises de la pré-Renaissance, Brüssel 1976.
Taxis, P. de, Neue Zeyttung vom Röm. Kays. Mayestät Postmayster zu Rom, o. O. (Augsburg) 1527.
Taxis-Bordogna, L. von/Riedel, E., Zur Geschichte der Freiherren und Grafen Taxis-Bordogna-Valnigra und ihrer Obrist-Erbpostämter zu Bozen, Trient und an der Etsch, Innsbruck 1955.
Teubner, Lübeck-Taxissche Poststreitigkeiten, in: APT 42 (1914), 405–416.
– Das Taxissche Postamt in Lübeck zu Anfang des 19. Jahrhunderts, in: APT 43 (1915), 201–209.
Thaer, A., Grundsätze der rationellen Landwirthschaft, 4 Bde., Berlin 1809–1812.
Thaller, M., Praktische Probleme bei der interdisziplinären Untersuchung von Gemeinschaften ›langer Dauer‹, in: Ritter/Vierhaus (1981), 172–189.
Thompson, E. P., Patrizische Gesellschaft, plebeische Kultur, in: Ders., Plebeische Kultur und moralische Ökonomie. Aufsätze zur englischen Sozialgeschichte des 18. und 19. Jahrhunderts, Frankfurt/M. 1980, 168–202.
Thoma, F., Die modernen Monarchen, o. O. 1970.
Thurn und Taxis Hausgesetze, in: Amtsblatt der Königlich Preußischen Regierung zu Sigmaringen Nr. 1 (1857), 1–19.
Tielke, J. F., Sammlung der vornehmsten Postbrieftaxen in Deutschland, Braunschweig 1775.
Tilly, R., Probleme und Möglichkeiten einer quantitativen vergleichenden Unternehmensgeschichte, in: Ders., (Hg.), Beiträge zur quantitativen vergleichenden Unternehmensgeschichte, Stuttgart 1985, 9–21.
Trapp, E., Ottavio Cotognos internationales Postkursbuch aus dem Jahre 1623. Ein Beitrag zur internationalen Postgeschichte, Regensburg 1912.
Treue, W., Die Bedeutung der Firmengeschichte für die Wirtschafts- und die allgemeine Geschichte, in: VSWG 41 (1954), 42–65.
– Der Sinn des Firmenjubiläums, in: Tradition 8 (1963), 49–64.
– Achse, Rad und Wagen, Fünftausend Jahre Kultur- und Technikgeschichte, Göttingen 1986.
Turrianus, C., Glorwürdiger Adler, das ist: Gründliche Vorstellung und Unterscheidung derer Kayserlichen Reservaten, (...) absonderlich aber von dem I. Kayserl. Majestät reservierten Postregal (...), o. O. 1698.
Twittenhoff, W., Die musiktheoretischen Schriften Joseph Riepels, Halle 1935.
Über das Verhältnis der Fürstlich Thurn-und-Taxisschen Postverwaltung zu den Eisenbahnen, in: Deutscher Post-Almanach 5 (1846), 1. Abteilung, 44–159.
Über die Mängel und Gebrechen bey den Kaiserlichen Reichs-Posten in Deutschland, in: Staats-Anzeiger 13 (1789), Heft 52.
Über einige Mißbräuche bey Expedition der Posten, in: Deutsche Monatsschrift 2 (1794), S. 72.
Über Mißbräuche des Kaiserlichen Reichs-Postwesens (...). Mit deutscher Freyheit beleuchtet, o. O. (Straßburg) 1790.
Über Post-Anstalten nach ihrem Finanz-Prinzip, und die Herrsch-Maximen der Post-

Regieen, Halle 1817.
Ulrichs, K., Das deutsche Postfürstenthum, sonst reichsunmittelbar; jetzt bundesunmittelbar, in: Archiv für das öffentliche Recht des deutschen Bundes 4 (1861, 2) 41–298.
Une Poste Européenne avec les Grands Maitres des Postes de la famille de la Tour et Tassis, (Hg.: Musée Postal Paris), Paris 1978.
Vaillé, E., Histoire générale des Postes Francaises, 6 Bde., Paris 1947–1953.
Veh, O., Die Einführung des Taxisschen Postwesens in Bayern, in: APB 5 (1937–1939), 1–13.
– Bayern und die Bemühungen des Hauses Thurn und Taxis um die Rückgewinnung der Deutschen Reichsposten (1806–1815), in: APB 5 (1937–1939), 337–353.
Veredarius, O., Das Buch von der Weltpost, Berlin 1885.
Verordnungs-Blatt für den fürstl. Thurn-und-Taxisschen Verwaltungsdienst, 8 Bde., Regensburg 1881–1927.
Verzeichnis der bei den Fürstlich Thurn-und-Taxisschen Ober-Postamt in Frankfurt im Jahre 1830 abgehenden und ankommenden Brief- und fahrenden Posten, in: Archiv der Postwissenschaft 2 (1830), 25–47.
Verzeichnis von den Mitgliedern der gerecht- und vollkommnen Mutter-Loge Carl zu den drei Schlüsseln im Orient zu Regensburg, o. O. o. J. (Regensburg 1804).
Vierhaus, R., Eigentum und Verfassung. Zur Eigentumsdiskussion im ausgehenden 18. Jahrhundert, Göttingen 1972.
– Vom aufgeklärten Absolutismus zum monarchischen Konstitutionalismus. Der deutsche Adel im Spannungsfeld von Revolution, Reform und Restauration (1789–1848), in: Hohendahl/Lützeler (1979), 119–135.
– Deutschland im 18. Jahrhundert. Politische Verfassung, soziales Gefüge, geistige Bewegungen, Göttingen 1987.
Vischer, C. G., Allgemeine geschichtliche Zeittafel des Postwesens nebst einer allgemeinen Literatur desselben, Tübingen 1820.
– Allgemeine Übersicht der Hochfürstl. Thurn-und-Taxisschen Posten und des Postpersonals, Frankfurt/M. 1825.
Vogel, J. L., Zur Geschichte und Verfassung des deutschen Postwesens und die Ergebnisse der Postverwaltung in einigen deutschen Staaten, in: Zs. d. Vereins für deutsche Statistik 1 (1847), 1122–1128; 2 (1848), 251–259.
Vogt, Friedrich List und seine Schriften über das Post- und Telegraphenwesen, in: APT 63 (1935), 273–280.
Voigt, F., Verkehr, 2 Bde. – Bd. 1: Die Theorie der Verkehrswirtschaft, Berlin 1973 (= zit. als: *Voigt I*). Bd. 2: Die Entwicklung des Verkehrssystems, Berlin 1965 (= zit. als: *Voigt II*).
Vollrath, W., Das Haus Thurn und Taxis, die Reichspost und das Ende des Heiligen Römischen Reiches 1790–1806, Diss. phil. Münster 1940.
Vorläufige Beleuchtung und Ungrund der angeblichen Mißbräuche des Kaiserlichen Reichspostwesens. Mit deutscher Wahrheit von einem Privatmanne, o. O. 1789.
Vorläufige Darstellung der Begründung einer allgemeinen deutschen Postanstalt, Göttingen 1801.
Wagenführ, H., Franz von Taxis, in: Exempla historica. Epochen der Weltgeschichte in Biographien, Bd. 24: Humanismus, Renaissance und Reformation. Kolonisatoren, Kaufleute, Erfinder, Frankfurt/Main 1983, 119–132.
Waitz, H.-W., Die Entwicklung des Begriffs der Regalien unter besonderer Berücksichtigung des Postregals vom Ende des 16. bis zur ersten Hälfte des 19. Jahrhunderts, Diss. jur. Frankfurt 1939.
Wallerstein, I., The Modern World-System. Capitalist Agriculture and the Origins of the European World-Economy in the Sixteenth Century, New York/u. a. 1974.

Walser, F., Die spanischen Zentralbehörden und der Staatsrat Karls V., Göttingen/Zürich 1959.
Wauters, J., Les Postes en Belgique avant la révolution francaise, Paris/u. a. 1874.
Weber, K. von, Die Fürstin von Thurn und Taxis. 1775, in: Ders., Aus vier Jahrhunderten, Bd. 1, Leipzig 1857, 323–327.
Weber, M., Wirtschaft und Gesellschaft. Grundriß einer verstehenden Soziologie, Tübingen 1976 (5. Aufl.).
Wee, H. van der, The Growth of the Antwerp Market and the European Economy (14.–16. Centuries), 2 Bde., Paris/u. a. 1963.
– Anvers et les innovations de la technique financière aux XVIe et XVIIe siècles, in: AESC 22 (1967), 1067–1089.
Wehler, H.-U., (Hg.), Geschichte und Ökonomie, Köln 1973.
– Bibliographie zur modernen deutschen Wirtschaftsgeschichte (18.–20. Jahrhundert), Göttingen 1976.
– Deutsche Gesellschaftsgeschichte, Bd. 1: Vom Feudalismus des Alten Reichs bis zur defensiven Modernisierung der Reformära 1700–1815; Bd. 2: Von der Reformära bis zur industriellen und politischen »Deutschen Doppelrevolution« 1815–1845/49, München 1987.
Weidlich, C., (Hg.), Geschichte der jetztlebenden Rechtsgelehrten, Merseburg 1748 ff.
Weilner, I., Unter Gottes Gericht. Die letzten Kriegstage 1945 am Hof des Fürsten von Thurn und Taxis. Regensburg 1965.
Weis, E., (Hg.), Reformen im rheinbündischen Deutschland, München 1984.
Weiß, G., Der Kampf der Taxisschen Post um ihre Monopolstellung in der Kurpfalz, in: APG 1 (1925), 31–35.
Weißenberger, P., Das fürstliche Haus Thurn und Taxis und seine Grablege in der Benediktinerabtei zu Neresheim, in: JHVD 69 (1967), 81–105.
Wels, J. A., Vertheidigung der kaiserlichen Reichs-Posten gegen die Anfälle des verkappten Traugott Groots in seinem vermeintlich sichersten Mittel wider die Beraubungen der reuttenden und fahrenden Posten, Frankfurt/Leipzig 1769.
Werner, T. G., Das kaufmännische Nachrichtenwesen im späten Mittelalter und in der frühen Neuzeit und sein Einfluß auf die Entstehung der handschriftlichen Zeitung, in: ScrM 9 (1975), Heft 2, 3–51.
Wer ist Wer? Das deutsche Who's Who, Lübeck 1987.
Wessel, H., Bibliographie zur Unternehmensgeschichte und Unternehmerbiographie, in: Tradition 22 (1977), 71–80, 138–144, 205–216; 23 (1978), 78–80, 139–144, 188–212; 25 (1980), 48–76, 211–277; 26 (1981), 202–213.
Wiesflecker, A., Die »oberösterreichischen« Kammerraitbücher zu Innsbruck 1493–1619. Ein Beitrag zur Wirtschafts-, Finanz- und Kulturgeschichte der oberösterreichischen Ländergruppe, Graz 1987.
Wiesflecker, H., Kaiser Maximilian I: Das Reich, Österreich und Europa an der Wende zur Neuzeit. Bd. 5: Der Kaiser und seine Umwelt: Hof, Staat, Wirtschaft, Gesellschaft und Kultur, München 1986.
Wilm, E., Das Haus Thurn und Taxis auf dem Wiener Kongreß. Der Kampf um die Posten und die Remediatisierung, MA München 1986.
Winkel, H., Die Ablösungskapitalien aus der Bauernbefreiung in West- und Süddeutschland. Höhe und Verwendung bei Standes- und Grundherren, Stuttgart 1968.
– Die Entwicklung des Kassen- und Rechnungswesens im Fürstlichen Hause Thurn und Taxis im 19. Jahrundert, in: ScrM 7 (1973), 3–19. (= zit. als: *Winkel*).
– Zur Preisentwicklung landwirtschaftlicher Grundstücke in Niederbayern 1830 bis 1870, in: Wirtschaftliche und soziale Strukturen im säkularen Wandel. Festschrift für Wilhelm Abel zum 70. Geburtstag, Hannover 1974, 565–577.

– Kapitalquellen im Industrialisierungsprozeß, in: Borst (1989), 107–129.
Winick, Les, Thurn und Taxis, in: The American Philatelist 98 (1984), 457–461.
Winkopp, P. A., Über das Postwesen in den verschiedenen Staaten des Rheinischen Bundes, in: Der Rheinische Bund, 19 Bde., Frankfurt/Main 1807–1811, Bd. 3, 31–48.
Winterscheid, T., Das linksrheinische Postwesen in den Jahren 1792 bis 1799, in: Mittelrheinische Postgeschichte 16 (1968), Heft 1, 13–27.
Wohnen am Fürstlichen Rennplatz in Regensburg, Regensburg 1988.
Wölffing-Selig, F., 500 Jahre Post in Württemberg, Lorch 1965.
Wolpert, H., Beiträge zur Kenntnis des deutschen Postschrifttums, in: DPG 1 (1937/1938), 26–28.
– Die Postverhältnisse in Ulm im ersten Viertel des 18. Jahrhunderts, in: APB 5 (1937–1939), 354–359.
– Postberichte des 17. und 18. Jahrhunderts aus Bayern und den benachbarten Gebieten, in: APB 6 (1940–1943), 73–81.
– Das Reisehandbuch des Giovanni da l'Herba in seinen verschiedenen Ausgaben 1563–1674, in: DPG 2 (1939/1940), 141–146, 261–262.
– Schrifttum über das deutsche Postwesen, Erster Teil. Vom Anfang des 16. Jahrhunderts bis zum Ende des Römischen Reiches Deutscher Nation (1806). Zweite stark erweiterte Ausgabe, in: APF 2 (1950), 465–586. (= zit. als: *Wolpert I*).
– Schrifttum über das deutsche Postwesen, Zweiter Teil. Vom Ende des Römischen Reiches Deutscher Nation bis zur Gründung des deutschen Reiches (1871), in: APF 4 (1952), 177–272 (= zit. als: *Wolpert II*).
Wolter, K. K., Die Postzensur. Handbuch und Katalog. Bd. 1, Vorzeit, Frühzeit und Neuzeit, München 1965.
Wurm, C. F., Postreform in England – Aussichten für Deutschland, in: Rotteck/Welcker, Staatslexikon, Bd. 12 (1841), 721–741.
Wurzbach, C. von, (Hg.), Biographisches Lexicon des Kaiserthums Oesterreich, 60 Bde., Wien 1856–1923.
Zazzera, F., Della Nobilita dell'Italia Parte prima e seconda, Napoli 1615.
Zedler, J. H., (Hg.), Großes vollständiges Universal-Lexicon aller Wissenschaften und Künste, 64 Bde. und 4 Ergänzungsbde., Halle/Leipzig 1732–1754 (= zit. als: *Zedler*).
Ziegler, H., Die Entwicklung des staatsrechtlichen Aufbaus des deutschen Postwesens, Diss. jur. Köln 1936.
Zimmermann, K., Vorläufer und Anfänge der Post im Koblenz-Trierer Verkehrsgebiet, in: DPG 2 (1939/40), 22–41.
Zillmer, R., Die Verteidigung des preußischen Postregals gegen das Haus Thurn und Taxis im Siebenjährigen Krieg, in: ADPG (1965), Heft 2, 43–52.
Zorn, W., Das deutsche Unternehmerporträt in sozialgeschichtlicher Betrachtung, in: Tradition 7 (1962), 79–92.
– Unternehmer und Aristokratie in Deutschland. Ein Beitrag zur Geschichte des sozialen Stils und Selbstbewußtseins in der Neuzeit, in: Tradition 8 (1963), 241–254.
– Typen und Entwicklungskräfte deutschen Unternehmertums, in: VSWG 44 (1957), 56–77 (= ND in: Born, 25–41).
– /Schneider, S., Das Unternehmertum im Gebiet der heutigen föderativen Volksrepublik Jugoslawien im 19. Jahrhundert, in: Tradition 16 (1971), 3–15.
– Bayerns Geschichte im 20. Jahrhundert, München 1986.
Zunkel, F., Die Entfesselung des neuen Wirtschaftsgeistes, in: Born (1966), 42–55.
Zur Geschichte der deutschen Reichspost zu Ende des 16. Jahrhunderts, in: APT 16 (1888), 165–174, 205–212.
Zwei Jahrtausende Postwesen. Vom cursus publicus zum Satelliten. Ausstellungskatalog Schloß Halbturn, Halbturn 1985.

原注

序文

1 H. Kellenbenz: Die Entstehung des Postwesens in Mitteleuropa, in: Festschrift Othmar Pickl zum 60. Geburtstag, Graz/Wien 1987, S. 285–291 (= Gutachten für das Bundespostministerium zum 500jährigen Jubiläum der Post).
2 M. Weber: Wirtschaft und Gesellschaft. Grundriß einer verstehenden Soziologie, Tübingen 1976 (5. Aufl.), S. 561, 571. – G. Schramm: Europas vorindustrielle Modernisierung, in: R. Melville, (Hg.): Festschrift für Karl Othmar von Aretin zum 65. Geburtstag, Wiesbaden 1988, S. 205–222.
3 J. J. Moser: Teutsches Staatsrecht, Fünfter Teil, Leipzig/Ebersdorff 1742, S. 262.
4 J. W. von Goethe: Dichtung und Wahrheit, Bd. 13, in: Ders., Werke (hgg. von E. Trunz, 14 Bde., Hamburg 1948–1960, Bd. 9, S. 298.
5 J. S. Pütter: Erörterungen und Beyspiele des Teutschen Staats- und Fürstenrechts, Erstes Heft: Vom Reichspostwesen, Göttingen 1790.
6 »Der Flug war ein bißchen anstrengend.« Die letzten Worte von Franz Josef Strauß vor seinem Zusammenbruch im Jagdrevier, in: »Nürnberger Zeitung« vom 4. Oktober 1988.
7 K. Ulrichs: Das deutsche Postfürstenthum, sonst reichsunmittelbar; jetzt bundesunmittelbar, in: Archiv für das öffentliche Recht des deutschen Bundes 4 (1861, 2), S. 41–298.
8 H. Pohl: Unternehmensgeschichte in der Bundesrepublik Deutschland. – Stand der Forschung und Forschungsaufgaben der Zukunft, in: ZUG 22 (1977), S. 26–41; R. Tilly: Probleme und Möglichkeiten einer quantitativen vergleichenden Unternehmensgeschichte, in: Ders., (Hg.), Beiträge zur quantitativen vergleichenden Unternehmensgeschichte, Stuttgart 1985, S. 9–21.
9 I. Neumann: Bibliographie zur Unternehmensgeschichte und Unternehmerbiographie, in: Tradition 12 (1967), S. 441–448, 545–552; 13 (1968), S. 48–56, 153–160, 265–272; 14 (1969), S. 57–64, 216–224, 339–346; 15 (1970), S. 160–167, 217–224, 321–328; 16 (1971), S. 97–104, 201–208, 304–312; 17 (1972), S. 101–104, 200–208, 326–331; 19 (1974), S. 48–56; 20 (1975), S. 46–52; 21 (1976), S. 52–64; H. Wessel: Bibliographie zur Unternehmensgeschichte und Unternehmerbiographie, in: Tradition 22 (1977), S. 71–80, 138–144, 205–216; 23 (1978), S. 78–80, 139–144, 188–212; 25 (1980), S. 48–76, 211–227; 26 (1981), S. 202–213; B. Brüninghaus: Bibliographie zur Unternehmensgeschichte und Unternehmerbiographie, in: ZUG 29 (1984), S. 185–203; 20 (1985), S. 50–62; M. Mundorf: Bibliographie zur Unternehmensgeschichte und Unternehmerbiographie, in: ZUG 32 (1987), S. 185–201; 33 (1988), S. 58–70, 181–199, 253–255.
10 W. Kaltenstadler: Internationale Bibliographie zur vorindustriellen Handels- und Verkehrsgeschichte, in: ScrM (1975, Heft 2), S. 96–103; B. Maier: Die kulturellen und wirtschaftlichen Voraussetzungen für die Einbeziehung des privaten Briefverkehrs in die taxissche Post, in: DPG 4 (1943), S. 96–100.
11 E. Schilly: Verkehrs- und Nachrichtenwesen, in: K. G. A. Jeserich/u. a., (Hg.), Deutsche Verwaltungsgeschichte, Stuttgart 1983, Bd. I, 448–468; Bd. II, 257–286;

B. Rollka: Perspektiven einer vergleichenden historischen Kommunikationsforschung und ihre Lokalisierung im Rahmen der Publizistikwissenschaft, in: Deutsche Presseforschung 26 (1987), S. 413–425; H. E. Bödeker: Aufklärung als Kommunikationsprozeß, in: R. Vierhaus, (Hg.), Aufklärung als Prozeß, Stuttgart 1988, S. 89–112, 98f.

12 F. Ohmann: Die Anfänge des Postwesens und die Taxis, Leipzig 1909; M. *Dallmeier:* Quellen zur Geschichte des europäischen Postwesens 1501–1806, 3 Teile, Kallmünz 1977/1987; E. *Probst:* Das Zeitalter der Lehenposten im 19. Jahrhundert. Thurn und Taxis, in: W. Lotz, (Hg.), Deutsche Postgeschichte. Essays und Bilder, Berlin 1989, 123–148 (= *Probst II*).

13 H. *Wolpert:* Beiträge zur Kenntnis des deutschen Postschrifttums, in: DPG 1 (1937), S. 26–28; Ders.: Schrifttum über das deutsche Postwesen, Erster Teil. Vom Anfang des 16. Jahrhunderts bis zum Ende des Römischen Reiches Deutscher Nation (1806). Zweite stark erweiterte Ausgabe, in: APF 2 (1950), S. 465–586; Ders.: Schrifttum über das deutsche Postwesen, Zweiter Teil. Vom Ende des Römischen Reiches Deutscher Nation bis zur Gründung des deutschen Reiches (1871), in: APF 4 (1952), S. 177–272; A. *Koch:* Schrifttum über das deutsche Postwesen, 1871–1964, Hamburg/Berlin 1966; Ders.: Schrifttum über das deutsche Postwesen, Nachtrag 1500–1964, Hamburg/Berlin 1969; Ders.: Schrifttum über das deutsche Postwesen, 1965–1970, Hamburg 1972; E. Schilly: Postgeschichte heute, in: PgBll OPD Saarbrücken 26 (1977), S. 37–39.

14 Minerva – Handbücher Archive. Archive im deutschsprachigen Raum, Bd. 2, Berlin/New York 1974 (2. Aufl.), S. 822–823; M. Piendl: Das Fürstlich Thurn und Taxissche Zentralarchiv in Regensburg, in: Mitteilungsblatt für deutsches Archivwesen (1962), Nr. 15, 19–24; Ders., Die Archive des Fürsten Thurn und Taxis, in: Mitteilungen für die Archivpflege in Bayern, Sonderheft 8 (1972), 105–117.

15 H. *Winkel:* Die Entwicklung des Kassen- und Rechnungswesens im Fürstlichen Hause Thurn und Taxis im 19. Jahrhundert, in: ScrM 7 (1973), S. 3–19.

16 同僚のヴォルフガング・シュミット博士（ミュンヘン）とペーター・ウルバネク博士（レーゲンスブルク）にデータ作成に際しての議論と援助を感謝する。コンスタンチェ・オト・コプトシャリィスキ（ウィーン）学士に校正と索引作成に際しての援助を感謝する。

17 マルティン・ダルマイアー博士とエルヴィン・プロープスト（中央文書庫）に学問的援助を、ヘルゲ・ペーターゼン博士とマンフレート・ハイラー（トゥルン・ウント・タクシス経営スタッフ）に第一級の作業条件の提供を、ラルフ・ペーター・メルティン博士とウルリヒ・ヴァンク（ピーパー出版）に出版上の援助を感謝する。

第1章

1 Abraham a Sancta Clara: Etwas für Alle / Das ist: Eine Kurtze Beschreibung allerley Stands-Ambts und Gewerbs-Personen, Würzburg 1699, S. 141.

2 H. Wagenführ: Franz von Taxis, in: Exempla historica. Epochen der Weltgeschichte in Biographien, Band 24, Humanismus, Renaissance und Reformation: Kolonisatoren, Kaufleute, Erfinder. Frankfurt/M. 1983, S. 119–132.

3 M. *Piendl:* Das Fürstliche Haus Thurn und Taxis. Zur Geschichte des Hauses und der Thurn-und-Taxis-Post. Regensburg 1980, S. 17.

4 J. *Rübsam:* Johann Baptista von Taxis. Ein Staatsmann und Militär unter

Philipp II. und Philipp III. 1530–1610. Nebst einem Exkurs: Aus der Urzeit der Taxisschen Posten 1505–1520. Freiburg/Br. 1889, S. 3.
5 O. Codogno: Nuovo Itinerario delle Poste per tutto il mondo. Mailand 1608, S. 92.
6 J. C. Lünig: Das Teutsche Reichs-Archiv, I, Leipzig 1710, S. 449f.; J. E. von *Beust:* Versuch einer ausführlichen Erklärung des Post-Regals, und was deme anhängig, überhaupt und ins besondere in Ansehung des Heiligen Römischen Reichs Teutscher Nation ... verfasset, 3 Bde., Jena 1747/48, I, S. 93. (Von Beust schreibt: »Post-Wesens«).
7 J. J. Moser: Teutsches Staatsrecht, Fünfter Teil. Leipzig/Ebersdorff 1742, S. 262.
8 G. Figini: I Tassi e di feudi di Rachele e Barbana nell'Istria. Bergamo 1895, S. 35ff. マルコ・ポーロの旅行記録には多数の版がある。中国の郵便に関しては、第97章が扱っている。Eine kritische Übersetzung des Kapitels bei: J. Rübsam: Aus der Urzeit der modernen Post 1425-1562, in: HJb 21 (1900), S.22-57, 35-38.
9 A. Schulte: Geschichte des mittelalterlichen Handels und Verkehrs zwischen Westdeutschland und Italien, 2 Bde. Leipzig 1900, I, S. 501; H. Kownatzki: Geschichte des Begriffes und Begriff der Post nebst einem Anhang über die Entstehungszeit der Post, in: APT 51 (1923), S. 377–423. Darin (S. 404–406) die Auseinandersetzung mit der abweichenden Interpretation Werner Sombarts, der jede Form der Briefbeförderung als »Post« bezeichnet. Vgl. W. Sombart: Der moderne Kapitalismus, II/1. München/Leipzig 1917, S. 367–384.
10 F. *Voigt:* Verkehr, Bd. 2: Die Entwicklung des Verkehrssystems, Berlin 1965, Bd. II/2, S. 835. 残念ながら、この著作における郵便の近世に関する数章（832-858頁）には多数の不正確な個所がある。
11 Duden-Etymologie. Herkunftswörterbuch der deutschen Sprache (= Duden Band 7). Mannheim/Wien/Zürich 1963, S. 522f. – Grundlegend: H. Kownatzki: Geschichte des Begriffes und Begriff Post nebst einem Anhang über die Entstehungszeit der Post, in: APT 51 (1923), S. 377–423; *Voigt:* II/2, S. 836ff.
12 J. H. *Zedler:* Großes vollständiges Universal-Lexicon, Bd. 28 (1741), Sp. 1787.
13 Ebd., Sp. 1785.
14 J. Le Goff: Kultur des europäischen Mittelalters. Zürich 1970, S. 223.
15 *Voigt II:* S. 376–412: »Der Straßenverkehr im Mittelalter«.
16 J. Le Goff: Kultur des europäischen Mittelalters. Zürich 1970, S. 223.
17 E. Riedel: Zur Geschichte der Reisegeschwindigkeiten, in: APG 8 (1952), S. 117–121, 118.
18 H. Simonsfeld: Der Fondaco dei Tedeschi in Venedig und die deutsch-venezianischen Handelsbeziehungen. Stuttgart 1887, S. 101.
19 F. Ludwig: Untersuchungen über die Reise- und Marschgeschwindigkeit im 12. und 13. Jahrhundert. Berlin 1897, S. 190–193.
20 J. Le Goff: Kultur des europäischen Mittelalters. Zürich 1970, S. 223; F. Ludwig: Untersuchungen über die Reise- und Marschgeschwindigkeit im 12. und 13. Jahrhundert. Berlin 1897, S. 179–184.
21 C. Löper: Das Botenwesen und die Anfänge der Posteinrichtung im Elsaß, insbesondere in der freien Reichsstadt Straßburg, in: APT 4 (1876), S. 231–241 (Straßburger Läuferboten-Ordnungen von 1443, 1484, 1562 und 1634); Kränzler: Die Augsburger Botenanstalt, in: APT 4 (1876), S. 658–662 (Augsburger Botenordnungen von 1555 und 1602).
22 A. Korzendorfer: Die Nachrichtenbeförderung während des Mittelalters, in: ZBLG 2 (1929), S. 361f.
23 K. Zimmermann: Vorläufer und Anfänge der Post im Koblenz-Trierer Verkehrsge-

biet, in: DPG 2 (1939/40), S. 22–41. – Allgemein: R. Hennig: Verkehrsgeschwindigkeiten in ihrer Entwicklung bis zur Gegenwart. Stuttgart 1936.

24 A. Korzendorfer: Die Anfänge des Postwesens in Deutschland. Eine Zusammenfassung der bisherigen Forschungsergebnisse, in: APB 6 (1940–1943), S. 121. – E. Riedel: Zur Geschichte der Reisegeschwindigkeiten, in: APG 8 (1952), S. 117–121.

25 H. Wiesflecker: Kaiser Maximilian I: Das Reich, Österreich und Europa an der Wende zur Neuzeit; Bd. V: Der Kaiser und seine Umwelt: Hof, Staat, Wirtschaft, Gesellschaft und Kultur. München 1986, S. 293–296 »Die kaiserliche Post«. – *Dallmeier I:* S. 51, geht von einer »Verkürzung der Beförderungszeiten auf ein Sechstel« aus. – M. *Dallmeier:* Quellen zur Geschichte des europäischen Postwesens 1501–1806, Teil I, Quellen – Literatur – Einleitung. Kallmünz 1977; Ders.: Quellen zur Geschichte des europäischen Postwesens 1501–1806, Teil II, Urkunden – Regesten. Kallmünz 1977; Ders.: Teil III, Register, Kallmünz 1987.

26 Die Urkunde im Wortlaut bei: *Rübsam:* S. 188f.

27 O. Redlich: Vier Post-Stundenpässe aus den Jahren 1496 bis 1500, in: MIÖG 12 (1891), S. 494–504, 498. – F. Ohmann: Die Anfänge des Postwesens und die Taxis, Leipzig 1909, S. 139–146. F・オーマンは、同じ時間証を、1500年ではなく、1506年の日付にしている。しかしこの日付の移動は本書の論拠にとっては重要でない。

28 Redlich: S. 494. 異なってはいるが、似た結果を出している計算は以下に見られる。A. Schulte: Geschichte des mittelalterlichen Handels und Verkehrs zwischen Westdeutschland und Italien, 2 Bde. Leipzig 1900, I, S. 504.

29 F. Ohmann: Die Anfänge des Postwesens und die Taxis, Leipzig 1909, S. 146.

30 H. Wiesflecker: Kaiser Maximilian I: Das Reich, Österreich und Europa an der Wende zur Neuzeit; Bd. V: Der Kaiser und seine Umwelt: Hof, Staat, Wirtschaft, Gesellschaft und Kultur. München 1986, S. 293–296 »Die kaiserliche Post«.

31 C. Schorer: Memminger Chronick, Memmingen 1660, S. 51. 宿駅の間隔の例――ブレスーケンプテン39km、ケンプテン―フュッセン38km。Ohmann: S. 144; Vgl. auch: K. Zimmermann: Vorläufer und Anfänge der Post im Koblenz-Trierer Verkehrsgebiet, in: DPG 2 (1939/40), S. 22-41, 32.

32 Ohmann: S. 103, 142–146, 171.

33 B. Faulhaber: Geschichte der Post in Frankfurt am Main, 1863, S. 17.

34 1628年に帝国郵便総裁ラモラール・フォン・タクシスがライプツィヒの郵便局長ジーバーに宛てた命令からこのことがわかる。G. Schaefer: Geschichte des Sächsischen Postwesens vom Ursprunge bis zum Übergang in die Verwaltung des Norddeutschen Bundes. Dresden 1879, S. 28. 同じ距離が以下にもある。W. Fleitmann: Postverbindungen für den Westfälischen Friedenskongreß 1643 bis 1648, in ADPG (1972) Heft 1, S. 3-48, 7f.

35 O. Redlich: Vier Post-Stundenpässe aus den Jahren 1496 bis 1500, in: MIÖG 12 (1891), S. 494–504.

36 F. Braudel: Europäische Expansion und Kapitalismus: 1450–1650, in: E. Schulin, (Hg.): Universalgeschichte. Köln 1974, S. 255–295, zitiert S. 255.

37 F. W. Henning: Spanien in der Weltwirtschaft des 16. Jahrhunderts, in: ScrM 3 (1969), S. 1–37.

38 Ebd., S. 269. – I. Wallerstein: The Modern World System. Capitalist Agriculture and the Origins of the European World-Economy in the Sixteenth Century. New York 1974.

39 R. Ehrenberg: Das Zeitalter der Fugger. Geldkapital und Creditverkehr im 16. Jahrhundert, 2 Bde. Jena 1896, I (Die Welt-Geldmächte des 16. Jahrhunderts), S. 85–270.

40 H. Kellenbenz: Die Entstehung des Postwesens in Mitteleuropa (= Gutachten des

Bundespostministeriums zum 500. Postjubiläum), in: Festschrift für Othmar Pickl zum 60. Geburtstag. Graz/Wien 1987, S. 286.

41 L. Frangioni: Organizzazione e costi del servizio postale alla fine del Trecento, in: Quaderni di Storia Postale 3 (1983), S. 21 ff., 25 ff.; E. Cecchi/L. Frangione, (Hg.): Posta e postini nella documentazione di un mercanto alla fine del Trecento. Prato 1986 (=Quaderni di Storia Postale 6 [1986]); J. Rübsam: Aus der Urzeit der modernen Post 1425–1562, in: HJb 21 (1900), S. 22–57, 41; Federigo Melis: Intensitá e regolaritá nella diffusione dell'informazione economica generale nel Mediterraneo e in Occidente alla fine del Medioevo, in: Histoire économique du monde méditerranéen, 1450–1650, Mélanges en l'honneur de Fernand Braudel. Toulouse 1973, S. 389–429.

42 J. Schüttenhelm: Der Geldumlauf im süddeutschen Raum vom Riedlinger Münzvertrag 1423 bis zur ersten Kipperzeit 1618. Stuttgart 1987, S. 532 ff.

43 A. Korzendorfer: Die ersten hundert Jahre Taxispost in Deutschland, in: APB 6 (1930), S. 38–53, 41.

44 W. *Mummenhoff:* Der Nachrichtendienst zwischen Deutschland und Italien im 16. Jahrhudert, Diss. Berlin 1911.

45 H. Wiesflecker: Kaiser Maximilian I. Das Reich, Österreich und Europa an der Wende zur Neuzeit; Bd. I: Jugend, burgundisches Erbe und Römisches Königtum bis zur Alleinherrschaft 1459–1493; Bd. V: Der Kaiser und seine Umwelt, Hof, Staat, Wirtschaft, Gesellschaft und Kultur. München 1986, S. 293–296.

46 W. Bauer: Die Taxis'sche Post und die Beförderung der Briefe Karls V. in den Jahren 1523 bis 1525, in: MIÖG 27 (1906), S. 436–459.

47 *Beust:* I, S. 95.

48 H. Schilling: Aufbruch und Krise. Deutschland 1517–1648. Berlin 1988, S. 42 f.

49 Belege und weitere Beispiele bei: Voigt II: S. 807–817, speziell S. 814.

50 Zu Beust: C. Weidlich: Geschichte der jetztlebenden Rechtsgelehrten. Merseburg 1748, I, S. 50; ADB 2 (1875), S. 587.

51 *Beust:* I, S. 44 f.

52 A. Frey-Schlesinger: Die wirtschaftliche Bedeutung der habsburgischen Post im 16. Jahrhundert, in: VSWG 15 (1919/20), S. 399–465.

53 G. Bucelinus: Germaniae topo-chrono-stemmatographicae pars quarta. Ulm 1678, S. 296; E. Flacchio: Généalogie de la trés illustre, trés ancienne et autrefois souveraine maison de la tour, 3 Bde. Brüssel 1709, I, S. 268 ff.

54 G. Figini: Una pagina in servizio della storia delle poste. Bergamo 1898, S. 5–8; J. Rübsam: Aus der Urzeit der modernen Post 1425–1562, in: HJb 21 (1900), S. 22–57, 47–50.

55 Ohmann: S. 84.

56 K. Eßlinger: Der Einfluß der Taxis auf die Postsprache, in: APT 8 (1932), S. 61; Ohmann: S. 146.

57 W. H. Mathias: Über Posten und Post-Regale mit Hinsicht auf Volksgeschichte, Statistik, Archäologie und Erdkunde, 2 Bde. Berlin u. a. 1832, I, S. 76; Ohmann: S. 107 f.

58 W. H. Mathias: Über Posten und Post-Regale mit Hinsicht auf Volksgeschichte, Statistik, Archäologie und Erdkunde, 2 Bde. Berlin u. a. 1832, I, S. 76.

59 一族はすでに当時、Dachs（アナグマ）を家紋に付けていた。

60 Ohmann: S. 89.

61 *Dallmeier I:* S. 50.

62 Ohmann: S. 93.

63 Ebd., S. 93 f.

64 Christoph Schorer: Memminger Chronick. Memmingen 1660, S. 51.
65『ラミニト年代記』(Laminit-Chronik) と『レーライン年代記』(Löhlein-Chronik) である。
66 Stadtbibliothek Memmingen, Chroniken, Inv. Nr. Folio 2.20. 最後の文は輸送のスピードに関係しているのだろう。年代記の著者は、そのスピードを疑っているのである。彼の時代には、郵便路線はすでに、メミンゲン近郊を通って先へ延びていた。
67 O. Redlich: Vier Post-Stundenpässe aus den Jahren 1496–1500, in: MIÖG 12 (1891), S. 494–504.
68 Ohmann: S. 86ff.
69 A. Korzendorfer: Ein Beitrag zur Geschichte des Postamts in Rheinhausen, in: APT 40 (1912), S. 506–507; A. Korzendorfer: Die Anfänge des Postwesens in Deutschland. Eine Zusammenfassung der bisherigen Forschungsergebnisse, in: APT 17 (1941), S. 117–127; APT 17 (1942), S. 205–211.
70 Ohmann: S. 86ff.
71 Ebd., S. 89.
72 Ebd., S. 112.
73 H. Wiesflecker: Kaiser Maximilian I: Das Reich, Österreich und Europa an der Wende zur Neuzeit; Bd. V: Der Kaiser und seine Umwelt: Hof, Staat, Wirtschaft, Gesellschaft und Kultur. München 1986, S. 293–296 »Die kaiserliche Post«; A. Wiesflecker: Die oberösterreichischen Kammerraitbücher von Innsbruck 1493–1519. Ein Beitrag zur Wirtschafts-, Finanz- und Kulturgeschichte der oberösterreichischen Ländergruppe. Graz 1987, S. 67–74.
74 A. Wiesflecker: Die oberösterreichischen Kammerraitbücher von Innsbruck 1493–1519. Ein Beitrag zur Wirtschafts-, Finanz- und Kulturgeschichte der oberösterreichischen Ländergruppe. Graz 1987, S. 79.
75 M. Dallmeier: Die Alpenrouten im Postverkehr Italiens mit dem Reich, in: U. Lindgren, (Hg.): Alpenübergänge vor 1850. Stuttgart 1987, S. 17–26, 18.
76 Ohmann, Übersichtskarte (vgl. dieses Buch S. 36); A. Wiesflecker: Die oberösterreichischen Kammerraitbücher von Innsbruck 1493–1519. Ein Beitrag zur Wirtschafts-, Finanz- und Kulturgeschichte der oberösterreichischen Ländergruppe. Graz 1987, S. 68f. und Karte Nr. 1 im Anhang.
77 Ohmann: S. 104.
78 H. Wiesflecker: Kaiser Maximilian I: Das Reich, Österreich und Europa an der Wende zur Neuzeit; Bd. V: Der Kaiser und seine Umwelt: Hof, Staat, Wirtschaft, Gesellschaft und Kultur. München 1986, S. 293–296 »Die kaiserliche Post«.
79 Ohmann: S. 96.
80 Ebd., S. 97–100.
81 A. Korzendorfer: Die Anfänge des Postwesens in Deutschland, in: APB 17 (1941), S. 117–127, 205–211, 123.
82 Ohmann: S. 100.
83 A. Wiesflecker: Die oberösterreichischen Kammerraitbücher von Innsbruck 1493–1519. Ein Beitrag zur Wirtschafts-, Finanz- und Kulturgeschichte der oberösterreichischen Ländergruppe. Graz 1987, S. 69.
84 Ohmann: S. 178. フランツ・フォン・タクシスは、唯一1513年にのみ、皇帝マクシミリアンがさらに負債を支払わないなら、郵便を差し止めると脅迫している。vgl.: J. Rübsam: Postgeschichtliches aus der Zeit Kaiser Maximilians I., in: APT 23 (1925), S. 46–56.
85 Ohmann: S. 101.
86 Ebd., S. 166.
87 Ebd., S. 114f., 177.

88 B. Maier: Die kulturellen und wirtschaftlichen Voraussetzungen für die Einbeziehung des privaten Briefverkehrs in die taxissche Post, in: DPG 4 (1943), S. 96–100.
89 Weitere Beispiele bei: K. Zimmermann: Vorläufer und Anfänge der Post im Koblenz-Trierer Verkehrsgebiet, in: DPG 2 (1939/40), S. 22–41, 34f.
90 J. Rübsam: François de Taxis, le créateur de la poste moderne, et son neveu Jean-Babtiste de Taxis, in: UP 17 (1892), S. 125–131, 141–149, 157–162; J. Rübsam: Franz von Taxis, in: ADB 37, S. 488ff.; W. Ortmann: Franz von Taxis, in: APF 1 (1949), S. 52–55.
91 *Dallmeier II:* 3, Regest 1. 通貨の換算は以下による。Ohmann: S. 167.
92 Ohmann: S. 169f.
93 Ebd., S. 182.
94 W. Bauer: Die Taxis'sche Post und die Beförderung der Briefe Karls V. in den Jahren 1523 bis 1525, in: MIÖG 27 (1906), 436–459.
95 FZA Posturkunden Nr. 1. – Abgedruckt bei: Rübsam, S. 188–197 (Original und deutsche Übersetzung); J. P. Reis: Histoire des Postes, des Télégraphes et des Téléphones du Grand-duché de Luxembourg, o. O. 1897, S. 559–560; *Dallmeier II:* 3–4, Regest 2.
96 P. Fischer: Historical Aspects of International Concession Agreements, in: Grotian Society Papers. Studies in the History of the Law of Nations (1972), S. 222–261, 233ff.
97 Ebd., S. 237.
98 Ebd., S. 239ff.
99 H. van der Wee: Anvers et les innovations de la technique financière aux XVIe et XVIIe siècles, in: AESC 22 (1967), S. 1067–1089; Ders.: The Growth of the Antwerp Market and the European Economy (14.–16. Jahrhundert), 2 Bde. Paris/Löwen/Den Haag 1963.
100 M. Dallmeier: Die Alpenrouten im Postverkehr Italiens mit dem Reich, in: U. Lindgren, (Hg.): Alpenübergänge vor 1850, Stuttgart 1987, S. 17–26.
101 I. Wallerstein: The Modern World System. Capitalist Agriculture and the Origins of the European World Economy in the Sixteenth Century. New York 1974.
102 H. van der Wee: The Growth of the Antwerp Market and the European Economy, 2 Bde. Paris/Löwen/Den Haag 1963.
103 H. Wiesflecker: Kaiser Maximilian I: Das Reich, Österreich und Europa an der Wende zur Neuzeit; Bd. V: Der Kaiser und seine Umwelt: Hof, Staat, Wirtschaft, Gesellschaft und Kultur. München 1986, S. 293–296 »Die kaiserliche Post«.
104 A. Korzendorfer: Ein Beitrag zur Geschichte des Postamts in Rheinhausen, in: APT 40 (1912), S. 506–507; R. Freytag: Zur Geschichte der Poststrecke Rheinhausen–Brüssel, in: APT 49 (1921), S. 289–295; K. Zimmermann: Vorläufer und Anfänge der Post im Koblenz-Trierer Verkehrsgebiet, in: DPG 2 (1939/40), S. 22–41.
105 K. Köhler: Entstehung und Entwicklung der Maximilianischen, spanisch-niederländischen und kaiserlich taxisschen Posten, der Postkurse und Poststellen in der Grafschaft, im Herzogtum und Kurfürstentum Württemberg, in: Württembergische Jahrbücher für Statistik und Landeskunde 12 (1932/33), S. 93–130.
106 G. Da l'Herba: Itinerario delle Poste per diverse parti del Mondo; H. Wolpert: Das Reisehandbuch von Giovanni Da l'Herba in seinen verschiedenen Ausgaben 1563–1674, in: DPG 2 (1939/40), S. 141–146, 261–262. – Wolpert zählt 16 Auflagen, von denen die meisten in Rom und Venedig verlegt worden sind.
107 W. Mummenhoff: Die ältesten Poststraßen zwischen Rom und Deutschland und ihre Stationen, in: Archiv für Urkundenforschung 4 (1912), S. 225–254.

108 W. *Mummenhoff:* Der Nachrichtendienst zwischen Deutschland und Italien im 16. Jahrhundert, Diss. Berlin 1911.
109 *Dallmeier I:* S. 52.
110 J. Rübsam: François de Taxis, le créateur de la poste moderne, et son neveu Jean-Babtiste de Taxis, in: UP 17 (1892), S. 129; Le Glay: Correspondance de l'empereur Maximilien Ier et de Marguerite d'Autriche, 2 Bde., I, S. 134; II, S. 17, 173, 186, 299; Anales de las Ordenanzas de correos de España, Tomo I (1283–1819), Madrid 1879, 1.
111 Ohmann: S. 177.
112 Ebd., S. 177.
113 FZA Posturkunden Nr. 2. – Abgedruckt bei: Rübsam, S. 215–227; J. P. Reis: Histoire des Postes, des Télégraphes et des Téléphones du Grand-duché de Luxembourg, o. O. 1897, S. 560–562; *Dallmeier II:* S. 4–5, Regest 3.
114 Das kaiserliche Postamt zu Mailand in der ersten Hälfte des 16. Jahrhunderts unter Simon von Taxis, in: APT 29 (1901), S. 443–453, 445.
115 *Rübsam:* S. 210.
116 *Dallmeier II:* S. 5–10 (Regesten 4–9); S. 13f. (Regest 20); S. 20 (Regest 37).
117 Richard Ehrenberg: Das Zeitalter der Fugger, 2 Bde. Jena 1896, II (Die Weltbörsen und Finanzkrisen des 16. Jahrhunderts), S. 50.
118 FZA Posturkunden Nr. 7 – *Dallmeier II:* S. 9f. (Regest 11).
119 FZA Posturkunden Nr. 32 – *Dallmeier II:* S. 21 (Regest 41).
120 J. Wauters: Les Postes en Belgique avant la Révolution française. Paris/Brüssel 1874, S. 9f.
121 *Dallmeier I:* S. 54.
122 G. Schmoller: Die geschichtliche Entwickelung der Unternehmung, in: Jahrbuch für Gesetzgebung, Verwaltung und Volkswirtschaft im Deutschen Reich, 1893; Richard Ehrenberg: Das Zeitalter der Fugger, 2 Bde. Jena 1896, I, S. 380–385; J. Strieder: Studien zur Geschichte kapitalistischer Organisationsformen. München/Leipzig 1930, S. 324–343; C. Bauer: Unternehmungen und Unternehmensform im Spätmittelalter und der beginnenden Neuzeit. München/Jena 1936, S. 1–6.
123 W. von Stromer: Organisation und Struktur deutscher Unternehmen in der Zeit bis zum Dreißigjährigen Krieg, in: Tradition 13 (1968), S. 29–37, insbesondere S. 32ff.
124 R. Ehrenberg: Das Zeitalter der Fugger, 2 Bde. Jena 1896, I, S. 383.
125 G. Schmoller: Die geschichtliche Entwickelung der Unternehmung, in: Jahrbuch für Gesetzgebung, Verwaltung und Volkswirtschaft im Deutschen Reich, (1893), S. 389.
126 R. Ehrenberg: Das Zeitalter der Fugger, 2 Bde., Jena 1896, I, S. 384.
127 *Dallmeier I:* S. 56.
128 *Beust.*
129 Anales de las Ordenanzas de correos de España, I, Madrid 1879, 1. – Deyl: Geschichtliches über die spanische Post, in: APT 10 (1882), S. 353–371.
130 Anales de las Ordenanzas de correos de España, I, Madrid 1879, S. 9ff.; *Rübsam:* S. 11. – *Schwennicke:* Tafel 127.
131 *Rübsam:* S. 17f. – *Schwennicke:* Tafel 128.
132 H. van der Wee: The Growth of the Antwerp Market and the European Economy (14.–16. Centuries), 2 Bde. Paris/et al., 1963; Ders.: Anvers et les innovations financières aux XVIe et XVIIe siècles, in: AESC 22 (1967), S. 1067–1089.

133 Pelgerin de Tassis, Neue zeyttung von Rom, (Augsburg) 1527. – A. Dresler: Die »Neue zeyttung« des Postmeisters Pelgerin de Tassis aus Rom von 1527, in: APB 9 (1955–1957), S. 29.
134 G. Figini: Una pagina in servizio della storia delle poste. Bergamo 1898.
135 *Rübsam:* S. 17f. – *Schwennicke:* Tafel 125.
136 Das Kaiserliche Postamt zu Mailand in der ersten Hälfte des 16. Jahrhunderts unter Simon von Taxis, in: APT 29 (1901), S. 443–454, dort eine Übersetzung der Postordnung von 1546, S. 447–451.
137 *Rübsam:* S. 13–18; Ohmann: S. 243; *Schwennicke:* Tafel 125.
138 *Schwennicke:* Tafel 126.
139 *Rübsam:* S. 198f.; *Schwennicke:* Tafel 128.
140 Ohmann: S. 225.
141 Ebd., S. 233.
142 Ebd., S. 201.
143 Ebd., S. 198.
144 Ebd., S. 197.
145 L. v. Taxis-Bordogna/E. Riedel: Zur Geschichte der Freiherren und Grafen Taxis-Bordogna-Valnigra und ihrer Obrist-Erbpostämter zu Bozen, Trient und an der Etsch. Innsbruck 1955, S. 35f.
146 Ohmann: S. 191.
147 Ebd., S. 244.
148 J. Rübsam: Innozenz von Taxis, in: ADB 37 (1894), S. 495–496; R. Freytag: Die Taxis in Füssen. Ein Beitrag zur Familien- und Postgeschichte des 16. Jahrhunderts, in: APT 50 (1922), S. 1–18. – *Schwennicke:* Tafel 121.
149 Kränzler: Die Augsburger Botenanstalt, in: APT 4 (1876), S. 658–662; O. Lankes: Die Geschichte der Post in Augsburg von ihren Anfängen bis zum Jahre 1808, Diss. TU München 1914, S. 11–16.
150 Ohmann: S. 149, nach: LRA Innsbruck, Statthaltereiarchiv Max I, S. 44.
151 J. Rübsam: Notice historique sur le service des postes d'Augsbourg de 1515 à 1627, in: UP 28 (1903), S. 183–193.
152 J. Rübsam: Anton von Taxis, in: ADB 37 (1894), S. 482; Ders.: Seraphin von Taxis, in: ADB 37 (1894), S. 521f.; O. Lankes: Die Geschichte der Post in Augsburg von ihren Anfängen bis zum Jahre 1808, Diss. TU München 1914.
153 P. von Stetten: Geschichte der Heil. Röm. Reichs Freyen Stadt Augspurg, Bd. I. Augsburg/Leipzig 1743, S. 448.
154 J. Rübsam: Notice historique sur le service des postes d'Augsbourg de 1515 à 1627, in: UP 28 (1903), S. 183–193; O. Lankes: Die Geschichte der Post in Augsburg von ihren Anfängen bis zum Jahre 1808, Diss. TU München 1914, S. 33–36.
155 O. Lankes: Die Geschichte der Post in Augsburg von ihren Anfängen bis zum Jahre 1808, Diss. TU München 1914, S. 37–44.
156 L. Petry, (Hg.): Handbuch der historischen Stätten Deutschlands, V. Stuttgart 1959, S. 311–319.
157 *Beust I:* S. 122.
158 Ohmann: S. 107ff.
159 M. Dallmeier: Reichsstadt und Reichspost, in: Reichsstädte in Franken, München 1987, S. 56–69.
160 J. Rübsam: Un traité postal de 1517, in: UP 22 (1897), S. 112–119; Anales de los ordenanzas de correos de España, Tomo 1, (1283–1819), Madrid 1879, I, S. 1–3.
161 B. Maier: Die kulturellen und wirtschaftlichen Voraussetzungen für die Einbeziehung des privaten Briefverkehrs in die taxissche Post, in: DPG 4 (1943), S. 96–100, 99.

162 *Dallmeier I:* S. 53; Regest 11.
163 G. *Steinhausen:* Geschichte des deutschen Briefes. Zur Kulturgeschichte des deutschen Volkes, 2 Bde. Berlin 1889/1891, I, S. 162ff.
164 J. Rübsam: Ordonnance de l'Empereur Charles V. pour le maintien du monopole postal, de l'année 1545, in: L'Union Postal 19 (1894), S. 185–190, zitiert S. 189.
165 W. Bauer: Die Taxis'sche Post und die Beförderung der Briefe Karls V. in den Jahren 1523 bis 1525, in: MIÖG 27 (1906), S. 436–459.
166 1543年には、カンシュタットの宿駅長が書信を8日間差し止めたと言われている。vgl.: Baumgarten, (Hg.): Sleidans Briefwechsel, S. 188, 233, nach: *Steinhausen I:* S. 1–35. タクシス郵便は、食肉業飛脚や市飛脚などより確実で迅速だとみなされていた。
167 M. Lossen: Briefe von Andreas Masius und seinen Freunden, 1538–1573. Leipzig 1886, S. 35ff., 39, 41, 83ff., 141, 223, 256f. 郵便がないと、非常に残念がられた。Ebd.: S. 109, 113.
168 *Mummenhoff:* S. 22–30.
169 J. J. Moser: Teutsches Staatsrecht, V, S. 259.
170 W. Hirtsiefer: Seit wann hat die Taxissche Post Gebühren für Briefe erhoben?, in: DPG 1 (1937/38), S. 282–283.
171 FZA, Posturkunden Nr. 29; *Dallmeier I:* S. 61 f.; *Dallmeier II:* Regest Nr. 43, S. 23.
172 G. Sautter: Auffindung einer großen Anzahl verschlossener Briefe aus dem Jahr 1585, in: APT 37 (1909), S. 97–115.
173 Ebd., S. 114.
174 L. *Kalmus:* Weltgeschichte der Post. Wien 1937, S. 113.
175 Abdruck bei: J. C. Lünig, Das Teutsche Reichs-Archiv, I, Leipzig 1710, S. 441 f.
176 *Dallmeier I:* S. 57.
177 W. Münzberg: Stationskatalog der Thurn und Taxis-Post. Kallmünz 1967, XII.
178 FZA, Posturkunden Nr. 30; *Dallmeier I:* S. 57; *Dallmeier II:* Regest Nr. 37, S. 20.
179 FZA, Posturkunden Nr. 32; *Dallmeier II:* Regest Nr. 41, S. 21.
180 H. J. Altmannsberger: Die rechtlichen Gesichtspunkte des Streites um das Postregal in den Schriften des 17. und 18. Jahrhunderts. Frankfurt/M. 1954, S. 98f. この鑑定は以下においてのみ伝えられている。C. Klock: Tractatus Nomico-Politicus de contributionibus. Bremen 1634.
181 L. von Hörnigk: De regali postarum jure, 1648, cap. XV, th. II; J. J. Moser: Teutsches Staatsrecht, V, Lib. II, cap. 78, Paragraph 180.
182 K. Schwarz: Die Entstehung der deutschen Post. Berlin 1931, S. 32.
183 J. Brunner: Das Postwesen in Bayern in seiner geschichtlichen Entwicklung von den Anfängen bis zur Gegenwart. München 1900, S. 24–31. 1556年—1579年、その補助金は32,353グルデンだった。
184 *Voigt II:* S. 841.
185 F.-J. Hagemeyer: Die Entwicklung des Postwesens in Süddeutschland von den Anfängen bis an die Schwelle des 19. Jahrhunderts, DA masch. Köln 1960, S. 45–47.
186 R. Ehrenberg: Das Zeitalter der Fugger, 2 Bde. Jena 1896, II, S. 153–169.
187 *Kalmus:* S. 106; *Dallmeier I:* S. 61.
188 J. Rübsam: Zur Geschichte des internationalen Postwesens im 16. und 17. Jahrhundert, in: HJb 13 (1892), S. 15–79, 26f.
189 *Kalmus:* S. 106.
190 Ebd., S. 106.
191 Ebd., S. 107.
192 *Dallmeier I:* S. 62.
193 R. Ehrenberg: Das Zeitalter der Fugger, 2 Bde. Jena 1896, II (Die Weltbörsen und

Finanzkrisen des 16. Jahrhunderts), S. 205–221. – FZA, Postakten Nr. 814; *Dallmeier I:* S. 61 f.; *Dallmeier II:* Regest Nr. 45–48, S. 24.

194 1クローネ＝1グルデンと36クロイツェル。

195 *Kalmus:* S. 114.

196 Ebd., S. 113.

197 E. *Goller:* Jacob Henot, Postmeister von Cöln. Ein Beitrag zur Geschichte der sogenannten Postreformation um die Wende des 16. Jahrhunderts. Bonn 1910, S. 23–28.

198 R. Freytag: Zur Geschichte der Poststrecke Rheinhausen–Brüssel, in: APT 49 (1921), S. 289–295.

199 *Kalmus:* S. 114, nach: HHStA Wien, Reichshofrat, antiqua, F. 618, I.

200 HHStA Wien, Bestand »Postarum reformatio«, Postwesen antiqua S. 618–620.

201 *Kalmus:* S. 111.

202 Ebd., S. 128, nach: HHStA Wien, Reichshofrat, Antiqua F. 618, II.

203 F.-J. Hagemeyer: Die Entwicklung des Postwesens in Süddeutschland von den Anfängen bis an die Schwelle des 19. Jahrhunderts, DA masch. Köln 1960, S. 50f.

204 *Kalmus:* S. 118–122.

205 Ebd., S. 119.

206 Ebd., S. 116, nach: HHStA Wien, Reichshofrat, Antiqua F. 618, I.

207 *Dallmeier I:* S. 62 f.; *Dallmeier II:* Regest Nr. 49, S. 25.

208 *Dallmeier I:* S. 62 f.; *Dallmeier II:* Regest Nr. 51, S. 25.

209 *Kalmus:* S. 117.

210 Vgl. generell: A. Dünnewald: Zur Entwicklungsgeschichte des Postregals. Münster 1920.

211 信書の秘密の侵害は、1532年のチロルの領邦法によって初めて罰せられた。Vgl. W. Eberhardt: Ursprung und Entwicklung des Brief- und Postgeheimnisses im weiteren Sinne. Frankfurt/M. 1930, S. 12ff.

212 *Kalmus:* S. 121.

213 Ebd., S. 121; nach: HHStA Wien, Reichshofrat Antiqua, Faszikel 618,1.

214 K. Köhler: Entstehung und Entwicklung der Maximilianischen, spanisch-niederländischen und kaiserlich taxisschen Posten, der Postkurse und Poststellen in der Grafschaft, im Herzogtum und Kurfürstentum Württemberg, in: Württembergische Jahrbücher für Statistik und Landeskunde 12 (1932/33), S. 93–130, 106.

215 R. Freytag: Die Taxis in Füssen. Ein Beitrag zur Familien- und Postgeschichte des 16. Jahrhunderts, in: APT 50 (1922), S. 1–18, 16ff.

216 *Goller:* S. 35ff., nach: HHStA Wien, Reichshofrat, Akten Henot contra Taxis, II, F. 745.

217 *Kalmus:* S. 125f., nach: HHStA Wien, Reichshofrat, Antiqua F. 618, II, Vergleich vom 2. März 1580.

218 FZA, Postakten 814, Brief vom 28. Dezember 1584 (stilo antiqua).

219 FZA, Postakten 814, Urkunde vom 25. April 1584.

220 W. Brulez: Anvers de 1585 à 1650, in: VSWG 54 (1967), S. 75–99.

221 *Kalmus:* S. 137.

222 FZA, Postakten 814.

223 *Goller:* S. 84, nach: HHStA Wien, Postarum reformatio IV (Bericht zum Jahresende 1587).

224 Ebd., S. 37, nach: HHStA Wien, Reichshofrat, Akten Henot contra Taxis, II, F. 747.

225 *Goller:* S. 43.

226 FZA, Postakten 4363. Übereinkünfte Henots mit den Posthaltern zwischen Augsburg und Trient.

227 *Dallmeier I:* S. 64; *Dallmeier II:* Regest Nr. 56–60, S. 27ff.
228 *Kalmus:* S. 137.
229 *Goller:* S. 105, nach: HHStA Wien, Postarum reformatio IV (Brief Henots an den Kaiser vom 22. März 1587).
230 *Goller:* S. 103ff., nach: HHStA Wien, Postarum reformatio IV.
231 *Goller:* S. 105.
232 Ebd., S. 106f.
233 K. Köhler: Entstehung und Entwicklung der Maximilianischen, spanisch-niederländischen und kaiserlich taxisschen Posten, der Postkurse und Poststellen in der Grafschaft, im Herzogtum und Kürfürstentum Württemberg, in: Württembergische Jahrbücher für Statistik und Landeskunde 12 (1932/33), S. 93–130, 104f.
234 *Dallmeier I:* S. 63ff.
235 G. Sautter: Auffindung einer großen Anzahl verschlossener Briefe aus dem Jahr 1585, in: APT 37 (1909), S. 97–115.
236 Ebd.
237 *Goller:* S. 140.
238 FZA, Postakten 814, S. 302ff.
239 Urkunde mit Siegel, manupropria, in: FZA Postakten 814, fol. 185–200; *Dallmeier I:* S. 65; *Dallmeier II:* Regest Nr. 81–85, S. 38–40.
240 *Beust I:* S. 111.
241 FZA Postakten 814, fol. 301–304.
242 FZA Postakten 814. 1595 年 12 月、1597 年 4 月の領収書。
243 FZA Postakten 814. 1596 年 1 月 20 日付の書簡。そこではヤーコプ・ヘノートが郵便路線を復旧した功績が強調されている。
244 *Goller:* S. 117ff. 事実、フッガー家が再度、郵便の資金調達を強力に支援した。FZA, Postakten 814. 1601 年／1602 年のゲオルク・ルードヴィヒ・フッガーによるドイツの宿駅長たちへの四季大斎日報酬の支払い。
245 *Goller:* S. 123f.
246 *Dallmeier II:* S. 58–60, nach: FZA, Posturkunden Nr. 48. – Druck bei: C. Turrianus: Glorwürdiger Adler, 1694, S. 80–82; J. J. Moser: Teutsches Staatsrecht, V. Frankfurt/Leipzig 1752, S. 29–33.
247 *Goller:* S. 132.
248 *Voigt:* II/2, S. 851.
249 *Goller:* S. 121.
250 J. J. Moser: Teutsches Staats-Recht, Fünfter Teil. Leipzig/Ebersdorf 1742, S. 23.
251 Münzberg: S. XII.
252 それゆえ今日、郵便文書の多くが以下にある。HHStA Wien, Mainzer Erzkanzlerarchiv.

第 2 章

1 J. J. Moser: Teutsches Staatsrecht, Fünfter Teil. Leipzig/Ebersdorff 1742, S. 262.
2 *Dallmeier II:* S. 58–60, nach: FZA, Posturkunden Nr. 48. – Druck bei: C. Turrianus: Glorwürdiger Adler, 1694, S. 80–82. – J. J. Moser: Teutsches Staatsrecht, V. Frankfurt/Leipzig 1752, S. 29–33.
3 R. van Dülmen: Entstehung des frühneuzeitlichen Europa 1550–1648 (= Fischer Weltgeschichte 24). Frankfurt/Main 1982, S. 67f.
4 W. Schulze: Deutsche Geschichte im 16. Jahrhundert. Frankfurt/Main 1987, S. 232–244.

5 L. Kalmus: Der Briefwechsel zwischen Lamoral von Taxis und Erzkanzler Johann Schweikhardt (1612–1623), in: APB 4 (1934–36), S. 177–185.
6 R. Staudenraus: Die Anfänge der Post in Nürnberg und die Geschichte der Nürnberger Posthäuser, in: APB 7 (1931), S. 52–74.
7 L. Kalmus: Der Briefwechsel zwischen Lamoral von Taxis und Erzkanzler Johann Schweikhardt (1612–1623), in: APB 8 (1934–36), S. 177–185.
8 G. Schaefer: Geschichte des Sächsischen Postwesens vom Ursprunge bis zum Übergang in die Verwaltung des Norddeutschen Bundes. Dresden 1879, S. 24ff.
9 J. von den Birghden: Bericht von der ehemaligen Beschaffenheit des Post-Wesens im heiligen Römischen Reich, in: *Beust II:* S. 567–589. – K. H. Kremer: Johann von den Birghden (1582–1645), des deutschen Kaisers und des schwedischen Königs Postmeister zu Frankfurt am Main, in: ADPG (1984), Heft 1, S. 7–43.
10 L. Kalmus: Der Briefwechsel zwischen Lamoral von Taxis und Erzkanzler Johann Schweikhardt (1612–1623), in: APB 4 (1934–36), S. 177–185.
11 Ebd.
12 Ebd.
13 Ebd.
14 J. Rübsam: Une instruction pour le bureau des postes impérial de Cologne de l'année 1604, in: UP 28 (1903), S. 1–5.
15 フランクフルトの郵便局長フォン・デン・ビルグデンが初めて、郵便送り状の所定書式を調達したとみなされている。
16 1オンスは約30グラムないし4枚の紙に相当する。—連邦郵便は今日、「定形郵便」を20グラムとしている。Vgl. J. Rübsam: Postavisi und Postconti aus den Jahren 1599 bis 1624, in: Deutsche Geschichtsblätter 7 (1906), S. 8-19.
17 Die Jahre 1608 und 1609 in: FZA, HFS 117. Das Jahr 1610 in: FZA, HFS 118. この史料の存在を知らせてくれたマルティン・ダルマイアー博士に感謝する。
18 この他に、ヴェネチアからウィーンを経由してプラハへ通じるオーストリア宮廷郵便路線、そして「アウクスブルク・ヴェネチア飛脚」があったが、この飛脚には「宿駅で馬を交換すること」が禁じられていた。
19 FZA, HFS 117 und 118.
20 J. Rübsam: Postavisi und Postconti aus den Jahren 1599 bis 1624, in: Deutsche Geschichtsblätter 7 (1906), S. 8–19. (Die Soldi-Beträge wurden jeweils zu Lire auf- oder abgerundet).
21 Ebd. – Das Original in FZA, HFS 117.
22 FZA, Postakten 5403.
23 *Dallmeier I:* S. 70.
24 1611年5月26日から1612年9月19日までである。E. Effenberger: Geschichte der österreichischen Post. Nach amtlichen Quellen verfaßt. Wien 1913, S. 28.
25 *Dallmeier I:* S. 71 f.
26 *Goller:* S. 151, nach: HHStA Wien, Reichshofrat Akten, Henot contra Taxis, II, F. S. 90.
27 *Goller:* S. 151 f.
28 *Rübsam; Piendl:* S. 21
29 *Dallmeier I: S.* 72.
30 Kelchner: Johann von den Birghden, in: ADB 2 (1875), S. 658–660; H. Herzog: Postmeister von den Birghden. Ein Lebensbild aus der Zeit des Dreißigjährigen Krieges, in: APT 46 (1918), S. 9–22.
31 K. H. Kremer: Johann von den Birghden (1582–1645), des deutschen Kaisers und des schwedischen Königs Postmeister zu Frankfurt am Main, in: ADPG (1984), Heft 1, S. 7–43.

32 Ebd.

33 J. von den Birghden: Bericht (...), wie es vor diesem bey dem kayserlichen Post-Wesen im heyl. Röm. Reich hergangen, in: *Beust* II: S. 567–589 (verfaßt um 1630).

34 K. H. Kremer: Johann von den Birghden (1582–1645), des deutschen Kaisers und des schwedischen Königs Postmeister zu Frankfurt am Main, in: ADPG (1984), Heft 1, S. 7–43, S. 41.

35 J. von den Birghden: Bericht von der ehemaligen Beschaffenheit des Post-Wesens im heiligen Römischen Reich, in: *Beust:* II, S. 585.

36 Ebd.

37 A.Korzendorfer: Alexandrine von Taxis, Generalpostmeisterin des Deutschen Reiches während des Dreißigjährigen Krieges, in: Deutsche Verkehrs-Zeitung 58 (1974), S. 638–639.

38 J. Brunner: Die Poststraße von Augsburg bis zum Böhmerwald, in: APB 14 (1938), S. 135–150.

39 J. Rübsam: Un service privilégié des postes et des estafettes des Pays-Bas pour Londres de l'année 1633, in: UP 27 (1902), S. 193–198.

40 *Kalmus:* S. 237.

41 *Dallmeier I:* S. 75 ff.

42 W. Fleitmann: Postverbindungen für den Westfälischen Friedenskongreß 1643 bis 1648, in: ADPG (1972), Heft 1, S. 3–48, S. 13–22; E. Müller: Der Postdienst in Münster während der Westfälischen Friedenstagung, in: APT 47 (1919), S. 144–156.

43 W. Fleitmann: Postverbindungen für den Westfälischen Friedenskongreß 1643 bis 1648, in: ADPG (1972), Heft 1, S. 3–48, S. 44.

44 Ebd., S. 9.

45 Ebd., S. 10.

46 Ebd., S. 11 f.

47 E. Müller: Caspar Arninck, Thurn-und-Taxisscher Postmeister in Münster 1643–1662, in: (Westfälische) Zeitschrift für vaterländische Geschichte und Altertumskunde 86 (1929), S. 219–234.

48 W. Fleitmann: Postverbindungen für den Westfälischen Friedenskongreß 1643 bis 1648, in: ADPG (1972), Heft 1, S. 3–48, S. 9.

49 H. Hübner: Zur Geschichte der Portofreiheit, einer die deutsche Post jahrhundertelang bedrückenden betriebsfremden Last, in: ADPG (1961, 1. Heft), S. 28–33.

50 W. Fleitmann: Postverbindungen für den Westfälischen Friedenskongreß 1643 bis 1648, in: ADPG (1972), Heft 1, S. 3–48, S. 27.

51 Münzberg (1967): S. 167.

52 FZA, Postakten 3776.

53 H. Herzog: Die deutschen Lehenposten des 17. bis 19. Jahrhunderts, in: APT 35 (1907), S. 433–442, S. 435.

54 *Kalmus:* S. 244.

55 Ebd., S. 240 ff., nach: HHStA Wien, Reichshofrat Antiqua, Nr. 620.

56 *Kalmus:* S. 241, nach: HHStA Wien, Mainzer Erzkanzlerarchiv, Postalia 4. – Denkschrift vom 17. 1. 1637 (abgedruckt bei: Lünig, Reichsarchiv, I, S. 456 f.); Kaiserliches Schreiben an den Erzkanzler vom 12. 8. 1637 (abgedruckt bei Lünig, Reichsarchiv, I, S. 457 ff.).

57 W. Fleitmann: Postverbindungen für den westfälischen Friedenskongreß 1643 bis 1648, in: ADPG (1972), S. 3–48.

58 H. J. Altmannsberger: Die rechtliche Gesichtspunkte des Streites um das Postregal in den Schriften des 17. und 18. Jahrhunderts, Diss. Frankfurt/Main 1954, S. 88–92.

59 H. von Stephan: Geschichte der preußischen Post. Neu bearbeitet und fortgeführt bis 1868 von K. Sautter. Berlin 1928.
60 G. Schaefer, Geschichte des Sächsischen Postwesens vom Ursprunge bis zum Übergang in die Verwaltung des Norddeutschen Bundes. Dresden 1879.
61 *Dallmeier I:* S. 93f.
62 G. Schaefer: Geschichte des Sächsischen Postwesens vom Ursprunge bis zum Übergang in die Verwaltung des Norddeutschen Bundes. Dresden 1879, S. 34f.
63 H. von Stephan: Geschichte der preußischen Post. Neu bearbeitet und fortgeführt bis 1868 von K. Sautter. Berlin 1928, S. 43–47.
64 Ebd.
65 Ebd., S. 48.
66 Ebd., S. 49.
67 *Dallmeier I:* S. 95.
68 *Kalmus:* S. 281, nach: HHStA Wien, Reichshofrat Antiqua 640.
69 Ebd., S. 282–291.
70 G. Herrmann: Der Streit der Thurn und Taxisschen Reichspost und der reichsstädtischen ›Post‹ um das Postregal im 16. und 17. Jahrhundert. Diss. Erlangen 1958.
71 E. Effenberger: Geschichte der österreichischen Post. Wien 1913.
72 H. von Stephan: Geschichte der preußischen Post. Neu bearbeitet und fortgeführt bis 1868 von K. Sautter. Berlin 1928; R. Zillmer: Die Verteidigung des preußischen Postregals gegen das Haus Thurn und Taxis im Siebenjährigen Krieg, in: ADPG (1965, Heft 2), S. 43–52.
73 H. Haass: Das hessische Postwesen bis zum Anfang des 18. Jahrhunderts. Marburg 1910.
74 K. Greiner: Württemberg und Thurn und Taxis im Kampf um das Postregal, in: ADPG (1959, 2. Heft), S. 40–54; (1960, 1. Heft), S. 39–59.
75 O. Grosse: Das Postwesen in der Kurpfalz im 17. und 18. Jahrhundert. Tübingen/Leipzig 1902; G. Weiß: Der Kampf der Taxisschen Post um ihre Monopolstellung in der Kurpfalz, in: APG 1 (1925), S. 31–35.
76 Postunterhandlungen zwischen Kursachsen und dem Hause Thurn und Taxis ausgangs des 17. Jahrhunderts, in: APT 20 (1892), S. 590–600.
77 H.-W. Waitz: Die Entwicklung des Begriffs der Regalien unter Berücksichtigung des Postregals vom Ende des 16. bis zur ersten Hälfte des 19. Jahrhunderts, Diss. Frankfurt 1939.
78 H. Bocer: Disputatio de regalibus. Tübingen 1599, th. 54; vgl. H. J. Altmannsberger: Die rechtlichen Gesichtspunkte des Streites um das Postregal in den Schriften des 17. und 18. Jahrhunderts, Diss. Frankfurt/Main 1954, S. 25f., S. 46f.
79 A. Clapmar: De arcanis publicarum libri sex. Bremen 1605, S. 44–55, »Ius instituendi cursus publicos«, S. 106, »Ne quis publicas postas instituat«.
80 A. Schmidt: Streitigkeiten zwischen der Taxis'schen Postverwaltung und der Landes-Postverwaltung von Hessen-Kassel im 18. Jahrhundert, in: APT 18 (1890), S. 325–333.
81 L. von Hörnigk: Tractatus de regali postarum jure. Wien 1648; frühere Ausgaben aus den Jahren 1638 und 1639 werden erwähnt bei: *Wolpert I:* S. 465–586.
82 Teichmann: Ludwig von Hörnigk, in: ADB 13 (1881), S. 157.
83 FZA, Postakten 983.
84 L. von Hoernigk: Tractatus politico-historico-juridico-aulici de regali postarum jure. Frankfurt/Main 1663, cap. I., th. iv: »Statibus imperii mea opinione nullum jus sit in impedimentum Caesareum Postarum cursum hunc vel illum instituere«.

85 E. Ackold (= Andreas Ockel): Gründlicher Unterricht von dem aus Landes-Fürstlicher Hoheit herspringenden Post-Regal derer Chur- und Fürsten des H(eiligen) R(ömischen) R(eichs), kürtzlich fürgestellet, und Herrn Ludolff von Hörnicks irrigen Meinungen entgegengesetzet. Halle 1685; vgl. *Wolpert I:* S. 484.
86 H. J. Altmannsberger: Die rechtliche Gesichtspunkte des Streites um das Postregal in den Schriften des 17. und 18. Jahrhunderts, Diss. Frankfurt/Main 1954, S. 64.
87 C. Turrianus: Glorwürdiger Adler, das ist gründliche Vorstell- und Unterscheidung der kaiserlichen Reservaten und Hoheiten von der reichsständischen landesfürstlichen Obrigkeit, o. O. 1694; vgl. *Wolpert I:* S. 486f. 著者はヒルデスハイムの学者ショッペと称した。Vgl. H. J. Altmannsberger: Die rechtliche Geschichtspunkte des Streites um das Postregal in den Schriften des 17. und 18. Jahrhunderts, Diss. Frankfurt/M 1954, S. 19.
88 Turrianus: S. 13 (= cap. 1, Paragraph 3).
89 Ebd., S. 25.
90 FZA, Postakten 998. この史料の中には、52の博士号請求論文の題目を記した1785年のリストがある。
91 H. Grotius: De jure belli ac pacis libri tres. Amsterdam 1623, Lib. I, cap. III, Paragraph 21, zitiert bei Ockel (wie Anm. 85), Lib. I, cap. II; Veit Ludwig von Seckendorff: Teutscher Fürsten-Stat, Frankfurt/Main 1656, P. II, cap. 2.
92 J. E. von *Beust:* Versuch einer ausführlichen Erklärung des Post-Regals. Jena 1746/47.
93 A. Faber: Neue Europäische Staatscanzley. Erster Teil. Frankfurt/Leipzig 1761, S. 120–163, S. 157.
94 J. J. Moser: Teutsches Staats-Recht. Fünfter Teil. Leipzig/Ebersdorf 1742, S. 1–272 (= 78. Kapitel: »Von denen Rechten und Pflichten des Kaysers in Post-Sachen in denen Landen derer Reichs-Stände und anderer Unterthanen«), S. 257f. – Zu Moser: Hermann Schulze, Johann Jacob Moser, in: ADB 22 (1885), S. 372–382.
95 J. S. Pütter: Beyträge zum Teutschen Staats- und Fürstenrechte. Göttingen 1777, S. 197f. – Zu Pütter: F. Frensdorff, in: ADB 26 (1888), S. 749–777.
96 J. J. Moser: Teutsches Staats-Recht. Fünfter Teil. Leipzig/Ebersdorf 1742, S. 272.
97 J. Rübsam: Un traité postal international de l'année 1660, in: UP 20 (1895), S. 146–156.
98 *Dallmeier I:* S. 121–123; *Dallmeier II:* S. 203–205.
99 J. Rübsam, Eine Statistik des englischen Briefverkehrs aus dem Postamte Antwerpen vom Jahre 1678, in: MPT 4 (1902), S. 239–246.
100 J. C. Olearius: Allgemein-nützliche Postnachrichten oder summarischer Auszug eines vollständigen Post-Systems. Wien 1779, Paragraph XVII.
101 FZA, Postakten 1112–1113.
102 FZA, Postakten 654; Augsburg 1662 Nov 30: »Copia abermaliger erinnerung an die Posthalter zwischen Augsburg und Liser. Iren unfleiß in fierung der Ordinari betreffendt«.
103 FZA, Postakten 1112, Beschwerde von 1685.
104 *Steinhausen,* II, S. 166.
105 J. Lentner: Umfang des Postverkehrs in München und Postbetriebsformen in den ersten Jahren nach Einführung der Taxisschen Reichspost in Bayern, in: APB 12 (1964–1966), S. 161–180.
106 Die Reichspostordnung aus dem Jahre 1698, in: APT 29 (1901), S. 653–662. – FZA, Postakten 2264. Kaiserliche Postordnungen 1698–1768.
107 R. Freytag: Verzeichnis geschriebener und gedruckter Postberichte, Posttarife und

ähnlicher Dokumente des fürstlich thurn-und-taxisschen Zentralarchivs Regensburg, in: APB 7 (1951), S. 15–48.
108 Die Reichspostordnung aus dem Jahre 1698, in: APT 29 (1901), S. 653–662.
109 C. Helbok: Die Reichspost zur Zeit Kaiser Karls VII., in: APB 6 (1940–1942), S. 62–68.
110 J. von den Birghden: Bericht von der ehemaligen Beschaffenheit des Post-Wesens im heiligen Römischen Reich, in: *Beust:* II, S. 567–589, S. 585 (verfaßt um 1630).
111 G. Schaefer: Geschichte des Sächsischen Postwesens vom Ursprunge bis zum Übergang in die Verwaltung des Norddeutschen Bundes. Dresden 1879, S. 101–111, S. 193–198.
112 J. Rübsam: Postgeschichtliches aus dem 17. Jahrhundert, in: HJb (1904), S. 541–557.
113 FZA, Postakten 1676.
114 E. Vaillé: Histoire générale des Postes Francaises, 6 Bde. Paris 1947–1953, Bd. V, 374 ff; FZA, Postakten 5158.
115 *Dallmeier I:* S. 132–135; Le tarif général des Pays-Bas autrichiens de l'année 1729, in: UP 19 (1894), S. 44–49.
116 J. Wauters: Les Postes en Belgique avant la Révolution française. Paris/Brüssel 1874, S. 27.
117 FZA, Generalkasse Rechnungen 1733–1794.
118 *Steinhausen:* II, S. 245 ff.
119 Ebd., S. 304.
120 Wackenroder an Tieck, nach: Ebd., S. 308.
121 Ebd., S. 334 ff.
122 Ebd., S. 306.
123 F. Lübbecke: Das Palais Thurn und Taxis zu Frankfurt am Main. Frankfurt am Main 1955.
124 *Steinhausen:* II, S. 334, nach: Dichtung und Wahrheit, Buch XIII.
125 C. Helbok: Die Reichspost zur Zeit Kaiser Karls VII. (1742–1745), in: APB 6 (1940), S. 61–68.
126 Ebd.
127 *Kalmus:* S. 404–425, insbesondere S. 413 f.
128 W. Eberhardt: Ursprung und Entwicklung des Brief- und Postgeheimnisses im weiteren Sinne. Frankfurt/Main 1930, S. 12 ff.
129 *Dallmeier I:* S. 140.
130 *Kalmus:* S. 404–425, insbesondere S. 409 f.
131 H. Hartmann: Über schwarze Kabinette und ihren Zusammenhang mit der Taxisschen Post in Bayern, in: APG 1 (1925), S. 68–78.
132 A. Dietz: Handelsgeschichte der Stadt Frankfurt, 5 Bde. Frankfurt 1910–1925, V, S. 723–737.
133 Maßregeln zur Beschleunigung der Kaiserlichen Ordinaripost auf der Strecke von Augsburg nach Lieser aus dem Jahre 1660, in: APT 33 (1905), S. 717–719.
134 R. Freytag: Taxissche Postdienstanweisungen aus dem 18. Jahrhundert, in: APB 18 (1943), S. 289–292.
135 FZA, Postakten 935 (Brief von Wevelinghovens an den Fürsten von Thurn und Taxis. Hildesheim am 13. Mai 1745).
136 FZA, Postakten 935 (Promemoria von 1747, Wien).
137 Alter und neuer Tarif bey ordinaire fahrender Post, wie jener ehemahls und dieser nachmals in Anno 1748 durch öffentlichen Druck bekannt gemacht worden, aus denen Originalien nebeneinander gesezter extrahiret, und dessen Unterscheid,

welcher am Porto höher oder niedriger sich verhalte, eines jeden freyen Beurthilung überlassen, o. O. 1748.

138 Postvisitationsprotokoll über die Verhältnisse im Bezirk des Kayserlichen Reichs-Oberpostamts München im Jahre 1750, in: APB 16 (1940), S. 47–60; – E. Probst: Westfälische Postvisitation 1755. Visitationsberichte des Frankfurter Oberpostamtsdirektors Franz Ludwig von Berberich als orts-, landes- und verkehrsgeschichtliche Quelle, in: Postgeschichtsblätter für den Bezirk der Oberpostdirektion Münster 14 (1968), S. 3–31.

139 FZA, Postakten 935, Briefe Hegers an den Fürsten von Thurn und Taxis vom März 1765; – F. J. Heger: Post-Tabellen oder Verzeichnuß deren Post-Straßen in dem kayserlichen Römischen Reich. Mainz 1764 (Neuauflagen 1770, 1771, 1787, 1793); – F. J. Heger: Tablettes Des Postes De L'Empire D'Allemagne Et Des Provinces Limitrophes. Mayence 1764 (Neuauflage Brüssel 1770). – Vgl. *Wolpert:* I, S. 724. – Zu Heger: ADB 60, S. 483–484.

140 Promemoria Baron von Liliens von 1767.「領内」とは、タクシス帝国郵便の管轄区であり、領外とは、オーストリア、ハンガリー、ボヘミア、モラヴィア、シュレージエン、プロイセン、イタリア、フランス、スペイン、ロシア、スウェーデン、デンマークなどであった。 in: FZA, Postakten 935.

141 FZA, Postakten 1497.

142 FZA, Postakten 935.

143 FZA, Postakten 935. この考察は明らかに 1790 年代のヘンチェル地図の出版と関係していた。

144 O. Lankes: Zur Postgeschichte des Reichsstadt Augsburg, in: APB 2 (1926) 39–49, 68–81; 3 (1927), 44–56, 112–125; speziell in: APB 2 (1926), S. 78.

145 J. J. Becher: Närrische Weisheit und weise Narrheit, oder Ein Hundert, so politische als physicalische, mechanische mercantilische Concepten und Propositionen. Frankfurt/Main 1682, S. 164–168: »Leibnitzens Postwagen, von Hannover nach Amsterdam in sechs Stunden zu fahren« (= Teil 2, Kap. 29).

146 Die Reichspostordnung aus dem Jahre 1698, in: APT 29 (1901), S. 653–662.

147 Ein Augsburger Postbericht aus dem Jahre 1736, in: APT 21 (1893), S. 734–740. – FZA, Postakten 1683–1705, Fahrende Post, Rechnungen des Oberpostamts Nürnberg 1701–1794.

148 E. Effenberger: Geschichte der österreichischen Post. Nach amtlichen Quellen verfaßt. Wien 1913, S. 101.

149 FZA, Generalkasse Rechnungen 1752–1806.

150 J. Brunner: Das Postwesen in Bayern in seiner geschichtlichen Entwicklung von den Anfängen bis zur Gegenwart. München 1900, S. 75.

151 タクシスの交渉人フォン・ヴェーヴェリングホーフェンによって取り決められた。 G. Schaefer: Geschichte des Sächsischen Postwesens vom Ursprunge bis zum Übergang in die Verwaltung des Norddeutschen Bundes. Dresden 1879, S. 130.

152 E. Effenberger: Geschichte der österreichischen Post. Nach amtlichen Quellen verfaßt. Wien 1913, S. 115.

153 *Kalmus:* S. 415.

154 B. Faulhaber: Geschichte der Post in Frankfurt am Main. Nach archivalischen Quellen bearbeitet. Frankfurt/Main 1883, S. 130–145.

155 *Zedler:* Bd. 16 (1737), Artikel »Land-Straße«, S. 568–571; – Artikel »Straße«, Ebd., Bd. 40 (1744), S. 714–718.

156 P. von Elsen: Die deutsche Landstraße. Verkehrsgeographische Betrachtungen über ihre Entwicklung vom Postzeitalter bis zur Gegenwart, Diss. Köln 1929.

157 FZA, Postakten 656 (Brief München 1775 Aug. 26, Manupropria).

158 G. Schaefer: Geschichte des Sächsischen Postwesens vom Ursprunge bis zum Übergang in die Verwaltung des Norddeutschen Bundes. Dresden 1879, S. 101–111, S. 193–198.
159 H. von Stephan: Geschichte der preußischen Post. Berlin 1928, S. 127, S. 500; – allgemein: K. Breysig: Der brandenburgische Staatshaushalt in der zweiten Hälfte des 17. Jahrhunderts, in: (Schmollers) Jahrbuch für Gesetzgebung, Verwaltung und Volkswirtschaft im deutschen Reich 16 (1892), S. 1–42, S. 449–526.
160 K. Schwarz: Geschichte der deutschen Post. Berlin 1931, S. 80.
161 F. Dohr: Das Postwesen am linken Niederrhein 1550–1900. Viersen 1972.
162 FZA, Generalkasse Rechnungen 1, 1749-1793. 1ライヒスターラーは1.5グルデンに値し、1プロイセン・ターラーは4分の7（1.75）オランダ・グルデンに相当した。Vgl. H. Halke: Handwörterbuch der Münzkunde und ihrer Hilfswissenschaften. Berlin 1909, S. 221-231, S. 350-356.
163 J. von den Birghden: Bericht von der ehemaligen Beschaffenheit des Post-Wesens im heiligen Römischen Reich, in: *Beust:* II, S. 567–589, S. 585 (verfaßt um 1630).
164 FZA, Bestand Generalkasse Rechnungen 1, 1733–1958. – Ergänzend dazu: FZA, Bestand Generalkasse Akten.
165 H. *Winkel:* Die Entwicklung des Kassen- und Rechnungswesens im Fürstlichen Hause Thurn und Taxis, in: ScrM 7 (1973), 3–19; – E. Probst: Die Entwicklung der fürstlichen Verwaltungsstellen seit dem 18. Jahrhundert, in: M. Piendl (Hg.): Beiträge zur Geschichte, Kunst- und Kulturpflege im Hause Thurn und Taxis (= Thurn und Taxis-Studien 10). Kallmünz 1978, S. 267–386 (= *Probst I*).
166 FZA, Generalkasse Rechnungen 1, (1733–1806).
167 Münzberg (1967): XXIIf.「上級郵便局」の概念は、1690年代に初めて登場する。1718年、帝国郵便の体系的な再編成が行われた。Vgl. FZA, Postakten 748. この指摘をヴェルナー・ミュンツベルク氏に感謝する。
168 以下の全データはトゥルン・ウント・タクシスの台帳を分析整理した結果である。FZA, Generalkasse Rechnungen 1, (1749-1793).
169 J. G. C. Hendschel: Verzeichnis der den kaiserlichen Reichs Ober- und dirigierenden Postämtern untergeordneten Stationen und Expeditionen nach den Postamtlichen Directions-Bezirken entworfen. Regensburg 1793.
170 E. Achtenberg: Der Bankplatz Frankfurt am Main. Frankfurt/Main 1955.
171 B. Faulhaber: Geschichte des Postwesens in Frankfurt am Main. Nach archivalischen Quellen. Frankfurt/Main 1883 (ND 1973); – Die Entwicklung des Postwesens in Frankfurt (Main), in: APT 24 (1896), S. 347–357, S. 379–388.
172 FZA, Generalkasse Rechnungen 1 (1749–1793); – allgemein: L. Ennen: Geschichte des Postwesens in der Reichsstadt Köln, in: Zeitschrift für deutsche Kulturgeschichte, NF 2 (1873), S. 289–302, S. 357–378, S. 425–445; – Zur Geschichte des Postwesens in der Stadt Köln am Rhein, in: APT 4 (1876), S. 19–30.
173 F. Dohr: Das Postwesen am linken Niederrhein 1550–1900. Viersen 1972.
174 R. Freytag: Zur Postgeschichte der Städte Augsburg, Nürnberg und Regensburg, in: APB 5 (1929), S. 31–55; – R. Staudenraus: Die in der Taxis-Zeit (1615–1808) im Bereich des vormaligen Oberpostamts Nürnberg entstandenen Postkurse, in: APG 8 (1952), S. 33–44, S. 80–93; – Ders., Der Nürnberger Poststall 1615–1922. Zugleich ein Beitrag zum Wirtschaftsproblem der Posthaltereien, in: APB 7 (1949–1951), S. 121–131.
175 O. Lankes: Die Geschichte der Post in Augsburg, München 1914; Ders., Zur Postgeschichte der Reichsstadt Augsburg, in: APB 2 (1926), S. 39–49, S. 68–81; 3 (1927), S. 44–56, S. 112–125.

176 Quetsch: Zur Geschichte des Post-, Boten- und Transpostwesens in Mainz, in: APT 3 (1875), S. 354–365; – E. von Jungenfeld: Das Thurn und Taxissche Erbgeneralpostmeisteramt und sein Verhältnis zum Postamt Mainz. Die Freiherren Gedult von Jungenfeld und ihre Vorfahren als Mainzer Postbeamte 1641–1867. Kallmünz 1981.
177 R. Freimer: Die Post in Koblenz, in: ADPG (1960, 2. Heft), S. 17–25.
178 W. Eisenbeiß/J. Höfler: Regensburger Postgeschichte. 2 Teile. Neumarkt 1980.
179 H. Wolpert: Die Postverhältnisse in Ulm im ersten Viertel des 18. Jahrhunderts, in: APB 15 (1939), S. 354–359.
180 H. Scheurer: Würzburger Postgeschichte, in: APB 8 (1952–1954), S. 128–141, S. 162–178, S. 225–239; – W. Knäulein: Das Postamt Würzburg. Gründung und Übernahme durch den Staat Bayern. Rechnungswesen und Postkurse, DA Erlangen/Nürnberg 1965.
181 Zur Geschichte des Postwesens der Freien und Hansestadt Bremen, in: APT 6 (1878), S. 585–589; – C. Piefke: Thurn und Taxis in der bremischen Postgeschichte, in: Bremisches Jahrbuch (1940), S. 82–115.
182 H. Pemsel: Das Reichsoberpostamt München, Anfänge und Entwicklung des Postwesens. Diss. Innsbruck 1962; – J. Lentner: Umfang des Postverkehrs in München und Postbetriebsreformen in den ersten Jahren nach Einführung der Taxisschen Reichspost in Bayern, in: APB 12 (1964–1966), S. 161–180.
183 F. J. Rensing: Geschichte des Postwesens im Fürstbistum Münster. Hildesheim 1909.
184 Teubner: Lübeck-Taxissche Poststreitigkeiten, in: APT 42 (1914), S. 405–416; Ders., Lübecker Postverhältnisse um die Wende des 17. Jahrhunderts, in: APT 43 (1915), S. 1–11; – Ders., Lübecker Postverhältnisse im 18. Jahrhundert, in: APT 42 (1914), S. 193–200.
185 Pinkvos: Postgeschichte der Stadt Osnabrück, in: APT 9 (1881), S. 585–590.
186 B. Stolte: Beiträge zur Geschichte des Postwesens im ehemaligen Hochstift Paderborn. Paderborn 1891.
187 Teubner: Lübeck-Taxissche Poststreitigkeiten, in: APT 42 (1914), S. 405–416, S. 408 (Postkutsche Hamburg–Lübeck).
188 FZA, Generalkasse Rechnungen 1 (1752–1806).
189 Ebd.
190 北西ドイツ（ミュンスター、パーダーボルン、オスナブリュック、エルバーフェルト）や中部ドイツ（ブラウンシュヴァイク、ヒルデスハイム、エルフルト、ドゥーダーシュタット）の数字も似たように推移しているが、これは比較の対象にしない。なぜなら、ここでは領邦郵便の競合が影響し、約5万－25万グルデンの利益は、他の地域の利益を明らかに下回っているからである。
191 FZA, Generalkasse Rechnungen 1 (1733–1806).
192 R. Freytag: Die Postmeisterfamilie Somigliano, in: APT 50 (1922), S. 217–227.
193 J. Lentner: Die taxisschen Postmeister aus dem Hause Öxle, in: APB 14 (1970–1972), S. 263–283 (Nobilitierung 1654).
194 Post-Visitations-Protokoll über die Verhältnisse im Bezirke des Kayserlichen Reichs-Oberpostamts München im Jahre 1750, in: APB 6 (1940–1941), S. 47–60.
195 K. Kamm: Die Gehaltsverhältnisse des ehemaligen Taxisschen Postbeamtenpersonals in Bayern (1665–1808), in: APT (1910), S. 430–441; – H. Stuntz: Soziale Fürsorge in der Taxisschen und Bayerischen Postverwaltung, in: APB 12 (1936), S. 409–417.
196 R. Staudenraus: Der Nürnberger Poststall 1615–1922, in: APB 7 (1949–1951), S. 121–131.

197 R. Freytag: Taxissche Postdienstanweisungen aus dem 18. Jahrhundert, in: APB 18 (1943), S. 289–292.
198 Ebd.
199 R. Kamm: Aufnahme und Anstellung des Personals der ehemaligen (Taxisschen) Reichspost in Bayern, in: APT 38 (1910), S. 217–223.
200 K. Schwarz: Geschichte der deutschen Post. Berlin 1931, S. 72–74.
201 Unmaßgebliche Gedanken über die Posten und Wegegelder in einigen Gegenden von Deutschland, in: Göttingisches Historisches Magazin, 1 (1787), S. 263–269.
202 Klagen zweier Reisenden über das Post-Wesen in einigen Gegenden Deutschlands, in: Stats-Anzeigen 12 (1788), S. 229–233; – Über die Mängel und Gebrechen bei den Kaiserl. Taxischen Reichs Posten in Deutschland, in: Stats-Anzeigen 13 (1789), S. 486–503.
203 Über die Mißbräuche des Kaiserlichen Reichs-Postwesens, 1789, S. 21 ff., S. 27 f., S. 35. – Besprechung erfolgte im »Journal von und für Deutschland« 6 (1789), S. 165–166.
204 Über die Mißbräuche des Kaiserlichen Reichs-Postwesens, 1789, S. 39 f.
205 Historischstaatistische Abhandlung über das kaiserliche Reservatrecht des Reichspostwesens als eines Fürstlichtaxisschen Erblehens und wichtigen Artikels der neuen Wahlkapitulationen, [Regensburg] 1790, Einleitung.
206 *Wolpert I:* S. 530.
207 Geheimer Briefwechsel zwischen den Lebendigen und den Todten, 1789. – Vgl. *Wolpert I:* S. 529 (Nr. 960). – Allgemein zu den Diskussionen in Regensburg: FZA, Postakten 999–1002.
208 *Wolpert I:* S. 530; Druckort: angeblich Tübingen. – Zu Rothammer: C. A. Baader: Lexikon verstorbener Baierischer Schriftsteller des 18. und 19. Jahrhunderts, 1/II, Augsburg 1824, S. 180 f.; – E. Probst:Fürstliche Bibliotheken und ihre Bibliothekare 1770–1834, in: M. Piendl (Hg.): Beiträge zur Kunst- und Kulturpflege im Hause Thurn und Taxis (= TT-Studien 3). Kallmünz 1963, S. 127–229, S. 146–154.
209 [F. W. Rothammer], Historischstaatistische Abhandlung über das kaiserliche Reservatrecht des Reichspostwesens als eines Fürstlichtaxisschen Erblehens, 1970, S. 152–156, S. 160 ff.
210 J. S. Pütter: Erörterungen und Beyspiele des Teutschen Staats- und Fürstenrechts, Erstes Heft vom Reichspostwesen. Göttingen 1790, VII.
211 Ebd., S. 92.
212 Beleuchtung der in dem ersten Hefte der Erörterungen und Beispiele des deutschen Staats- und Fürstenrechts von dem Herrn geheimen Justizrath Pütter enthaltenen Abhandlung von dem Reichspostwesen. Mit mehrern bisher ungedruckten Urkunden, o. O. 1792, S. 121.
213 Beleuchtung der in dem ersten Hefte der Erörterungen und Beispiele des deutschen Staats- und Fürstenrechts von dem Herrn geheimen Justizrath Pütter enthaltenen Abhandlung von dem Reichspostwesen. Mit mehrern bisher ungedruckten Urkunden, o. O. 1792; Über das gemeine Reichs- und fürstlich Taxische Postwesen gegen den Herrn geheimen Justizrath Pütter in Göttingen. Hildburghausen 1792.
214 Ebd.: S. 122, nach: Gundlings Diskurs über die Wahlkapitulationen Carls VI, S. 1424.
215 *Dallmeier I:* S. 214.
216 F. J. Heger: Neue und vollständige Post-Straße durch Deutschland. Nürnberg 1764; – J. G. C. Hendschel: Verzeichnis der den Kaiserlichen Reichs-Ober- und

dirigierenden Postämtern untergeordneten Stationen und Expeditionen, nebst dazugehöriger Post-Carte von Deutschland. Regensburg 1793; – F. M. Diez: Neue Postkarte von Teutschland. Frankfurt 1795; Neue Postkarte von Deutschland und dessen angrenzenden Ländern. 1800.

217 *Dallmeier I:* S. 214.

218 Dazu die Schrift Franz Wilhelm Rothammers: Privatgedanken über die staatsrechtliche Entschädigung des Hochfürstl. Thurntaxischen Generalreichsposterblehens in dem neufränkischen Belgien bei dem nächsten Reichsfriedenskongreße besonders in Hinsicht auf die diplomatischen Verdienste dieses hohen Fürstenhauses. Regensburg 1797.

219 *Dallmeier I:* S. 215f.

220 W. Schröder: Auswirkungen der französischen Revolution und der Politik Napoleons auf die Struktur des Postwesens in Deutschland, in: Wissenschaftliche Zeitschrift der Hochschule für Verkehrswesen Dresden 5 (1957), S. 775–791.

221 *Dallmeier I:* S. 215.

222 G. Sautter: Die französische Post am Niederrhein bis zu ihrer Unterordnung unter die General-Postdirektion in Paris 1794–1799. Köln 1898.

223 W. Vollrath: Das Haus Thurn und Taxis. Die Reichspost und das Ende des Heiligen Römischen Reiches 1790–1806. Diss. Münster 1940.

224 A. Koch: Die deutschen Postverwaltungen im Zeitalter Napoleons I. Der Kampf um das Postregal in Deutschland und die Politik Napoleons I. (1798–1815), in: ADPG 15 (1967, Heft 2), S. 1–38, S. 13.

225 FZA, Generalkasse Rechnungen 1 (1790–1795).

226 *Piendl:* S. 77.

227 W. Vollrath: Das Haus Thurn und Taxis. Die Reichspost und das Ende des Heiligen Römischen Reiches 1790–1806. Diss. Münster 1940, S. 26.

228 A. Koch: Die deutschen Postverwaltungen im Zeitalter Napoleons I. Der Kampf um das Postregal in Deutschland und die Politik Napoleons I. (1798–1815), in: ADPG (1967, Heft 2), S. 1–38.

229 *Dallmeier I:* S. 215ff.

230 Ebd., S. 217, nach: K. Zeumer, (Hg.): Quellensammlung zur Geschichte der deutschen Reichsversammlung im Mittelalter und Neuzeit. Leipzig 1904, S. 204.

231 トゥルン・ウント・タクシスは、侯領となったブーヒャウ婦人養老院とブーヒャウ市、オーバーマルヒタールとネーレスハイムの各大修道院、ならびにかつてのザルマンスヴァイラー修道院のオストラッハ管区《アムト》を得た（324 頁の地図参照)。

232 *Dallmeier I:* S. 218.

233 W. Vollrath: Das Haus Thurn und Taxis. Die Reichspost und das Ende des Heiligen Römischen Reiches 1790–1806. Diss. Münster 1940, S. 47.

234 FZA, Postakten 324. Postvertrags-Sammlung 1804–1853. – W. Vollrath: Das Haus Thurn und Taxis. Die Reichspost und das Ende des Heiligen Römischen Reiches 1790–1806. Diss. Münster 1940, S. 42.

235 *Dallmeier I:* S. 219f; – R. Freytag: Die Beziehungen des Hauses Thurn und Taxis zu Napoleon im Jahre 1804, in: APT 48 (1920), S. 6–19.

236 FZA, Postakten 965–967; – *Piendl:* S. 78–85.

237 J. Diez: Ältere und neuere Epoche des fürstlich Thurn und Taxischen Reichs-Postwesens. Regensburg 1806.

238 Ebd., S. 30.

第3章

1 J. L. Klüber: Das Postwesen in Teutschland, wie es war, ist, und seyn könnte. Erlangen 1811.
2 H. Grundmann (Hg.): Gebhardt. Handbuch der deutschen Geschichte, Bd. 3: Von der Französischen Revolution bis zum Ersten Weltkrieg. Stuttgart 1970 (9. Aufl.), S. 508f.
3 *Probst II:* S. 123–147. – K. Schwarz: Die Entstehung der deutschen Post. Berlin 1931, S. 88ff.
4 R. Freytag: Die Beziehungen des Hauses Thurn und Taxis zu Napoleon im Jahre 1804, in: APT 48 (1920), S. 6–19.
5 E. Hartmann: Entwicklungs-Geschichte der Posten von den ältesten Zeiten bis zur Gegenwart mit besonderer Beziehung auf Deutschland. Leipzig 1868, S. 370.
6 K. *Herrmann:* Thurn-und-Taxis-Post und die Eisenbahnen. Vom Aufkommen der Eisenbahnen bis zur Aufhebung der Thurn-und-Taxis-Post im Jahre 1867. Kallmünz 1981, S. 36.
7 FZA, Postakten 324, Sammlung der Postverträge 1804–1853.
8 J. von Herrfeldt: Fürstlich Thurn-und-Taxische Lehns-Posten, in: ders., (Hg.): Sammlung aller europäischen Postverordnungen 1 (1829), S. 1–5. – Daran anschließend die Verträge zwischen Thurn und Taxis und der Reichsstadt Frankfurt (S. 6–18), dem Herzogtum Nassau (S. 18–49) und den Herzogtümern Sachsen-Coburg und Sachsen-Gotha (S. 49–56).
9 A. Koch: Die deutschen Postverwaltungen im Zeitalter Napoleons I. Der Kampf um das Postregal in Deutschland und die Politik Napoleons I., in: ADPG 1967, S. 2, S. 1–38.
10 *Probst II:* S. 125f.
11 J. L. Klüber: Das Postwesen in Teutschland, wie es war, ist, und seyn könnte. Erlangen 1811, S. 113–129.
12 Ebd., S. 201f.
13 Eisenhart, in: ADB 16 (1882), S. 235–247, S. 237f.
14 FZA, Postakten 969–970.
15 A. Koch: Die deutschen Postverwaltungen im Zeitalter Napoleons I. Der Kampf um das Postregal in Deutschland und die Politik Napoleons I., in: ADPG 1967, 2, S. 1–38, S. 22.
16 A. Heut: Die Übernahme der Taxisschen Reichsposten in Bayern durch den Staat. München 1925.
17 J. Lentner: Die bayrischen Entschädigungsleistungen an den Fürsten von Thurn und Taxis für die Abtretung der Posten, in: APB 13 (1967–1969), S. 96–109.
18 O. Veh: Bayern und die Bemühungen des Hauses Thurn und Taxis um die Rückgewinnung der Deutschen Reichsposten (1806–1815), in: APB 15 (1939), S. 337–353, S. 337–339.
19 Ebd., S. 342, S. 339.
20 Ebd., S. 337–353.
21 Ebd., S. 344ff.
22 K. Sautter: Die Thurn-und-Taxissche Post in den Befreiungskriegen 1814 bis 1816, in: APT 39 (1911), S. 1–27, S. 33–49.
23 H. v. Stephan: Geschichte der preußischen Post. Berlin 1928, S. 305–314.
24 K. Sautter: Die Thurn-und-Taxissche Post in den Befreiungskriegen 1814 bis 1816, in: APT 39 (1911), S. 33–49, S. 47ff.

25 FZA, Postakten 969–970.
26 J.L. Klüber: Das Postwesen in Teutschland, wie es war, ist, und seyn könnte. Erlangen 1811. – Über Klüber: Eisenhart, in: ADB 16 (1882), S. 235–247. クリューバーは以下の著作 J. L. Klüber: Staatsrecht des Rheinbundes. Tübingen 1808. また、のちには『ウィーン会議規約』（エルランゲン 1815 年－18 年）の出版によって有名になった。
27 W. H. Matthias: Widerlegung einiger Behauptungen des Staatsrathes Klüber. Anhang zu: Ders., Darstellung des Postwesens in den Königlich preußischen Staaten. Berlin 1812.
28 Patriotische Wünsche, das Postwesen in Deutschland betreffend. Weimar 1814 (= pro-Taxis); – Beleuchtung der vor Kurzem erschienen Schrift: Die patriotischen Wünsche, das Postwesen in Deutschland betreffend. Karlsruhe 1814 (anti-Taxis, pro-Bayern).
29 H. v. Stephan: Geschichte der preußischen Post. Berlin 1928, S. 313.
30 E. Wilm: Das Haus Thurn und Taxis auf dem Wiener Kongreß. Der Kampf um die Posten und die Remediatisierung. München 1986 (ungedruckt, FZA Regensburg).
31 O. Veh: Bayern und die Bemühungen des Hauses Thurn und Taxis um die Rückgewinnung der Deutschen Reichsposten (1806–1815), in: APB 15 (1939), S. 337–353, S. 350ff.
32 K. Schwarz: Die Entstehung der deutschen Post. Berlin 1931, S. 106.
33 F. Poppe: Württemberg und die Taxissche Post in Deutschland. Ein Beitrag zur Geschichte der Taxisschen Post in Deutschland, in: APT 4 (1915), S. 97–107.
34 *Probst II:* S. 130–132.
35 E. Probst: Erwerb, Rentabilität und Verlust des Thurn und Taxisschen Kantonalpostamts Schaffhausen 1833/34–1848/53, in: Rehm (Hg.): Postgeschichte Schaffhausens, 1987, S. 144–159.
36 *Herrmann:* S. 45, nach: von Reden, Statistische Beilage zum Bericht des Volkswirtschafts-Ausschusses vom 17. April 1849 über das deutsche Postwesen betreffende Vorlagen, in: Wochenblatt für das Transportwesen 4 (1849), S. 72–77.
37 H. Meidinger: Die Fürstlich Thurn-und-Taxissche Postanstalt. Eine historisch-statistische Skizze, in: Zeitschrift des Vereins für deutsche Statistik 2 (1848), S. 853–861.
38 *Herrmann:* S. 45.
39 H. Meidinger: Die Fürstlich Thurn-und-Taxissche Postanstalt. Eine historisch-statistische Skizze, in: Zeitschrift des Vereins für deutsche Statistik 2 (1848), S. 853–861, S. 859.
40 C. F. Müller: Über die Reform des Postwesens in Deutschland. Ein Beitrag zur Erörterung der Zeitfrage. Frankfurt 1843, S. 13.
41 *Herrmann:* S. 44.
42 Ebd., S. 41.
43 Ebd., S. 35f.
44 H. Meidinger: Die Fürstlich Thurn-und-Taxische-Postanstalt. Eine historisch-statistische Skizze, in: Zeitschrift des Vereins für deutsche Statistik (Berlin) 2 (1848), S. 853–861, S. 860.
45 *Herrmann:* S. 42.
46 H. Meidinger: Die Fürstlich Thurn-und-Taxissche Postanstalt. Eine historisch-statistische Skizze, in: Zeitschrift des Vereins für deutsche Statistik 2 (1848), S. 853–861, S. 860.
47 J. von Herrfeldt: Aktenmäßige Darstellung meiner Fürst. Thurn und Taxischen Postdienstverhältnisse in den Jahren 1800 bis 1823, o. O. o. J.

48 W. Schröder: Johann von Herrfeldt – ein Post- und Verkehrswissenschaftler in der ersten Hälfte des 19. Jahrhunderts, in: Wissenschaftliche Zeitschrift der Hochschule für Verkehrswesen Dresden 7 (1959/60), S. 761–771.
49 L. Kämmerer: Johann von Herrfeldt, der Schöpfer der Idee des Weltpostvereins, in: DPG 1942, S. 2.
50 J. von Herrfeldt: System der Posteinrichtungen. Frankfurt 1808; (2. Aufl. 1810). – Dazu: Schröder (1959/60): S. 762. – Wiederabdruck in: Archiv der Postwissenschaft 5 (1833), Ergänzungsblatt Nr. 1–5, S. 1–20.
51 J. von Herrfeldt, (Hg.): Sammlung aller europäischen Postverordnungen 1 (1829); 2 (1830).
52 J. von Herrfeldt, (Hg.): Archiv für das Transportwesen, 1. Jg. 1829; Archiv der Postwissenschaft, Jg. 1830–1835; Archiv für das Postwesen, Jg. 1836–1841; Allgemeines Archiv für das Post- und Transportwesen, Jg. 1842–1843; Archiv für das Postwesen, Jg. 1845–1847; Der freie Verkehr, Jg. 1847–1849.
53 J. von Herrfeldt: Die Transportwissenschaft. Frankfurt 1834; (2. erweiterte Aufl. 1837).
54 J. von Herrfeldt: Postreform in Deutschland. Frankfurt 1839; Ders.: Die Postreform, ihr Anfang, Fortgang und die Mittel zu ihrer Vollendung. Frankfurt 1845.
55 J. von Herrfeldt: Die freie Conkurrenz im Transportwesen als unbedingtes Erfordernis zur Beförderung aller Cultur, des Handels, der Industrie und des Nationalwohlstandes. Frankfurt 1839.
56 J. von Herrfeldt: Die Transportwissenschaft. Frankfurt 1837 (2. Aufl.), S. 174.
交通理論家フォン・ヘルフェルトは、22 年間（1800 年―1822 年）、帝国郵便とトゥルン・ウント・タクシス郵便に雇われていた。
57 J. von Herrfeldt: Übersicht der Vervollkommnung der Postwagen in Deutschland seit ihrer ersten Entstehung bis zu ihrem dermalen Zustande, in: Archiv der Postwissenschaft 1 (1830), S. 17–19; – zu Nagler: W. Forstmann, Carl Friedrich Ferdinand von Nagler 1777–1846. Nicht nur Generalpostmeister, in: Lotz, S. 149–169.
58 J. von Herrfeldt: Über das Postwesen in den deutschen Bundesstaaten, in: Archiv der Postwissenschaft 2 (1831), S. 157–159, S. 177–179, Zitat S. 177.
59 M. Piendl: Das bayerische Projekt der Thurn-und-Taxis-Post 1831–1842, in: ZBLG 33 (1970), S. 272–306.
60 Ebd., S. 303 f.
61 H. Meidinger: Die Fürstlich Thurn-und-Taxissche Postanstalt. Eine historisch-statistische Skizze, in: Zeitschrift des Vereins für deutsche Statistik 2 (1848), S. 853–861, S. 857.
62 FZA Generalkasse Akten 47 »Den Stand der laufenden Einnahmen und Ausgaben im Jahre 1848 betreffend«.
63 Ebd.
64 FZA, Generalkasse Rechnungen Nr. 1, Jge. 1845/46 und 1846/47.
65 FZA Generalkasse Akten 47 »Den Stand der laufenden Einnahmen und Ausgaben im Jahre 1848 betreffend«.
66 FZA Generalkasse Rechnungen Nr. 1, Jge. 1847/48 und 1848/49.
67 O. Grosse: Die Beseitigung des Thurn und Taxisschen Postwesens in Deutschland durch Heinrich Stephan. Minden 1898, S. 7.
68 FZA, Generalkasse Rechnungen Nr. 1 (1806–1847).
69 Ebd., (1847–1867).
70 Zahlen zur bayrischen Post nach: A. Boegler: Die finanziellen Ergebnisse der bayrischen Post- und Telegraphenverwaltung. Leipzig 1913, S. 5–16.

71 H. v. Stephan: Geschichte der preußischen Post. Berlin 1928, S. 500, S. 668 (Taler in Gulden umgerechnet).

72 FZA, Generalkasse Rechnungen Nr. 1 (1806–1867)

73 Nach: FZA, Generaltableau 1828. – Angaben über den Personalstand 1847, in: H. Meidinger: Die Fürstlich Thurn-und-Taxissche Postanstalt. Eine historisch-statistische Skizze, in: Zeitschrift des Vereins für deutsche Statistik 2 (1848), S. 853–861, S. 858.

74 このことはMeidinger, 858頁とA. F. Storchの以下の箇所との比較からわかる。A. F. Storch: Das Postwesen von seinem Ursprunge bis an die Gegenwart. Zum Theile nach officiellen Quellen geschichtlich und statistisch. Wien 1866, S. 83f. シュトルヒは「本来の従業員」の他に、ほぼ同数の「下級職員」がいたことを指摘している。

75 FZA, Generaltableau 1828.

76 Ebd.

77 *Probst I:* S. 285, S. 306.

78 W. Schmidt: Zur Geschichte der Grafen von Dörnberg in Regensburg, 1817–1897 (ungedrucktes Ms.).

79 FZA, Generaltableau 1828.

80 J. von Herrfeldt: Postverein als Gegenstück zum Zollverein, in: Archiv für das Postwesen 8 (1836), S. 47.

81 R. Hill: Poste-office Reform: its Importance and Practicability. London 1837. – Dazu *Kalmus:* S. 467–472.

82 Johann von Herrfeldt: Postreform in Deutschland. Frankfurt 1839.

83 Schröder (1959/60): S. 768.

84 C. Helbok: Zur Geschichte des deutsch-österreichischen Postvereins, in: DPG 4 (1943), S. 49–83, S. 60–63.

85 K. Schwarz: Die Entstehung der deutschen Post. Berlin 1931, S. 108 ff.

86 Ebd., S. 109 ff.

87 *Probst II:* S. 136.

88 M. Eckardt/G. Steil: 100 Jahre Thurn und Taxissche Freimarken, in: APG 8 (1952), S. 31–33.

89 *Probst II:* S. 140.

90 C. Helbok: Zur Geschichte des deutsch-österreichischen Postvereins, in: DPG 4 (1943), S. 49–83.

91 U. Bergemann: Die letzte Konferenz des Deutschen Postvereins (13. Nov. 1865 bis 2. März 1866), in: ADPG (1970), 1, S. 9–28.

92 L. Börne: Monographie der deutschen Postschnecke. Skizzen, Aufsätze, Reisebilder. Stuttgart 1967; nach: L. Börne: Gesammelte Schriften. Stuttgart 1840, S. 1–37.

93 K. Beyrer: Die Postkutschenreise. Tübingen 1985.

94 Vogt, Friedrich List und seine Schriften über das Post- und Telegraphenwesen, in: APT 63 (1935), S. 273–280.

95 *Herrmann:* S. 50 ff.

96 H. Meidinger: Die Fürstlich Thurn-und-Taxissche Postanstalt. Eine historisch-statistische Skizze, in: Zeitschrift des Vereins für deutsche Statistik 2 (1848), S. 853–861, S. 861.

97 FZA, Postakten Nr. 2402, nach: *Herrmann:* S. 99.

98 Ebd., S. 116–130, nach: FZA, Postakten Nr. 2399.

99 *Herrmann:* S. 85–93, S. 110–116.

100 D. Hansemann: Die Eisenbahnen und deren Aktionäre in ihrem Verhältnis zum Staat. Leipzig 1837, S. 87; – R. von Mohl: Das rechtliche Verhältnis der taxischen Post zu den Staatseisenbahnen, in: Zeitschrift für die gesamte Staatswissenschaft 1

(1844), S. 7–49.
101 *Herrmann:* S. 149–208.
102 Ebd., S. 359–361.
103 *Piendl:* S. 91 f.
104 H. W. Sitta: Franz Joseph Freiherr von Gruben. Ein Beitrag zur politischen Geschichte des deutschen Katholizismus im 19. Jahrhundert. Diss. phil. Würzburg 1953.
105 *Kalmus:* S. 478.
106 A. F. Storch: Das Postwesen von seinem Ursprunge bis an die Gegenwart. Zum Theile nach officiellen Quellen geschichtlich und statistisch. Wien 1866, S. 83 f.
107 Ebd., S. 83 f.
108 H. Grundmann (Hg.): Gebhardt. Handbuch der deutschen Geschichte, Bd. 3. Von der Französischen Revolution bis zum Ersten Weltkrieg. Stuttgart 1970 (9. Aufl.), S. 188–207.
109 *Kalmus:* S. 479.
110 H. von Stephan: Geschichte der preußischen Post, Teil 1. Berlin 1928, S. 718 f.
111 *Piendl:* S. 91 ff.
112 O. Grosse: Die Beseitigung des Thurn und Taxisschen Postwesens in Deutschland durch Heinrich Stephan. Minden 1898, S. 7.
113 H. von Stephan: Geschichte der preußischen Post, Teil 1. Berlin 1928, S. 720.
114 H. Grundmann (Hg.): Gebhardt. Handbuch der deutschen Geschichte, Bd. 3. Von der Französischen Revolution bis zum Ersten Weltkrieg. Stuttgart 1970 (9. Aufl.), S. 199.
115 *Piendl:* S. 91 ff.
116 O. Grosse: Die Beseitigung des Thurn und Taxisschen Postwesens in Deutschland durch Heinrich Stephan. Minden 1898, S. 17 f.
117 Abdruck des Vertragsverwerks: Ebd., S. 121–130.
118 *Piendl:* S. 95 f.
119 H. von Stephan/K. Sautter: Geschichte der preußischen Post, Teil 1. Berlin 1928, S. 723.
120 *Piendl:* S. 95.
121 Ebd., S. 96.
122 H. Grundmann (Hg.): Gebhardt. Handbuch der deutschen Geschichte, Bd. 3. Von der Französischen Revolution bis zum Ersten Weltkrieg. Stuttgart 1970 (9. Aufl.), S. 508 f.
123 Ebd.

第4章

1 Denkschrift des Johannes von den Birghden, 1646, in: J. E. von *Beust,* Versuch einer ausführlichen Erklärung des Postregals und was deme anhängig, 2. Teil, Jena 1748, S. 585. ここで言われているのは、1628年に亡くなったレオンハルト・フォン・タクシス2世伯のことである。
2 H. Reif: Der Adel in der modernen Sozialgeschichte, in: W. Schieder/V. Sellin, (Hg.): Sozialgeschichte in Deutschland, IV, Göttingen 1987, S. 34–60; W. Zorn: Unternehmer und Aristokratie in Deutschland. Ein Beitrag zur Geschichte des sozialen Stils und Selbstbewußtseins in der Neuzeit, in: Tradition 8 (1963), S. 241–254.

3 J. Rübsam: Franz von Taxis, in: ADB 37 (1894), S. 488–491: E. Probst: Thurn und Taxis, in: K. Bosl/G. Franz, (Hg.): Biographisches Wörterbuch zur deutschen Geschichte, Bd. 3, München 1975, Sp. 2898–2905. 皇帝の「家人」としてのこのタクシス家の人は、郵便局長としてもケメラーあるいは最高狩猟長官としても史料で裏付けられない。

4 G. Figini: I Tassi e di feudi di Rachele e Barbana nell' Istria, Bergamo 1895.

5 Landesregierungsarchiv Innsbruck, Raitbücher. – Vgl. dazu: A. Wiesflecker: Die ›oberösterreichischen‹ Kammerraitbücher zu Innsbruck 1493–1519. Ein Beitrag zur Wirtschafts-, Finanz- und Kulturgeschichte der oberösterreichischen Ländergruppe, Graz 1987, S. 67–74.

6 *Dallmeier I:* S. 49–55.

7 Ohmann: S. 86; *Dallmeier I:* S. 50.

8 J. Rübsam: Franz von Taxis, in: ADB 37 (1894), S. 488–491; *Schwennicke:* Tafel 124.

9 M. Dallmeier: Die Funktion der Reichspost für den Hof und die Öffentlichkeit, in: A. Buck, (Hg.): Europäische Hofkultur im 16. und 17. Jahrhundert, III, Wolfenbüttel 1981, S. 589–595.

10 Ohmann, S. 236.

11 Ebd., S. 219.

12 Ebd., S. 217–220.

13 Vgl. die Porträts bei: Julius Chifletius: Les Marques d'Honneur de la maison de Tassis, Antwerpen 1645, S. 76–77.

14 J. Rübsam: Johann Baptista von Taxis, in: ADB 37 (1894), S. 496–499.

15 V. Sonzogni: Cornello dei Tassi in Valle Brembana, Bergamo 1982.

16 *Schwennicke:* Tafel 121–145b, speziell Tafel 121 und 124.

17 *Piendl:* S. 41.

18 J. Rübsam: Franz von Taxis, in: ADB 37 (1894), S. 488–491.

19 「教師ゼンティィリヌス・デ・タクシス・デ・コルネッロ」、「公証人」は 1454 年と 1511 年のあいだに記録に出てくる。

20 ベルガモ市民「セル・アレクサンダー・デ・タクシス・デ・コルネッロ」は 1443 年と 1485 年のあいだに記録に登場し、1470 年にローマの飛脚業に携わっていた。*Schwennicke:* Tafel 122.

21 I Tasso »Mastri di Posta«. Bd. 1: E. Mangili, I Tasso e le Poste; Bd. 2: Introduzione da una storia di Cornello dei Tasso e della sua zona; Bd. 3: Con i Tasso da Cornello all' Europa, Bergamo 1982.

22 *Schwennicke:* Tafel 122.

23 R. Freytag: Die Kunst im fürstlichen Hause Thurn und Taxis, in: Das Bayerland 37 (1926), S. 155–159.

24 G. Bucelinus: Germaniae topo-chrono-stemmatographicae pars quarta, Ulm 1678, S. 296; E. Flacchio: Généalogie de la trés-illustre, trés ancienne et autrefois souveraine maison de la tour, 3 Bde., Brüssel 1709, I, S. 268ff.

25 G. Figini: Una pagina in servizio della storia delle poste, Bergamo 1898, S. 5–8.

26 R. Freytag: Die Kunst im fürstlichen Hause Thurn und Taxis, in: Das Bayerland 37 (1926), S. 155–159.

27 J. Rübsam: Franz von Taxis, in: ADB 37 (1894), S. 488–491.

28 *Schwennicke:* Tafel 127.

29 J. Rübsam: Johann Baptista von Taxis, in: ADB 37 (1894), S. 497f.

30 J. Rübsam: Innozenz von Taxis, in ADB 37 (1894), S. 495–496.

31 Ebd.; R. Freytag: Die Taxis in Füssen. Ein Beitrag zur Familien- und Postgeschichte des 16. Jahrhunderts, in: APT 50 (1922), S. 1–18. – *Schwennicke:* Tafel 121.

32 Allgemein zur Bedeutung der Toten in Alteuropa: N. Z. Davis, Die Geister der Verstorbenen, Verwandtschaftsgrade und die Sorge um die Nachkommen, in: Dies., Frauen und Gesellschaft am Beginn der Neuzeit, Berlin 1986, 19–51.
33 フランクフルトの大聖堂には、一族の4人の埋葬所があるが、家長の埋葬所はない。レーゲンスブルクのマルティン・ダルマイアー博士の情報である。
34 P. Weißenberger: Das fürstliche Haus Thurn und Taxis und seine Grablege in der Benediktinerabtei zu Neresheim, in: JHVD 69 (1967), S. 81–105; M. Piendl: Schloß Thurn und Taxis Regensburg, München/Berlin 1977, S. 18f.
35 *Schwennicke:* Tafel 121–145a.
36 J. Rübsam: Franz von Taxis, in: ADB 37 (1894), S. 488–491.
37 Anales de las Ordenanzas de correos de Españia, I, Madrid 1879, 1–5; J. Rübsam: Johann Baptista von Taxis, in: ADB 37 (1894), S. 496–499.
38 *Dallmeier II:* S. 8.
39 M. Piendl: Die Gerichtsbarkeit des Fürsten Thurn und Taxis in Regensburg im 19. Jahrhundert, in: Festschrift Wilhelm Winkler, München 1961, S. 292–307.
40 R. Freytag: Dachs, Horn und Adler als Symbole der alten Reichsposten, in: APG 8 (1952), S. 156–162; Piendl: S. 14.
41 M. Lossen: Briefe von Andreas Masius und seinen Freunden, 1538–1573, Leipzig 1886. – Im Personen-Index (S. 535) finden sich fast alle wichtigen Taxis dieser Zeit mit vielfachen Erwähnungen, vor allem der Antwerpener Postmeister Anton de Tassis, sowie der Postmeister Roms Johann Anton de Tassis, mit dem Masius seit 1547 jahrzehntelang persönlich korrespondierte.
42 B. Bastl: Das Tagebuch des Philipp Eduard Fugger (1560–1569) als Quelle zur Fuggergeschichte. Edition und Darstellung, Tübingen 1987, S. 180f. – Die beiden Söhne Georg Fuggers waren die Empfänger der sogenannten Fugger-Zeitungen: ÖNB Wien, Cod. 8949–8975, umfassend die Jahre 1568–1605.
43 J. Rübsam: Johann Baptista von Taxis, ein Staatsmann und Militär unter Philipp II. und Philipp III., Freiburg/Br. 1889 (= *Rübsam*).
44 G. da l'Herba: Intinerario delle poste per diverse parti del mondo, Rom 1563.
45 J. Rübsam: Leonard von Taxis, in: ADB 37 (1894), S. 514–516.
46 ロープコヴィッツ、アウエルスペルグ、リヒテンシュタイン家の同様の発展については以下を参照。H. Schlip, Die neuen Fürsten, in: V. Press/D. Willoweit, (Hg.): Liechtenstein – Fürstliches Haus und staatliche Ordnung, Geschichtliche Grundlagen und moderne Perspektiven. Vaduz/München/Wien 1988 (2. Aufl.), 249-293, S. 266.
47 J. Rübsam: Lamoral, Graf von Taxis, in: ADB 37 (1894), S. 508–509.
48 T. Klein: Die Erhebungen in den weltlichen Reichsfürstenstand, 1550–1806, in: Blätter für deutsche Landesgeschichte 122 (1986), S. 137–192, S. 163.
49 H. Aubin/W. Zorn (Hg.): Handbuch der deutschen Sozial- und Wirtschaftsgeschichte, Bd. 1, Stuttgart 1971, S. 575.
50 *Piendl:* S. 34.
51 J. Rübsam: Leonard II., Graf von Taxis, in: ADB 37 (1894), S. 516–517.
52 F. Zazzera: Della nobiltà dell' Italia, parte seconda, Neapel 1628; G. P. Crescenzi: Corona della nobiltà d'Italia, 2 Bde., Bologna 1639/1642.
53 E. Flacchio: Généalogie de la très-illustre, très-ancienne et autrefois souveraine maison de la Tour, 3 Bde., Brüssel 1709.
54 P. de Jode: Theatrum pontificum, Imperatorum, regum, ducum, principum, etc., Antwerpen 1641, Nr. 142.
55 E. Effenberger: Geschichte der österreichischen Post, Wien 1913.
56 J. Rübsam, Lamoral Claudius Franz, Graf von Thurn und Taxis, in: ADB 37 (1894), S. 510–513.

57 F. Herberhold: Das fürstliche Haus Thurn und Taxis in Oberschwaben. Ein Beitrag zur Besitz-, Verwaltungs- und Archivgeschichte, in: ZWLG 13 (1954), 262–300, S. 263.

58 *Piendl:* S. 42.

59 T. Klein: Die Erhebungen in den weltlichen Reichsfürstenstand, 1550–1806, in: Blätter für deutsche Landesgeschichte 122 (1986), 137–192, S. 147f., S. 151.

60 *Piendl:* S. 42f.

61 T. Klein: Die Erhebungen in den weltlichen Reichsfürstenstand, 1550–1806, in: Blätter für deutsche Landesgeschichte 122 (1986), S. 137–192, S. 158.

62 H. Aubin/W. Zorn (Hg.): Handbuch der deutschen Sozial- und Wirtschaftsgeschichte, Bd. 1, Stuttgart 1971, S. 575; H. Schlip: Die neuen Fürsten, in: V. Press/ D. Willoweit, (Hg.): Liechtenstein – Fürstliches Haus und staatliche Ordnung. Geschichtliche Grundlagen und moderne Perspektiven, Vaduz/München/Wien 1988 (2. Aufl.), S. 249–293.

63 FZA, HFS-Urkunden 1387 (1713, V 17).

64 F. Lübbecke: Das Palais Thurn und Taxis zu Frankfurt am Main, Frankfurt 1955.

65 *Piendl:* S. 47.

66 R. Freytag: Das Prinzipalkommissariat des Fürsten Alexander Ferdinand von Thurn und Taxis, in: JHVD 25 (1912), 1–26, S. 9.

67 S. Schlösser: Der Mainzer Erzkanzler im Streit der Häuser Habsburg und Wittelsbach um das Kaisertum 1740–1745, Stuttgart 1986, S. 99f.

68 *Freytag:* S. 10.

69 Abgedruckt ebd.,S. 23–25.

70 Ebd., 1–26.

71 M. Piendl: Prinzipalkommissariat und Prinzipalkommissare am Immerwährenden Reichstag, in: D. Albrecht, (Hg.): Regensburg – Stadt der Reichstage, Regensburg 1980, 131–150, S. 139.

72 *Piendl:* S. 48.

73 *Dallmeier II:* S. 417f., nach: FZA, Posturkunden Nr. 251.

74 *Freytag:* S. 13.

75 *Piendl:* S. 57f.

76 W. Fürnrohr: Der Immerwährende Reichstag zu Regensburg. Das Parlament des Alten Reiches, in: VHVO 103 (1963), S. 165-255. この箇所にはまた1663年から1748年の皇帝特別主席代理たちのリストが挙がっている(240頁以下)。以下のようである。Guidobald Graf von Thun, Fürsterzbischof von Salzburg (1662-1668), David Graf von Weißenwolf (1668-1669), Marquard Schenk von Castell, Fürstbischof von Eichstätt (1669-1685), Sebastian Graf von Pötting, Fürstbischof von Passau (1685-1687), Herrmann Markgraf von Baden (1688-1691), Ferdinand August Fürst von Lobkowitz, Herzog von Sagan (1692-1699), Johann Philipp Graf von Lamberg, Fürstbischof von Passau (1700-1712), Maximilian Karl Fürst von Löwenstein-Wertheim (1712-1716), Christian August Herzog von Sachsen-Zeitz, Erzbischof von Gran (1716-1725), Frobenius Ferdinand Fürst zu Fürstenberg-Meßkirch (1726-1735) und Joseph Wilhelm Ernst Fürst zu Fürstenberg-Stühlingen (1735-1743 und 1745-1748).

77 *Freytag:* S. 1–26.

78 M. Piendl: Prinzipalkommissariat und Prinzipalkommissare am Immerwährenden Reichstag, in: D. Albrecht, (Hg.): Regensburg – Stadt der Reichstage, Regensburg 1980, S. 131–150.

79 R. Freytag: Vom Sterben des Immerwährenden Reichstags, in: VHVO 84 (1934), S. 185–234.

80 So das Argument von *Kalmus.* – Vgl. auch Kapitel II.

81 M. Dallmeier: Die kaiserliche Reichspost zwischen Zeitungsvertrieb und Zensur im 18. Jahrhundert, in: Deutsche Presseforschung 26 (1987), S. 233–258.
82 M. Neugebauer-Wölk: Revolution und Constitution. Die Brüder Cotta, Berlin 1989, S. 98–101, 114–123, 145–147.
83 M. Piendl: Prinzipalkommissariat und Prinzipalkommissare am Immerwährenden Reichstag, in D. Albrecht, (Hg.): Regensburg – Stadt der Reichstage, Regensburg 1980, S. 131–150.
84 J. J. Moser: Von denen Teutschen Reichs-Ständen, Frankfurt/M. 1767, S. 37–39.
85 Ksl. Reichstagsabschied von 1654, Paragraph 197; nach K. Zeumer, (Hg.): Quellensammlung zur Geschichte der Deutschen Reichsverfassung im Mittelalter und Neuzeit, Leipzig 1904, S. 398.
86 J. J. Moser: Von denen Teutschen Reichs-Ständen, Frankfurt/M. 1767, S. 524–550.
87 T. Klein: Die Erhebungen in den weltlichen Reichsfürstenstand, 1550–1806, in: Blätter für deutsche Landesgeschichte 122 (1986), 137–192, S. 144.
88 K. Ulrichs: Das Deutsche Postfürstenthum, sonst reichsunmittelbar: jetzt bundesunmittelbar. Gemeinrechtliche Darstellung des öffentlichen Rechts des Fürsten von Thurn und Taxis als Inhaber der gemeinen Deutschen Post, Gießen 1861.
89 *Freytag*, S. 19–21.
90 J. J. Moser: Von denen Teutschen Reichs-Taegen, Nach denen Reichsgesetzen und dem Reichsherkommen, wie auch denen Teutschen Staats-Rechts-Lehrern und eigener Erfahrung, Erster Teil, Frankfurt/Leipzig 1774, S. 78–144 »6. Cap. Von dem Principal-Commissario«.
91 *Piendl*, S. 57f.
92 W. Behringer: Hexenverfolgung in Bayern. Volksmagie, Glaubenseifer und Staatsräson in der Frühen Neuzeit, München 1987, S. 393f.
93 J. Pezzl: Reise durch den Baierschen Kreis, Zürich 1786, S. 36f.
94 R. Reiser: Adeliges Stadtleben im Barockzeitalter. Internationales Gesandtenleben auf dem Immerwährenden Reichstag zu Regensburg. Ein Beitrag zur Kultur- und Gesellschaftsgeschichte der Barockzeit, München 1969.
95 *Piendl:* S. 71.
96 R. Reiser: Adeliges Stadtleben im Barockzeitalter. Internationales Gesandtenleben auf den Immerwährenden Reichstag zu Regensburg. Ein Beitrag zur Kultur- und Gesellschaftsgeschichte der Barockzeit, München 1969.
97 FZA, Generalkasse Rechnungen 1 (1733–1741, 1749–1806).
98 *Dallmeier I:* S. 214–220.
99 *Piendl:* S. 77.
100 FZA, Generalkasse Rechnungen 1 (1800–1828).
101 T. Schulz: Die Mediatisierung des Adels, in: Baden und Württemberg im Zeitalter Napoleons, Stuttgart 1987, Bd. 2, S. 157–174, S. 163.
102 *Piendl:* S. 85.
103 T. Schulz: Die Mediatisierung des Adels, in: Baden und Württemberg im Zeitalter Napoleons, Stuttgart 1987, Bd. 2, S. 157–174.
104 H. Gollwitzer: Die Standesherren. Die politische und gesellschaftliche Stellung der Mediatisierten 1815–1918. Ein Beitrag zur deutschen Sozialgeschichte, Stuttgart 1957.
105 C. Dipper: Die Bauernbefreiung in Deutschland, 1790–1850, Stuttgart, u. a., 1980, S. 85–88.
106 *Piendl:* S. 84.

107 R. Reiser: Mathilde Therese von Thurn und Taxis (1773–1839), in: ZBLG 38 (1975), S. 739–748.

108 T. Schulz: Die Mediatisierung des Adels, in: Baden und Württemberg im Zeitalter Napoleons, Stuttgart 1987, Bd. 2, S. 157–174.

109 L. Diepgen: Statistisches über Fürstenehen 1500–1900, in: Archiv für Hygiene und Infektionskrankheiten 70 (1938), S. 192ff.; Sigismund Peller: Births and Deaths among Europe's Ruling Families since 1500, in: D. v. Glass/D. E. C. Eversley, (Hg.): Population in History. Essays in Historical Demography, London 1965.

110 L. Stone: Marriage among the English Nobility in the 16th and 17th Centuries, in: CSSH 2 (1960/61), S. 198f.; M. Mitterauer: Zur Frage des Heiratsverhaltens im österreichischen Adel, in: H. Fichtenau/E. Zöllner, (Hg): Beiträge zur neueren Geschichte Österreichs, Wien, u. a., 1974, S. 176–194.

111 *Piendl:* S. 34.

112 Allgemein: F. W. Euler: Wandlungen des Konnubiums im Adel des 15. und 16. Jahrhunderts, in: H. Rössler, (Hg.): Deutscher Adel 1555–1740, 2 Bde., Darmstadt 1965, II, S. 58–95.

113 H. Ohff: Stern in Wetterwolke. Königin Luise von Preußen, München 1989, S. 41 ff.

114 この「習慣」にはっきりとした例外があることは、ポルトガルの王家ブラガンサ家の王女たちとの婚姻が示している。1920年、フランツ・ヨーゼフ・フォン・トゥルン・ウント・タクシスは王女エリザベート・デ・ブラガンサと、1921年、カール・アウグスト・フォン・トゥルン・ウント・タクシスは王女マリア・アンナ・デ・ブラガンサと結婚した。Vgl. die Angaben bis zur Gegenwart bei: *Schwennicke:* Tafel 132.

115 T. Schulz: Die Mediatisierung des Adels, in: Baden und Württemberg im Zeitalter Napoleons, Stuttgart 1987, Bd. 2, S. 157–174.

116 W. Hilger: Die Verhandlungen des Frankfurter Bundestages über die Mediatisierten von 1816 bis 1866, Diss. masch. München 1956, S. 36ff., 39–45, 47ff.; H. H. Hofmann: Adelige Herrschaft und souveräner Staat. Studien über Staat und Gesellschaft in Franken und Bayern im 18. und 19. Jahrhundert, München 1962, S. 338f.

117 C. Dipper: Die Bauernbefreiung in Deutschland, 1790–1850, Stuttgart 1980.

118 K. Borchardt: Zur Frage des Kapitalmangels in der ersten Hälfte des 19. Jahrhunderts, in: Jahrbücher für Nationalökonomie und Statistik 173 (1961), S. 401–421.

119 H. Winkel: Die Ablösungskapitalien aus der Bauernbefreiung in West- und Süddeutschland. Höhe und Verwendung bei Standes- und Grundherren, Stuttgart 1968, S. 62–69.

120 M. Piendl: Die Gerichtsbarkeit der Fürsten Thurn und Taxis, in: Festschrift Wilhelm Winkler, München 1961, S. 292–307.

121 H. H. Hofmann: Adelige Herrschaft und souveräner Staat. Studien über Staat und Gesellschaft in Franken und Bayern im 18. und 19. Jahrhundert, München 1962, S. 277–322.

122 H. Nusser: Das bayerische Adelsedikt vom 26. 5. 1818 und seine Auswirkungen, in: Bayern. Staat und Kirche, Land und Reich. Forschungen zur bayerischen Geschichte vornehmlich im 19. Jahrhundert, München 1961, S. 308–325.

123 A. Lohner: Geschichte und Rechtsverhältnisse des Fürstenhauses Thurn und Taxis, Regensburg 1895, S. 31f.

124 H. Gollwitzer: Die Standesherren. Die politische Stellung der Mediatisierten 1815–1918, Stuttgart 1957, S. 54.

125 H. Nusser: Das bayerische Adelsedikt vom 26. 5. 1818 und seine Auswirkungen, in:

Bayern. Staat und Kirche, Land und Reich. Forschungen zur bayerischen Geschichte vornehmlich im 19. Jahrhundert, München 1961, S. 308–325, S. 323ff.
126 W. Conze: Adel, Aristokratie, in: O. Brunner/W. Conze/R. Koselleck, (Hg.): Geschichtliche Grundbegriffe, I, Stuttgart 1972, S. 1–48.
127 第109条、第3項、第2段。「貴族の称号は名前の一部としてのみ有効である……。」
128 第15条、第2項。「バイエルンの貴族は廃止される。1919年3月28日以前に貴族の称号を持つ権利を有していたバイエルン国家帰属者は、これを名前の一部としてのみ持ち続けることが許される。」
129 H. Nusser: Das bayerische Adelsedikt vom 26. 5. 1818 und seine Auswirkungen, in: Bayern. Staat und Kirche, Land und Reich. Forschungen zur bayerischen Geschichte vornehmlich im 19. Jahrhundert, München 1961, S. 308–325, S. 324f.
130 本書の第3章参照。
131 A. Lohner: Geschichte und Rechtsverhältnisse des Fürstlichen Hauses Thurn und Taxis, Regensburg 1895, S. 55–60, mit genauen Fundstellenangaben. – Text im Wortlaut: Ebd., S. 195–213.
132 バイエルンは1818年以降、ヴュルテンベルクは1819年以降、プロイセンは1854年以降、オーストリアは1862年以降である。A. Lohner: Geschichte und Rechtsverhältnisse des Fürstenhauses Thurn und Taxis, Regensburg 1895, S. 24, 31f.
133 Handbuch des Großgrundbesitzes in Bayern, (hgg. vom Zentralkomitee des ldw. Vereins in Bayern), München 1879, S. 157, 297, 384–388.
134 FZA, Generalkasse Rechnungen 1 (1733–1871).
135 R. Reiser: Mathilde Therese von Thurn und Taxis (1773–1839), in: ZBLG 38 (1975), 739–748, S. 747.
136 J. von Herrfeldt: Über das Postwesen in den deutschen Bundesstaaten, in: Archiv der Postwissenschaft 2 (1831), 157–159, 177–179, Zitat S. 177.
137 R. Reiser: Mathilde Therese von Thurn und Taxis (1773–1839), in: ZBLG 38 (1975), S. 739–748.
138 H. Reif: Der Adel in der modernen Sozialgeschichte, in: W. Schieder/V. Sellin, (Hg.): Sozialgeschichte in Deutschland, IV, Göttingen 1987, 34–60, S. 36ff.
139 M. Brunner, Die Hofgesellschaft. Die führende Gesellschaftsschicht Bayerns während der Regierungszeit König Maximilians II., München 1987, S. 144f.
140 A. Lohner: Geschichte und Rechtsverhältnisse des Fürstenhauses Thurn und Taxis, Regensburg 1895, S. 52.
141 FZA, Generalkasse Rechnungen 1 (1872/73–1922/23).
142 バイエルンにおけるトゥルン・ウント・タクシス郵便の国営化に至るまで、1806年から1808年のあいだ、「世襲領邦郵便局長」職が実在していた。
143 M. Brunner: Die Hofgesellschaft. Die führende Gesellschaftsschicht Bayerns während der Regierungszeit König Maximilians II., München 1987, S. 139ff.
144 Ebd., S. 168.
145 R. Schober: Tirol und Fürst Albert von Thurn und Taxis. Verhandlungen zur Restauration der Monarchie nach dem Ersten Weltkrieg, in: Innsbrucker Historische Studien 3 (1980), S. 131–158.
146 K. O. von Aretin: Der bayerische Adel. Von der Monarchie zum Dritten Reich, in: Bayern in der NS-Zeit, München 1981, S. 513–561.
147 B. Blumenfeld: Der Prinz als Manager eines Milliardenvermögens, in: Ders., Adel, Schlösser und Millionen, Burscheid 1981, S. 196–207.
148 I. Weilner: Unter Gottes Gericht. Die letzten Kriegstage 1945 am Hof des Fürsten von Thurn und Taxis, Regensburg 1965.

149 »Der Flug war ein bißchen anstrengend«. Die letzten Worte von Franz Josef Strauß vor seinem Zusammenbruch im Jagdrevier, in: ›Nürnberger Zeitung‹ vom 4. Oktober 1988.
150 Vgl. Kapitel VI dieses Buches.
151 H. Reif: Der Adel in der modernen Sozialgeschichte, in: W. Schieder/V. Sellin, (Hg.): Sozialgeschichte in Deutschland, IV, Göttingen 1987, S. 34–60; W. Conze: Adel, Aristokratie, in: O. Brunner/W. Conze/R. Koselleck, (Hg.): Geschichtliche Grundbegriffe, I, Stuttgart 1972, S. 1–48.
152 L. Stone: The Crisis of the Aristocracy 1558–1641, London 1965.
153 O. Brunner: Adeliges Landleben und europäischer Geist. Leben und Werk Wolf Helmhardts von Hohberg 1612–1688, Salzburg 1949.
154 N. Elias: Die höfische Gesellschaft, Neuwied 1969; J. von Kruedener: Die Rolle des Hofes im Absolutismus, Stuttgart 1973.
155 H. Rosenberg: Bureaucracy, Aristocracy and Autocracy, Boston 1958.
156 E. Neckarsulmer: Der alte und der neue Reichtum, Berlin 1925, S. 31.
157 E. P. Thompson: Patrizische Gesellschaft, plebeische Kultur, in: Plebeische Kultur und moralische Ökonomie, Frankfurt u. a. 1980, 168–201.
158 F. Thoma: Weil sie nie regierten, regieren sie immer noch. Die Thurn und Taxis, in: Ders.: Die modernen Monarchen, 1970, S. 191–208.
159 K. G. Simon: Der Echte: Prinz Johannes von Thurn und Taxis, in: Ders.: Deutsche Kronprinzen. Eine Generation auf dem Wege zur Macht, Frankfurt 1969, S. 19–28.
160 B. Blumenfeld: Der Prinz als Manager eines Milliardenvermögens, in: Ders., Adel, Schlösser und Millionen, Burscheid 1981, S. 196–207.
161 H. Memmer: Fürstenhochzeit in Regensburg. In: Regensburger Almanach 13 (1981), S. 96–102.

第5章

1 H. Aubin/W. Zorn (Hg.): Handbuch der deutschen Wirtschafts- und Sozialgeschichte, 2 Bde., Stuttgart 1971/1976. – H.-U. Wehler: Deutsche Gesellschaftsgeschichte, Erster Band: Vom Feudalismus des Alten Reiches bis zur Defensiven Modernisierung der Reformära, 1700–1815; Zweiter Band: Von der Reformära bis zur industriellen und politischen »Deutschen Doppelrevolution« 1815–1845/49, München 1987.
2 T. Klein: Die Erhebungen in den weltlichen Reichsfürstenstand, 1550–1806, in: Blätter für deutsche Landesgeschichte 122 (1986), S. 137–192, 144.
3 F. Herberhold: Das fürstliche Haus Thurn und Taxis in Oberschwaben. Ein Beitrag zur Besitz-, Verwaltungs- und Archivgeschichte, in: ZWLG 13 (1954), S. 262–300.
4 Vgl. R. Hildebrandt: Die ›Georg Fuggerischen Erben‹. Kaufmännische Tätigkeit und sozialer Status 1555–1600, Berlin 1966, S. 184ff. – James C. Davis: A Venetian Familiy and its Fortune, 1500–1900. The Donà and the Conservation of Their Wealth, Philadelphia 1975.
5 J. Müller: Der Zusammenbruch des Welser'schen Handelshauses im Jahre 1614, in: VSWG 1 (1903), S. 196–234.
6 R. Hildebrandt: Die ›Georg Fuggerischen Erben‹. Kaufmännische Tätigkeit und sozialer Status 1555–1600, Berlin 1966, S. 184ff.

7 J. Rübsam: Johann Babtista von Taxis, in: ADB 37 (1894), S. 497f. – Allgemein: F. Walser: Die spanischen Zentralbehörden und der Staatsrat Karls V., Göttingen/Zürich 1959.
8 Ohmann: S. 297.
9 F. Herberhold: Das fürstliche Haus Thurn und Taxis in Oberschwaben. Ein Beitrag zur Besitz-, Verwaltungs- und Archivgeschichte, in: ZWLG 13 (1954), S. 262–300, 263.
10 *Piendl:* S. 41–43.
11 FZA, Generalkasse Rechnungen Nr. 1 (1733–1806).
12 T. Klein: Die Erhebungen in den weltlichen Reichsfürstenstand, 1550–1806, in: BDLG 122 (1986), S. 137–192, 156.
13 R. Freytag: Über Postmeisterfamilien mit besonderer Berücksichtigung der Familie Kees, in: Familiengeschichtliche Blätter 13 (1915), S. 1–6, 3.
14 F. Herberhold: Das fürstliche Haus Thurn und Taxis in Oberschwaben. Ein Beitrag zur Besitz-, Verwaltungs- und Archivgeschichte, in: ZWLG 13 (1954), S. 262–300, 264.
15 *Piendl:* S. 73f.
16 Aus den Beständen der Hofbibliothek: Franciscus Philippus Florinus, Oeconomus prudens et legalis, oder: Allgemeiner Klug- und Rechtsverständiger Haus-Vatter, Nürnberg/Frankfurt/Leipzig 1705 (2. Aufl.). – Joseph von Feldeck: Kern einer vollständigen Hauß- und Landwirthschaft, oder der wohlerfahrne Böhmisch- und Oesterrechische Haußvatter, Leipzig 1718. – F. P. Florinus: Oeconomus prudens et legalis continuatus, oder: Großer Herren Stands und adelicher Haus-Vatter, Nürnberg/Frankfurt/Leipzig 1719. – Wolf Helmhard von Hohberg: Georgica curiosa, 3 Bde., Nürnberg 1719–1749.
17 Alexander Blond: Die Gärtnerey. Aus dem Französischen, Augsburg 1731. – M. N. Chomel: Dictionnaire oeconomique, Amsterdam 1732; M. N. Chomel: Supplement au Dictionnaire oeconomique, Amsterdam 1740. – J. A. H.: Neue Acker-Theorie, Magdeburg 1749; Ökonomische Nachrichten, 15 Bde., Leipzig 1750–1766. – Peter Graf von Hohenthal (Hg).: Ökonomisch-physikalische Abhandlungen, 6 Bde., Leipzig 1751–1763. – du Hamel du Mouceau: Abhandlung von dem Ackerbau nach den Grundsätzen des Herrn Tull, eines Engelländers. Aus dem Französischen, Dresden 1752. – L' Agronomie: Dictionnaire, 2 Bde., Paris 1760; Gründlicher Unterricht, wie der Ertrag der Feld-Güter ... auf eine erstaunliche Weise erhöht werden kann, Frankfurt/Leipzig 1762. – Johann Christoph Leonhard: Vollständige Abhandlung vom Wiesenbau, Frankfurt/Leipzig 1763. – Johann Gottschalk Wallerius: Chymische Grundsätze des Ackerbaus, Aus dem Lateinischen, Berlin 1764. – John Mills: Vollständiger Lehrbegriff von der praktischen Feldwirthschaft. Aus dem Englischen, 5 Bde., Leipzig 1764–1767; Allgemeine Gründe der ökonomischen Wissenschaften. Aus dem Französischen, 3 Bde., Frankfurt/Leipzig 1770–1771; Encyclopédie oeconomique, ou Système général d' oeconomie, 16 Bde., Yverdon 1770–1771.
18 J. A. F. Block: Lehrbuch der Landwirtschaft, Leipzig 1774. – Jacob Friedrich Döhler: Abhandlung von Domänen, Contributionen, Steuern, Schazungen und Abgaben, Nürnberg 1775. – Typisch die Erwerbung von: Johann Georg Krünitz: Oeconomische Encyclopädie, oder allgemeines System der Land-, Haus- und Staats-Wirthschaft, in alphabetischer Ordnung, Bd. 1 ff., Berlin 1773.
19 FZA Geschäftsverwaltung-Oberste Leitung (Geheime Kanzlei): Übersicht über die Einnahmen und Ausgaben 1776, in: FZA, Generalkasse Rechnungen Nr. 1.
20 G. Heberle: Der Übergang der Grafschaft Friedberg-Scheer vom Hause Waldburg an das Haus Thurn und Taxis, (ZA bei E. Hassinger, ms.) o. O. 1969, S. 31 f., nach

Paragraph 6 des Kaufvertrages im Staatsarchiv Sigmaringen.

21 J. Nordmann: Kodifikationsbestrebungen in der Grafschaft Friedberg-Scheer am Ende des 18. Jahrhunderts, in: ZWLG 28 (1969), S. 265–342, 273, nach: FZA, Schwäbische Akten 623, 674.

22 R. Kretzschmer: Vom Obervogt zum Unterjäger. Die Verwaltung der Grafschaft Friedberg-Scheer unter den Truchsessen von Waldburg im Überblick (1452–1786), in: Veröffentlichungen der staatlichen Archivverwaltung Baden-Württemberg 44 (1986), S. 187–204.

23 G. Heberle: Der Übergang der Grafschaft Friedberg-Scheer vom Hause Waldburg an das Haus Thurn und Taxis, (ZA bei E. Hassinger, ms.) o. O. 1969, S. 35, nach Paragraph 13 des Kaufvertrages im Staatsarchiv Sigmaringen.

24 FZA: Generalkasse Rechnungen 1, 1733–1793.

25 Nikolaus Hug: Prospecte aller Ortschaften der gefürsteten von Thurn und Taxisschen Grafschaft Friedberg Scheer, nach der Natur gezeichnet, o. J. (ca. 1803, gedruckt München 1966).

26 T. Klein: Die Erhebungen in den weltlichen Reichsfürstenstand, 1550–1806; in: Blätter für die deutsche Landesgeschichte 122 (1986), 137–192, S. 161.

27 K. T. J. von Eberstein: Über die Vergrößerungen des Hochfürstlich Thurn und Taxisschen Hauses durch weitere Erwerbungen an Ländern nach einem festgesetzten zweckmäßigen Plan, 1789, in: FZA, HFS 261.

28 T. Klein: Die Erhebungen in den weltlichen Reichsfürstenstand, 1550–1806, in: BDLG 122 (1986), 137–192, S. 161.

29 J. Riem: Fragen zu einem Prodromus der monathlichen practisch-ökonomischen Encyclopädie für deutsche Landwirthe, Dessau 1784; Ders., Physikalisch-ökonomische Monatsschrift, 6 Bde., Dresden/Leipzig 1786–1788; Ders., Allgemeine Zucht- und Futterordnung des milchenden Rindviehs, Dresden 1788.

30 J. Nordmann: Kodifikationsbestrebungen in der Grafschaft Friedberg-Scheer am Ende des 18. Jahrhunderts, in: ZWLG 28 (1969), 265–342, S. 276, nach: Rathaus Scheer, »Rothes Buch«.

31 Ebd., S. 265–342, 276, nach: Rathaus Scheer, »Rothes Buch«.

32 G. Heberle: Der Übergang der Grafschaft Friedberg-Scheer vom Hause Waldburg an das Haus Thurn und Taxis, (ZA bei E. Hassinger, ms.) o. O. 1969, S. 49, nach: StA Sigmaringen, Dep. 30, Rep. I, K 12, Lade 2, Nr. 3.

33 F. Herberhold: Das fürstliche Haus Thurn und Taxis in Oberschwaben. Ein Beitrag zur Besitz-, Verwaltungs- und Archivgeschichte, in: ZWLG 13 (1954), S. 262–300.

34 FZA, Generalkasse Rechnungen Nr. 1 (1785–1808).

35 *Probst I:* S. 276, nach: FZA, HFS Akten 1, Promemoria aus Trugenhofen.

36 ADB 48 (1904), S. 229f.; NDB 5 (1959), S. 252.

37 J. Nordmann: Kodifikationsbestrebungen in der Grafschaft Friedberg-Scheer am Ende des 18. Jahrhunderts, in: ZWLG 28 (1969), S. 265–342, 280, nach: StAM, Nachlaß Eberstein Nr. 20. エーベルシュタインは国法に関する著作をいくつか出版し、のちにライン連邦の大臣になった。

38 Ebd., S. 281–282, nach: K. T. J. von Eberstein, Kurze Biographie des Herrn F. X. Clavels, Hochf. Thurn und Taxisschen Hofrathes und Oberamtmanns zu Scheer, 1793, in: StAM, Nachlaß Eberstein Nr. 21.

39 G. Heberle: Der Übergang der Grafschaft Friedberg-Scheer vom Hause Waldburg an das Haus Thurn und Taxis, (ZA bei E. Hassinger, ms.) o. O. 1969, S. 61 f.

40 F. Herberhold: Das fürstliche Haus Thurn und Taxis in Oberschwaben. Ein Beitrag zur Besitz-, Verwaltungs- und Archivgeschichte, in: ZWLG 13 (1954), 262–300, S. 274.

41 J. Nordmann: Kodifikationsbestrebungen in der Grafschaft Friedberg-Scheer am Ende des 18. Jahrhunderts, in: ZWLG 28 (1969), S. 265–342, 342.
42 Ebd., S. 283–286, nach: J. F. X. von Epplen, Unmaßgebliche Gedanken: Wie bei Verbesserung der Friedberg-Scheerischen Statuten verfahren werden könne?, 1789, in: FZA, Schwäbische Akten S. 648.
43 Forst- und Jagdordnung für die Grafschaft Friedberg-Scheer, Buchau 1786; zu Moser: ADB 22 (1885), S. 384.
44 Beide in: FZA, Schwäbische Akten S. 601.
45 Instruction für die Amänner, Unteramänner und andere Ortsvorgesetzte der Reichsgefürsteten Grafschaft Friedberg-Scheer, Riedlingen 1790, S. 9 und 49f.
46 Kommun-Ordnung für die Gefürstete Reichsgrafschaft Friedberg-Scheer vom 9. July 1790, Riedlingen 1790, S. 3f.
47 Brandversicherungs-Ordnung für die Hochfürstlich Thurn- und Taxische Reichs-Lande, 1791.
48 Feuer- und Lösch-Ordnung für die Hochfürstlich Thurn- und Taxische Reichs-Lande, 1791.
49 Schul-Ordnung für die Jugend der Reichsgefürsteten Grafschaft Friedberg-Scheer und der andern dazu gewandten Reichsherrschaften, Stadtamhof 1798.
50 Allgemeines Bürgerliches Gesätzbuch für die Reichsgefürstete Grafschaft Friedberg-Scheer, Regensburg 1792.
51 J. Nordmann: Kodifikationsbestrebungen in der Grafschaft Friedberg-Scheer am Ende des 18. Jahrhunderts, in: ZWLG 28 (1969), S. 265–342, 326.
52 Ebd., S. 293–310.
53 (Eberstein), Entwurf eines Sitten- und Straf-Gesätzbuchs für einen deutschen Staat, Ulm 1793.
54 M. Piendl: Schloß Obermarchthal des Fürsten Thurn und Taxis, München 1971.
55 G. Neumann: Neresheim, München 1947. – P. Weißenberger: Das fürstliche Haus Thurn und Taxis und seine Grablege in der Benediktinerabtei zu Neresheim, in: JHVD 69 (1967), S. 81–105.
56 Jubelgesang in hebräischer Sprache dargebracht vom Rabbiner in Buchau, als Seine Hochfürstliche Durchlaucht Karl Anselm von Thurn und Taxis die Erbhuldigung im Fürstenthum Buchau den 22. August 1803 einnehmen zu lassen geruhten. – Manuskript, Hofbibliothek Regensburg, Principalia Domini 1803, XVIII. – Freudenfest gehalten von den jüdischen Gemeinden von Buchau und Kappel in ihren Synagogen als Seine Hochfürstl. Dt. Herr Karl Anselm von Thurn und Taxis Buchau mit seiner Gegenwart beglückten, Buchau 1804. – Vgl.: »Geschichte der israelitischen Gemeinde« in: J. E. Schöttle, Geschichte von Stadt und Stift Buchau samt dem stiftischen Dorfe Kappel, Waldsee 1884, 1. Band, S. 161–182.
57 F. Herberhold: Das fürstliche Haus Thurn und Taxis in Oberschwaben. Ein Beitrag zur Besitz-, Verwaltungs- und Archivgeschichte, in: ZWLG 13 (1954), S. 262–300, S. 276.
58 T. Schulz: Die Mediatisierung des Adels, in: Baden und Württemberg im Zeitalter Napoleons, Stuttgart 1987, Bd. 2, S. 157–174.
59 F. Herberhold: Das fürstliche Haus Thurn und Taxis in Oberschwaben. Ein Beitrag zur Besitz-, Verwaltungs- und Archivgeschichte, in: ZWLG 13 (1954), S. 262–300, S. 272.
60 Ebd., S. 272.
61 F. Günther: Der Oesterreichische Großgrundbesitzer. Ein Handbuch für den Großgrundbesitzer und Domainebeamten, Wien 1883, S. 5.
62 J. F. Meyer: Grundsätze zur Verfechtung und Beurtheilung richtiger Pachtan-

schläge über alle Zweige der Landwirthschaft für Domänencammern, Gutsbesitzer und Pachtbeamte, Hannover 1809.

63 A. D. Thaer: Grundsätze der rationellen Landwirthschaft, 4 Bde., Berlin 1809–1812. – Dazu: K. Herrmann: Pflügen, Säen, Ernten. Landarbeit und Landtechnik in der Geschichte, Reinbek 1985, S. 156–160.

64 E. Probst: Die Entwicklung der fürstlichen Verwaltungsstellen seit dem 18. Jahrhundert, in: M. Piendl (Hg.): Beiträge zur Geschichte, Kunst- und Kulturpflege im Hause Thurn und Taxis, Kallmünz 1978, S. 267–386 (= *Probst I*).

65 F. Herberhold: Das fürstliche Haus Thurn und Taxis in Oberschwaben. Ein Beitrag zur Besitz-, Verwaltungs- und Archivgeschichte, in: ZWLG 13 (1954), S. 262–300, 278f.

66 *Piendl:* S. 97.

67 F. Herberhold: Das fürstliche Haus Thurn und Taxis in Oberschwaben. Ein Beitrag zur Besitz-, Verwaltungs- und Archivgeschichte, in: ZWLG 13 (1954), S. 262–300, 280ff.

68 *Probst I:* S. 358f., 370f.

69 FZA, Generalkasse Rechnungen Nr. 1 (1806–1867). – Zum Südtiroler Besitz vgl. *Probst I:* S. 338f.

70 Ebd., S. 353–364.

71 Ebd., S. 353–376.

72 W. K. Blessing: ›Der Geist der Zeit hat die Menschen sehr verdorben ...‹. Bemerkungen zur Mentalität in Bayern um 1800, in: E. Weis, (Hg.) Reformen im rheinbündischen Deutschland, München 1984, S. 229–250.

73 FZA, Generalkasse Rechnungen Nr. 1 (1806–1867).

74 *Probst I: S. 308.*

75 FZA, Generalkasse Rechnungen Nr. 1 (1867–1916).

76 H. Winkel: Zur Preisentwicklung landwirtschaftlicher Grundstücke in Niederbayern 1830–1870, in: Wirtschaft und soziale Struktur im säkularen Wandel. Festschrift Wilhelm Abel zum 70. Geburtstag, Hannover 1974, S. 565–577.

77 *Probst I:* S. 376–378.

78 H. Drescher: Stadt und Herrschaft Krotoschin in der Zeit des Königreichs Polen (1415–1793), Pforzheim 1978.

79 J. B. Mehler: Das fürstliche Haus Thurn und Taxis in Regensburg, Regensburg 1898, S. 224f.

80 Ebd., S. 181ff.

81 J. G. Sommer: Das Königreich Böhmen, statistisch und topographisch dargestellt, 16 Bde., 1833–1849.

82 R. Köpl: Das ehemalige Prämonstratenser-Stift Chotieschau im Pilsner Kreise Böhmens, 1840.

83 A. Krämer: Rückblick auf das Leben Karl Alexanders, Fürsten von Thurn und Taxis, Fürsten zu Buchau und Krotoszyn, Regensburg 1828, S. 82–93.

84 H. Winkel: Die Ablösungskapitalien aus der Bauernbefreiung in West- und Süddeutschland. Höhe und Verwendung bei Standes- und Grundherren, Stuttgart 1966, S. 64f., 150ff.

85 A. Krämer: Rückblick auf das Leben Karl Alexanders, Fürsten von Thurn und Taxis, Fürsten zu Buchau und Krotoszyn, Regensburg 1828, S. 83.

86 FZA, Generalkasse Rechnungen Nr. 1 (1733–1867).

87 T. Schieder (Hg.): Handbuch der europäischen Geschichte, Bd. 5, Stuttgart 1981, S. 940–958.

88 *Piendl:* S. 102.

89 H. Winkel: Zur Preisentwicklung landwirtschaftlicher Grundstücke in Niederbayern 1830–1870, in: Wirtschaft und soziale Struktur im säkularen Wandel. Festschrift Wilhelm Abel zum 70. Geburtstag, Hannover 1974, S. 565–577.
90 K. Herrmann: Pflügen, Säen, Ernten. Landarbeit und Landtechnik in der Geschichte, Reinbek 1985, S. 164ff.
91 W. Abel: Agrarkrisen und Agrarkonjunktur, Hamburg/Berlin 1966 (2. Aufl.), S. 253f.
92 H. Winkel: Zur Preisentwicklung landwirtschaftlicher Grundstücke in Niederbayern 1830–1870, in: Wirtschaft und soziale Struktur im säkularen Wandel. Festschrift Wilhelm Abel zum 70. Geburtstag, Hannover 1974, S. 565–577, 566, nach: FZA, IB 543.
93 Ebd., S. 570, nach: FZA, IB 561.
94 Ebd., S. 571, nach: FZA, IB 2774.
95 Ebd., S. 573.
96 F. Günther: Der Oesterreichische Großgrundbesitzer. Ein Handbuch für den Großgrundbesitzer und Domainebeamten, Wien 1883, S. 193–204.
97 M. Piendl: Thurn und Taxis, 1517–1867. Zur Geschichte des fürstlichen Hauses und der Thurn und Taxisschen Post, Regensburg 1967, S. 98.
98 E. Völkl: Bayern und Ungarn im 19. Jahrhundert, in: Bayern und Ungarn. Tausend Jahre enge Beziehungen, Regensburg 1988, S. 99–121, 105ff.
99 F. Günther: Der österreichische Großgrundbesitzer. Ein Handbuch für den Großgrundbesitzer und Domainenbeamten, Wien 1883.
100 *Probst I:* S. 343–346.
101 FZA, Generalkasse Rechnungen Nr. 1 (1871–1945). – Internes Rechnungsmaterial in: FZA, Domänenkammer 21441; ebd., 24451; ebd., 21481.
102 人工による体系的な刷新は失敗し、放棄された。Vgl. S. Frančišković: Šume i Šumarstvo vlastelinstva Thurn Taxis, Zagreb 1928, S. 50f.
103 H. *Winkel:* Die Entwicklung des Kassen- und Rechnungswesens im Fürstlichen Hause Thurn und Taxis im 19. Jahrhundert, in: ScrM 7 (1973), S. 3–19, 8, nach: FZA, HMA 24.
104 *Winkel:* S. 9.
105 FZA, Generalkasse Rechnungen 5 (Grundstocksveränderungsrechnung, Serie A: Haus- und Stammvermögen, 1829–1956); dazu die Belege in: FZA, Generalkasse Rechnungen 6.
106 FZA, Generalkasse Rechnungen 5 (Grundstocksveränderungsrechnung, Serie B: Privatvermögen (1829–1869/70).
107 *Probst I:* S. 339.
108 FZA, Generalkasse Rechnungen 5 (Grundstocksveränderungsrechnung, Serie A: Haus- und Stammvermögen, 1829–1875).
109 FZA, Generalkasse Rechnungen 5 (Grundstocksveränderungsrechnung, Serie A: Haus- und Stammvermögen, 1829–1956), Jh. 1916/17, Nebenrechnung X, S. 57.
110 FZA, Generalkasse Rechnungen 5 (Grundstocksveränderungsrechnung, Serie A: Haus- und Stammvermögen, 1875–1948).
111 *Probst I:* S. 341.
112 FZA, Generalkasse Rechnungen 5 (Grundstocksveränderungsrechnung, Serie A: Haus- und Stammvermögen, 1829–1956); dazu die Belege in: FZA, Generalkasse Rechnungen 6.
113 FZA, Generalkasse Rechnungen 5 (Grundstocksveränderungsrechnung, Serie B: Privatvermögen (1829–1869/70).
114 FZA, Immediatbüro 1227–1228, »Tableaus über die statistischen und staatsrecht-

lichen Verhältnisse der fürstlichen Besitzungen, Vol. 1 (1828–1867), Vol. 2 (1870–1881).
115 FZA, Immediatbüro 1187.
116 FZA, Generalkasse Rechnungen Nr. 1 (1806–1867).
117 Ebd., (1867–1916/17).
118 Ebd., (1819–1916).
119 Ebd., 1845/46–1848/49.
120 FZA, Generalkasse Akten 47 »Den Stand der laufenden Einnahmen und Ausgaben im Jahre 1848 betreffend«.
121 FZA, Generalkasse Rechnungen 1 (1867–1917).
122 W. Loewenfeld: Der Prozeß des Fürsten von Thurn und Taxis gegen den tschechoslowakischen Staat, in: Detektor: Die tschechoslowakische Bodenreform, Wien 1925, S. 53–61, 53f.
123 FZA, Generalkasse Rechnungen 1 (1820–1944/45). すべての通貨はライヒスマルクに換算された。
124 »Höchste Entschließung, die Auflösung des fürstl. Immediatbureaus und die künftige Geschäfts-Aufgabe der fürstl. Domänen-Ober-Administration betr.« (26. Mai 1881), in: Verordnungsblatt für den fürstl. Thurn und Taxis'schen Verwaltungsdienst, Bd. 1 ff., Regensburg 1881, S. 63f.
125 FZA, Generalkasse Rechnungen Nr. 1 (1800–1945).
126 R. Martin: Jahrbuch des Vermögens und Einkommens der Millionäre in Bayern, Berlin 1914, S. 4f.
127 Ebd., S. 14f.
128 J. B. Mehler: Das fürstliche Haus Thurn und Taxis in Regensburg, Regensburg 1898, S. 181–184; dieselben Zahlen gibt auch noch: R. Martin: Jahrbuch des Vermögens und Einkommens der Millionäre in Bayern, Berlin 1914, S. 122.
129 *Piendl:* S. 98.
130 R. Martin: Jahrbuch des Vermögens und Einkommens der Millionäre in Bayern, Berlin 1914, S. 121.
131 Ebd., S. 4f.
132 J. B. Mehler: Das fürstliche Haus Thurn und Taxis in Regensburg, Regensburg 1898, S. 181–184.
133 Zur Agrartechnik um 1900: K. Herrmann, Pflügen, Säen, Ernten. Landarbeit und Landtechnik in der Geschichte, Reinbek 1985, S. 173–186, 191–213.
134 Handbuch des größeren Grundbesitzes in Bayern, (Hg.: Bayerischer Landwirtschaftsrat), München 1907, S. 182–185.
135 Ebd., S. 290–301.
136 J. B. Mehler: Das fürstliche Haus Thurn und Taxis in Regensburg, Regensburg 1898, S. 181–184.
137 次の著作が宮廷図書館に所蔵されていた。Hans Carl von Carlowitz, Sylvicultura Oeconomica, oder: Haußwirthschaftliche Nachricht und naturgemäße Anweisung zur wilden Baumzucht, Leipzig 1732. – Peter Krezschmer: Oeçonomische Vorschläge, wie das Holtz zu vermehren, Halle/Leipzig 1744. – Wilhelm Ellis: Von Erbauung des Zimmerholzes. Aus dem Englischen, Leipzig 1752. – Johann Gottlieb Beckmann: Gegründete Versuche und Erfahrungen von der zu unseren Zeiten höchst nöthigen Holzsaat, Chemnitz 1756; Ders., Anweisung zu einer pfleglichen Forstwirthschaft, Chemnitz 1759. – Wilhelm Gottfried von Moser: Grundsätze der Forst-Oeconomie, Frankfurt/Leipzig 1757. – Johann Friedrich Stahl: Allgemeines oekonomisches Forst-Magazin, 6 Bde., Frankfurt/ Leipzig 1763–1769.

138 Wilhelm Gottfried von Moser: Forst-Archiv zur Erweiterung der Forst- und Jagdwissenschaft, 17 Bde., Ulm 1788–1795.

139 バイエルンの森林令、1598年。ブラウンシュヴァイク・リューネブルクの森林業務規則、1746年。フリードベルク・シェール伯領のための森林・狩猟令、リードリンゲン、1786年。

140 J. J. Freyherr von Linker (Hg.): Der besorgte Forstmann. Eine Zeitschrift über Verderbniß der Wälder durch Thiere und vorzüglich Insecten überhaupt, Weimar 1798ff. – F. L. A. von Burgsdorf: Forsthandbuch, Frankfurt/Leipzig 1792 (2. Aufl.). – Carl Ludwig von Lasperg: Forst-Calender, oder Verzeichnis der Verrichtungen, die einem Forstmann in einem jeden Monate des Jahres vorzüglich obliegen, Wien 1794. – Georg Alexander Fabricius: Tabellen zur Bestimmung des Gehaltes und des Preises sowohl des beschlagenen als des runden Holzes, Gießen 1795 (2. Aufl.); Handbuch für die praktische Forst- und Jagdkunde in alphabetischer Ordnung, 3 Bde., Leipzig 1796–1797.

141 このことも また蔵書に表れている。Moriz Balthasar Borkhausen: Theoretisch-praktisches Handbuch der Forstbotanik und Forsttechnologie, 2 Bde., Gießen/Darmstadt 1800/1803. – Johann Matthäus Bechstein: Diana oder Gesellschaftsschrift zur Erweiterung und Berichtigung der Natur-, Forst- und Jagdkunde, 3 Bde., Gotha 1805. – L. P. Lauros/B. F. Vischer: Sylvan, ein Jahrbuch für Forstmänner, Jäger und Jagdfreunde, 4 Bde., Marburg/Kassel 1813–1816. – Franz Martin: Praktische Erfahrungen und Grundsätze über die richtige Behandlung und Kultur der vorzüglichsten teutschen Holzbestände, München 1815.

142 F. Herberhold: Das fürstliche Haus Thurn und Taxis in Oberschwaben. Ein Beitrag zur Besitz-, Verwaltungs- und Archivgeschichte, in: ZWLG 13 (1954), S. 262–300, 284.

143 z. B. G. Heyer: Anleithung zur Waldwerthrechnung, Leipzig 1876 (2. Aufl.). – C. Fischbach: Lehrbuch der Forstwissenschaft, Berlin 1877 (3. Aufl.). – C. Grebe: Die Betriebs- und Ertragsregulierung der Forsten, Wien 1879 (2. Aufl.).

144 トゥルン・ウント・タクシス侯の営林署長と担当区林務官服務規程、レーゲンスブルク、1875年。トゥルン・ウント・タクシス侯の林務官補助服務規程、レーゲンスブルク、1875年（各営林地域のための同様の服務規程）。トゥルン・ウント・タクシス侯のヴェルト営林局《フォルストアムト》の森林における伐採業服務規程、シュタットアムホーフ、1882年。

145 S. Frančišković: Šume i Šumarstvo vlastelinstva Thurn Taxis, Zagreb 1928, S. 50f.

146 Handbuch des größeren Grundbesitzes in Bayern, (Hg.: Bayerischer Landwirtschaftsrat), München 1907, S. 301–302.

147 Kalamitäten und deren Bewältigung in einem Betrieb des Großprivatwaldes. Exkursionsführung zur Waldfahrt Nr. 11 (des Bayerischen Forstvereins). Fürst Thurn und Taxis Forstamt Wörth, Regensburg 1985, S. 2f.

148 T. Schieder (Hg.): Handbuch der europäischen Geschichte, Bd. 7/1–2, Stuttgart 1979, S. 927. – Allgemein: M. Sering, Agrarrevolution und Agrarreform in Ost- und Mitteleuropa, 1929. – FZA, Domänenkammer Nr. 21267–21316 Bodenreform in Böhmen.

149 T. Schieder (Hg.): Handbuch der europäischen Geschichte, Bd. 7/1–2, Stuttgart 1979, S. 1003f. – FZA, Domänenkammer Nr. 21317–21440 Liquidation des Fürstentums Krotoszyn.

150 FZA, Domänenkammer 21481.

151 T. Schieder (Hg.): Handbuch der europäischen Geschichte, Bd. 7/1–2, Stuttgart 1979, S. 1199.

152 S. Frančišković: Šume i Šumarstvo vlastelinstva Thurn Taxis, Zagreb 1928, S. 50f.

153 *Probst I:* S. 343–346.
154 FZA, Domänenkammer Nr. 21342.
155 FZA, Domänenkammer Nr. 21295 Klage Albert Fürst von Thurn und Taxis gegen die ČSR (mit Anlagen in Nr. 21297–21303).
156 W. Loewenfeld: Der Prozeß des Fürsten von Thurn und Taxis gegen den tschechoslowakischen Staat, in: Detektor, Die tschechoslowakische Bodenreform, Wien 1925, 53–61, S. 53f.
157 Ebd., S. 54–59.
158 Ebd., S. 61.
159 T. Häbich: Deutsche Latifundien. Bericht und Mahnung, Frankfurt/Main 1947 (3. Auflage), S. 48–54.
160 Ebd., S. 120.
161 Ebd., S. 55–60.
162 Ebd., S. 143–159.
163 M. Dallmeier/L. Uhlig: Thurn und Taxis – Stationen eines traditionsreichen Familienunternehmens, in: Der Kontakt – Doduco Werkzeitschrift, Winter 1983, S. 3–11, 8.
164 Ebd.
165 B. Behrens: Thurn und Taxis. Postmeisters Milliarden, in: Wirtschaftswoche Nr. 29 (1989) vom 14. 7. 1989, S. 72–74.
166 Ebd.
167 M. Dallmeier/L. Uhlig: Thurn und Taxis – Stationen eines traditionsreichen Familienunternehmens, in: Der Kontakt – Doduco Werkzeitschrift, Winter 1983, S. 3–11, 8. – Gespräch mit Herrn Manfred Heiler, dem Leiter dieses Unternehmensbereiches.
168 Ebd.
169 H. Lamprecht: Waldbau in den Tropen, Hamburg/Berlin 1986. – B. J. Zobel/G. van Wyk/P. Stahl: Growing Exotic Forests, New York 1987; Kalamitäten und deren Bewältigung in einem Betrieb des Großprivatwaldes. Exkursionsführung zur Waldfahrt Nr. 11 (des Bayerischen Forstvereins). Fürst Thurn und Taxis Forstamt Wörth, Regensburg 1985, S. 5.
170 Ansprache S. D. Johannes Fürst von Thurn und Taxis anläßlich des Pressegesprächs am 16. 12. 1986 in Schloß Regensburg (Presseinformation).
171 Kalamitäten und deren Bewältigung in einem Betrieb des Großprivatwaldes. Exkursionsführung zur Waldfahrt Nr. 11 (des Bayerischen Forstvereins). Fürst Thurn und Taxis Forstamt Wörth, Regensburg 1985, S. 8f., 16f.
172 W. Mertzig: »Automobilmachung für den Wald«. Informationsveranstaltung im Schloß zu Regensburg mit dem Doduco-Abgasreinigungssystem, in: Der Kontakt – Doduco Werkzeitschrift, Sommer 1986, S. 4–5.
173 Waldsterben. Argumente zur Diskussion, 1986 (4. überarbeitete Auflage); Bodenschutz. Am besten für den Wald, 1986 (Hg. Deutscher Forstverein e.V.).
174 Unternehmensinterne Information.

第6章

1 Zur Unternehmensgeschichte als neuem Zweig der Wirtschafts- und Sozialgeschichtsschreibung: H. Pohl: Unternehmensgeschichte in der Bundesrepublik Deutschland. – Stand der Forschung und Forschungsaufgaben der Zukunft, in: ZUG 22 (1977), S. 26–41. – R. Tilly: Probleme und Möglichkeiten einer quantitati-

ven vergleichenden Unternehmensgeschichte, in: Ders. (Hg.): Beiträge zur quantitativen vergleichenden Unternehmensgeschichte, Stuttgart 1985, S. 9–21. – W. Fischer: Unternehmensgeschichte und Wirtschaftsgeschichte. Über die Schwierigkeiten, mikro- und makroökonomische Ansätze zu vereinen, in: H. Kellenbenz/ H. Pohl (Hg.): Historia socialis et oeconomica. Festschrift Wolfgang Zorn zum 65. Geburtstag, Wiesbaden 1987, S. 61–72.

2 J. A. Schumpeter: Business Cycles, New York 1939, S. 87ff.

3 J. H. *Zedler:* Großes vollständiges Universal-Lexicon (...), Bd. 49, Leipzig/Halle 1746, Sp. 1162–64; hier zitiert nach: H. Kellenbenz: Unternehmertum im süddeutschen Raum zu Beginn der Neuzeit, in: K. Rüdinger (Hg.): Gemeinsames Erbe. Perspektiven europäischer Geschichte, München 1959, S. 105–128, 106.

4 R. Hildebrandt: Die ›Georg Fuggerischen Erben‹. Kaufmännische Tätigkeit und sozialer Status 1555–1600, Berlin 1966, S. 84ff. – Wolfgang von Stromer: Organisation und Struktur deutscher Unternehmen in der Zeit bis zum Dreißigjährigen Krieg, in: Tradition 13 (1968), S. 29–37. – F. Blaich: Zur Wirtschaftsgesinnung des frühkapitalistischen Unternehmertums in Oberdeutschland, in: Tradition 15 (1970), S. 273–281. – H. Kellenbenz: Deutsche Wirtschaftsgeschichte, Bd. I, Von den Anfängen bis zum Ende des 18. Jahrhunderts, München 1977, S. 244–246.

5 W. Großhaupt: Die Welser als Bankiers der spanischen Krone, in: ScrM 21 (1988), S. 158-188.

6 R. Hildebrandt: Die ›Georg Fuggerischen Erben‹. Kaufmännische Tätigkeit und sozialer Status 1555–1600, Berlin 1966, S. 51–57.

7 W. Minchinton: Die Veränderungen der Nachfragestruktur von 1500–1700, in: C. Cipolla/K. Borchardt (Hg.): Europäische Wirtschaftsgeschichte, Bd. 2, Sechzehntes und siebzehntes Jahrhundert, Stuttgart/New York 1983, S. 51–112, 100f.

8 *Dallmeier I:* S. 54. – Zur »Compania«-Struktur vgl. das 1. Kapitel dieses Buches.

9 Allgemein: G. Parker: Die Entstehung des modernen Geld- und Finanzwesens in Europa 1500–1700, in: C. Cipolla/K. Borchardt (Hg.): Europäische Wirtschaftsgeschichte, Bd. 2, Sechzehntes und siebzehntes Jahrhundert, Stuttgart/New York 1983, S. 335–380.

10 H. Kellenbenz: Deutsche Wirtschaftsgeschichte, Bd. I, Von den Anfängen bis zum Ende des 18. Jahrhunderts, München 1977, S. 214f., 241–245.

11 R. Hildebrandt: Die ›Georg Fuggerischen Erben‹. Kaufmännische Tätigkeit und sozialer Status 1555–1600, Berlin 1966, S. 52ff., 84–101.

12 C. Bauer: Unternehmung und Unternehmungsformen im Spätmittelalter und in der beginnenden Neuzeit, Jena 1936, S. 33–36, 88–91, 111f.

13 R. Hildebrandt: Die ›Georg Fuggerischen Erben‹. Kaufmännische Tätigkeit und sozialer Status 1555–1600, Berlin 1966, S. 85ff.

14 FZA, Postakten Nr. 814.

15 *Goller;* K. H. Kremer, Johann von den Birghden (1582–1645), in: ADPG (1984), Heft 1, S. 7–43.

16 H. Kellenbenz: Wirtschaft und Gesellschaft Europas 1350–1650, in: W. Fischer/et al. (Hg.): Handbuch der europäischen Wirtschafts- und Sozialgeschichte, Bd. 3, S. 1–388, 300f.

17 *Dallmeier II:* S. 89.

18 FZA, Personalakten Nr. 9795–9810. – Artikel »Vrints«, in: Constant von Wurzbach: Biographisches Lexicon des Kaiserthums Oesterreich, 52. Teil, Wien 1885, S. 5–8. – H. Hampe: Postgeschichtliche Sippenkunde, in: DPG 3 (1941/42),

S. 34–46, 36f. フリンツ・ベルベリヒ男爵は、1787年から1806年まで、リーリエン男爵の後継者として帝国郵便の経理総監であり、その後は1843年まで、トゥルン・ウント・タクシス郵便の総郵便管理局長官だった。

19 *Dallmeier II:* S. 101. – R. Freytag: Über Postmeisterfamilien mit besonderer Berücksichtigung der Familie Kees, in: Familiengeschichtliche Blätter 13 (1915), S. 1–6, insbesondere S. 2.

20 *Dallmeier II:* S. 69–76. – R. Freytag: Die Postmeisterfamilie Somigliano. Ein Beitrag zur Postgeschichte Hamburgs und Nürnbergs, in: APT 50 (1922), S. 217–227.

21 H. Hampe: Postgeschichtliche Sippenkunde, in: DPG 3 (1941/42), S. 34–46. – E. von Jungenfeld: Das Thurn und Taxissche Erbgeneralpostmeisteramt und sein Verhältnis zum Postamt Mainz. Die Freiherren Gedult von Jungenfeld und ihre Vorfahren als Mainzer Postbeamte 1641–1867, Kallmünz 1981.

22 E. *Goller,* Jacob Henot: Bonn 1910.

23 FZA Personalakten Nr. 545-455, フランツ・ペーター・フォン・ベッカー、ケルンの上級郵便局長。FZA Personalakten Nr. 473-475, フランツ・ド・ベッカー子爵、ゲントの郵便局長、のちにレーゲンスブルクの宮廷顧問官。FZA Personalakten Nr. 463-466, アレクサンダー・ド・ベッカー子爵、ネーデルラント郵便の総裁。FZA Personalakten Nr. 468-471, シャルル・ド・ベッカー子爵、ネーデルラント郵便の総裁。E. H. Kneschke (Hg.) Neues allgemeines Adelslexikon, 9 Bde., ND Leipzig 1929/30, Bd. 1. S. 258f.

24 Ebd., Bd. 9, S. 421 ff.

25 W. v. Hueck (Hg.): Adelslexikon, 6 Bde. (A-Kra), Limburg 1972–1987, Bd. V, S. 49. – R. Staudenraus: Die Postmeisterfamilie Haysdorff, in: APB (1940), Heft 1, S. 1–7. – FZA, Personalakten Nr. 3226–3247.

26 E. H. Kneschke (Hg.): Neues allgemeines Adelslexikon, 9 Bde., ND Leipzig 1929/1930, Bd. 5, S. 337 ff. – FZA, Personalakten Nr. 5214–5219.

27 H. M. Kruchem: Die Freiherrn von Lilien und die Post des Heiligen Römischen Reiches Deutscher Nation, in: Ders., Die Brücke der Erbsälzer. Europäische und westfälische Postdokumentation 1600–1900, Werl 1975, S. 7–79. アレクサンダー・フォン・リーリエン男爵が引き継ぐまで、ド・ボア家は、裕福なマースアイク上級郵便局を経営していた。

28 Jacob Heinrich Haysdorff: Dissertatio Juridica Inauguralis De Reservatione Postarum Caesaris Proprio, Et Qua Tali A Statibus Imperii Agnito (praeside Joh. Heinr. Bociis, Bamberg 1745).

29 FZA, Personalakten Repertorium; H. Hampe: Postgeschichtliche Sippenkunde, in: DPG 3 (1941/42), S. 34–46. – R. Freytag: Über Postmeisterfamilien mit besonderer Berücksichtigung der Familie Kees, in: Familiengeschichtliche Blätter 13 (1915), S. 1–6.

30 FZA, HFS 790, Ältestes Archiv-Repertorium von 1504–1689.

31 Ebd., fol. 195-209. 帝国郵便では次の各郵便局。ケルン、フランクフルト、ルールモント、ハンブルク、トリーア、レーゲンスブルク、ブレーメン、ラインハウゼン、シュトラスブルク、ニュルンベルク、リエージュ、ライプツィヒ、ミュンスター、オスナブリュック、リンダウ、ヒルデスハイム、ヴュルツブルク、マインツ、ブラウンシュヴァイク、コブレンツ、リューベック、クレーヴェ、カンシュタット、エルフルト、ミュンヘン、マールブルク、カッセル、アムベルク、キッツィンゲン、パッサウ。これに、たとえばベルギー、ブルゴーニュ、アルザス・ロレーヌ（エルザス・ロートリンゲン）の同様に多くの「郵便局」や、いわゆる「ネーデルラントの郵便局」が加わった。

32 *Piendl:* S. 42f.

33 この点については、行政と会計制度に関する以下の数章を参照。

34 FZA, HFS 790, Ältestes Archiv-Repertorium von 1504–1689.
35 Original in: FZA, HFS-Akten 1 (manupropria).
36 FZA, HFS-Akten 2355; Ebd., HMA-Akten Nr. 1 und Nr. 5. – Vgl. auch: *Probst I:* S. 269f.
37 FZA, HFS-Akten 2355 (das Original, manupropria); FZA, HMA 1.
38 ヤーコプ・ハインリヒ・フォン・ハイスドルフ。アウクスブルクの上級郵便局長・枢密顧問官。彼の弟ゲオルク・フリードリヒ・フォン・ハイスドルフはバンベルクの帝国郵便局長でトゥルン・ウント・タクシスの宮廷顧問官だった。Vgl. W. v. Hueck (Hg.): Adelslexikon, 6 Bde. (A-Kra), Limburg 1972-1987, Bd. V, S. 49.
39 FZA, HMA 1 (Oberste Leitung im Jahr 1739). – Zu Vrints und Berberich: H. Hampe: Postgeschichtliche Sippenkunde, in: DPG 3 (1941/42), S. 34–46, 35f.; zu Lilien: H. M. Kruchem: Die Freiherrn von Lilien und die Post des Heiligen Römischen Reiches Deutscher Nation, in: Ders., Die Brücke der Erbsälzer. Europäische und westfälische Postdokumentation 1600–1900, Werl 1975, S. 7–79.
40 FZA, HMA 1 (Geschäftsverteilung 1786). シュナイトもミュンヘンの帝国上級郵便局長だった。FZA, Personalakten Nr. 8498. – E. H. Kneschke (Hg.): Neues allgemeines Adelslexikon, 9 Bde., ND Leipzig 1929/30, Bd. 8, S. 266f.
41 FZA, Personalakten Nr. 5710–5714.
42 Ebd., Nr. 1708.
43 E. H. Kneschke (Hg.): Neues allgemeines Adelslexikon, 9 Bde. ND Leipzig 1929/1930, Bd. 9, S. 550ff. – FZA, Personalakten Nr. 10188.
44 FZA, HMA 1 (Auszug aus dem »Staats- und Addressbuch des Schwäbischen Reichskreises auf das Jahr 1795«, S. 370–373 »Thurn und Taxis«.)
45 FZA, HMA 1, Zusammenfassung des Memoires von 1790.
46 *Probst I:* S. 275f. – Karl Valentin von Welz; FZA, Personalakten Nr. 10125.
47 FZA, HMA 1, Memoire des Freiherrn von Eberstein, 1790.
48 Ebd., (Geschäftsordnung vom 14. September 1799). – FZA, Personalakten Nr. 6366 (Müller).
49 M. Pohl: Einführung in die deutsche Bankengeschichte, Frankfurt/M. 1976, S. 13f. – Erich Achterberg: Der Bankplatz Frankfurt am Main, Frankfurt/M. 1955.
50 A. Dietz: Frankfurter Handelsgeschichte, 5 Bde., Frankfurt/M. 1910–1925, V, S. 723–737. – Allgemein: V. Cowles: Die Rothschilds 1763–1973. Geschichte einer Familie, Würzburg 1974.
51 FZA, HMA 1.
52 Ebd.
53 FZA, HMA 1 (Oberste Leitung im Jahr 1739: von Berberich, E. J. de Bors, von Lilien, von Haysdorff, J. G. von Lilien).
54 FZA, Generalkasse Rechnungen 1 (1733–1797).
55 A. Dietz: Frankfurter Handelsgeschichte, 5 Bde., Frankfurt/M. 1910–1925, IV, S. 390.
56 FZA, Generalkasse Rechnungen Nr. 1 (1733–1806).
57 FZA, Personalakten 7777 (Rothschild).
58 *Winkel:* S. 3–19.
59 数値を分析整理する際の援助を、レーゲンスブルクのヴォルフガング・シュミット博士とペーター・ウルバネク博士に感謝する。
60 Franz Herberhold: Das fürstliche Haus Thurn und Taxis in Oberschwaben. Ein Beitrag zur Besitz-, Verwaltungs- und Archivgeschichte, in: ZWLG 13 (1954), S. 262–300, S. 273f. フランツ・ヘルベルホルトは、総会計課が 1797 年に創設されたと見ている。

61 FZA, HMA 1.
62 FZA, Personalakten Nr. 8678–8681.
63 FZA, HFS-Akten 1 (Bericht des Hofrats von Müller). マストヴェイク家もキッツィンゲンの郵便管理人だった。FZA, Personalakten Nr. 5997-5998.
64 FZA, HMA 1; FZA, Generalkasse Rechnungen 1 (1733–1958).
65 Johann Rurimundus von Steinburg: Mammonia, oder Schlüssel deß Reichthumbs, Straßburg 1623, S. 7ff. »Von Ambts Rechnungen«. – Exemplar mit Randbemerkungen in der Hofbibliothek Regensburg.
66 F. P. Florinus: Oeconomus prudens et legalis continuatus, oder: Großer Herren Stands und adelicher Haus-Vatter, Nürnberg/Frankfurt/Leipzig 1719, darin das Kapitel »Von Fürstlichen Rent- und Rechnungskammern«, S. 739–850. – Jacob Döpler: Neu vermehrter Getreuer und Ungetreuer Rechnungs-Beamter, Frankfurt/Leipzig 1724 (3. Auflage). – Joachim Grupen: Gründliche Information von Amts-Verwalt- und Berechnungen, Hannover 1724; August Richter, Der auf neue Manier abgefaßte und expedite Rechnungsbeamte, oder: Gründliche Anleitung, auf was Weise man sich bey denen Rechnungs-Verwaltungen ... zu verhalten habe, Frankfurt/Leipzig 1728.
67 *Probst I:* S. 269f. – Ein Akt des Regensburger Archivs gibt Aufschluß über die »Verfassung und Rechnungsweise bei der Generalkasse« von 1735–1798. FZA, Postakten 1714.
68 FZA, Generalkasse Rechnungen 1 (1733–1958). – Sie sind damit in der gleichen Form erhalten wie 1828; vgl. FZA, HFS-Akten 1 (Bericht des Hofrats von Müller).
69 *Probst I:* S. 293.
70 FZA, Generalkasse Rechnungen 1 (1733–1958).
71 Ebd., (1767).
72 Ebd., (1733–1958).
73 FZA, Generalkasse Akten.
74 しかしそのためには、方法上のいくつかの中間処理が必要であり、それは別に詳しく説明されなければならない。決算の変更があった年度を処理すること、差し引き残高皆済を再計算すること、累積計算部分を処理すること、異通貨を処理すること、インフレ時を除去することがそれぞれ問題になる。一般的なインフレ要因を考慮して再計算することはしなかった。少なくとも 18 世紀にとって、その経験はなかったように思われるからである。しかし、名目上の貨幣価値に対して通貨の購買力が落ちたこと、根本において貸借対照表が傾かざるをえないことは明らかである。いずれにせよ、購買力と比べて、表の左側が少し引き上げられなければならない。どの程度なのかは、今後の経済史記述の推測に委ねられる。
75 FZA, HMA 1 (Aufstellung für 1761: Eglingen, Demmingen, Dischingen, Trugenhofen, Balmertshofen, Impden, Braine-le-Chateau, Leerbeck).
76 FZA, HFS-Akten Nr. 2355.
77 *Probst I:* S. 269.
78 FZA, Generalkasse Rechnungen 17 (1764–1933).
79 *Probst I:* S. 269. 各上級郵便局では、郵便職員に対して独自の支援会計が存在した。FZA, Postakten 2074-2085.
80 FZA, Postakten 218, Postillion-Hilfskasse 1834–1862.
81 この年、総会計課出納官フォン・マストヴェイクの任期が終わった。彼の後継者ティルマンは 1795 年の決算を行ったにすぎない。1796 年の決算は枢密顧問官ヴェルツ、その翌年の決算は宮廷顧問官ミュラーが行った。宮廷顧問官で上級出納官フォン・ヘルフェルトの就任は 1797 年である。Vgl. Bericht des Hofrats von Müller, in: FZA, HFS-Akten Nr. 1.

82 FZA, HMA 1, Verordnung vom 30. Juni 1755. 経済委員会のメンバーは、会長リーリエン男爵、侍従長ライヒリン男爵、枢密顧問官キルヒマイル、枢密書記官シュースター、書記官ゾーンラインである。
83 FZA, Generalkasse Rechnungen 1 (1733–1958).
84 FZA, HFS-Akten 2355, »Promemoria« des Freiherrn von Lilien, Scheer, den 10. August 1786.
85 Ebd., Schreiben des Fürsten Carl Anselm von Thurn und Taxis, Scheer, den 12. August 1786.
86 FZA, Personalakten Nr. 3494–3495.
87 *Winkel:* S. 4.
88 FZA, IB Nr. 671, 1.
89 Heinrich Arnold Lange: Ausführliche Abhandlung vom Rechnungswesen und denen dahin schlagenden Rechten, Bayreuth 1776.
90 FZA, Generalkasse Rechnungen 1.
91 FZA, HFS-Akten 1 (Bericht des Hofrats von Müller).
92 FZA, IB Nr. 654.
93 FZA, Generalkasse Rechnungen 18, Domänenkasse-Rechnungen, ab 1820 Reservekasse-Rechnungen 1820–1831; FZA, Generalkasse Rechnungen 19, Belege zur Reservekasse-Rechnung 1820–1831.
94 FZA, Generalkasse Rechnungen 7, »Rechnung der fürstlichen Liquidationskommission über die Aktiv- und Passivkapitalien«, ab 1829: »Rechnung der fürstlichen Liquidationskommission über die Kapitalienverwaltung«.
95 FZA, HMA 1 (Erklärung vom 9. August 1804); FZA, HFS-Akten 1, Bericht des Hofrats von Müller); FZA, HFS 2347, Kapitalienbücher der Fideikommißkasse bis 1819.
96 *Winkel:* S. 5, nach: FZA, HMA 2; *Probst I:* S. 280, nach: FZA, HMA 3.
97 FZA, HFS-Akten 1 (Bericht des Hofrats von Müller).
98 Ebd.
99 FZA, Generalkasse Rechnungen 7, »Rechnung der fürstlichen Liquidationskommission über die Aktiv- und Passivkapitalien«, ab 1829: »Rechnung der fürstlichen Liquidationskommission über die Kapitalienverwaltung«.
100 *Winkel:* S. 6, nach: FZA, IB 650.
101 FZA, HFS-Akten 1 (Bericht des Hofrates von Müller).
102 Ebd.
103 FZA, IB 671, 1.
104 FZA, Generalkasse Rechnungen 1820–1829/I.
105 *Winkel:* S. 6, nach: FZA, IB 650.
106 A. Krämer: Rückblick auf das Leben Karl Alexanders, Fürsten von Thurn und Taxis, Fürsten zu Buchau und Krotoszyn. Eine biographische Denkschrift, Regensburg 1828.
107 W. Schmidt: Zur Geschichte der Grafen von Dörnberg in Regensburg 1817 bis 1897 (unveröffentlichtes Manuskript auf der Grundlage des Dörnberg-Nachlasses im Stadtarchiv Regensburg).
108 *Probst I:* S. 303ff.
109 Stadtarchiv Regensburg, Dörnberg-Nachlaß Nr. 185.
110 W. Schmidt: Zur Geschichte der Grafen von Dörnberg in Regensburg 1817 bis 1897 (unveröffentlichtes Manuskript); nach: Stadtarchiv Regensburg, Dörnberg-Nachlaß Nr. 185, Brief vom 8. Dezember 1858.
111 Ebd., nach: Stadtarchiv Regensburg, Dörnberg-Nachlaß Nr. 1773.
112 FZA, Generaltableau 1828.

113 E. H. Kneschke (Hg.): Neues allgemeines Adelslexikon, 9 Bde., ND Leipzig 1929/1930, Bd. 5, S. 503.

114 クラップはそれ以前、フランクフルトの上級郵便局出納官だった。FZA, Personalakten Nr. 5049-5052.

115 E. Probst: Fürstliche Bibliotheken und ihre Bibliothekare (1770–1834), in: M. Piendl (Hg.): Beiträge zur Kunst- und Kulturpflege im Hause Thurn und Taxis, Kallmünz 1963, 127–229, S. 202–208.

116 ドレの父ヨハン・クリストフはウルムの上級郵便局長、祖父はラインハウゼンの郵便局長だった。Vgl. FZA, Personalakten Nr. 1578-1582. – E. H. Kneschke (Hg.): Neues allgemeines Adelslexikon, 9 Bde., ND Leipzig 1929/30, Bd. 2, S. 539.

117 フリードベルク・シェールの政府長官フランツ・ヨーゼフ・フォン・エップレン・ヘルテンシュタインの息子である。FZA, Personalakten Nr. 1914-1916. bzw. 1917-1919.

118 FZA, Personalakten Nr. 1500-1502. 一族の他のメンバーはニュルンベルクとメーヘレンにおけるトゥルン・ウント・タクシスの郵便委員であり、さらに他のメンバーは、フランクフルトの総郵便管理局やレーゲンスブルクの中央行政で活動していた。その中には宮廷顧問官フランツ・ローマン・ディーツがいる。FZA, Personalakten Nr. 1499-1514.

119 Ebd., Nr. 6504-6505. 弟のゲオルク・ネーベルはヴォルムスの郵便局長だった。FZA, Personalakten Nr. 6503.

120 イザーク・シュースターは、ユダヤ教区民によって支払われた 2200 グルデンの収入で、トップクラスの稼ぎ手のひとりだった。FZA, Generaltableau 1828. 彼は数人の従業員を雇う余裕があり、キリスト教徒の同僚たちから非常に羨まれていた。Vgl. dazu: Das ehemalige Institut des Judenbriefträgers in Frankfurt/M, in: APT 19 (1891), S. 13-17.

121 FZA, Generaltableau 1828.

122 この点については、土地所有に関する章におけるボヘミアの所有地の実際の利益推移を参照。

123 *Winkel:* S. 8f., nach: FZA, HMA 376; HFS 1; HFS 306.

124 *Winkel:* S. 9.

125 Ebd., S. 12.

126 FZA, Generalkasse Akten Nr. 5.

127 FZA, Generalkasse Rechnungen Nr. 3, Abrechnung der Kassenbestände; Stadtarchiv Regensburg, Dörnberg-Nachlaß Nr. 183–185.

128 FZA, Generalkasse Rechnungen Nr. 7, »Rechnung der fürstlichen Liquidationskommission über die Aktiv- und Passivkapitalien« 1808–1832; ab 1829: »Rechnung der fürstlichen Liquidationskommission über Kapitalienverwaltung«; ab 1893/94: »Rechnung der Generalkasse Abt. 2: Kapitalienverwaltung«; die Belege dazu in: FZA, Generalkasse Rechnungen Nr. 8 (1808–1923/24).

129 *Winkel:* S. 6, nach: FZA, HFS Bd. 1, Nr. 1 (Bericht des Hofrates von Müller von 1828).

130 FZA, Generalkasse Rechnungen Nr. 9 (1832/33–1869/70).

131 FZA, Generalkasse Rechnungen Nr. 3, »Abrechnung der fürstlichen Obereinnehmerei über die Kassen- und Rechnungsbestände«, 1829/30–1871/72; dazu: FZA, Generalkasse Rechnungen Nr. 4, »Generelle Bestimmungen über das Obereinnehmerei- und Rechnungswesen 1829/30–1863«.

132 FZA, Generalkasse Rechnungen Nr. 3, »Abrechnung der fürstlichen Obereinnehmerei über die Kassen- und Rechnungsbestände«, 1829/30–1871/72.

133 Vgl. Kapitel 5 dieses Buches.

134 Stadtarchiv Regensburg, Dörnberg-Nachlaß Nr. 184. デルンベルクの算出によれば、1837年／38 年の決算年以後、直領地収入が郵便収入を上回った。(Zur Sichtweise der Generalkasse vgl. S. 371).

135 M. Brunner: Die Hofgesellschaft. Die führende Gesellschaftsschicht Bayerns während der Regierungszeit König Maximilians II., München 1987, S. 153ff.
136 H. Winkel: Die Ablösungskapitalien aus der Bauernbefreiung in West- und Süddeutschland. Höhe und Verwendung bei Standes- und Grundherren, Stuttgart 1968, S. 66.
137 Stadtarchiv Regensburg, Dörnberg-Nachlaß Nr. 184.
138 FZA, IB Nr. 680, »Verwendung der disponiblen Cassabestände zum Ankauf von Staatspapieren und deren Anlegung bei der königlichen Filialbank dahier, 1834–1859«.
139 R. Fremdling: Eisenbahnen und deutsches Wirtschaftswachstum 1840–1879. Ein Beitrag zur Entwicklungstheorie und zur Theorie der Infrastruktur, Dortmund 1975.
140 D. Hansemann: Die Eisenbahnen und deren Aktionäre in ihrem Verhältnis zum Staat, Leipzig 1837.
141 M. Pohl: Einführung in die deutsche Bankengeschichte, Frankfurt/M. 1976, S. 18.
142 K. *Herrmann:* Thurn-und-Taxis-Post und die Eisenbahnen. Vom Aufkommen der Eisenbahnen bis zur Aufhebung der Thurn-und-Taxis-Post, Kallmünz 1981.
143 F. Zunkel: Die Entfesselung des neuen Wirtschaftsgeistes 1850–1875, in: K. E. Born (Hg.): Moderne deutsche Wirtschaftsgeschichte, Köln/Berlin 1966, S. 42–55.
144 A. Brusatti: Das Problem der Unternehmensfinanzierung in der Habsburger Monarchie 1815–1848, in: H. Kellenbenz (Hg.): Öffentliche Finanzen und privates Kapital im späten Mittelalter und in der ersten Hälfte des 19. Jahrhunderts, Stuttgart 1971, 129–139. – E. Klein: Zur Frage der Industriefinanzierung im frühen 19. Jahrhundert, in: Ebd., S. 118–128.
145 H. Winkel: Die Ablösungskapitalien aus der Bauernbefreiung in West- und Süddeutschland. Höhe und Verwendung bei Standes- und Grundherren, Stuttgart 1968, S. 68.
146 M. Pohl: Einführung in die deutsche Bankengeschichte, Frankfurt/M. 1976, S.17. M・ポールは1840年頃に資本の不足を見ている。別の見解を代表するのはK・ボルヒャルトである。K. Borchardt: Zur Frage des Kapitalmangels in der ersten Hälfte des 19. Jahrhunderts, in: JNS 173 (1961), S. 401-421.
147 C. Dipper: Die Bauernbefreiung in Deutschland, 1790–1850, Stuttgart, u. a., 1980, S. 105f. – K. Dinklage: Die landwirtschaftliche Entwicklung, in: A. Brusatti (Hg.): Die Habsburgermonarchie 1848–1918, Bd. 1, Die wirtschaftliche Entwicklung, Wien 1973, S. 403–462, 410ff.
148 C. Dipper: Die Bauernbefreiung in Deutschland, 1790–1850, Stuttgart, u. a., 1980, S. 85–88 und 103f.
149 FZA, IB Nr. 1392.
150 FZA, IB Nr. 1248.
151 H. Winkel: Die Ablösungskapitalien aus der Bauernbefreiung in West- und Süddeutschland. Höhe und Verwendung bei Standes- und Grundherren, Stuttgart 1968, S. 62–65.
152 FZA, IB Nr. 365.
153 本書の第3章参照。
154 C. Helbok: Zur Geschichte des deutsch-österreichischen Postvereins, in: DPG 4 (1943), S. 49–83. – *Piendl:* S. 91f.
155 F. Lübbecke: Das Palais Thurn und Taxis zu Frankfurt am Main, Frankfurt am Main 1955, S. 422f.
156 H. Grundmann (Hg.): Gebhardt. Handbuch der deutschen Geschichte, Bd. 3, Stuttgart 1970 (9., neu bearbeitete Auflage), S. 181.

157 »Österreichs Verhältnis zu den gegenwärtigen politischen Zuständen Deutschlands«, in: H. von Srbik (Hg.): Quellen zur deutschen Politik Österreichs, Bd. II, Berlin 1935, Nr. 625; »Promemoria. Die Art und Weise, wie Österreich in der deutschen Frage vorzugehen habe«, ebd., Nr. 626. – Weitere Denkschriften (ohne Titel): Nr. 697, 703, 714, 718, 729; »Memoire betreffend die großdeutsche Bewegung und ihre Leistung« Nr. 920, 921, 922, 923, 924; »Memoire betreffend die deutsche Bundesreform« Nr. 925, 946, 947, 977, 993, 994; Bd. III, Berlin 1936, Nr. 1091, 1092, 1093, 1113; »Vorschlag einer deutschen Bundesreform« Nr. 1114, 1162, 1171.

158 Ebd., Nr. 729 »Denkschrift des Freiherrn von Dörnberg«, S. 320.

159 Ebd., Nr. 728 »Privatschreiben des Grafen Rechberg an den Freiherrn von Dörnberg«, Wien, den 8. April 1862.

160 Ebd., Nr. 728 »Privatschreiben des Grafen Rechberg an den Freiherrn von Dörnberg«, Wien, den 8. April 1862.

161 »Österreichs Verhältnis zu den gegenwärtigen politischen Zuständen Deutschlands«, in: H. von Srbik (Hg.): Quellen zur deutschen Politik Österreichs, Bd. II, Berlin 1935, »Memoire betreffend die deutsche Bundesreform« Nr. 925, 946, 947, 977, 993, 994; Bd. III, Berlin 1936, Nr. 1091, 1092, 1093, 1113; »Vorschlag einer deutschen Bundesreform« Nr. 1114, 1162, 1171.

162 H. Grundmann (Hg.): Gebhardt. Handbuch der deutschen Geschichte, Bd. 3, Stuttgart 1970 (9., neu bearbeitete Auflage), S. 181.

163 FZA, IB Nr. 688.

164 H. Winkel: Die Ablösungskapitalien aus der Bauernbefreiung in West- und Süddeutschland. Höhe und Verwendung bei Standes- und Grundherren, Stuttgart 1968, S. 67.

165 FZA, IB Nr. 696.

166 東部鉄道会社は、6000万グルデンの設立資本を持っていた。トゥルン・ウント・タクシスはそのうちの400万を保持し、さらに800万のオプション取引を確保していた。国による利子保証は4.5%であった。E. Mages: Eisenbahnbau, Siedlung, Wirtschaft und Gesellschaft in der südlichen Oberpfalz (1850-1920), Kallmünz 1984, S. 21f.

167 F. Zunkel: Die Entfesselung des neuen Wirtschaftsgeistes 1850–1875, in: K. E. Born (Hg.): Moderne deutsche Wirtschaftsgeschichte, Köln/Berlin 1966, S. 42–55, 46ff.

168 F. Jacquemynes: Langrand-Dumonceau, promoteur d' une puissance financière catholique, 5 Bde., Brüssel 1960–1965, Bd. II, S. 361, 365, 413, 422; III, S. 154, 167, 491; IV, S. 99–109, 270–284, 345–366; V, S. 83–89.

169 FZA, Generalkasse Akten Nr. 15.

170 N. G. Klarmann: Unternehmerische Gestaltungsmöglichkeiten des Privatbankiers im 19. Jahrhundert (dargestellt am Beispiel des Hauses Erlanger Söhne), in: Hofmann (1978), S. 27–44, 34f.

171 W. Schmidt: Zur Geschichte der Grafen von Dörnberg in Regensburg 1817 bis 1897 (unveröffentlichtes Manuskript), S. 30; nach: Stadtarchiv Regensburg, Dörnberg-Nachlaß Nr. 173.

172 Artur Salz, Geschichte der böhmischen Industrie in der Neuzeit, München 1913, darin das Kapitel: »Der Grundherr als Unternehmer«.

173 W. Zorn: Typen und Entwicklungskräfte deutschen Unternehmertums, in: K. E. Born (Hg.): Moderne deutsche Wirtschaftsgeschichte, Köln/Berlin 1966, S. 25–41, 30f. (zuvor in VSWG 44 (1957), S. 56–77).

174 J. Slokar: Geschichte der österreichischen Industrie und ihre Förderung unter

Kaiser Franz I., Wien 1914, S. 600–609 passim. – Der Kommissionsbericht ehemals in: StA Prag, 1826–1835, Kom., Fasz. 1, subn. 1; Großind. Öst., V, 176. – Eine kurze Betriebsgeschichte auch in: Beilage zur ›Wiener Zeitung‹ vom 8. August 1903, S. 28.
175 K. Dinklage: Die landwirtschaftliche Entwicklung, in: A. Brusatti (Hg.): Die Habsburgermonarchie 1848–1918, Bd. 1, Die wirtschaftliche Entwicklung, Wien 1973, S. 403–462, 410ff.
176 W. Zorn/S. Schneider: Das Unternehmertum im Gebiet der heutigen föderativen Volksrepublik Jugoslawien im 19. Jahrhundert, in: Tradition 16 (1971), S. 3–15.
177 Ebd., S. 7.
178 Allgemein: Ebd., S. 9.
179 *Probst I:* S. 343–346.
180 *Herrmann:* S. 50ff.
181 Ebd., S. 116–130, nach: FZA, Postakten Nr. 2399.
182 E. Mages: Eisenbahnbau: Siedlung, Wirtschaft und Gesellschaft in der südlichen Oberpfalz (1850–1920), Kallmünz 1984, S. 21 ff.
183 Ebd.
184 H. Winkel: Zur Preisentwicklung landwirtschaftlicher Grundstücke in Niederbayern 1830–1870, in: Wirtschaft und soziale Struktur im säkularen Wandel. Festschrift Wilhelm Abel zum 70. Geburtstag, Hannover 1974, S. 565–577, 571, nach: FZA, IB Nr. 2774.
185 E. Mages: Eisenbahnbau, Siedlung, Wirtschaft und Gesellschaft in der südlichen Oberpfalz (1850–1920), Kallmünz 1984, S. 52. 10年後、ファルケンシュタインへの鉄道路線の融資にも参加した。Ebd., S. 58.
186 Ebd., S. 61–65.
187 Ebd., S. 107.
188 FZA, IB Nr. 2053.
189 E. Mages: Eisenbahnbau, Siedlung, Wirtschaft und Gesellschaft in der südlichen Oberpfalz (1850–1920), Kallmünz 1984, S. 220–223.
190 鉱山労働者の数は明らかではない。中央の従業員一覧表は、ただ5～6人の官吏しか証明していない。その内訳は、「鉱山監督局長」1名、技師2名、出納官1名、鉱山測量技師1名である。Vgl.: Schematismus über das active Personal im inneren und äußeren Fürstlichen Dienste, Regensburg 1874, S. 46.
191 FZA, Domänenkammer 19274; *Probst I:* S. 342f.
192 FZA, Domänenkammer Nr. 19314.
193 FZA, Generalkasse Rechnungen Nr. 1 (1866/67 – 1910/11). Bis 1873 unter der Rubrik »Bergbau Pilsen«, danach »Mathildenzeche«.
194 FZA, Generalkasse Rechnungen Nr. 93 (1871/72–1892/93).
195 Ebd.
196 »Höchste Entschließung, die Organisation der fürstlichen Generalkasse betr.« (5. Mai 1893), in: Verordnungsblatt für den fürstlich Thurn und Taxis'schen Verwaltungsdienst, Bd. III (11.–15. Jahrgang), Regensburg 1892–1896, S. 71 f.
197 FZA, Generalkasse Rechnungen 1 (Jg. 1893/94).
198 FZA, Generalkasse Rechnungen 7 (Jgg. 1892/93 und 1893/94).
199 Ebd., (Jgg. 1893/94ff.).
200 H. Huber: Bilder aus der Regensburger Industrie, Borna 1906; Die Industrie der Oberpfalz in Wort und Bild, Regensburg 1914; E. Mages: Eisenbahnbau, Siedlung, Wirtschaft und Gesellschaft in der südlichen Oberpfalz (1850–1920), Kallmünz 1984, S. 154.

201 (Anonym), Historisch-rechtliche Beleuchtung des in der nassauischen landständischen Versammlung erstatteten Commissionsberichtes vom 7. Juli 1860 über die Postverwaltung im Herzogthum, Gießen 1861.

202 H. von Srbik (Hg.): Quellen zur deutschen Politik Österreichs, Bd. II, Berlin 1935, Nr. 625, 626, 697, 703, 714, 718, 729, 920, 921, 922, 923, 924, 925, 946, 947, 977, 993, 994; Bd. III, Berlin 1936, Nr. 1091, 1092, 1093, 1113, 1114, 1162, 1171. – Vgl. dazu: H. W. Sitta: Franz Joseph Freiherr von Gruben. Ein Beitrag zur politischen Geschichte des deutschen Katholizismus im 19. Jahrhundert, Diss. Würzburg 1953, S. 23–40.

203 O. Grosse: Die Beseitigung des Thurn-und-Taxisschen Postwesens in Deutschland durch Heinrich Stephan, Minden 1898, S. 118.

204 H. Gollwitzer: Die Standesherren. Die politische und gesellschaftliche Stellung der Mediatisierten 1815–1918, Stuttgart 1957, S. 229 ff. – Zum Kulturkampf: H. Grundmann (Hg.): Gebhardt. Handbuch der deutschen Geschichte, Bd. 3, Stuttgart 1970 (9. Auflage), S. 265–270.

205 H. W. Sitta: Franz Joseph Freiherr von Gruben, Diss. Würzburg 1953, S. 20–47.

206 グルーベンは、議会の第5および第6任期において、バイエルンの行政区域オーバープファルツの第1選挙区（レーゲンスブルク）の議員だった。彼は「バイエルン愛国党」に立候補した（本部はバイエルンにはなかった）。

207 F. J. von Gruben: Die soziale Frage, Regensburg 1884, ist nur eine seiner zahlreichen Schriften dazu.

208 J. Albertus: Rodbertus über die historische Entwicklung von Recht und Privateigentum, in: Christlich-sociale Blätter, Jg. 17 (1884), S. 291 ff. – Vgl. H. Grundmann (Hg.): Gebhardt. Handbuch der deutschen Geschichte, Bd. 3, Stuttgart 1970 (9. Auflage), S. 305.

209 Über Ursprung und Natur des Privateigentums, in: Christlich-sociale Blätter, Jg. 15 (1882), S. 97 ff. (in Fortsetzungen bis S. 481 ff.).

210 J. Albertus: Über die Entstehung des Privateigenthums, in: Christlich-sociale Blätter, Jg. 17 (1884), S. 570 ff.

211 Schematismus über das active Personal im inneren und äußeren Fürstlichen Dienste nach dem Stande am 1. Juli 1874, Regensburg 1874; 31 Bände 1874–1931, seit 1880 unter dem Titel: »Schematismus über das aktive Personal im inneren und äußeren fürstlich Thurn und Taxis'schen Dienste«.

212 Verordnungsblatt für den fürstl. Thurn und Taxis'schen Verwaltungsdienst, Bd. 1 ff., Regensburg 1881 ff.; erschien regelmäßig 1881–1911, gebunden in 8 Bänden im FZA.

213 FZA, Generaltableau 1828.

214 A. F. Storch: Das Postwesen von seinem Ursprunge bis an die Gegenwart. Zum Theile nach officiellen Quellen geschichtlich und statistisch, Wien 1866, S. 83 f.

215 この計算には、郵便の「下級官吏」、さらにまた宮廷職員、ボヘミアの鉱山および製糖工場の労働者も含まれていない。

216 Schematismus über das active Personal im inneren und äußeren Fürstlichen Dienste nach dem Stande am 1. Juli 1874, Regensburg 1874.

217 1877–78 Ferdinand Franz Graf von Hompesch-Bollheim; 1878–1882 Philipp Graf Boos von Waldeck und Montfort; 1882–1883 Freiherr Karl Adolf Eduard von Hoiningen, gen. Huene; 1883–1885 Philipp Graf Boos von Waldeck und Montfort. – Vgl. *Probst I:* S. 309.

218 *Piendl:* S. 131 f.

219 Ebd., S. 138–142.

220 »Höchste Entschließung, die Auflösung des fürstl. Immediatbureaus und die künftige Geschäfts-Aufgabe der fürstl. Domänen-Ober-Administration betr.« (26. Mai 1881), in: Verordnungsblatt für den fürstl. Thurn und Taxis'schen Verwaltungsdienst, Bd. 1 ff., Regensburg 1881, S. 63f.
221 Verordnung, die Formation, den Wirkungskreis und Geschäftsgang »der fürstlichen Domänenkammer betr.« (26. Mai 1881), in: Verordnungsblatt für den fürstl. Thurn und Taxis'schen Verwaltungsdienst, Bd. 1 ff., Regensburg 1881, S. 65–75; ebd., 75–113 die Folgeverordnungen.
222 *Probst I:* S. 313f.
223 Ebd., S. 336f.
224 FZA, Generalkasse Rechnungen Nr. 1 (1918–1945).
225 Verzeichnis der Fürstlich Thurn und Taxisschen Beamten, Hofstaaten und Bediensteten, so der Beamten, Hofstaaten und Bediensteten der Durchlauchtigsten Prinzen-Söhne Seiner Durchlaucht des Fürsten, Regensburg 1927.
226 I. Weilner: Unter Gottes Gericht. Die letzten Kriegstage 1945 am Hof des Fürsten von Thurn und Taxis, Regensburg 1965.
227 *Piendl:* S. 135.
228 FZA, Chefakten 3–6 (1925–1951).
229 B. Engelmann: Meine Freunde – die Millionäre. Ein Beitrag zur Soziologie der Wohlstandsgesellschaft nach eigenen Erlebnissen, Darmstadt 1963, S. 95. – K. G. Simon: Der Echte: Prinz Johannes von Thurn und Taxis, in: Ders., Deutsche Kronprinzen. Eine Generation auf dem Wege zur Macht, Frankfurt 1969, S. 19–29. – Franz Thoma: Weil sie nie regierten, regieren sie noch immer. Die Thurn und Taxis, in: Ders., (Hg.): Die modernen Monarchen, 1970, S. 191–208.
230 B. Blumenfeld: Der Prinz als Manager eines Milliardenvermögens, in: Adel, Schlösser und Millionen, Burscheid 1981, S. 196–207.
231 U. Mertzig: Johannes Fürst von Thurn und Taxis feierte seinen 60. Geburtstag, in: Der Kontakt – Doduco Werkzeitschrift, Sommer 1986, S. 3.
232 『Who's Who』は、その最新版で、「経営者侯爵」を、「大土地所有者、工場経営者、銀行家」と紹介している。Wer ist Wer? Das deutsche Who's Who, Lübeck 1987, S. 1360.
233 N. Geretshauser: Unternehmen Thurn und Taxis: Der Prinz sucht einen Generaldirektor, in: Capital. Das deutsche Wirtschaftsmagazin, Nr. 11 (1971), S. 200–204.
234 A. Felts/D. von Taube: »Freiheit ist Luxus«. Fürst Johannes von Thurn und Taxis im Gespräch, in: Madame, Heft 10, Oktober 1988.
235 C. Streit/O. Noack: Thurn und Taxis – dynamisches Management, in: Forum für Fach- und Führungsnachwuchs, St. Gallen 1988, S. 20–23.
236 Unternehmensinterne Information.
237 Übersichtsplan »Organisationsstruktur« vom 8. 8. 1989.
238 Wohnen am Fürstlichen Rennplatz in Regensburg, Regensburg 1988.
239 Fürst Thurn und Taxis Bank, 1895-1970, o. O. 1970, S. 13-17. 1961年、銀行は「トゥルン・ウント・タクシス侯銀行」と改名された。
240 Fürst Thurn und Taxis Bank, 1895–1970, o. O. 1970, S. 17–32.
241 Ebd., S. 32–51.
242 M. Dallmeier/L. Uhlig: Thurn und Taxis – Stationen eines traditionsreichen Familienunternehmens, in: Der Kontakt – Doduco Werkzeitschrift, Winter 1983, S. 3–11, 9; Fürst Thurn und Taxis Bank. Bilanz 1988; Fürst Thurn und Taxis Bank. Information, 1989.
243 C. Streit/O. Noack: Thurn und Taxis – dynamisches Management, in: Forum für Fach- und Führungsnachwuchs, St. Gallen 1988, S. 20–23.

244 Auskunft der Firmenleitung vom 17. August 1989.
245 FZA, Domänenkammer Nr. 439–453/1 Rentamt St. Emmeram – Bräuhäuser; FZA, IB Nr. 1206 »Betrieb von Bräuhäusern 1836–1881; Handbuch des größeren Grundbesitzes in Bayern, (Hg.: Bayerischer Landwirtschaftsrat), München 1907, S. 290–301.
246 M. Dallmeier/L. Uhlig: Thurn und Taxis – Stationen eines traditionsreichen Familienunternehmens, in: Der Kontakt – Doduco Werkzeitschrift, Winter 1983, S. 3–11, 9.
247 Ebd.
248 Fr. Kammerer AG Pforzheim, in: Pforzheim. Ein Heimatbuch mit Wirtschaftsbiographien, Pforzheim 1950.
249 Fortlaufende Informationen zur Entwicklung dieser Unternehmensbereiche bietet das Magazin »Der Kontakt – Doduco Werkzeitschrift«. – Darin u. a.: Bericht der Geschäftsleitung zur wirtschaftlichen Lage, in: Der Kontakt – Doduco Werkzeitschrift, November 1971, S. 2–4. – H. Petersen: »Doduco jetzt ganz bei Thurn und Taxis«, in: Der Kontakt – Doduco Werkzeitschrift, Sommer 1987, S. 3.
250 Doduco. 1922–1972, Pforzheim 1972, S. 6f.
251 Profil einer Mitgliedsfirma: Doduco KG, Dr. Eugen Dürrwächter, Pforzheim, in: Markt Deutschland–Japan. Zeitschrift der Industrie- und Handelskammer in Japan, August 1985, S. 26–29.
252 Ebd. S. 7; Profil einer Mitgliedsfirma: Doduco KG, Dr. Eugen Dürrwächter, Pforzheim, in: Markt Deutschland–Japan. Zeitschrift der Industrie- und Handelskammer in Japan, August 1985, S. 26–29.
253 M. Berndt: Der Autoabgaskatalysator, in: Der Kontakt – Doduco Werkzeitschrift, Winter 1983, S. 3–11, 9. – M. Berndt: Neues vom Autokatalysator, in: Ebd., Winter 1986, 5–7.
254 Auskunft der Geschäftsleitung, Oktober 1989.
255 Auskunft der Geschäftsleitung, August 1989.
256 »Der Fürst läßt umbauen«, in: Industriemagazin, November 1988.
257 A. Felts/D. von Taube: »Freiheit ist Luxus«. Fürst Johannes von Thurn und Taxis im Gespräch, in: Madame, Heft 10, Oktober 1988.

結語

1 Verzeichnis von den Mitgliedern der gerechten und vollkommnen Mutter-Loge Carl zu den drei Schlüsseln im Orient zu Regensburg, Regensburg o. J. – H. Gattermeyer: Die Mutterloge »Carl zu den drei Schlüsseln« im Orient Regensburg, in: Quatuor Coronati Jahrbuch 25 (1988), S. 245–253. ヴェスターホルトは、1780年以降ロッジのメンバーだった。
2 Das Zitat nach: N. Schindler, Freimaurerkultur im 18. Jahrhundert. Zur sozialen Funktion des Geheimnisses in der entstehenden bürgerlichen Gesellschaft, in: R. M. Berdahl, u. a. (Hg.): Klassen und Kultur. Sozialanthropologische Perspektiven in der Geschichtsschreibung, Frankfurt 1982, 205–263, zit. S. 245.
3 E. Neubauer: Das geistig-kulturelle Leben der Reichsstadt Regensburg (1750–1806), München 1979, S. 123–131.
4 R. van Dülmen: Die Gesellschaft der Aufklärer. Zur bürgerlichen Emanzipation und aufklärerischen Kultur in Deutschland, Frankfurt/Main 1986, S. 55–66.
5 Georg Friedrich Wilhelm Balser (1780–1846): ADB 2 (1875), S. 24.
6 Verzeichnis von den Mitgliedern der gerechten und vollkommnen Mutter-Loge Carl zu den drei Schlüsseln im Orient zu Regensburg, Regensburg o. J.

7 H. Gattermeyer: Die Mutterloge »Carl zu den drei Schlüsseln« im Orient Regensburg, in: Quatuor Coronati Jahrbuch 25 (1988), S. 245–253, 251.
8 Zitiert nach: R. van Dülmen: Die Gesellschaft der Aufklärer. Zur bürgerlichen Emanzipation und aufklärerischen Kultur in Deutschland, Frankfurt/Main 1986, S. 56.
9 Zu den Aktivitäten der Innsbrucker Taxis in der »Academia Taxiana« und der Loge »Zu den drei Bergen« vgl.« J. Mancal: Zwei Organisationsformen der Aufklärung: Akademien und Geheimbundwesen, in: W. Baer/P. Fried (Hg.): Schwaben/Tirol. Historische Beziehungen zwischen Schwaben und Tirol von der Römerzeit bis zur Gegenwart (Beiträge), Rosenheim 1989, S. 472–490.
10 H. Schöppl: Kurze Geschichte der Regensburger Loge, in: Der Erzähler, Nr. 33 (1925).
11 R. Strobel: Die Allee des Fürsten Carl Anselm in Regensburg, in: M. Piendl (Hg.): Beiträge zur Kunst- und Kulturpflege im Hause Thurn und Taxis, Kallmünz 1963, S. 229–269.
12 FZA, Personalakten 522–523.1762 年以降、枢密顧問官であり、1784 年に亡くなった。フリンツ・ベルベリヒ男爵（1764 年 -1843 年）の義父である。
13 S. Färber: Das Regensburger Fürstlich Thurn und Taxissche Hoftheater und seine Oper 1760–1786, in: VHVO 86 (1936), S. 3–155.
14 W. Twittenhoff: Die musiktheoretischen Schriften Joseph Riepels, Halle 1935. – S. Färber: Der Fürstlich Thurn und Taxissche Hofkomponist Theodor von Schacht und seine Opernwerke, in: Regensburger Beiträge zur Musik 6 (1979), S. 10–122. – G. Haberkamp: Die Musikhandschriften der Fürst Thurn und Taxis Hofbibliothek Regensburg. Thematischer Katalog. Mit einer Geschichte des Musikalienbestandes von Hugo Angerer, München 1981.
15 J. J. Moser: Teutsches Staats-Recht, Frankfurt/Leipzig 1737–1753, Bd. 44, S. 342–348.
16 K. Möseneder (Hg.): Feste in Regensburg. Von der Reformation bis in die Gegenwart, Regensburg 1986, S. 369–379. – E. Fendl: Volksbelustigungen in Regensburg im 18. Jahrhundert, Vilseck 1988.
17 E. P. Thompson: Patrizische Kultur, plebeische Kultur, in: Plebeische Kultur und Moralische Ökonomie. Aufsätze zur englischen Sozialgeschichte des 18. und 19. Jahrhunderts, Frankfurt/M. et al., 1980, S. 168–202.
18 L. Hammermayer, in Spindler (Hg.): Handbuch der bayerischen Geschichte, II, München 1977 (2. Aufl.), S. 950–954, 1138 ff. – R. Freytag: Aus der Geschichte der Fürstlich Thurn-und-Taxisschen Hofbibliothek in Regensburg, in: Zentralblatt für Bibliothekswesen 40 (1923), S. 323–350.
19 E. Probst: Fürstliche Bibliotheken und ihre Bibliothekare 1770–1834, in: M. Piendl (Hg.): Beiträge zur Kunst- und Kulturpflege im Hause Thurn und Taxis, Kallmünz 1963, S. 127–229.
20 F. K. G. von Hirsching: Versuch einer Beschreibung sehenswürdiger Bibliotheken Teutschlands, 3. Band, Erlangen 1788, S. 670–716.
21 J. Nordmann: Kodifikationsbestrebungen in der Grafschaft Friedberg-Scheer am Ende des 18. Jahrhunderts, in: ZWLG 28 (1969), S. 265–342.
22 A. C. Kayser: Versuch einer kurzen Beschreibung der Kaiserlichen freyen Reichsstadt Regensburg, Regensburg 1797, S. 75.
23 J. C. G. Schäffer: Versuch einer medizinischen Ortsbeschreibung der Stadt Regensburg, Regensburg 1787, S. 42 f. – E. von Siebold, J. C. G. Schäffers: hochfürstl. Thurn-und-Taxisschen Leibarztes Biographie, Berlin 1824.
24 M. Piendl (Hg.): Beiträge zur Kunst- und Kulturpflege des Hauses Thurn und

Taxis, Kallmünz 1963 (= TTS 3). – Ders., (Hg.): Beiträge zur Geschichte, Kunst- und Kulturpflege im Hause Thurn und Taxis, Kallmünz 1978 (= TTS 10).

25 P. Kaupp: 500 Jahre Posthorn – Historischer Ursprung, hoheitliche und kommunikative Funktion postalischer Symbole, in: APT 40 (1988), S. 193–224.

26 R. Freytag: Dachs, Horn und Adler als Symbole der alten Reichsposten, in: APG 8 (1952), S. 156–162.

27 R. Duffner: Das deutsche Posthaus von seinen Anfängen bis zur Gegenwart, Diss. Berlin 1939.

28 *Steinhausen:* I, S. 97.

29 *Mummenhoff:* S. 27ff.

30 B. Bastl: Das Tagebuch des Philipp Eduard Fugger (1560–1569) als Quelle zur Fuggergeschichte. Edition und Darstellung, Tübingen 1987, S. 254.

31 T. G. Werner: Das kaufmännische Nachrichtenwesen im späten Mittelalter und in der frühen Neuzeit und sein Einfluß auf die Entstehung der handschriftlichen Zeitung, in: ScrM 9 (1975), S. 3–51, 25.

32 E. Friederici: Der Zusammenhang des ersten deutschen Zeitungswesens mit der Post, in: APT 50 (1922), S. 260–266; Die Post, Mutter der Zeitung. Sonderausstellung im Bundespostministerium, Frankfurt/Main 1967. – G. Rennert: Die ersten Postzeitungen in den Niederlanden, in: DPG 3 (1914/42), S. 147–154.

33 A. Dresler: Die ›Neue Zeyttung‹ des Postmeisters Pelgerin de Tassis aus Rom von 1527, in: APB 9 (1955–1957), S. 29.

34 E. Friederici: Der Zusammenhang des ersten deutschen Zeitungswesens mit der Post, in: APT 50 (1922), S. 260–266.

35 H. Herzog: Postmeister von den Birghden. Ein Lebensbild aus der Zeit des Dreißigjährigen Krieges, in: APT 46 (1918), S. 9–22.

36 R. Freytag: Post und Zeitung, in: APB (1928), S. 24–50.

37 E. Bogel/E. Blühm: Die deutschen Zeitungen des 17. Jahrhunderts, 2 Bde., München/et al. 1971, Bd. 1, S. 273f.

38 A. Dresler: Die Post als Titel in Publizistik und Presse, in: APB (1930), S. 114–116.

39 B. Greiff: Tagebuch des Lucas Rem aus den Jahren 1494–1541. Ein Beitrag zur Handelsgeschichte der Stadt Augsburg, Augsburg 1861, 18, 21. – ADB 28, S. 187–190.

40 R. Helmecke: Die Personenbeförderung durch die deutschen Posten, Diss. Halle 1913.

41 K. Beyrer: Die Postkutschenreise, Tübingen 1985, S. 20ff. K・バイラーが、郵便馬車導入以前の「郵便による」旅客輸送の意義を重要でないとしているのは誤りである。

42 M. Lossen: Briefe von Andreas Masius und seinen Freunden, 1538–1573, Leipzig 1886, S. 44.

43 R. Freytag: Wie Papst Pius VI. im Jahre 1782 durch Bayern reiste, in: APT 49 (1921), S. 141–150.

44 F. Nicolai: Beschreibung einer Reise durch Deutschland und die Schweiz im Jahre 1781, 3 Bde., Berlin 1783/84.

45 J. Stagl: Der wohl unterwiesene Passagier. Reisekunst und Gesellschaftsbeschreibung vom 16. bis 18. Jahrhundert, in: B. I. Krasnobaer/u. a. (Hg.): Reisen und Reisebeschreibung im 18. und 19. Jahrhundert als Quellen der Kulturbeziehungsforschung, Berlin 1980, S. 353–384.

46 C. Löper: Der Schriftsteller und Dichter Sebastian Brant, Verfasser eines Straßburger Kursbuches, in: APT 3 (1875), S. 389–401, 393. – C. Löper: Martin Zeiller, der Verfasser des ersten deutschen Reisebuches, in: APT 4 (1876), S. 307–316. –

C. Löper: Das älteste deutsche Post-Reisehandbuch, in: APT 6 (1878), S. 623–633, 651–661.

47 H. Wolpert: Das Reisehandbuch von Giovanni Da l'Herba in seinen verschiedenen Ausgaben 1563–1674, in: DPG 2 (1939/40), S. 141–146, 261–262.

48 J. Rübsam: Ein internationales Postkursbuch aus dem Jahre 1563, in: UP 14 (1889), S. 82–88, 93–103.

49 F. J. Heger: Post-Tabellen oder Verzaichnuß deren Post-Strassen in dem Kayserlichen Römischen Reich, Mainz 1764. – J. J. de Bors: Neue und vollständige Postkarte durch ganz Deutschland, Nürnberg 1764. – F. J. Heger: Tablettes des Postes de'l Empire d'Allemagne et des Provinces limitrophes, Mainz 1764. – dazu: J. Brunner: Ein deutsches ›Post-Büchel‹ aus dem Jahre 1764, in: APB (1936), S. 345–349.

50 J. F. Tielke: Geographisches Verzeichnis aller Städte und merkwürdigsten Orte in Holland, England, Dänemark, Schweden, Portugal, Spanien, Frankreich, der Schweiz und Italien: (...) nebst angeschlossener Tabelle, wie die Briefe aus verschiedenen Gegenden Deutschlands von denen Post- und Hauptpostämtern bestellet und frankieret werden, o. O. 1770. – J. F. Tielke: Sammlung der vornehmsten Postbrieftaxen, Braunschweig 1775.

51 F. M. Diez: Allgemeines Post-Lauf- und Straßenbuch durch das ganze Heilige Römische Reich und einige angränzende Landen mit der bey jeder Haupt- und Handelsstadt bemerkten Ankunft und Abgang, sowohl reutend als fahrender Kaiserlicher Reichsposten, Frankfurt/Main 1790. – F. M. Diez: Allgemeines Postbuch und Postkarte von Deutschland und einigen angrenzenden Ländern, Frankfurt/M. 1795.

52 J. G. C. Hendschel: Verzeichnis der dem Kaiserl. Reichs Ober- und dirigierenden Postämtern untergeordneten Stationen und Expeditionen nach den Post-amtlichen Bezirken entworfen, Regensburg 1793 (»Hendschel-Atlas«). – U. Hendschel: Telegraph. Monatliche nach Notizen des Kursbüros der Fürstlich Thurn und Taxisschen General-Post-Direktion und anderen offiziellen Quellen bearbeitete Übersicht über Abgang und Ankunft der Eisenbahnen, Posten und Dampfschiffe in Deutschland nebst Angabe der Entfernungen, Frankfurt/M. 1847.

53 H. von Stephan/K. Sautter: Geschichte der preußischen Post, Teil 1, Berlin 1928, S. 718f.

54 A. E. Glasewald: Thurn und Taxis und die Philatelie, Gössnitz 1926. – H. Haferkamp/E. Probst (Hg.): Thurn und Taxis Stempelhandbuch, 3 Teilbände, Schwandorf 1976–1978. – L. Winick: Thurn und Taxis, in: The American Philatelist 98 (1984), S. 457–461.

55 R. Freytag: Belgische Taxis-Erinnerungs-Briefmarken 1952, in: APB (1952 bis 1954), S. 49–51.

56 W. Fischer: Unternehmensgeschichte und Wirtschaftsgeschichte. Über die Schwierigkeiten, mikro- und makroökonomische Ansätze zu vereinen, in: Kellenbenz/Pohl (1987), S. 61–71.